Was der Bauingenieur wissen und können muss

Das Berufsbild des Bauingenieurs. Mit einer kurzen Einführung in die Bauinformatik

Otto Praxl

GRIN

Bibliografische Information der Deutschen Nationalbibliothek:

Die Deutsche Nationalbibliothek verzeichnet diese Publikation in der Deutschen Nationalbibliografie; detaillierte bibliografische Daten sind im Internet über http://dnb.d-nb.de abrufbar.

ISBN: 9783656892731
Dieses Buch ist auch als E-Book erhältlich.

Trappentreustraße 1
80339 München

Druck und Bindung: Books on Demand GmbH, Norderstedt Germany
Gedruckt auf säurefreiem Papier aus verantwortungsvollen Quellen

Das Buch bei GRIN: https://www.grin.com/document/288987

Otto Praxl

Was der Bauingenieur wissen und können muss.

Das Berufsbild des Bauingenieurs.

Mit einer kurzen Einführung in die Bauinformatik.

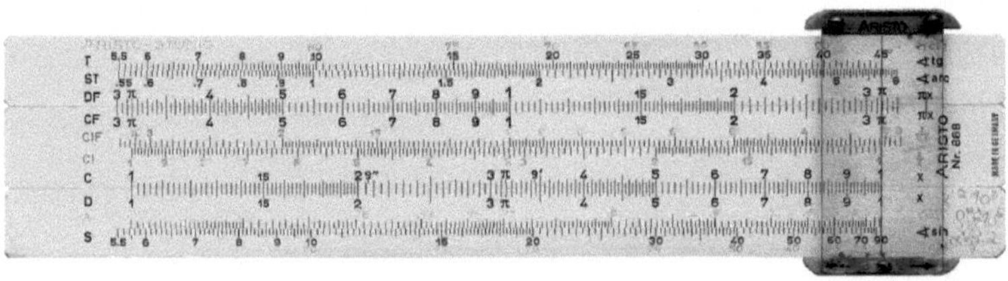

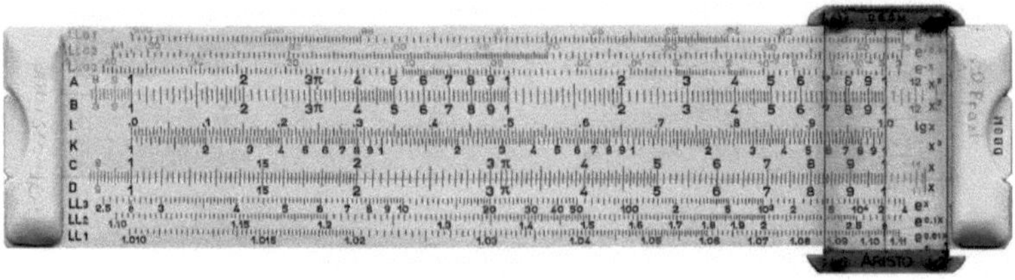

Impressum

Verfasser:

Otto Praxl, Dipl.-Ing. (FH)

Internetseite mit den aktuellen Kontaktdaten: *www.praxelius.de*

Layout und Gestaltung (mit Microsoft WORD™ 2007):

Otto Praxl

Bildnachweise:

Fotos und Zeichnungen, stammen vom Verfasser, soweit nicht anders angegeben.
Alle Rechte vorbehalten.

Bild 36, Bild 57 und Bild 64 stammen aus fremden Quellen, die im Text angegeben sind.

Letztes Bearbeitungsdatum: 05.02.2015.
Bearbeitungskennzeichen: B-915841-561.

Vorwort des Verfassers

Mein Name ist *Otto Praxl.*

Von 1957 bis 1960 studierte ich Bauingenieurwesen an der Staatsbauschule München, Akademie für Bautechnik, die heute als Fachhochschule München bekannt ist. Im Jahr 1960 schloss ich das Studium mit der Ingenieurprüfung ab.

Anschließend arbeitete ich als Bauingenieur sowohl freiberuflich, wie auch als angestellter Ingenieur in einem Ingenieurbüro, in einer Bauunternehmung und im öffentlichen Dienst. Als Statiker, als Planer und als Bauleiter war ich an vielen Projekten beteiligt. Ich arbeitete auch als Statikprüfer und als technischer Revisor. Dadurch lernte ich die verschiedenen Arbeitsgebiete des Bauingenieurwesens in der Praxis kennen.

In den vergangenen 50 Jahren habe ich die Veränderungen und Entwicklungen meines Berufs miterlebt, musste viel dazulernen und oft umlernen. Die wichtigsten Veränderungen und Erfahrungen habe ich in diesem Buch zusammengefasst und stelle sie den am Baugeschehen Interessierten zur Verfügung.

Das Buch gibt außerdem einen ausführlichen Einblick in die verschiedenen Tätigkeiten und Aufgaben des Bauingenieurs und zeigt, was der Bauingenieur wissen und können muss. Es kann den vor der Berufswahl Stehenden die Entscheidung für oder gegen diesen Beruf erleichtern; den Studierenden des Bauingenieurwesens kann es die Zusammenhänge näherbringen.

Aus der Fülle des Stoffes und der Erfahrungen aus 50 Berufsjahren musste eine beschränkte Auswahl getroffen werden, die geeignet erschien, den Lesern das Charakteristische der verschiedenen Arbeitsgebiete des Bauingenieurs verständlich zu machen.

Dabei sind auch einige theoretische Grundlagen leicht verständlich dargestellt. Die gezeigten mathematischen Formeln und Beispiele sollen die Leser nicht abschrecken, sondern ihnen einen Vorgeschmack auf den Stoff bieten, den der Bauingenieur beherrschen muss. Zum Verständnis genügen Vorkenntnisse in Mathematik und Physik aus dem Schulunterricht.

Manchmal war es nötig, ins Detail zu gehen, meist genügten jedoch Beispiele. Auch selbst entwickelte Methoden, die in keinem Lehrbuch und in keiner Vorlesung behandelt werden, sind im Buch erwähnt.

Computer waren während meines Studiums noch nicht verfügbar. Erst im Laufe meines Berufslebens gewannen sie immer mehr an Bedeutung. Die nötigen Kenntnisse mussten die Ingenieure sich in der Praxis aneignen. Im Buch ist eine kurze Einführung in die Bauinformatik zu finden, die den Lesern zeigen soll, wie Computer die tägliche Arbeit des Bauingenieurs verändert haben.

Die Fundstellenangaben im Text und das Literaturverzeichnis im Anhang eröffnen die Möglichkeit, weiterführende Literatur zu den Themen heranzuziehen.

Nun wünsche ich allen Lesern viel Vergnügen beim Durcharbeiten des Buches.

Februar 2015

Otto Praxl

Kapitelübersicht

Ausführliches Inhaltsverzeichnis

1. Aufgaben des Bauingenieurs

1.1. Berufsbezeichnung und Berufsbild

Das Wort *Ingenieur* kommt vom lateinischen Wort ***ingenium***, das die angeborene geistige Fähigkeit, den natürlichen Verstand, den Scharfsinn und die Begabung meint, aber auch den geistreichen Menschen, das Genie, das Talent und den klugen Kopf bezeichnet.

Im Lexikon[1] heißt es (Zitat):

> „*Ingenieur* ist ein wissenschaftlich gebildeter Fachmann der Technik, der technische Gegenstände, Verfahren, Anlagen oder Systeme erforscht, plant, entwirft, konstruiert, fertigt, vertreibt, überwacht oder verwaltet. Der Ingenieur ist unter verschiedenen, aus seinen Arbeitsbereichen abgeleiteten Bezeichnungen (Konstruktions-, Betriebs-, Vertriebs-, Montage-, Patent-, Sicherheits-, Normeningenieur u. ä.) in leitenden Stellungen hauptsächlich in der Industrie, in Behörden oder freiberuflich tätig (Beratender Ingenieur). Andere zusammengesetzte Berufsbezeichnungen beziehen sich auf die Fachgebiete, so z. B. Maschinenbau-, Elektro-, Bau-, Luftfahrt-, Verfahrens-, Bergbau-, Textilingenieur."

(Zitatende)

Bauingenieur[2] ist ein Beruf, den Menschen beiderlei Geschlechts ausüben können.

Bauingenieur ist ein Dienstleistungsberuf. Voraussetzung ist immer, dass jemand existiert, der etwas bauen will und das Bauvorhaben finanziert. Damit hängt die Bautätigkeit sehr stark von der Baufreudigkeit, der Bauwilligkeit und der Finanzkraft der öffentlichen und privaten Bauherren ab (Baukonjunktur).

Der Bauingenieur entwirft, berechnet und konstruiert Bauwerke, er plant, leitet und überwacht ihre Ausführung. Dabei berücksichtigt er Standsicherheit, Betriebssicherheit, Gebrauchstauglichkeit, Wirtschaftlichkeit, Umweltverträglichkeit und Dauerhaftigkeit.

Der Bauingenieur bildet die künftige Realität eines Bauwerks als Modell auf dem Papier und im Computer ab. Es entsteht dabei im Wesentlichen ein Prototyp eines Bauwerks, der nach Abschluss des anschließenden Bauvorgangs in der Wirklichkeit auf Anhieb korrekt funktionieren muss.

1.2. Persönliche Eigenschaften

Folgende Eigenschaften zeichnen den idealen Bauingenieur aus:

- Interesse für technische Vorgänge, Kreativität und handwerkliche Fertigkeiten. Es ist sehr nützlich, wenn der Bauingenieur vor seinem Studium einen Bauberuf erlernt und schon auf Baustellen gearbeitet hat.
- Beherrschung der Grundlagen seines Berufes, hauptsächlich Mathematik und Physik.
- Räumliches Vorstellungsvermögen und zeichnerische Fähigkeiten.
- Fähigkeit zur Kommunikation und zur kooperativen Teamarbeit.
- Wirtschaftliches Denken und Offenheit für Alternativen.
- Entscheidungsfreude, Teamfähigkeit und Flexibilität bei ständig wechselnden Aufgaben.
- Bereitschaft, Neues zu lernen und anzuwenden.
- Als Vorgesetzter und Chef hat er ein verbindliches, freundliches und verständnisvolles Wesen und ist seinen Mitarbeitern ein Vorbild.

---

[1] *Der neue Brockhaus*, 1973, ISBN 3-7653-0025-X, Verlag F.A. Brockhaus, Wiesbaden

[2] Die weibliche Form der Berufsbezeichnung (*Ingenieurin* oder *Bauingenieurin*) neben der männlichen Form wird im laufenden Text nicht zusätzlich verwendet.

1.3. Grundsätze des Bauingenieurs

Dem Bauen muss der kreative Gedanke, die Idee vorausgehen; diese muss im Geist reifen und schließlich muss der Geist alles durchdrungen haben, bevor die Idee zum Plan und dieser schließlich zur Realität werden kann.

Der Geist muss alles durchdrungen haben. Das heißt, der Bauingenieur muss seine Idee bis zum letzten Detail deutlich vor seinem inneren Auge sehen. Er muss alles durchdacht haben, bevor er seinen Plan und seine Berechnung auch für andere sichtbar werden lässt.

Der Geist beherrscht die Materie. Der Bauingenieur muss sein Fachgebiet, seine Berechnungen und auch die wirkliche Materie der Baustoffe beherrschen. Das fertige Bauwerk darf keine überraschenden Eigenschaften aufweisen, die er nicht vorgesehen hat.

Für alle Fachgebiete der Ingenieurwissenschaften gilt, dass der Mensch, der den Beruf *Ingenieur* ausübt, ein kreativer und geistig aufgeschlossener Mensch ist, der seine Kreativität auszudrücken weiß.

Er sollte sich auch die *ethischen Grundsätze* zu eigen machen, die vom Verein Deutscher Ingenieure (VDI) formuliert und herausgegeben wurden. Man findet diese Grundsätze in einer Internetveröffentlichung des VDI.

1.4. Funktionen und Aufgaben

Der Bauingenieur kann sowohl freiberuflich, wie auch bei einem Ingenieurbüro, bei einer Baufirma oder im öffentlichen Dienst beschäftigt oder Inhaber eines Ingenieurbüros oder einer Baufirma sein.

Der Bauingenieur ist an einer Baumaßnahme in einer bestimmten Funktion beteiligt.

Er kann tätig sein …

als freischaffender Ingenieur,
als Inhaber eines beteiligten Ingenieurbüros,
als angestellter Ingenieur eines Ingenieurbüros,
als projektverantwortlicher Ingenieur,
als Inhaber einer Baufirma,
als Bauleiter einer Baufirma,
als Bauleiter des Bauherrn,
als Prüfer,
als Vertreter einer Baubehörde oder
als vereidigter Gutachter.

Entsprechend seiner Funktion wird er seine Aufgabe gegenüber den anderen Projektbeteiligten wahrnehmen. Dabei hat er bestimmte Kompetenzen, die planender, leitender, beratender, prüfender, überwachender oder ausführender Natur sein können.

Die vielfältigen speziellen Aufgaben des Bauingenieurs in der Praxis sind in Kapitel 25 ab Seite 230 behandelt.

1.5. Bezahlung der Ingenieure

Damit der Lebensunterhalt ausreichend gesichert werden kann, müssen die Ingenieure für ihre Arbeit leistungsgerecht entlohnt werden. Es gibt selbstständige Ingenieure und angestellte Ingenieure.

Monatliches Gehalt
Die in Behörden, Hochschulen, Ingenieurbüros, Baufirmen und sonstigen Institutionen tätigen Ingenieure werden nach Angestelltentarif, nach Beamtengehaltsstufe oder außertariflich nach Vereinbarung bezahlt.

Honorar

Die selbstständigen Ingenieure sind meist freischaffende Ingenieure (z. B. Gutachter) oder Inhaber von Ingenieurbüros. Sie rechnen ihre eigenen Leistungen und die ihres Büros nach der Honorarordnung ab.

In der Honorarordnung für Architekten und Ingenieure (HOAI) sind Leistungsbilder beschrieben, denen jeweils ein gewisses Honorar (Prozentsatz aus Kosten der Leistung) zugeordnet ist.

Die HOAI wurde von Bundesgesetzgeber beschlossen und muss eingehalten werden. Damit unterstehen Ingenieurleistungen nicht dem Wettbewerb, gegenseitige Preisunterbietungen der Ingenieurbüros sind damit ausgeschlossen. Ausschreibungen von Ingenieurleistungen sind deshalb nicht zulässig.

1.6. Kontakte mit anderen Ingenieuren

Es gibt viele Fachverbände und Ingenieurvereine. Hier sollen nur zwei erwähnt werden.

1.6.1. VDI

An erster Stelle ist der *Verein Deutscher Ingenieure (VDI e.V.)* zu nennen, bei dem alle Ingenieure Mitglieder werden können.

Der VDI gibt die Wochenzeitung *VDI-Nachrichten* heraus, die aber unabhängig von der Mitgliedschaft von jedermann abonniert werden kann. Der VDI hat verschiedene Fachbereiche; im *Fachbereich Bau* sind die Bauingenieure zusammengefasst.

Der VDI-Verlag gibt spezielle Fachbücher heraus. Außerdem führt der VDI in den Fachbereichen in Zusammenarbeit mit den Technischen Universitäten Lehrgänge durch, um z. B. neue Normen und deren Grundlagen vorzustellen oder in spezielle Verfahren einzuführen.

1.6.2. BDB

Auch der *Bund Deutscher Baumeister Architekten und Ingenieure e.V. (BDB)* ist hier zu nennen. Der BDB gibt die „Deutsche Bauzeitschrift" (DBZ) heraus, sie ist seit Januar 2009 das offizielle Organ des BDB.

Im Bund Deutscher Baumeister, Architekten und Ingenieure e.V. (BDB) sind 10.000 Architekten und Ingenieure des Bauwesens – Freiberufler, Angestellte, Beamte unternehmerisch tätige Planer – organisiert, außerdem Studenten der Fachbereiche Architektur und Bauingenieurwesen.

Der Bundesverband gliedert sich in 16 Landesverbände und über 130 Bezirksgruppen, sodass überall in der Bundesrepublik Möglichkeiten zur Kontaktaufnahme und zum Erfahrungsaustausch bestehen. Sitz des Verbandes ist Berlin (Willdenowstraße 6).

1.6.3. Vereine und Kontaktgruppen

Außer in den zahlreichen regionalen und bundesweiten Vereinen pflegen die Ingenieure auch persönliche und kollegiale Kontakte zum Erfahrungsaustausch bei Ingenieurstammtischen, bei Tagungen und in örtlichen Fachgruppen.

Beliebt sind die so genannten „Semestertreffen“, bei denen sich die damals im gleichen Semester studierenden Kommilitonen alle 5 oder 10 Jahre treffen, ihre Dozenten und Professoren dazu einladen, ihre Berufserfahrungen austauschen und miteinander feiern. Im Jahre 2010 feierte ich mein 50-jähriges Berufsjubiläum gemeinsam mit meinen ehemaligen Kommilitonen.

2. Ausbildung im Bauwesen

Aus archäologischen Grabungen und Forschungen ist bekannt, dass es eine nennenswerte Bautätigkeit seit etwa 30000 Jahren gibt. Die Bautätigkeit fand damals hauptsächlich südlich der Alpen statt, denn bis vor etwa 11000 Jahren war der Norden der Erde bis zu den Alpen mit Eis (Eiszeit) bedeckt.

Man fand bei Ausgrabungen die Überreste von Siedlungen und Dörfern. Nach den Anfängen der Bautätigkeit dauerte es dann noch viele tausend Jahre, bis sich die Baukunst der Hochkulturen entwickelt hatte. Die Bauwerke dieser alten Kulturen zeugen vom Können dieser Völker.

Im Mittelmeerraum und im vorderen Orient (Mesopotamien) waren es die Phönizier, die Sumerer, die Assyrer, die Babylonier und die Ägypter. Diese Völker erstellten beachtliche Bauwerke, die zum Teil heute noch existieren (z. B. die Pyramiden). Die Gebäudetypen, Bauprogramme und Bauformen beruhen auf den Bedingungen des Landes, des Klimas und des Baumaterials. Leider sind keine antiken Schriften über das Bauwesen dieser alten Kulturen überliefert.

2.1. Ausbildung der Baumeister in der Antike

Die Griechen, die Etrusker und später die Römer stützten sich auf die überlieferten Kenntnisse der alten Kulturen, sie ahmten die alten Bauweisen nach und erfanden neue. Sie bauten Straßen, Brücken (Viadukte), Wasserleitungen (Aquädukte), Festungsanlagen, Badeanlagen, Paläste, Kampfstätten, Theater und Tempel.

Die planerische, organisatorische und geistige Leistung für die Erstellung von Bauwerken wurde von den Baumeistern erbracht. *Baumeister* ist ein Sammelbegriff für die konstruktive und planerische Tätigkeit von Architekt und Ingenieur.

Schon die Griechen kannten den Beruf *Architekt* und auch den Römern waren die beiden Berufe *Architekt* und *Ingenieur* wohlbekannt.

Einige römische Fachleute schrieben das Wissen über die Baukunst auf. Vieles davon ging verloren. Die einzige uns überlieferte Schrift über die Baukunst, verfasst im Zeitraum von 33 bis 22 v. Chr., stammt vom römischen Baumeister *M. Vitruvius Pollio*, bekannt unter dem Namen *Vitruv*. Sie trägt den Titel ***De Architectura Libri Decem*** (*Zehn Bücher über die Architektur*).

Die Römer nannten die damals üblichen Schriftrollen ***Libri*** (*Bücher*). Die 10 Schriftrollen Vitruvs sind in einem einzigen Buch heutiger Machart zusammengefasst (Lit. [Vitruv]). Vitruv behandelt die Baukunst im weitesten Sinne, also auch Baustoffe, Farben, Wasserversorgung, Zeitmessung (öffentliche Uhren), Bau- und Kriegsmaschinen.

Im ersten Kapitel ist die Ausbildung des römischen Baumeisters beschrieben, Vitruv bezeichnet ihn als Architekt. Vitruv zeigt auf, dass das Wissen des Architekten mehrfache wissenschaftliche und mannigfaltige elementare Kenntnisse aufweisen muss. Dieses Wissen erwächst aus dem Handwerk (***fabrica***) und aus geistiger Arbeit (***ratiocinatio***).

Die alten römischen Begriffe ***Ratiocinatio*** und ***Fabrica*** heißen heute einfach *Theorie* und *Praxis*.

Im weiteren Text spricht Vitruv von der *Konstruktion* (***„quod significatur“***), also von dem, was dargestellt wird, dem zu erstellenden Bauwerk, dem Ziel des Bauens. Er spricht auch die mit wissenschaftlichen Methoden entwickelte *Darstellung* (***„quod significat“***), also das, was diesen Gegenstand darstellt, die Zeichnung, den Plan an. Er betont, dass derjenige, der sich als Architekt ausgeben will, in beidem geübt und theoretisch-wissenschaftlich geschult sein muss (siehe auch 5.3 auf Seite 47). Der Architekt müsse im schriftlichen Ausdruck gewandt, des Zeichenstiftes kundig und in der Geometrie gebildet sein. Dann begründet Vitruv, warum diese Fähigkeiten nötig sind.

Der Architekt müsse aber auch geschichtliche Daten kennen, um die künstlerische Ausgestaltung der Bauwerke nach den alten Baumethoden vornehmen zu können.

Er müsse vom Klima und der Gesundheit des Menschen[3] etwas verstehen, um beides im Bauwerk in Einklang bringen zu können. Er müsse von den Rechtsverhältnissen etwas verstehen, um das Nachbarrecht hinsichtlich der Anordnung von Mauern, Fenstern, Dachrinnen und Kloaken[4] einhalten zu können. Außerdem müsse er die Kosten des Bauwerkes berechnen können und die Bauverträge zwischen dem Bauherrn und dem Bauunternehmer richtig abfassen, damit es später nicht zu Streitigkeiten kommen kann.

Hier wollen wir die Beschreibung der Ausbildung des antiken Architekten abbrechen, die bei Vitruv noch weitergeht. Im Rest seines Werkes beschreibt Vitruv das Fachliche bis in alle Einzelheiten.

Dieses Werk, das Vitruv als Lehrbuch geschrieben hat, wurde zum Typus, auf dem alle späteren architekturtheoretischen Schriften aufbauten (siehe auch *Vitruvs Architekturtheorie*, Lit. [Knell]).

2.2. Unterschied zwischen Architekt und Bauingenieur

Im Laufe der Jahrhunderte erweiterte sich das Wissen der Baumeister. Sie wagten es, große Bauwerke zu erstellen, aus dem Wissen heraus, welches sie aus den Erfahrungen der alten Baumeister gelernt hatten, und sie vertrauten darauf, dass die Bauten aufgrund der bewährten soliden Bauweise standfest bleiben und nicht einstürzen.

Etwa um das Jahr 1860 vollzog sich die ungute Aufteilung der Aufgaben zwischen Bauingenieur und Architekt, von denen der Bauingenieur als *Nur-Berechner* die konstruktiven Aufgaben einschließlich aller Berechnungen und der Architekt als *Nur-Gestalter* die gestalterische Planung der Bauwerke übernahm.

Inzwischen hat sich das Bauwesen weiterentwickelt. Was früher als *Baukunst* galt, entwickelte sich mehr und mehr zur *Kunst des Bauens*, bei der es darauf ankommt, die richtige Konstruktion (Tragwerk, Spannweiten, optisches Erscheinungsbild) zu wählen, die geeigneten Baustoffe einzusetzen und das richtige Verhältnis zwischen dem, was möglich ist und dem, was finanzierbar ist, zu finden.

Vor 50 Jahren erhielten die angehenden Architekten und Bauingenieure in den ersten drei Semestern eine identische Ausbildung (siehe Fächerübersicht, Seite 25). Dadurch ist ihnen ein gewisses gemeinsames ingenieurmäßiges Denken anerzogen worden, damit beide eine gemeinsame Sprache sprechen und eine Synthese zwischen schöpferischem Gestalten und wissenschaftlichem Berechnen der Mechanik eines Bauwerks herbeiführen können.

Die Verwendung neuer Baustoffe und Bauverfahren ermöglicht heute dem Architekten größte Freiheit in der Gestaltung. Zu den bisherigen Grundformen des Massivbaus kam das Bauen mit Flächenelementen, wie Platten, Scheiben, Faltwerken, Schalen und Membranen. Es ist nicht Aufgabe des gestaltenden Architekten, etwa eine Schale oder ein Faltwerk selbst statisch zu berechnen. Er muss aber den Verlauf der Hauptkräfte (*Kraftfluss*) kennen, der entscheidend ist für die Stabilität und für die Festlegung der Form und der Abmessungen des Tragwerkes.

Der Architekt muss also wieder ein bisschen Bauingenieur (Statiker) sein, wenn er seinen Beruf beherrschen will. Er muss die Stärken und Schwächen der neuen Bauformen und Baustoffe kennen.

Je größer das ingenieurmäßige Gefühl des Architekten für den Kraftfluss innerhalb der Bauteile ist, umso seltener wird eine spätere, unliebsame Umstellung seines Entwurfes aufgrund statischer Erfordernisse nötig werden.

Bei fast allen Projekten ist der Bauingenieur darauf angewiesen, mit dem Architekten erfolgreich zusammenzuarbeiten. Es darf keine Bevorzugung weder für die gestalterische Phantasie noch für die konstruierende Logik geben. Den Bauingenieuren und Architekten muss bewusst bleiben, dass sie auf eine vertrauensvolle Zusammenarbeit angewiesen sind, wenn gemeinsame Höchstleistungen erzielt werden sollen. In den grundsätzlichen Dingen muss diese Zusammenarbeit möglichst früh einsetzen. Keiner darf den anderen vor vollendete Tatsachen stellen.

---

[3] Hier sind bereits Ansätze der Bauphysik zu erkennen.

[4] Abwasserbeseitigung.

2.3. Ausbildung des Bauingenieurs vor 50 Jahren

2.3.1. Zugangsvoraussetzungen

Es gab zwei Studienwege zum Bauingenieur:

1. Studium an einer Technischen Hochschule (TH), heute Technische Universität (TU):
   Der Zugang für das Universitätsstudium der Bauingenieurwissenschaften (mind. 8 Semester) war das Abitur. Im Laufe des Studiums musste ein Praktikum absolviert und nachgewiesen werden.
2. Studium an einer Ingenieurschule:
   Voraussetzungen für den Zugang zum 6-semestrigen *Studiengang Bauingenieur* (damals *Tiefbau* genannt) an der Staatsbauschule München und am Oskar-von-Miller-Polytechnikum München (beide jetzt vereint zur Fachhochschule München) waren:
   entweder:
   a) Abitur und nachgewiesenes Baustellen-Praktikum (wie beim Universitätsstudium),
   oder der zweite Bildungsweg:
   b) abgeschlossene Hauptschule, abgeschlossene Lehre in einem der anerkannten Bauberufe (Maurer, Zimmerer, Bauschlosser, Bauschreiner, u. a.) und ein erfolgreich abgeschlossener Vorkurs (2 Semester), der vor dem eigentlichen Studium an der Ingenieurschule absolviert werden musste.

2.3.2. Fächerübersicht (Vorlesungsfächer)

Beim Universitätsstudiengang muss der Studienanfänger die Belegung der Fächer selbst vornehmen. Dies ist für ihn sehr schwierig, da er noch nicht mit der Materie vertraut ist. Es gibt aber Belegungsempfehlungen, die er dankbar annimmt.

Dagegen waren damals für den Studiengang an der Ingenieurschule die zu absolvierenden Fächer fest vorgegeben (siehe unten). Es gab feste Lehrpläne. Im Studiengang Tiefbau an der Ingenieurschule waren damals insgesamt 23 Pflichtfächer zu absolvieren. Auch die Wahlfächer Französisch und Spannbeton wurden angeboten. Man konnte nicht, wie es an der Universität üblich ist, das Kursprogramm durch Belegung selbst zusammenstellen. Außerdem wurden regelmäßige Prüfungen durchgeführt, die jeweils am Schluss jedes Semesters (Semesterprüfungen) und am Schluss des Grund- und Hauptstudiums stattfanden. Das Bestehen der Prüfungen war für das Weiterstudium Voraussetzung.

Da der Stoff der ersten drei Semester (Grundstudium) für angehende Architekten und Bauingenieure identisch war, konnte man am Schluss des 3. Semesters nach der Prüfung ausscheiden und als (staatlich geprüfter) Bautechniker zu arbeiten beginnen. Wollte man weiterstudieren, musste für das Hauptstudium Architektur (Hochbau) oder Bauingenieurwesen (Tiefbau) gewählt werden.

2.3.2.1. Grundstudium Hoch- und Tiefbau (1. bis 3. Semester)

1. Elementare Mathematik
2. Höhere Mathematik
3. Darstellende Geometrie
4. Physik
5. Technisches Zeichnen
6. Baukonstruktionslehre
7. Baustoffkunde mit Chemie
8. Baustatik (1. Teil)
9. Maschinenkunde und Elektrotechnik
10. Grundbau (1. Teil)
11. Rechts- und Wirtschaftslehre (1. Teil)
12. Allgemeine Baukunde
13. Allgemeinbildende Fächer
14. Wahlfach Französisch.

2.3.2.2. *Hauptstudium Tiefbau (4. bis 6. Semester)*

1. Baustatik (2. Teil)
2. Stahlhoch- und Stahlbrückenbau
3. Holzhoch- und Holzbrückenbau
4. Stahlbetonbau
5. Massivbrückenbau
6. Veranschlagen und Baubetrieb
7. Städtischer Ingenieurbau
8. Grundbau (2. Teil)
9. Vermessungskunde
10. Erd- und Straßenbau
11. Eisenbahnbau
12. Wasserbau
13. Rechts- und Wirtschaftslehre (2. Teil)
14. Wahlfach Spannbeton.

2.3.3. *Vorlesungsmitschriften*

Während der Vorlesung musste alles Wichtige mitgeschrieben und alle Skizzen mitgezeichnet werden. Für den Vorlesungsstoff gab es keine vollständigen vorgedruckten Vorlesungsskripten, sondern nur einzelne Blätter mit Diagrammen und Tabellen, die von den Dozenten zur Verfügung gestellt wurden. Bücher, die zur Vorlesung gepasst hätten, gab es kaum.

Wer der Vorlesung fernbleiben musste, bat einen Kommilitonen, eine Durchschrift der Vorlesungsmitschrift für ihn mit anzufertigen. Wegen der Stofffülle kam es nicht in Frage, nachträglich alles abzuschreiben. Es empfiehlt sich immer, in der Vorlesung mitzuschreiben, weil die Formulierungen des Gehörten mit eigenen Worten immer noch das Verständlichste sind.

Ein sehr großer Vorteil ist, wenn man *Stenografie*[5] beherrscht. Nicht nur Studierende haben damit den Vorteil des schnellen Erfassens von gesprochenem Text, sondern auch später als Ingenieur im täglichen Berufsleben gibt es immer wieder Situationen, bei denen Stenografie erfolgreich für den Entwurf von Berichten und zum Mitschreiben von Besprechungsinhalten eingesetzt kann.

Ich stenografierte alle Vorlesungen fast wörtlich mit. Dabei verwendete ich karierte Ringbuchblätter DIN A5 für die Mitschriften, die heute als gebundene Bücher (Lit. [Praxl2]) in meinem Bücherschrank stehen.

2.3.4. *Abschlüsse*

Das Studium der Bauingenieurwissenschaften schloss man an der Technischen Hochschule (TH) mit der Diplomprüfung ab, man erhielt den Titel *Diplomingenieur* oder *Dipl.-Ing.* Nach Abschluss des Bauingenieurstudiums an der Ingenieurschule (heute Fachhochschule) erhielt der Absolvent damals die Berufsbezeichnung (kein Titel!) *Ingenieur für Tiefbau*, später erst erfolgte auf Antrag eine Nachdiplomierung zum *Diplomingenieur (FH)*[6] bzw. *Dipl.-Ing. (FH).*

[5] Siehe mein Lehrheft „Grundlagen der Stenografie“, im Internetbuchhandel erhältlich.

[6] Die Abkürzung FH bedeutet Fachhochschulabsolvent und wurde zur Unterscheidung gegenüber den Absolventen der Universitäten an den „Dipl.-Ing.“ angehängt.

2.4. Ausbildung des Bauingenieurs heute

2.4.1. Zugangsvoraussetzungen

Die Zugangsvoraussetzungen für das Bauingenieurstudium sind heute ähnlich wie vor 50 Jahren.

Voraussetzung für die Aufnahme eines Studiums ist das Zeugnis der allgemeinen Hochschulreife, das Zeugnis der Fachhochschulreife oder eine als gleichwertig anerkannte Vorbildung.

Für das Studium an einer Technischen Universität oder Hochschule ist immer noch das Abiturzeugnis (Zeugnis der allgemeinen Hochschulreife) die beste Voraussetzung. Im Laufe des Studiums müssen Praktika auf Baustellen und im Ingenieurbüro absolviert und nachgewiesen werden.

Für das Ingenieurstudium (Bachelor-Studiengang) an einer Fachhochschule ist die Fachhochschulreife erforderlich, die durch Abschluss an einer Fachoberschule (Fachrichtung Technik oder Bautechnik) oder mit abgeschlossener baubezogener Berufsausbildung an einem Berufskolleg erworben werden kann.

Es gibt noch andere Möglichkeiten, den Zugang zum Bauingenieurstudium zu erreichen. Die Interessenten können sich auf den Internetseiten der ins Auge gefassten Universität oder Hochschule (Stichwort „Zugangsvoraussetzungen“) informieren.

2.4.2. Studiengang Bauingenieurwesen (Bachelor) heute

Der vor etwa 50 Jahren ausgebildete Bauingenieur ist sowohl für die Planung, Konstruktion und Berechnung wie auch für die Bauausführung ausgebildet. Seit damals ist inzwischen eine Fülle neuen Wissens hinzugekommen, die eine Aufteilung in unterschiedliche Studiengänge erforderte. Genaue Informationen darüber sind auf den Internetseiten der Fachhochschulen und technischen Universitäten zu finden.

Zum Vergleich mit der vorstehenden Fächerübersicht aus dem Jahr 1957 sei nachstehend die Fächerübersicht des Bachelor-Studiengangs Bauingenieurwesen (2010) angegeben (Abweichungen bei verschiedenen Hochschulen sind möglich).

2.4.2.1. Grundstudium (1. und 2. Semester)

1. Mathematik I
2. Mathematik II
3. Baustatik I
4. Baustoffe
5. Bauchemie
6. Bauphysik I
7. Baukonstruktion
8. Konstruktives Zeichnen und CAD
9. Darstellende Geometrie
10. Bauinformatik I
11. Allgemeinwissenschaftliche Wahlpflichtfächer.

2.4.2.2. Hauptstudium (3. bis 5. Semester)

1. Baustatik II
2. Massivbau I
3. Stahlbau I
4. Holzbau
5. Bodenmechanik mit Praktikum
6. Grundbau
7. Landverkehrswegebau

8. Straßenbau
9. Bahnbau
10. Wasserbau I
11. Siedlungswasserwirtschaft I
12. Bauproduktionsplanung und –steuerung I
13. Bauproduktionsplanung und –steuerung II
14. Vermessung (mit Praktikum Vermessung u. Straßenabsteckung)
15. Wahlfach: Berufsfelder des Bauingenieurs

Praxisbegleitende Lehrveranstaltungen

16. Sicherheitstechnik
17. Praxisseminar
18. Praktikum.

2.4.2.3. Hauptstudium (6. und 7. Semester), Schwerpunkt allgemeines Bauingenieurwesen

1. Tragwerke des Hochbaus I
2. Bauordnungs- und Bauvertragsrecht I
3. Interdisziplinäres Projekt
4. Bauinformatik II

Zusätzlich sind aus den folgenden 22 fachwissenschaftlichen Wahlpflichtfächern 7 auszuwählen:

1. Technisches Englisch
2. Bauinformatik III
3. Umweltschutz im Bauwesen
4. Bauen im Bestand
5. Bauphysik II und konstruktiver Brandschutz
6. Betontechnologie
7. Landverkehrswegebau
8. Baustatik III
9. Massivbau
10. Spannbetonbau
11. Holzbau II
12. Stahlbau II
13. Finite Elemente für ebene Tragwerke
14. Tragwerke des Ingenieurbaus
15. Konstruieren mit Stahlbau-CAD
16. Grundlagen Fassadentechnik und Glasbau
17. Bauvertragsrecht II
18. BWL und betriebliches Controlling
19. Bauproduktionsplanung und -steuerung III
20. Projektmanagement
21. Schlüsselfertiges Bauen
22. Kosten- und Leistungsrechnung.

2.4.2.4. Hauptstudium (6. und 7. Semester), Schwerpunkt Stahlbau

1. Bauordnungs- und Bauvertragsrecht I
2. Interdisziplinäres Projekt
3. Bauinformatik II
4. Konstruieren mit Stahlbau-CAD
5. Stahlbau II
6. Werkstoff- und Schweißtechnik Grundlagen
7. Stahlhochbau I

8. Stahlbrückenbau
9. Stahlbau III
10. Fertigung, Montage und Kalkulation

+ 1 fachwissenschaftliches Wahlpflichtfach aus nachfolgender Liste

1. Boden, Wasser, Umwelt
2. Bauen im Bestand
3. Bauphysik II und konstruktiver Brandschutz
4. Baustoffe II
5. Landverkehrswegebau II
6. Baustatik III
7. Massivbau
8. Spannbetonbau
9. Holzbau II
10. EDV zur Bemessung im Ingenieurbau
11. Tragwerke des Ingenieurbaus
12. Fassadentechnik
13. Bauvertragsrecht II
14. Bauorganisation und BWL im Bauwesen
15. Bauproduktionsplanung und -steuerung
16. Projektmanagement
17. Technische Gebäudeausrüstung, Ausbaugewerke
18. Bauinformatik III.

2.4.3. Abschlüsse und akademische Grade

Der akademische Grad *Diplomingenieur* wird nicht mehr verliehen[7], die Studiengänge werden heute mit *Bachelor* (*Bakkalaureus*) oder *Master* abgeschlossen.

Der *Bakkalaureus* (von lat. ***baccalaureus***, auch ***baccalarius***, englisch und deutsch: *Bachelor*, französisch: *Bachelier*) ist seit dem 13. Jahrhundert der erste (unterste) akademische Grad, der von Hochschulen nach Abschluss einer wissenschaftlichen Ausbildung vergeben wird.

An den Universitäten und Fachhochschulen werden die bisherigen Diplomstudiengänge nicht mehr angeboten. Die meisten dieser Hochschulen und Universitäten haben ihre Ingenieurstudiengänge einheitlich auf den Abschluss *Bachelor* bzw. *Master* umgestellt.

Die deutsche Kultusministerkonferenz (KMK) hat im Jahr 2003 in den Strukturvorgaben festgelegt, dass in Deutschland folgende Abschlussbezeichnungen zu verwenden sind:

- *Bachelor of Arts (B.A.)*
- *Bachelor of Science (B.Sc.)*
- *Bachelor of Engineering (B.Eng.)*
- *Bachelor of Laws (LL.B.)*
- *Bachelor of Education (B.Ed.)*

Für den Bauingenieur trifft der *Bachelor of Engineering (B.Eng.)* zu.

Der Absolvent muss den akademischen Grad als Berufsbezeichnung so führen, wie er verliehen wurde. Er darf nicht eigenmächtig eine andere Sprache oder eine andere Abkürzung wählen. Laut Vorgabe der KMK werden keine Leerzeichen in der Abkürzung bei der Verleihung verwendet. Der Bachelor-Grad darf nicht um einen fachlichen Zusatz oder um einen Zusatz ergänzt werden, der auf die Art der Bildungseinrichtung hinweist, die den Bachelor-Grad verliehen hat, z. B. (FH) oder (Univ.), da es keine unterschiedlichen Vorgaben (z. B. Dauer des Studiums) für die Hochschulart mehr gibt.

[7] Das letzte Wort ist hier noch nicht gesprochen: Es gibt Bestrebungen, den *Diplomingenieur* weiterhin zu verleihen bzw. ihn wieder einzuführen.

Alle Hochschulen und Universitäten unterliegen denselben Anforderungen. An einen Bachelor-Abschluss an einer Hochschule (Fachhochschule oder Universität) kann auf jeden Fall ein *Master*-Studium angeschlossen werden. Bachelor- und Master-Abschlüsse führen hochschulübergreifend nach meist sechs bis acht Semestern Regelstudienzeit in den Ingenieurwissenschaften zum akademischen Grad *Bachelor of Engineering (B.Eng.)* bzw. nach insgesamt zehn Semestern Regelstudienzeit eines konsekutiven Studiums zum akademischen Grad *Master of Engineering (M.Eng.)*.

Bei einem Studienschwerpunkt in Mathematik oder Naturwissenschaften kann auch ein *Bachelor of Science (B.Sc.)* bzw. *Master of Science (M.Sc.)* verliehen werden.

Der Masterabschluss ist dem bisherigen universitären Diplomabschluss gleichgestellt und berechtigt zur Promotion. Nach einer Promotion in den Ingenieurwissenschaften wird der akademische Grad eines Doktors der Ingenieurwissenschaften (Doktor-Ingenieur, Dr.-Ing.) verliehen. Die Studiengänge unterliegen den Anforderungen einer ministeriellen Zulassung (Akkreditierung).

Der Bachelor-Grad sagt noch nichts über die absolvierte fachliche Ausbildung aus. Genaue Informationen über die absolvierten Fächer gehen aus dem Anhang (Diploma Supplement) der Bachelor-Urkunde hervor.

2.5. Laufende Fortbildung im Beruf

2.5.1. Man lernt nie aus.

Der Bauingenieur muss im Laufe seines Berufslebens zwangsläufig immer neues Wissen hinzuerwerben, um mit den aktuell ausgebildeten jungen Bauingenieuren, mit denen er ja im Alltag zusammenarbeiten muss, mithalten zu können.

Allgemein gilt immer noch der Grundsatz, dass der Studierende das Grundlagenwissen seines künftigen Berufes gründlich lernen muss, um später neu zu erwerbendes Wissen darauf aufbauen zu können. Nur dann ist er in der Lage, neue Verfahren zu begreifen, mit ihnen richtig umzugehen und sie weiterzuentwickeln.

Er muss also dauernd dazulernen. Dies geschieht durch Studium der Fachliteratur, der Fachzeitschriften und durch Ausschöpfen vieler anderer Wissensquellen.

2.5.2. Bauinformatik

Vor 50 Jahren gab es das Studienfach *Bauinformatik* innerhalb des Bauingenieurstudiengangs noch nicht. Während des Studiums und auch in den ersten Berufsjahren waren die Computer kein Thema.

Als die Bauingenieure dann später im Beruf mit Computern zu tun bekamen, mussten sie Lehrgänge besuchen, um sich die nötigen Kenntnisse über Computeranwendung anzueignen. Den ersten Lehrgang absolvierte ich im Jahr 1965, bei dem ich die Lochkartentechnik und die IBM-Computer kennenlernte.

Ab 1965 stand mir im Ingenieurbüro ein Computer für statische Berechnungen zur Verfügung. Damals gab es nur wenige Anwendungsprogramme. Die vorhandenen Programme mussten mit Tricks und Kunstgriffen für Probleme erweitert werden, für die es noch keine eigenen Programme gab. So musste für die Berechnung eines räumlichen Rahmens aus Mangel an verfügbaren Programmen das Programm für ebene Rahmen zur Berechnung räumlicher Systeme erweitert werden (veröffentlicht in Lit. [Prax11]).

Als ich dann im Jahr 1977 die Aufgabe bekam, die Umstellung eines Klärwerks auf automatische Prozesssteuerung zu planen und zu realisieren, entschloss ich mich, die Informatik gründlich zu lernen: Ich studierte neben meiner Berufstätigkeit Informatik und Mathematik an der Fernuniversität Hagen.

In Kapitel 28 ab Seite 249 findet der Leser eine kurze Einführung in die Bauinformatik.

2.5.3. *Umweltschutz, Umwelttechnik, Abfallwirtschaft*

Während meines Studiums waren Umweltschutz, Umwelttechnik und Abfallwirtschaft in den Vorlesungen nicht behandelt worden. Wie ich im Laufe meines Berufsleben erfahren musste, wären manchmal Kenntnisse in diesen Fachbereichen sehr hilfreich gewesen. Ich musste mir diese Kenntnisse nachträglich aneignen. Inzwischen gibt es eigene Studiengänge für diese Bereiche.

2.5.4. *Fachliteratur*

Kurz vor Abschluss des Studiums, bevor die frischgebackenen Ingenieure auf die Menschheit losgelassen wurden, gab man ihnen Literaturempfehlungen mit auf den Weg, weil, wie es hieß, sie auch trotz der besten Noten im Abschlusszeugnis noch fachliche Defizite hätten, die zu gegebener Zeit durch Lernen aus der Fachliteratur abgebaut werden müssten.

Man empfahl das Standardwerk HÜTTE (Lit.[HÜTTE1]) und die Bücher von *Schleicher* (Lit. [Schleicher1] und [Schleicher2]).

Später müsse sich jeder Ingenieur auf dem Büchermarkt umsehen und geeignete Ergänzungsliteratur erwerben. Das Literaturverzeichnis im Anhang auf Seite 318 weist Bücher auf, die sich im Laufe des Berufslebens in meinem Bücherschrank angesammelt haben.

Das wichtigste Buch des Bauingenieurs ist der *Betonkalender* (Lit. [BK]), er ist kein Kalender im wörtlichen Sinn, sondern er wird nur so genannt, weil er seit dem Jahr 1906 jedes Jahr neu erscheint.

Außer wichtigen bautechnischen Standardtabellen über Baustoffkennwerte, Querschnittswerte und Abmessungen von Stahlprofilen, Holzquerschnitten und Rohren sind dort vollständige Abhandlungen über wichtige Berechnungsverfahren mit allen Formeln und Bemessungstabellen zu finden. Die Betontechnologie, die Bemessung und Ausführung von Stahlbeton-, Spannbeton- und Massivbauwerken sind umfassend abgehandelt. Außerdem sind die einschlägigen Normblätter im Wortlaut abgedruckt.

Der *Betonkalender* setzt jedes Jahr andere Schwerpunkte, jeweils mit der vollständigen aktuellen Abhandlung wichtiger Themen. Der ältere Bauingenieur hat viele Jahrgänge des Betonkalenders in seinem Bücherschrank stehen.

2.5.5. *Fachzeitschriften*

Neue Bauverfahren und Berechnungsmethoden werden vorwiegend in Fachzeitschriften wie „Bautechnik“, „Bauingenieur“, „Beton- und Stahlbetonbau“ und anderen publiziert.

2.5.6. *Lehrgänge*

Lehrgänge bieten gerade in der Bauinformatik eine sichere Einführung in die Anwendung neuer Verfahren. Die Hersteller von Computer-Programmen führen Lehrgänge durch, um die Ingenieure im Umgang mit diesen Programmen zu schulen.

Auch die Bauingenieure selbst veranstalten Fachtagungen in ihren Berufsverbänden, wo sie Vorträge über ihre Erfahrungen mit neuen Bauverfahren, Berechnungsmethoden, Baustoffen und Computersystemen halten.

2.5.7. *Wissensquelle Internet*

Heute ist es sehr einfach, sich über alles Mögliche schnell zu informieren. Im weltumspannenden Kommunikationsnetz *Internet* ist fast alles zu finden. Das Wissen des Bauingenieurs ist dort gut dokumentiert. Die Online-Lexika (z. B. Wikipedia) enthalten sehr viele mathematische und fachliche Definitionen. Mit entsprechenden Stichwörtern (z. B.: „Bauingenieur“) kann man über die Suchmaschinen fast alles finden.

Allerdings ist das Wissen aus dem Internet nicht immer gesichert. Es kann ja jeder ungestraft irgendwelche frei erfundenen Theorien ins Netz stellen, die jeder vernünftigen Grundlage entbehren.

Deshalb müssen Informationen immer aus mehreren Quellen geholt und miteinander verglichen werden, bis feststeht, dass sie vertrauenswürdig sind.

3. Gesetze, Normen und Regelwerke

Die *Normen* des Bauwesens sind die Bibel des Bauingenieurs. Diese Normen werden vom *Deutschen Normenausschuss (DNA)* als DIN-Normen (DIN = *Deutsches Institut für Normung e. V.*) herausgegeben. Sie erscheinen als Normblätter für den deutschen Bereich. Sie sind inhaltlich meist mit den entsprechenden internationalen ISO-Normen und den von der Europäischen Gemeinschaft herausgegebenen europäischen Normen (EN) identisch. Sie werden laufend an die Erfordernisse der fortschreitenden Entwicklung angepasst.

Fast alles ist genormt: Schriften auf Zeichnungen, Papierformate, die Art der Darstellung in technischen Zeichnungen, alle Formelzeichen des Bauingenieurwesens, alle Berechnungsverfahren, Vergabebestimmungen, Vergabebedingungen, Ausführungsvorschriften für die Erstellung von Bauteilen und Bauwerken, Beschaffenheit und Eigenschaften der Baustoffe und noch viele andere Vorgaben, die hier nicht alle aufgezählt werden können.

3.1. Inhalt der Normen

Eine Norm enthält normalerweise klare technische Bestimmungen, Grundsätze, Formeln für vollständige Berechnungsverfahren und Hinweise zu vereinfachten Berechnungsverfahren. Dazu gehören alle nötigen Definitionen, Kennwerte, Koeffizienten und Formeln, damit die Anwender die Bauprojekte normgerecht bearbeiten können.

Der Zweck der Normblätter ist es, gesichertes technisches Wissen in gedrängter Form zusammenzufassen. Die Normen stellen den momentanen Stand der Technik (anerkannte Regeln der Baukunst) dar (siehe auch Abschnitt 3.3.2 auf Seite 34).

Normen werden als technische Regeln aufgestellt, die eine gewisse Allgemeingültigkeit haben müssen. Sie müssen auch in Grenzfällen gelten, andernfalls müssen die Gültigkeitsgrenzen klar genannt werden. Es dürfen keine Sprünge in den Ergebnissen auftreten, wenn Eingangsparameter Extremwerte (z. B. null, unendlich) annehmen.

3.2. Änderung und Anpassung der Normen

3.2.1. Regelmäßige Anpassungen der Normen

Die Normen werden aufgrund neuer Bauverfahren, neuer Baustoffe und neuer Berechnungsverfahren in kurzen Zeitabständen an diese Entwicklungen angepasst und neu herausgegeben. Zunächst erscheinen auf gelbem Papier gedruckte Vornormen (Gelbdruck), die in einem begrenzten Zeitraum vorläufig gelten. Die Fachleute können in dieser Zeit Einsprüche oder Kritik äußern, die später in der endgültigen Fassung Aufnahme finden können. An diese regulären Anpassungen haben sich alle Normenanwender gewöhnt.

3.2.2. Internationale Zusammenarbeit im Normenwesen

Bei der internationalen Zusammenarbeit bei Bauprojekten werden deutsche Ingenieurbüros und Bauunternehmungen auch im Ausland tätig. Sie mussten bisher die jeweils geltenden nationalen Normen und Berechnungsmethoden jener Länder kennen und anwenden, in denen sie die Projekte ausführten.

Um diese internationale Zusammenarbeit nicht durch unterschiedliche Normen zu erschweren, arbeiten die Normungsgremien aller Staaten zusammen, um ein international gültiges Normenwerk zu schaffen. Das gesamte deutsche Normenwesen ist deshalb seit einigen Jahren im Umbruch. In den nächsten Jahren ist damit zu rechnen, dass neue Normengenerationen die alten nationalen Normen und Regelungen vollkommen ersetzen werden. Die Ingenieure müssen also umlernen.

Es werden nicht nur die gewohnten Normblätterbezeichnungen verschwinden, sondern durch die internationale Anpassung werden auch ungewohnte Verfahren und internationale Bezeichnungen eingeführt. Diese Umstellungen ziehen einen enormen Aufwand an Zeit und Kosten nach sich, den die Ingenieurbüros und die Baufirmen zu tragen haben werden. Im Endeffekt wird der Bauherr über die höheren Preise zur Kasse gebeten.

3.2.3. Änderung von Berechnungsverfahren

Während der vergangenen fünfzig Jahre haben sich unabhängig von den regulären Anpassungen grundlegende Änderungen in der Anwendung der physikalischen Grundlagen der Normen ergeben.

Die Maßeinheit für die physikalische Kraft wurde in den vergangenen 50 Jahren zweimal geändert.

Nicht nur bei den Maßeinheiten (siehe Einheitengesetz auf Seite 57) mussten die Bauingenieure umlernen, auch Berechnungsverfahren wurden aufgrund neuer theoretischer Erkenntnisse geändert.

Das alte Bemessungsverfahren für Stahlbeton nach der DIN 1045 wurde im Jahr 1976 durch ein Verfahren nach einer neuen Theorie ersetzt. Die DIN 1045 wurde deshalb völlig neu bearbeitet, die Ingenieure mussten nach einer Übergangszeit nach der neuen Norm arbeiten.

Damit aber nicht genug, 1976 galt noch die Einheit Kilopond [kp] (siehe Seite 58). Nach Einführung der Einheit Newton [N] (siehe Seite 59) änderten sich auch die meisten Bemessungstabellen in der neuen DIN 1045, sodass diese Norm noch einmal neu herausgegeben werden musste.

3.2.4. Anwendung der Normen

Der Bauingenieur, der die theoretischen und technischen Grundlagen des in der Norm geregelten Fachgebiets beherrscht, kann die Norm korrekt anwenden.

Alle am Bau beteiligten Personen, Firmen und Behörden sind an die Normen gebunden. Diese Bindung ist entweder vom Gesetzgeber in Verordnungen vorgeschrieben oder durch Verträge zwischen den Beteiligten vereinbart.

3.3. Gesetze und Verordnungen

Nicht nur die Fachnormen, sondern auch die Gesetze und Verordnungen des Landes- und Bundesgesetzgebers muss der Bauingenieur kennen und beachten.

Hier seien nur einige genannt:

> Baugesetzbuch (früher: Bundesbaugesetz), Bauordnungen, Bundesfernstraßengesetz, Straßen- und Wegegesetze der Bundesländer, Eisenbahnkreuzungsgesetz, Wasserhaushaltsgesetz, Wassergesetze der Bundesländer, Naturschutzgesetz, Bundesimmissionsschutzgesetz, Bauvorlagenverordnung, Garagenverordnung, Feuerstättenverordnung, Zulassungen für Baustoffe und Bauverfahren.

Es gibt noch viele andere Gesetze und Verordnungen, auf die der Bauingenieur erst stößt, wenn bestimmte Probleme anstehen und sich dann die Gesetze in den Weg stellen. Spätestens, wenn es um das Nachbarrecht oder um Verträge geht, braucht der Bauingenieur auch das Bürgerliche Gesetzbuch (BGB). Besonders wichtig für den Bauingenieur sind die gesetzlichen Einheiten für physikalische Größen, die im *Gesetz über Einheiten im Messwesen* (Einheitengesetz) festgelegt sind (siehe Abschnitt 6.2 auf Seite 57).

Während des Studiums werden die für den Bauingenieur wichtigen Gesetze zwar inhaltlich behandelt, aber es wird auch darauf hingewiesen, dass immer die gültige Fassung zu verwenden sei. Die Dozenten wissen, dass sich diese Gesetze längst geändert haben werden, wenn der ausgebildete Ingenieur sie in der Praxis brauchen wird.

3.3.1. *Sicherheit am Bau, Unfallverhütungsvorschriften*

Sobald es Bauarbeiten betrifft, kommen die Unfallverhütungsvorschriften (UVV) der Bauberufsgenossenschaften und die Sicherheitsvorschriften der Bauaufsichtsbehörden zum Tragen.

Die Bauberufsgenossenschaften sind die Träger der Unfallversicherung im Bauwesen. Für jede Fachsparte gibt es eigene Sicherheitsvorschriften, in denen die speziellen Gefahren dieser Sparte und die Maßnahmen zur Verhütung von Unfällen angegeben sind.

Bei neuen Bauverfahren müssen die Aufsichtführenden und Bauleiter an einer Sicherheitsschulung teilnehmen, bei der sie die besonderen Gefahren der neuen Bauweise und der neuen Baustoffe und Maschinen kennenlernen. Sie müssen diese Kenntnisse dann in einer Baustellenschulung an die ihnen unterstellten Mitarbeiter weitergeben.

Die Sicherheitsvorschriften der Bauaufsichtsbehörden und der Bauordnungen beziehen sich auf die Bauweise, um Baufehler und deren schädliche Auswirkungen auf Menschen zu vermeiden.

3.3.2. *Allgemein anerkannte Regeln der Baukunst*

Normen und Unfallverhütungsvorschriften sind *allgemein anerkannte Regeln der Baukunst*, die von den Gerichten wie Gesetze behandelt werden. Falls Unfälle oder Schäden auf die Nichteinhaltung dieser *allgemein anerkannten Regeln der Baukunst* (aaRdB) zurückzuführen sind, werden die Verantwortlichen, meistens die Aufsichtführenden und die Bauleiter, empfindlich bestraft.

3.3.2.1. *Grundlagen der Regeln*

Eine anerkannte Regel der Baukunst gründet sich in erster Linie auf das Werkvertragsrecht des BGB (§ 631 bis § 651). Dort ist geregelt, dass der Unternehmer verpflichtet ist, das Werk so herzustellen, dass es *„die zugesicherten Eigenschaften hat und nicht mit Fehlern behaftet ist, die den Wert oder die Tauglichkeit zu dem gewöhnlichen oder dem nach dem Vertrag vorausgesetzten Gebrauch aufheben oder mindern“* (Zitat aus § 633, Abs. 1, BGB). In der Verdingungsordnung für Bauleistungen (VOB) ist festgehalten, dass die Leistung (das erstellte Werk) zur Zeit der Abnahme die vertraglich zugesicherten Eigenschaften haben muss.

Normen stellen normalerweise den aktuellen Stand von Wissenschaft und Technik dar. Normen, die diesen Wissensstand zwar widerspiegeln, aber bei einer Baumaßnahme nicht angewendet werden, weil sie vertraglich nicht vereinbart oder für den Fall nicht zutreffend sind, gelten in diesem Fall nicht als anerkannte Regeln der Baukunst.

3.3.2.2. *Anerkennung durch Gerichte*

Gerichte stellen allerdings an die allgemein anerkannten Regeln der Baukunst strenge Anforderungen. So muss es sich um technische Regeln für den Entwurf und die Ausführung baulicher Anlagen handeln. Ihre theoretische Richtigkeit muss wissenschaftlich erwiesen sein. Sie müssen allgemein als richtig anerkannt sein, sich in der Baupraxis bewährt und als notwendig durchgesetzt haben.

In vielen Fällen ist aber die „Richtigkeit“ der aaRdB nicht beweisbar. Durch Ländererlasse werden DIN-Normen manchmal in den Rang technischer Baubestimmungen erhoben. Damit sind sie aber noch lange nicht zu allgemein anerkannten Regeln der Baukunst geworden.

Selbst Sachverständigengutachten zu bestimmten Normen sind durch Gerichtsentscheide (OLG-Urteile) als „Beweise“ abgelehnt worden, wenn in Einzelfällen die Sachverhalte dagegen sprachen.

3.4. Verantwortung des Bauingenieurs

Für den Bauingenieur gelten alle theoretischen und praktischen Grundlagen seines Berufes, nach denen er konstruieren und bauen muss, als verbindliche Regeln. Er als Fachmann kann am besten beurteilen, ob die ihm vorgegebenen Normen und aaRdB den Grundlagen seines Berufes entsprechen.

Er muss genau erkennen, wenn im Einzelfall die vorgegebenen Normen und Vorschriften in Widerspruch zu seinen fachlichen Erkenntnissen stehen. Dann liegt es in seiner Verantwortung, entweder von den Normen abzuweichen und die Abweichung zu begründen oder eine andere Konstruktion zu wählen, die mit den Normen in Einklang steht.

4. Hilfsmittel des Ingenieurs, damals und heute

4.1. Berechnungshilfsmittel

Vor 50 Jahren waren die 7-stellige Logarithmentafel, der Rechenschieber, der Addiator und die Kurbelrechenmaschine die einzigen Hilfsmittel des Ingenieurs, um Berechnungen durchführen zu können.

4.1.1. Logarithmischer Rechenschieber

Das wichtigste Hilfsmittel des Ingenieurs war der *Rechenschieber*, den es mit 12,5 cm Skalenlänge als Taschengerät zum Mitnehmen auf die Baustelle und mit 25 cm Skalenlänge für den Gebrauch im Büro gab.

Bild 1 zeigt die Vorderseite des Rechenschiebers (ARISTO-Studio Nr. 868, Skalenlänge 12,5 cm) mit den Winkelfunktionen.

Bild 2 zeigt die Rückseite mit den Exponentialfunktionen.

Bild 1: Rechenschieber-Vorderseite (Winkelfunktionen)

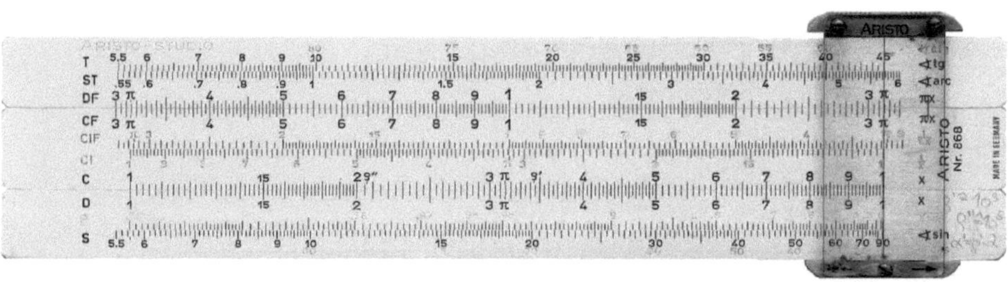

Bild 2: Rechenschieber-Rückseite (Exponentialfunktionen)

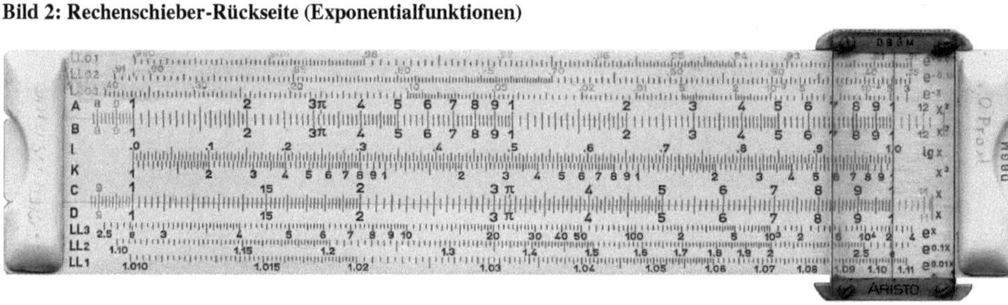

Der Rechenschieber bietet außer Multiplikation und Division die Winkelfunktionen **sin**, **cos**, **tan**, die Funktionen x^2, x^3, $1/x$, π, $1/\pi$, πx, $1/(\pi x)$, das Bogenmaß, natürliche Logarithmen, die Exponentialfunktion e^x und die Konstanten π und **e**. Die Genauigkeit der berechneten Zahlen liegt bei 3 signifikanten Stellen. Als signifikante (kennzeichnende) Stellen wird die Anzahl der Ziffern zwischen den vor- und nachstehenden Nullen einer Zahl bezeichnet, z. B. hat die Zahl 0,00034500 drei signifikante Stellen.

Diese Genauigkeit ist für die Ingenieurberechnungen in der Baustatik ausreichend, weil die Lastannahmen eine größere Genauigkeit nicht erfordern.

Genaue Additionen und Subtraktionen von Zahlen sind auf dem Rechenschieber nicht möglich.

4.1.2. Kurbelrechenmaschine

Erforderten die Berechnungen eine größere Genauigkeit oder waren Additionen und Subtraktionen durchzuführen (die immer genau sein müssen), dann wurden bis etwa zum Jahre 1970 in den Büros mechanische Rechenmaschinen verwendet.

Es gab Rechenmaschinen mit Papierstreifen und die Kurbelrechenmaschinen ohne Papierstreifen. Diese Rechenmaschinen beherrschen die vier Grundrechenarten: Addieren, Subtrahieren, Multiplizieren und Dividieren.

Bei den Ingenieuren war die *Kurbelrechenmaschine* am beliebtesten, weil sich damit alle auf der Baustelle und im Büro vorkommenden Berechnungen durchführen ließen. Außerdem gab es Kurbelrechenmaschinen, die mit Rückübertragung ausgestattet waren, wie die in Bild 3 gezeigte WSR 160 von *Walther*. Die Zahl im Ergebniswerk konnte für Kettenrechnungen über rote Zusatztasten ins Eingabewerk zurückübertragen werden, sodass man schnell mit diesem Wert weiterrechnen konnte.

Das Rechnen mit der Kurbelrechenmaschine ist eine lärmerzeugende Arbeit. Zur Verminderung der Körperschallübertragung wird sie zweckmäßig auf eine Gumminetzdecke gestellt, wie im Bild 3 zu sehen.

Bild 3: Kurbelrechenmaschine Walther WSR 160

Wurzelziehen

Mit der Kurbelrechenmaschine ist auch Wurzelziehen möglich.

1. Bei der aufwendigen iterativen Methode wird zuerst der Wurzelwert geschätzt und mit dem geschätzten Wert die Probe auf der Maschine gemacht. Ist das Ergebnis der Probe zu groß oder zu klein, wird der Wert der geschätzten Wurzel angepasst und der Vorgang so oft wiederholt, bis die gewünschte Genauigkeit erreicht ist. Diese Methode funktioniert nicht nur bei Quadratwurzeln, sondern auch bei dritten und höheren Wurzeln. Es ist eine mühsame Arbeit, auf diese Weise Wurzeln zu berechnen.

2. Speziell für die Quadratwurzel gibt es eine direkte Methode für die Kurbelrechenmaschine nach *Prof. Töpler*, im Internet zu finden unter „Töplerverfahren". Dieses beruht auf der Tatsache, dass beim fortlaufenden Addieren der ungeraden Zahlen 1 + 3 + 5 + ... immer eine Quadratzahl herauskommt. Die Summe aus den ersten n ungeraden Zahlen > 0 ist immer n^2.

Beispiel: Die ersten 6 ungeraden Zahlen werden aufsummiert: $1 + 3 + 5 + 7 + 9 + 11 = 36 = 6^2$.

Nach diesem Prinzip muss sich auch umgekehrt beim Subtrahieren der ungeraden Zahlen 1 bis n von einer Zahl die Quadratwurzel n dieser Zahl ergeben. Darauf beruht das Töplerverfahren für die Kurbelrechenmaschine. Mit einer sechzehnstelligen Maschine können nach dieser Methode Quadratwurzeln mit maximal acht signifikanten Stellen berechnet werden, 7 Stellen davon sind genau.

4.1.3. Addiator

Ein unentbehrlicher Begleiter des Ingenieurs neben dem Rechenschieber war der **Addiator**, auf dem nur Additionen und Subtraktionen möglich sind. Er hat Taschenformat (80 mm × 130 mm) und ist leicht zu bedienen.

Bild 4: Addiator

Bild 4 zeigt im linken Teil die Vorderseite, auf der die Addition durchgeführt wird und im rechten Teil die Rückseite, auf der die Subtraktion durchgeführt wird. Das Gerät wird mit einem Stift bedient, der seitlich am Gerät angebracht ist und der in das entsprechende Loch bei der zu addierenden Ziffer eingesteckt und nach unten bewegt wird. Bei einem Loch im oberen roten Bereich wird der Stift nach oben bewegt, um den Übertrag in die nächste Stelle zu bewerkstelligen. Bei abwechselnden Additionen und Subtraktionen dreht man einfach den Addiator um seine waagrechte Achse und rechnet auf der Rückseite weiter. Das Ergebnis ist auf beiden Seiten gleichzeitig sichtbar.

Das in Bild 4 gezeigte Gerät war auf allen Baustellen mit dabei. Es weist deshalb deutliche Gebrauchsspuren auf. Auch dieses Gerät wurde durch den Taschenrechner ersetzt.

4.1.4. Logarithmentafeln und andere Tabellenwerke

Für genauere Berechnungen war die Genauigkeit des Rechenschiebers nicht ausreichend. Insbesondere für Berechnungen in der Vermessungstechnik mussten *Logarithmentafeln* verwendet werden, die auch genaue Logarithmen für die Winkelfunktionen enthalten. Diese Logarithmen mussten mindestens 7 signifikante Stellen aufweisen. Daraus ergab sich die Notwendigkeit, die 7-stellige Logarithmentafel als dickes Buch herauszugeben.

Die Logarithmenrechnung wurde während des Studiums in den Mathematikvorlesungen sehr ausführlich behandelt und intensiv mit einer 5-stelligen Logarithmentafel geübt.

Komplizierte Berechnungen, die nicht elementar (mit Bleistift und Papier) lösbar sind, werden dabei durch Additionen und Multiplikationen von Logarithmen ersetzt. Die Berechnungen werden auf Kurbelrechenmaschinen durchgeführt.

Aber nicht nur Logarithmen sind als Tabellenbücher vorhanden. Die in allen Fachbüchern abgedruckten *allgemeinen Zahlentafeln* enthalten alle mathematischen Zahlenwerte, wie Quadratzahlen, Kubikzahlen, Quadratwurzeln, Kubikwurzeln, Kreisflächen, Kreisumfänge und die trigonometrischen Werte der Funktionen Sinus, Kosinus und Tangens.

Diese allgemeinen Zahlentafeln sind durch den wissenschaftlichen Taschenrechner ersetzt worden, da dieser alle Funktionswerte auf Knopfdruck liefert.

Außer diesen allgemeinen Zahlentafeln gibt es für jedes Fachgebiet Tabellenbücher mit technischen Tabellen. Dazu kommen noch die Tabellenwerke für Baustoffe (Profiltafeln für Walzprofile, Baustoffkennwerte, Baustoffeigenschaften, usw.).

4.1.5. Wissenschaftliche Taschenrechner

Bild 5: HP-35

Bild 6: HP 48GX

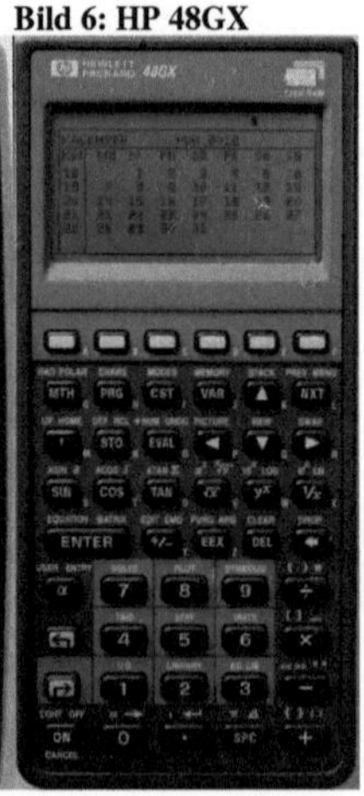

Seit 1970 gibt es wissenschaftliche Taschenrechner zu kaufen. Die Ingenieure bevorzugten den HP-35, der alle Funktionen bietet, die ein Ingenieur braucht. Die Genauigkeit der Ergebnisse beeindruckte die Ingenieure, denn sie waren bisher nur an Kurbelmaschinen und Logarithmen gewöhnt.

Die Ergebnisse werden in einem Zahlenbereich von 10^{-99} bis 10^{99} mit 10 signifikanten Stellen angezeigt. Der HP-35 hat intern einen Speicher für 4 Zahlen (Stackregister ***x, y, z, t***), deren gespeicherte Werte nach dem Ausschalten nicht erhalten bleiben.

Die Anzeige der Zahlen erfolgt auf einer 15-stelligen[8] Siebensegmentanzeige[9], die aus Glühfadensegmenten besteht. Die Glühfäden sind im hellen Umgebungslicht schlecht zu sehen und die Anzeige spiegelt, man muss sie mit der Hand abdunkeln, um sie ablesen zu können. Der HP 35 ist nicht programmierbar; 1970 war die Entwicklung noch nicht so weit. In der Entwicklung folgte dann der HP 48GX (Bild 6), der erste programmierbare grafikfähige Taschenrechner, auf dessen Bildschirm kleine Grafiken, meist mathematische Funktionen, dargestellt werden können (Bild 6).

---

[8] 10 Ziffern, 1 Vorzeichen, ein Dezimalpunkt, 2-stelliger Exponent mit Vorzeichen.

[9] Siebensegmentanzeige: Eine Ziffer wird aus 7 Segmenten zusammengesetzt (3 Querstriche und 4 senkrechte Striche). Die einzelnen Elemente leuchten zur Darstellung der Ziffern 0 bis 9 nach Bedarf auf.

Bild 7: HP 49G Bild 8: HP 49g+ Bild 9: HP 50g

Im Jahr 1999 kam der wissenschaftliche Grafiktaschenrechner HP 49G (Bild 7) auf den Markt; er hat einen seriellen Anschluss zur Verbindung mit dem Computer.

Die Taschenrechnerprogramme können auf dem Büro-Computer geschrieben und dann über eine serielle Verbindung auf den Taschenrechner übertragen werden.

Außerdem kann über diesen seriellen Anschluss das interne Betriebssystem des Taschenrechners HP 49G aktualisiert werden.

2005 folgte der HP 49g+ (Bild 8). Dieser Taschenrechner hat dieselben Funktionen wie der HP 49G, ist aber schneller und hat eine USB-Schnittstelle. Er kann zusätzlich SD-Speicherkarten lesen und beschreiben und hat damit viel Speicherplatz für alle Anwendungsprogramme und Daten zur Verfügung. Sein Nachfolger ist der HP 50g (Bild 9) mit demselben Funktionsumfang, jedoch anderem Aussehen, stabilerer Tastatur und 6 Volt Betriebsspannung anstelle der 4,5 Volt der Vorgänger.

Alle gezeigten HP-Taschenrechner ab dem HP 48GX sind programmierbar und haben kleine LCD[10]-Grafikbildschirmchen im Format 64 × 130 (HP 48GX und HP 49G) oder 80 × 130 Pixel[11] (HP 49g+ und HP 50g). Dort können Text, Formeln und Grafiken mit schwarzen Punkten (Pixel) auf hellem Grund dargestellt werden. Auch das Erscheinungsbild der Tastaturen ist gegenüber dem HP-35 wesentlich komplexer geworden. Über meine Erfahrungen mit den HP-Taschenrechnern im praktischen Einsatz habe ich ein Handbuch geschrieben (siehe Lit. [Praxl4]).

Inzwischen haben auch andere Hersteller wissenschaftliche Taschenrechner auf den Markt gebracht. Durch die wissenschaftlichen Taschenrechner sind Rechenschieber, Logarithmentafeln, Tabellenwerke für die Winkelfunktionen, Kurbelrechenmaschine und Addiator überflüssig geworden.

Neuerdings werden die wissenschaftlichen Taschenrechner von den Smartphones verdrängt. Die für Smartphones angebotenen Rechner-Apps[12] erreichen noch nicht die Leistung der wissenschaftlichen Taschenrechner. Früher oder später wird es aber Emulationen der gängigen wissenschaftlichen HP-Taschenrechner auch für Smartphones geben, sodass man nicht mehr auf seinen geliebten HP-Rechner verzichten muss. Auf Windows-Systemen laufen bereits Emulationen der HP-Taschenrechner.

4.2. Herstellung der Berechnungen als Schriftstücke

Der sparsame Bauingenieur schrieb seine statische Berechnung mit einem Tuschefüller handschriftlich in Druckschrift auf Transparentpapier (A4-Format), machte die nötigen Skizzen dazu und konnte diese Blätter dann zur Lichtpausanstalt zur Vervielfältigung geben. In manchen Ingenieurbüros war die handgeschriebene statische Berechnung nicht erwünscht, weil jeder Bauingenieur seine individuelle Druckschrift hat.

---

[10] LCD = liquid cristal display = Flüssigkristallanzeige

[11] Der Bildschirminhalt ist aus kleinen quadratischen schwarzen oder weißen Bildelementen, den „Pixeln“, aufgebaut. „Pixel“ ist ein Kurzname, der aus „picture element“ entstanden ist.

[12] Apps = Applikationen = Anwendungen

Deshalb musste die statische Berechnung wegen des angestrebten einheitlichen Erscheinungsbildes im Schreibbüro mit der Schreibmaschine auf Transparentpapier geschrieben werden und kam danach zum Korrekturlesen zum Statiker zurück, der dann die maschinengeschriebene Fassung auf Tippfehler zu prüfen hatte und seine Skizzen und Formeln von seinem Manuskript in die maschinengeschriebene Fassung übertragen musste.

Der dadurch bedingte zeitliche Mehraufwand (Schreibkräfte, zusätzliche Ingenieurstunden) war unwirtschaftlich. Man kam bald auf die alte Methode zurück, die statische Berechnung in Druckschrift gleich direkt auf Transparentpapier zu schreiben, damit das Abtippen, Korrekturlesen und das wiederholte Zeichnen der Skizzen entfiel.

Auch heute kann die statische Berechnung noch nicht vollautomatisch erstellt werden. Sie muss für den Menschen lesbar, prüfbar und nachvollziehbar sein. Das heißt, dass die Lastannahmen, der Berechnungsgang und die Nebenrechnungen übersichtlich angeordnet, in verständlichem Text und mit genormten Formelzeichen geschrieben sein müssen. Die Computerberechnung mit den Ergebnissen kann dann in Computerausdrucken mit den entsprechenden Erläuterungen beigefügt werden.

4.3. Arbeitsplatzrechner

Heute ist es üblich, dass der Bauingenieur einen Computer mit der Möglichkeit zur Programmierung an seinem Arbeitsplatz zur Verfügung hat. Viele Berechnungen lassen sich zwar mit einem Tabellenkalkulationsprogramm (siehe 29.1.2 auf Seite 266) erledigen, aber zur Berechnung spezieller Systeme mit allen Lastfällen braucht er öfter individuelle Programme, die es nicht zu kaufen gibt.

Arbeitete der mit Programmierung vertraute Bauingenieur früher mit FORTRAN oder PASCAL, so stehen heute Entwicklungssysteme für die Programmiersprachen, C++ oder Visual-Entwicklungssysteme (z. B. Visual Basic, Visual C) zur Verfügung, um alle erforderlichen mathematischen Funktionen zu programmieren. Dazu muss der Bauingenieur die Grundlagen der Bauinformatik beherrschen, die das Programmieren mit einschließen. Ohne Bauinformatikkenntnisse kommt sich der Bauingenieur auch bei gekaufter Software ziemlich verlassen vor. Deshalb gehört heute beim Ingenieurstudium die Bauinformatik ab dem ersten Semester zu den Hauptfächern.

4.4. Formelzeichen und Bezeichnungen

Für die Bezeichnung von Koeffizienten, Kennwerten, Variablen, Konstanten und anderer Größen verwendet der Bauingenieur genormte Formelzeichen nach DIN 1080. Die genormten Formelzeichen bestehen aus Buchstaben des deutschen und griechischen Alphabets (siehe 35.2 auf Seite 324).

In mathematischen Formeln darf für eine Variable nur ein Buchstabe allein oder ein Buchstabe mit Index stehen. Stehen zwei Buchstaben nebeneinander, dann kennzeichnet dies eine Multiplikation, in mathematischen Formeln wird deshalb der Multiplikationspunkt meist weggelassen. Dagegen kann in Computerprogrammen ein Bezeichner (Name einer Variablen oder Konstanten) aus mehreren Buchstaben oder aus einem ganzen Wort bestehen. Die Operatoren (z. B. Multiplikationszeichen) zwischen den Variablennamen dürfen nicht weggelassen werden.

4.5. Kommunikation auf Baustellen

Der Bauingenieur muss die englischen Fachbegriffe der Mathematik und des Bauwesens kennen. Gerade durch die Bestrebungen, die Normen europaweit zu vereinheitlichen, werden immer mehr einheitliche englische Bezeichnungen für Baustoffgüten und für mathematische Verfahren eingeführt. Außerdem werden nach europaweiten Ausschreibungen Firmen aus verschiedenen Ländern Europas gemeinsam auf einer Baustelle tätig sein. Zumindest die Bauleiter dieser Firmen und die Bauleiter des Bauherrn müssen unmissverständlich miteinander kommunizieren können. Die Baustellensprache wird meist Englisch sein. Deshalb wird bei aktuellen Studiengängen „Technisches Englisch“ als Wahlfach angeboten.

4.6. Kommunikationsmittel früher und heute

Früher waren der Brief, das Telegramm und hauptsächlich das Telefon die gängigen Kommunikationsmittel für den Bauingenieur.

Auf der Baustelle gab es nur das *Festnetztelefon* (siehe 4.6.1) in der Baracke der Bauleitung. Außen an der Baracke war ein lautstarkes Läutewerk angebracht, das den Baulärm bei einem Anruf übertönen musste. Nach dem ersten Läuten lief der im Freien befindliche Bauleiter in Richtung Baubaracke los und knapp vor Erreichen der Baracke klingelte das Telefon nicht mehr, der Anrufer hatte aufgelegt. Es erforderte eine gewisse Gewöhnungszeit, bis sich die Anrufer und der angerufene Bauleiter aufeinander eingespielt hatten.

Ein Bauleiter, der mehrere Baustellen zu betreuen hatte, musste zu vereinbarten Zeiten im Büro anrufen und sich erkundigen, ob etwas Wichtiges anstehe. Er selbst war unterwegs nicht erreichbar.

Als die mobilen Funkgeräte kleiner, billiger und auch für den privaten Gebrauch zugelassen wurden, konnte man Bauleiter- und Baustellenfahrzeuge damit ausrüsten. Die Verbindung zur Hauptstelle im zuständigen Büro war damit gesichert. Man war im Fahrzeug erreichbar.

Heute hat jeder Bauleiter sein *Mobiltelefon* (siehe 4.6.2) dabei. Mit dem Handy ist er nun überall und zu jeder Zeit auf der Baustelle und auch unterwegs erreichbar (wenn es nicht ausgeschaltet ist). Damit ist die totale Kommunikation des Bauingenieurs gesichert.

Das bisherige Telefon mit der festen Drahtverbindung zum Ortsnetz-Verbindungsknoten (Wählamt) ist deshalb nicht veraltet, es wird nun als Festnetztelefon bezeichnet und hat zusätzliche Aufgaben bekommen (Telefax, Internetverbindungen).

Bei größeren Baufirmen und Ingenieurbüros existiert ein internes Computernetzwerk (*Intranet*, siehe 4.6.4), das die Computer aller Mitarbeiter miteinander vernetzt. Die Mitarbeiter greifen über eine geschützte (verschlüsselte) Verbindung von außen über das *Internet* (siehe 4.6.3) auf ihre Daten in ihrem Büro (Kapitel 25.9 auf Seite 239) zu.

Der Bauingenieur hat seinen mobilen Computer überall dabei. Entweder er hat ein Notebook, das als aufklappbarer tragbarer Computer etwa so groß wie ein Ordner ist, oder er hat einen Tablettcomputer mit Windows-Betriebssystemen in der Größe einer DIN-A4-Seite, die ohne Tastatur und ohne Maus auskommen, weil sie einen berührungsempfindlichen Bildschirm haben, über den durch Berührung mit den Fingern alle Eingaben erfolgen. Außerdem verfügt das Tablett über alle Kommunikationsmittel. Man kann Telefongespräche führen, Faxe und E-Mails senden und empfangen, die Sprachaufzeichnungsfunktion bei Besprechungen benutzen, mit der Kamera Bilder aufnehmen und versenden, Pläne und Berechnungen aus dem eigenen Speicher oder von seinem Büronetzwerk abrufen, Videos abspielen oder Besprechungen auf Video aufzeichnen und vieles andere mehr.

4.6.1. Festnetztelefon

Beim Telefonnetz der alten Art verbinden die im Boden oder auf Freileitung befindlichen Doppeladern (Zweidrahtleitung) den Teilnehmer mit dem Vermittlungsknoten. Die Telefonnummer wird dabei durch den Wählanschluss bestimmt, an dem der Teilnehmer per Drahtleitung physikalisch angeschlossen ist. Jede Änderung einer Telefonnummer ist mit einem Umklemmen von Drähten verbunden.

Inzwischen sind die mechanischen Wähler aus den Vermittlungsknoten verschwunden und durch Vermittlungsrechner ersetzt worden, wo die Änderungen der Telefonnummern nur durch Computereingaben erfolgen.

4.6.2. Mobiltelefon (Handy, Smartphone)

Das Mobiltelefon hat keine feste Drahtleitung zur Zentrale, sondern verwendet bestimmte Funkfrequenzen, die eine Sprach- und Datenübertragung über digitale Technik ermöglichen.

Zur Identifizierung eines Mobiltelefons muss eine SIM-Karte (Subscriber Identity Module) im Empfangsgerät (Handy) vorhanden sein.

Die Telefonnummer des Handys ist also nicht mehr, wie beim Festnetz, von einem festen Drahtanschluss im Vermittlungsknoten abhängig, sondern befindet sich auf der SIM-Karte im Handy. Wechselt man bei einem Handy die SIM-Karte, so wechselt man auch die Telefonnummer des Handys.

Über Handys kann man normal telefonieren, man kann aber auch kurze schriftliche Mitteilungen (SMS) an einen anderen Teilnehmer absetzen oder auf eine Mailbox (früher hieß das Anrufbeantworter) sprechen. Jede Mitteilung wird in der Datenbank des Mobilfunkanbieters gespeichert. Der Teilnehmer wird vom Eingang dieser Mitteilung verständigt.

Wenn der Teilnehmer sein Handy ausgeschaltet hat, dann erhält er die Benachrichtigung kurz nach dem Wiedereinschalten des Handys. Er kann dann die Mitteilung abrufen und auf dem Bildschirmchen seines Handys die SMS lesen oder seine Mailbox abhören. Eine SMS zu senden ist dann zu empfehlen, wenn der Empfänger momentan telefonisch nicht erreichbar ist oder wenn er sein Handy ausgeschaltet hat.

Neuerdings gibt es Mobilfunkgeräte, Smartphones genannt, die einen vollwertigen Computer enthalten und auch mit einem Internet-Browser ausgerüstet sind, der es ermöglicht, über das Mobilfunknetz Internetseiten und E-Mails abzurufen. Allerdings ist diese Art des Lesens von Internetseiten nicht empfehlenswert, weil der Bildschirm des Smartphones dafür zu klein ist.

Die Smartphones sind auch mit Kameras ausgerüstet, sie können die damit erstellten Fotos über das Mobilfunknetz versenden. Umgekehrt können sie auch Fotos damit empfangen.

4.6.3. Internet

Internet ist die Bezeichnung für alle Rechner und Teilnetze, die über TCP/IP verbunden sind, sodass sie miteinander kommunizieren können. Das Internet wird auch Web (Netz) oder WWW (World Wide Web) genannt. TCP/IP (Transmission Control Protocol / Internet Protocol) ist die technische Bezeichnung für den Übertragungsvorgang und die Steuerung des Vorgangs. TCP/IP läuft automatisch im Rechner des Benutzers und im Server[13] beim Provider[14] ab, der Benutzer muss sich nicht um die Einzelheiten kümmern. Im Internet kann man als Benutzer oder als Anbieter tätig sein.

4.6.3.1. Internet-Benutzer

Um als Benutzer tätig zu sein, ist nicht unbedingt ein Internetzugang bei einem Provider nötig. Man kann sich auch mit seiner Zugangssoftware (Wählprogramm) und seinem Modem am normalen Telefonanschluss über *Internet by Call* mit einer bestimmten Telefonnummer einwählen und dann mit seinem Internet-Browser alle Internetdienste in Anspruch nehmen. Abgerechnet wird über die Telefonrechnung nach Zeiteinheiten.

Ein Internet-Browser ist ein Betrachterprogramm, mit dem die Internet-Seiten (Webseiten[15]) in bequemer Weise auf dem Bildschirm des Computers betrachtet werden können.

Benutzer, die sehr intensiv mit dem Internet arbeiten, haben mit ihrem Provider einen Vertrag, über den eine schnelle Internetverbindung drahtgebunden oder drahtlos (DSL, UTMS) bereitgestellt wird. Diese ist wesentlich schneller als eine normale Telefon-Modem-Verbindung.

UMTS (Universal Mobile Telecommunications System) ist ein Mobilfunkstandard der 3. Generation. Dadurch ist man von drahtgebundenen Anschlussleitungen unabhängig und kann mit tragbaren Computern ortsunabhängig das schnelle Internet benutzen.

---

[13] Server ist der Rechner, der bestimmte Dienste für den Benutzer anbietet (Internet, E-Mail).

[14] Provider ist ein Diensteanbieter im Internet, der einen Zugang zum Internet über einen Server bereitstellt.

[15] Webseite ist ein HTML-Dokument im Internet.

4.6.3.2. *Internet-Anbieter*

Um eine Webseite mit Inhalten im Internet anbieten zu können, muss eine Subdomain bei einem Provider verfügbar sein. Dieser stellt Speicherplatz (Home-Space, Web-Space) auf seinem Server zur Verfügung. Der Speicherplatz muss für den Internetzugriff über die Subdomain durch den Provider freigeschaltet sein, sodass die gespeicherten Inhalte vom Internet aus erreichbar und lesbar sind.

4.6.3.3. *HTML*

Im Internet wird **HTML** verwendet. HTML ist die Abkürzung für **H**yper**T**ext **M**arkup **L**anguage. Dies ist eine Programmiersprache, in der die Internetseiten geschrieben sind. Das Angenehme daran ist, dass alles mit normalen Textzeichen in ASCII-Codierung (siehe 28.5.1 auf Seite 254) geschrieben werden kann, es sind keine Sondercodierungen erforderlich. Man muss auch nicht programmieren lernen, um Webseiten in HTML erstellen zu können.

Eine Webseite kann man selbst erstellen oder von ein Web-Designer erstellen lassen. Zur Erstellung von Webseiten gibt es eine Vielzahl von Programmen (HTML-Editoren, HTML-Gestaltungssysteme), bei denen man nur noch „klicken“ und „ziehen“ muss. Man kann sich die schönste Webseite mit wenigen Klicken „zusammenklicken“. Die Inhalte werden dann in Frames (Fenster-in-Fenster-Darstellung) und Textrahmen platziert.

4.6.3.4. *Homepage*

Wenn jemand eine HTML-Seite mit Text und Bildern ins Internet stellt, die über eine eigene Adresse (URL) erreichbar ist, dann spricht man von einer *Homepage*. URL (Abkürzung für „Uniform Resource Locator“) ist die Adresse einer Homepage, die meist mit "http://www." anfängt. Es ist die "Heimat-Seite" des Anbieters. Die Startseite der Homepage ist die Einstiegsseite, die Haustür. Die Homepage kann viele Unterverzeichnisse und Unterseiten haben.

Empfehlenswert ist eine einfache Struktur der Homepage, die man leicht überblicken und ändern kann. Die Dateien können im Internet wie auf der Festplatte organisiert sein: Dateien sind in Verzeichnissen und Unterverzeichnissen angeordnet, die vom Besucher mit seinem Internet-Browser direkt aufrufbar sind.

Jede ins Internet gestellte Datei kann über den Browser aufgerufen und heruntergeladen werden. *Download* (= Herunterladen) ist die englische Bezeichnung für das Übertragen des Inhalts der Webseiten vom Server auf den Computer des Internet-Nutzers.

4.6.4. *Intranet*

Intranet ist das private Internet innerhalb des Computernetzes einer Firma, Behörde oder Institution. Dieses kann über eine Sicherheitsbarriere (Firewall) mit dem Internet verbunden sein. Auf diese Weise können Mitarbeiter einer Firma von außen über das Internet auf ihre eigenen Daten im Büro zugreifen. Baufirmen und Ingenieurbüros stellen in ihrem Intranet für ihre Bauleiter Informationen zur Verfügung. Der Versand von Plänen und Mitteilungen per Post entfällt damit.

4.6.5. *E-Mail*

E-Mail ist der Name für die elektronische Post im Internet.

Jeder E-Mail-Teilnehmer (Benutzer) hat bei einem Provider oder einem Subdomain-Inhaber einen elektronischen Briefkasten, der eine E-Mail-Adresse besitzt.

Zum Abrufen der Post stellt der Benutzer über seinen Rechner oder über das Smartphone eine Internetverbindung her und meldet sich mit Benutzernamen und Kennwort an. Auf dem Rechner des Teilnehmers muss dafür ein E-Mail-Client (E-Mail-Programm) vorhanden sein.

Eine E-Mail-Adresse besteht aus drei Teilen:

1. Individueller Name des Teilnehmers, z. B. „Anton.Meier“ oder auch „Ich-habe-eine-Frage“.
2. Zeichen „@“ (gesprochen „ätt“) als Trennzeichen zwischen dem Namen und der Subdomain.
3. Subdomain.
   Eine Subdomain kann z. B. lauten: **abc.de**; **abc** ist hier die Kennung der Subdomain; **de** ist die Hauptdomain oder Landeskennung für Deutschland.

Hat ein Teilnehmer den E-Mail-Namen „Briefkasten“ gewählt und hat er seinen Account beim Subdomain-Inhaber **abc.de**, dann lautet seine E-Mail-Adresse **Briefkasten@abc.de**.

An eine E-Mail kann man Dateien verschiedenen Typs anhängen (Anhang, Supplement). Bei ankommenden E-Mails können solche Anhänge auch virenverseucht sein.

5. Technisches Zeichnen

> *Technische Zeichnungen sind die sichtbar gewordenen Ideen eines Ingenieurs.*
> *Sie sind die Sprache des Ingenieurs.*
> *Sie sind Ausdruck und wesentliches Ergebnis seiner Arbeit.*

Technisches Zeichnen ist ein interdisziplinäres (alle Fachgebiete betreffendes) Fach, das in allen Konstruktionsfächern notwendige Voraussetzung für die Arbeit eines Ingenieurs ist.

Zur Grundausbildung der Ingenieure aller Fachrichtungen gehört eine solide theoretische und praktische Ausbildung im technischen Zeichnen. Eine wesentliche Voraussetzung für den Ingenieurberuf ist das *räumliche Vorstellungsvermögen* und die Fähigkeit, seine Ideen und Konstruktionen auch zeichnerisch (bildlich, räumlich) darstellen zu können.

5.1. Darstellungsmethoden und Konstruktionsmethoden

5.1.1. Darstellende Geometrie

Die Kenntnis der Methoden der *darstellenden Geometrie* ist eine Voraussetzung für die korrekte zeichnerische Darstellung technischer Zusammenhänge. Sie bietet die *Darstellungsmethoden*. Werden in der *analytischen Geometrie* Abstände, Lage von Linien, Ebenen und Körpern bei Durchdringungen mathematisch berechnet, so erreicht die darstellende Geometrie dies allein durch zeichnerische Darstellung. Die Methoden und Prinzipien der zeichnerischen und der analytischen Darstellung werden in der konstruktiven Ingenieurgeometrie zusammengefasst und erweitert (Lit. [KonGeom]).

Aber es genügt nicht, nur die Darstellungsmethoden zu beherrschen, der Zeichner muss auch wissen, wie ein Gegenstand aufgebaut ist. Er muss die *Konstruktionsmethoden* kennen, damit er ihn korrekt zeichnen kann.

Dazu ein Beispiel:

> Bild 10a zeigt drei räumlich gezeichnete Ecken in Parallelperspektive, wobei jede Ecke für sich korrekt gezeichnet ist. Betrachtet man aber den gesamten Gegenstand, so fällt auf, dass es diesen in der Realität nicht geben kann. Man nennt so einen nur auf Bildern vorkommenden Gegenstand *Paradoxon*. Hier ist die Konstruktion widersprüchlich und falsch. Wenn der Gegenstand in der Zeichnung nur an einer Ecke korrigiert wird, dann verschwindet der Widerspruch und man kann den gezeichneten Gegenstand in der Realität so herstellen.

Bild 10: Paradoxon und korrekte Zeichnung

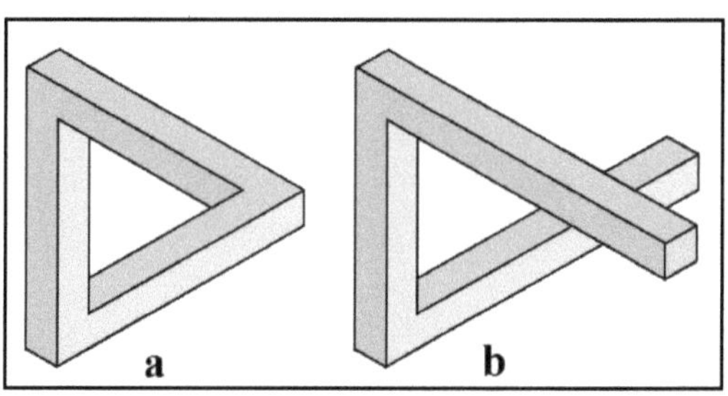

In Bild 10b wurde die Korrektur der Zeichnung an der rechten Ecke durchgeführt; zur Verdeutlichung wurden die betreffenden Schenkel des Gegenstands verlängert.

Neben der Schulung der manuellen Zeichenfertigkeiten sind die Darstellungsmethoden Hauptthema im Fach *Technisches Zeichnen*. Die Konstruktionsmethoden sind in den verschiedenen Fachgebieten unterschiedlich. Im Bauwesen sind die Konstruktionsmethoden Hauptthema im Fach *Baukonstruktionslehre* (siehe Kapitel 9 auf Seite 109). Wie oben im Beispiel gezeigt, müssen die Darstellung und die Konstruktion eines Gegenstands korrekt sein.

5.1.2. Fachgebietsbezogene Konstruktionen

Technisches Zeichnen ist immer an ein Fachgebiet gebunden, dessen Konstruktionen man zeichnen können muss (Bauzeichner, Maschinenbauzeichner). Deshalb kann das technische Zeichnen nicht für sich allein isoliert gelehrt werden, sondern muss während der Ausbildung für einen bestimmten Beruf Teil dieser Berufsausbildung sein.

5.2. Zeichnen ist präzise Handarbeit

Eine Zeichnung auf das Papier zu bringen, erfordert viel handwerkliches Geschick und viel Übung. Die Zeichenübungen während des Studiums sind nicht ausreichend für die notwendige zeichnerische Erfahrung im späteren Berufsleben. Jeder Ingenieur sollte deshalb in seinen ersten Berufsjahren ausreichend lange im Konstruktionsbüro arbeiten und sich im Zeichnen üben.

Die Grundlagen der Darstellungs- und Konstruktionsmethoden sind auch bei den computerunterstützten Planungsmethoden gültig, nur die handwerkliche Umsetzung dieser Methoden ist vom Zeichenbrett zum Computerbildschirm verlagert. Deshalb werden während des Bauingenieurstudiums schon ab dem ersten Semester die computerunterstützten Konstruktions- und Darstellungsmethoden (CAD[16]) eingehend behandelt und geübt. Auch das CAD-Zeichnen bedarf intensiver handwerklicher Übung mit Tastatur und Zeigegerät (Maus, Zeichenlupe). Siehe dazu auch Abschnitt 5.8.

Die manuellen zeichnerischen Fähigkeiten und die konstruktiven Fertigkeiten des Bauingenieurs sind immer erforderlich, denn auf der Baustelle sollte er bei Bedarf auch ohne CAD einen Gegenstand rasch skizzieren und eine ordentliche Zeichnung anfertigen können. Von einem Absolventen mit Ingenieurabschluss erwarten seine künftigen Arbeitgeber, dass er mit CAD von Anfang an gut umgehen kann, aber auch ohne CAD ordentlich zeichnen kann.

5.3. Der geplante Gegenstand und seine Darstellung

Zeigt man einem Kind ein Bild, auf dem ein Haus zu sehen ist, dann sagt es: „Das ist ein Haus.“ Es kann noch nicht unterscheiden zwischen dem realen Haus und dem Bild des Hauses. Der Architekt und der Bauingenieur müssen sehr wohl unterscheiden zwischen dem Gegenstand selbst und der Darstellung des Gegenstandes.

Der Architekt oder Bauingenieur, der für den geplanten Gegenstand die Darstellung vornimmt, muss diesen Gegenstand vor seinem inneren Auge ganz deutlich sehen, er muss ihn sich ganz genau vorstellen können, dann kann er ihn auch zeichnerisch auf dem Papier oder Bildschirm aufbauen (konstruieren), nicht nur als Ansicht von außen (Außenansicht), sondern auch als Längsschnitt, als Querschnitt und in vielen Einzelheiten (Details), die von außen nicht sichtbar sind. Um die Darstellung des geplanten Gegenstands fachgerecht vornehmen zu können, müssen Architekt und Bauingenieur eine gründliche Ausbildung im technischen Zeichnen erfahren haben. Dazu gehören die Methoden der darstellenden Geometrie und das Wissen um die richtige Konstruktion.

Die Darstellung muss nicht immer bildlich sein, sie kann auch abstrakt sein, z. B. als Beschreibung (*Baubeschreibung*), wenn Eigenschaften genannt werden sollen, die bildlich nicht gut darstellbar sind, oder als Diagramm, wenn *Materialeigenschaften* gezeigt werden sollen, oder als Berechnung, wenn *Verformungen* ermittelt und dargestellt werden sollen.

Zu den Planunterlagen gehört also nicht nur die Zeichnung, sondern dazu gehören alle Unterlagen, die das Bauvorhaben näher beschreiben. Vieles wird nicht gezeichnet oder beschrieben, sondern es wird den *Bauhandwerkern* überlassen, die Bauteile richtig auszuführen, denn sie haben ihr Fach gelernt und sie stellen die Bauteile auch ohne besondere Zeichnung konstruktiv richtig her. Eine Mauer muss nicht Stein für Stein genau gezeichnet werden, der *Maurer* braucht keinen Plan dafür, um sie herzustellen.

---

[16] CAD = Computer Aided Design

5.4. Geräte zum Zeichnen

Zum Handwerkszeug des technischen Zeichners gehörten früher folgende Geräte:

Reißschiene, Anlegedreiecke (mit den Winkeln 30°/60°/90° und 45°/90°), Dreikantprisma mit Skalen in verschiedenen Maßstäben (1:2,5; 1:5; 1:10; 1:20, 1: 50; 1:100), Bleistifte verschiedener Härte (Minenklemmstifte für 2 mm Minen), Minenspitzer, Tuschefüller, Reißzeug, Normschriftschablonen (senkrechte Schrift oder 75° Schrägschrift), Kurvenschablonen und Tuscheziehfedern.

Auch Korrekturmittel wie Radiergummi, Radierschablone, Glasfaserstift und Rasierklinge gehörten zur Ausstattung des Zeichners.

5.5. Reißbrett

Das Zeichenbrett, auf dem die Zeichnungen gefertigt werden, erhielt vor langer Zeit die Bezeichnung *Reißbrett*, weil dort die Zeichnung „aufgerissen" wurde. „Aufreißen" ist eine Vorstufe des Zeichnens, wenn skizziert wird und die endgültige Lage der Linien noch nicht festliegt.

Anstelle von Bleistiften oder anderen schreibenden Stiften, die zum Aufreißen verwendet werden, wurden früher Nadeln verwendet (Reißnadeln), mit denen die Linien in die Unterlage eingeritzt wurden. Die noch heute üblichen Begriffe Grundriss, Aufriss, Seitenriss stammen aus dieser Zeit.

Auf dem Reißbrett wird das Zeichenpapier aufgespannt; früher verwendete man dazu *Reißnägel* (Reißzwecken). Heute sind Klebstreifen üblich, die man rückstandsfrei wieder abziehen kann und die keine Löcher im Reißbrett hinterlassen. Auf dem Zeichenpapier arbeitete der Zeichner mit *Reißfeder* und *Reißzeug*, später mit Tuschefüller und Kreisschablonen.

Als Reißbrett kann jeder Küchentisch verwendet werden, der eine rechteckige, ebene und glatte Platte mit geraden Kanten hat. An die linke Kante der Tischplatte wird die *Reißschiene* angelegt, an der oberen Kante der Reißschiene werden die waagrechten Striche gezogen und die Dreiecke angelegt, die an der Reißschiene entlang waagrecht verschoben werden können und an denen die senkrechten und schrägen Striche gezogen werden.

Im Zimmererhandwerk gibt es den *Reißboden* auf der Baustelle, wo der Dachstuhl im Maßstab 1:1 aufgezeichnet (aufgerissen) wird. Die Balken des Dachstuhls werden auf diese Zeichnung gelegt und entsprechend angerissen und dann zugeschnitten. Unter „Anreißen" versteht man dabei das Anzeichnen der Linien, an denen entlang später geschnitten wird.

5.6. Zeichenmaschinen

Bild 11: Kuhlmann Parallelogramm-Zeichenmaschine optima E

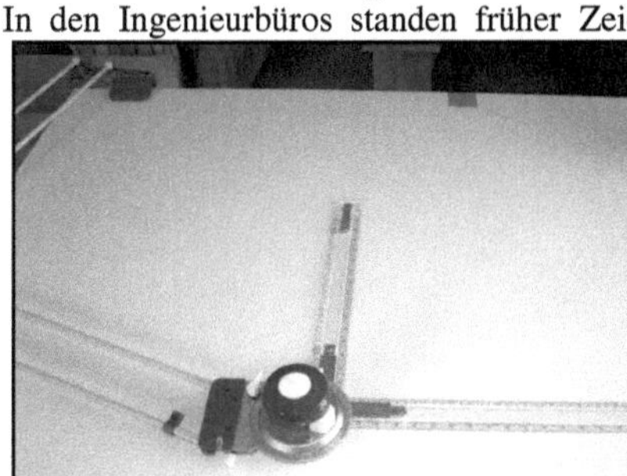

In den Ingenieurbüros standen früher Zeichenmaschinen. Die Zeichenmaschinen sind durchwegs durch computerunterstützte Konstruktionssysteme ersetzt worden. Zeichenmaschinen stehen heute meist als Erinnerungsstücke in einer Ecke des Büros und werden nicht mehr benutzt.

Es gibt Parallelogramm-Zeichenmaschinen[17] (mit Gegengewichten oder Federzug, siehe Bild 11) und Laufwagenzeichenmaschinen. Zeichenmaschinen sind meist auf Zeichenbrettern der Größe 700 × 1000 oder 1000 × 1400 mm (A0) angebracht.

Diese Zeichenbretter sind auf Gestellen montiert, wo sie in Höhe und Neigung verstellbar sind.

[17] Die Maschinen heißen so, weil zur Führung des Zeichenkopfes zwei gekoppelte Parallelogramme verwendet werden.

Zeichenmaschinen sind keine echten Maschinen, sie können nicht selbstständig arbeiten. Man kann sie nicht einschalten, damit sie ihre Arbeit verrichten. Es sind nur mechanische Gebilde aus Metall. Sie nehmen dem Zeichner nicht das Zeichnen ab, sondern unterstützen das Zeichnen, indem sie einen Zeichenkopf (siehe Bild 12) mit zwei rechtwinklig zueinander angeordneten Linealen zu jedem Punkt der Zeichnung parallel oder in einem einstellbaren Winkel führen lassen.

5.6.1. Der Zeichenkopf

Der Zeichenkopf (siehe Bild 12) führt zwei rechtwinklig zueinander angeordnete Zeichenlineale parallel über die Zeichenfläche (Parallelverschiebung). Er wird mit der linken Hand bedient. Gezeichnet wird mit der rechten Hand an den Linealen.

Der Zeichenkopf besitzt einen äußeren Teilkreis[18], der beliebig justiert werden kann. Meist wird der Teilkreis für die waagrechte Linealrichtung auf 0° eingestellt (0°-Einstellung an der äußeren Skala) und mit dem linken weißen Hebel arretiert. Mit der Rändelschraube links unten kann man den ganzen Zeichenkopf feinjustieren.

An der inneren Skala kann der Arbeits-Winkel der beiden rechtwinklig zueinander stehenden Lineale für schräge Striche auf eine beliebige Neigung eingestellt und mit dem rechten weißen Hebel arretiert werden. Der weiße längliche Knopf seitlich rechts unten ist der Daumenknopf, mit dem man die Lineale in 15°-Abständen einrasten oder auf Freilauf einstellen kann.

Leider kann man den Zeichenkopf der Parallelogramm-Zeichenmaschinen auf der Zeichenfläche nicht arretieren, um die Lineale als unverrückbare Basis für die Schriftschablonen (siehe unten) zu verwenden. Für diesen Zweck behilft man sich mit dem Festkleben eines Lineals mit Klebstreifen.

Bei Laufwagen-Zeichenmaschinen dagegen zieht man einfach die Feststeller der waagrechten und senkrechten Laufschiene fest und schon hat man den Zeichenkopf unverrückbar arretiert.

Bild 12: Zeichenkopf einer Kuhlmann-Zeichenmaschine (optima E)

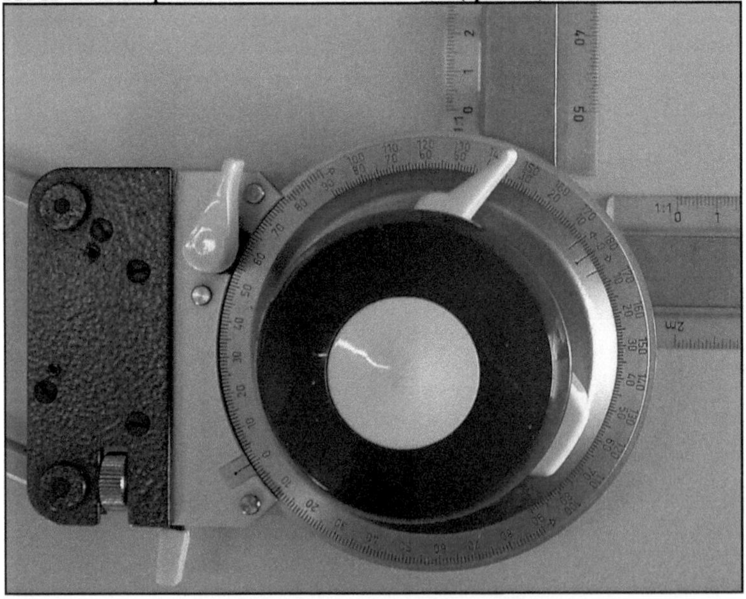

[18] Ein Teilkreis ist nicht ein Teil des Kreises, sondern ein mit einer Gradeinteilung versehener Kreis, an dem Winkeleinstellungen vorgenommen werden können.

5.6.2. Arbeitsbedingungen an der Zeichenmaschine

Beim Zeichnen am liegenden Reißbrett (Küchentisch) kann man sitzen. Man muss sich aber weit über den Tisch beugen, wenn man am oberen Rand zeichnet. Deshalb hatten sich manche Zeichner die Tischplatte in der Neigung verstellbar gemacht. Trotzdem tat ihnen nach einigen Stunden der Rücken weh und sie mussten sich durch Bewegung einen Ausgleich verschaffen.

Die Arbeit an den Zeichenmaschinen ist kaum angenehmer. Man kann zwar das auf einem stabilen Untergestell montierte Zeichenbrett in Höhe und Neigung verstellen, aber man muss stehen, wenn man am oberen Rand zeichnet. Die nach vorne gebeugte Körperhaltung beansprucht die Rücken- und Nackenmuskeln, man hält diese Arbeitshaltung nicht lange durch, ohne Muskelschmerzen zu bekommen. Man kann sich auch nicht mit einer Hand am Zeichenbrett abstützen, weil man beide Hände zum Zeichnen braucht, die eine zum Führen des Zeichenkopfes und die andere, um die Striche zu ziehen.

An den Parallelogrammzeichenmaschinen (Bild 11) ist die Arbeit am angenehmsten, weil sich der Zeichenkopf mit den Linealen ohne großen Kraftaufwand leicht an jede Stelle des Zeichenbretts bewegen lässt. Am liegenden Zeichenbrett, wie auf Bild 11 zu sehen, ist kein Gewichtsausgleich erforderlich, am schrägen bis senkrechten Zeichenbrett sorgen austarierte Gegengewichte oder Federzüge für muskelschonende Bewegungen.

Laufwagenzeichenmaschinen haben den Nachteil, dass man mit den Linealen und dem Zeichenkopf auch die träge Masse des Schlittens und seiner Ausgleichsgewichte auf der senkrechten Laufschiene und die senkrechte Laufschiene selbst bei jeder Bewegung mit der linken Hand bewegen muss. Diese mechanische Arbeit gegen die Trägheitskräfte ist beträchtlich und führt am Beginn eines Zeichnerlebens zu Muskelkater und Schmerzen im linken Arm.

Ich spreche hier aus eigener leidvoller Erfahrung. Als Student habe ich den Küchentisch bei uns zuhause beschlagnahmt und mit Reißschiene und Winkeln meine Übungen gemacht und die Studienarbeiten gefertigt. Später als Statiker stand ich selbst lange an der Zeichenmaschine und erstellte zusammen mit meinen Zeichnern viele Bewehrungspläne. An einem umfangreichen Plan arbeitet man mindestens eine Woche lang, weil nicht nur das Zeichnen allein, sondern auch das Konstruieren mit erledigt werden muss.

Konstruieren heißt, zu wissen, wo und wie die Striche gezogen werden müssen.

5.7. Zeichnungen

5.7.1. Genormte Papierformate

Im Fach *Technisches Zeichnen* werden gleich im ersten Semester die *genormten Papierformate* vorgestellt und besprochen. Man lernt auch, wie man die vervielfältigten Pläne (Lichtpausen) normgerecht faltet. Dadurch ist man in der Lage, vom ersten Semester an seine Studienarbeiten in normgerechter Form zu erstellen.

Bei der Normung der europäischen Papierformate wurde die Grundbedingung aufgestellt, dass für sämtliche Papierformate

1. das Seitenverhältnis einheitlich sein muss und
2. das nächstkleinere Format sich ohne Verlust durch Halbierung der längeren Seite (Falten eines Blattes) bzw.
3. das nächstgrößere Format sich durch Verdopplung der kürzeren Seite eines Blattes ergeben muss.
4. Daraus ergibt sich mathematisch, dass bei den genormten Blattgrößen das Seitenverhältnis der langen zur kurzen Seite $\boldsymbol{a} : \boldsymbol{b} = \sqrt{2} : 1$ sein muss: $\boxed{\frac{a}{b} = \frac{2b}{a} \Rightarrow a^2 = 2 \cdot b^2 \Rightarrow \frac{a}{b} = \sqrt{2}}$.

Die Papierformate (Endformate) sind nach DIN 476 Teil 1, EN 20216 und ISO 216 genormt. Endformate sind die endgültigen Blattgrößen.

Bei Papier für Zeichnungen und Druckerzeugnisse wird zum Endformat noch ein umlaufender Rand für das unbeschnittene Blatt zugegeben. Die so entstehenden Rohformate sind nicht genormt. Gezeichnet wird auf das unbeschnittene Blatt. Die Linien für den normgerechten Schnittrand werden auf das Original gezeichnet und sind nur für das Beschneiden der Lichtpausen von Bedeutung.

Die **A**-Reihe ist die am meisten verwendete Normreihe. Der Flächeninhalt des Blattes **A0** (Grundgröße) beträgt genau 1,0 m². Daraus ergeben sich bei dem Seitenverhältnis $a : b = \sqrt{2} : 1$ die Seitenlängen a = 1189 mm und b = 841 mm.

Die Blattgröße DIN-**A4** ist das bekannteste Format (Briefbögen, Prospekte, Broschüren).

Für die technischen Zeichnungen des Bauingenieurs wird meist das Format **A0** verwendet, es hat die Größe 1189 mm × 841 mm, das unbeschnittene Zeichenblatt (Rohformat) hat 1230 mm × 880 mm. Es passt auf die Zeichenbretter der Größe 1400 × 1000 mm. Fertige Blattformate der Größe **A0** werden selten verwendet, in der Regel wird das Papier von der 90 cm breiten Transparentpapier-Rolle in der passenden Länge abgeschnitten.

Tabelle 1 zeigt die Formate der A-Reihe.

Tabelle 1: Formate der A-Reihe

Format	a mm	b mm	Flächeninhalt	Bezeichnung
A0	1189	841	$A0 \cdot 2^{0} = A0 \cdot 1 = 1\ m^2$	Vierfachbogen
A1	841	594	$A0 \cdot 2^{-1} = A0 \cdot 1/2$	Doppelbogen
A2	594	420	$A0 \cdot 2^{-2} = A0 \cdot 1/4$	Einfachbogen
A3	420	297	$A0 \cdot 2^{-3} = A0 \cdot 1/8$	Halbbogen
A4	**297**	**210**	$A0 \cdot 2^{-4} = A0 \cdot 1/16$	Viertelbogen = Briefbogen
A5	210	148	$A0 \cdot 2^{-5} = A0 \cdot 1/32$	Achtelbogen/Blatt
A6	148	105	$A0 \cdot 2^{-6} = A0 \cdot 1/64$	Halbblatt = Postkarte
A7	105	74	$A0 \cdot 2^{-7} = A0 \cdot 1/128$	Viertelblatt
A8	74	52	$A0 \cdot 2^{-8} = A0 \cdot 1/256$	Achtelblatt
A9	52	37	$A0 \cdot 2^{-9} = A0 \cdot 1/512$	-
A10	37	26	$A0 \cdot 2^{-10} = A0 \cdot 1/1024$	-

Flächeninhalt und Gewicht sind bei einer Papiersorte zueinander proportional. Deshalb kann man die Gewichte der Blätter eines bestimmten Formats leicht berechnen. Z. B. wiegt ein DIN-**A4**-Blatt bei 80 g/m² genau 80 · 1/16 = 5 g.

B-Reihe und **C**-Reihe werden als Zusatzformate für Hefte, Blöcke, Bücher, Mappen und Briefhüllen verwendet. Außerdem gibt es eine **D**-Reihe, deren Blattgrößen kleiner als die der **A**-Reihe sind. Sie werden für Einlegeblätter in Hefte oder Bücher der entsprechenden **A**-Formate verwendet.

Nur der Vollständigkeit halber sei hier noch die nicht genormte E-Reihe genannt, die etwas kleiner als die A-Reihe ist, also zwischen den Reihen **A** und **D** liegt. Das Merkmal dieser Reihe ist, dass die Seitenlängen ganze Zentimeter sind, die durch Halbieren der längeren Seite entstehen. Das Blatt **E0** hat die Seitenlängen 112 cm × 80 cm.

Zwischen den Normreihen gilt für die Blattgrößen folgende Größenbeziehung:
D0 <A0 < C0 < B0.

Die Normreihen **B**, **C** und D werden hier nicht näher beschrieben, weil sie für technische Zeichnungen nicht maßgebend sind.

5.7.2. *Transparentpapier*

Für die Originalzeichnungen wird maßhaltiges[19] *Transparentpapier* verwendet, weil davon maßstabsgetreue Lichtpausen angefertigt werden müssen. Bei den Zeichnern ist vor allem diejenige Papierqualität beliebt, die das Radieren und Schaben mit einer Rasierklinge verträgt, ohne dass das Papier aufraut und in der Lichtpause dunkle Flecken verursacht.

5.7.3. *Normschriften*

Die technischen Zeichnungen müssen in *Normschrift* beschriftet werden. Der Studierende muss viele Schriftübungen mit freier Hand durchführen, um ein sicheres Gespür für die Normschrift zu bekommen. Trotzdem ist jede handgeschriebene Normschrift individuell und ein Kennzeichen des jeweiligen Zeichners.

Später im Beruf werden dann *Schriftschablonen* (siehe Bild 13) verwendet, damit die Individualität der Schrift unterdrückt wird und die Planbeschriftungen ein einheitliches Aussehen erhalten.

Bild 13: Schriftschablonen für schräge Normschrift

Zu den Schablonen gehören geeignete Tuschefüller oder Tusche-Röhrchenfedern mit den richtigen Strichdicken. Das Beschriften einer Zeichnung mittels Schablonen ist eine aufwendige Arbeit.

Heute tippt man die Beschriftung auf der Tastatur des Computers in das CAD-System ein und dieses beschriftet die Zeichnung automatisch mit der richtigen Normschrift an der richtigen Stelle.

5.7.4. *Lichtpausen*

Viele Architekten und Bauingenieure, insbesondere außerhalb der Großstädte, mussten früher ihre Pläne selbst vervielfältigen, weil es nicht überall Repro-Betriebe (Lichtpausanstalten) gab.

Man kaufte lichtempfindliches Papier (Lichtpauspapier, Ozalidpapier) auf Rollen in der entsprechenden Breite. Zur Herstellung von Lichtpausen gab es Vorrichtungen mit starken Leuchtstofflampen und Glasplatten, wo das Lichtpauspapier durch die Transparentzeichnung hindurch belichtet werden musste (Durchlichtverfahren im Belichtungsrahmen). Diese Lichtpausgeräte waren sehr teuer und brauchten viel Platz.

Ich arbeitete mit einem selbstgebauten Lichtpausgerät. Es bestand aus einer gewölbten Sperrholzplatte, die mit einer transparenten Kunststofffolie überspannt war, unter der die auf Transparentpapier befindliche Zeichnung über dem Lichtpauspapier der Sonne ausgesetzt wurde. Nach etwa 3 bis 5 Minuten war die Belichtung zu Ende, dann war die ursprünglich gelbe Farbe des Lichtpauspapiers verschwunden, nur die unter den schwarzen Linien der Zeichnung befindlichen Stellen des Lichtpauspapiers, die abgedeckt und nicht dem Licht ausgesetzt waren, blieben gelb. Wenn die Sonne sich nicht zeigte, dauerte es wesentlich länger, bis die Belichtung bei normalem Tageslicht zu Ende war.

---

[19] Als „maßhaltig" wird ein Gegenstand bezeichnet, dessen Abmessungen sich nicht oder kaum durch Temperatur- oder Feuchtigkeitseinflüsse verändern.

Die Belichtungsdauer war Erfahrungssache. Nach zwei oder drei Fehlbelichtungen am Anfang hatte man die nötige Erfahrung.

Anschließend musste das belichtete Lichtpauspapier, auf dem die Zeichnung in gelber Farbe zu sehen war, entwickelt werden. Dies geschah mit Ammoniak[20] in einem geschlossenen Kasten oder in einer stehenden geschlossenen Rolle mit einem Tellerchen Salmiakgeist als unteren Abschluss. Das aus dem Salmiakgeist ausgasende Ammoniakgas entwickelte die Lichtpause. Die Lichtpause war fertig, wenn aus den gelben Linien während der Entwicklung schwarze Linien geworden waren. Dann wurde die Zeichnung gelüftet, zugeschnitten und normgerecht gefaltet.

5.7.5. Durchzeichnen und Kopieren von Zeichnungen

Wenn von einer Originalzeichnung eine Kopie auf Transparentpapier hergestellt werden musste, dann wurde in der Lichtpausanstalt transparentes Lichtpauspapier verwendet (VST-Lichtpause). Diese Transparentlichtpausen konnten dann auf das Zeichenbrett aufgespannt und von Hand ergänzt oder erweitert werden.

Wollte man einzelne Details von Zeichnungen in eine andere Zeichnung übernehmen, dann wurde das Detail von Hand „durchgezeichnet". Zu diesem Zweck legte man es unter das Transparentpapier der neuen Zeichnung und zeichnete die Linien „durch", indem man die darunterliegenden Linien nachzeichnete.

5.7.6. Zeichnungsarchive für Originale

Jedes Ingenieur- und Architekturbüro besaß riesige Schubladenschränke, bei denen jede Schublade mindestens DIN A0 groß war, damit die Transparent-Originalzeichnungen faltenfrei und flach gelagert werden konnten. Beim Transport zur Lichtpausanstalt und zurück waren die Originale zwar gerollt, aber sie kamen anschließend wieder flach in die Schubladen. Solche Zeichnungsschränke für DIN A0 sind heute noch lieferbar.

Es gab auch Zeichnungsarchive, wo die Originale gerollt in Regalen liegend oder stehend aufbewahrt wurden. Nachteilig war, dass man die Zeichnungen nicht durchblättern konnte, wie es bei der Lagerung in Schubladen möglich war. Außerdem hatte das Rollen den Nachteil, dass die Transparentoriginale nach einiger Zeit die gewölbte Rollenform behielten und sich immer wieder zusammenrollten, wenn sie auf dem Tisch nicht fixiert wurden. Heute sind die Zeichnungsarchive digital. Die CAD-Systeme speichern jede Zeichnung in einer Datenbank ab, wo sie jederzeit aufgerufen und am Bildschirm angesehen oder mit dem Plotter ausgegeben werden kann.

---

[20] Ammoniak NH_3 ist ein farbloses, stechend riechendes, außerordentlich leicht wasserlösliches Gas. In Wasser gelöst ergibt es Salmiakgeist (= Ammoniakwasser): $NH_3 + H_2O \leftrightarrows (NH_4OH)$, der aber chemisch nicht stabil ist und den Ammoniak an der Luft durch Ausgasen wieder freigibt.

5.8. Zeichnen und Konstruieren mit Computersystemen

Heute konstruieren und zeichnen Architekten, Bauingenieure und technische Zeichner mit *CAD-Systemen* (CAD = *Computer Aided Design*) am Computerbildschirm.

5.8.1. Bildschirmarbeitsplatz

Der Bildschirmarbeitsplatz muss den Richtlinien der Europäischen Gemeinschaft für die Einrichtung der Bildschirmarbeitsplätze entsprechen, damit ungünstige Arbeitsbedingungen nicht die Gesundheit gefährden. Zur Ausrüstung eines CAD-Arbeitsplatzes gehören:

- Ein geeigneter, leistungsfähiger Rechner mit Bildschirm, Tastatur und Maus,
- ein CAD-Programmsystem,
- ein Digitalisiertisch oder ein Digitalisiertablett mit Digitalisierlupe oder Digi-Stift,
- ein separater großer Grafik-Farbbildschirm,
- ein Grafikdrucker und
- ein Plotter.

Die grundlegenden Eigenschaften der CAD-Systeme werden ab Seite 287 behandelt.

5.8.2. Digitalisieren und Scannen von Zeichnungen

Bei den heutigen Konstruktionssystemen wird nicht mehr von Hand „durchgezeichnet". Man „digitalisiert" oder „scannt" die vorhandenen Zeichnungen, die man *Vorlagen* nennt.

Beim *Digitalisieren* wird eine vorhandene Zeichnung, die auf dem Digitalisiertisch oder auf dem Digitalisiertablett aufgespannt ist, Punkt für Punkt von Hand mit einem Stift oder einer Lupe abgetastet. Dabei werden die Koordinaten der abgetasteten Punkte bei Tastendruck digital gespeichert. Digitalisierprogramme innerhalb des CAD-Systems ordnen diese Punkte den Linien und Figuren zu.

Diese Art des Digitalisierens ist aber auch schon veraltet. Moderne Digitalisiersysteme arbeiten heute nicht mehr manuell mit Hilfe der Hand und der Augen des Bearbeiters, sondern automatisch mit *Zeichnungs-Scannern*. Der Scanner ist eine Art intelligentes Fotokopiergerät, das die Kopie der Zeichnung als digitales Bild im Computer speichert.

Die eingescannten Zeichnungen werden gleichzeitig interaktiv im Rechner vektorisiert. *Vektorisieren* nennt man den Vorgang, bei dem Linien, die aus einzelnen dicht nebeneinander liegenden Punkten bestehen (Pixelgrafik), als Gerade oder Kurve erkannt werden und entsprechend gekennzeichnet als Vektor oder mathematisch beschreibbarer Graph abgespeichert werden.

Wenn das Digitalisierprogramm ein Detail der Zeichnung nicht erkannt hat, weist es den Scanner an, das Detail mit anderer Auflösung oder anderer Belichtung erneut abzutasten. Am Schluss, wenn die gesamte Zeichnung eingescannt ist, wird sie noch „entzerrt". Dies ist eine Art Koordinatentransformation, bei der vorher auf der Vorlage angebrachte Referenzpunkte oder -objekte (meist rechte Winkel und Kreise) auch auf der eingescannten Kopie wieder „zurechtgerückt" werden.

Schriftzeichen werden automatisch von der optischen Zeichenerkennung erkannt (OCR = Optical Character Recognizing) und den digitalen Zeichensätzen und den Schriftarten des Computersystems zugeordnet.

5.8.3. Ausgabe von Zeichnungen mit Plottern

Auch bei den modernen Konstruktionssystemen kann auf die Papierzeichnung nicht verzichtet werden. Um im Computer gespeicherte Konstruktionen als Pläne auf das Papier zu bringen, werden Plotter benutzt. Geplottet wird mit Schreibstiften (Tusche, Bleistift) auf weißes glattes Papier oder auf Transparentpapier, wenn Lichtpausen davon hergestellt werden müssen.

Plotter werden in 31.2 auf Seite 290 behandelt.

6. Begriffe und Maßeinheiten

6.1. Begriffe

Die Begriffe *Masse, Kraft, Gewicht* und *Beschleunigung* kennt der Leser aus dem Physikunterricht. Die grundlegenden Definitionen werden hier wiederholt.

6.1.1. Masse

Die Masse eines Gegenstands gibt die *Stoffmenge* an, die durch die Anzahl der im Gegenstand enthaltenen Atome definiert wird.

Die physikalische Größe *Masse* ***m*** kennzeichnet die Eigenschaft eines Körpers, die sich sowohl in der

- *Trägheit* (Massenträgheit) gegenüber einer Änderung des Bewegungszustandes wie auch in der
- *gegenseitigen Anziehung der Massen* (Gravitation), hauptsächlich von Gegenständen auf der Erdoberfläche (Erdanziehung)

äußert. Früher unterschied man deshalb zwischen „träger Masse" und „schwerer Masse". Physikalisch besteht dieser Unterschied nicht.

6.1.2. Fallbeschleunigung

Die *Fallbeschleunigung* hat ihren Namen von fallenden Gegenständen, an denen die Wirkung der Gravitation (Schwerkraft) durch das beschleunigte Fallen der Gegenstände direkt sichtbar wird. Man spricht dann von *freiem Fall*, bei dem die Fallbeschleunigung direkt aus der Fallhöhe und der Zeit bestimmt werden kann. Bei Berücksichtigung des Luftwiderstands fällt der Gegenstand langsamer.

Die Fallbeschleunigung auf der Erdoberfläche ist vom Ort abhängig (siehe Abschnitt 18.3.1 auf Seite 169). Die Erde ist keine exakte Kugel, sie ist an den Polen abgeplattet. Der Polradius ist um 21385 m kürzer als der Äquatorradius. Die Erde hat annähernd die Form eines *Rotationsellipsoids* (siehe Bild 66 auf Seite 170). Die Fallbeschleunigung ist an den Polen am größten, weil die Pole näher am Erdmittelpunkt liegen und deshalb dort die Gravitation am größten ist und dort auch die Zentrifugalbeschleunigung wegfällt. Die Fallbeschleunigung ist am Äquator am niedrigsten.

Die *Fallbeschleunigung* auf der Erdoberfläche ist also nicht konstant, sondern ortsabhängig.

<u>Größe und Richtung der Fallbeschleunigung:</u>

> Die Fallbeschleunigung am betreffenden Ort ist die in Größe und Richtung sich ergebende Resultierende aus der Schwerebeschleunigung (Gravitation) in Richtung Erdmittelpunkt und der Zentrifugalbeschleunigung rechtwinklig zur Erdachse aus der Erdumdrehung. Ein *Senkblei* (Senkel, Lot) zeigt in diese Richtung.

Da die Fallbeschleunigung $\boldsymbol{g}$ von der geografischen Breite $\boldsymbol{\varphi}$ abhängig ist, muss sie bei Bedarf berechnet oder mit einem Gravimeter gemessen werden.

Fallbeschleunigung $\boldsymbol{g}$ in Deutschland (entnommen aus Lit. [Einheiten], S. 49):
Kiel: $\boldsymbol{g = 9{,}81453\ m/s^2}$ bei $\boldsymbol{\varphi} = 54°20'$ N und in
Konstanz: $\boldsymbol{g = 9{,}80693\ m/s^2}$ bei $\boldsymbol{\varphi} = 47°40'$ N.

Ein hypothetischer Wert für die einheitliche Fallbeschleunigung wurde im Jahre 1901 vom *Internationalen Büro für Maß und Gewicht* mit $\boldsymbol{g = 9{,}80665\ m/s^2}$ festgelegt. Er sollte nach dem damaligen Kenntnisstand für den 45. Breitengrad auf Meereshöhe gelten. Auf den wissenschaftlichen Taschenrechnern ist dieser Wert als Konstante $\boldsymbol{g}$ noch zu finden.

[21]Dieser „Normwert" hat heute seine ursprüngliche Bedeutung verloren. In den früheren Ausgaben der DIN 1301 wurde er noch angegeben, kommt aber seit 1977 in keiner Norm mehr vor.

---

[21] Dieser Absatz wurde sinngemäß aus Lit. [Einheiten] , Seite 49, entnommen.

Die von der Form des Erdkörpers abhängige Fallbeschleunigung eignet sich nicht für eine Normung.

Im nachfolgenden Text wird für die Fallbeschleunigung $\boldsymbol{g}$ ein gerundeter Wert $\boldsymbol{g} = \mathbf{9{,}81\ m/s^2}$ für Orte in Deutschland gewählt. Wenn es auf den genauen Wert ankommt, muss dieser für den betreffenden Ort ermittelt werden.

6.1.3. Kraft und Kraftwirkungen

Die physikalische Größe „Kraft" tritt bei der Wechselwirkung zwischen Körpern auf.

Zwischen Körpern wirken verschiedene physikalische Kräfte, deren Größe von der physikalischen Wechselwirkung der beteiligten Körper abhängt: *Gravitation*, magnetische und elektrostatische *Anziehungs- und Abstoßungskräfte*. Sie werden durch die physikalischen Wechselwirkungsgesetze beschrieben. Die elektromagnetische Wirkung gibt dem Elektromotor seine Kraft. Die *Schwerkraft* auf der Erdoberfläche beruht auf der Massenanziehung zwischen dem Gegenstand und dem Masseschwerpunkt der Erde (Gravitation).

Es gibt verschiedene Kraftwirkungen:

1. Wenn von außen eine Kraft in einer bestimmten Richtung auf den Schwerpunkt eines Körpers einwirkt, wird er in dieser Richtung in Bewegung versetzt, er wird geradlinig beschleunigt (*Beschleunigung*).

   Wenn einer bestimmten Masse $\boldsymbol{m}$ eine bestimmte Beschleunigung $\boldsymbol{b}$ erteilt werden soll, ist eine von außen wirkende Kraft $\boldsymbol{F}$ erforderlich; die Größe dieser Kraft wird durch ein *Bewegungsgesetz* bestimmt: $\boldsymbol{F} = \boldsymbol{m} \cdot \boldsymbol{b}$.
2. Die *Trägheit* der Masse eines Körpers versucht, den vorhandenen Bewegungszustand beizubehalten. Der einwirkenden Kraft (Bremsen oder Beschleunigen) auf den Bewegungszustand wird ein Widerstand entgegengesetzt. Wenn der Körper in Bewegung ist und keine Kraft mehr einwirkt, bewirkt die Trägheit, dass er in gleichförmiger Bewegung bleibt. Die Wirkung der Trägheit wird durch die Bewegungsgesetze beschrieben.
3. Wenn die Masse $\boldsymbol{m}$ im Ruhezustand sein soll, das System also im Gleichgewicht sein soll, muss zur Kraft $\boldsymbol{F}$ eine gleich große **Gegenkraft** $\boldsymbol{-F}$ vorhanden sein. Im Ruhezustand, also bei statischem Gleichgewicht, kann eine Kraft nie allein auftreten, sie braucht immer eine gleich große Gegenkraft.
4. Von außen auf einen Körper einwirkende Kräfte verursachen und erzeugen zwischen den durch gedachte Schnitte getrennten Teilen eines Körpers innere Kräfte (Schnittkräfte) oder Kräftepaare (Schnittmomente). Man spricht von *Schnittgrößen*. Diese Schnittgrößen muss der Bauingenieur berechnen.
5. Schnittgrößen bewirken *Formänderungen* bei elastischen Körpern. Auch diese Formänderungen muss der Bauingenieur berechnen.
6. *Widerstände* sind keine ursprünglichen Kräfte, sondern sie werden durch ursprüngliche (originäre) Kräfte „verursacht". Es sind *Gegenkräfte* oder *Reaktionskräfte*, die durch die originäre Kraftwirkung (Aktionskraft) erzeugt werden und deren Größe von der Größe der originären Kraft abhängt.
7. Belastet man z. B. einen Balken, so wirken in den Auflagern Gegenkräfte nach oben, die *Auflagerreaktionen* genannt werden.

Die Reibung ist auch ein Widerstand, sie wird gesondert beschrieben (siehe 6.2.8).

6.1.4. Kraftrichtung

Eine *Kraft* hat eine bestimmte Größe, wirkt in einer bestimmten Richtung und greift an einem bestimmten Punkt (Angriffspunkt, Knoten) an. Kräfte können als *axial gebundene Vektoren* betrachtet werden, deren *Wirkungslinie* (Richtung) durch den Angriffspunkt gehen muss.

Die Kräfte können in Komponenten zerlegt werden (Kräftezerlegung) und mit den Komponenten anderer Kräfte neu zusammengesetzt werden. Daraus ergeben sich resultierende Kräfte.

6.1.5. Schwerkraft, Gewicht

Das *Gewicht* $\boldsymbol{G}$ im physikalischen Sinn ist die durch die Erdanziehung (Fallbeschleunigung) bewirkte *Kraft* $\boldsymbol{G}$ auf eine Stoffmenge $\boldsymbol{m}$ (Masse). Man spricht von *Schwerkraft*. Die Schwerkraft entsteht durch die Erdanziehung (Gravitation), wenn die Fallbeschleunigung auf eine Masse wirkt: *Schwerkraft = Masse × Fallbeschleunigung.*

Die Schwerkraft hat die Größe $\boldsymbol{G = m \cdot g}$, wobei $\boldsymbol{g}$ die Fallbeschleunigung (siehe auch 6.1 auf Seite 55) auf der Erdoberfläche ist.

Da das Gewicht als Folge der Erdanziehung eine Kraft ist, kommt das Wort „Gewicht“ seit 1986 in gesetzlichen Verordnungen (Einheitenverordnung) nicht mehr vor. Auch das Wort *Gewichtskraft* sollte nicht verwendet werden, weil das Gewicht ja selbst die Kraft ist.

Die Kräfte, die auf Bauwerke wirken, sind hauptsächlich Lastwirkungen, die von der Schwerkraft verursacht werden (siehe Definition von „Last“ unter 6.2.7 auf Seite 60).

6.1.6. Unterscheidung zwischen Masse und Gewicht

Am gleichen Ort sind Masse $\boldsymbol{m}$ und Gewicht $\boldsymbol{G}$ über die Fallbeschleunigung $\boldsymbol{g}$ aufgrund der Funktion $\boldsymbol{G = g \cdot m}$ einander proportional (verhältnisgleich). Deshalb kann man aus der Messung der einen Größe den Wert der anderen angeben.

Wegen dieser Tatsache werden im täglichen Leben die beiden wesentlich verschiedenen Begriffe Masse und Gewicht nicht unterschieden.

Die Physik und die Technik unterscheiden sehr wohl zwischen den beiden Begriffen.

6.2. Gesetzliche Einheiten für physikalische Größen

6.2.1. Internationales Einheitensystem

In fast allen Ländern war es lange üblich, die Definitionen der Einheiten für Maße, Gewichte und andere physikalische Größen in nationalen Gesetzen festzulegen. Im Hinblick auf das Zusammenwachsen der Wirtschaft waren in den letzten Jahrzehnten alle Länder bestrebt, von den nationalen Systemen abzurücken und ein gemeinsames *internationales Einheitensystem* zu schaffen.

Ähnlich wie bei den beiden internationalen Einheiten für die *Länge* (Meter [m]) und für die *Masse* (Stoffmenge, Kilogramm [kg]) war vorgesehen, auch die anderen physikalischen Einheiten international festzulegen und zu vereinheitlichen.

6.2.2. Das Deutsche Einheitengesetz

Aufgrund der internationalen Vereinheitlichungsbestrebungen hat der deutsche Gesetzgeber 1969 in das neue *Gesetz über Einheiten im Messwesen* (*Einheitengesetz*) keine Festlegungen mehr aufgenommen, wodurch die durch die *Internationale Generalkonferenz für Maß und Gewicht* festgelegten Definitionen in Deutschland gesetzlich gelten sollen. Das wäre eine *gleitende Verweisung* gewesen, die der Gesetzgeber nicht wollte.

Eine gleitende Verweisung bezieht sich auf Festlegungen, die von Fachleuten getroffen wurden und auf die der Gesetzgeber nur verweist und sie dadurch anerkennt. Wenn die Festlegungen geändert werden, ändert sich automatisch auch der Inhalt der gesetzlichen Vorschrift, die sich darauf bezieht. Der deutsche Gesetzgeber hätte keinen Einfluss mehr auf die Definitionen selbst gehabt. Die Bundesrepublik Deutschland hat deshalb bei der darauffolgenden Gesetzesänderung das Prinzip, die Definitionen der physikalischen Einheiten gesetzlich festzulegen, ganz aufgegeben.

Das seit 1. Januar 1986 geltende *Gesetz über Einheiten im Messwesen* enthält keine Definitionen der Einheiten mehr. Diese sind nun in einer Rechtsverordnung zu diesem Gesetz enthalten.

Im Gesetz heißt es, dass in dieser Rechtsverordnung auf Veröffentlichungen sachverständiger Stellen verwiesen werden kann. Hierbei sind in der Rechtsverordnung das Datum der Veröffentlichung und die Bezugsquelle anzugeben.

Die *Ausführungsverordnung zum Gesetz über Einheiten im Messwesen (Einheitenverordnung - EinhV) vom 13. Dezember 1985* ist diese im Gesetz genannte Rechtsverordnung. Dort ist im Anhang eine Tabelle beigefügt, die die Namen der Einheiten enthält. In § 1 dieser Verordnung ist festgelegt, dass für die in der Anlage genannten Einheiten die Definitionen der DIN 1301, Teil 1, Ausgabe Dezember 1985, gelten.

Damit ist eine *starre Verweisung* auf die Norm festgeschrieben. Der Verweis ist deshalb „starr“, weil auf eine ganz bestimmte Ausgabe der Norm verwiesen wird.

Wenn also eine neue Ausgabe einer Norm von den Fachgremien vorgelegt wird, entscheiden Parlament und Regierung erneut, ob sie die darin enthaltenen Festlegungen übernehmen wollen oder nicht. Der Gesetzgeber hat keine Entscheidungsbefugnisse abgegeben, wie dies bei einer „gleitenden“ Verweisung der Fall gewesen wäre.

6.2.3. Vorsilben für Vielfache und Teile einer Maßeinheit

Durch Vorsilben können den Maßeinheiten Namen für die Vielfachen und Teile gegeben werden.

In Tabelle 2 sind die Vorsilben und ihre Kürzel zusammengestellt.

Tabelle 2: Vorsilben für Vielfache und Teile einer Maßeinheit

Vorsilbe	Kürzel	Vielfaches	Vorsilbe	Kürzel	Teile
Deka	**D**	10	Dezi	**d**	$^1/_{10}$
Hekto	**h**	100	Zenti	**c**	$^1/_{100}$
Kilo	**k**	1000	Milli	**m**	$^1/_{1000}$
Mega	**M**	10^6	Mikro	**µ**	$^1/_{10^6}$
Giga	**G**	10^9	Nano	**n**	$^1/_{10^9}$
Tera	**T**	10^{12}	Piko	**p**	$^1/_{10^{12}}$

6.2.4. Einheiten für die Masse

Einheiten für die Masse sind das **Kilogramm** [kg] und seine Vielfachen und Teile. Das Tausendfache eines Kilogramms wird *Tonne* [t] genannt: **1 t = 1000 kg.** Der tausendste Teil eines Kilogramms ist das *Gramm* [g]: **1 g = 0,001 kg** oder **1 kg = 1000 g**.

In der Chemie und in der Medizin wird das Gramm nochmals in tausend Teile unterteilt, es entsteht das *Milligramm* [mg]: **1 mg = 0,001 g** oder **1 g = 1000 mg**.

Manchmal muss noch feiner unterteilt werden, da gibt man die Stoffmengen in *Mikrogramm* [µg] an: **1 µg = 0,001 mg = 0,000001 kg =** $\mathbf{10^{-6}}$ **kg.**

6.2.5. Einheiten für die Kraft

6.2.5.1. Pond und Kilopond

Obwohl das Pond [p] und sein Tausendfaches, das *Kilopond* [kp], als technische Gewichtseinheiten und als Einheiten für die Kraft schon lange bekannt und in der Physik in Anwendung waren, verwendete man für Berechnungen im Bauingenieurwesen für Massen, Lasten, Gewichte und Kräfte die Einheit *Kilogramm* [kg] bzw. *Tonnen* [t]. Biegemomente wurden in [kgm] oder in [tm] angegeben. So wurde es bis 1960 auch noch an den Ingenieurschulen gelehrt.

Doch allmählich setzte sich seit etwa 1960 das Kilopond auch in der Statik durch. Das Pond als kleinere Krafteinheit hat im Bauwesen keine Bedeutung.

Definition:

1 p (Pond) ist die Kraft, mit der die Masse 1 g bei einer Fallbeschleunigung $\boldsymbol{g}$ **= 9,81 m/s²** von der Erde (Schwerkraft) angezogen wird:

1 p = 1 g · 9,81 m/s² = 9,81 gm/s²; 1000 p = 1 kp (Kilopond).

1 kp (Kilopond) ist die Kraft, mit der die Masse 1 kg bei einer Fallbeschleunigung $\boldsymbol{g}$ **= 9,81 m/s²** von der Erde (Schwerkraft) angezogen wird:

1 kp = 1 kg · 9,81 m/s² = 9,81 kgm/s²; 1000 kp = 1 Mp (Megapond).

Alle betroffenen Normen wurden nach und nach geändert und das Kilopond wurde überall eingeführt. Die Umstellung erfolgte in der Praxis fast reibungslos, weil sich nur die Bezeichnungen, nicht aber die Zahlenwerte geändert hatten. Man wusste, dass eine Masse von 100 kg eine Schwerkraft (Gewicht) von 100 kp erzeugt.

Hinweis:

Das Kurzzeichen **g** für die Masseeinheit Gramm und das Formelzeichen $\boldsymbol{g}$ für die Fallbeschleunigung unterscheiden sich nur durch die Schreibweise: nicht kursiv – *kursiv*.

6.2.5.2. Newton

Das neue Einheitengesetz von 1986, das sich über die „starre" Verweisung auf die DIN 1301 Teil 1 bezieht, führte SI-Basiseinheiten[22] und abgeleitete SI-Einheiten ein. Als Einheit für die Kraft wurde nun das *Newton* [N] offiziell eingeführt.

Die Einheit Newton entstammt, wie das Kilopond, der physikalischen Beziehung *Kraft = Masse × Beschleunigung* und ist von den SI-Basiseinheiten für Masse (Kilogramm [kg]), Länge (Meter [m]) und Zeit (Sekunde [s]) abgeleitet.

Definition:

1 N (Newton) ist die (Trägheits-)Kraft, die entsteht, wenn der Masse **1 kg** eine Beschleunigung von **1 m/s²** erteilt wird: **1 N = 1 kg × 1 m/s² = 1 kgm/s²**.

Die Einheit Newton [N] muss nun in allen Baunormen für die Kräfte in der Baustatik verwendet werden. Für alle Gegenstände muss die durch die Erdanziehung bewirkte Kraft (Gewicht) in Newton [N] angegeben werden. Das Gewicht hängt physikalisch mit der Masse über die Fallbeschleunigung, wie oben beim Kilopond schon erwähnt, zusammen: $\boldsymbol{G = m \cdot g}$ (Gewicht = Masse × Fallbeschleunigung, $\boldsymbol{g}$ **= 9,81 m/s²**).

Die oben angegebene Definition für das Kilopond wurde erweitert:
1 kp = 1 kg × 9,81 m/s² = 9,81 kgm/s² = 9,81 N.

Daraus folgt: **1 N ≈ 0,102 kp.** Der Praktiker rundet auf: **1 kp ≈ 10 N**, damit die Umrechnung im Kopf leichter fällt. Aber nicht nur die durch die Erdanziehung verursachte Kraftwirkung, sondern alle Kräfte werden nun in Newton angegeben.

Die Normen wurden daraufhin erneut geändert. Es hatten sich mit dieser erneuten Änderung nicht nur die Einheit für die Kraft, sondern auch die Gütebezeichnungen vieler Baustoffe geändert, weil sie die Belastbarkeit oder die Bruchspannung im Namen trugen. Auch sämtliche Bemessungstabellen im Stahlbetonbau änderten sich, weil dort fast alle Bemessungskoeffizienten geändert werden mussten. Der Wert des Biegemoments von **1 kpm** wird nun als **10 Nm** geschrieben und aus **1 Mpm** werden **10000 Nm** oder **10 kNm**.

Im gesamten nachfolgenden Text dieses Buches werden die Einheiten Kilopond [kp] und Newton [N] gleichberechtigt nebeneinander verwendet.

---

[22] **SI** ist das Internationale Einheitensystem. SI die Abkürzung von „Système International d'Unitès".

6.2.6. *Wirkungsweise einer Waage*

Was wiegt man mit einer Waage, die Masse oder das Gewicht?

Eine *Balkenwaage* besteht aus einem Balken mit Drehpunkt in der Mitte, er hat zwei gleich lange Hebel. Auf einer Seite hängt man eine Kombination von Vergleichsstücken bekannten Gewichts an, bis mit dem Gewicht des zu wiegenden Gegenstands am anderen Hebel Gleichgewicht besteht. Diese Waage arbeitet auf beiden Seiten mit Massen, die in gleicher Weise der Fallbeschleunigung unterliegen. Es ist gleichgültig, welche Fallbeschleunigung wirkt, sie wirkt auf beide Hebel der Balkenwaage gleich. Man vergleicht also Massen, die in [kg] angegeben werden.

Bei einer *Dezimalwaage* haben die Massen-Vergleichsstücke nur ein Zehntel der Masse des zu wiegenden Gegenstands. Hier gilt dasselbe wie bei der Balkenwaage, nur dass das Längenverhältnis der Hebelarme 1:10 beträgt. Man vergleicht Massen.

Eine *Federwaage* arbeitet mit einer Feder, bei der die Dehnung der Feder proportional zum daran hängenden Gewicht, also proportional zur Anziehungskraft der Erde auf diesen Gegenstand, ist.

Bei der Federwaage braucht man keine Vergleichsstücke. Die Federwaage wird für eine bestimmte Fallbeschleunigung an einem bestimmten Ort geeicht. Wiegt man denselben Gegenstand mit derselben Waage an einem anderen Ort, so ergibt sich aufgrund der dort anderen Fallbeschleunigung eine andere Dehnung der Feder. Man misst eine Kraft, also die Anziehungskraft der Erde am betreffenden Ort. Man stellt das Gewicht eines Gegenstands fest, das in [N] oder [kp] angegeben wird.

6.2.7. *Last*

Die Benennung „Last“ wird für Kräfte verwendet, die durch die Schwerkraft verursacht werden und von außen auf ein System einwirken, aber keine Reaktionskräfte sind.

Wenn ein Gegenstand ein Bauteil belastet und von diesem „getragen“ werden muss oder wenn dieser Gegenstand von einem Kran gehoben werden muss, dann nennt man diese Schwerkraftwirkung „**Last**“.

Der Baustoff des Bauteils stellt dabei selbst auch eine Last $\boldsymbol{G}$ dar, die durch sein Volumen $\boldsymbol{V}$ und seine Wichte $\boldsymbol{\gamma}$ bestimmt wird: $G = \gamma \cdot V$. Man nennt sie **Eigenlast.** Für Eigenlast ist auch die Bezeichnung „**Eigengewicht**“ üblich (Seite 121).

Lasten werden in Newton [N] oder [kp] angegeben.

6.2.8. *Reibung*

Wenn ein Gegenstand mit dem Gewicht $\boldsymbol{G}$ auf dem Boden steht und durch eine Kraft $\boldsymbol{F}$ waagrecht verschoben werden soll, dann muss die **Reibung $\boldsymbol{R}$** überwunden werden. Die Reibung ist proportional zum Gewicht $\boldsymbol{G}$, aber unabhängig von der Größe der Reibungsfläche:

Formel 1: Reibung

$$\boxed{R = \mu \cdot G},$$

wobei $\boldsymbol{\mu}$ der Reibungsbeiwert (Reibungszahl) ist.

Die Reibung ist keine Kraft, sondern ein Widerstand, der entgegengesetzt zur Kraft erst dann wirksam wird, wenn der Gegenstand eine Unterlage belastet und eine Kraft zum Zwecke der Verschiebung des Gegenstands angesetzt wird. Das Wort „Reibungskraft“ sollte nicht verwendet werden.

Die Reibung ist immer parallel zur Reibungsfläche wirksam. Bei schräger Reibungsfläche muss die senkrecht zur Reibungsfläche wirkende Komponente $\boldsymbol{G'}$ des Gewichts (Bild 14) angesetzt werden.

Der Reibungsbeiwert $\boldsymbol{\mu}$ ist von der Oberflächenbeschaffenheit (Rauigkeit) der beiden aufeinandertreffenden Reibungsflächen und von deren momentanem Benetzungszustand (Schmierung) abhängig.

μ hängt auch davon ab, ob eine Masse erst in Bewegung gebracht werden muss (Anfangsreibung, Haftreibung) oder in Bewegung gehalten werden muss (Gleitreibung). Die Rollreibung (Rollwiderstand) spielt im Bauwesen eine untergeordnete Rolle und wird deshalb hier nicht näher betrachtet.

Bild 14: Reibung auf schiefer Ebene

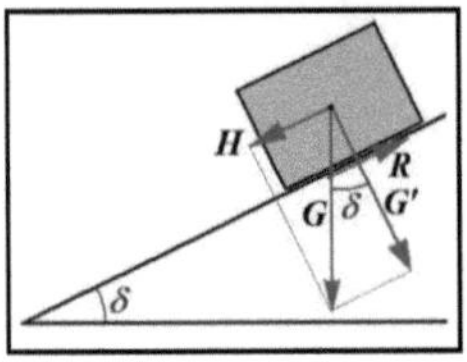

Bei der Reibung gibt es den Begriff *Reibungswinkel* δ. Er ist definiert durch den Winkel, den eine schiefe Ebene gegenüber der Waagrechten mindestens haben muss, damit ein auf ihr liegender Gegenstand durch das eigene Gewicht zu gleiten beginnt (bei Haftreibung) oder sich ein gleichmäßiges Gleiten (bei Gleitreibung) einstellt.

Der Reibungsbeiwert μ und der Reibungswinkel δ hängen über folgende Gleichung zusammen, die wir aus Bild 14 herleiten:

Formel 2: Reibungsbeiwert μ

$$\boxed{\mu = \tan\delta}$$

- G sei das senkrecht wirkende Gewicht eines Gegenstandes,
- H sei die Hangabtriebskraft dieses Gegenstandes,
- G' sei die senkrecht zur Reibungsfläche wirkende Komponente des Gewichts G,
- R sei der Reibungswiderstand.

Aus dem Kräfteparallelogramm lesen wir ab:

$$G' = G \cdot \cos\delta$$
$$H = G \cdot \sin\delta$$

Mit dem Reibungsbeiwert μ ergibt sich:

$$R = \mu \cdot G'$$

Die Reibung R und die Hangabtriebskraft H müssen gleich groß sein, wenn der Gegenstand zu gleiten beginnt (Haftreibung) oder sich eine gleichmäßige Gleitbewegung (bei Gleitreibung) einstellen soll. Wir setzen sie gleich:

$$H = R$$
$$\Rightarrow G \cdot \sin\delta = \mu \cdot G' = \mu \cdot G \cdot \cos\delta$$
$$\Rightarrow \sin\delta = \mu \cdot \cos\delta$$
$$\Rightarrow \mu = \frac{\sin\delta}{\cos\delta} = \tan\delta$$

Durch den Reibungsbeiwert μ werden Stoff- und Oberflächenbeschaffenheit der beiden aufeinander gleitenden Körper zahlenmäßig erfasst. Da μ von vielen zahlenmäßig schwer erfassbaren Faktoren (z. B. Benetzungszustand, Rauigkeit der Oberflächen) abhängt, ist er selbst in gleichartigen Fällen unterschiedlich. Er kann nur für jeden Einzelfall experimentell genau bestimmt werden.

Die durchschnittlichen Reibungsbeiwerte μ für Haft-, Gleit- und Rollreibung für die verschiedenen Reibungsflächen und auch die Reibungswinkel δ für Schüttgüter (*Böschungswinkel*) sind in jedem besseren Physikbuch oder technischen Tabellenwerk zu finden.

6.2.9. *Kraft und Bewegung*

Wenn eine Kraft F nicht ausreicht, um eine Last zu heben oder den Reibungswiderstand R zu überwinden, dann bewegt sich nichts. Eine Last G wird durch die Kraft F gehoben, wenn $F > G$ ist. Auch bei der Reibung muss die Verschiebekraft $F > R$ sein, damit sich die Masse bewegt. Wenn durch eine Kraft der vorhandene Reibungswiderstand überwunden wird, dann wird der Gleichgewichtszustand gestört und es tritt eine Bewegung ein. Bei Gleitsicherheitsnachweisen weist der Bauingenieur nach, dass kein Gleiten (Erdrutsch, Geländebruch) von Bauwerken auftreten kann.

7. Bautechnische Grundlagen

Ingenieure definieren Theorie und Praxis in scherzhafter Weise:

Theorie ist, wenn man genau weiß, wie es geht, aber nichts funktioniert.
Praxis ist, wenn alles funktioniert und man weiß nicht warum.

Der Bauingenieur muss die theoretischen und praktischen Grundlagen seines Berufes beherrschen und in der Praxis umsetzen können. Wenn einmal nicht alles so funktioniert, wie es sollte, dann muss er in der Lage sein, die Ursachen zu ergründen und einen gangbaren Weg zur Lösung des Problems zu finden.

7.1. Vorbemerkungen

Ein Bauwerk ist aus Hunderten von Bauteilen zusammengefügt, die alle ihrer Festigkeit gemäß beansprucht sind. Sie dehnen sich elastisch unter Belastung aus und ziehen sich nach der Entlastung wieder zusammen. Die Hauptbauteile sind entweder fest verbunden oder gegeneinander beweglich, biegen sich durch oder verdrehen sich unter den Lasten, unterliegen den Temperaturänderungen und den Kräften aus Wind und Schnee.

Für Architekten und Bauingenieure ist es unerlässlich, in Gedanken dieses Bewegungsspiel der Bauteile vorauszufühlen und beim Entwurf und bei der Berechnung zu berücksichtigen.

Damit die Zusammenhänge dem Leser besser verständlich werden, von denen nachfolgend die Rede ist, werden einige bautechnische Grundlagen und etwas Theorie zur Statik und Festigkeitslehre geboten. Ausgehend von der Geometrie der Bauteile wird gezeigt, wie aufgrund äußerer Kräfte die inneren Kräfte in den Bauteilen berechnet werden. Insbesondere die elastische Tragwirkung wird eingehend erläutert, wobei der Zusammenhang zwischen Spannungen und Formänderungen besonders betrachtet wird. Dazu werden auch einige mathematische Formeln verwendet, um dem Leser die Mathematik des Bauingenieurs vorzuführen. Diese theoretischen Ausführungen können bei ersten Lesen übersprungen werden.

Nicht jeder Begriff des Bauwesens kann im laufenden Kontext des Buches erläutert werden, deshalb sind wichtige Begriffe und Bezeichnungen des Bauwesens im Anhang ab Seite 305 zusammengestellt und erläutert.

7.2. Baustatik und Festigkeitslehre

In der Baustatik beschäftigt man sich hauptsächlich mit Kräften und den daraus resultierenden mechanischen Wirkungen. In der Schule haben wir im Physikunterricht die Gesetze der Mechanik kennengelernt, die in der Baustatik eine große Rolle spielen.

Die Bestimmung (Berechnung) der Auflagerreaktionen und der Schnittgrößen aus den von außen wirkenden Kräften und Lasten (äußere Kräfte) ist Aufgabe der *Baustatik*. Unter *Schnittgrößen* versteht man die auf einen Querschnitt eines Bauteils wirkenden inneren Kräfte (Schnittkräfte) und Momente (Schnittmomente), die sich aus den äußeren Kräften ergeben.

In der *Festigkeitslehre* ist die Ermittlung der auftretenden Formänderungen und der daraus entstehenden Beanspruchungen (Spannungen) wichtig, woraus der Bauingenieur die nötigen Abmessungen der Bauteile berechnet. Diesen Vorgang nennt man „*Bemessung*“ oder „*Dimensionierung*“ der Bauteile.

Während bei der Baustatik die Ermittlung der Schnittgrößen nur aus den Lasten erfolgt, unabhängig vom Querschnitt und unabhängig von den Baustoffeigenschaften, gehen bei der Festigkeitslehre die Materialkennwerte und die Querschnittswerte in die Bemessung der Bauteile ein.

Im allgemeinen Sprachgebrauch spricht der Bauingenieur meist nur von Statik oder Baustatik, wobei er die Festigkeitslehre mit einschließt.

7.3. Geometrie der Bauteile

Bild 15 zeigt die *Bauteilformen* Balken, Platte und Scheibe, die von ebenen Flächen begrenzt werden. Die Lasten wirken von oben nach unten. Bei der Platte wirken die Kräfte senkrecht zur Mittelfläche und bei der Scheibe parallel zur Mittelfläche.

Eine Platte kann auch als Scheibe wirken, wenn sie waagrechten Kräften ausgesetzt ist.

Bild 15: Bauteilformen Balken, Platte und Scheibe

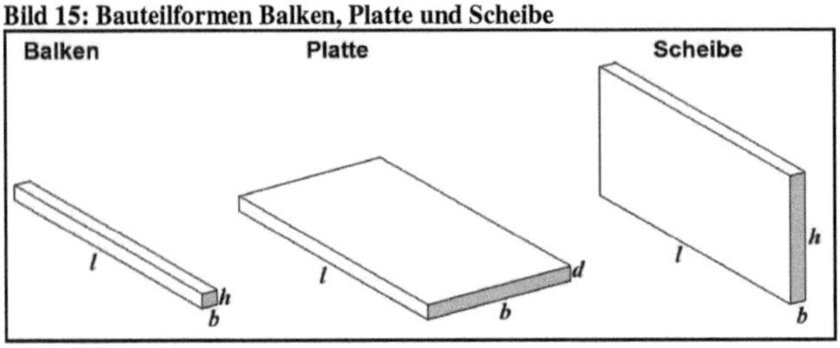

Jedes Bauteil[23], ob stabförmig oder als Flächenelement, hat in der Regel rechteckige Form mit bestimmten Abmessungen, für die bestimmte Formelzeichen gelten:

Länge: ***l*** oder auch ***L***
Breite: ***b*** oder auch ***B***
Dicke: ***d***
Höhe: ***h***.

7.4. Querschnittswerte

Die zur Längsachse rechtwinklige Fläche eines stabförmigen Bauteils wird *Querschnitt* genannt (in Bild 15 die grau hinterlegten Flächen). Dieser hat bei rechteckiger Form mit den Maßen ***b*** und ***h*** die Flächengröße $A = b \cdot h$.

Außer der Querschnittsfläche ***A*** sind für den Statiker noch andere Werte wichtig, die von der Form des Querschnitts abhängig sind und bei der *Bemessung* des Bauteils in die Rechnung eingehen.

Bild 16: Querschnittswerte

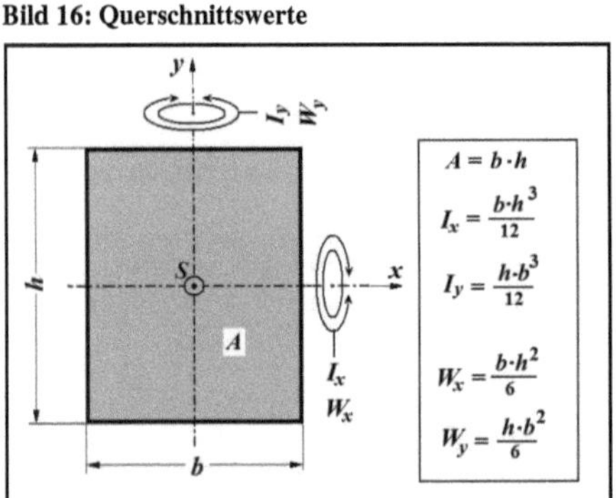

Die Querschnittswerte sind (Bild 16):

S = Schwerpunkt des Querschnitts.
b = Breite eines Rechteckquerschnitts in [cm].
h = Höhe eines Rechteckquerschnitts in [cm].
A = Querschnittsfläche in [cm^2].
I_x = Trägheitsmoment um die Achse x in [cm^4].
I_y = Trägheitsmoment um die Achse y in [cm^4].
i_x = Trägheitsradius um die Achse x in [cm].
i_y = Trägheitsradius um die Achse y in [cm].
W_x = Widerstandsmoment um die Achse x in [cm^3].
W_y = Widerstandsmoment um die Achse y in [cm^3].

Besteht über die Richtung der Beanspruchung des Querschnitts kein Zweifel, dann sind die Indizes bei ***W***, ***I*** und ***i*** entbehrlich.

[23] Es heißt „**das** Bauteil", weil es sich um ein einzelnes Bauglied (Bauelement) handelt. Davon zu unterscheiden ist „**der** Bauteil", der ein Teil eines Gebäudekomplexes ist.

7.4.1. Statisches Moment

Als *statisches Moment* wird allgemein das Produkt aus einer physikalischen Größe (Flächengröße oder Körpervolumen) und dem Abstand ***s*** dieser Größe von einer Drehachse bezeichnet. Es ist ein Flächenmoment 1. Ordnung. Die Bezeichnung „1. Ordnung“ zeigt an, dass der Abstand ***s*** in der 1. Potenz (linear) auftritt.

Das statische Moment aus Flächenelementen wird gebraucht, um die Lage der Schwerpunkte von Flächen in der Ebene zu ermitteln. Ebenso ergeben sich die Schwerpunktlagen von Körpern im dreidimensionalen Raum, wenn Volumenelemente verwendet werden.

Anstelle von Flächen- oder Volumenelementen können auch Kräfte verwendet werden, dann ergibt sich der Angriffspunkt der resultierenden Kraft.

7.4.2. Schwerpunkt und Schwerpunktlage

Der *Schwerpunkt* ist derjenige Punkt einer Fläche oder eines Körpers, in dem alle Flächen- oder Volumenelemente vereinigt gedacht werden können. Es ist der Punkt, in dem alle von der Fläche oder dem Körper ausgehenden Eigenlasten in der Summe (Resultierende) als angreifend gedacht werden können.

Der Schwerpunkt eines Körpers oder einer Fläche wird in der Baustatik ständig gebraucht. Die Bestimmung seiner Lage kann durch Versuch, zeichnerisch oder rechnerisch über das statische Moment erfolgen.

Der Abstand eines Schwerpunkts der Gesamtfläche oder des Gesamtvolumens von einer beliebigen Achse ergibt sich aus der Summe der statischen Momente aller Flächen- oder Volumenelemente um diese Achse, geteilt durch die Gesamtfläche oder das Gesamtvolumen.

7.4.3. Trägheitsmoment

Das Trägheitsmoment ist ein Flächenmoment 2. Ordnung (Flächenträgheitsmoment), weil bei der Berechnung der Abstand des Flächenelements von der jeweiligen Bezugsachse in der 2. Potenz (im Quadrat) auftritt.

Mathematisch ausgedrückt: $I_x = \int_A y^2\,dA$ und $I_y = \int_A x^2\,dA$.

Die Trägheitsachsen gehen durch den Schwerpunkt des Gesamtquerschnitts.

Das *Flächenträgheitsmoment* ***I*** wird für die Berechnung von Formänderungen (siehe Seite 75) verwendet.

Die Trägheitsmomente verschiedener Querschnittsformen findet man in den bautechnischen Tabellenbüchern.

7.4.4. Widerstandsmoment

Das Widerstandsmoment ***W*** wird aus dem Trägheitsmoment ***I*** berechnet, indem dieses durch den Abstand ***e*** der von der Trägheitsachse am weitesten entfernt liegenden Faser dividiert wird: $W = I/e$.

Das *Widerstandsmoment* ***W*** wird für Spannungsberechnungen (siehe Seite 73) der Randfasern eines Querschnitts gebraucht.

7.4.5. Trägheitsradius

Der minimale Trägheitsradius $i_{min} = \sqrt{\frac{I_{min}}{A}}$ eines Stabes ist bei Stabilitätsberechnungen (Knickberechnung) von Bedeutung. Für das Rechteck werden die Trägheitsradien in Tabellen angegeben.

7.4.6. *Querschnittswerte rechteckiger Querschnitte*

Die *Querschnittswerte* sind von der Querschnittsform abhängig, aber sie sind unabhängig von den Eigenschaften des Baustoffs.

Die Querschnittswerte der *Rechteckquerschnitte* findet der Bauingenieur in den üblichen bautechnischen Tabellenwerken. Die nachstehende Tabelle gibt nur einige Werte daraus an.

Tabelle 3: Querschnittswerte für Rechteckquerschnitte 6 × 8 bis 10 × 12

b	h	A	I_x	i_x	W_x	I_y	i_y	W_y
cm	cm	cm²	cm⁴	cm	cm³	cm⁴	cm	cm³
6	**8**	48	256	2,31	64	144	1,73	48
8	**8**	64	341	2,31	85	341	2,31	85
6	**10**	60	500	2,89	100	180	1,73	60
8	**10**	80	667	2,89	133	427	2,31	107
10	**10**	100	833	2,89	167	833	2,89	167
6	**12**	72	864	3,46	144	216	1,73	72
8	**12**	96	1152	3,46	192	512	2,31	128
10	**12**	120	1440	3,46	240	1000	2,89	200

7.4.7. *Querschnittswerte beliebiger Querschnitte*

Für Querschnitte mit polygonförmigen oder kurvenförmigen Umrissen muss der Bauingenieur die Querschnittswerte rechnerisch ermitteln, weil es dafür wegen der Vielfalt der möglichen Formen keine fertigen Tabellenwerke gibt. Die Formeln für die Querschnittswerte sind in guten bautechnischen Formelsammlungen zu finden.

Für die HP-Taschenrechner steht das Programm „Querschnittswerte" (QSW, siehe Lit. [Praxl6]) zur Verfügung, das alle Querschnittswerte eines polygonförmigen Querschnitts berechnet. Es müssen nur die Koordinaten der Eckpunkte des Querschnitts als geschlossenes Polygon eingegeben werden. Grundlage dieses Programms ist der *Gaußsche Integralsatz für die Ebene*, der in Lit. [Fleßner] beschrieben ist.

7.5. Äußere Kräfte

7.5.1. *Grafische Methoden zur Ermittlung der Kräfte*

Kräfte wirken nur in ihrer Wirkungslinie. Außerhalb der Wirkungslinien werden Kräfte meist als *Vektoren* dargestellt, weil sie eine bestimmte Größe haben und in einer bestimmten Richtung wirken.

Kräfte kann man über das *Kräfteparallelogramm* zusammensetzen und zerlegen, wie es aus der Schulphysik bekannt ist (Bild 61 auf Seite 147 und Bild 62 auf Seite 148). Bei einem Kräfteparallelogramm gibt es immer eine resultierende Kraft.

Greifen an einem Balken mehrere Kräfte in einer Ebene senkrecht oder schräg zur Balkenachse an, so ergibt sich die Lage und Größe der Resultierenden aus einem *Seileck*. Der Name „Seileck" kommt von der Form einer belasteten Wäscheleine, die zwischen zwei Punkten durchhängend gespannt ist und an der Wäschestücke befestigt sind.

Das Seileck ist eine grafische Hilfskonstruktion. Beim Seileck spielen Kräfteplan und Lageplan zusammen. Vom Kräfteplan werden die Winkel auf das Seileck übertragen. Damit kann bei parallelen und schrägen Kräften die Resultierende grafisch ermittelt werden. Das Seileck wird in der Statik sehr häufig gebraucht, wird aber hier nicht erläutert (siehe im Internet unter dem Stichwort „Seileck").

Kräfte, die an einem Punkt angreifen, kann man mit entsprechenden Vektoren in einem geschlossenen Vektorpolygon (*Kräfteplan*) darstellen, das man zur Ermittlung der fehlenden Kräfte verwendet. Die Länge dieser Vektoren entspricht der Größe der Kräfte.

Die Summe aller so dargestellten Kräfte ist gleich null (Nullvektor), denn der Kräfteplan ist geschlossen. Ein Kräfteplan (manchmal auch *Krafteck* genannt, siehe Bild 17) gilt nur für Kräfte, die einen *gemeinsamen Angriffspunkt (Knoten)* haben.

Bild 17 Angriffspunkt und Kräfteplan, Krafteck

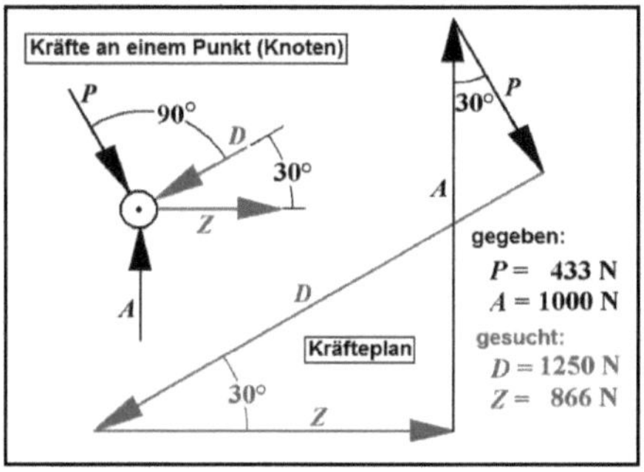

Von einem Knoten wegführende Pfeile sind Zugkräfte, hinführende Pfeile sind Druckkräfte. In einem Kräfteplan dürfen maximal zwei Kräfte unbekannt sein. Die Aufeinanderfolge der Vektoren im Kräfteplan entspricht der Reihenfolge der Kräfte um den Angriffspunkt. Im Bild 17 folgen die Kräfte im Uhrzeigersinn um den Angriffspunkt.

Beispiel:

Um die Vektorlängen ***D*** (Druckkraft) und ***Z*** (Zugkraft) in Bild 17 zu ermitteln, genügt die Kenntnis von Richtung und Größe der beiden Vektoren *A* (= 1000 N) und ***P*** (= 433 N).

Aus dem Kräfteplan können die gesuchten zwei Kräfte grafisch ermittelt werden:

Man zieht vom Ende von ***P*** eine Linie parallel zur vorgegebenen Richtung von ***D*** und vom Anfangspunkt von *A* eine waagrechte Linie nach links. Am Schnittpunkt der beiden neuen Linien endet ***D*** und beginnt **Z**. Man findet: ***D*** = 1250 N, ***Z*** = 866 N.

7.5.2. Belastungen

Von Belastung spricht man, wenn Lasten auf ein Bauteil wirken. Die Lasten sind entweder sogenannte „ständige“ (bleibende) Lasten (z. B. die *Eigenlast*, siehe Seite 121) oder „zufällige“ (veränderliche) Lasten. Letztere können ruhend oder beweglich sein (Nutzlasten, Verkehrslasten, Schnee- und Windlasten, Sonderlasten).

Als *Nutzlast* oder *Verkehrslast* wird alles bezeichnet, was die fertige Baukonstruktion bei ihrem vorgesehenen Gebrauch tragen muss. Dann gibt es noch die *Windkräfte* und die *Schneelast*. In Sonderfällen sind noch *Fliehkräfte* und *Sonderkräfte* aus Temperaturdehnung, Stützensenkungen, Erd- und Wasserdruck, Kranlasten, Bremskräften und Seitenstößen zu berücksichtigen.

7.5.3. Belastungsarten

Greift eine einzelne Last an einer bestimmten Stelle an, spricht der Statiker von *Einzellast* (Bild 23 auf Seite 72). Treten Lasten nicht als Einzelkräfte, sondern gleichmäßig über die Länge oder Fläche verteilt auf, spricht man von *gleichmäßiger Strecken- oder Flächenlast*, die auch als *Gleichlast* bezeichnet wird. Die Eigenlast von stabförmigen oder flächenförmigen Bauteilen tritt als Gleichlast auf. Außerdem können alle Belastungsarten gemischt vorkommen.

Der Statiker gibt diese Belastungen grafisch als *Belastungsbilder* an. Bild 18 zeigt vier Belastungsbilder für Streckenlasten (auf stabförmigen Bauteilen; Einheit der Ordinaten: [kp/m] oder [N/m]).

Bild 18: Belastungsbilder

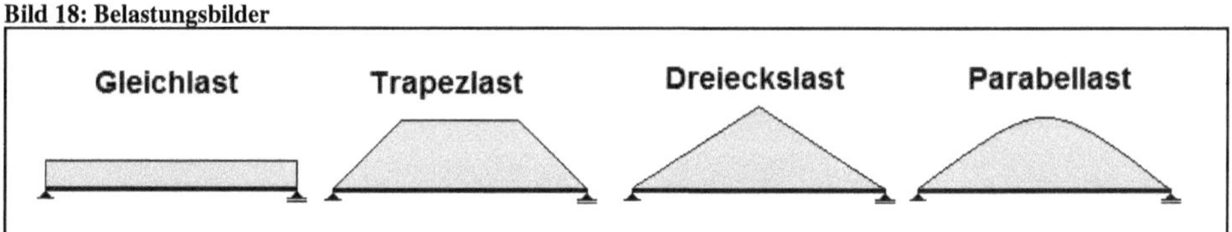

Flächenlasten können über die Bauteilfläche gleichmäßig verteilt sein (Flächengleichlast), es können aber auch innerhalb der Fläche Dreiecks-, Parabel- oder Trapezformen in beiden Richtungen auftreten (Einheit der Ordinaten: [kp/m^2] oder [N/m^2]).

Bild 19: Aufteilung einer Flächenlast im Grundriss

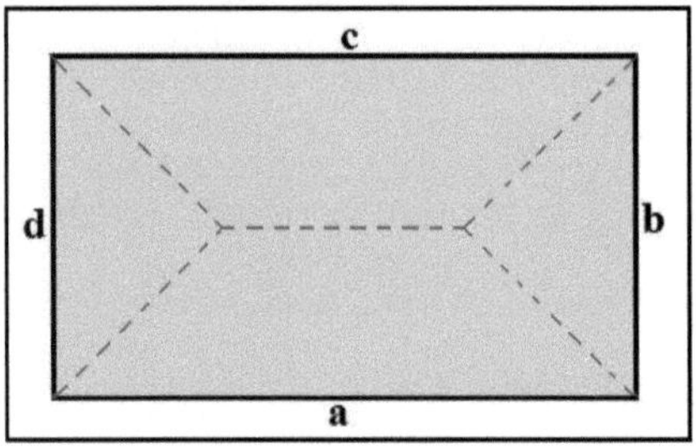

Wenn die Flächenlasten bei rechteckigen Deckenflächen durch die Randbalken abgetragen werden müssen, dann werden diese Flächenlasten als *Trapez- und Dreieckslasten* auf die Randbalken aufgeteilt. So erhalten in Bild 19 die Träger **a** und **c** je eine Trapezlast und die Träger **b** und **d** je eine Dreieckslast. Die gestrichelten Linien in Bild 19 sind gedachte Trennlinien für die Lastverteilung aus der Rechteckfläche. Man wählt für die Winkel der Dreiecke und Trapeze meist die Winkelhalbierenden der Eckwinkel. Man denkt sich die Stahlbetondecke an den Trennlinien zerschnitten und die entstehenden Teile an den Trägern hochgeklappt. Die Dreiecke und Trapeze sind nun als Last dieser Träger sichtbar.

Auch Belastungen in Form mathematischer Kurven können vorkommen. Z. B. werden bei Abtragung von Mauerwerk die Träger durch *Parabellasten* belastet, weil sich im Mauerwerk über dem Träger durch Gewölbewirkung ein Parabelbogen ausbildet und nur die unter dem Parabelbogen liegenden Mauerteile durch den Träger abgetragen werden müssen.

7.6. Innere Kräfte

Wenn aufgrund der äußeren Belastung in einem Querschnitt eines Bauteils Kräfte oder Momente entstehen (Längskraft, Normalkraft, Querkraft, Schubkraft, Scherkraft, Biegemoment, Torsionsmoment) spricht man von *Schnittgrößen*. Bild 20 zeigt einige dieser Schnittgrößen.

Bild 20: Normalkraft, Querkraft, Schubkraft und Verbund zweier Balken

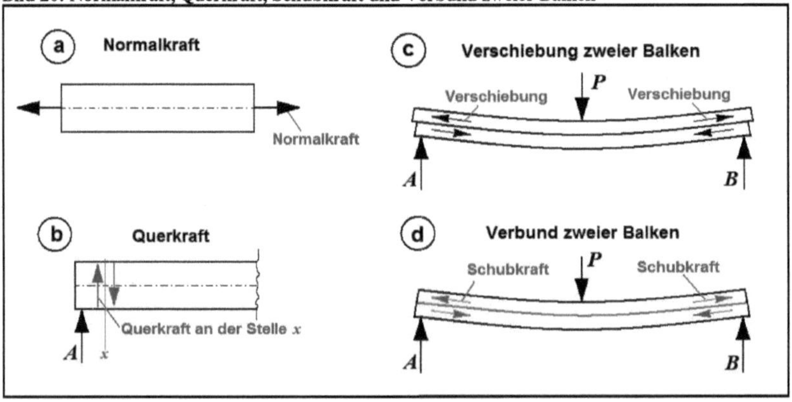

Aufgrund dieser Schnittgrößen entstehen im Baustoff *Spannungen* (Spannung = Kraft geteilt durch Fläche). Druckspannungen rechtwinklig auf eine Fläche nennt man auch *Pressungen*, wenn sie zwischen zwei getrennten Bauteilen oder zwischen Fundament und Boden auftreten, wenn also die Kräfte über eine Kontaktfläche weitergegeben werden.

7.6.1. Normalkraft

Die *Normalkraft* wirkt entlang der Mittellinie des Balkens, sie ist eine *Längskraft* (Bild 20 a). Steht ein Vektor senkrecht auf einer Fläche, dann heißt er *Normale*. Normalkraft ist diejenige Kraft, die rechtwinklig zur Querschnittsfläche angreift, also in Balkenachse wirkt.
Vorzeichenregelung: Zugkräfte sind positiv, Druckkräfte negativ.

7.6.2. Querkraft

Legt man in Gedanken an einer beliebigen Stelle x einen Schnitt rechtwinkelig zur Längsachse, so wirkt eine Kraft links dieses Schnittes quer zur Längsachse, man nennt sie *Querkraft* (Bild 20 b). Rechts dieses Schnittes wirkt eine gleich große Kraft entgegengesetzt. Beide Kräfte heben sich gegenseitig auf, sodass Ruhezustand herrscht. Die Querkraft ist eine Scherkraft, weil sie den Querschnitt wie eine Schere beansprucht.

7.6.3. Schubkraft

Belastet man zwei lose übereinander liegende Balken, dann verschieben sie sich an den Enden gegeneinander, weil der obere Balken auf der Unterseite gedehnt wird und der untere Balken auf der Oberseite gestaucht wird (Bild 20 c).

Unterbindet man die gegenseitige Verschiebung der Balken durch Verdübeln oder Verleimen (Verbund der beiden Balken), dann können sie sich bei Belastung nicht gegeneinander verschieben, es treten aber *Schubkräfte* auf, die zu Schubspannungen und Schubverformungen führen. Durch den Verbund tritt eine Erhöhung der Tragwirkung ein, der Verbundbalken trägt mit dem entstandenen Gesamtquerschnitt (Bild 20 d).

7.6.4. Momente

Momente entstehen nach dem *Hebelgesetz*, wenn eine Kraft in einem bestimmten Abstand vom Drehpunkt angreift (Bild 21 a).

Momente, die in einem Hebelarm wirken, sind von der Größe der angreifenden Kraft und der Länge des Hebelarms abhängig. Kraft mal Länge des Hebelarms auf der einen Seite ist bei Gleichgewicht gleich groß der Wirkung einer anderen Kraft mit einer anderen Hebelarmlänge auf der anderen Seite des Hebels, es gilt: $P_1 \cdot l_1 = P_2 \cdot l_2$. Das Verhältnis der Hebelarmlängen ist umgekehrt proportional zu den Kräften, die am Hebel wirken: $\frac{P_1}{P_2} = \frac{l_2}{l_1}$.

Man erhält auf diese Weise eine Kraftverstärkung, die schon in der Antike bekannt war, damals verwendete man Hebel zum Bewegen großer Lasten.

Bild 21: Hebelgesetz und Drehmomente

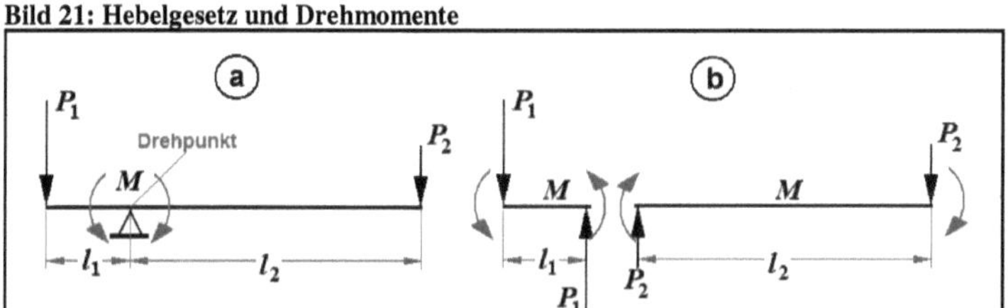

Das Moment M über dem Drehpunkt im Balken in Bild 21a ist $M = P_1 \cdot l_1 = P_2 \cdot l_2$. Der Balken muss dieses Moment aushalten und darf nicht brechen. Die Unterstützung in der Mitte muss die Summe $P_1 + P_2$ der beiden Lasten tragen.

7.6.4.1. *Drehmoment*

Ein *Drehmoment* ist ein Kräftepaar, bestehend aus zwei gleich großen, aber in einem bestimmten Abstand entgegengesetzt wirkenden Kräften. Schneidet man den Hebel aus Bild 21a am Drehpunkt auseinander (Bild 21b), so erhält man zwei Kräftepaare, deren Drehmomente gleich groß, aber entgegengesetzt sind. Jedes Moment, ob am Hebel oder als Biegemoment im Balken, kann als Kräftepaar dargestellt werden.

7.6.4.2. *Biegemoment*

Die Größe eines *Biegemoments* ist gleich der algebraischen Summe der auf den Querschnittsschwerpunkt bezogenen statischen Momente aller Kräfte (Last, Stützkräfte, Gelenkkräfte), die links oder rechts vom gedachten Schnitt am Stabteil angreifen.

Vorzeichenregelung: Ist die gezogene Faser am Bauteil unten, dann ist das Moment positiv.

7.6.4.3. *Torsionsmoment und Verdrillung*

Hat ein Drehmoment die Stablängsachse als Drehachse, so wirken die entstehenden Kräfte in der Querschnittsebene rings um diese Drehachse. Es entsteht eine Beanspruchung des Querschnitts, die *Torsion* genannt wird. Es ist ein Drehmoment um die Stablängsachse (*Torsionsmoment*). Macht das Bauteil die Drehung mit, entsteht eine Spiralform der vorher parallelen Kanten, diese Formänderung nennt man *Verdrillung*.

7.7. Tragwirkung im elastischen Bereich des Baustoffs

Bei jeder Belastung entsteht eine *Verformung* des belasteten Materials. Die Größe der Verformung hängt von den Eigenschaften des Baustoffs und der Querschnittsform ab. Das Naturgesetz der elastischen Tragwirkung (*Elastizitätsgesetz*) ist schon lange bekannt.

Grundlage jeder dauerhaften Tragwirkung ist die Elastizität des tragenden Bauteils.

Auch die Römer kannten es und sagten: ***Ut tensio sic vis*** (*Wie die Dehnung, so die Kraft*). Je größer die Dehnung sein soll, desto größer muss die Kraft sein, die man aufwenden muss, um diese Dehnung zu erzeugen. Das gilt auch umgekehrt: An der Größe der Dehnung kann man die Kraft abschätzen.

Wirkt eine äußere Kraft (*Aktionskraft*), dann wird das Bauteil verformt. Bei der Verformung entsteht ein Federweg, der eine Federkraft (Rückstellkraft = *Reaktionskraft*) als innere Kraft aufbaut, die der äußeren Kraft entgegenwirkt und, wenn das Bauteil in den *Ruhezustand* gelangt ist, zu dieser das *Gleichgewicht*[24] hält. Es gibt ein stabiles, ein labiles und ein indifferentes Gleichgewicht. Der Bauingenieur muss immer danach streben, ein stabiles Gleichgewicht zu erzielen.

Es gilt die Gleichung: *Aktionskraft = Reaktionskraft*.

Diese Gleichung gilt für jedes tragende Bauteil, unabhängig, aus welchem Material (Werkstoff, Baustoff) es besteht. Dabei wird der Baustoff im elastischen Bereich beansprucht. Nach Wegnahme der Belastung kehrt das Bauteil in die ursprüngliche Form zurück, der Vorgang ist reversibel.

7.7.1. *Hookesches Gesetz*

Die Festigkeitslehre befasst sich in der Hauptsache mit der Untersuchung des Spannungszustandes von festen elastischen Körpern und arbeitet mit mehr oder weniger zutreffenden Vereinfachungen.

Der englische Physiker *Robert Hooke* (1635 - 1703) hat im Jahr 1665 die Beziehung zwischen Kraft und Dehnung formuliert: Die Dehnung Δl eines stabförmigen Bauteils ist proportional zur wirkenden Zugkraft P und zur Länge l des Bauteils und umgekehrt proportional zur Querschnittsfläche A und zum Elastizitätsmodul E (E ist ein Materialkennwert, er wird auf Seite 71 definiert).

[24] Das „Gleichgewicht" ist kein *Gewicht* im physikalischen Sinn, sondern ein Zustand.

Mathematisch formuliert:

Formel 3: Elastische Dehnung

$$\Delta l = \frac{P \cdot l}{A \cdot E}.$$

Daraus folgt:

Formel 4: Abhängigkeit Spannung - Dehnung

$$\frac{\Delta l}{l} = \frac{P}{A \cdot E} = \frac{\sigma}{E} = \varepsilon,$$

woraus sich die Beziehung zwischen Spannung und Dehnung ergibt:

Formel 5: Hookesches Gesetz

$$\sigma = \varepsilon \cdot E$$

Bedeutung der Formelzeichen:

P	Zugkraft,
A	Querschnittsfläche,
l	ursprüngliche Länge des Stabes,
$\sigma = P/A$	Spannung aus Normalkraft (Kraft geteilt durch Fläche),
$\varepsilon = \Delta l/l$	Dehnung,
E	Elastizitätsmodul (Materialkennwert, Stoffkonstante).

Der gedehnte Stab hat die Länge $l + \Delta l$.

Das *Hooke*sche Gesetz stellt die Proportionalität zwischen Dehnungen ε und Spannungen σ dar.

7.7.2. Die Spannungsdehnungslinie

Diesem von *Hooke* beschriebenen Elastizitätsgesetz unterliegt jedes elastische Material unter Belastung. Das *Hooke*sche Gesetz gilt nur bei elastischem Verhalten des Materials bis zur Proportionalitätsgrenze der Spannungsdehnungslinie (= Fließ- bzw. Streckgrenze, siehe Bild 22).

Bild 22: Spannungsdehnungslinien von Stahl und Beton

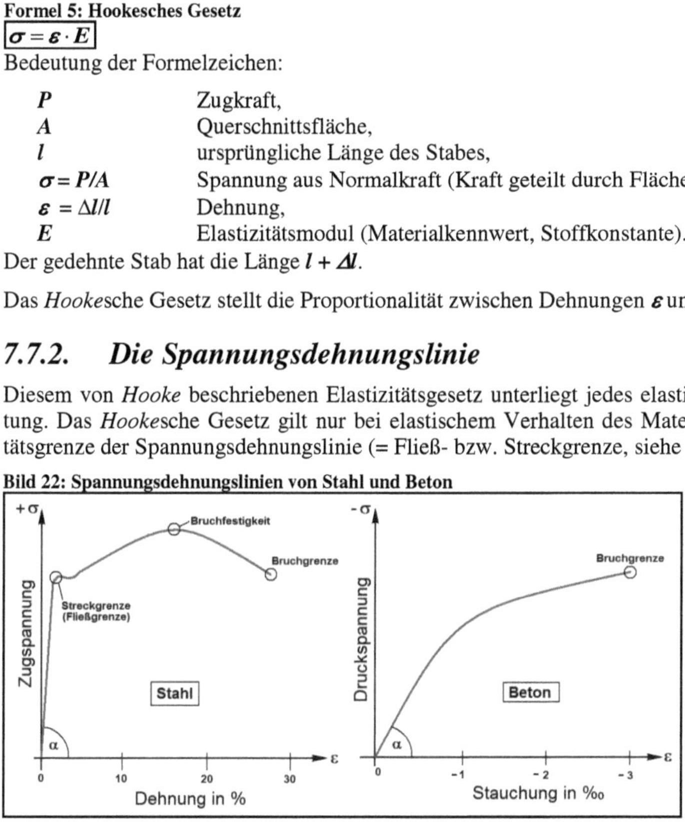

Der Zusammenhang zwischen Spannung und Dehnung ist für jedes Material spezifisch, er wird in einer Spannungsdehnungslinie grafisch dargestellt. In Bild 22 sind die Spannungsdehnungslinien für Stahl und Beton zu sehen; das linke Diagramm zeigt das Verhalten von Stahl beim Zugversuch, das rechte Diagramm zeigt die Stauchung von Beton beim Druckversuch.

Wird das Material höher belastet, als die Elastizität es zulässt, dann reagiert das Material plastisch, es „fließt" (*Fließgrenze*) oder „streckt sich" (*Streckgrenze*) und bei weiterer Erhöhung der Belastung erreicht es die Bruchfestigkeit, bei der es gerade noch nicht zerstört wird. Bei weiterer Dehnung nimmt die Spannung ab, das Material kommt in Bewegung und geht zu Bruch (*Bruchgrenze*).

Der Stahl hat einen ausgeprägten elastischen Bereich bis zur Streckgrenze. Beim Beton dagegen ist nur ein kleiner Teil elastisch, die Spannungsdehnungslinie geht dann parabelförmig in einen flacheren Teil über. Dieses nichtlineare Verhalten des Betons wird bei der Stahlbetonbemessung berücksichtigt.

7.7.3. Der Elastizitätsmodul

Der **Elastizitätsmodul** E (E-Modul) ist definiert durch die Spannung σ, die der Stab bei der Dehnung auf die doppelte Länge erreichen würde, wenn also die Dehnung ε den Wert 1 erreicht:

Formel 6: Elastizitätsmodul E

$\boxed{\varepsilon = \frac{\Delta l}{l} = \frac{\sigma}{E} = 1}$, also $E = \sigma$.

Diese Dehnung von $\varepsilon = 1$ kann bei den meisten Baumaterialien praktisch nie erreicht werden, der Wert dient lediglich als theoretischer Ansatz zur Angabe der Größe E. Der E-Modul ist eine feste Kenngröße des jeweiligen Materials. Je härter das Material, desto höher der E-Modul.

Mathematisch gesehen ist der E-Modul der Tangens des Winkels α (Steigung) der Spannungsdehnungslinie im proportionalen elastischen Bereich (Bild 22).

Tabelle 4: Einige Werte von E-Moduln

Nadelholz, in Faserrichtung	100 000 kp/cm^2	1 000 000 N/cm^2	10 000 N/mm^2
Nadelholz, quer zur Faser	3 000 kp/cm^2	30 000 N/cm^2	300 N/mm^2
Beton B 35	340 000 kp/cm^2	3 400 000 N/cm^2	34 000 N/mm^2
Betonstahl	2100 000 kp/cm^2	21 000 000 N/cm^2	210 000 N/mm^2

7.7.4. Elastische Formänderungen und Formänderungsarbeit

Eine elastische Formänderung verschwindet nach Wegnahme der Last vollständig, das Bauteil nimmt wieder die vorherige Form an.

Bei Belastung treten elastische Formänderungen auf. Bei Zugkräften entstehen Dehnungen, bei Druckkräften Stauchungen, bei Biegemomenten gleichzeitig auf der gedrückten Seite Stauchungen und auf der gezogenen Seite Dehnungen und bei Torsionsmomenten Verdrehungen um die Stabachse.

Bei Belastung wird eine *Formänderungsarbeit* geleistet. Die Größe dieser Formänderungsarbeit ist durch die Größe der Fläche unter der Spannungsdehnungslinie gegeben, die vom Maß des Dehnungswegs bis zum momentan erreichten Dehnungsendpunkt bestimmt wird.

Im elastischen Bereich ist die Größe der Fläche unter dem geraden Teil der Linie ein Maß für die Formänderungsarbeit: *Formänderungsarbeit = ½ × erreichte Kraft × momentaner Dehnungsweg*.

Stellt sich ein Mensch auf eine Federwaage (Personenwaage), dann löst sein Gewicht einen Federweg in der Waage aus, der proportional zum Gewicht ist. Die in der Waage befindliche Feder hat eine Rückstellkraft aufgebaut, die dem Gewicht gleich ist und entgegengesetzt wirkt.

Bei Bauteilen ist es ähnlich. Die Einzellast P in der Mitte eines Balkens (Bild 23) bewirkt dort eine *Durchbiegung f*. Der von außen aufgezwungenen Durchbiegung wirkt die Elastizität des Balkens entgegen, der Balken baut eine Federkraft nach oben in der Größe der Einzellast P auf.

Die Kräfte sind im Gleichgewicht. Diese Federkraft wird durch eine Hebelwirkung verursacht, die *Biegemoment* genannt wird.

Die Einzellast P in der Mitte des Balkens verteilt sich auf die beiden Auflager A und B zu gleichen Teilen. Die Auflagerreaktionen A bzw. B wirken auf den Querschnitt in Balkenmitte mit dem Hebelarm der halben Balkenlänge (Biegemoment). Die Fasern des Balkens wirken dabei als Federn.

7.7.5. *Spannungsverteilung im Querschnitt*

Schneidet man in Gedanken aus dem belasteten Balken in der Mitte ein Balkenelement rechtwinklig zur Längsachse heraus, so kann man die Krümmung der Längsachse (Bild 23, rechter Teil) ermitteln. Diese bewirkt eine Verlängerung der Unterseite in Längsrichtung (*Zugzone*: Dehnung) und eine Verkürzung der Oberseite (*Druckzone*: Stauchung = negative Dehnung).

Die Krümmung im rechten Teil von Bild 23 ist zur deutlicheren Darstellung übertrieben groß gezeichnet. In Wirklichkeit ist sie so klein, dass x und Δx bei den Ansätzen zur Herleitung der Formeln parallel zu den unverformten Querschnittsrändern verlaufend angenommen werden können.

Die Formänderungen des Körpers bleiben so klein, dass sie bei der Aufstellung der Gleichgewichtsbedingungen vernachlässigt werden können. Die Berechnungen werden also mit den Abmessungen des unverformten Körpers (unverformtes Referenzsystem) durchgeführt (linearisierte Elastizitätstheorie, **Theorie I. Ordnung**).

Bild 23: Durchbiegung und Krümmung eines Balkens

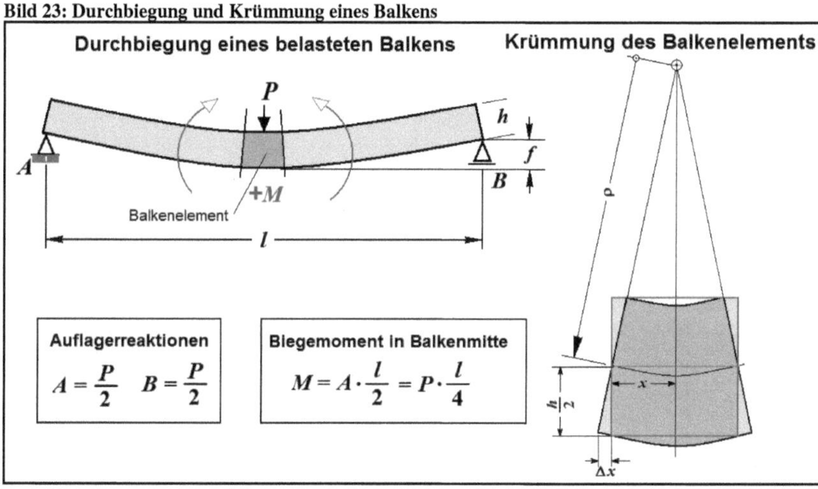

7.7.6. *Mathematische Elastizitätstheorie*

Zur Berechnung von Verformungen und Spannungen unter Lasteinfluss wird die *mathematische Elastizitätstheorie* herangezogen. Für die Berechnungen der Festigkeitslehre geht man von einfachen Grundannahmen aus:

1. Der Werkstoff (Baustoff) ist gleichartig (homogen).
2. Er ist nach allen Richtungen gleich nachgiebig (isotrop), hat also in alle Richtungen die gleichen mechanischen Eigenschaften.
3. Der Zustand ist stabil (fest, nicht plastisch) und eigenspannungsfrei.
4. Es gelten das lineare Elastizitätsgesetz (*Hooke*sches Gesetz) und die Geradlinienannahme.
5. Es treten nur kleine innere Verzerrungen und kleine äußere Verformungen auf, sodass mit den Abmessungen des unverformten Körpers gerechnet werden kann. Die Querschnitte bleiben im Belastungszustand ebenflächig (Theorie I. Ordnung).

Abweichungen von diesen einfachen Grundannahmen (z. B. durch eine kristalline und körnige Struktur des Materials, durch anisotropes Verhalten bei Faserstruktur, Eigenspannungen, Inhomogenität, Nichtlinearität zwischen Spannung und Dehnung) erfordern besondere Untersuchungen und Bemessungsverfahren (z.B. bei Stahlbeton).

7.7.7. *Geradlinienannahme und Ebenbleiben der Querschnitte*

Wenn das Hookesche Gesetz nicht nur für einen Zugstab (Normalkraft), sondern auch für einen Biegestab angewendet wird, dann setzt man voraus, dass bei der Biegebeanspruchung und Verformung **die** *Querschnittsfläche* an jeder Stelle des Biegestabes *eben bleibt.*

Das hat zur Folge, dass alle Linien innerhalb des Querschnitts Geraden sind (**Geradlinienannahme**). Im Biegequerschnitt verhalten sich die Normalspannungen wie die Abstände von der Nulllinie.

Die Verformungen bewirken nach dem *Hooke*schen Gesetz oben Druckspannungen und unten Zugspannungen. Bild 24 zeigt die Situation.

Man setzt das Ebenbleiben der Querschnitte (*Geradlinienannahme*) voraus. Betrachtet man die Spannung und die Dehnung jeweils in zwei verschiedenen Abständen d_1 und d_2 von der Balkenmittellinie (*neutrale Faser*, Nulllinie), dann gilt infolge der Geradlinienannahme:

Formel 7: Geradlinienannahme

$$\frac{\varepsilon_1}{\varepsilon_2} = \frac{\sigma_1}{\sigma_2} = \frac{d_1}{d_2}$$

Die Dehnungen haben auf halber Balkenhöhe in der Nulllinie den Wert null und nehmen zum oberen und unteren Rand hin proportional zum Abstand von der Nulllinie auf den Wert **-ε** bzw. **+ε** zu. Die Spannungen sind diesen Dehnungen proportional und nehmen zum oberen und unteren Rand hin gleichmäßig (linear) auf den Wert **-σ** bzw. **+σ** zu.

Bild 24 stellt den mittleren Ausschnitt aus dem Balken von Bild 23 vergrößert dar. Das Spannungsdiagramm in Bild 24 zeigt die Spannungen, das Dehnungsdiagramm zeigt die entsprechenden Dehnungen.

Bild 24: Spannungsdiagramm und Dehnungsdiagramm

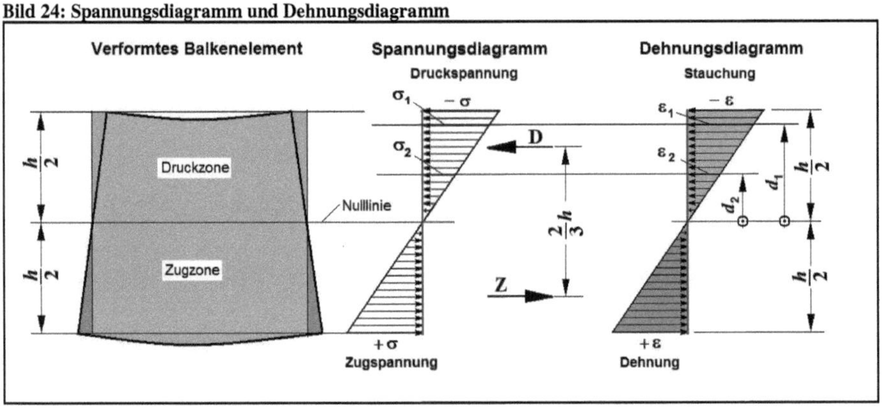

Vorzeichenregelung:
Die Statiker haben sich darauf geeinigt, Zugspannungen mit positivem und Druckspannungen mit negativem Vorzeichen zu bezeichnen. Außerdem sind Momente als positiv zu betrachten, die unterhalb der Nulllinie in den Fasern Zugspannungen (Zugzone) erzeugen.

7.7.8. *Spannungen aus Biegemoment*

Aus dem dreieckförmigen Spannungsverlauf in der Druck- und Zugzone kann mit der Breite ***b*** des Rechteckbalkens eine Druckkraft ***D*** und eine Zugkraft ***Z*** berechnet werden, die in den Schwerpunkten der Dreiecke angreifen (siehe Spannungsdiagramm in Bild 24). Als Kräftepaar mit dem Abstand $^2/_3 \cdot h$ bilden sie ein Moment, das dem Biegemoment ***M*** aus den äußeren Kräften das Gleichgewicht halten muss:

$$Z = \frac{\sigma}{2} \cdot \frac{h}{2} \cdot b = -D$$

$$M = Z \cdot \frac{2}{3} \cdot h = \frac{\sigma}{2} \cdot \frac{h}{2} \cdot b \cdot \frac{2}{3} \cdot h = \sigma \cdot \frac{bh^2}{6} = \sigma \cdot W$$

Daraus folgt:

$$M = \sigma \cdot W$$

Wie sich aus der Herleitung dieser Formel ergibt, fasst man die querschnittsbezogenen Werte $bh^2/6$ zum Widerstandsmoment W zusammen. Damit bleibt lediglich der Zusammenhang zwischen dem Moment M, der Spannung σ und dem Widerstandsmoment W (siehe Querschnittswerte Bild 16) in der Formel übrig. Über das Widerstandsmoment geht die Querschnittsform in die Rechnung ein. σ ist die Spannung in der *höchst beanspruchten Faser* am äußersten Rand des Querschnitts (*Randfaser*).

Formel 8: Bemessungsformel für Biegung

$$\boxed{\sigma = \frac{M}{W}}.$$

Formel 8 ist die *Bemessungsformel* für das Biegemoment, das im Querschnitt eines Balkens entsteht. Die Randfaser hat die Spannung σ, welche die nach Norm zulässige Spannung nicht überschreiten darf.

Die Widerstandsmomente für einige Rechteckquerschnitte sind in der Tabelle 3 auf Seite 65 aufgeführt.

7.7.9. *Spannungen aus Biegung mit Längskraft*

Bei Rahmentragwerken (siehe 13.1.5 auf Seite 138) wirken in den Stäben nicht nur Biegemomente, sondern auch Längskräfte, also Druck- oder Zugkräfte. Eine Längskraft N bewirkt in einer Querschnittsfläche A die Spannung

Formel 9: Bemessungsformel für Längskraft

$$\boxed{\sigma = \frac{N}{A}}.$$

Man nennt diese Spannung Druckspannung, wenn sie negativ ist und Zugspannung, wenn sie positiv ist. Bei einer Zugkraft N und einem Biegemoment M entstehen durch die Überlagerung dieser beiden Beanspruchungen an den Rändern die maximalen Spannungen

Formel 10: Bemessungsformel für Biegung mit Längskraft

$$\boxed{\sigma = \frac{N}{A} \pm \frac{M}{W}},$$

wobei das positive Vorzeichen für die gezogene Randfaser und das negative Vorzeichen für die gedrückte Randfaser gilt.

7.7.10. *Krümmung des Balkens*

Aus den beiden Gleichungen Formel 5 und Formel 8 lässt sich durch Gleichsetzen eine Beziehung zwischen der Beanspruchung und den Verformungen herleiten: $\boxed{\sigma = \frac{M}{W} = \varepsilon \cdot E}$.

Aus Bild 23 kann die Krümmung $1/\rho$ des Balkenelements (ρ ist der Krümmungsradius) aus ähnlichen Dreiecken hergeleitet werden: $\frac{h/2}{\rho} = \frac{\Delta x}{x} = \varepsilon$.

Dieser Ausdruck für ε in obige Gleichung $\sigma = \frac{M}{W} = \varepsilon \cdot E$ eingesetzt, ergibt:

$$\frac{M}{W} = \varepsilon \cdot E = \frac{h/2}{\rho} \cdot E \text{, daraus folgt: } \frac{1}{\rho} = \frac{M}{E \cdot W \cdot h/2}$$

Der Wert $W \cdot h/2$ stellt bei Rechteckquerschnitten das Trägheitsmoment I dar. Die Formel für die Krümmung lautet also:

Formel 11: Krümmungsradius aus Biegung

$$\boxed{\frac{1}{\rho} = \frac{M}{E \cdot I}}.$$

7.7.11. Durchbiegung und Biegelinie des Balkens

Wenn der Statiker die Biegelinie eines Balken als mathematische Funktion berechnen will, verwendet er ein ebenes Koordinatensystem, legt den Koordinatennullpunkt an den Anfang des Balkens und nimmt die Balkenrichtung als x-Achse. Die y-Achse zeigt nach unten, weil alle Lasten nach unten wirken und positives Vorzeichen haben sollen.

Auf diese Weise können alle Kräfte und Momente, die entlang des Balkens auftreten, in mathematische Funktionen gekleidet und grafisch dargestellt werden. Die Belastungsbilder auf Seite 66 können als mathematische Funktionen aufgefasst werden, die als Belastungslinien anzusetzen sind.

Trägt man die Größe des Biegemoments des Balkens als mathematische Funktion auf, so ergibt sich die *Momentenlinie*, die Fläche zwischen der x-Achse und der Momentenlinie ist die *Momentenfläche*.

Genauso kann man die Durchbiegung f an jeder Stelle des Balkens als Wert nach unten auftragen, dann entsteht die Biegelinie des Balkens. f_p und f_q sind die maximalen Durchbiegungen für Einzellast und Gleichlast. Für eine in Balkenmitte aufgebrachte Einzellast und für die Gleichlast sind Biegelinien und Momentenlinien in Bild 25 zu sehen. Die grau hinterlegten Flächen sind die Momentenflächen.

Bild 25: Momentenlinien und Biegelinien für Einzellast und Gleichlast

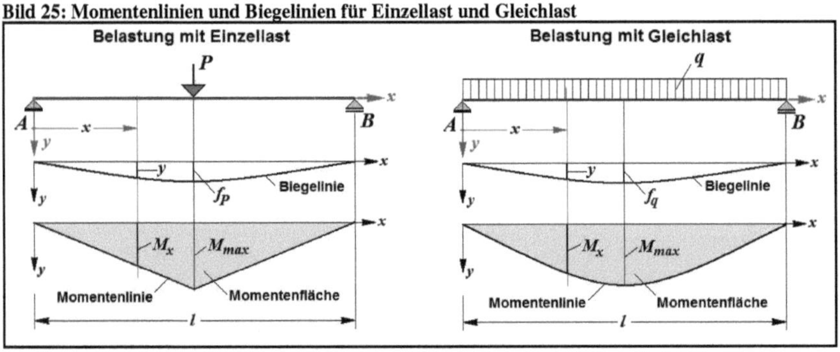

Die gesamte Theorie der Formänderungen baut auf der Biegelinie auf. Wenn y die Ordinate der Biegelinie ist, dann ist die zweite Ableitung (der zweite Differenzialquotient) der Biegelinie die Krümmung $1/\rho$ des Balkens. Daraus ergibt sich die *Differenzialgleichung der elastischen Linie*:

Formel 12: Differenzialgleichung der elastischen Linie

$$\boxed{\frac{\mathrm{d}^2 y}{\mathrm{d} x^2} = y'' = \frac{1}{\rho} = \frac{M_x}{E \cdot I}}.$$

Auf dieser Gleichung bauen alle analytischen Verfahren der Stabstatik auf.

Ohne nähere Erläuterung wird der Vollständigkeit halber noch die Bedeutung der verschiedenen *Differenzialquotienten des belasteten Balkens* angegeben:

y ist die Ordinate der Biegelinie an der Stelle x,
y' ist die Ordinate der Verdrehungslinie (Tangens der Neigung des Balkens) an der Stelle x,
y'' ist die Ordinate der Momentenlinie an der Stelle x,
y''' ist die Ordinate die Querkraftlinie an der Stelle x,
y^{IV} ist die Ordinate der Belastungslinie an der Stelle x.

Um von der Belastungsfunktion auf die mathematischen Funktionen für die Querkraft, das Biegemoment, die Verdrehungen und der Durchbiegung zu kommen, werden aus den Differenzialquotienten mit den entsprechenden Randbedingungen per Integralrechnung die erforderlichen Gleichungen ermittelt.

7.7.12. Wirkliche Spannungsverteilung im Baustoff

Die *Annahme der Geradlinigkeit der Spannungsverteilung* und das Ebenbleiben der Querschnitte sind vereinfachende Annahmen für die Berechnung, die nur bei Stahl einigermaßen zutreffend sind. Bei vielen anderen Materialien ist die Spannungsverteilung in Wirklichkeit nicht linear.

7.7.12.1. Spannungsverteilung im Holzquerschnitt

Im Holzbalken verteilt sich die Spannung bei Biegung in Wirklichkeit parabelförmig über den Querschnitt (rote Kurve in Bild 26). Die Spannungsverteilung weicht also in der Realität vom theoretischen, nach dem *Hooke*schen Gesetz bei Berechnungen verwendeten geradlinigen Spannungsbild ab.

Die Nulllinie wandert dabei auf die Zugseite, die Zugspannung ist gegenüber der geradlinigen Verteilung geringfügig höher und die Druckspannung geringfügig kleiner.

Bild 26: Spannungsverteilung im Holzquerschnitt

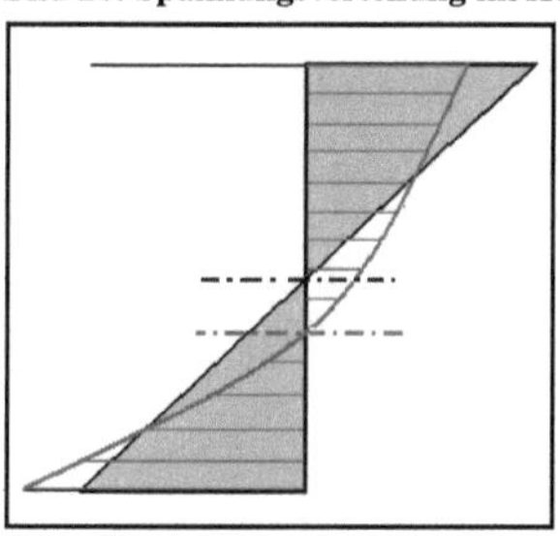

Die theoretische Annahme einer geradlinigen Spannungsverteilung entspricht also nicht der Wirklichkeit. Trotzdem setzt man bei der Bemessung das Ebenbleiben des Holzquerschnittes voraus und rechnet der Einfachheit halber mit einem geradlinigen Spannungsbild mit der Nulllinie in der Mitte, wie es die grau hinterlegten Dreiecke in Bild 26 zeigen.

Diese Vorgehensweise ist gerechtfertigt, weil in der Norm DIN 1052 die zulässigen Spannungen gegenüber den Bruchspannungen entsprechend weit herabgesetzt sind (Sicherheitsfaktor etwa 3 bis 6).

Müsste man bei der Berechnung von Holzbalken die wirkliche Spannungsverteilung berücksichtigen, dann wäre die Berechnung so kompliziert, wie sie bei der Berechnung von Stahlbetonquerschnitten praktiziert werden muss (siehe unten). Bei der Berechnung muss aus wirtschaftlichen Gründen eine Abwägung zwischen der theoretischen Richtigkeit der genauen Berechnung und der praktischen Brauchbarkeit der Näherungsberechnung erfolgen (siehe auch Abschnitt 11.2.3 auf Seite 120).

7.7.12.2. Spannungsverteilung im Stahlbetonquerschnitt

Auch bei Stahlbeton ist die Spannungsverteilung im Querschnitt parabelförmig (Bild 28 auf Seite 80). Außerdem müssen bei Stahlbeton zwei verschiedene Baustoffe mit unterschiedlichen E-Moduln zusammenwirken. In der Druckzone wirkt der Beton und in der Zugzone nur der Stahl, weil der Beton keine Zugspannungen aufnehmen kann. Die Tragwirkung von Stahlbeton wird ab Seite 79 beschrieben.

7.7.13. *Querdehnung und Querkontraktion*

Mit der elastischen Tragwirkung ist die Querdehnung untrennbar verbunden. Im elastischen Bereich ist die Querdehnung nahezu direkt proportional der Längsdehnung. Tritt eine Verlängerung durch Zugspannungen ein, dann werden die Abmessungen in Querrichtung kleiner, es tritt eine *Querkontraktion* (Zusammenziehen oder Dünnerwerden) ein. Bei Druckspannung in einer Richtung wird das Material kürzer, aber es dehnt sich in Querrichtung dazu aus (*Querdehnung*).

An einem stabförmigen Gummistück (z. B. Radiergummi) kann man diese Wirkung gut beobachten. Belastet man das Gummistück wie einen Balken auf zwei Stützen durch eine Einzellast in der Mitte, so kann man beobachten, dass es in Feldmitte durchbiegt und oben breiter und unten schmäler wird. Außerdem ist die obere Fläche in Balkenmitte quer zur Längsachse gewölbt.

Die Querdehnung macht man sich bei runden, hoch belasteten Stahlbetonstützen zunutze. Man bringt außen eine sehr starke spiralförmige Bewehrung an, um die Querdehnung des Betons zu behindern und damit die Tragfähigkeit (Druckfestigkeit) der Säule wesentlich zu erhöhen (Fachausdruck: Umschnürte Säulen).

Auch bei der Bemessung der einachsig gespannten Stahlbetonplatten wird die Querdehnung durch die Querbewehrung (konstruktiv) berücksichtigt. In den Tabellen für die Plattenbemessung bei kreuzweise gespannten Platten ist die Wirkung der Querdehnung in den Bemessungstabellen berücksichtigt.

7.7.14. *Schubverformungen*

Ein umfangreicheres und sehr viel komplexeres Problem als die Probleme der oben behandelten Querdehnung sind die Schubverformungen bei Stabelementen. Schubverformungen treten in Balken auf, wenn oben Druckkräfte und unten Zugkräfte herrschen, die über die Schubfestigkeit der Baustoffe oder über die Verbundelemente (Leimfuge, Dübel, Schrägbewehrung in Stahlbetonbalken) aufgenommen werden müssen. Schubverformungen treten insbesondere an den Enden der Balken auf, wo die Schubkräfte, hauptsächlich verursacht durch die Querkräfte, sehr hoch sind (siehe Schubkraft in Abschnitt 7.6.3 auf Seite 68).

Obwohl die Schubkräfte und Schubspannungen bei der Bemessung von Stahlbetonbalken und Verbundträgern berechnet werden, ist die Berücksichtigung der Schubverformungen beim klassischen Ansatz der Balkentheorie nicht vorgesehen.

In der täglichen Berufspraxis des Bauingenieurs und auch in den Normen spielt die Berücksichtigung der Schubverformungen noch keine Rolle.

An den technischen Universitäten wird der Einfluss der Schubverformungen auf die Tragwirkung eingehend untersucht und bei den Programmentwicklungen für neue Computer-Berechnungsmethoden berücksichtigt. Diese Forschungen werden dann auch in den entsprechenden Normen Berücksichtigung finden.

7.8. Tragwirkung im plastischen Bereich des Baustoffs

Der Baustoff trägt so lange, bis er zu Bruch geht.

Wird der Baustoff über die Elastizitätsgrenze hinaus belastet, so tritt eine plastische Verformung, der sogenannte *Fließzustand*, ein. Das Bauteil kehrt nach Wegnahme der Belastung nicht mehr in die Ursprungsform zurück, es ist „überdehnt“ worden, „bleibende Dehnungen“ sind die Folge.

Das Material erreicht bei immer größerer Dehnung einen Punkt, bei dem zwar die Dehnung größer wird, aber die Spannung langsamer als im elastischen Bereich ansteigt. In Bild 22 ist bei der Spannungsdehnungslinie des Stahls die typische Fließgrenze zu sehen. Aber auch oberhalb des elastischen Bereichs ist eine gewisse Tragwirkung vorhanden, die aber nur im Ausnahmefall zur Berechnung von Sicherheitsfaktoren benutzt wird.

Das Fließen des Baustoffs wird bei Stahl zur *Kaltverfestigung* genutzt. Schon im Herstellerwerk wird durch kontrolliertes Überdehnen (*Kaltverformen*, Kaltziehen) die innere Materialstruktur verändert, die Festigkeit nimmt zu. Die ursprüngliche Spannungsdehnungslinie gilt nicht mehr. Durch Kaltverformen entsteht eine neue Stahlsorte mit neuen Eigenschaften. Kaltverformung wird hauptsächlich bei Betonstahl verwendet. Bei manchen Kunststoffen tritt ein ähnlicher Effekt auf. Auf diese Weise kann man besonders reißfeste Folien herstellen.

Neuerdings wird das Fließverhalten des Stahls dazu benützt, die Tragwirkung auch im Spannungsbereich zwischen Streckgrenze und Bruchfestigkeit auszunutzen. Die Forschung ist inzwischen so weit, dass sich praktische Anwendungen daraus ableiten lassen.

Bei statisch unbestimmten Stabsystemen treten in den Stäben bei Überschreitung der Fließgrenze *Fließgelenke* und *Fließzonen* auf, wodurch die Stützmomente und Feldmomente sich so aufeinander einpendeln, dass das System einen (plastischen) Gleichgewichtszustand erreicht.

Der Statiker nennt dieses Verhalten „Schlauheit des Materials". Man hat aber dieses Verhalten rechnerisch noch nicht im Griff. Durch Ausnutzung der Tragwirkung im plastischen Bereich könnte das Material in manchen Fällen wirtschaftlicher eingesetzt werden.

Fließgelenke und Fließzonen können nicht manuell berechnet werden, diese Berechnungsmethoden sind den Computerberechnungen mit der Finiten-Elemente-Methode (FEM, siehe 30.6 auf Seite 270) vorbehalten. Die *Fließzonentheorie* bedarf noch genauerer Erforschung, wobei auch die Normen entsprechend angepasst werden müssten. Die technischen Universitäten arbeiten daran.

7.9. Bruchzustand der Bauteile

Wird der Baustoff über die Fließgrenze hinaus weiter belastet, tritt eine immer größer werdende plastische Verformung und schließlich der Bruch ein, bei dem das Bauteil zerstört wird. Dieser Zustand wird Bruchzustand genannt.

7.10. Nachteilige Einflüsse auf das Tragverhalten

7.10.1. Kriechen des Baustoffs

Ein besonderes Langzeitphänomen ist das *Kriechen der Baustoffe*. Belastet man die Baustoffe im elastischen Bereich nur kurzzeitig, dann nehmen sie nach der Entlastung wieder ihre vorherige Form ein.

Aber bei dauernder Belastung im elastischen Bereich, also im normalen Gebrauchszustand, gibt das Material im Laufe der Zeit allmählich nach, es tritt eine zusätzliche Dehnung oder Stauchung des Materials ein, „die nicht mehr zurückgeht", wenn es entlastet wird. Man nennt dieses Phänomen, wenn der Baustoff bei Dauerbelastung Ermüdungserscheinungen zeigt, *Kriechen* des Baustoffs.

Das Kriechen ist besonders bei Beton von Bedeutung. Unter Kriechen des Betons wird die zeitabhängige Zunahme der bleibenden Verformung des Betons unter Dauerlast verstanden.

Auch beim Spannstahl im Spannbeton (siehe 7.11.6 auf Seite 83) treten Ermüdungserscheinungen unter Dauerlast auf. Hier spricht man von *Spannstahlrelaxation*, wenn Stahl bei konstanter elastischer Dehnung an Spannkraft verliert.

Bei Spannbeton wirken sich das Kriechen und die Spannstahlrelaxation doppelt nachteilig aus. Der Spannstahl verliert dabei einen Teil der Vorspannung und gleichzeitig kriecht der Beton und mindert durch seine Verkürzung zusätzlich die Vorspannung ab.

Auch Holz kriecht unter Dauerlast. Besonders bei alten Dachstühlen ist zu beobachten, dass die Balken eine bleibende Durchbiegung behalten, wenn sie entlastet werden. Während man bei Holz davon ausgeht, dass die Faserstruktur durch den Wechsel der Luftfeuchtigkeit während der Dauerlastphase allmählich der Belastung nachgibt, sind bei Beton die Ursachen des Kriechens noch nicht geklärt.

7.10.2. *Schwinden und Quellen*

Bei feuchtigkeitsempfindlichen Baustoffen sind das *Schwinden* und das *Quellen* von Bedeutung.

Unter Quellen versteht man die Volumenvergrößerung infolge Wasseraufnahme, unter Schwinden die Volumenverringerung infolge Austrocknens.

Das „Arbeiten" des Holzes infolge Quellens und Schwindens ist schon seit Jahrtausenden bekannt (Seite 95). Holzbauten werden deshalb so konstruiert, dass das Holz „arbeiten" kann, ohne dass Schäden entstehen.

Beton ist ein künstliches Gestein, das sich wie Naturgestein verhalten müsste, das kein Schwindverhalten zeigt. Beton schwindet aber, zusätzlich zum oben erwähnten Kriechen. Hauptursache ist die Materialfeuchtigkeit. In der Aushärtung befindlicher frischer Beton enthält noch Feuchtigkeit, die im Laufe der Zeit entweicht.

Durch Austrocknung des Betons entsteht eine Volumenverringerung, die etwa 0,5 mm bis 1 mm pro 1 m Länge ausmacht. Wenn das Schwinden (z. B. durch die Bewehrung) unterbunden wird, entstehen Zugspannungen (Schwindspannungen) im Beton, die zu Schwindrissen führen.

Um das Schwinden des Betons vor der Aushärtung zu verhindern, muss der Beton nach der Herstellung sorgfältig nachbehandelt werden (Feuchthalten, keine direkte Sonnenbestrahlung, Schutz vor Wind), bis er ganz ausgehärtet ist. Beton ist nach 28 Tagen ausgehärtet, dann sind die chemischen Vorgänge im Innern des Betons abgeschlossen. Die Ursachen des Schwindens sind bei Beton noch nicht ganz erforscht.

Schwinden und Quellen von Baustoffen wirken sich selten auf die Tragfähigkeit der Bauteile aus. Der Bauingenieur muss aber schon bei der Konstruktion der Bauteile den Einfluss von Schwinden und Quellen auf die Tragfähigkeit berücksichtigen und die Bauteile entsprechend konstruieren.

Das Schwinden von Beton ist bei Spannbeton ein Faktor, der berücksichtigt werden muss.

Beim Schwinden von Holz können sich Bolzenverbindungen lockern und beim Quellen von Holz können bei Leimbindern die Leimfugen beeinträchtigt werden oder es kann zu Zwängungsspannungen kommen, die bei querverleimten Traggliedern zu Rissen führen können. Zwängungsspannungen entstehen, wenn Temperaturdehnungen des eingebauten Bauteils behindert werden.

Deshalb müssen Holzkonstruktionen, insbesondere Leimbinder mit großen Spannweiten (Sporthallen, Schwimmhallen), regelmäßig auf Durchfeuchtung und Rissbildung kontrolliert werden.

7.11. Tragwirkung von Stahlbeton und Spannbeton

7.11.1. *Verbundwirkung von Stahl und Beton*

Die Temperatur-Ausdehnungskoeffizienten (siehe 7.12.3 auf Seite 85) von Beton und Stahl sind fast identisch, deshalb ist der Verbund beider Materialien zu Stahlbeton möglich. Stahl und Beton dehnen sich bei Temperaturänderungen um das gleiche Maß aus, sodass zwischen beiden Materialien keine Temperaturspannungen entstehen.

Beton allein kann keine größeren Zugspannungen aufnehmen, höchstens 100 bis 300 N/cm^2 (10 bis 30 kp/cm^2). Bei der Berechnung wird diese geringe Zugfestigkeit von Beton nur in Ausnahmefällen (*Zustand I*) berücksichtigt. Die Druckfestigkeit von Beton ist wesentlich höher, etwa 2000 bis 3000 N/cm^2.

Die Stahlbetonbauteile sind infolge der *Verbundwirkung* von Bewehrung und Beton in der Lage, neben großen Druckspannungen, die der Beton aufnimmt, auch erhebliche Zug- und Biegespannungen aufzunehmen, die der im Beton befindliche Stahl (Betonstahl) aufnehmen muss.

Der Betonstahl haftet auch ohne besondere Maßnahmen direkt am Stahl. An der Berührungsstelle zwischen Stahl und Beton bildet sich beim erhärtenden Beton eine sogenannte Passivschicht aus Eisenoxid, die eine Auflösung des Eisens in Ionen und damit eine Korrosion verhindert. Bewehrungsstahl im Beton rostet deshalb nicht.

Bild 27: Beton-Rippenstahl

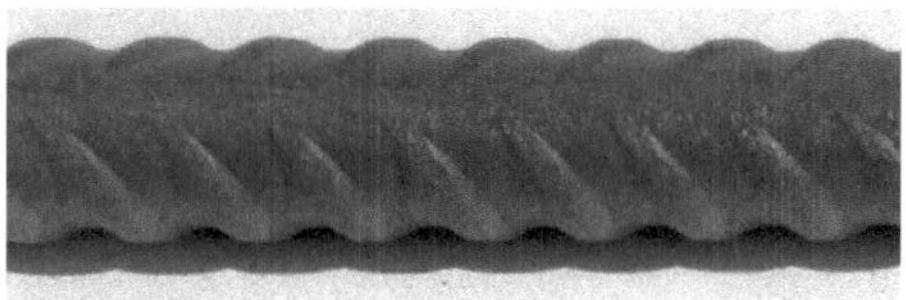

In der Anfangszeit des Stahlbetons legte man glatte runde Stahlstäbe in den Beton ein. Man rechnete mit einer bestimmten Haftlänge, die am Beanspruchungsende zusätzlich erforderlich war. Später wurde es üblich, zur besseren Haftung, zur Verringerung der Haftlänge und zur Erhöhung der Kraftübertragung (Verankerung des Stahles im Beton) entlang des Stahlstabes Querrippen (Rippenstahl, Bild 27) anzubringen. Die Rippen haben den zusätzlichen Vorteil, dass sie die Dehnungsrisse (siehe 7.11.2) in der Zugzone gleichmäßig auf die Länge des Stahlbetonbauteils verteilen, damit die Risse entsprechend klein bleiben. Der in Bild 27 gezeigte *Beton-Rippenstahl* hat an der Oberfläche leichten Rost angesetzt, der nicht nachteilig ist. Die oben erwähnte, im Beton sich bildende Passivschicht aus Eisenoxid bindet diesen oberflächlichen Rost ein, sodass der Stahl im Beton nicht weiterrosten kann. Wenn jedoch der Rost in Schichten abblättert, bevor man den Stahl einbetoniert, dann darf der Stahlstab nicht mehr verwendet werden (siehe 27.3.1. auf Seite 247).

7.11.2. Bemessung mit gerissener Zugzone

Bei der Bemessung von Stahlbetonbauteilen rechnet man mit „gerissener Zugzone“ (*Zustand II*), weil der Stahl sich bei Zugspannungen dehnt, der Beton aber diese Dehnungen „nicht mitmacht“. Der Beton ist deshalb nicht unbrauchbar, man nutzt diesen Zustand bewusst für die Tragwirkung aus.

Bild 28: Gerissene Zugzone bei Stahlbeton und Spannungsdiagramm

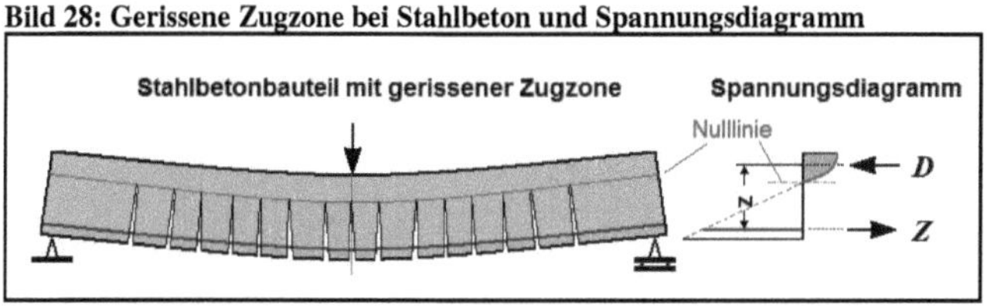

Bild 28 zeigt ein Stahlbetonbauteil (Balken oder Stahlbetondecke im Längsschnitt) mit gerissener Zugzone. In Bild 28 sind die Risse der Deutlichkeit halber viel zu groß dargestellt. In Wirklichkeit sind die Risse in der Zugzone mit freiem Auge kaum zu erkennen (maximal ca. 0,15 mm).

In der Zugzone ist der Beton gerissen, sodass er nichts zur Tragwirkung beitragen kann und die Stahleinlagen die gesamte Zugkraft **Z** aufnehmen müssen. Die Druckzone wird mit der Nulllinie nach oben geschoben, weil der Stahl eine größere Verformung als Beton hat. Außerdem ist der Spannungsverlauf in der Druckzone nicht dreieckig (wie im Spannungsdiagramm in Bild 24), sondern parabelförmig, wie die Spannungsdehnungslinie von Beton in Bild 22 (auf Seite 70) zeigt.

Das vom Stahlbetonquerschnitt aufzunehmende Biegemoment des Bauteils an einer bestimmten Stelle zwischen den Auflagern ist $\boldsymbol{M} = \boldsymbol{Z} \cdot z = \boldsymbol{D} \cdot z$. Dabei muss die Zugkraft **Z** allein vom Stahl und die Druckkraft ***D*** allein von der Druckzone des Betons aufgenommen werden. Die Lage der Nulllinie und der Abstand *z* zwischen der Zugkraft **Z** und der Druckkraft ***D*** (= Kräftepaar) werden bei jeder Bemessung aus den berechneten Verformungen von Beton und Stahl genau ermittelt. Die Berechnung erfolgt mit Bewehrungstabellen nach DIN 1045. Die Berechnung der Spannungen über das Widerstandmoment des Querschnitts (nach Formel 8 auf Seite 74) wäre hier unsinnig und unbrauchbar.

7.11.3. Bemessungsverfahren für Stahlbeton

Die Bemessung von Stahlbetonbauteilen erfolgte bis etwa 1973 auf der Grundlage des ***n***-Verfahrens nach *Matthias Koenen* (1878). Dafür wurde ein festes Verhältnis ***n*** der E-Moduln von Beton und Stahl angenommen. Dieses alte ***n***-Verfahren trifft die wirklichen Verhältnisse nur sehr roh.

Richtiger ist es, die zulässige Belastung unter Zugrundelegung der Spannungen am Beginn des plastischen Bereichs zu bestimmen, indem man diese durch einen angemessenen Sicherheitsfaktor teilt. Dieses neue „***n***-freie" Verfahren trifft die wirklichen Verhältnisse genauer. Dieses Verfahren wird nach der DIN 1045 der Bemessung zugrunde gelegt. Es wird hier nicht erläutert (siehe Betonkalender 1976, I, S. 705).

7.11.4. Bewehren des Betons

Das Bewehren, also das Anordnen der Stahleinlagen im Beton, muss entsprechend der Berechnung erfolgen und wird im *Bewehrungsplan* dargestellt. Dabei muss der Bauingenieur das Bauteil „durchkonstruieren" und dort, wo der Kräftefluss Spannungen auftreten lässt, die bei der Bemessung nicht berücksichtigt werden konnten, zusätzliche (konstruktive) Stahleinlagen anordnen.

Dieser konstruktive Anteil der Bewehrung, der ohne statischen Nachweis zusätzlich nach Erfahrung oder „nach Gefühl" eingelegt wird, ist bei besonders ängstlichen Statikern sehr hoch.

Scherzhaft werden diese konstruktiven Stahleinlagen von den Prüfern als „Angsteisen" bezeichnet, weil sie der Statiker aus Angst vor Versagen der Tragwirkung zusätzlich einlegt.

Dies darf aber nicht so weit führen, dass der konstruktive Anteil der Bewehrung einen bestimmten Prozentsatz übersteigt. Als Statikprüfer musste ich manchmal das Übermaß solcher „Angsteisen" beanstanden und eine Begründung ihres Erfordernisses verlangen. Ein gewissenhafter Statiker begründet in der Berechnung unaufgefordert, warum er an bestimmten Stellen konstruktive Stahleinlagen zulegt und gibt auch eine Schätzung der Größenordnung an.

Fritz Leonhardt schickte seinem Beitrag über „Das Bewehren von Stahlbetontragwerken" (Lit. [Leonhardt]) folgende Bemerkung voraus:

> (Zitat):
> *Für die Güte der Stahlbetontragwerke ist die Kunst des Bewehrens ebenso wichtig wie die Kunst des Berechnens der Schnittkräfte und des Bemessens. Sie erfordert eine klare Vorstellung des Kräfteverlaufes im Innern der Tragwerke besonders im Zustand II, sie bedingt aber auch praktisches Durchdenken des Bauvorgangs. Schwierige Bewehrungen lassen sich nur mit mühevoller Kleinarbeit und Liebe zum Konstruieren gut lösen. Der Ingenieur muss sich der gleichrangigen Bedeutung der Kunst des Bewehrens im Rahmen seiner Teilaufgaben für das Bauen bewusst sein.*
> (Zitatende).

Die Grundsätze des Bewehrens hängen mit den Materialeigenschaften des Betons und des Betonstahls zusammen. Hier wird nicht näher auf die Kunst des Bewehrens eingegangen.

7.11.5. Bauform von Stahlbetonbauteilen

Nachdem beim Stahlbeton nur die Druckzone des Betons zur Tragwirkung beiträgt und der Beton unterhalb der Nulllinie nur Ballast ist, ist der Bauingenieur bestrebt, durch besondere Formgebung der Stahlbetonbauteile dieses überflüssige Eigengewicht zu vermeiden. Man unterscheidet zwischen Unterzug und Überzug. Ein Unterzug ist als Balken an der Unterseite der Decke sichtbar, während ein Überzug als Betonbalken über der Decke sichtbar ist.

Bei einfacher Rechnung könnte man nur die in Bild 29 grün gekennzeichnete Druckzone ansetzen.

Bild 29: Unterzug und Überzug

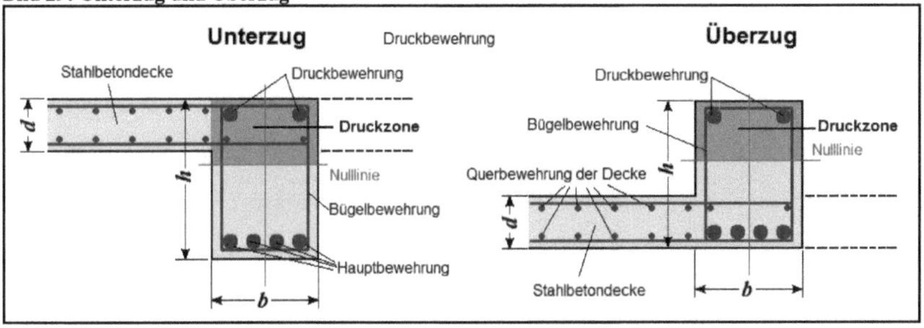

Da aber die Decke monolithisch mit dem *Unterzug* verbunden ist, kann eine gewisse Breite der Decke als Druckzone entweder einseitig oder beidseitig mitwirkend angesetzt werden, wie in Bild 30 zu sehen ist. Bei *Überzügen* ist dies nicht möglich, weil die Decke in der Zugzone liegt.

Bei Überzügen wird manchmal die Betondruckzone bei begrenzter Balkenhöhe ***h*** für die Aufnahme der Druckspannungen nicht ausreichen, sodass auch oben Stahleinlagen angeordnet werden müssen, die in der Druckzone mitwirken (Druckbewehrung). Man nennt solche Querschnitte mit Druckbewehrung *„doppelt bewehrt"*. Die Druckbewehrung muss durch ausreichende Bügelbewehrung am Ausknicken gehindert werden.

Wenn die Betondecke mit dem Betonbalken (Unterzug) monolithisch verbunden ist, kann sie als Druckzone mit einer *„mitwirkenden Plattenbreite"* b_m angesetzt werden, man spricht dann von *Plattenbalken*.

Die mitwirkende Plattenbreite der Decke beim Plattenbalken kann nicht beliebig groß angesetzt werden, denn die Mitwirkung der Deckenplatte nimmt mit dem Abstand von der Balkenlängsachse ab, weil die Schubverformung die Druckweiterleitung in der Deckenplatte abschwächt. Nachdem praktische Verfahren für die Berechnung der Schubverformung noch fehlen, gibt die Stahlbetonnorm das zulässige Höchstmaß der mitwirkenden Breite vor.

Bild 30: Plattenbalken

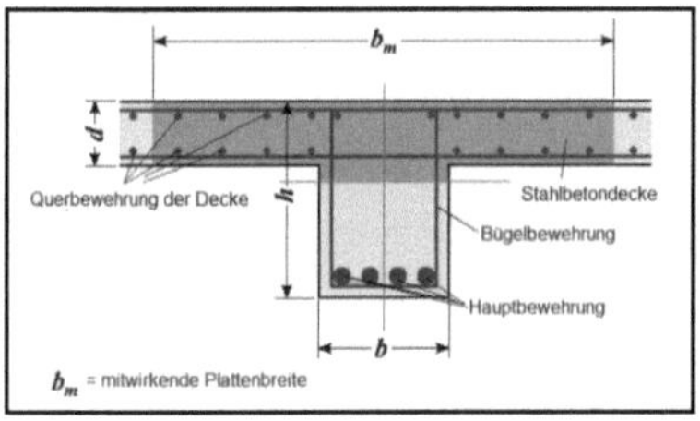

Das Prinzip des Plattenbalkens wird auch bei Rippendecken (Bild 31) angewendet.

Die Größe der mitwirkenden Plattenbreite ist der Abstand der Rippen. Der Zwischenraum zwischen den Rippenstegen verursacht einen höheren Schalungsaufwand, der oft durch Formsteine aus leichtem Material (Leichtbeton, Bimssteine) ausgefüllt wird, wodurch die Schalung eingespart wird und die zusätzlich den Vorteil haben, dass eine glatte Deckenuntersicht entsteht. Selbstverständlich muss auch das Gewicht dieser Steine bei den Lastannahmen berücksichtigt werden.

Bild 31: Rippendecke

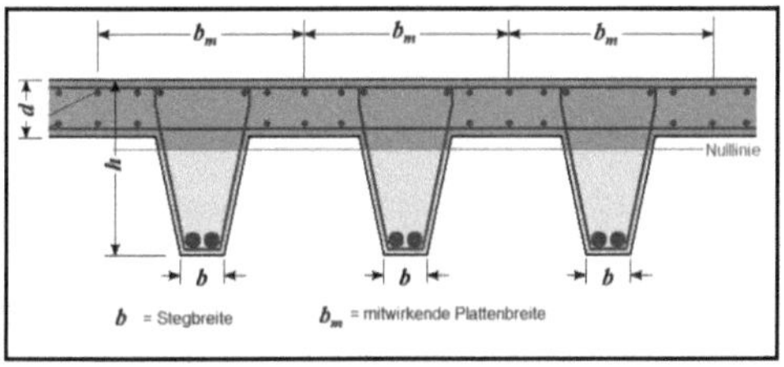

Es gibt noch andere Konstruktionen, um Gewicht in der Zugzone einzusparen. Runde Hohlkörper aus Holzfasermaterial werden als verlorene Schalung anstelle von Formsteinen (Röhrendecken) in die Decke eingelegt. „Verloren" nennt man solche Hilfskonstruktionen, die im Bauteil verbleiben, weil sie nach Gebrauch nicht ausgebaut werden können, also für den weiteren Gebrauch verloren sind.

Bild 32: Verbundträgerdecke

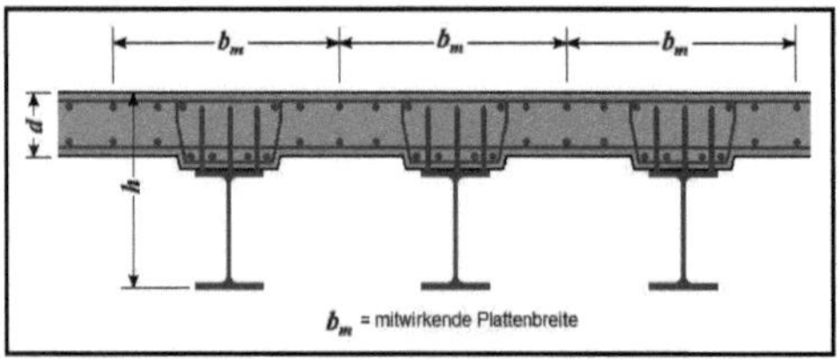

Manchmal wird auch der Teil des Betons unterhalb der Nulllinie ganz weggelassen und durch schubfest mit der Druckzone verbundene Stahlprofile (**I**-Profile) ersetzt. „Schubfest" ist eine Verbindung (ein Verbund) der Stahlträger mit der Betondecke, wenn sich die Teile in der Fuge nicht gegeneinander verschieben können.

Man spricht dann von Verbundträgerdecke (Bild 32), weil das Stahlprofil die Zugkräfte übernimmt und die Stahlbetonplatte die Druckzone bildet. Die schubfeste Verbindung (Verdübelung) der beiden Materialien Stahl und Beton wird durch auf die Stahlprofile aufgeschweißte Betonstahlhaken erreicht, die vor allem die Schubkräfte (Schubkraft: siehe Seite 68) übernehmen müssen.

Verbundträger haben den Nachteil, dass der Stahl im Brandfall bei hohen Temperaturen weich wird und die Tragwirkung verliert. Die Stahlträger müssen daher feuerhemmend (brandsicher) ummantelt werden. Das Gewicht des Ummantelungsmaterials muss als Last berücksichtigt werden.

7.11.6. Spannbeton

Normale Stahlbetonbauteile ohne Vorspannung des Stahls nennt man auch *„schlaff bewehrte Bauteile"* im Gegensatz zum Spannbeton, bei dem der Stahl vor oder nach dem Betonieren gespannt wird.

Durch Spannen der in den Beton eingelegten *Spannstähle* wird ein Druck auf den ausgehärteten Betonquerschnitt gegeben (Vorspanndruck). Zugspannungen, die bei normaler Belastung in der Zugzone entstehen würden, werden von Anfang an „überdrückt", es entstehen bei normaler Belastung keine Zugspannungen im Beton.

Die *Vorspannung* nimmt die Dehnung des Baustahls unter Last vorweg. Also gibt es keine Risse, weil es keine Zugzone gibt. Der gesamte Betonquerschnitt steht für die Bemessung zur Verfügung (Berechnung für Zustand I).

Für Spannbeton werden hochfeste und elastische (nicht spröde) Stähle verwendet. Spannstähle werden als Drähte mit wenigen Millimetern Durchmesser bis zu Stahlstangen von etwa 32 mm Durchmesser verwendet. Die dünnen Drähte werden zu dickeren Litzen zusammengefasst, die biegsamer und leichter zu handhaben sind als massive Stahlstangen gleichen Querschnitts.

Kleinere Spannbetonbauteile werden im *Spannbettverfahren* hergestellt. Im Betonwerk werden die Spannstähle in entsprechender Länge wie eine Harfe in bestimmtem Abstand parallel gespannt (Spannbett) und das Bauteil wird drum herum betoniert. Nach Erhärten des Betons werden die Spannpressen gelockert, die Federkraft des Spannstahls überträgt sich dann auf den Betonquerschnitt, der dadurch zusammengedrückt und vorgespannt wird. Durch den Verbund des Stahls mit dem Beton wird die Kraft durch Reibung oder Querrippen vom Stahl auf den Beton übertragen. Nach Abschneiden der überstehenden Spannstähle ist das Bauteil fertig. Spannbetonschwellen für Bahngleise werden auf diese Weise seit etwa 1960 hergestellt.

Für vor Ort (auf der Baustelle) hergestellte Spannbetonbauteile werden *Hüllrohre* in die Schalung eingelegt, die als Spannkanäle wirken. Dann wird das Bauteil normal betoniert. Nach Erhärtung des Betons werden die Stahldrähte in die Hüllrohre eingeschoben und gespannt. Die Verankerungstechnik der Spannglieder ist eine Wissenschaft, die Firmen haben ihre eigenen Patente.

Durch die geometrische Anordnung der Hüllrohre (*Spanngliedführung*) kann die Vorspannung dem Verlauf der Momentenlinien des Trägers angepasst werden.

Im Endzustand können die Stahldrähte in den Hüllrohren frei beweglich bleiben, damit die Drähte bei Bedarf nachgespannt werden können. Man kann sie aber auch nach dem Spannen mit Zementmaterial (Verpressmörtel) verpressen und damit einen nachträglichen Verbund von Stahl und Beton über das quer geriffelte Metallhüllrohr herstellen.

Bei der Bemessung von Spannbetonbauteilen müssen Kriechen und Schwinden des Betons berücksichtigt werden, weil durch die damit verbundene Volumenverringerung der Beton nachgibt und dadurch die Vorspannung abgebaut wird. In der Vergangenheit mussten sogar Spannbetontragwerke abgerissen werden, weil durch das Kriechen des Betons und durch die gleichzeitig auftretende *Spannstahlrelaxation* mit der Zeit die Vorspannung so weit abgebaut wurde, dass sie für die vorgesehene Tragwirkung nicht mehr ausreichte. Auch die Verwendung eines ungeeigneten Zements (Tonerdeschmelzzement) führte zu Schwierigkeiten bei Spannbetonbauteilen.

7.12. Auswirkung und Beherrschung von Formänderungen

7.12.1. Durchbiegungen und Formänderungsarbeit

Dass Kräfte bei der Durchbiegung eines Bauteils Formänderungsarbeit leisten, wird jedem klar, der sich auf ein Holzbrett setzt, das sich dadurch durchbiegt. Will man diese Durchbiegung durch Muskelkraft erzeugen, sieht man, dass eine erhebliche Kraft aufgewendet werden muss, um das Brett durchzubiegen. Aus der Kraft und dem Maß der Durchbiegung lässt sich die mechanische Energie (Formänderungsarbeit) berechnen, die dazu erforderlich ist.

Bei vielen Berechnungen nimmt der Statiker die Formänderungsarbeit zu Hilfe, um Schnittgrößen von statisch unbestimmten Systemen zu berechnen (Arbeitsgleichung).

Nachstehend wird an einem Beispiel gezeigt, wie Bauschäden vermieden werden können, wenn die Durchbiegung eines Trägers vorausberechnet und beim Bau berücksichtigt wird.

7.12.2. Beispiel aus der Praxis: Unterfangung durch Stahlträger

Bei einem Wohnhaus in guter Geschäftslage sollte das Erdgeschoß als Ladengeschäft umgebaut werden. Dazu musste die gesamte Vorderfront mit Fenstern und Mauerwerk im Erdgeschoß herausgenommen und durch eine Schaufensterfront mit Ladeneingang ersetzt werden.

Die Lasten aus Wand und Decke des 1. Obergeschoßes über der Schaufensterfront sollten durch einen Stahlträger abgetragen werden (*Abfangung*, *Unterfangung*). Die Bauarbeiten mussten so durchgeführt werden, dass die Außenwände über dem Laden keine Risse bekamen.

Der Statiker musste alle Lasten wirklichkeitsgetreu ermitteln, die der Träger aufzunehmen und abzutragen hatte. Diese Lasten der darüber liegenden Bauteile mussten vor den Bauarbeiten durch eine Abstützung gesichert werden, damit die Wand im Erdgeschoß anschließend herausgenommen und der Träger eingezogen werden konnte. Der Statiker musste die Abstützung und den Träger berechnen. Außerdem beaufsichtigte und leitete er den gesamten Umbauvorgang.

Bauvorgang:

1. Zuerst wurde die berechnete Abstützung eingebracht und so weit durch Keile und hydraulische Heber vorgespannt, dass die abgestützte obere Wand nach Herausnehmen der unteren Wand keinen Millimeter nachgeben konnte. Die Anordnung der Abstützung wurde so gewählt, dass sie später die Abbrucharbeiten im Erdgeschoß nicht behinderte.
2. Anschließend wurde die untere Außenwand vorsichtig ohne Erschütterungen der restlichen Bausubstanz herausgenommen.
3. Nun wurden die beiden Auflager des Stahlträgers fachgerecht hergestellt.
4. Dann wurde der Stahlträger eingezogen. Da er sehr schwer war, musste er mit Hebezeugen wie Flaschenzügen, Hydraulikhebern, o. ä. in die richtige Lage gebracht werden.

   Bis zum jetzigen Zeitpunkt war alles richtig.

   Bei den meisten Unterfangungen wird aber anschließend ein großer Fehler gemacht: Der Zwischenraum zwischen der Oberkante des Trägers und der Unterkante der darüber liegenden Wand wird einfach ausgemauert.

Nach Erhärten des Mörtels wird die Abstützung beseitigt. Dann geht der Träger vom unbelasteten fast ruckartig in den belasteten Zustand über und biegt sich durch. Dabei entstehen im darüber liegenden Mauerwerk Risse, weil das Mauerwerk mit dem Träger der Durchbiegung folgt. Dieser Fehler darf nicht passieren.

5. Nun kommt die vorher berechnete Formänderungsarbeit ins Spiel. Der Statiker hatte vorher schon das genaue Maß der Durchbiegung des Trägers unter der künftigen Last berechnet. Auf dieses Maß musste nun der Träger (durch Formänderungsarbeit) „durchgebogen" werden, damit seine Federkraft genau den von oben kommenden Lasten entsprach. Zwischen der Oberkante des Trägers und der abgestützten oberen Wand wurden hydraulische Pressen angeordnet, welche die Last auf den Stahlträger umlagerten und dabei die berechnete Durchbiegung des Trägers erzeugten.
6. Die Durchbiegung wurde millimetergenau gemessen. Nach Erreichen der vorausberechneten Durchbiegung des Trägers lockerten sich auch die Stützen und Streben der Abstützung, sodass sie mühelos herausgenommen werden konnten.
7. Jetzt erst wurde der Zwischenraum zwischen der Oberkante des Stahlträgers und der Unterkante der darüber liegenden Wand ausgemauert. Nach dem Erhärten des Mörtels wurden die hydraulischen Pressen entspannt und herausgenommen.

Wenn Unterfangungen auf diese Weise durchgeführt werden, entstehen keine Risse im darüber liegenden Mauerwerk.

7.12.3. Temperaturbewegungen

Jedes Material dehnt sich bei Erwärmung aus und zieht sich bei Abkühlung zusammen. Das Maß der Bewegungen ist vom Material abhängig.

Der *lineare Ausdehnungskoeffizient* α_t ist das Verhältnis der Ausdehnung Δl zur ursprünglichen Länge l bei Erwärmung des Bauteils um 1 K (= 1 Kelvin). Für die Angabe von Temperaturdifferenzen wird die Einheit *Kelvin*, Einheitenzeichen K, benutzt (nach DIN 1301, Teil 1, Anhang A, Anmerkung 1).

Für die *Temperaturausdehnung* gilt:

Formel 13: Temperaturausdehnung

$$\boxed{\varepsilon_t = \frac{\Delta l}{l} = \alpha_t \cdot \Delta t},$$

dabei ist Δt die Temperaturdifferenz (Erwärmung positiv, Abkühlung negativ) zwischen zwei betrachteten Temperaturzuständen.

Die Temperaturausdehnungskoeffizienten einiger Baustoffe:

Eisen, Stahl und Stahlbeton:	$\alpha_t = 0{,}000012/K$	$= 12 \cdot 10^{-6}/K$
Holz:	$\alpha_t = 0{,}000006/K$	$= 6 \cdot 10^{-6}/K$
Stein:	$\alpha_t = 0{,}000005$ bis $0{,}000008/K$	$= 5 \cdot 10^{-6}/K$ bis $8 \cdot 10^{-6}/K$.

Wenn man den linearen Temperaturausdehnungskoeffizienten α_t kennt, dann gilt für die Flächenausdehnung:

Formel 14: Flächenausdehnungskoeffizient

$$\boxed{\frac{\Delta F}{F} = 2 \cdot \alpha_t \cdot \Delta t}$$

und für die räumliche Ausdehnung:

Formel 15: Räumlicher Ausdehnungskoeffizient

$$\frac{\Delta V}{V} = 3 \cdot \alpha_t \cdot \Delta t.$$

Beispiel:

Wird die Kante eines Würfels bei Erwärmung um 1 % länger, dann wächst die Oberfläche um 2 % und das Volumen um 3 %. Der Würfel wird dadurch aber nicht schwerer, die Stoffmenge (Masse) bleibt ja gleich. Es nimmt nur die Dichte des erwärmten Materials entsprechend ab, weil die Masse sich auf ein größeres Volumen verteilt.

7.12.4. Temperaturspannungen

Eine Spannung infolge Temperaturveränderungen kann sich nur dann aufbauen, wenn die Ausdehnung oder Kontraktion des Bauteils vollkommen unterbunden ist. Um die **Temperaturspannung** zu berechnen, setzt man die Temperaturdehnung und die Dehnung aus dem *Hooke*schen Gesetz gleich:

Aus $\frac{\Delta l}{l} = \varepsilon = \alpha_t \cdot \Delta t = \frac{\sigma}{E}$ ergibt sich die *Temperaturspannung*:

Formel 16: Temperaturspannung

$$\sigma = \alpha_t \cdot \Delta t \cdot E.$$

7.12.5. Beispiel aus der Praxis: Riss in Balkonplatte

Balkone wurden früher (vor dem Jahr 1960) als Kragplatten ausgebildet, die von der Geschoßdecke über das Umfassungsmauerwerk des Gebäudes nach außen kragten (Bild 33 zeigt einen Schnitt). Um Wärmedämmung und Bauphysik kümmerte sich damals noch niemand. Diese Balkonkragplatte war an der Außenluft dem vollen Temperaturwechsel zwischen Winter und Sommer ausgesetzt, während die damit verbundene Geschoßdecke im Gebäude die gleichmäßige Innentemperatur annahm.

Bild 33: Balkonkragplatte

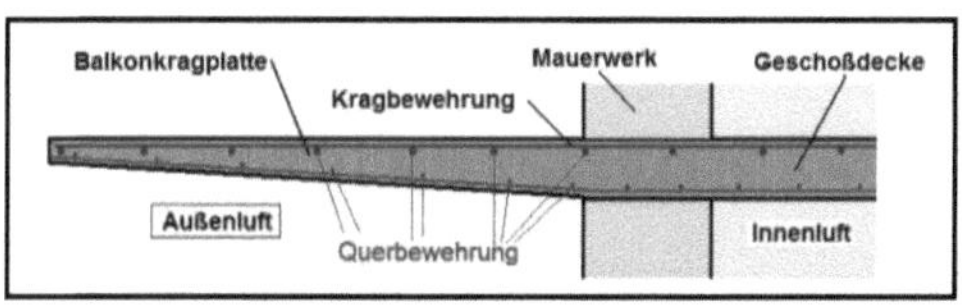

Im vorliegenden Fall war die Balkonkragplatte längs der Gebäudeaußenwand 6 m lang. Bei einer winterlichen Außentemperatur von -20 °C verkürzte sie sich gegenüber der Geschoßdecke, die eine Innentemperatur von 20 °C hatte, um $\Delta l = 0{,}000012 \cdot 40 \cdot 6000 = 2{,}88$ mm.

Weil sie an der Geschoßdecke hing, die sich nicht verkürzen konnte, riss sie bei strengem Nachtfrost mit einem lauten Donnerschlag in der Mitte auseinander. In der Mitte der Längskante des Balkons war rechtwinklig dazu ein Riss entstanden. Der Vorgang wiederholte sich an mehreren Frosttagen hintereinander mit weiteren nächtlichen Donnerschlägen, bis der Riss von der äußeren Längskante bis zur Wand reichte.

Der Balkon hatte sich in der Mitte selbst eine Dehnfuge geschaffen. Man hätte beim Hausbau in der Mitte der Balkonplatte eine Dehnfuge rechtwinklig zur Hauswand anordnen müssen, dann wäre dies nicht passiert.

Damals wurden viele Betonkragplatten auf diese Weise gebaut, ohne dass sie außen komplett wärmegedämmt (umkleidet) wurden. Man hat meist innen im Raum längs der Außenwand an der Unterseite der Decke Dämmplatten in die Deckenschalung eingelegt, um die Kältebrücke abzumildern.

Dies ist ein Zeichen für unverstandene bauphysikalische Phänomene, denn die volle Abkühlung der Kragplatte auf die winterliche Außentemperatur hat man damit nicht verhindert.

Heute baut man bauphysikalisch richtig: Stahlbeton-Balkonplatten werden als dreiseitig gelagerte Platten gebaut, die von der Geschoßdecke durch eine Fuge mit Wärmedämmung getrennt sind und seitlich auf Stützen, vorgezogenen Wänden oder Kragträgern aufliegen.

Eine umhüllende Wärmedämmung ist für diese Balkonplatten nicht erforderlich, weil sie mit den warmen Bauteilen im Innern des Gebäudes keine flächige Verbindung haben. Sie können nach entsprechender Fugengestaltung alle Temperaturbewegungen mitmachen, ohne Bauschäden zu verursachen.

Besteht man aber auf Kragbalkone, weil die oben genannten Lösungen nicht erwünscht sind, gibt es bauphysikalisch richtige Lösungen, meist Patente von Firmen, die sich darauf spezialisiert haben.

Bild 34: Wärmebrückenarmer Kragbalkon (Schöck-Isokorb®)

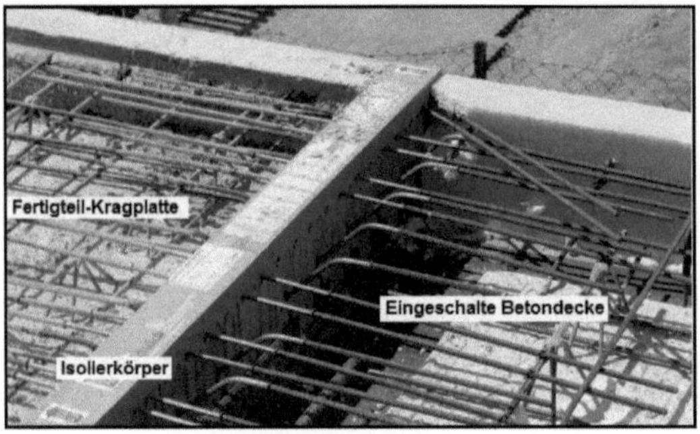

Bild 34 zeigt eine wärmebrückenarme Konstruktion. Links im Bild ist ein Fertigteil-Kragbalkon zu sehen, der durch einen Isolierkörper (hier im Bild mit gelbem Aufkleber, der die Einbauhinweise enthält) begrenzt wird.

Die Kragbewehrung durchstößt im oberen Bereich (Zugzone) den Isolierkörper in Richtung eingeschalter Betondecke.

Die Querkräfte aus dem Gewicht der Kragplatte werden durch die schräg abgebogenen Stahlstäbe aufgenommen.

Am unteren Rand des Isolierkörpers (Druckzone) sieht man die blauen Drucklager, die die Druckkräfte aus dem Kragmoment aufzunehmen haben. Damit die durch den Isolierkörper hindurchgehenden Stahlstäbe nicht rosten, sind sie entsprechend behandelt. Innerhalb des Isolierkörpers werden auch alle Temperaturbewegungen der Kragplatte aufgenommen, wobei die Stahlstäbe in ihrer Querbewegung nicht behindert werden.

7.12.6. Dehnfugen

Längere Bauteile dürfen in ihren Temperaturbewegungen nicht behindert werden, sonst reißen sie oder übertragen ihre Kräfte unkontrolliert auf andere Bauteile. Eine lange Stützmauer aus Beton oder Mauerwerk muss die Möglichkeit haben, sich frei auszudehnen und sich wieder frei zusammenzuziehen. Bei einem Temperaturunterschied zwischen Winter und Sommer von etwa 50 K wird sich eine sonnenbeschienene Mauer von 20 m Länge um 8 mm verlängern und bei Abkühlung um dasselbe Maß verkürzen. Solche Mauern sind meist bis auf Frosttiefe (80 bis 100 cm) im Boden verankert und können keine Bewegung in dieser Größenordnung mitmachen.

Deshalb sollten bei solchen Mauern Dehnfugen in maximal 5 m Abstand angeordnet werden. Dies gilt nicht nur für Stützmauern, sondern auch für alle dem Temperaturwechsel zwischen Winter und Sommer ausgesetzten Bauteile. Dazu gehören durchgehende Geländer, Brüstungen und Metallzäune. Lange Dachrinnen müssen sich in ihren Halterungen und an ihren Anschlüssen zu Fallrohren bewegen können.

7.12.7. Formänderungsnachweis

Für Stabtragwerke mit großen Stablängen sind meist auch Grenzwerte für Formänderungen in den Normen angegeben. Diese Vorgaben dienen dazu, dass durch zu große Formänderungen und Bauwerksbewegungen keine Schäden in den damit verbundenen Ausbauteilen entstehen. Der Statiker muss einen Formänderungsnachweis führen.

Bei Holzbalken, die auf Biegung beansprucht sind, muss nicht nur die zulässige Spannung eingehalten werden, auch die zulässige Durchbiegung, die meist auf $^{1}/_{300}$ der Spannweite begrenzt ist, darf nicht überschritten werden. Ist die zulässige Durchbiegung rechnerisch überschritten, muss ein größerer Querschnitt gewählt werden. Man berechnet das erforderliche Trägheitsmoment des Balkens aus der zulässigen Durchbiegung.

7.13. Stabilität

Es gibt Situationen, in denen das Bauteil nicht bricht, sondern vorher schon aufgrund mangelnder Aussteifung oder zu dünner Abmessungen der Last ausweicht. Diese Vorgänge nennt man Knicken, Kippen, Beulen, Wölben. Bei schlanken oder dünnen Bauteilen treten auf diese Weise durch mangelnde *Stabilität* der geometrischen Konstruktion unkontrolliert große sichtbare Formänderungen auf.

7.13.1. Stabilität der Bauteile

Am bekanntesten ist das *Knicken*. Es tritt auf, wenn ein dünner Stab in Längsrichtung auf Druck belastet wird und dadurch seitlich ausweicht. Das Knicken hängt von der Druckkraft und dem Schlankheitsgrad des Stabes ab. Der *Schlankheitsgrad* λ wird durch das Verhältnis der Länge l zum kleinsten *Trägheitsradius* i_{min} des Druckstabes ausgedrückt: $\lambda = \frac{l}{i_{min}}$. Für die Knickberechnung gibt es das ω-Verfahren (*Omega-Verfahren*). Das Verfahren besteht darin, dass man die Druckbelastung mit einer Knickzahl ω multipliziert und dann den Stab hinsichtlich der zulässigen Spannung wie einen Zugstab behandelt. Die Knickzahl ω gibt das Verhältnis der zulässigen Zugspannung zur zulässigen Druckspannung an. Diese ist abhängig vom Schlankheitsgrad λ des Stabes. Die Knickzahlen ω für den jeweiligen Baustoff sind in der entsprechenden Norm zu finden.

Außer Knicken gibt es noch viele andere *Stabilitätsprobleme* der einzelnen Bauteile (Kippen, Biegeknicken, Biegedrillen, Biegedrillknicken, Beulen, Wölben), die hier aber nicht näher besprochen werden. Der Statiker muss bei jedem Bauteil erkennen, ob eine Gefährdung der Standsicherheit durch eines dieser Stabilitätsprobleme vorliegt. Er muss das Bauteil entsprechend bemessen und die Stabilität nachweisen.

7.13.2. Aussteifung der Bauwerke

Die Stabilität eines Tragwerks und auch des gesamten Bauwerks muss nicht nur im fertigen Zustand, sondern auch in jedem Bau- und Umbauzustand gesichert sein. Es ist zwischen Stabilität der Bauteile selbst und der Stabilität des gesamten Bauwerkes zu unterscheiden.

Außer der Standfestigkeit, die durch die ausreichende Bemessung der Bauteile nachgewiesen wird, muss auch die Stabilität des Bauwerks insgesamt gewährleistet sein. Selbst wenn die Stabilität der einzelnen Bauteile nachgewiesen und ausreichend ist, kann das gesamte Bauwerk unstabil sein. Die wichtigste Stabilisierungsmaßnahme beim Zusammenwirken aller Bauteile ist die *Aussteifung*. Man wendet das *Dreiecksprinzip* an.

Es nützt wenig, wenn zwei parallele Mauern, die eine Decke tragen, selbst knicksicher sind, aber beim ersten Windstoß miteinander umfallen, weil sie seitlich nicht ausgesteift sind.

Parallele Wände müssen immer durch eine Querwand ausgesteift werden.

Hochhäuser haben einen Aussteifungskern, der meist aus einem massiven Treppenhaus oder einem Aufzugschacht besteht.

Dachstühle, die auf Stützen stehen, müssen durch Schrägverbände oder Scheiben ausgesteift werden. Dachflächen erhalten zusätzlich an der Unterseite der Sparren einen Schrägverband aus Windrispen. Windrispen sind stabile Holzbretter (Querschnitt etwa 4 cm × 15 cm), die vom Dachfuß bis zum Firstbalken schräg durchlaufen.

Ein gutes Beispiel ist das sprichwörtliche „Kartenhaus“, welches einstürzt, ohne dass auch nur eine einzige Karte beschädigt wird. Es fehlt lediglich die Aussteifung.

7.13.3. *Erdbebenkräfte*

Erdbebenlasten treten in Deutschland nur in einigen geologisch unruhigen Zonen auf (Seite 129). In Erdbebenzonen reicht die einfache Aussteifung nach dem Dreiecksprinzip nicht aus, dort sind besondere konstruktive Maßnahmen am Bauwerk erforderlich. Die sorgfältige, erdbebengerechte konstruktive Durchbildung der Bauwerke ist eine gegenüber der Berechnung gleichrangige Aufgabe. Der Beitrag „Baudynamik" in Lit. [Dynamik] enthält auch ein Kapitel „Erdbebensicherung von Bauwerken".

Erdbeben sind stoßartige, periodisch auftretende waagrechte Bewegungen der Erdoberfläche, auf der die Bauwerke stehen. Diese Bewegungen können auch länger anhalten, die Stöße können regelmäßig wiederkehren und in den Bauwerken Schwingungen erzeugen.

Größere Bauwerke sind gekoppelte elastische Systeme aus vielen mitwirkenden Bauteilen, die bei Resonanz in Schwingung geraten können.

Die Trägheit der Masse und die Elastizität des Bauwerks wirken zusammen, es entsteht ein *Masse-Feder-System*, für das die *Eigenfrequenz* berechnet werden kann.

Erdbebenkräfte werden als waagrechte Bewegungen des Bodens mit einer bestimmten Beschleunigung gegenüber dem Bauwerk angesetzt. Die Massenträgheit des Bauwerks bewirkt, dass sich das Bauwerk nicht mitbewegt.

7.13.3.1. *Stabilität gegen Erdbeben*

Theoretisch wirkt ein Erdbebenstoß so, als würde das gesamte Bauwerk gegenüber dem Erdboden kurzzeitig um ein bestimmtes Maß seitlich verschoben. Die Größenordnung und Zeitdauer dieser Bewegungen ist durch die Erdbebenstärke gegeben. Man setzt die aus der Seiten-Beschleunigung berechneten Kräfte als Ersatzkräfte an.

Das Bauwerk muss im unteren Bereich elastisch sein und die seitlichen Kräfte abfedern können, ohne dass die über dem Erdboden befindlichen Massen zu schwingen beginnen oder beim ersten Seitenstoß zu Bruch gehen.

Um Bauwerke erdbebensicher bauen zu können, müssen die Bauingenieure sehr gute Physikkenntnisse in der Schwingungslehre haben. Schwingungsdämpfung kann durch große Massen in den obersten Stockwerken der Hochhäuser erreicht werden. Diese Massen verhalten sich sehr träge gegenüber Schwingungen und dämpfen das gekoppelte System.

Auch riesige diagonal angeordnete Stoßdämpfer anstelle einer starren Aussteifung haben sich bewährt. Allerdings muss das ganze System so elastisch sein, dass die seitlichen Bewegungen gegenüber dem Erdboden keinen Schaden am Bauwerk anrichten.

7.13.4. *Stabilität gegen Windböen*

Nicht nur Erdbeben erzeugen waagrechte Bewegungen eines Bauwerks gegenüber dem Erdboden, sondern auch Windböen. Schwingungsanfällige Bauwerke (Türme, Hochhäuser, Hängebrücken, Seiltragwerke) können dadurch wie bei Erdbebenbewegungen ins Schwingen geraten und zerstört werden.
Im Grunde genommen sind dieselben Maßnahmen wie bei Erdbebengefährdung erforderlich, um die Stabilität des Bauwerks zu sichern (siehe auch Abschnitt 11.4.4.6 auf Seite 124).

7.13.5. *Stabilität beim Umbau von Bauwerken*

Meist steht ein Bauwerk jahrzehntelang stabil auf dem Erdboden. Dann wird es umgebaut, die eine oder andere Wand wird herausgerissen. Treppenhäuser werden modernisiert. Ganze Häuser werden „entkernt", wobei alle Wände und Decken im Innern beseitigt werden. Die Umfassungswände haben dann aber die innere Aussteifung verloren, bei der nächsten Windböe entstehen Risse oder die Wände stürzen ein.

Als unbeteiligter junger Ingenieur hatte ich einmal eine solche Baumaßnahme beobachtet: In einem alten Schulhaus waren alle Holzbalkendecken herausgerissen worden, sodass nur die Umfassungswände allein in voller Höhe bis zum Dachstuhl stehen blieben. Ich warnte den Architekten. Dieser hat gleich die von mir vorgeschlagenen Sicherungen einbauen lassen.

Der Bauingenieur muss den Umbau eines bestehenden Bauwerks sehr sorgfältig planen und jeden Zwischenzustand statisch untersuchen, damit zu jeder Zeit ein stabiler Zustand gewährleistet ist.

Die Wichtigkeit von fachgerechten Umbauten hat auch die Lehre erkannt, inzwischen gibt es im Bauingenieur-Studiengang das Fach „Bauen im Bestand“, das sich solchen Problemen widmet.

8. Die Baustoffe

Schon die Römer wussten, dass die Kenntnis der Materialeigenschaften Voraussetzung dafür ist, die Baustoffe richtig einzusetzen. Viele der damals errichteten Bauwerke sind dank der richtigen Baustoffwahl bis heute erhalten geblieben (z. B. Römerbrücken, Römerstraßen, Viadukte, Aquädukte). Vitruv hat in seinem schon erwähnten Werk (Lit. [Vitruv]) die damaligen Baustoffe sehr genau beschrieben.

1962 fand ich bei Aushubarbeiten in Prien am Chiemsee die Überreste eines Römerhauses. Es war erstaunlich, wie gut die Ziegel, die Fliesen und der verwendete Mörtel noch erhalten waren. Die Archäologen[25] führten dann die Ausgrabungen weiter.

In allen Abschnitten des baulichen Ablaufs ist eine umfassende Kenntnis der Baustoffeigenschaften unabdingbar:

- Sei es bei der Planung, bei der die Auswahl der geeigneten Baustoffe erfolgen muss,
- sei es bei der statischen Berechnung, bei der die Festigkeitseigenschaften der Baustoffe eine wichtige Rolle spielen,
- oder sei es bei der Bauausführung, wo es auf die richtige konstruktive Verarbeitung der Baustoffe ankommt.

Für alle Baustoffe gibt es verbindliche Normen, denen diese Baustoffe entsprechen müssen, und Prüfverfahren zur Feststellung der tatsächlichen Qualität. Natürliche Materialien müssen bestimmte Eigenschaften aufweisen, wenn sie als Baustoffe verwendet werden sollen.

Beim Bauingenieurstudium werden die Baustoffe und die Baustoffchemie sehr eingehend behandelt.

Die nachfolgende Aufzählung der wichtigsten Baustoffe erhebt keinen Anspruch auf Vollständigkeit. Jeder Baustoff hat seine Sonderaufgabe. Die Baustoffforschung gewinnt ständig neue Erkenntnisse über die Eigenschaften alter Baustoffe. Laufend kommen neue Baustoffe hinzu.

8.1. Baustoffkennwerte

Für die Eigenschaften der Baustoffe sind bestimmte Kennwerte und Materialgüten maßgebend.

Alle Baustoffe sind bestimmten Normen oder bauaufsichtlichen Zulassungen unterworfen, in denen die erforderlichen Eigenschaften festgelegt sind. Es gibt fast keinen Baustoff, dessen erforderliche Eigenschaften nicht durch eine Norm festgeschrieben sind.

Hinweis:
Da umfangreiche Normänderungen bevorstehen oder teilweise schon erfolgt sind, können die im nachfolgenden Text (als Beispiele) angegebenen Kennwerte, Materialgütebezeichnungen und zulässigen Spannungen von den gültigen Normen abweichen. Auch die Namen und Nummern der Normblätter können sich inzwischen geändert haben.

8.1.1. Festigkeit

Der Festigkeitswert, ein charakteristisches Merkmal für jeden Baustoff, ist in den meisten Fällen ausschlaggebend für dessen Auswahl. Die *Festigkeit* wird definiert durch die Beständigkeit gegen die mechanische Beanspruchung des Querschnitts: $\sigma = P/A$ (*Spannung* = Kraft bezogen auf die Fläche), wobei σ die Spannung, P die Kraft und A die Querschnittsfläche bedeuten.

Jeder Baustoff hat einen Belastungsbereich, in dem er sich elastisch verhält. In diesem Bereich bewegen sich die Spannungen bei normalem Gebrauch des Baustoffs. Die Normen geben für jeden Belastungsfall eine zulässige Spannung σ_{zul} an, die im Gebrauchszustand nicht überschritten werden darf.

[25] Nach den Länderbauordnungen sind archäologische Funde bei Bauarbeiten den Behörden zu melden.

Wenn die Beanspruchung über den elastischen Bereich hinaus erhöht wird, erreicht sie die Fließgrenze σ_{Fl}. Bei manchen Materialien ist diese Fließgrenze nicht besonders ausgeprägt, das Material geht allmählich in den Bruchzustand über, bei dem zuerst einige Fasern reißen (z. B. bei Holz) und wenn die restlichen Fasern die Beanspruchung nicht mehr aushalten, ist die Bruchgrenze σ_{Br} erreicht und das Bauteil wird zerstört (Bruchzustand).

8.1.2. Sicherheitsbeiwert

Spannungen, die unmittelbar vor der Zerstörung des Körpers auftreten, nennt man Bruchfestigkeit. Da die Baustoffe nicht bis zu dieser Grenze beansprucht werden dürfen und um normalen Unregelmäßigkeiten im Baustoff bei der Belastung sowie Unzulänglichkeiten in der Berechnung zu begegnen, wird die Streckgrenze um einen *Sicherheitsbeiwert* υ abgemindert, um die zulässige Beanspruchung angeben zu können.

Die zulässigen Spannungen σ_{zul} müssen unter der Streckgrenze σ_{Fl} bleiben: $\sigma_{zul} = \sigma_{Fl} / \upsilon$.

Die genaue Größe des jeweiligen Sicherheitsbeiwerts ist in den Normen festgelegt oder die zulässige Beanspruchung wird gleich direkt in der Norm genannt.

8.1.3. Temperatur-Ausdehnungskoeffizient

Der Temperaturausdehnungskoeffizient wurde eingehend auf Seite 85 behandelt.

8.1.4. Elastizitätsmodul

Der Elastizitätsmodul wurde auf Seite 71 vorgestellt.

8.1.5. Elektrochemische Korrosion bei Metallen

Bei der gleichzeitigen gemeinsamen Verwendung verschiedener Metalle für ein Bauwerk muss die gegenseitige elektrochemische Wirkung der verschiedenen Metalle berücksichtigt werden.

8.1.5.1. Elektrolytlösung

Elektrochemische Korrosion tritt ein, wenn an die Berührungsstelle zweier verschiedener Metalle eine Elektrolytlösung gelangt. Die beiden sich berührenden Elemente ergeben zusammen mit der Elektrolytlösung ein *kurzgeschlossenes galvanisches Element* (ein sog. *Lokalelement*). Durch eine unkontrolliert entstehende elektrische Spannung und den dadurch ausgelösten Stromfluss können die Materialien zerstört werden (elektrochemische Korrosion).

Als Elektrolytlösung genügt schon Regenwasser, das durch Umsetzung des aus der Luft aufgenommenen Kohlendioxids und Schwefeldioxids Säuren bildet und die Korrosion einleitet.

Bei der elektrochemischen Korrosion wird von zwei Metallen stets das unedlere Metall zerstört.

Die elektrochemische Korrosion wird verhindert, wenn nur gleiche oder elektrochemisch ähnliche Metalle oder Legierungen miteinander verbunden werden. Sie wird aber auch verhindert, wenn von der Berührungsstelle zweier verschiedener Metalle Elektrolytlösungen ferngehalten werden. Dies kann durch Schutzüberzüge (Schutzlacke, Beschichtungen) geschehen.

8.1.5.2. Elektrochemische Spannungsreihe

Die Größe der entstehenden elektrischen Spannung hängt von der Stellung der beteiligten Elemente in der *elektrochemischen Spannungsreihe* ab.

Tabelle 5 (Werte aus verschiedenen Quellen) zeigt diese Reihe (Wasserstoffelektrode als Bezugspotenzial); sie beginnt oben mit den edlen Elementen und endet unten mit den unedlen.

Tabelle 5: Elektrochemische Spannungsreihe

Chem. Element	Chem. Zeichen	elektrolytische Spannung
Gold	Au	+1,50
Platin	Pt	+1,20
Quecksilber	Hg	+0,85
Silber	Ag	+0,80
Kupfer	Cu	+0,34
Wasserstoff	**H**	**± 0**
Blei	Pb	-0,126
Zinn	Sn	-0136
Nickel	Ni	-0,25
Cadmium	Cd	-0,40
Eisen	Fe	-0,44
Chrom	Cr	-0,51
Zink	Zn	-0,76
Mangan	Mn	-1,05
Aluminium	Al	-1,66
Magnesium	Mg	-2,38
Natrium	Na	-2,71
Calcium	Ca	-2,84
Kalium	K	-2,92

Werden verschiedene Metalle bei einer Dachdeckung verwendet, dann ist die Richtung des Wasserflusses zu beachten. Das Wasser darf nur vom unedlen Metall (Minuspol) zum edlen Metall (Pluspol) fließen; im anderen Fall wird durch die elektrochemische Korrosion das unedle Metall „aufgefressen“. Bei Rohrleitungen aus Metallen unterschiedlicher elektrolytischer Spannung ist in Wasserfließrichtung das unedlere Metall vor dem edlen Metall zu installieren:

Unedle Elemente (chemisch aktiv) → Bestreben in den Ionenzustand überzugehen nimmt ab → edle Elemente (chemisch passiv).
Cs→K→Ca→Na→Mg→ Al→ Zn→Cr→Fe→Co→Ni→Sn→Pb→[H]→Cu→Ag→Hg→Pt→Au.

Edelstahl ist eine Legierung aus verschiedenen Elementen, die elektrolytische Spannung liegt zwischen Zinn und Kupfer.

8.2. Baustoffprüfungen

Für alle Baustoffe sind Baustoffprüfungen vorgeschrieben. In den Normen ist genau festgelegt, wann, wie und was geprüft werden muss.

Bei den Prüfverfahren für die Baustoffe wird der Bruch bewusst herbeigeführt, um die Belastbarkeit des Baustoffs festzustellen (Zugversuch, Zerreißprobe, Druckprobe für Betonwürfel). Diese Verfahren nennt man *nicht-zerstörungsfreie* Prüfmethoden. Dafür müssen Prüfkörper erstellt oder Materialproben aus dem Baukörper entnommen werden, die beim Prüfen zerstört werden.

Bei Beton sind während des Betoniervorgangs auf der Baustelle aus jeder Betoniercharge jeweils 3 Probekörper (Probewürfel oder Probezylinder) herzustellen, deren Betonfestigkeiten nach dem Erhärten im Baustoffprüflabor durch „Abdrücken“ festgestellt werden. Dabei wird die Druckkraft auf den Probekörper so lange erhöht, bis er zu Bruch geht. Die Form der Probekörper und der Ablauf des Prüfverfahrens sind in der einschlägigen Norm genau festgelegt.

Für Baustoffprüfungen an bestehenden Bauwerken können nur in seltenen Fällen Probekörper (Bohrkerne, Materialproben) entnommen werden. Deshalb gibt es *zerstörungsfreie Prüfmethoden*, die mit der Messung von Verformungen (*Dehnungsmessstreifen*, Druckdosen), mit Ultraschall, mit Radar (*Echoverfahren*) oder mit Durchleuchtung mittels Röntgenstrahlen (Schweißnähte) arbeiten. In Lit. [Reinhardt] sind die Echoverfahren beschrieben.

8.3. Holz

Holz ist der älteste Baustoff der Menschheit. Aus Holz wurden ursprünglich Werkzeuge, Gebrauchsgegenstände, Möbel und auch Behausungen hergestellt. Hier sollen nur die für den Baubereich verwendeten Hölzer betrachtet werden. Die Baustoffe des Holzbaus sind Baurundholz, Bauschnittholz und die von Menschenhand hergestellten plattenförmigen Holzbaustoffe (Sperrholz, Spanplatten).

8.3.1. Bauhölzer

Die für Tragwerke verwendeten Bauhölzer sind meist einheimische *Nadelhölzer* (*Weichhölzer*), nämlich Tanne (Weißtanne), Fichte (Rottanne), Kiefer (Föhre) und Lärche. *Laubhölzer* (*Harthölzer*), wie Eiche und Buche, werden nur für den Innenausbau und bei Tragwerken nur zur Verstärkung von kraftschlüssigen Verbindungen verwendet. Für Pfahlbauten wurden früher Pfähle aus Eichenholz und Erlenholz verwendet, die unter Wasser dauerhaft haltbar sind. Holzpfähle im Erdreich werden heute als tragende Bauteile selten verwendet.

Die Festigkeit des Holzes ist von dessen innerem Gefüge abhängig. Beim Blick auf die Stirnseite eines gefällten Baumes erkennt man die konzentrisch um den Mittelpunkt des Stammes angeordneten *Jahresringe*. Der Mittelpunkt des Stammes ist durch das Mark gekennzeichnet, von dem radial *Markstrahlen* ausgehen.

Das Traggerüst des Holzes besteht aus röhrenartigen Zellen (Fasern), die wie Röhrenbündel gleichlaufend zur Stammachse wachsen. Diese Röhren sind in der Längsrichtung sehr tragfähig, drücken sich aber in der Querrichtung leicht zusammen, deshalb darf der Druck quer zur Faser nicht sehr hoch sein, damit die Formänderungen klein bleiben.

Bild 35: Querschnitt durch Eichenholz

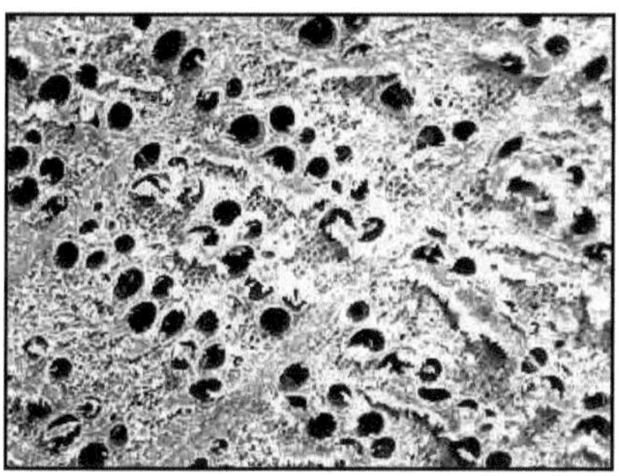

Bild 35 zeigt eine Mikroskopaufnahme eines Querschnitts durch Eichenholz. In der Vergrößerung erkennt man die schräg von oben rechts nach unten links verlaufenden Markstrahlen und dazu rechtwinklig die Jahresringe, die aus Bündeln sich abwechselnder enger und weiter Röhren bestehen. Eichenholz ist ein Hartholz, dessen Fasern sehr eng gelagert sind. Bei Nadelholz, wie Tanne und Fichte, die hauptsächlich als Bauholz verwendet werden, ist die Struktur der Röhrenbündel wesentlich gröber, sie sind quer zur Faser auch entsprechend weicher.

In Tabelle 6 sind die Rohwichten und die Festigkeiten (Bruchspannungen) einiger Nadelhölzer (Weichhölzer) und Laubhölzer (Harthölzer) angegeben (Quelle: Lit. [Graf], Seite 24).

Tabelle 6: Rohwichten und Festigkeiten einiger Hölzer

Holzart	Rohwichte Mp/m^3 (bei 15 % Feuchte)	Druckfestigkeit kp/cm^2	Zugfestigkeit kp/cm^2	Biegezugfestigkeit kp/cm^2
Weichhölzer				
Fichte	0,47	430	900	660
Kiefer	0,52	470	1040	870
Lärche	0,59	470	1070	960
Tanne	0,45	400	840	500
Harthölzer				
Eiche	0,69	550	900	940
Rotbuche	0,72	530	1350	1050
Weißbuche	0,83	660	1350	1300

Holz ist ein gewachsener Naturbaustoff und hat deshalb keine einheitliche Beschaffenheit. Wenn der Baum im Sägewerk zu Balken und Brettern geschnitten wird, werden Äste und krumme Fasern angeschnitten. Da Äste und Wuchsfehler naturgemäß sehr unterschiedlich auftreten, muss das für Bauaufgaben in Frage kommende Holz in Schnittklassen und Güteklassen sortiert werden.

Für die Verwendung als Bauhölzer werden in der DIN 1052 drei Güteklassen festgelegt:

Güteklasse I	ist Bauholz mit besonderer Tragfähigkeit, wenn es geraden Wuchs und wenig Äste[26] aufweist.
Güteklasse II	ist Bauholz mit gewöhnlicher Tragfähigkeit, wobei gesunde[27] Äste und leicht krummer Wuchs vorhanden sein dürfen.
Güteklasse III	ist Bauholz mit geringer Tragfähigkeit.

Die Norm unterscheidet bei den zulässigen Spannungen zwischen Druck-, Zug- und Biegezugspannungen, die unterschiedlich festgelegt sind.

Für Nadelhölzer der Güteklasse II gibt die Norm (DIN 1052) an:

Zulässige Biegezugspannung:	zul $\sigma_B = 100$ kp/cm^2 (1000 N/cm^2).
Zulässige Zugspannung in Faserrichtung:	zul $\sigma_{Z\|} = 85$ kp/cm^2 (850 N/cm^2).
Zulässige Druckspannung in Faserrichtung:	zul $\sigma_{D\|} = 85$ kp/cm^2 (850 N/cm^2).
Zulässige Druckspannung quer zur Faser:	zul $\sigma_{D\perp} = 20$ kp/cm^2 (200 N/cm^2).

Wie man durch Vergleich mit den in Tabelle 6 angegebenen Bruchspannungen feststellen kann, werden die tatsächlichen Festigkeiten in der Baupraxis nur zu einem geringen Teil ausgenutzt.

Temperaturausdehnungskoeffizienten von Holz:

Fichte $\alpha_t = 0{,}0000035$/K
Tanne $\alpha_t = 0{,}000007$/K

E-Modul (nach DIN 1052) für Nadelholz:

In Faserrichtung: $E = 100\,000$ kp/cm^2.
Quer zur Faser: $E = 3000$ kp/cm^2.

Wärmeleitzahl (nach DIN 4108) für Holz $\lambda = 0{,}12$ bis $0{,}18$ kcal/mhK.

8.3.2. Schwinden und Quellen des Holzes

Die *Holzfeuchtigkeit* (bezogen auf das Trockengewicht des Holzes, auch Darrgewicht genannt) beträgt bei frisch gefällten Bäumen etwa 40 bis 50%. Bei der Trocknung im Wald wird die Holzfeuchtigkeit bis auf ungefähr 30 bis 20 % reduziert. Das Schnittholz (Bretter, Balken) trocknet im aufgestapelten Zustand im luftigen Schuppen auf 20 bis 10 % Feuchtigkeit. In diesem Zustand wird es als Bauholz verwendet.

Nach Abschluss des Trocknungsvorgangs stellt sich ein Gleichgewichtszustand zur relativen Feuchtigkeit der umgebenden Luft ein. Die Feuchtigkeit im eingebauten Holz ändert sich also ständig.

Holz ist ein hygroskopischer Baustoff. Mit der Aufnahme und Abgabe von Wasser sind Volumenänderungen verbunden. Nach dem Fällen des Baumes erfolgt durch Austrocknen das Schwinden und durch erneute Feuchtigkeitsaufnahme das Quellen des Holzes. Dieses dauernde Wechselspiel nennt man „Arbeiten des Holzes“, bei dem sich Schwinden und Quellen abwechseln.

Die Länge der Holzfasern wird beim Trocknen nur wenig beeinflusst, das *Schwinden* in Faserrichtung ist daher gering, etwa 0,1 %.

---

[26] Als „Äste“ bezeichnet man die im geschnittenen Holz in der Längsansicht sichtbaren runden Gebilde mit Jahresringen, diese zeigen die Querschnitte der quer zur Längsrichtung nach außen wachsenden Äste.

[27] „Gesunde“ Äste sind noch fest mit den umgebenden Holz verwachsen, während „lose“ Äste sich vom Holz ablösen und nach dem Trocknen der Bretter herausfallen.

Wesentlich größer ist das radiale Schwinden in Richtung der Markstrahlen (3 bis 5 %) und erst recht in Richtung tangential zu den Jahresringen (10 bis 12 %). Beim holzgerechten Einbau ist das Arbeiten des Holzes zu berücksichtigen.

8.3.3. Holzzerstörung und Holzschutz

Holz ist sehr gut haltbar bei völlig trockener Luft und unter Wasser bei völligem Abschluss von Luft. Das Holz wird zerstört durch Fäulnis und tierische Schädlinge. Außerdem ist trockenes Holz leicht brennbar.

8.3.3.1. Fäulnis, Pilzbefall und Schädlinge

Die Entstehungsbedingungen für *Fäulnis* und *Pilzbefall* sind Wärme, Feuchtigkeit und mangelnde Luftzufuhr.

Eine Holzschädigung im eingebauten Zustand durch Fäulnis, Pilzbefall und Schädlinge muss unbedingt verhindert werden, denn solche Schäden bedeuten meist den Totalabriss von Holzkonstruktionen (Dachstühle, Holzfachwerke, u.s.w.).

8.3.3.2. Baulicher Holzschutz

Vorsorgliche bauliche Maßnahmen:

- Holz nur im trockenen Zustand verwenden.
- Holz gegen eindringende Feuchtigkeit schützen.
- Kondenswasser an der Einbaustelle durch richtige Wärmedämmung vermeiden.
- Für gute Durchlüftung der Umgebung sorgen.

8.3.3.3. Chemischer Holzschutz

Dauerhaft eingebautes Holz (Tragwerke, Balken, Holzböden, usw.) muss immer mit chemischen Holzschutzmitteln geschützt sein. Es sollten kombinierte Wirkstoffe gegen Fäulnis, Pilzbefall und tierische Schädlinge (Dreifachschutz) verwendet werden, die im eingebauten Holz zu Salzen kristallisieren und die keine Gase aus Verdünnungsmitteln absondern, so dass sie für Menschen nicht gesundheitsschädigend sind.

Holzschutzmaßnahmen mit chemischen Holzschutzmitteln und die Sanierung befallener Holzbauwerke (Dachstühle) dürfen nur von behördlich zugelassenen Firmen durchgeführt werden.

8.4. Natursteine

Steine aus der Natur werden seit Jahrtausenden für Bauwerke verwendet.

Der Unterricht im Fach *Petrografie* (Gesteinskunde) hatte das Ziel, den Studierenden das Erkennen und Bestimmen von natürlichen Gesteinen zu vermitteln. Anhand vorliegender Probestücke wurde in praktischen Übungen und während der Vorlesungen alles über Gesteine, ihre Erkennungsmerkmale und Eigenschaften vermittelt, was der Bauingenieur darüber wissen muss. Er wird dadurch in die Lage versetzt, Gesteine aufgrund ihres Aussehens identifizieren zu können.

Natürliche Gesteine sind Silikatgesteine (Quarz), Kalkgesteine (Kalkalpen, Marmor), Granit, Gneis, Sandstein, Basalt.

Für tragende Bauteile in Tragwerken werden natürliche Steine in der Regel nicht verwendet. Sie werden hauptsächlich in Gebäuden als Bodenbeläge oder Wandverkleidungen verwendet.

Kies und Sand aus Naturstein dienen als Zuschlagstoffe für Beton und Mörtel, aber auch als Unterbaumaterial für Straßen und Wege, wobei dichtes, nicht-poröses Material bevorzugt wird. Mauerwerk aus Natursteinen wird meist nur für Außenanlagen verwendet, z. B. als Bruchsteinmauerwerk, Schichtenmauerwerk, Quadermauerwerk.

8.5. Stahl im Bauwesen

Eisen in chemisch reiner Form kommt für den technischen Einsatz als tragender Baustoff kaum in Frage. *Gusseisen* wird nur für bestimmte Bauteile verwendet (z. B. für Entwässerungsrohre, Kanaldeckel).

In Form von Legierungen hat Eisen wesentlich bessere Festigkeitseigenschaften und ist billiger in der Herstellung als reines Eisen. Legiert wird es mit anderen Metallen (Nickel, Chrom, Mangan, Kupfer Molybdän) oder auch mit Nichtmetallen wie Kohlenstoff, Schwefel, Phosphor und Silizium.

Stahl nennt man alles Eisen, das ohne Nachbehandlung schmiedbar ist. Sein Kohlenstoffgehalt liegt unter 1,7 %. Stahl ist ein sehr vielseitiger Baustoff. Aufgrund der verschiedenen Legierungen gibt es auch eine Vielzahl von Stahlgüten, die in einer Vielzahl von Normen festgeschrieben sind.

Im Bauwesen werden vorwiegend Form- und Stabstahl, Stahlbleche und Stahlrohre verwendet.

Am bekanntesten ist der Stahl in Form von *Walzprofilen*. Etwa 50 000 Walzformen sind heute bekannt.

Baustoffkennwerte:

E-Modul	E	= 2 100 000 kp/cm²,
Temperaturausdehnung	α_t	= 0,000012/K,
Wichte	γ	= 7,85 kp/dm³,
Wärmeleitzahl	λ	= 50 kcal/mhK.

8.5.1. Profilstahl (Träger)

Stahl ist hoch belastbar, hat aber auch ein sehr hohes spezifisches Gewicht (Wichte). Für Träger, die hauptsächlich auf Biegung beansprucht werden, verwendet man wegen der hohen Wichte des Stahls keine vollen Rechteckquerschnitte, bei denen das Material im Bereich der Nulllinie nicht optimal ausgenützt werden könnte und nur Ballast wäre.

Deshalb hat man Profile entwickelt, die in der Zug- und in der Druckzone einen großen Querschnitt (*Flansch*) haben; die Verbindung beider Bereiche wird durch einen dünnen Steg hergestellt, der die Schubkraft (siehe Seite 68) aufnimmt.

So entstanden die Doppel-T-Profile (I-Profile), von denen in Bild 36 (Quelle: DIN 1025) stellvertretend nur die Querschnitte der I-Breitflanschträger gezeigt werden. In den Bezeichnungen weisen das „B" auf „Breitflansch" und das „P" auf „Parallelflansch" hin. In den Profiltabellen der DIN 1025 sind alle Abmessungen und Querschnittswerte dieser genormten Träger zu finden, die der Statiker für die Berechnung und der Konstrukteur für die Zeichnung brauchen.

Bild 36: Doppel-T-Stahlträgerprofile (aus DIN 1025)

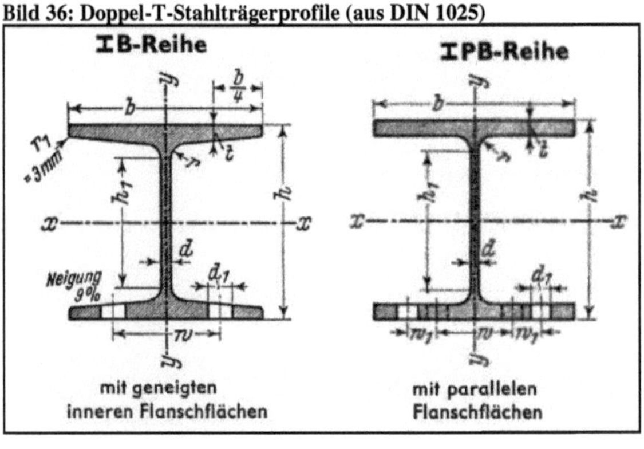

8.5.2. Schweißverbindungen

Maßgebend für den Stahlbau ist neben der Niet- und Schraubverbindung hauptsächlich die Schweißverbindung der Stahlteile. Es können Profile beliebiger Form zusammengeschweißt werden.

Stahlbleche und andere dünne Stahlbauteile werden durch X- oder V-Schweißnähte verbunden. Wenn volle Tragfähigkeit erreicht werden soll, reichen bei dicken Stahlteilen Schweißnähte nicht aus.

Dicke Stahlteile werden an den Querschnittsflächen vollflächig aneinandergeschweißt (Durchschweißungen). Bei der Güteprüfung werden alle Schweißungen durchleuchtet (Röntgenprüfung).

8.5.3. Betonstahl

Für Betonstahl (Rundstäbe) werden naturharte Stähle verwendet, die teils nachträglich kalt verformt (gestreckt oder verdrillt) wurden, damit sie eine noch höhere Festigkeit erreichen. Die zulässigen Spannungen betragen 1800, 2200, 2400 oder 2800 kp/cm^2, je nach Stahlgüte.

Für Spannstähle (Spannbeton) werden hoch vergütete Stähle von 55/85 bis 145/160 kp/mm^2 verwendet, wobei die erste Zahl in der Bezeichnung die Streckgrenze und die zweite Zahl die Bruchgrenze bedeutet. Damit die Güten der Betonstähle auf der Baustelle nicht verwechselt werden, ist der Stahl durch besondere Form (gerippte oder gedrillte Stangen) oder durch aufgewalzte Marken (breitere Rippen, Striche, Punkte) gekennzeichnet, deren Bedeutung in den Normen zu finden ist.

8.5.4. Vor- und Nachteile des Stahls

Vorteile des Stahls sind:

- Gleichmäßige Festigkeit,
- gleich hohe Festigkeit bei Zug- und Druckspannungen,
- Eigenlast im Verhältnis zur Festigkeit gering,
- freie Gestaltungsmöglichkeit in der Formgebung der Bauteile,
- schnelle und jahreszeitlich unabhängige Montage,
- große Widerstandsfähigkeit bei Katastrophen (elastische Nachgiebigkeit bei Erdbeben),
- Mehrfachverwendung der Bauteile bei fliegenden Bauten,
- nach Gebrauch 100 % wiederverwertbar (Eisenschrott).

Nachteile des Stahls sind:

- Rostgefahr,
- hohe Kosten für Rostschutz und Unterhalt,
- Schallübertragung im Stahlskelett (für Krankenhäuser und Schulen ungeeignet, weil hohe Schalldämmkosten),
- feuerempfindlich. Freiliegende Stahlteile müssen feuersicher ummantelt werden, denn Stahl wird im Brandfall weich und verliert die Tragwirkung.

8.6. Aluminium

Von den Leichtmetallen ist nur Aluminium als Baustoff in die nähere Wahl zu ziehen.

Die Wichte von Aluminium beträgt mit γ = 2,7 kp/dm^3 nur etwa ein Drittel der Wichte von Stahl. Es hat aber auch einen wesentlich niedrigeren E-Modul (E = 720 000 kp/cm^2) als Stahl und auch die zulässige Spannung beträgt nur 1200 bis 1600 kp/cm^2. Dadurch ergeben sich im Brückenbau übergroße Abmessungen der Stäbe. Die Wärmeleitzahl von Aluminium ist mit λ = 175 kcal/mhK mehr als dreimal so hoch wie bei Stahl.

Der Hauptvorteil von Aluminium liegt wegen des geringeren Gewichts in der Anwendung bei beweglichen Bauwerken (z. B. Drehbrücken, Klappbrücken).

Die Nachteile von Aluminium als Baustoff sind die geringe Knickfestigkeit, die geringe Dauerfestigkeit und der elektrochemische Angriff in Verbindung mit Stahl wegen der unterschiedlichen elektrolytischen Spannungen. Zwischen Stahl und Aluminium müssen bei Verbindungen zur Behebung dieses Nachteils Bronzeplatten eingelegt werden.

Aus Aluminium wurde 1948 die Arvidabrücke in Kanada als Bogenbrücke mit 153 m Länge (Bogenöffnung 85 m) gebaut. In England wurden 1947 kleinere Brücken in Aluminiumbauweise ausgeführt. Auch in Düsseldorf wurde 1951 eine Fußgängerbrücke in Aluminiumbauweise gebaut.

Aluminium wird heute vorwiegend zur Verkleidung von Wänden (Fassadenbau) und bei den Ausbaugewerken (Alu-Profile) verwendet.

Aluminium hat sich außer in der Verpackungsindustrie (Folien) hauptsächlich im Fahrzeug- und Flugzeugbau für Karosserien und Motoren durchgesetzt.

8.7. Beton

Beton war in der Antike bei den Phöniziern, Römern und Griechen schon ein bewährter Baustoff, wenn auch damals die Zusammensetzung etwas anders als heute war. Man nannte ihn damals „Gussmauerwerk". Die Zusammensetzung des modernen Betons erfolgt nach Rezept in Gewichtsanteilen. Nur so kann eine gleichbleibende Qualität (Betongüte) auf Dauer erreicht werden.

8.7.1. Betonzusammensetzung

Beton ist ein Gemenge, das aus Zement (siehe Abschnitt 8.12.4 auf Seite 105), Gesteinskörnungen (Zuschlagstoff, Betonzuschlag), Wasser, Betonzusatzstoffen und Betonzusatzmitteln gemischt wird und anschließend zu einem künstlichen Gestein erhärtet.

Man unterscheidet zwei Phasen des Betons:

1. *Frischbeton*, der aus Zementleim[28] und Gesteinskörnung besteht und mehr oder weniger flüssig ist, je nachdem, wie der Verarbeitungsvorgang es erfordert.
2. *Erhärteten Beton*, der nach der Erhärtung zu einem künstlichen Gestein aus Zementstein[29] und Gesteinskörnung zusammengewachsen ist und seine Endfestigkeit erreicht hat. Beton ist erst nach Ablauf von 28 Tagen voll ausgehärtet.

Der Zustand zwischen dem Frischbeton und dem ausgehärteten Beton wird als „grüner" Beton bezeichnet. Der Beton ist zwar erstarrt, hat aber noch nicht voll abgebunden. In diesen 28 Tagen muss der Beton wie ein Pflänzchen gegossen und feucht gehalten werden, damit der Beton nicht durch vorzeitiges Austrocknen Schwindrisse bekommt.

8.7.2. Betonherstellung

Die richtige Betonherstellung ist eine Wissenschaft (*Betontechnologie*) für sich. Der angehende Bauingenieur lernt während seines Studiums alles, was er über die richtige Zusammensetzung (Rezeptur), die Herstellung, die Nachbehandlung und die Prüfung des Betons wissen muss.

Beton muss bei der Herstellung in Formen gegossen werden, um die äußere Gestalt des Bauteils zu erzeugen. Diese Formen nennt man *Schalungen*. Schalungen sind meist aus Holz, können aber auch aus Blech oder anderen Baustoffen hergestellt sein. Um den enormen hydrostatischen Druck (das 2,5-fache des Wasserdrucks gleicher Füllhöhe) des flüssigen Betons aufzunehmen, muss die Schalung von außen gut gestützt werden. Die Schalungen werden nach besonderen Plänen (Schalungspläne) hergestellt, die auch der Bauingenieur liefern muss.

---

[28] „Zementleim" ist der Brei, der durch Mischen vom Wasser und Zementpulver entsteht.

[29] „Zementstein" ist erhärteter Zementleim.

Die umfassende Kenntnis über die Verarbeitbarkeit des Frischbetons ermöglicht verschiedene Arten der Betonverwendung. Der *Transportbeton* wird im Betonwerk nach genauem Rezept trocken gemischt und mit fahrbaren Mischern zur Einbaustelle gebracht. Dort erst wird das Wasser genau dosiert zugegeben und der Beton zu Frischbeton gemischt.

Dann gibt es noch den erdfeuchten Beton. Er kann mit den Händen wie ein Schneeball geformt werden. Er wird für Bauteile verwendet, die ohne Schalungsaufwand hergestellt werden müssen, er wird durch Stampfen verdichtet, deshalb heißt er auch *Stampfbeton*.

Im Tunnelbau wird der Beton über Druckschläuche an die Wand gespritzt (*Spritzbeton*), bleibt dort haften und erhärtet.

Sogar unter Wasser lassen sich Betonbauteile herstellen, ohne dass sich der Frischbeton entmischt und in die Einzelbestandteile auflöst. Allerdings muss er durch Rohre (Hosenrohre) an die Einbaustelle unter Wasser gebracht werden, er darf nicht bis zur Einbaustelle frei durch das Wasser „hindurchfallen".

Durch *Betonzusatzmittel* werden die Eigenschaften der Verarbeitbarkeit von Frischbeton beeinflusst. Sie müssen bei der Mischungsrezeptur des Betons volumenmäßig nicht berücksichtigt werden.

Es gibt

- Betonverflüssiger (BV) zur Verbesserung des Fließverhaltens, ohne dass mehr Wasser zugesetzt werden muss,
- Luftporenbildner (LP) zur Verbesserung des Frost- und Tausalzwiderstandes,
- Verzögerer (VZ) zur Verlängerung des Verarbeitungszeitraums,
- Beschleuniger (BE) zur Verkürzung des Verarbeitungszeitraums (Schnellbeton),
- Einpresshilfen (EH) für Spannbetonverpressmörtel,
- Stabilisierer (ST) zur Verhinderung der Entmischung bei Unterwasserbeton,
- Chromatreduzierer (CR) zur Reduzierung der giftigen Chrom-(IV)-Verbindungen auf Chrom-(III)-Verbindungen. Chrom-(IV)-Verbindungen sind krebserregend und um den Faktor 1000 giftiger als Chrom-(III)-Verbindungen.
  Bei Hautkontakt können Ekzeme auf der Haut entstehen („Maurerkrätze").

Dann gibt es noch die *Betonzusatzstoffe*, die volumenmäßig bei der Mischungsrezeptur des Betons berücksichtigt werden müssen. Dies sind fein verteilte Stoffe, die durch chemische oder physikalische Wirkung bestimmte Betoneigenschaften (Farbe, Festigkeit, Dichtheit: „wasserdichter Beton") beeinflussen.

Neuerdings wird auch mit *Faserbeton* experimentiert. Durch den Zusatz kurzer oder längerer Fasern aus Stahldraht, Glas oder Kohlenstoff wird der Beton reißfester, sodass er höhere Zugspannungen aushält (siehe Betonkalender 2007, Band 1, ab Seite 443). Dadurch sollen bestimmte Betoneigenschaften erreicht werden, z. B. die Unterdrückung der Rissbildung im Zustand II (bei gerissener Zugzone).

In den Gebieten mit heißem oder kaltem Klima sind besondere Maßnahmen bei der Herstellung und Verarbeitung von Beton zu ergreifen. So werden in heißen Gebieten (Dubai) dem Frischbeton Eisspäne (gehobeltes Eis) zugesetzt, während in Frostgebieten der Beton mit heißen Wasser und betonverträglichen Frostschutzmitteln angerührt wird.

Die bautechnischen Eigenschaften des erhärteten Betons sind für die Tragfähigkeit, Festigkeit und Dauerhaftigkeit von Bedeutung.

8.7.3. Betongüten

Vor 50 Jahren gab es die Betongüten B 160, B225, B300 und B 450, deren Bezeichnungen die Bruchfestigkeit in [kp/cm^2] angaben. Neuerdings gibt es Betonklassen und Betonfamilien. In den nationalen und internationalen Normen für Beton ist es üblich, Beton nach seiner Druckfestigkeit zu klassifizieren, die zugleich Ausgangswert für den statischen Nachweis einer Betonkonstruktion ist.

Die Festigkeitsklassen nach der DIN EN 206-1 sind auf 16 Klassen angewachsen:

C8/10, C12/15, C16/20 bis C100/115. Die erste Zahl ist die charakteristische Druckfestigkeit in [N/mm^2], an einem Beton-Prüfzylinder ermittelt, und die zweite Zahl die Druckfestigkeit an einem Prüfwürfel mit 150 mm Kantenlänge ermittelt. Der Buchstabe „C" soll auf „Concrete", das englische Wort für „Beton", hindeuten.

Nun müssen noch die „Betonfamilien" erklärt werden, die es in den neuen Normen gibt.

Betone einer Familie bestehen aus

- Zementen gleicher Art, Festigkeitsklasse und Herkunft und
- Gesteinskörnungen gleicher Art und gleichen geologischen Ursprungs.

Hinsichtlich der Festigkeiten gilt, dass Familien für die Festigkeitsklassen C12/15 bis C55/67 gebildet werden können. Damit das Konzept der Betonfamilien den bisherigen Sicherheitsstandard gewährleistet, müssen alle „Familienmitglieder" regelmäßig geprüft werden.

Die Absicht der Europäischen Normungsgremien, alles bis ins letzte Detail regeln zu wollen, ist auch hier unschwer zu erkennen. Dem Bauingenieur in der Praxis hilft das wenig, er wird sich auf „seine" Festigkeitsklasse oder „seine" Betonfamilie beschränken, die er dann immer verwenden wird.

Diese Vielfalt ist für den Bauingenieur kaum mehr überschaubar. Ohne den genauen Wortlaut der einschlägigen Normen auf dem Taschencomputer wird er kaum mehr auskommen.

8.8. Stahlbeton

Die Tragwirkung des Verbundes von Stahl und Beton zu Stahlbeton wurde auf Seite 79, Schwinden und Kriechen wurden auf Seite 77 behandelt. Auch für Stahlbeton gibt es neue DIN-EN-Normen mit neuen Bemessungsverfahren und Verfahrensvorschriften, die aber hier nicht erwähnt werden, da sie mindestens genauso vielfältig sind wie die oben beschriebenen Beton-Normen.

Kennwerte von Stahlbeton:

E-Modul	E = 210 000 kp/cm^2,
Temperaturausdehnung	α_t = 0,000012/K,
Wichte	γ = 2,50 kp/dm^3,
Wärmeleitzahl	λ = 1,75 kcal/mhK.

8.9. Künstliche Steine

8.9.1. Ziegel

Ziegelmaterial ist ein wichtiger Baustoff für Mauerwerk und für Dachdeckungen.

Die Maße und Eigenschaften von Ziegelsteinen sind genormt. Die Ziegelformate werden durch die Maßordnung im Hochbau bestimmt. Um das Gewicht der Ziegel zu verringern, stellt man Loch- oder Gitterziegel her. Die Ziegel werden so eingebaut, dass die Löcher senkrecht verlaufen, damit die senkrechten Stege zwischen den Löchern die Tragwirkung übernehmen können.

8.9.2. Betonfertigerzeugnisse

Betonfertigerzeugnisse werden in Betonwerken hergestellt. Betonwerke sind Fabrikationsstätten, in denen die verschiedensten Erzeugnisse aus Beton gefertigt werden: Hohlblocksteine, Randsteine, Betonrohre, Schleuderbetonrohre, Schachtringe, Formsteine für Betonpflaster und viele andere Fertigteile. Diese Erzeugnisse sind selbstverständlich auch genormt.

8.9.3. Steinzeug

Für die Verwendung im Kanalbau müssen die Rohre gegen Säuren und Laugen widerstandsfähig sein, deshalb verwendet man Steinzeugrohre, die aus tonkeramischem Material hergestellt und gebrannt werden. Die Innen- und Außenseiten werden meist noch mit einer gebrannten Glasur überzogen. Auch die Steinzeugrohre sind genormt.

8.10. Kunststoffe

Wegen ihrer plastischen Eigenschaften werden Kunststoffe auch *Plastikwerkstoffe* (*Plaste*) genannt.

Nach ihren Verbrauchseigenschaften werden die Kunststoffe in drei Gruppen eingeteilt:

Thermoplaste sind Kunststoffe, die durch Einwirkung von Wärme weich und verformbar und nach dem Abkühlen wieder fest werden.

Duroplaste (Duromere) dagegen bestehen aus räumlich vernetzten Makromolekülen und lassen sich, wenn sie einmal ausgehärtet sind, nicht mehr umformen. Duroplaste sind im Bauwesen als Polyester- und Epoxidharze bekannt.

Elastomere bestehen aus synthetischen Kautschukmaterialien (Polychloropren, Chloropren-Kautschuk, Neopren). Elastomere sind dadurch gekennzeichnet, dass sie sich mit geringen Kräften um das Mehrfache ihrer Länge dehnen lassen. Sie haben also einen sehr niedrigen E-Modul.

8.10.1. Kunststoffe als tragende Teile

Kunststoffe können durch UV-Licht, Luftsauerstoff und Schadgase altern, spröde werden oder durch Witterungseinflüsse verwittern. Deshalb sind sie für tragende Teile in Bauwerken nicht zugelassen.

Die einzige Ausnahme sind die *Elastomere*, die für Brückenlager verwendet werden. Elastomere sind inkompressibel (wie Wasser). Aus Elastomeren werden hochbelastete Brückenlager hergestellt. Sie sind aus mehreren Schichten aufgebaut, wobei sich Stahlplatten und Elastomere-Schichten abwechseln (= bewehrte Elastomere-Lager). Die Stahlplatten haben die Aufgabe, die Querdehnung der Elastomere-Schichten zu reduzieren.

Für jedes Elastomere-Material muss eine bauaufsichtliche Zulassung vorliegen. Außerdem sind die „Richtlinien für die Herstellung und Verwendung von unbewehrten Elastomere-Lagern“ und die „Richtlinien für die Güteüberwachung von bewehrten Elastomere-Lagern im Rahmen der Eigenüberwachung und der Fremdüberwachung“ zu beachten.

8.10.2. Kunststoffe als sonstige Baustoffe

Kunststoffe sind die geeigneten Baustoffe für Wärmedämmungen (Polystyrol, Polyurethan, u. a.), Schalldämmungen (Trittmatten, elastische Zwischenlagen), Abdichtungen (Fugenbänder, Folien), Beschichtungen und andere nichttragende Anwendungen. Auch für diese Anwendungen muss das Material die genormten Eigenschaften aufweisen.

Im Bauwesen werden Kunststoffe in verschiedener Form eingesetzt:

Bodenbeläge, Bauelemente, Rohre, Hartschäume, Schaumkunststoffe, Schichtstoffplatten, Bauplatten und Bahnen, Folien, Elektromaterialien, Weichprofile, Kunststoffbehälter, Heilöltanks, glasfaser- oder kohlefaserverstärkte Elemente für Gehäuse von Maschinen.

Diese Materialien müssen vom planenden Architekten oder Bauingenieur mit Bedacht ausgewählt werden. Dabei müssen Witterungsbeständigkeit, chemische Beständigkeit, Verschleißfestigkeit, Entflammbarkeit, Brandverhalten, elektrostatische Aufladung, Festigkeit, Klebeverhalten und Verträglichkeit mit Klebern und Lösungsmitteln berücksichtigt werden.

8.11. Glas

Glas ist ein wichtiger Baustoff für Fenster, Spiegel, Überkopfverglasungen bei Wintergärten, Balkonüberdachungen, Brandschutz- und Fassadenverglasungen. Für tragende Bauteile wird Glas nur in Ausnahmefällen verwendet. Für Glas gibt es harmonisierte europäische Produktnormen.

8.12. Bindemittel

Bindemittel werden nicht für sich allein als Baustoff verwendet, sondern dienen dem Zusammenhalt anderer Stoffe. Bindemittel dürfen nicht mit Verbindungsmitteln verwechselt werden (siehe 8.13 auf Seite 108)

Bindemittel werden eingeteilt in solche für Luftmörtel, solche für Wassermörtel und solche für plastische Mörtel und Betone.

- *Luftmörtel* erhärten an der Luft und sind nur an der Luft dauerhaft haltbar.
- *Wassermörtel* erhärten an der Luft, aber auch unter Wasser und sind auch unter Wasser dauerhaft haltbar.
- *Plastische Mörtel und Betone* sind z. B. Asphaltbeton, Asphaltfeinbeton.
  Plastische Mörtel erstarren, aber erhärten nicht. Sie bleiben plastisch und bilden bei normaler Belastung keine Risse. Bei Erhitzung werden sie wieder weich.

Zu den Bindemitteln für Luftmörtel gehören:

- Lehm,
- Luftkalke (Weißkalk, Dolomitkalk, Karbidkalk),
- alle Sorten der Baugipse.

Bindemittel für Wassermörtel sind:

- Wasserkalk,
- Hydraulischer Kalk,
- Romankalk,
- genormte Zemente,
- nicht genormte Zemente (Tonerdeschmelzzement, Ölschieferzement, Mischbinder).

Man nennt sie auch „hydraulische“ Bindemittel, weil sie nur Wasser zum Abbinden benötigen.

Bindemittel für plastische Mörtel und Betone sind:

- Teer (wird im Bauwesen nicht mehr als Bindemittel verwendet),
- Bitumen,
- Kunststoffemulsionen.

8.12.1. Lehm

Lehm ist als natürlicher Baustoff seit Jahrtausenden bekannt.

Unsere Vorfahren bauten sich Hütten aus Holz und verwendeten für die Wandflächen Stroh, Schilf oder Zweige, die sie außen und innen mit feuchtem Lehm bestrichen. Dieser trocknete und ergab eine glatte und feste Fläche. Allerdings wird der getrocknete Lehm bei Wasseraufnahme wieder weich.

Später merkten sie, dass der Lehm, wenn er mit Feuer in Berührung kam, hart wie Stein wurde. Man lernte, Ziegel herzustellen (Seite 101).

8.12.2. Baukalk

Kalk als Bindemittel für die Mörtelherstellung ist altbekannt. Schon die Römer wussten, wie gebrannter Kalk hergestellt und gelöscht wird (Lit. [Vitruv]). Kalk entsteht bei der industriellen Herstellung durch Brennen des Kalksteins in Schachtöfen, Ringöfen, Drehrohröfen oder Tunnelöfen unterhalb der Sintergrenze, also zwischen 500 und 1100 °C.

Der Kalkstein ($CaCO_3$) verliert dabei 44 % an Gewicht, indem beim Brennen CO_2 aus dem Kalkstein-Molekül entweicht. Der gebrannte Kalk (CaO) muss mit Wasser „gelöscht" werden, um den verwendbaren Baukalk zu erhalten.

8.12.2.1. Kalkkreislauf

Bei Kalk kann man einen Kreislauf beobachten: Vom Kalkstein zum gebrannten und gelöschten Kalk, der dann wieder zu Kalkstein abbindet.

Brennen des Kalks:

Aus Kalkstein $CaCO_3$ (Kalzit) wird durch Brennen Kohlendioxid abgetrennt, es entsteht gebrannter Kalk:

$$\mathbf{CaCO_3 \rightarrow CaO + CO_2}.$$

CaO wird „gebrannter Kalk" genannt, CO_2 ist Kohlendioxidgas und entweicht in die Luft.

Löschen des Kalks:

Aus dem gebrannten Kalk CaO entsteht durch Zugabe von Wasser Kalkhydrat und Wärme.

$$\mathbf{CaO + H_2O \rightarrow Ca(OH)_2 + Energie}.$$

Die Energieabgabe äußert sich durch starkes Heißwerden des Kalkes beim Löschvorgang. Das zugegebene Wasser und der Kalk kochen. Um ein „Trockenlaufen" des Vorgangs zu verhindern, muss so lange durch weitere Zugabe von Wasser gekühlt werden, bis der Vorgang abgeschlossen ist. Das entstandene Kalkhydrat ist der verwendbare Baukalk in pastöser Form mit weißer Farbe. Gelöschter Baukalk kann nur in „eingesumpftem" Zustand (also unter Wasser) länger aufbewahrt werden, weil er sonst an der Luft durch Aufnahme von CO_2 wieder zu Kalkstein „abzubinden" beginnt.

Erhärten (Abbinden):

Der Kalkmörtel erhärtet an der Luft, deshalb die Bezeichnung „Luftmörtel".

$$\mathbf{Ca(OH)_2 + CO_2 \rightarrow CaCO_3 + H_2O + Energie}$$

Dem erhärtenden Mörtel muss laufend Kohlendioxid zugeführt werden, damit der chemische Vorgang des Erhärtens erfolgen kann. Dabei gibt der Mörtel das vorher chemisch gebundene Wasser an die Luft ab.

8.12.2.2. Eigenschaften des Kalkmörtels

Obwohl Kalk schon seit Jahrtausenden verwendet wird, entstehen durch falsche Beurteilung der Eigenschaften des Kalkmörtels, der aus Sand, Kalkhydrat und Wasser gemischt wird, immer wieder Irritationen.

Frischer Kalkmörtel enthält physikalisch und chemisch gebundene Feuchtigkeit. Die physikalisch gebundene Feuchtigkeit verliert der Mörtel durch normale Trocknung in kurzer Zeit.

Die chemisch gebundene Feuchtigkeit wird erst beim Abbindevorgang nach Zuführung von Kohlendioxid nach und nach an die Luft abgegeben. Die Geschwindigkeit des „Austrocknens" der chemischen Feuchtigkeit hängt von der Menge vorhandenen Kohlendioxids und davon ab, welche Menge Kalkhydratmoleküle bereits chemisch in Kalkstein umgewandelt worden sind.

Früher hat man in frisch mit Kalkmörtel verputzten Räumen Öfen mit offenem Feuer aufgestellt, um das Kohlendioxid für das Abbinden des Kalks zu liefern. Aber trotz dieser Maßnahme waren die Wände nach Ingebrauchnahme der Räume immer noch feucht (und vom Ruß geschwärzt).

Nach Einzug in eine neue Wohnung mussten die Möbel mit einigem Abstand von der Wand aufgestellt werden, damit Luft an die Wände kam. Die Wände waren erst nach einigen Monaten einigermaßen (chemisch) trocken, abhängig davon, welche Menge Kohlendioxid die dort wohnenden Menschen (durch Ausatmen) produziert hatten.

Nach abgeschlossenem Abbindevorgang des Kalkes waren die Wände trocken.

Um diese Nachteile des Kalkmörtels zu vermeiden, hat die Industrie *Mauerbinder* (Putzbinder, Mörtelbinder) entwickelt, die ähnliche Festigkeits- und Verarbeitungseigenschaften wie Kalk haben, aber hydraulisch abbinden.

Hydraulisch heißt, dass sie durch sofortiges Einbinden des Wassers in die chemische Struktur innerhalb weniger Stunden erhärten. Nach dem Austrocknen der normalen (physikalischen) Baustofffeuchtigkeit sind die Wände trocken. Man muss die Neubauten nicht mehr „trockenwohnen".

8.12.3. Gips

Gips ist $CaSO_4$, also Kalziumsulfat.

Gipsmörtel darf als Bindemittel nur im Trockenen verwendet werden, denn Gips löst sich in Wasser im Verhältnis 1:400. Deshalb spricht man auch von Trockenbau-Arbeiten, wenn der Ausbau mit Gipskartonplatten erfolgt.

Gipsmörtel ist feuerhemmend und säurebeständig. Gips kann auch allein (ohne Sandzugabe) verarbeitet werden. Er erstarrt innerhalb einer bestimmten Zeit, die von der jeweiligen Gipssorte (Stuckgips, Putzgips, Estrichgips, Hartputzgips, Marmorgips, Anhydritbinder, Magnesit) abhängt.

Beim Anrühren von Gips wird Gipspulver so lange in Wasser eingestreut (nicht umgekehrt!) und gerührt, bis die gewünschte Verarbeitungskonsistenz erreicht ist. Die Verarbeitung der angerührten pastösen Gipsmasse muss innerhalb weniger Minuten erfolgen, anschließend erhärtet der Gips durch Kristallisation.

Gips und Zement dürfen nicht gemischt werden. Eine solche Mischung führt im fertigen Bauwerk zu Treib-Erscheinungen (Aufplatzen von Oberflächen) und ist deshalb unzulässig. Dagegen können Gips und Weißkalk in jedem Verhältnis gemischt werden.

Baustoffkennwerte:

Biegedruckfestigkeit bei 35 bis 40 °C mindestens 25 kp/cm^2,
Druckfestigkeit bei 35 bis 40 °C mindestens 60 kp/cm^2,
Härte: mit dem Fingernagel ritzbar.
Gips gibt beim Erstarren Wärme ab.

8.12.4. Zement

Zemente sind *hydraulische Bindemittel*, deren Rohstoffe bis zur Sinterung bei 1400 bis 1500 °C gebrannt und dann fein gemahlen werden. Zemente werden zur Herstellung von Zementmörtel und Betonbauteilen verwendet. Zemente erreichen nach bestimmungsgemäßer Verwendung im Gemisch mit Wasser und körnigen Gesteinsteilen als Beton und Zementmörtel nach dem Erhärten eine große Festigkeit.

Auch die Römer in der Antike kannten schon zementartige Bindemittel. An den Hängen des Vesuvs fand sich ein Gestein (Puzzolanerde = Vulkanasche), das im zerkleinerten Zustand mit Wasser reagierte und zu einem festen Klumpen erstarrte. Es war natürlicher Zement, der in den heißen Magmaschichten gebrannt und dann bei einem Vulkanausbruch ausgeworfen worden war.

Nachfolgend wird gezeigt, wie sich die Normen für Zement im Laufe von 50 Jahren geändert haben.

8.12.4.1. Güte- und Festigkeitsbezeichnungen

Der Deutsche Normenausschuss hat am 1.4.1958 neue Bezeichnungen für Zementgüteklassen festgelegt, die nach den Mörtelfestigkeiten (28-Tage-Festigkeiten) benannt wurden:

Z 275 für Portlandzement (PZ) mit 275 kp/cm^2 Mindestdruckfestigkeit,
Z 375 für hochwertigen PZ mit 375 kp/cm^2 Mindestdruckfestigkeit,
Z 475 für höchstwertigen PZ mit 475 kp/cm^2 Mindestdruckfestigkeit.

Es gab verschiedene Zementarten. Die Bezeichnung der Zementarten richtete sich nach der Herkunft der Rohstoffe und war teils geschichtlich bedingt. Portlandzement (PZ) ist seit 1878, Eisenportlandzement (EPZ) seit 1909 und Hochofenzement (HOZ) seit 1917 genormt.

Zementarten	**mit den Güteklassen:**		
PZ = Portlandzement,	Z 275,	Z 375,	Z 475,
EPZ = Eisenportlandzement,	Z 275,	Z 375,	Z 475,
HOZ = Hochofenzement,	Z 275,	Z 375,	
TrZ = Trasszement,	Z 275.		

Wesentliche Bestandteile (für PZ) sind:

CaO	58%	bis	66 %,
SiO_2	18	bis	25 %,
Al_2O_3	4	bis	12 %,
Fe_2O_3	2	bis	5 %,
MgO	0	bis	5 %,
SO_3	0,5	bis	2,5 %,
MnO	0	bis	0,3 %.

In der Ausgabe 1970 der DIN 1164 gab es keine Güteklassen mehr, sondern nur mehr die Festigkeitsklassen **Z 250, Z 350 L, Z 350 F, Z 450 L, Z 450 F, Z 550**. Unter Festigkeit ist hier die Bruchfestigkeit gemeint. Die Zahlen deuten auf die Mindestfestigkeiten in [kp/cm^2] nach 28 Tagen hin, wobei bei Zement mit der Zusatzbezeichnung **L** die Mindestfestigkeit von 100 kp/cm^2 in 7 Tagen, und bei Zement mit der Zusatzbezeichnung **F** in 2 Tagen erreicht sein musste.

Nach den seit dem Jahre 2007 gültigen Normen (DIN EN 197-1 und DIN 1164) gibt es 5 Hauptarten von Zementen:

CEM I	Portlandzement,
CEM II	Portlandkompositzement,
CEM III	Hochofenzement,
CEM IV	Puzzolanzement,
CEM V	Kompositzement.

Auch die Normenbezeichnungen der Festigkeitsklassen haben sich geändert. Nun werden die Festigkeitsklassen in [N/mm^2] angegeben: 32,5 N, 32,5 R (= 325 kp/cm^2), 42,5 N, 42,5 R (= 425 kp/cm^2) und 52,5 N (= 525 kp/cm^2).

Beispiele:

Ein Portlandzement der Festigkeitsklasse 42,5 mit hoher Anfangsfestigkeit trägt folgende Bezeichnung:

Portlandzement DIN EN 197-1-CEM I 42,5 R.

Dagegen trägt ein Hochofenzement mit einem Hüttensandgehalt von 66 bis 80% der Festigkeitsklasse 32,5 mit üblicher Anfangsfestigkeit, niedriger Hydratationswärme und hohem Sulfatwiderstand die Bezeichnung:

Hochofenzement DIN 1164-10 CEM III/B 32,5 N - LH/HS.

Die Vielfalt der neuen Güte- und Festigkeitsbezeichnungen ist für den Bauingenieur kaum überschaubar. Aber auch daran wird er sich bald gewöhnt haben.

8.12.4.2. Hydratationswärme

Das Abbinden von Beton nennt man *Hydratation*. Es ist ein exothermer Vorgang. Die *Hydratationswärme* ist die Wärmemenge, die beim Abbinden des Zements im Beton entsteht.

Die Wärme entsteht dadurch, dass im Zement enthaltene Oxide beim Abbinden des Zementleims miteinander reagieren. Diese Wärme muss durch Kühlen und Nässen des Betons abgeführt werden.

Ausführungen zur Hydratationswärme sind in Lit. [Czernin], dort auf den Seiten 99 bis 103, und in Lit. [VDZ], dort auf den Seiten 41 bis 42 und 88 bis 90, zu finden.

Bei der höchsten Festigkeitsklasse des Zements kann die Hydratationswärme[30] nach 1 Tag 275 J/g (66 cal/g) erreichen und nach 28 Tagen bis zu 420 J/g (100 cal/g) betragen. In 1 m^3 Beton sind mindestens 300 kg Zement enthalten. Daraus ergibt sich nach dem ersten Tag eine Wärmemenge von 275 J/g · 300 000 g/m^3 = 82 500 000 J/m^3 = 82500 kWs/m^3 = 22,91 kWh/m^3 = 19704 kcal/m^3. Diese Abbindewärme von 1 m^3 Beton reicht aus, um 1000 Liter Wasser am ersten Tag um 19,7 °C zu erwärmen.

Die Hydratationswärme kann bei massiven Betonbauwerken (Staudämme) zum Problem werden, weil dort die Wärme nach dem Betonieren nicht abfließen kann. Es kommt zu unerwünschten Temperaturerhöhungen im Bauwerk, die eine Wärmedehnung im noch plastischen Beton verursachen, die dieser leicht aufnehmen kann. Da das Erhärten des Betons mit dem Abkühlvorgang fast gleichzeitig stattfindet, ist eine thermische Kontraktion des erhärtenden Betons die Folge, die zu Zugspannungen führt, die der Beton nicht aufnehmen kann. Kühlrisse entstehen.

Der Bauingenieur sieht bei der Planung des Bauwerks Maßnahmen vor, die Hydratationswärme schon beim Entstehen durch einbetonierte Kühlrohre, durch die kaltes Wasser gepumpt wird, abzuführen. Auch von der chemischen Seite her versucht man, Zemente mit niedriger Hydratationswärme zu verwenden, wenn die Anforderungen an die Betonfestigkeit es erlauben. Auch durch die Bauweise mit kleineren Betonierabschnitten mit großen Oberflächen versucht man, die Hydratationswärme durch natürliche Abkühlung loszuwerden.

8.12.5. Teer

Teer wurde bis etwa zum Jahr 1970 als Bindemittel im Straßenbau (Teerstraßen) und bei der Abdichtung von Bauwerken (Teeranstriche, Teerpappen) verwendet, darf aber nicht mehr eingesetzt werden.

Teer ist bei gewöhnlicher Umgebungstemperatur, je nach Sorte, dünn bis zähflüssig. Chemisch besteht Teer aus hochmolekularen Kohlenwasserstoffen verschiedener Zusammensetzung. Teer entsteht bei der trockenen Destillation der Steinkohle. Er oxidiert und verharzt durch die Einwirkung von Licht und Sauerstoff schnell, die entstehenden Abbauprodukte sind umweltschädlich.

Teer wird durch Erhitzen auf 60 bis 120 °C dünnflüssig, mischbar und spritzbar. Gemische aus Teer und Gesteinskörnungen wurden für Teerdecken im Straßenbau verwendet, denn der Teer haftet sehr gut am Gestein. Unmittelbar nach der Verarbeitung beginnt das Zäherwerden durch Abkühlen und dann durch die Verdunstung niedrig siedender Ölanteile (Fluxöle) die Verwandlung in ein klebendes Weichpech. Bei starker Sonnenstrahlung werden die Teerdecken der Straßen weich und verformen sich unter Verkehr.

Gefahren von Teer

Der Grund für das Verwendungsverbot von Teer im öffentlichen Straßenbau ist das Risiko für Umwelt und Gesundheit, insbesondere bei dessen Verarbeitung. Wenn Teer durch Teerspritzmaschinen heiß auf die Straße gespritzt wird, entstehen Dämpfe, die nach Einatmen krebsverursachend sind. Bei Einwirkung von Teer auf die Haut können Hautschäden entstehen.

Außerdem können bei Kontakt mit Wasser polyzyklische aromatische Kohlenwasserstoffe (PAK) ins Grundwasser gelangen. Der Teer ist im Straßen- und Wegebau inzwischen vollständig durch Bitumen ersetzt worden.

8.12.6. Bitumen

Bitumen entsteht als Rückstand bei der Erdöldestillation, es ist bei Normaltemperatur plastisch bis springhart. „Springhart“ nennt man einen Stoff, der zwar hart ist, aber bei Krafteinwirkung, etwa bei einem Schlag mit dem Hammer, in Stücke zerspringt.

---

[30] 1 J (Joule) = 1 Ws = 0,2388 cal = 0,0002388 kcal

Im Gegensatz zu Teer bleibt Bitumen durch die Einwirkung von Licht und Sauerstoff fast unverändert.

Bitumen und *Asphalte* haben schon vor 3000 bis 5000 Jahren in Mesopotamien technisch und wirtschaftlich eine Rolle gespielt. Ihre Verwendung geriet aber wieder in Vergessenheit. Erst im 19. Jahrhundert mit der Entdeckung von Naturasphalten kam es wieder zur Anwendung, vor allem beim Straßenbau und bei Abdichtungen.

Bitumen sind die bei der schonenden Aufbereitung von Erdölen gewonnenen, dunkelfarbigen, halbfesten bis springharten Kohlenwasserstoffgemische und die in Schwefelkohlenstoff lösbaren Anteile der Naturasphalte. Natürliche oder künstliche Gemische von Bitumen und Mineralstoffen nennt man Asphalte. Bitumen ist ein thermoplastischer Stoff. Durch Erwärmen wird es erst knetbar, dann zähflüssig und bei Temperaturen zwischen 150 und 200 °C dünnflüssig. In diesem Zustand benetzt es Mineralstoffe, Metalle und organische Fasern. Beim Erkalten kleben die mit Bitumen überzogenen Stoffe zusammen. Bitumen ist in hohem Maße beständig gegen Säuren, Laugen, Salze und Oxidation. Die verschiedenen Bitumensorten sind genormt. Bitumen wird zur Herstellung von Alphaltbeton und Asphaltfeinbeton verwendet, die als Straßenverschleißschichten zum Einsatz kommen.

Dabei wird Asphaltbeton wie normaler Beton aus Zuschlagstoffen (Splitt) hergestellt, die erhitzt werden und in diesem Zustand mit Bitumen als Bindemittel gemischt und heiß eingebaut werden.

8.13. Verbindungsmittel

Verbindungsmittel dienen zur Verbindung zweier oder mehrerer punktfest zu verbindender Bauteile. Im Bauwesen gibt es diese in einer großen Vielfalt von Formen für die verschiedensten Anwendungen. *Schrauben, Niete, Nägel und Dübel* sind Verbindungsmittel für punktfeste[31] Verbindungen bei tragenden Teilen im Holzbau und Stahlbau:

- *Schraub-Bolzen* (mit Sechskant, Schaft und Außengewinde)
- *Schraubenmuttern* (als Vier- oder Sechskantschrauben mit Innengewinde).
- *Hochfeste Schrauben* und Schraubbolzen für rutschfeste Verbindungen im Stahlbau.
- *Niete*[32] (Singular „der Niet“, Plural „die Niete“), hauptsächlich im Stahlbau.
- *Nägel* für Nagelverbindungen (Nagelbinder).
- *Dübel* (Einpressdübel für Holverbindungen bei Fachwerken),
- *Laschen* aus Stahl und Holz.

Verbindungen mit diesen Verbindungsmitteln müssen statisch nachgewiesen werden. Der Statiker berechnet die erforderliche Anzahl und die geometrische Anordnung der Niete bei Nietverbindungen, die Anzahl und die geometrische Anordnung der Nägel bei Nagelverbindungen (Nagelbinder[33]) und bei Bolzenverbindungen den Lochleibungsdruck am durchbohrten Material bei Stahl und Holz.

Außerdem gibt es viele Industrieprodukte zur Verbindung von Bauteilen. Alle diese Produkte müssen eine bauaufsichtliche Zulassung haben, damit sie im Bauwesen verwendet werden dürfen. Hier muss der Statiker bei der Berechnung die Zulassung vorliegen haben.

Leime und *Klebstoffe* sind flüssige Verbindungsmittel zur Herstellung von flächenfesten[34] Verbindungen. Besondere Bedeutung haben *Leime* beim Holzbau zur Herstellung von flächenfesten Verbindungen (Leimbinder, geleimte Bauteile; Holzverleimung siehe Seite 153). *Klebstoffe* haben bei statisch wirksamen Klebeverbindungen im Stahlbau Bedeutung erlangt. Außerdem werden spezielle Klebstoffe zur Verklebung von Bodenbelägen verwendet.

[31] „punktfest“ ist eine Verbindung zweier oder mehrerer Bauteile, die in einzelnen Punkten fest verbunden sind.
[32] Der Singular „die Niete“ und der Plural „ die Nieten“ sind nur für Lotterielose in Gebrauch, die nicht gewonnen haben.
[33] Ein Nagelbinder ist ein Fachwerkträger, bei dem die einzelnen Stäbe durch Nägel verbunden sind.
[34] „flächenfest“ ist eine Verbindung zweier oder mehrerer Bauteile, die vollflächig fest verbunden sind.

8.14. Baustoffe für Abdichtungen

Für Abdichtungen gibt es eine Vielzahl von Produkten, die hier nicht aufgezählt werden. Erwähnt werden sollen hier nur einige wichtige Dichtungsstoffe.

Kitte: Elastische Kitte werden bei Abdichtungsmaßnahmen als Fugenfüllmaterial oder für wetterfeste Abdichtungsfugen verwendet. Zum Einkitten von Glasscheiben werden anstelle des früher verwendeten Leinölkittes Acryl- oder Silikonkitte verwendet.

Fugenmassen sind Ein- oder Zweikomponentenkitte, sie werden als äußerer Abschluss von Fugen verwendet. Sie sind nach Herstellerangaben zu verarbeiten.

Fugenbänder: Wo Kitte nicht ausreichen und Fugen auch gegen drückendes Wasser abzudichten sind, werden elastische Fugenbänder (Elastomere-Profile) für die Herstellung von wasserdichten Fugen zwischen Betonbauteilen verwendet. Sie werden in die Schalung eingelegt und einbetoniert.

Ein- und Zweikomponenten-Vergussmassen: Vergussmassen dienen dazu, eine wasserdichte Verbindung zwischen Beton und anderen Materialien herzustellen, z. B. Eingießen von Geländerpfosten bei Brücken. Hierzu werden meist Zweikomponenten-Epoxidharze verwendet.

Anstrichmittel: Gegen Durchfeuchtung von Wänden werden Anstriche aus Bitumenemulsionen verwendet.

9. Baukonstruktionslehre

Unter Baukonstruktionslehre versteht man die Lehre über die richtige Auswahl und Anwendung der Baustoffe in der Planung und die fachgerechte Verarbeitung und Zusammenfügung auf der Baustelle.

Nicht nur die großen Bauteile, wie Balken, Stahlträger oder Stahlbetonbauteile, müssen entsprechend der späteren Beanspruchung richtig dimensioniert (bemessen) sein, sondern auch jedes Detail muss materialgerecht und beanspruchungsgerecht konstruiert und gezeichnet werden. An den Auflagern der Bauteile, wo die Lasten von einem Bauteil auf ein anderes übertragen werden, müssen die unterschiedlichen Materialien kraftschlüssig und dauerhaft verbunden werden. Auch bewegliche Auflagerungen müssen richtig „durchkonstruiert“ sein.

Insbesondere bei den durch die Art der Baustoffe bestimmten Bauweisen (Massivbau, Holzbau, Stahlbau, Stahlbetonbau) ist die richtige und materialgerechte Baukonstruktion von großer Wichtigkeit. Für jede Bauweise (Mauerwerk, Holzbauweise, Stahlbauweise, Betonbauweise) gibt es für die Ausgestaltung der Bauteile, der Details und der Verbindungen eigene Konstruktionsgrundsätze.

Es würde den Rahmen des Buches sprengen, wollte man hier auch nur einen groben Überblick über die Konstruktionsdetails geben.

Dem Leser wird empfohlen, mit Interesse die ihm vor die Augen kommenden Bauwerke zu betrachten. Dort kann er beobachten und am Detail studieren, wie die Bauwerke und Gebäude aufgebaut, die Konstruktionen zusammengebaut und Tragwerke ausgeführt sind.

Selbst der Laie kann an den Schäden erkennen, dass eine Baukonstruktion nicht richtig ist, wenn sich Risse, Durchfeuchtungen oder außergewöhnliche Verformungen zeigen.

10. Bauphysik

Eng mit der Baukonstruktionslehre ist die Bauphysik verbunden.

Die *Bauphysik* kam beim Bauingenieurstudium vor 50 Jahren etwas zu kurz. Es wurden zwar im Fach Physik in den ersten drei Semestern die Grundlagen der Wärmelehre vermittelt und im Fach Baukonstruktionslehre die Wärmedämmung behandelt, aber eine spezielle Bauphysik mit Anwendung der physikalischen Grundlagen (z. B. Wasserdampfdiffusion) in der Bautechnik wurde nicht behandelt.

Die später im praktischen Berufsleben stehenden Bauingenieure und Architekten mussten sich deshalb das fehlende Wissen schnell aneignen, weil sie fachgerecht bauen mussten. Die Fachzeitschriften hatten rechtzeitig auf die Probleme aufmerksam gemacht.

In den 1960-er Jahren baute man Flachdächer, ohne den bauphysikalisch richtigen Aufbau zu beherrschen. Es traten viele Schäden auf. Durch neue Baustoffe und neue Bauverfahren haben sich in den letzten Jahrzehnten auch die Strukturen und der Schichtaufbau der Wände, Decken und Dächer geändert. Die bauphysikalischen Probleme solcher Entwicklungen wurden spät erkannt, obwohl *Otto Graf* schon 1950 in seinem Buch „Baustoffe“ (Lit. [Graf]) auf einige typische Probleme hingewiesen hatte.

Durch eine Reihe von Bauschäden wurde die Fachwelt auf diese Probleme aufmerksam. Ab dem Jahr 1966 hat die „Bauphysik“ als Lehrfach Eingang gefunden in die Stoffgebiete der Fachhochschulen und Technischen Universitäten. In den aktuellen Studiengängen Bauingenieurwesen und Architektur ist Bauphysik ein Hauptfach, das bereits ab dem ersten Semester gelehrt wird.

Die Bauphysik umfasst hauptsächlich folgende Themen:

Wärme- und Schallschutz, Wasserdampfdiffusion, Durchfeuchtung, Erschütterungsschutz, Immissionsschutz, Witterungs-, Feuchtigkeits- und Temperatureinflüsse auf die eingebauten Baustoffe, baustoffbezogene Bauphysik und chemische Veränderungen (Alterung, Versprödung, Verwitterung, Korrosion).

Nachfolgend werden nur einige ausgewählte Themen der Bauphysik vorgestellt.

10.1. Grundlagen

Architekten und Bauingenieure müssen die Grundlagen[35] der Bauphysik beherrschen, die hier nur aufgezählt, aber nicht näher erläutert werden:

Baustoffchemie

Obwohl das Fach „Bauphysik“ heißt, muss auch die Baustoffchemie bei bauphysikalischen Überlegungen bekannt sein, denn die chemischen Veränderungen an den Baustoffen werden durch physikalische Einflüsse (Durchfeuchtung, Schadstoffeinfluss) hervorgerufen. Die Baustoffe, ihre richtige Anwendung und Detailkonstruktion bei Gebäuden müssen für jedes Bauteil speziell auf die bauphysikalische, bauchemische und gesundheitliche Eignung geprüft werden. Deshalb ist die umfassende Kenntnis dieser Grundlagen für den Planer unabdingbar.

Meteorologischen Grundlagen

- *Luft* (Erdatmosphäre = Lufthülle, Luftdruck, Zusammensetzung der Luft, Verunreinigungen durch Gase oder Dämpfe, Staub, Keime, Kondensationskerne),
- *Wettereinflüsse* (Lufttemperatur, Luftfeuchtigkeit, Sonnenstrahlung, Wind, Windstärken, Niederschläge).

Hygienische Grundlagen

- Wärmehaushalt, Wärmeabgabe des Menschen, Behaglichkeitsbedingungen, gesundheitsschädigende Stoffe.

---

[35] Der Beitrag „Bauphysik“ im Betonkalender 1979, Teil II, auf den Seiten 521 bis 612, behandelt die Themen: Wärmeschutz, klimabedingter Feuchteschutz und Schallschutz im Bauwesen.

- Schädliche Einflüsse auf die Gesundheit durch Schimmelbildung, Pilzbefall und Fäulnis an den Baustoffen.

Wärmetechnische Grundlagen

- Wärme, Kälte, Wärmeübertragung, Wärmeleitung, Konvektion, Wärmestrahlung.
- Physikalische Wärmeeinheiten und Berechnungsgrößen.
- Größen zur Wärmedämmberechnung (Wärmeübergangszahl, Wärmeübergangswiderstand, Wärmeleitzahl, Wärmedurchlasszahl, Wärmedurchlasswiderstand, Wärmedurchgangszahl, Wärmedurchgangswiderstand).

Lichttechnische Grundlagen

- Sonnenspektrum,
- Vorausberechnung des Tageslichtquotienten,
- Beleuchtungstechnik,
- richtige Ausleuchtung von Arbeitsplätzen.

Mathematische und physikalisch-technische Grundlagen

- Elementare und höhere Mathematik (Ingenieurmathematik).
- Physikalische Einheiten nach DIN 1301, Umrechnungen der Einheiten.
- DIN-Normen für Wärme- und Schallschutz.
- Nachweise des Wärme- und Schallschutzes für Gebäude.
- Elektrochemische Spannungsreihe.
- Berechnung der erforderlichen Wärmedämmung von Wänden und Decken.
- Dampfdiffusionsberechnung für Wände, Decken und Dächer mit Feststellung des Taupunktes und der Durchfeuchtungszonen.
- Wärmebedarfsberechnung.
- Baustoffbewegungen bei Sonneneinstrahlung.

10.2. Bauphysikalisch richtige Konstruktion der Bauteile

Für die Bauteile müssen die geeigneten Baustoffe ausgewählt werden. Die Bauteile müssen bauphysikalisch richtig konstruiert sein. In den Ausführungsplänen müssen genaue Angaben über die Anordnung der Wärmedämmung, der Dampfsperren und die Konstruktion der Anschlussdetails enthalten sein.

Die größten Fehler wurden bisher bei der Bauausführung von Dämm- und Dichtungsmaßnahmen gemacht. Außer den genannten Grundlagen muss der Bauingenieur die konstruktiven Details (Baukonstruktionslehre) beherrschen. Er muss auf der Baustelle darauf achten, dass konstruktive Fehler vermieden werden.

Z. B. nützt die beste bahnenförmige Dampfsperre nichts, wenn bei hoher Beanspruchung die Nähte und Stöße mangelhaft ausgebildet und verarbeitet sind oder die Zweckmäßigkeit einer Dampfdruckausgleichsschicht theoretisch zwar erkannt wurde, aber diese Schicht auf der Baustelle gewollt oder ungewollt mit dem Untergrund verklebt wurde, sodass eine Ausgleichsmöglichkeit nicht mehr vorhanden ist. Diese Fehler muss der Architekt oder Bauingenieur vermeiden. Wenn sie schon passiert sind, muss er sie rechtzeitig erkennen und beheben lassen, bevor das Gebäude in Gebrauch genommen wird.

10.3. Luftfeuchtigkeit und Taupunkt

Die Luft ist ein Gemisch aus verschiedenen Gasen. Sie enthält im Allgemeinen auch Wasser in gasförmigem Zustand. Am Gesamtdruck der Luft ist jedes Gas mit einem entsprechenden Teildruck beteiligt. Die Luft hat die Eigenschaft, *Wasserdampf* zu speichern. Im Normalfall enthält die Luft nur einen bestimmten Prozentsatz der maximal möglichen Feuchtigkeit (siehe auch Betonkalender 1979, Teil II, Seite 552).

Er wird als *relative Luftfeuchtigkeit* φ bezeichnet. Diese kann auf zwei Arten definiert werden:

Formel 17: Relative Luftfeuchtigkeit aus Feuchtigkeitsgehalt

$$\varphi = \frac{f_{vorhanden}}{f_s} \cdot 100\,\%$$ oder

Formel 18: Relative Luftfeuchtigkeit aus Dampfteildruck

$$\varphi = \frac{p_{vorhanden}}{p_s} \cdot 100\,\%$$

wobei gilt:

φ = relative Luftfeuchtigkeit in %,
$f_{vorhanden}$ = vorhandener Feuchtigkeitsgehalt in g/m^3,
f_s = maximal möglicher Feuchtigkeitsgehalt in g/m^3 (Sättigung),
$p_{vorhanden}$ = vorhandener Dampfteildruck,
p_s = Sättigungsdampfdruck.

Je wärmer die Luft ist, desto mehr Wasserdampf kann sie speichern. Wenn die Luft mit Wasserdampf gesättigt ist, hat sie 100 % Luftfeuchtigkeit und ist dampfgesättigt. Der physikalische Zusammenhang kann als Kurve des Sättigungswertes der Luft bei verschiedenen Temperaturen in einem Diagramm (Bild 37) dargestellt werden.

Das Diagramm zeigt das in 1 m^3 Luft bei bestimmter Lufttemperatur bei Sättigung enthaltene Wasser in [g] als Sättigungswert. Dieser *Sättigungswert* hängt von der Temperatur der Luft ab. Der *Feuchtigkeitsgehalt der Luft* wird am häufigsten verwendet, der *Dampfteildruck* wird seltener gebraucht. Für die beiden physikalischen Größen gibt es Tabellen, deren Werte ineinander umgerechnet werden können.

Bild 37: Sättigungs-Diagramm für Wasserdampf

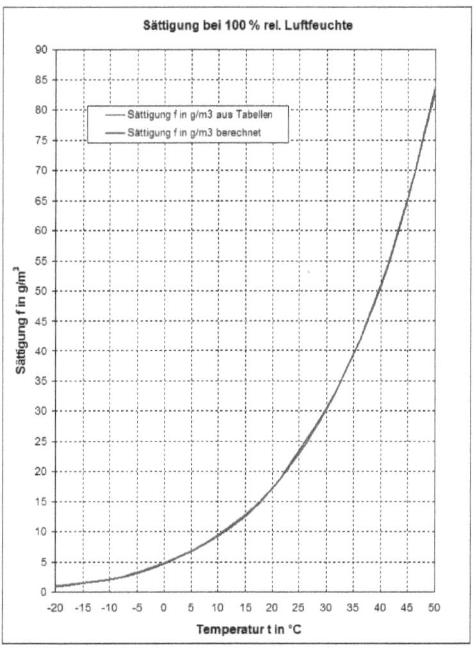

Wenn das Fassungsvermögen der Luft für Wasserdampf bei einer bestimmten Temperatur durch Zuführung weiterer Feuchtigkeit überschritten oder die gesättigte Luft (100 % Luftfeuchtigkeit) abgekühlt wird, dann gibt sie Wasser in Form von Nebel, Tau oder Kondenswasser (Beschlagen von Gegenständen und Fensterscheiben) ab. Ist die Lufttemperatur unter dem Gefrierpunkt, wird Wasser in Form von Reif (Reifpunkt) abgegeben.

Dieses Diagramm habe ich aus Tabellenwerten verschiedener Quellen approximiert und für den HP-Taschenrechner eine Berechnungsfunktion erstellt. Damit können aus der Lufttemperatur und der relativen Luftfeuchtigkeit der Sättigungswert in [g/m^3] und die Sättigungstemperatur in [°C] (= Taupunkttemperatur, einfach „*Taupunkt*" genannt) berechnet werden.

Bild 38 zeigt drei Bildschirmabzüge des HP-Taschenrechners für verschiedene Eingabewerte.

Bild 38: Berechnung des Taupunkts mit dem Taschenrechner HP 49G

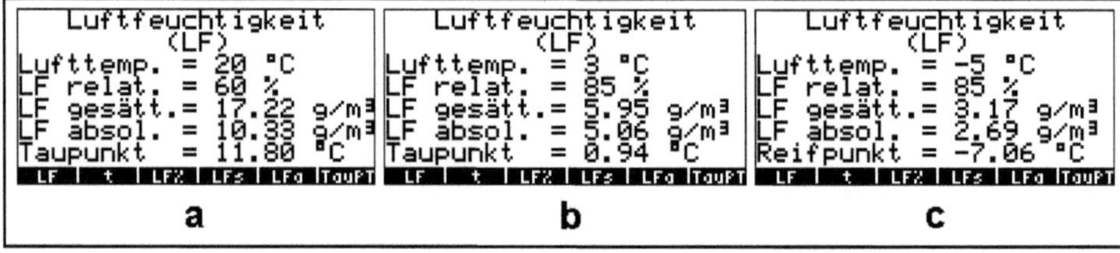

Die Lufttemperatur und die relative Luftfeuchtigkeit sind jeweils gegeben. Der Taschenrechner berechnet den Sättigungswert und den absoluten Wassergehalt der Luft für die eingegebene Lufttemperatur. Die Taupunkttemperatur für die eingegebenen Werte ergibt sich bei der Rückrechnung aus dem berechneten absoluten Wassergehalt der Luft. In Teilbild c ist der Reifpunkt angegeben. Reif tritt hauptsächlich dann auf, wenn bei Frosttemperaturen eine hohe Luftfeuchtigkeit vorhanden ist.

Auch ohne Taschenrechner lässt sich der Taupunkt ermitteln. Das Diagramm gibt für eine bestimmte Lufttemperatur den Sättigungswert an. Dieser wird mit der vorhandenen relativen Luftfeuchtigkeit multipliziert, daraus ergibt sich der tatsächliche (absolute) Wassergehalt der Luft. Für diesen Wert wird anhand der Kurve die dazugehörende Temperatur gesucht, das ist der Taupunkt.

10.4. Wärmedämmung und Wasserdampfdiffusion

Sinkt an der Innenseite der Außenwände in einer Wohnung die Oberflächentemperatur unter den Taupunkt ab, dann „beschlagen" die Wände, die Feuchtigkeit kondensiert. Die Unterkühlung der Wandoberflächen und das Beschlagen der Wände müssen durch entsprechende Wärmedämmmaßnahmen verhindert werden.

Wasserdampf hat nicht nur die Eigenschaft zu kondensieren und sich auf kalten Flächen als Kondenswasser abzusetzen, sondern auch eine andere Eigenschaft, nämlich durch die Baustoffe (Wände, Decken) zu diffundieren.

Diffusion nennt man das langsame Durchtreten von Dämpfen und Gasen durch poröses Material. Dabei findet die Molekülbewegung des Dampfes vom höheren Dampfteildruck zum niedrigeren statt, um das Dampfdruckgefälle auszugleichen. Die Geschwindigkeit des Dampfdurchgangs hängt vom Dampfdruckgefälle zwischen den angrenzenden Räumen und dem Wasserdampfdurchlasswiderstand des Baustoffs ab. Berechnungsbeispiele für die Wasserdampfdiffusion sind in Lit. [Wiese] zu finden.

10.4.1. Dampfsperre

Wenn die Gefahr besteht, dass beim Dampfdurchgang durch Wände der Dampf innerhalb der Wand kondensiert, also der Taupunkt dort unterschritten wird, dann darf der Dampf erst gar nicht in die Wand gelangen. Auf der Seite des höheren Dampfteildruckes (Innenseite der Wand) muss eine *Dampfsperre* angeordnet werden.

Eine Dampfsperre ist eine Schicht mit besonders hohem Wasserdampfdurchlasswiderstand. Meist werden dafür Folien (Aluminium, Kunststoff) verwendet. Eine Dampfsperre ist nur voll wirksam, wenn sie an keiner Stelle durchlöchert ist. Löcher in der Dampfsperre müssen mit einem dampfdichten Klebestreifen sehr sorgfältig abgedichtet werden.

Bei Dampfsperren im Dachraum können sich Luftdruckunterschiede zwischen innen und außen nicht ausgleichen, weil die Dampfsperre vollkommen dicht ist. Bei abwechselndem Winddruck und Windsog kann es zum Flattern der Dampfsperre kommen, wenn diese nicht vollflächig geklebt oder anderweitig vollflächig festgehalten wird. Diese Geräusche aus dem Dach können zu Irritationen der Bewohner führen.

Wenn eine Dampfsperrfolie aus einem reißfesten, elastisch-plastischen Material besteht, darf durch sie hindurch geschraubt oder genagelt werden. Dabei muss sie zwischen zwei flächigen Teilen liegen, die im Endzustand aneinandergepresst bleiben. Die Folie muss so elastisch sein, dass sie sich an die Schraube oder an den Nagel anlegt und bei Entfernung der Schraube oder des Nagels nur ein ganz kleines Loch übrig bleibt. Bild 39 zeigt diese Folieneigenschaften.

Die Schraube füllt das Loch vollständig aus, das heißt, die Folie umschließt die Schraube und das Gewinde vollständig. Das Loch in der Folie gilt als völlig abgedichtet, wenn die Schraube dauernd dort bleibt. Aluminiumfolien haben diese Eigenschaft nicht, deshalb darf durch sie hindurch nicht geschraubt werden. Lässt sich eine Durchlöcherung nicht vermeiden, müssen die Löcher durch geeignete dampfdichte Klebestreifen über den Schraubenköpfen wieder abgedichtet werden.

Bild 39: Lochabdichtung an Schrauben bei einer Dampfsperrfolie

10.4.2. *Wärmedämmung*

Rein physikalisch kann eine *Wärmedämmung* die Abkühlung des isolierten Bauteils nicht verhindern, sondern nur zeitlich verzögern. Wenn keine Wärme nachgeliefert wird, ist am Schluss das gedämmte Bauteil genauso kalt wie die umgebende Luft.

Zum Vergleich: Das Wasser in einer Thermoskanne gefriert nach einiger Zeit genauso wie in einer normalen Flasche.

Die Wärmedämmung dient nur dazu, den Wärmedurchgang zu verlangsamen und den Wärmeverlust pro Zeiteinheit zu verringern. Durch die Wärmedämmung eines Gebäudes wird der Wärmeabfluss nach außen nicht verhindert, sondern nur verlangsamt. Dadurch wird die Heizung in die Lage versetzt, genügend Wärme nachzuliefern, damit die Temperatur „gehalten" werden kann. Wenn genau so viel Wärme zum Bauteil nachfließt, wie durch die Wärmedämmung verlorengeht, bleibt die Bauteiltemperatur konstant.

10.4.3. *Wärmebrücken - Kältebrücken*

Von *Wärmebrücke* bzw. *Kältebrücke* spricht man, wenn bei einem örtlich begrenzten Bereich eines Bauteils (Wand, Decke, Dach) der Wärmedurchgang zum kalten Außenbereich gegenüber benachbarten Stellen besonders hoch ist. Die Wärme kann dort wie auf einer Brücke nach außen abwandern. Solche Stellen sind meist an Fugen, Verbindungsstellen oder bei Übergängen von einem Baustoff zu einem anderen anzutreffen, wo die Wärmedämmung vergessen wurde oder besonders gut wärmeleitendes Material (z. B. Verbindungsmittel aus Stahl) verwendet wurde.

Befindet sich der Beobachter außen, spricht er von „Wärmebrücke", weil die Temperatur dort messbar höher ist als an benachbarten Stellen. Befindet sich der Beobachter im Gebäudeinneren, dann geht ihm an diesen Stellen Wärme verloren, die betroffenen Stellen sind kälter als die benachbarten Stellen, er spricht dann von „Kältebrücke", weil die Kälte von außen nach innen vordringt.

10.5. Nachweis des Wärme- und Schallschutzes

Ursprünglich war es die Aufgabe des Statikers, zusammen mit der statischen Berechnung den Nachweis des baulichen Wärme- und Schallschutzes für ein Gebäude zu liefern.

Grundlage der Berechnungen waren die DIN 4108 (Wärmeschutz im Hochbau), die DIN 4109 (Schallschutz im Hochbau), die ergänzenden Bestimmungen zu DIN 4108 und 4109 und die Verordnung über einen energiesparenden Wärmeschutz bei Gebäuden (Wärmeschutzverordnung, seit 1977) der Bundesregierung. Sie ist im Betonkalender 1979, Teil II, Seite 475 abgedruckt. Die Wärmeschutzverordnung wurde 2002 von der Energieeinsparverordnung (EnEV) abgelöst.

10.5.1. Baulicher Wärmeschutz

Beim baulichen Wärmeschutznachweis muss durch Berechnung der Wärmedurchgangszahlen der Wände und Decken nachgewiesen werden, dass bei dem vorhandenen Schichtenaufbau dieser Bauteile die in der Norm geforderten Werte der Wärmedurchgangskoeffizienten nicht überschritten werden. Die Berechnungsformeln sind in der Wärmeschutzverordnung zu finden.

Im Bereich des baulichen Wärmeschutzes gibt es neue Bestimmungen und Normen.

Seit dem Jahr 2002 gibt es die *Energieeinsparverordnung* (EnEV), die im Jahr 2009 zuletzt geändert wurde. Sie fasst die bisherige Wärmeschutzverordnung und die Heizungsanlagenverordnung zusammen.

In der EnEV 2009 wurde die Bilanzierungsmethode nach DIN V 18599 auch für Wohngebäude eingeführt. Die Norm DIN V 18599 befasst sich mit der Berechnung des Nutz-, End- und Primärenergiebedarfs für Heizung, Kühlung, Lüftung, Trinkwarmwasser und Beleuchtung (Energiebilanz) von Gebäuden.

Für die Bauingenieure und Architekten änderten sich damit die Berechnungs- und Beurteilungsmethoden für den Nachweis des Wärmeschutzes bei Gebäuden.

Dieser Nachweis muss nun als *Energieausweis* (früher Energiepass) für das betreffende Gebäude ausgestellt werden. Dieses Dokument enthält eine energetische Bewertung des Gebäudes.

Für bestehende Gebäude dürfen solche Energieausweise nach § 21 der EnEV 2009 von den bei den Baugenehmigungsbehörden eingetragenen Bauvorlageberechtigten (nach Bauvorlagenverordnung z. B. Bauingenieure, Architekten) ausgestellt werden, wenn ihre Vorlageberechtigung nicht auf bestimmte Gewerke beschränkt ist. Die Ausstellungsberechtigung eines Energieausweises für Neubauten ist in der EnEV 2009 nicht geregelt, das ist Sache der Bundesländer.

10.5.2. Baulicher Schallschutz

Auch der ausreichende *Schallschutz* muss nachgewiesen werden. Die Grundlagen sind im Betonkalender 1979, Teil II, Seite 599 zu finden.

Die Wände zwischen den Wohnungen müssen eine ausreichende Luftschall- und Körperschalldämmung aufweisen. Bei den Decken muss der Trittschallschutz ausreichend sein. In DIN 4109 (Schallschutz im Hochbau) sind die Mindestwerte vorgegeben. Der Schallschutz wird hier nicht näher ausgeführt.

10.6. Berechnung von Wärmebedarf und Wärmeverlust

Man berechnet den gesamten Wärmeverlust eines Gebäudes in [kW] oder [kcal] für eine Temperaturdifferenz zwischen der normalen Innentemperatur (+ 20 °C) und der kältesten Außentemperatur der betreffenden Flächenteile unter Berücksichtigung der Wärmedämmung des Schichtenaufbaus der Wände.

Man berechnet also das Gebäude als geschlossenen Kasten, der durch seine Oberfläche Wärme nach außen abgibt. Dadurch ergibt sich der maximale *Wärmeverlust*, also die maximale Energiemenge pro Zeiteinheit (Leistung), die durch die Wände verlorengeht (*Transmissionswärmeverlust*). Der Transmissionswärmeverlust ist die Wärmemenge, die insgesamt durch die Wände verlorengeht; der *Wärmebedarf* ist die gleich große Wärmemenge, die eine Heizungsanlage wieder nachliefern muss. Beide sind entgegengesetzt, aber gleich groß.

Als Beispielobjekt sei hier das Wohnhaus des Verfassers betrachtet, für das sich nach der Wärmebedarfsberechnung eine erforderliche Leistung von **8,14 kW** ergibt. Dies ist die Heizleistung, die bei der kältesten Außentemperatur permanent vorhanden sein muss, um die Innentemperatur nicht absinken zu lassen. Der Wärmeerzeuger der Heizung (z. B. Ölbrenner, Gasbrenner) muss aber mindestens die doppelte Leistung haben, wenn er nur die halbe Zeit, also 12 Stunden am Tag, laufen soll.

10.6.1. *Mittlerer Wärmedurchgangskoeffizient eines Gebäudes*

Ein geeignetes Maß für den Grad der vorhandenen Wärmedämmung eines ganzen Gebäudes erhält man durch die Ermittlung des mittleren *Wärmedurchgangskoeffizienten* (k_m-Wert). Er erfasst den berechneten Wärmeverlust, bezogen auf alle wärmeübertragenden Begrenzungsflächen (Außenhaut) des Gebäudes (Außenwände, Dachflächen, Kellerwände nach außen und Kellerboden nach unten). So erhält man den mittleren Wärmedurchgang pro Quadratmeter.

Bei einer Gesamtfläche von 376 m^2 aller wärmeübertragenden Begrenzungsflächen ergibt sich beim betrachteten Beispiel ein *Wärmeverlust* von **8,14 kW/376 m^2 = 0,0216 kW/m^2 oder 21,6 W/m^2**.

Bezieht man diesen auf den Quadratmeter bezogenen Wärmeverlust noch auf die angenommene Temperaturdifferenz von 40 K, so ergibt sich ein (berechneter) mittlerer k-Wert der Wärmeisolierung des gesamten Gebäudes von k_m **= 0,54 W/(m^2K)**.

Nun folgt die Bewertung des Berechnungsergebnisses nach den Vorschriften.

Die Wärmeschutzverordnung aus dem Jahre 1977 gibt die maximal zulässigen mittleren Wärmedurchgangskoeffizienten vor, bezieht aber noch das Verhältnis F/V der Summe der äußeren Begrenzungsflächen F zum umbauten Raum V ein.

Beim betrachteten Wohngebäude ergibt sich F/V = 376/1460 = 0,26. Die Tabelle 1 der Anlage 1 zur Wärmeschutzverordnung gibt für $F/V \leq 0{,}24$ den Wert $k_{m,max}$ **= 1,40 W/(m^2K)** und für F/V = 0,30 den Wert $k_{m,max}$ **= 1,24 W/(m^2K)** an.

Der oben berechnete Wert von k_m **= 0,54 W/(m^2K)** liegt wesentlich darunter. Der Wärmedurchgang ist also geringer als der maximal zugelassene Wert, die geforderte Begrenzung des Transmissionswärmeverlustes ist also eingehalten.

10.6.2. *Spezifischer Wärmebedarfskennwert für das Gebäude*

Multipliziert man den aus der Wärmebedarfsberechnung erhaltenen Wärmeverlust mit 24 Stunden, so erhält man den maximalen Tagesenergiebedarf in [kWh]. Wird dieser berechnete Gesamtenergiebedarf pro Tag durch die maximale Temperaturdifferenz (+ 20 - (-20) = 40 K) dividiert, so ergibt sich ein spezifischer, nur für dieses Gebäude gültiger (theoretischer) *Wärmebedarfskennwert* W_{sp}.

Für das betrachtete Beispielobjekt beträgt dieser: $W_{sp} = \dfrac{\mathbf{24h/d \cdot 8{,}14kW}}{\mathbf{40K}} = \mathbf{4{,}884kWh/(d \cdot \mathit{K})}$.

Dieser Kennwert ist nur vom gesamten Wärmebedarf abhängig, der über die Wärmedämmwerte der Bauteile der Außenhaut des Gebäudes berechnet wurde. Der oben berechnete Wärmebedarfskennwert W_{sp} = 4,884 kWh/(d·K) sagt aus, dass bei Absinken der Außentemperatur um 1 °C der Heizölverbrauch pro Tag um 4,884 kWh = 0,4884 Liter Heizöl steigt. Dabei gilt das *Heizwertäquivalent*: 1 Liter Heizöl EL entspricht etwa 10 kWh (genau 10,08 kWh). **Dieser Kennwert allein reicht aus, um ein Gebäude energetisch zu bewerten.** Je niedriger dieser Wert ist, desto weniger Heizenergie benötigt das Gebäude.

10.6.3. Verifizieren der Berechnung durch Messungen

Der oben berechnete Wärmebedarfskennwert ist vorerst nur ein berechneter Kennwert. Er muss durch Messungen am berechneten Objekt verifiziert werden. Bild 40 zeigt den Verlauf der Außentemperatur-Tagesmittelwerte am Standort des betrachteten Wohnhauses für die Heizperiode 2009/2010.

Bild 40: Außentemperatur-Tageswerte von 01.06.2009 bis 25.05.2010

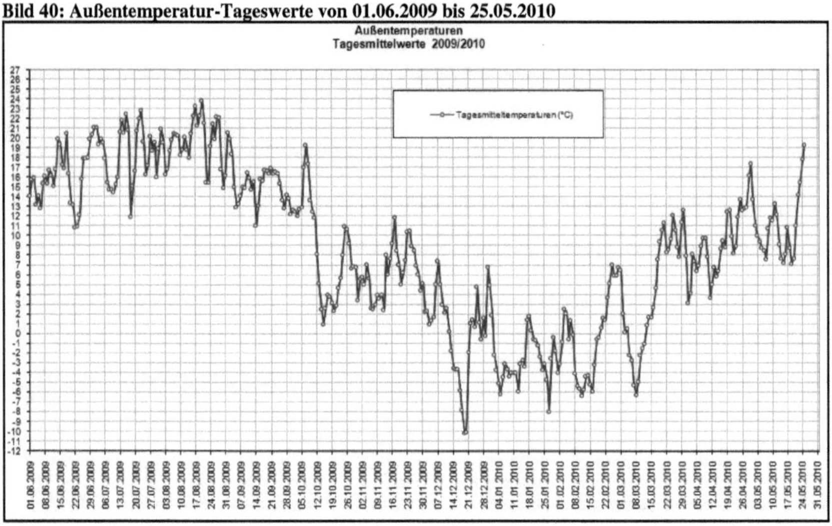

Man sieht daraus, dass der Winter nicht gleichmäßig kalt war, sondern die Temperaturen sich in großen Sprüngen innerhalb weniger Tage geändert haben. Die Außentemperatur ändert sich laufend. Mit entsprechender Zeitverzögerung ändert sich dadurch auch der Wärmeverlust des Gebäudes. Durch eine automatische Aufzeichnung werden im vorliegenden Fall die Außentemperaturen im Abstand von 15 Minuten gemessen und daraus die Tagesmittelwerte berechnet.

Bild 41: Verlauf des gemessenen spezifischen Wärmebedarfs

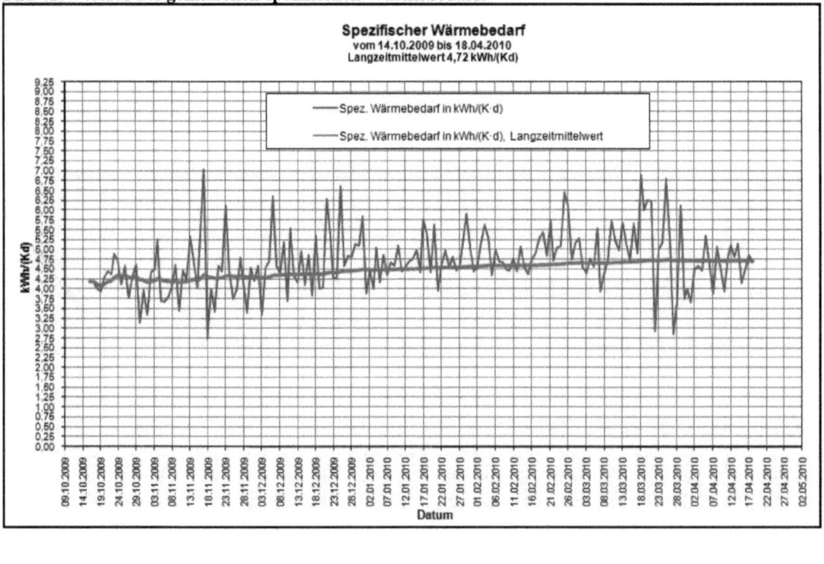

Im berechneten Wohnhaus werden außerdem durch Messdatenerfassung die Verbrauchswerte von Heizöl und Sonnenenergie täglich automatisch gemessen und im Computer zusammen mit den Tagesmittelwerten der gemessenen Außentemperaturen zu Tageswerten verarbeitet.

Bild 41 zeigt die daraus berechneten Tageswerte für den spezifischen Wärmebedarf bei Heizbetrieb in der Heizperiode 2009/2010.

Diese Tageswerte werden aus dem täglichen Energieverbrauch, bezogen auf die Temperaturdifferenz zwischen der normalen konstanten Innentemperatur von 20 °C, und dem gemessenen Tagesmittel der Außentemperatur ermittelt. Dies hat natürlich nur dann einen Sinn, wenn regelmäßig geheizt wird.

Der aus den genannten Messungen ermittelte spezifische Wärmebedarf pendelt sehr stark um den berechneten *spezifischen Wärmebedarfskennwert* $\boldsymbol{W_{sp}}$ = 4,884 kWh/(d·K). Diese Amplitudenschwankungen der Tageswerte ergeben sich aus dem nicht erfassbaren Wärmespeichervermögen der Bausubstanz, wenn an benachbarten Tagen der Temperaturverlauf und die Sonneneinstrahlung sehr unterschiedlich waren und zwischen Tag und Nacht sehr große Temperaturdifferenzen auftraten. Außerdem ist die Zeitverzögerung nicht berücksichtigt, nach der im Gebäudeinneren die Heizungsregelung (Raumthermostat) auf eine Änderung der Außentemperatur reagiert.

Das Langzeitmittel (dicke Linie) bleibt aber im gezeigten Zeitraum unter dem berechneten Sollwert. Der bei einem Datum abzulesende Wert ist der seit Beginn der dicken Linie aufgelaufene Mittelwert.

Auf diese Weise ist es gelungen, die Berechnung des *spezifischen Wärmebedarfskennwerts* $\boldsymbol{W_{sp}}$ durch Messungen zu verifizieren.

11. Baustatik

11.1. Geschichtliches

Das Bauen ist bedeutend älter als die Baustatik. Der Zweck der statischen Berechnung ist, vor der Errichtung eines Bauwerks auszurechnen und nachzuweisen, dass alle Bauteile ihren Belastungen standhalten werden, das Gebäude also nicht einstürzen wird. Man weist die Standsicherheit nach.

Bis zum Mittelalter wurde die Standsicherheit von Bauwerken nicht vorausberechnet, sondern es wurde nach Erfahrung gebaut. Die Erfahrungen der Baumeister wurden von Generation zu Generation weitergegeben. Erst als Schäden an Bauwerken aufgetreten waren, kam man auf die Idee, statische Berechnungen anzustellen. Die ersten authentischen statischen Berechnungen wurden an der Kuppel der *Peterskirche* in Rom (1742) durchgeführt, als sie Risse bekommen hatte (siehe auch Seite 144). Die Wissenschaft der Statik hat sich erst im 18. Jahrhundert unter Zuhilfenahme der längst bestehenden Kenntnisse aus der Mathematik und Physik entwickelt.

Das einfachste Bauwerk ist die Pyramide, die durch Aufhäufen von Steinen entsteht. Sie ist ohne weiteren Nachweis als standfest zu betrachten, wenn die Seitenflächen nicht zu steil sind. Wenn die Neigungen der Seitenflächen den Reibungswinkel (= maximal zulässiger Böschungswinkel, siehe 6.2.8 auf Seite 60) des Materials überschreiten, dann beginnt das Material der Seitenflächen zu rutschen. Die bekannten Knickpyramiden weisen darauf hin, dass mit zu steilen Winkeln begonnen worden war, die beim Weiterbau dann verringert wurden.

Das nächstschwierigere Bauwerk ist eine Mauer; diese ist nicht auf jeden Fall standfest. Aus einer Mauer entsteht durch Öffnungen das Prinzip von Säule und Balken. Der Grundsatz lautet: Senkrechte Lasten werden um eine Öffnung herumgeleitet und wieder senkrecht weitergegeben. Dieses Prinzip ist im Wesentlichen bis heute der Grundsatz für Hochbauten und Wolkenkratzer.

Zwei weitere Möglichkeiten kommen noch dazu:

1. Abtragung von Lasten über Bögen. Bereits die Etrusker bauten Bogenkonstruktionen. Der Bogen gibt senkrechte Lasten durch Druck schräg nach der Seite ab.
2. Hängebrücken tragen senkrechte Lasten durch Zugseile zu den Verankerungen der Seile ab. Es ist das gleiche Prinzip wie bei einer Wäscheleine. Schluchten wurden von alters her durch Hängestege überbrückt.

11.2. Theorie und Wirklichkeit

Der Bauingenieur muss das Verhalten der Baustoffe genau kennen und bei der Planung und Berechnung genau wissen, was er tut. Er muss aber in vielen Fällen Näherungsberechnungen durchführen, weil die Berechnung nach der wirklichen Verhaltensweise des Materials manchmal so schwierig ist, dass der Aufwand für eine genaue Berechnung nicht gerechtfertigt wäre.

11.2.1. Näherungsformeln

Wenn der Bauingenieur Näherungsformeln verwendet, dann sollte er deren theoretischen Hintergrund genau kennen, um die Gültigkeitsgrenzen und Anwendbarkeit in einer bestimmten Situation einschätzen zu können.

Bei Näherungsformeln, die in den Normen angegeben sind, ist manchmal der theoretische Hintergrund nicht bekannt und auch die Gültigkeitsgrenzen sind nicht ersichtlich. Computerprogramme sollten nicht nach Näherungsformeln programmiert sein, sondern hier sollten immer die genauen Formeln mit entsprechender automatischer Fallunterscheidung einprogrammiert werden.

Seit man Holzbalken statisch berechnet, weiß man, dass die Geradlinienannahme (Seite 73) der Spannungsverteilung bei Biegung im Holzquerschnitt (Seite 76) nicht zutrifft.

Trotzdem berechnet man die Holzbalken weiterhin nach dieser Annahme, weil die DIN 1052 die zulässigen Spannungen entsprechend niedrig festlegte, sodass man immer auf der „sicheren Seite“ ist.

11.2.2. Die „sichere Seite“

Die „*sichere Seite*“ ist jener Zustand, bei der das Bauteil in Wirklichkeit eine höhere Last tragen kann als es nach der Berechnung tragen muss. Diese Überdimensionierung und vermeintliche Materialverschwendung dient der Sicherheit. In vielen Fällen muss aber Eigengewicht eingespart werden (bei Brücken und Hochhäusern), dann muss möglichst genau („wirklichkeitsgetreu“) bemessen werden, das heißt, man möchte nur so viel Materialquerschnitt verwenden, wie für die Tragfähigkeit unbedingt nötig ist.

11.2.3. Genauigkeit und Brauchbarkeit

Wichtig ist nicht die *Genauigkeit*, sondern die *Brauchbarkeit der Berechnung*. Durch die entsprechende Festlegung der zulässigen Spannungen und der vorgeschriebenen Berechnungsweise in den Normen ist gewährleistet, dass sich *Näherungsberechnungen* nicht negativ auswirken, denn in den Normen sind entsprechende Sicherheitsfaktoren berücksichtigt.

Der Bauingenieur weiß, dass manche seiner Näherungsberechnungen ungenau sind. Er muss aber in jeder Phase seiner Arbeit wissen, „wie ungenau er wirklich gerechnet hat, wie falsch er liegt“ (Fehlerabschätzung!) und dass er dabei immer auf der „sicheren Seite“ liegen muss.

Jeder Statiker weiß, dass er ein Bauteil nicht „genau“ bemessen kann. Er kann nur den ungünstigsten Lastfall annehmen und für den Baustoff diejenige zulässige Spannung auswählen, die der Baustoff auf jeden Fall aushalten wird.

11.3. Was berechnet man zuerst?

Wie beginnt man eine statische Berechnung?

Die Antwort ist leicht, denn alles, was oben drauf liegt, muss sich nach unten abtragen. Unter „sich abtragen“ versteht man die Art und Weise, wie sich ein Bauteil abstützt und die Kräfte nach unten weiterleitet. Lasten „tragen sich ab“, werden also über Balken und Stützen nach unten weitergegeben, bis sie schließlich beim Fundament ankommen. Das Fundament muss alles, was darüber liegt, tragen.

Mit dem Fundament kann man also nicht zu rechnen beginnen. Man muss ganz oben anfangen. Erst wenn der letzte Dachziegel liegt, kann man ihn als Last erfassen, die von den darunterliegenden Bauteilen getragen werden muss. Man rechnet also von oben nach unten.

Im Gegensatz dazu kann man erst zu bauen beginnen, wenn das Fundament berechnet ist. Das Fundament berechnet man aber zuletzt, wenn alle Lasten erfasst sind und bekannt ist, was das Fundament zu tragen hat.

Der Grundsatz lautet also:
Zuerst erfolgt das Berechnen von oben nach unten, dann das Bauen von unten nach oben.

11.4. Lastannahmen

Die äußeren Einwirkungen, denen ein Bauwerk ausgesetzt ist, gehören entweder zur Zweckerfüllung des ganzen Bauwerks (Belastung durch Menschen oder Gegenstände) oder sie sind unvermeidliche Begleiterscheinungen der Aufstellung des Bauwerks auf der Erdoberfläche (Eigengewicht, Temperaturänderungen, Schneelast, Windeinwirkung, Erdbeben).

Damit nicht jeder Statiker die *Lastannahmen* nach seinem Gutdünken treffen muss, sind diese in den Normen (z. B. DIN 1055) genau vorgeschrieben. Die dort angegebenen Lasten sind Annahmen, die zu treffen sind. Die durch die Normen vorgegebenen Lastannahmen sind Mindestwerte. Im Einzelfall muss der Statiker höhere Werte wählen, wenn die „Normannahmen“ nicht ausreichen.

Die Annahmen für Verkehrslasten, Wind, Schnee und anderen zeitweilig wirkenden Lasten beruhen auf den Erfahrungen der Vergangenheit. Die Eigenlasten der Baustoffe entsprechen den physikalischen Wichten.

Der Statiker spricht von „Lastfall", wenn er eine bestimmte Kombination von gleichen oder verschiedenen Lasten für die Berechnung eines Bauteils ansetzt. Für jeden Lastfall wird eine eigene Berechnung durchgeführt. Die ungünstigste Kombination der Lastfälle führt zur höchsten Beanspruchung, die für die Bemessung des Bauteils maßgebend ist.

11.4.1. „Genauigkeit" der Annahmen

Die vorgegebenen Lastannahmen sind Größenordnungen, an denen sich der Statiker orientieren kann. Es sind keine genauen Werte, diese gibt es nicht.

Wenn der Statiker in der Berechnung für seine angenommenen Lasten keinen Nachweis erbringen kann oder will, dann muss er die Normwerte verwenden.

Entweder man weiß eine Zahl genau oder man nimmt ihre Größe nur an. „Genaue Annahmen" gibt es nicht. Annahmen können zwar dem unbekannten wirklichen Wert sehr nahekommen, aber sie sind trotzdem nur Annahmen.

Es hat also keinen Sinn, aufgrund dieser angenommenen Lasten die Berechnungen möglicherweise auf mehrere Stellen hinter dem Komma genau durchzuführen. Früher genügte dafür die Genauigkeit des Rechenschiebers (Seite 36). Heute ergibt sich aus den gegebenen Annahmen zwar ein zahlenmäßig genaues Ergebnis auf dem Taschenrechner oder im Computer, aber man muss immer bedenken, dass aus einer ungefähren Größe, die als Wert in die Berechnung eingeht, keine genauen wirklichkeitsgetreuen Ergebnisse resultieren können, auch wenn sie zahlenmäßig mit Rechnergenauigkeit (mit mehreren Nachkommastellen) dargestellt werden. Sie sind mindestens so ungenau wie die Annahmen selbst. Man muss die Ergebnisse in einem vernünftigen Format ausgeben, das den Annahmen entspricht.

11.4.2. Eigengewicht (Eigenlasten)

Die Eigenlast ist die Belastung der Tragwerke durch ihr eigenes Gewicht (Eigengewicht). Der Begriff *Eigengewicht* wird meist nur im Singular verwendet, weil man hier nur den „Lastfall Eigengewicht" meint, den man verkürzend einfach „Eigengewicht" nennt. Wenn die Eigenlast im Einzelnen für jeden Baustoff aufgeführt wird (z. B. in DIN 1055, Teil 1), verwendet man den Plural „Eigenlasten".

Die Eigenlast wird berechnet aus der Wichte des Baustoffs. Die Wichte ist eine Stoffeigenschaft.

Die *Wichte* γ ist das Verhältnis der Eigenlast G zum Volumen V: $\gamma = \frac{G}{V}$. Sie wird in [kp/dm³] oder in [Mp/m³] angegeben, dabei gilt: $1\ kp/dm^3 = 1\ Mp/m^3 = 10\ kN/m^3$.

Die *Dichte* ρ ist eine Stoffeigenschaft und ist definiert als das Verhältnis der Masse m (Stoffmenge) zum Volumen V: $\rho = \frac{m}{V}$. Sie wird in [kg/dm³] oder in [t/m³] angegeben, wobei $1\ kg/dm^3 = 1\ t/m^3$ ist.

Da bei Baustoffen meist die Dichte gegeben ist, wird die Wichte aus der Dichte berechnet. Für die Umrechnung gilt die auf Seite 58 gegebene Definition, wobei vereinfachend gesetzt werden kann: **1 kg Baustoff wirkt mit 1 kp oder 10 N Eigenlast**.

11.4.3. Verkehrslasten

Die *Verkehrslast* oder *Nutzlast* bezeichnet im Bauwesen eine veränderliche oder bewegliche Krafteinwirkung auf ein Bauteil, zum Beispiel infolge des Gewichts von Personen, Einrichtungsgegenständen, Lagerstoffen, Maschinen oder Fahrzeugen. Fest eingebaute Maschinen sind keine Verkehrslasten, sondern Sonderlasten.

Die Verkehrslast ist sehr variabel. Sie kann in Wirklichkeit von null bis zur maximal zulässigen Belastung reichen.

In der statischen Berechnung werden mindestens zwei Lastfälle angesetzt:

1. Nur Eigenlasten, keine Verkehrslast (= Lastfall Eigengewicht).
2. Höchst zulässige Verkehrslast (= Lastfall Verkehrslast).

Diese beiden Lastfälle werden für den ungünstigsten Fall der Beanspruchung eines Tragwerks überlagert. Andere Lastfallkombinationen können für Bauzustände maßgebend sein.

Montagelasten (z. B. Arbeiter auf dem Dach, zusätzlich zur Dachdeckung) gehören zu den Verkehrslasten. Sie sind als Einzellasten anzusetzen, wenn diese höhere Schnittgrößen erzeugen als die üblichen gleichmäßig verteilten Verkehrslasten.

Die für Wohnungen, Büros, Werkhallen, Lagerhallen und andere Flächen, wie z. B. befahrene Hofkellerdecken, anzusetzenden Verkehrslasten sind in den Normen genau vorgegeben. In Einzelfällen kann der Statiker nach oben abweichen.

Die nach DIN 1055-3 anzusetzenden Verkehrslasten (Flächenlasten $\boldsymbol{q}$ und Einzellasten $\boldsymbol{Q}$) auf Decken sind aus nachstehender Tabelle in [kN/m^2] oder in [kp/m^2] (in runden Klammern) ersichtlich.

Tabelle 7: Lotrechte Nutzlasten für Decken nach DIN 1055-3: 2006-03 (Auszug)

Kategorie		Nutzung	Beispiele	Flächenlast q [kN/m^2] ([kp/m^2])	Einzellast Q [kN] ([kp])
A	A1	Spitzböden	Dachraum bis 1,8 m lichter Höhe	1,0 (100)	1,0 (100)
	A2	Wohn- und Aufenthaltsräume	Räume und Flure in Wohngebäuden, Hotelzimmer	1,5 (150)	1,0 (100)
	A3	Wohn- und Aufenthaltsräume	wie A2, aber ohne ausreichende Querverteilung	2,0 (200)	1,0 (100)
B	B1	Büroflächen, Arbeitsflächen	Bürofläche, Kleinviehställe	2,0 (200)	2,0 (200)
	B2		Altenheime, Internate	3,0 (300)	3,0 (300)
T	T1	Treppen und Treppenpodeste	Treppen und Treppenpodeste der Kategorie A	3,0 (300)	2,0 (200)
	T2		Treppen und Treppenpodeste der Kategorie B bis E	5,0 (500)	2,0 (200)
Z		Balkone	Dachterrassen, Loggien, Balkone	4,0 (400)	2,0 (200)

Die Zahlenwerte der gleichmäßig verteilten Nutzlasten und der Einzellasten sind entsprechend der Einteilung der Nutzungsflächen nach Nutzungskategorien festgelegt. Damit werden langfristige Lasten (ruhendes Mobiliar), kurzfristige Lasten (gestapelte Güter oder außergewöhnliche Personenkonzentrationen) und normale Maschinenlasten erfasst.

11.4.4. Lastfall Windlast (Windkräfte)

Die *Windlast* ist von der Bauform eines Bauwerks abhängig. Sie setzt sich aus Druck-, Sog- und Reibungswirkungen zusammen.

11.4.4.1. Staudruck

Die Windkraft $\boldsymbol{W}$ in [kN] oder in [kp] auf eine Fläche beträgt:

Formel 19: Staudruck des Windes

$\boxed{W = c_f \cdot q \cdot A}$, wobei

c_f der aerodynamische Beiwert (Formbeiwert),
q der Staudruck (Geschwindigkeitsdruck) in [kN/m^2] oder [kp/m^2]
A die Bezugsfläche in [m^2]

bedeuten.

Der aerodynamische Beiwert c_f hängt von der Form des Bauwerks und der Anströmrichtung des Windes ab. Bei allen Berechnungen wird die Windrichtung immer waagrecht angenommen.

Für eine rechtwinklig zur Windrichtung stehende ebene Fläche nimmt man $c_f = 1{,}2$. Der Wind wirkt immer senkrecht zur getroffenen Fläche.

Der Staudruck q in [kN/m²] oder [kp/m²] ist von der Windgeschwindigkeit v [m/s] abhängig. Die folgende Formel ist der alten Norm entnommen:

Formel 20: Abhängigkeit des Staudrucks von der Windgeschwindigkeit

$$q\,[\mathrm{kp/m^2}] = \frac{v^2}{16}$$ oder

Formel 21: Abhängigkeit des Staudrucks von der Windgeschwindigkeit

$$q\,[\mathrm{kN/m^2}] = \frac{v^2}{1600}.$$

Am Standort des Bauwerks setzt man die höchstmögliche Windgeschwindigkeit an. Da die Windgeschwindigkeit in Bodennähe niedriger als in größerer Höhe ist, unterteilt man die Höhe über Gelände in vier Stufen (nach DIN 1055):

Tabelle 8: Windgeschwindigkeiten abhängig von der Höhe über Gelände

Höhe über Gelände m	Windgeschwindigkeit v m/s	Staudruck q kN/m² (kp/m²)
von 0 bis 8	28,2	0,5 (50)
über 8 bis 20	35,8	0,8 (80)
über 20 bis 100	42,0	1,1 (110)
über 100	45,6	1,3 (130)

Die für Höhen über 8 m angegebenen Windgeschwindigkeiten sind die höchstmöglichen und übertreffen die Windstärke 12 der Beaufort-Skala der Tabelle 9. Für hohe Bauwerke können diese vier Stufen des Staudrucks in den entsprechenden Höhenabschnitten getrennt angesetzt werden, sodass sich ein stufenförmiges Lastbild über die Höhe ergibt.

Tabelle 9: Beaufort-Skala der Windstärken

Windstärke	bis km/h	bis m/s	**Bezeichnung**	**Wirkung**	Staudruck kp/m²
0	2	0,56	Stille	Rauch senkrecht	0
1	6	1,67	leiser Zug	Rauch schief	0 - 0,1
2	11	3,06	leichte Brise	eben fühlbar	0,2 - 0,6
3	19	5,28	schwache Brise	Blattbewegung	0,7 - 1,8
4	25	6,94	mäßige Brise	Zweigbewegung	1,9 - 3,9
5	35	9,72	frische Brise	Astbewegung	4,0 - 7,2
6	45	12,50	starker Wind	Heulen	7,3 - 11,9
7	55	15,27	heftiger Wind	Baumbewegung	12,0 - 18,3
8	65	18,05	fast Sturm	Bäume biegen sich	18,4 - 26,8
9	77	21,39	Sturm	Dachziegel fallen	26,9 - 37,3
10	90	25,00	starker Sturm	Bäume werden entwurzelt	37,4 - 50,5
11	105	29,17	schwerer Sturm	Sturmschäden	50,6 - 66,5
12	120	33,33	Orkan	Verwüstungen	66,6 und mehr

11.4.4.2. Normung und Wirklichkeit der Windlast

Die Angaben über die Windbelastung von Bauwerken waren bisher in mehreren Vorschriften enthalten. Darin wurden Windlastannahmen für vergleichbare Bauwerke z. T. völlig abweichend voneinander geregelt. Eine Neubearbeitung der DIN 1055, Teil 4, wurde schon in den 1980-er Jahren gefordert, ist aber erst im März 2005 erfolgt.

11.4.4.3. *Windlast im Einzelfall*

Normen können nur ein allgemeiner Anhaltspunkt für Mindestannahmen sein. Im Einzelfall wird der Statiker immer versuchen, die tatsächlichen Verhältnisse der Windwirkungen zu ermitteln. Gerade bei Windkräften sollten alle Extremfälle ermittelt und die konstruktiven Sicherheitsmaßnahmen darauf abgestimmt werden.

Auch die umgebende Bebauung kann durch Düsenwirkung die Windkräfte erhöhen. Liegt ein Hochhaus schräg zur Hauptwindrichtung vor dem zu untersuchenden Bauwerk, kann es durch Windumleitung zu verstärkten Windkräften (Entstehung von Windkanälen) kommen. Diese Windverstärkungen müssen bei der Berechnung angesetzt werden, während Windabschwächungen durch Entstehung von Windschatten nicht angesetzt werden dürfen.

11.4.4.4. *Windangriff und Windwirkung*

Für schräge Dachflächen kann die Windbelastung dem Winkel entsprechend abgemindert werden. Für senkrechte Wandflächen gibt es keine Abminderung für bestimmte Winkel zur Windrichtung. Der Wind wird immer rechtwinklig zur getroffenen Fläche voll angesetzt, denn er kann ja aus jeder Himmelsrichtung kommen. Die Norm sah in besonderen Fällen eine Reduzierung der Windlasten auch für senkrechte Flächen vor.

Zugelassene Reduzierungen habe ich nie ausgenützt, weil die Untersuchung des betreffenden Einzelfalls dies meist nicht zuließ. Wenn einem Bauherrn das Dach über dem Kopf weggeblasen wird, hilft es dem Statiker wenig, auf die eingehaltenen Windnormen zu verweisen.

11.4.4.5. *Sogwirkung des Windes*

Dass der Wind auf der Luvseite (Windanströmseite) einen gewissen Druck auf die getroffenen Flächen ausübt, ist bekannt und wird auch verstanden. Weniger verstanden wird die Sogwirkung des Windes auf der Leeseite (Rückseite), die sowohl auf schräge wie auch auf senkrechte Flächen gleich groß ist. Bei einem Staudruck von 80 kp/m^2 beträgt der Sog 32 kp/m^2. Alles, was weniger als der Sog wiegt, wird abgehoben und weggetragen. Dachziegel wiegen zwar 55 kp/m^2, können aber bei Windböen, die kurzzeitig etwa doppelten Staudruck und damit doppelten Sog erzeugen, abgehoben werden. Ist einmal ein Angriffspunkt vorhanden, z. B. ein Loch in der Dachhaut, kann der Wind voll unter die Dachziegel blasen und den vollen Staudruck entwickeln. Dann fliegen alle Dachziegel davon.

Aufgrund der Sogwirkung und der unberechenbaren Böen ist es zweckmäßig, alle flächigen Bauteile, die dem Wind ausgesetzt sind, so gut an der Unterkonstruktion zu befestigen, dass sie nicht abgehoben werden können. Die Unterkonstruktion selbst muss ebenfalls fest an den darunter befindlichen Bauteilen befestigt sein, sonst wird sie mit abgehoben. Viele Fernsehberichte über Sturmschäden zeigen abgehobene Dächer einschließlich der Unterkonstruktionen. Hier wurde bei der Planung die Sogwirkung des Windes unterschätzt.

Bei einem Gebäude mit geschlossenen Flächen kann der Wind nur von außen angreifen. Hier ist die Berechnung der Windlast einfach. Ist dagegen das Gebäude zur Windseite hin offen (offene Tore oder einseitig offene Halle), kann der Wind den vollen Staudruck innen gegen die Innenseite der Wände oder von unten auf die Dachflächen ausüben. In diesem Fall ist der aerodynamische Lastbeiwert c_f wesentlich höher anzusetzen (> 1,6), weil sich der Wind sammeln kann. In einem solchen Fall sind die konstruktiven Maßnahmen zur Sicherung gegen Abheben sorgfältig zu planen und zu berechnen.

11.4.4.6. *Windböen*

Der Wind bläst nicht gleichmäßig. Der Luftstrom, den man Wind nennt, verstärkt sich und schwächt sich in kurzen Zeitabständen ab. Besonders große, sehr kurzzeitige Verstärkungen (Windstöße) nennt man Böen. Normalerweise setzt man in der statischen Berechnung aus Windkräften einen Staudruck von 50 oder 80 kp/cm^2 an. Dies entspricht nach der Windstärkentabelle den Windstärken 11 oder 12. Diese werden auch bei den größten Stürmen in Wohngebieten nicht erreicht.

Bauwerke, insbesondere Hochhäuser und Türme, können bei den ungleichmäßigen Windkräften aus Böen ins Schwingen geraten. In der Norm ist von schwingungsanfälligen Bauwerken die Rede. Für die Berechnung der Bauwerksschwingungen muss die Baudynamik (Seite 127) zu Hilfe genommen werden.

11.4.5. Schneelast

Für Schneelasten gibt es in der DIN 1055, Teil 5, eine Karte der Schneelastzonen in Deutschland. Man unterscheidet 4 Zonen, die aufgrund langjähriger Messungen nach meteorologischen Daten festgelegt wurden.

Die Regelschneelast ist in Abhängigkeit von der Schneelastzone gemäß der genannten Karte und der Geländehöhe über NN des Bauwerksstandortes festzulegen. Danach ergeben sich in Deutschland Regelschneelasten zwischen 75 kp/m^2 und 550 kp/m^2. Im Voralpengebiet gilt meist eine Schneelast von 125 kp/m^2.

Bei Dächern, deren Tragglieder aus Dachbindern bestehen oder die als Kehlbalkendach (Seite 142) ausgebildet sind, muss die einseitig verminderte Schneelast auf der abgetauten Seite gleichzeitig mit voller Regelschneelast (+ Wind) auf der nicht abgetauten Seite angesetzt werden (Lastfall: unsymmetrische Lasten). Bei Dachneigungen von mehr als 60° ist auf normalen Dächern keine Schneelast anzusetzen, weil der Schnee abrutscht.

Schneeanhäufungen (Schneewehen, Schneesackbildungen) sind jedoch auch bei Neigungen > 60° zusätzlich zu berücksichtigen. Diese Schneeanhäufungen hängen von der geometrischen Form und der Anordnung der Baukörper ab. Sie sind in jedem Einzelfall vom Statiker zu ermitteln.

Die neue Fassung der DIN 1055, Teil 5 (von 2005), gibt für größere Geländehöhen Schneelasten an, die bis 730 kp/m^2 bei 1500 m über NN reichen.

Außerdem gibt es in der Norm noch eine Regel:

> „Sind für bestehende Bauwerksstandorte darüber hinaus höhere Schneelasten als hier angegeben bekannt, so sind diese anzuwenden."

Damit sind besonders schneereiche Ortschaften („meteorologische Schneelöcher") gemeint.

Hier noch einige (nicht genormte) Angaben über Schnee:

Tabelle 10: Nicht genormte Angaben über den Schnee

Zustand des Schnees	Dichte	pro m^2 und 1 cm Höhe
Trocken, pulvrig, frisch gefallen	< 50 kg/m^3	500 g
Normal, schon länger liegend	100 kg/m^3	1 kg
Nass	> 100 bis 500 kg/m^3	5 kg
Zum Vergleich: Wasser	1000 kg/m^3	10 kg

11.4.6. Eislast

Die Vereisung von Bauteilen hängt von Geländeform, Geländehöhe über NN und den topografischen Gegebenheiten der Umgebung ab. Allgemeingültige Angaben über das Auftreten von Vereisung können deshalb nicht gemacht werden.

Bei der statischen Berechnung der Masten der Hochfelln-Seilschwebebahn stellten die beteiligten Gutachter fest, dass in dieser Hochgebirgslage (zwischen 800 und 1600 m über NN) mit voller Vereisung der Gittermasten zu rechnen sei.

Für den Wind mussten die vereisten Gittermasten wie Vollwandmasten berechnet werden. Die Windkräfte auf die teils 60 m hohen Masten brachten bei der Annahme der vollen Flächen erhebliche zusätzliche Kräfte für die Fundamentbemessung.

11.4.7. Lasten bei Fliegenden Bauten

„Fliegende Bauten“ sind nach der Definition des Deutschen Instituts für Normung (Zitat)

> „bauliche Anlagen, die geeignet und in der Regel auch dazu bestimmt sind, wiederholt aufgestellt und zerlegt zu werden, z. B. Karussells, Luftschaukeln, Riesenräder, Achterbahnen und Rutschbahnen, Tribünen, Buden und Zelte, bauliche Anlagen für artistische Vorführungen in der Luft. Ferner gehören dazu auch Wagen, die zeitweilig betriebsmäßig ortsfest benutzt werden“ (Zitatende).

Zu den Fliegenden Bauten zählen auch Autoscooter, Belustigungsgeschäfte, Fahrgeschäfte, Festzelte, Schaubuden, nichtortsfeste Tribünen und Zirkuszelte. Für alle diese Bauten gelten besondere rechtliche, statische und konstruktive Anforderungen, die in der DIN 4112, in der „Richtlinie Fliegende Bauten” (FlBauR) und den Bauordnungen der Länder festgeschrieben sind. Später gelten die Euronormen DIN EN 13 782 und 13 814.

Vergleichbare Bauten, die dauerhaft aufgestellt sind, zählen nicht zu den Fliegenden Bauten.

In Deutschland wird die Genehmigung solcher Bauten in den jeweiligen Landesbauordnungen geregelt. Die Genehmigung erfolgt in zwei Stufen:

1. Ausführungsgenehmigung
   In den Genehmigungsunterlagen müssen die grundsätzliche Übereinstimmung der Anlage mit den geltenden Vorschriften und die Sicherheit und Standfestigkeit der Anlage nachgewiesen werden. Die Erteilung einer Ausführungsgenehmigung ist zumeist an die Abnahme durch anerkannte Sachverständige gekoppelt.
2. Genehmigung des Aufbaus und Gebrauchsabnahme
   Vor jedem Aufbau ist bei der zuständigen lokalen Baubehörde eine Genehmigung für den Aufbau einzuholen. In manchen Fällen ist der Aufbau nur vorher anzumelden.

Die konstruktiven und statischen Anforderungen nach den genannten Normen unterscheiden sich teilweise von denen, die für feste Bauten festgelegt sind. Das ist auch einzusehen, denn diese Bauten haben meist besondere dynamische Lasten (Fliehkräfte bei Achterbahnen) sicher abzuleiten und müssen konstruktiv besonders stabil sein, weil sie wiederholt auf- und abgebaut werden.

Die „Richtlinie Fliegende Bauten” (FlBauR) legt die Anforderungen an den Brandschutz, die Höhe von Geländern, die Rettungswege, die Steigungen von Rampen, die Beleuchtung, die Anzahl der Feuerlöscher, die Beschilderung und weitere Details fest.

11.4.8. Belastungs-Sonderfälle

11.4.8.1. Temperaturänderungen

Den Einfluss aus Temperaturänderungen muss man dann berücksichtigen, wenn hierdurch die Schnittgrößen ungünstig beeinflusst werden.

Die bei Massivbauten (Beton, Stahlbeton, Mauerwerk) anzunehmenden Temperaturänderungen im Freien liegen bei ±15 °C. Bei Hochhäusern, deren tragende Randelemente ohne Wärmedämmung ganz oder teilweise außerhalb der Gebäudeumschließung liegen (auskragende Balkone, Eckpfeiler, freie Dachträger), müssen eigene konstruktive Überlegungen angestellt werden, weil sich die Temperaturen innerhalb der Bauteile nicht angleichen können.

Falls diese Bauteile ihre Formänderungen nicht durch entsprechende Fugen oder „weiche“ Zwischenelemente ausgleichen können, ist es besser, diese tragenden Randelemente mit einer schützenden Wärmedämmung zu umhüllen.

„Weiche“ Bauelemente sind solche, die besonders elastisch sind und alle Bewegungen „mitmachen“ ohne die Tragfähigkeit zu verlieren. Das Beispiel des auskragenden Balkons auf Seite 86 zeigt die Auswirkungen an einem nicht umhüllten Bauteil.

11.4.8.2. Trümmerlasten

Bild 42: Trümmerlasten

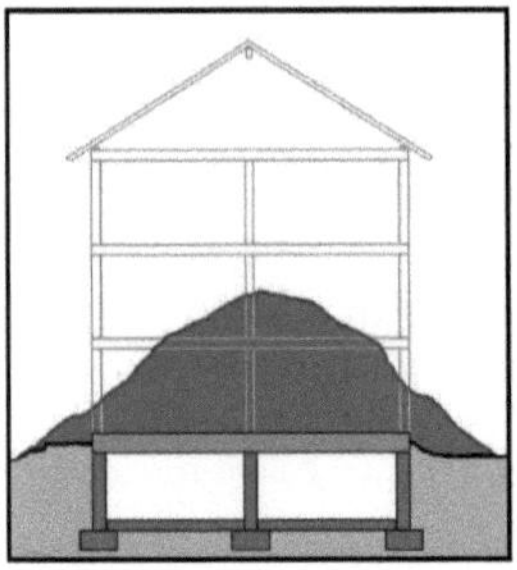

Früher mussten die Kellerdecken von Wohnblöcken und Hochhäusern auf *Trümmerlasten* bemessen werden, damit die Kellerräume als Schutzräume (*baulicher Katastrophenschutz*) benutzt werden können. Bild 42 zeigt die Situation mit der Trümmerschutzdecke.

Dieser Fall zeigt, dass der Bauingenieur manchmal auch mit Lasten rechnen muss, für die es keine Normen gibt und die speziell ermittelt werden müssen (Katastrophenlasten).

In den 1960er Jahren waren für ganz normale Wohnblöcke in Großstädten Trümmerschutzdecken vorgeschrieben. Die statischen Berechnungen mussten die entsprechenden Nachweise enthalten.

11.4.8.3. Stützensenkungen

Stützensenkungen treten infolge Setzungen des Bodens unter den Stützenfundamenten auf.

Eine Stützensenkung bei Durchlaufträgern wirkt sich auf die beiden angrenzenden Felder aus. Im Träger ist über der Stütze normalerweise ein negatives Biegemoment vorhanden, dessen Absolutwert durch eine Stützensenkung abgemindert wird. Dies führt in den beiden angrenzenden Feldern zu einer Erhöhung der *Feldmomente*.

11.4.8.4. Erddruck

Erddruck wird die Belastung genannt, die durch den Baugrund seitlich auf die Kellerwände eines Bauwerks ausgeübt wird, die sich unter Geländeniveau befinden. Der Erddruck wird beim Grundbau auf Seite 161 behandelt.

11.4.8.5. Wasserdruck

Wasserdruck kann als hydrostatischer Druck seitlich auf senkrechte Wände oder als *Auftrieb* unter der Bodenfläche eines Bauwerks wirksam sein. Der Auftrieb muss bei „aufschwimmgefährdeten" Bauwerken nachgewiesen werden.

11.4.9. Dynamische Lasten

Obwohl der Statiker das statische Gleichgewicht des Ruhezustands eines Bauwerks nachweisen muss, sind nicht nur ruhende Lasten, sondern auch *dynamische Lasten* am und im Bauwerk zu berücksichtigen.

Der Bauingenieur muss also auch die Physik der dynamischen Vorgänge (Fallgesetze, Wucht, Aufprall, kinetische Energie, Geschwindigkeit, Schwingungslehre) beherrschen (Lit. [Dynamik]). Er muss Schwingungen, Seitenstöße, Fliehkräfte, Bremskräfte und andere dynamische Kräfte, die auf das Bauwerk einwirken, ansetzen und die Bauteile dafür bemessen.

Es gibt:

1. Genau bekannte dynamische Lasten aus absichtlichen Schwingungen (Glockentürme, Schaukeln, Schütteltische, Maschinenfundamente) und
2. unabsichtliche und anfangs unbekannte dynamische Einwirkungen auf das Bauwerk. Diese verursachen unabsichtliche oder überraschende Schwingungen der Bauteile, die im Hinblick auf die *Eigenfrequenzen* des Bauteils oder Bauwerks auf schädliche Resonanzen (Eigenfrequenzen) geprüft werden müssen.

11.4.9.1. Eigenfrequenzen

Eigenfrequenz ist eine Eigenschaft der Masse, die von der Form und der Elastizität eines Bauteils abhängt. Hierbei handelt es sich meist um ein in der Physik bekanntes *Masse-Feder-System*, das zu *Resonanzschwingungen* neigt, wenn die *Resonanzfrequenz* (Eigenfrequenz) auftritt.

Die Berechnung der Eigenfrequenzen von Bauteilen ist kompliziert. In die Berechnung gehen die Abmessungen, Stoffkennwerte (E-Modul, Masse), Massenverteilung, Form des Bauteils und Auflager- bzw. Einspannbedingungen ein. Diese Berechnung muss in jedem Einzelfall zur Sicherstellung der Standfestigkeit des Bauwerks durchgeführt werden.

11.4.9.2. Beispiel aus der Praxis: Schwingende Fußgängerbrücke

Für eine Fußgänger-Stahlbrücke über eine autobahnähnliche Stadtstraße hatte ich die statische Berechnung zu erstellen. Die Forderung war, dass keine Mittelstütze vorhanden sein dürfe, damit die Fahrbahnbreiten unter der Brücke nachträglich beliebig verändert werden können, ohne durch eine Stütze in den Möglichkeiten eingeengt zu sein.

Die Brücke wurde als Stahl-Trogbrücke sehr schlank konstruiert, wobei die beiden Längsträger als Brüstung dienen sollten. Der Querschnitt der Brücke sieht aus wie ein U-förmiger Trog: Zwei seitliche Brüstungen aus den Längsträgern und eine Bodenplatte auf den Querträgern mit dem Gehwegbelag bilden den Trog.

Bei der als Einfeldsystem vorgesehenen Brücke war die Gefahr des Schwingens (Biegeschwingungen) sehr groß. Die Berechnung ergab eine Eigenfrequenz von etwa $1{,}0 \pm 0{,}3$ Hz. Dies bedeutete, dass schon ein einziger Fußgänger die Brücke durch Hüpfen zum Schwingen bringen konnte. Der Bauherr ließ sich auch unter diesen Umständen nicht überreden, doch eine Mittelstütze anzuordnen. Auch einer anderen Bauart mit einer anderen Massenverteilung und anderer Auflagerung stimmte er nicht zu. Also wurde die Stahlbrücke ohne Mittelstütze als Einfeldsystem gebaut.

Versuche am fertigen Bauwerk zeigten, dass die Eigenfrequenz wie vorausberechnet vorhanden war. Einzelne Personen und Personengruppen konnten die Brücke zum Schwingen bringen, wobei eine beachtliche Amplitude erreicht wurde.

Zur Vermeidung dieser Schwingungen schlug ich vor, ungefähr in der Mitte der Brücke auf dem Grünstreifen einen Stoßdämpfer zwischen Brücke und Baugrund anzuordnen, der jederzeit an eine andere Stelle versetzt werden könne. Dieser Stoßdämpfer ändere nicht das statische System oder das Tragverhalten der Brücke.

Man baute also auf dem Grünstreifen unter der Brücke ein kleines Fundament und zog an der Unterseite der Brücke einen zusätzlichen Querträger ein. Der überdimensionale Stoßdämpfer wurde zwischen diesen beiden Punkten angeordnet. Die Härte der Dämpfung war einstellbar. Man nannte dieses zusätzliche Bauteil „Schwingungsdämpfungsglied".

Es funktionierte ausgezeichnet, die Schwingungen traten nicht mehr auf. Es kann jederzeit an eine andere Stelle gesetzt werden, man muss nur dafür Sorge tragen, dass niemand während des Umbaus die Brücke hochschaukelt.

11.4.9.3. Beispiel aus der Praxis: Gebäudeschäden durch Schwingungen

In einem Neubaugebiet einer Gemeinde waren Risse an neugebauten Häusern zu begutachten. Manche Häuser hatten Risse, die Nachbarhäuser wieder nicht.

Die Bodenverhältnisse waren nach den vorliegenden Baugrundaufschlüssen stabil und der Boden gut belastbar, sodass außergewöhnliche Setzungen nicht zu erwarten waren.

Die betroffenen Bauherren hatten ein in etwa hundert Metern Entfernung befindliches Sägewerk in Verdacht. Sie berichteten, dass bei Betrieb des Sägegatters die Fensterscheiben und die Tassen in den Schränken klirren. Das erklärte aber nicht, warum das Haus des Nachbarn keine Risse hatte und bei ihm die Tassen nicht klirrten.

Eine nähere Untersuchung ergab, dass unter dem Baugebiet und auch unter dem Sägewerk ein gespannter Grundwasserhorizont vorhanden war. Gespanntes Grundwasser entsteht, wenn es zwischen zwei bindigen (wasserundurchlässigen) Bodenschichten eingesperrt ist.

Das nicht ausgewuchtete Sägegatter übertrug im Betrieb regelmäßige Schwingungen auf das gespannte Grundwasser. Nach dem Prinzip der kommunizierenden Röhren übertrugen sich diese Schwingungen auf die Umgebung. Sie bildeten eine „stehende“ Welle“ mit bestimmter Wellenlänge. Eine „stehende“ Welle ist ein Begriff aus der Schwingungslehre. Sie entsteht, wenn eine Welle am Ende reflektiert wird und sich mit einer zweiten ankommenden Welle überlagert. Es entstehen „Schwingungsknoten“ und „Schwingungsbäuche“.

Häuser, die über einem „Schwingungsbauch“ lagen, bekamen Risse, die anderen nicht.

Der Sägewerksbesitzer musste seine Gatter auswuchten lassen. Obwohl das Sägewerk dort schon seit Jahrzehnten in Betrieb war, konnte sich der Sägewerksbesitzer der Forderung zur Verminderung seiner Emissionen nicht entziehen.

11.4.9.4. Stoßlasten

Plötzlich aufgebrachte Lasten (Lasten mit kurzer Lastanstiegszeit) oder Lasten mit kurzer Einwirkungsdauer werden unter dem Begriff Stoßlasten zusammengefasst.

Bei Flugzeugabsturz auf das Bauwerk, Explosion innerhalb oder außerhalb des Bauwerks, Störfalldrücke, Strahlkräfte (Rohrleitungsbruch), Überschallknall, Fahrzeuganprall, Schmiedeschläge müssen im Einzelfall bei der statischen Berechnung Stoßlasten berücksichtigt werden.

Bauwerke dürfen durch die genannten Ereignisse nicht zerstört werden. Die Kräfte aus dem Ereignis (Sonderlastfälle) müssen ermittelt und bei der Bemessung berücksichtigt werden.

Bei Gastanks, Kernreaktorgebäuden und Laborgebäuden mit lebensbedrohlichen Arbeitsstoffen sind Flugzeugabstürze, bei Gebäuden an Hauptverkehrsstraßen ist Fahrzeuganprall, bei Werkhallen und Fabriken sind Schmiedeschläge als Sonderlastfälle zu untersuchen.

11.4.9.5. Fahrzeuganprall

Zu den dynamischen Lasten, die in Einzelfällen zu berücksichtigen sind, gehören auch Einwirkungen aus Fahrzeuganprall. Bei Bauwerken an Hauptverkehrsstraßen sind Hausfronten und Pfeiler auf Fahrzeuganprall zu bemessen. Es könnte ja ein Lastzug an das Haus oder an den Pfeiler prallen und damit das Haus zum Einsturz bringen. Einen Einsturz riskiert man nicht, sondern man rechnet vorsichtshalber mit einer einwirkenden Kraft von 50 Mp (500 kN) in 1,20 m Höhe über der Fahrbahn.

Ob diese Maßnahme ausreicht, um einen wirklichen Anprall abzuwehren, ist nicht sicher, weil es auf die Geschwindigkeit ankommt, mit der ein Lastzug gegen das Haus fährt. Im Einzelfall wird der Statiker alle Möglichkeiten genau durchrechnen.

11.4.9.6. Erdbebenlasten

In Deutschland herrscht nur eine geringe *Seismizität* (Erdbebentätigkeit), sodass der Lastfall „Erdbeben“ in der Regel von untergeordneter Bedeutung ist. DIN 4119 enthält eine Karte der *Erdbebenzonen* Deutschlands. Diese zeigt hauptsächlich Erdbebenaktivitäten im südlichen Rheingraben und der Schwäbischen Alb.

Allerdings können Erdbeben auch in andere Gebiete „ausstrahlen“. So verursachte 1976 ein Ausläufer eines Erdbebens im Norden von München leichte Schäden an Wohnhäusern.

Erdbebenlasten sind nur in den auf der Erdbebenkarte genannten Gebieten in statischen Berechnungen zu berücksichtigen.

Erdbebenwirkungen wurden bereits auf Seite 89 behandelt.

11.5. Statische Systeme

Statische Systeme, die dazu dienen, Lasten abzutragen, werden *Tragwerke* genannt.

Es gibt folgende Tragwerksformen:

- Ebene Stabtragwerke (Balken, ebene Rahmen, Träger, Fachwerke, Trägerroste).
- Räumliche Stabtragwerke (räumliche Rahmen).
- Ebene Flächentragwerke (Platten, Scheiben).
- Räumliche Flächentragwerke mit ebenen Flächen (Faltwerke).
- Räumliche Flächentragwerke mit gewölbten Flächen (Kuppeln, Schalen, Membranen).

Diese Tragwerksformen kommen als statisch bestimmte oder als statisch unbestimmte Systeme vor. Sie werden ab Seite 137 beschrieben.

Ein statisches System beschreibt das Zusammenwirken der Bauteile innerhalb einer zusammenhängenden Konstruktion (*Tragwerksform*). Dazu gehören alle aus Bauteilen bestehenden Baukörper (Bauwerke genannt).

11.5.1. Finden des statischen Systems

Legt ein Bauingenieur die Konstruktion des Tragwerks fest und fertigt dafür die statische Berechnung und die Ausführungspläne, dann führt er die *Tragwerksplanung* durch.

Auf den Plänen, die der Architekt liefert und nach denen die Statik zu machen ist, stehen keine statischen Systeme, sondern dort sind nur Wände, Stützen, Decken und Öffnungen zu sehen.

Diese Tatsache bringt so manchen jungen Bauingenieur in Schwierigkeiten. Auf der Hochschule bei den Statikübungen waren die statischen Systeme immer vorgegeben worden, er brauchte sich keine Gedanken darüber zu machen, wie er die Wirklichkeit durch ein statisches System darstellen muss.

Der Statiker muss „ein Auge dafür haben", wie der *Kraftfluss* im Gebäude verlaufen muss und wo die tragenden Bauteile anzuordnen sind. Er muss die Tragwände und die Spannrichtungen der Decken (kreuzweise oder einachsig gespannt) festlegen und die geometrisch bedingten singuläre Punkte (siehe Seite 134) feststellen.

Dann legt der Statiker das statische System jedes Bauteils fest. Dazu dient ein *Positionsplan* (siehe Seite 230), in den für alle Bauteile die festgelegte Tragwirkung eingetragen wird. Manchmal muss das endgültige statische System durch eine Voruntersuchung und Vordimensionierungen gesucht werden (siehe Seite 231).

11.5.2. Statisch bestimmt und statisch unbestimmt

Definition:

Ein System heißt ***„statisch bestimmt"***, wenn die Zahl der Auflagerreaktionen $\boldsymbol{a}$ mit der Zahl der Gleichgewichtsbedingungen $\boldsymbol{g}$ übereinstimmt. Ein System ist also statisch bestimmt, wenn die Gleichgewichtsbedingungen $\boldsymbol{g}$ zur Berechnung ausreichen. In einer Belastungsebene gibt es immer drei Gleichgewichtsbedingungen: $\boldsymbol{g = 3}$.

Ein System heißt *„statisch unbestimmt"*, wenn mehr Auflagerreaktionen $\boldsymbol{a}$ als Gleichgewichtsbedingungen $\boldsymbol{g}$ vorhanden sind.

Um die überzähligen $\boldsymbol{n}$ Auflagerreaktionen berechnen zu können, müssen zusätzlich $\boldsymbol{n}$ Formänderungsbedingungen herangezogen werden.

Bei $\boldsymbol{n} = \boldsymbol{a} - \boldsymbol{g} = 0$ ist das System statisch bestimmt, bei $\boldsymbol{n} = \boldsymbol{a} - \boldsymbol{g} > 0$ ist das System $\boldsymbol{n}$-fach statisch unbestimmt.

Die wenigsten Systeme sind statisch bestimmt. Die meisten Systeme, mit denen der Statiker es zu tun hat, sind mehrfach statisch unbestimmt.

11.6. Gleichgewichtsbedingungen und Auflagerreaktionen

Eine Kraft für sich allein kann nicht im Gleichgewicht sein. Jede angreifende (aktive) Kraft muss durch eine widerstrebende (passive) Kraft im Gleichgewicht gehalten werden: Eine Kraft ruft also immer eine gleich große Gegenkraft hervor: *Aktionskraft = Reaktionskraft.*

Trotz der vorhandenen Kräfte herrscht im Gleichgewichtszustand Ruhe. Die Kräfte haben das Bestreben, etwas zu bewegen, werden aber durch die Gegenkräfte im Gleichgewicht (in Ruhe) gehalten. Für die Statik der Bauwerke kommt nur der Fall „Ruhe“ in Frage.

11.6.1. Gleichgewichtsbedingungen in der Ebene

Ein statisch bestimmtes System hat in der Ebene drei Auflagerreaktionen.

Die Gleichgewichtsbedingungen lauten:

1. $\Sigma \boldsymbol{H} = 0$ (Summe aller horizontalen Kräfte $\boldsymbol{H}$ muss null sein).
2. $\Sigma \boldsymbol{V} = 0$ (Summe aller vertikalen Kräfte $\boldsymbol{V}$ muss null sein).
   Daraus folgt: Der Summenvektor aller Kräftevektoren in einer Ebene muss ein Nullvektor sein.
3. $\Sigma \boldsymbol{M} = 0$ (Summe aller Momente $\boldsymbol{M}$ in Bezug auf einen beliebigen Drehpunkt muss null sein).

Alle drei Bedingungen müssen für einen Belastungsfall gleichzeitig erfüllt sein, dann ist Gleichgewicht vorhanden.

Die Auflagerreaktionen wirken in den Richtungen der Koordinatenachsen $\boldsymbol{X}$ (waagrecht) und $\boldsymbol{Y}$ (senkrecht) als Haltekräfte. Ein Gelenk erfüllt diese beiden Bedingungen. Ein am Gelenk angeschlossener Stab ist aber noch nicht stabil. Er muss am anderen Ende durch eine dritte Auflagerreaktion gehalten werden; damit erhält man das statische System des Stabes auf zwei Stützen.

Der Stab kann aber auch anstelle des Gelenks fest eingespannt sein, dann sind alle drei Auflagerreaktionen in einem Punkt vereint. Man erhält das statisch bestimmte System eines Kragarms (siehe Bild 46 auf Seite 137).

11.6.2. Gleichgewichtsbedingungen im dreidimensionalen Raum

Ein statisch bestimmtes System hat im dreidimensionalen Raum sechs Auflagerreaktionen. Hier müssen 6 Gleichgewichtsbedingungen (Ruhebedingungen) erfüllt sein:

1. $\Sigma \boldsymbol{X} = 0$,
2. $\Sigma \boldsymbol{Y} = 0$,
3. $\Sigma \boldsymbol{Z} = 0$,
4. $\Sigma \boldsymbol{M}$ in der $\boldsymbol{x}$-$\boldsymbol{y}$-Ebene = 0,
5. $\Sigma \boldsymbol{M}$ in der $\boldsymbol{x}$-$\boldsymbol{z}$-Ebene = 0,
6. $\Sigma \boldsymbol{M}$ in der $\boldsymbol{y}$-$\boldsymbol{z}$-Ebene = 0.

Ein Kragstab muss an einem Ende in den drei Richtungen der Koordinatenachsen unverschieblich gehalten sein. Diese Bedingungen erfüllt auch ein Kugelgelenk. Der Stab ist dann immer noch beweglich. Er muss gegen die Drehung um die beiden Achsen senkrecht zur Längsachse und um die Längsachse selbst gesichert sein. Dies sind insgesamt 6 Auflagerreaktionen.

Zusammenfassend kann man für Ebene und Raum die Gleichgewichtsbedingungen einheitlich formulieren: **Die Summen aller Kräfte und aller Momente müssen null sein**.

11.7. Bauzustände

Bauzustände sind die während der Bauausführung auftretenden Belastungszustände des Tragwerks, wenn es nur teilweise fertig ist und viele Bauteile noch fehlen. Dies ist bei Rahmensystemen der Fall, die stockwerkweise hergestellt werden (Bild 43). Jeder fertige Teilabschnitt (Teilsystem) müsste für alle vorkommenden Lastfälle untersucht werden.

Fehler, die bei der statischen Berechnung wissentlich durch Näherungsverfahren oder unwissentlich durch falsche Beurteilung des Tragverhaltens eines Bauwerks oder durch Nichtberücksichtigen wesentlicher Bauzustände gemacht wurden, konnten sich in der Vergangenheit kaum schädlich auswirken, da in den Berechnungsnormen genügend Reserven im Baustoff vorhanden waren und Spitzenwerte sich durch Kräfteumlagerungen und Kriechen abbauen konnten. Kräfteumlagerungen treten hauptsächlich während des Fließzustands auf. Es bilden sich Fließgelenke.

Neuerdings sind nach den neuen Normen bei entsprechend kleineren Querschnitten und relativ hoher Baustoffausnutzung diese Reserven kleiner. Größere Schäden durch Überlastungen sind dann bei fehlerhafter Berechnung kaum vermeidbar.

11.7.1. Statisches System und die Realität auf der Baustelle

Bild 43: Bauzustand bei einem Stockwerkrahmen

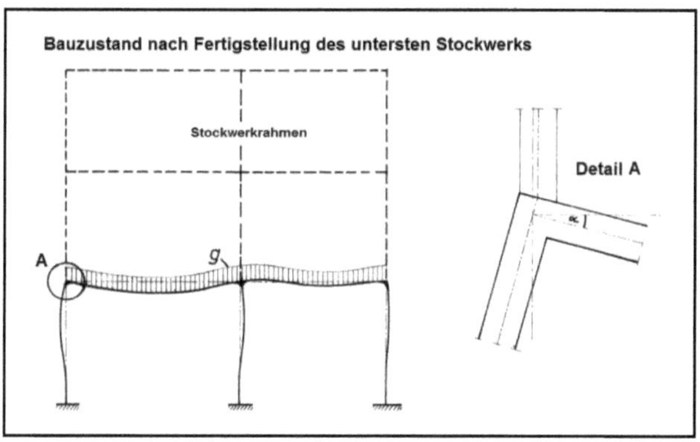

Was nützen die schönsten statischen Systeme, wenn auf der Baustelle aus ausführungstechnischen oder wirtschaftlichen Gründen anders gebaut werden muss und die Berechnung dann nicht mehr zutrifft. Bei der Berechnung von mehrstöckigen Rahmensystemen geht man vom spannungslosen Gesamtsystem aus und berechnet dafür alle Lastfälle.

Diese Berechnung trifft aber unter folgenden Umständen beim Stahlbeton nicht zu:

1. Frühhochfeste Zemente führen zu kürzeren Abbindezeiten und kürzeren Ausschalfristen.
2. Nach dem Ausschalen wirkt bereits der größte Teil des Eigengewichts auf das nur teilweise fertige System ein.
3. Anschließend wird meist das nächste Stockwerk momentenfrei (unverformt) auf das verformte Stockwerk aufbetoniert. Bild 43 stellt diese Situation dar.

Bei der bisher üblichen, unabhängig vom Bauvorgang durchgeführten statischen Berechnung von mehrstöckigen Rahmentragwerken werden diese Rahmen als Gesamtsysteme berechnet, bei denen die Verdrehungen in den Knoten und die damit verbundenen Verformungen und Momente aller anschließenden Stäbe der nächsten Stockwerke berücksichtigt werden.

Wenn die Rahmen stockwerksweise hergestellt werden, trifft diese Annahme nicht mehr zu, denn durch die Herstellung des Rahmens in Abschnitten treten die Verformungen (Verdrehungen) der Knoten in den unteren Teilen auf, bevor die Stäbe des nächsten Stockwerks vorhanden sind.

Die waagrechten Stäbe der Außenfelder und die Randstützen, bei unsymmetrischen Systemen auch die Innenstäbe des betroffenen Stockwerks, sind von diesen vorzeitigen Verformungen betroffen. Die *Feldmomente* der Riegel und die Kopfmomente der Außenstiele werden größer als die übliche Berechnung es ergibt. Diese Momentenerhöhung kann bei ungünstigen Verhältnissen zu einer Überbeanspruchung der betroffenen Querschnitte führen.

Der unerfahrene Statiker, der mit seinem schönen Stabwerksprogramm den gesamten Rahmen komplett berechnet hat, bekommt einen Schock, wenn er auf der Baustelle sieht, dass das Erdgeschoß bereits ausgeschalt ist und die Decke zusätzlich zum Eigengewicht auch noch mit Baumaterial belastet wird. So hatte er es nicht berechnet (Bild 43). Seine schöne Rahmenberechnung stimmt nun nicht mehr. Er eilt ins Büro und rechnet nach. Nun muss er den ungünstigsten Bauzustand herausfinden und berechnen.

11.7.2. Der ungünstigste Bauzustand

Durch die Zulassung höherer Baustoffbeanspruchungen in den Normen wird in Zukunft bei Bemessung der Bauteile zu kleineren Querschnitten führen. Dies gilt insbesondere für das neue Bemessungsverfahren im Stahlbetonbau.

Die statische Berechnung soll nicht nur das Bauwerk für den vorgesehenen Gebrauch ausreichend bemessen, sondern auch die während der Bauzeit auftretenden, ungünstigsten Lastfälle ermitteln. Diese können in verschiedenen Fällen für die Bemessung ausschlaggebend sein.

Der Bauingenieur muss bei der Aufstellung der statischen Berechnung bereits den Ablauf der Bauausführung im Kopf haben und erkennen, wenn eine Konstruktion, so wie er sie auf dem Papier hat, auf der Baustelle auf die vorgesehene Weise nicht ausgeführt werden kann.

Deshalb wird er bei der Berechnung den Bauvorgang berücksichtigen und die ungünstigsten Lastkombinationen ansetzen, die die stärkste Beanspruchung eines Bauteils hervorrufen.

Dem Statiker muss also der Verlauf der Bauausführung im Voraus bekannt sein. Erfahrene Bauingenieure wissen, welche Bauzustände auf der Baustelle auftreten werden.

Als Statikprüfer hatte ich bei Computer-Berechnungen für mehrstöckige Rahmentragwerke vielfach beanstanden müssen, dass keine Bauzustände untersucht worden waren. Man hatte zwar die ungünstigsten Lastfälle am fertigen Gesamtsystem untersucht, aber die Bauzustände während des Bauens einfach vergessen.

Als Statiker hat man in solchen Fällen zwei Möglichkeiten:

1. Den Verlauf der Bauausführung vorzuschreiben oder
2. die Bauzustände genau zu berechnen.

Der einfachste Fall wäre, das statische System als Ganzes wie bisher zu berechnen und die Bauausführung entsprechend vorzuschreiben. Die Bauteile der unteren Stockwerke müssten so lange eingeschalt und unterstützt bleiben, bis das letzte Bauglied des berechneten Systems fertiggestellt ist und abgebunden hat. Kein Bauunternehmer wird sich jedoch auf diese unwirtschaftliche Arbeitsweise zugunsten einer einfacheren Berechnung einlassen. Deshalb muss der Statiker die Realität des Bauvorgangs auf der Baustelle schon bei der statischen Berechnung berücksichtigen.

11.8. Berechnung der Bauzustände

Der Statiker muss den Bauvorgang, wie er auf der Baustelle voraussichtlich stattfinden wird, bereits bei der Berechnung berücksichtigen. Er muss die im Laufe der Bauzeit auftretenden Bauzustände und Lastfälle vorher ermitteln und die sich dadurch ergebenden Extremwerte der Schnittgrößen bei der Bemessung verwenden.

Dazu müsste er jeweils das unfertige Bauwerk als statisches Teilsystem verwenden. Das wäre ein erheblicher Berechnungsaufwand, auch wenn die nötigen Berechnungen mit dem Computer erfolgten.

11.8.1. Lastfall Eigengewicht im Bauzustand

Der Lastfall Eigengewicht wird für jedes Stockwerk getrennt berechnet und dann für die Bauzustände geeignet überlagert. Dadurch kann der in Bild 43 dargestellte Fall berücksichtigt werden.

Zur Durchführung der genannten Berechnungen lassen sich zwei Wege beschreiten. Im einfachsten Fall wird der Statiker die Berechnung mit einem Stabwerksprogramm abschnittsweise durchführen und die Ergebnisse von Hand überlagern.

Zweckmäßiger ist ein Rechnerprogramm, in dem das Stabwerksprogramm als Unterprogramm enthalten ist. Durch das entstandene erweiterte Stabwerksprogramm lässt sich nun der Berechnungsvorgang soweit automatisieren, dass der Lastfall Eigengewicht und sämtliche Lastfälle aus Verkehrslast fertig überlagert ausgedruckt werden können.

11.8.2. Getrennte Berechnung für jedes Stockwerk

Der Trick ist, das Trägheitsmoment, die Querschnittsfläche und das Eigengewicht für alle am Bauzustand nicht beteiligten Bauteile (senkrechte Stäbe der noch nicht vorhandenen Stockwerke) auf null zu setzen. Wenn die Querschnittsfläche und damit das Trägheitsmoment null sind, dann ist der Stab eine Systemlinie und wirkt bei der Berechnung nicht mit. Auf diese Weise kann für die Berechnung jedes Bauzustandes immer das statische Gesamtsystem verwendet werden, ohne dass man explizit Teilsysteme erzeugen muss.

Implizit sind es aber doch Teilsysteme, weil die Querschnittswerte bei jeder Berechnung anders sind. Die Geometrie des Gesamtsystems ändert sich aber nicht, unterschiedlich sind lediglich einige Eingabewerte bei den Einzelberechnungen. Für jedes Stockwerk ist ein eigener Berechnungsvorgang nötig, der die Ergebnisse für diesen Lastfall liefert.

11.8.3. Berechnung am Gesamtsystem

Die Lastfälle aus Verkehrslast werden wie üblich aus den ungünstigsten Konstellationen kombiniert und am endgültigen Gesamtsystem untersucht. Die daraus resultierenden Ergebnisse müssen mit den Schnittgrößen des Lastfalls Eigengewicht überlagert werden.

Bei der Bauausführung in Abschnitten wird jedes Stockwerk auf das schon durch das Eigengewicht verformte, nur teilweise fertiggestellte System momentenfrei daraufgesetzt. Die Überlagerung der Lastfälle berücksichtigt diese Vorverformungen.

Fazit: Der Lastfall Eigengewicht für das Gesamtgebäude darf nicht wie üblich am Gesamtsystem ermittelt werden, da diese Berechnung von einem ursprünglich unverformten Gesamtsystem ausgeht, das hier nicht vorliegt.

11.9. Singuläre Punkte eines statischen Systems

Bei der Darstellung der statischen Systeme werden die Lagerungsbedingungen vereinfacht gezeichnet. Bei der Auflagerung von Durchlaufträgern wird eine „Schneidenauflagerung“ an den Stützstellen gezeichnet und die Einzellasten werden als Pfeile gezeichnet, die an einem Punkt angreifen.

Dadurch ist es möglich, genaue Koordinaten der Angriffspunkte anzugeben und die Berechnung einfach zu halten. Die *Momentenlinien* über solchen Schneidenlagerungen oder unter den Punktlasten haben einen Knick (Bild 25). Es sind mathematische Unstetigkeitspunkte.

In der Natur gibt es keine Auflagerung auf einer Schneide oder auf einem Punkt. Wenn die Auflagerfläche eine Linie oder ein Punkt und damit null wäre, würde dies nach der Formel „Spannung = Last geteilt durch Auflagerfläche“ eine unendlich hohe Spannung ergeben.

Dies wären „singuläre Punkte“. In der Natur gibt es keine singulären Punkte, sondern nur eine Konzentration der Kräfte auf kleine Flächen. Die Lasteintragungsfläche hat immer eine endliche Größe.

11.9.1. Erkennen von singulären Punkten

Für den Statiker ist es sehr wichtig, dass er die singulären Punkte seines theoretischen Systems erkennt. Ebenso muss er bei der Umsetzung in die Wirklichkeit erkennen, wo singuläre Punkte entstehen, die im System nicht vorgesehen waren.

Von besonderer Bedeutung sind die geometrisch bedingten singulären Punkte. Sie sind durch die Form des Bauteils oder die unterbrochene Auflagerung gegeben. Aus der Geometrie ergibt sich eine Spannungserhöhung in Plattentragwerken infolge einspringender Ecken, viereckigen Löchern (Aussparungen) oder bei unterbrochenen linienförmigen Auflagerungen.

Hier muss der Statiker eine zusätzliche Bewehrung oder deckengleiche „Unterzüge" in den Platten vorsehen, damit die örtlich auftretenden sehr hohen Spannungen auf eine größere Länge oder Fläche verteilt werden.

11.9.2. Ausrundung von Momentenlinien.

Typische Unstetigkeitsstellen sind die Stützmomente bei Durchlaufträgern, die bei den Momentenlinien über den Stützen auftreten. In Bild 47 auf Seite 138 ist die Momentenlinie eines Dreifeldträgers gezeigt. Über dem Auflager ***B*** tritt das Stützmoment M_B und über dem Auflager ***C*** das Stützmoment M_C auf. Bild 44 zeigt im Teilbild a einen Ausschnitt aus dieser Momentenlinie beim Auflager ***B***.

Dieses Stützmoment ist ein theoretischer Wert über einer Schneidenauflagerung, der in Wirklichkeit nicht auftritt.

Bild 44: Ausrundung von Momentenlinien

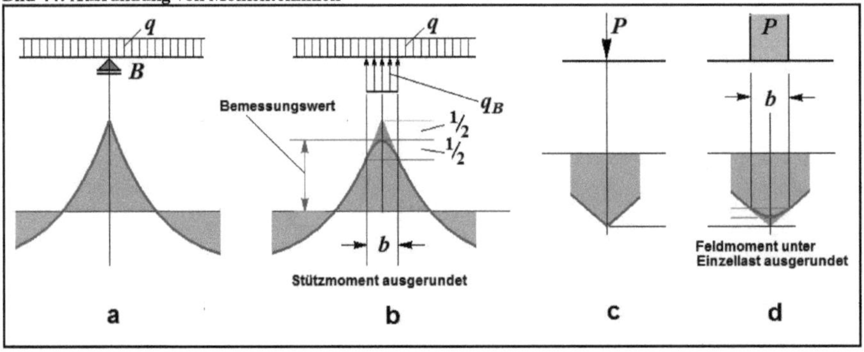

In Wirklichkeit liegt der Träger bei ***B*** auf einer Wand mit einer Breite ***b*** auf. Es ist keine Schneidenlagerung, sondern die Auflagerkraft verteilt sich im Bereich der Wand auf die Breite ***b***. Anstatt der Auflagerkraft ***B*** wirkt eine Gleichlast $q_B = B/b$ nach oben. Es ergibt sich eine parabelförmige Ausrundung der Momentlinie. Das Teilbild b von Bild 44 zeigt diese Ausrundung. Die Momentspitze zwischen den beiden Rändern der Wand (Anschnittlinien) wird halbiert. Diese Art der Ausrundung ist auch in den Normen (z. B. DIN 1045) vorgesehen. Die Bemessung erfolgt für den ausgerundeten Wert oder für die Schnittgrößen an der Stelle der Anschnittlinien.

11.9.3. Verteilungsfläche unter Einzellasten

Bei Einzellasten ist es ähnlich, nur mit umgekehrtem Vorzeichen. Die Momentenlinie hat unter der Einzellast einen Knick (Momentenlinie im linken Teilbild von Bild 25, Teilbild c von Bild 44 zeigt einen Ausschnitt), der ebenfalls ausgerundet werden darf.

Die Einzellast ***P*** steht auf einer Auflagerfläche mit der Breite ***b***. Die Momentenlinie kann im Bereich der Breite ***b*** parabelförmig ausgerundet werden. Teilbild d in Bild 44 zeigt die Ausrundung des Feldmoments unter einer Einzellast. Das für die Bemessung maßgebende Feldmoment verringert sich auf den ausgerundeten Wert.

12. Baukunst und Baugeschichte

Jeder Mensch hat ein *gesundes Bauempfinden*, welches angehende Architekten und Bauingenieure bei sich entdecken und sich bewusst machen müssen. Eine gute Architektur ist die Summe schöpferischer Tätigkeiten, die sich in der sichtbaren Gestaltung von angenehmen Bauwerksformen ausdrückt, die dem gesunden Bauempfinden nicht widerstreben.

Durch intensives Betrachten kann der Laie erkennen und aus eigenem Erleben nachfühlen, ob ihm eine Baukonstruktion gefällt oder irgendwie widerstrebt. So meiden manche Menschen aus einem angeborenen Instinkt heraus, sich unter Baukonstruktionen aufzuhalten, die ihnen vom optischen Erscheinungsbild her widerstreben.

Auch die Architekten sprechen von „optisch einstürzenden Gebäuden“, wenn der Kraftfluss nicht sofort für den Laien erkennbar ist oder bedrohliche Massen scheinbar im Raum schweben. Obwohl die Entwürfe dieser „radikalen“ Architektur manchmal so aussehen, als wäre die Schwerkraft aufgehoben, so unterliegen auch diese Bauwerke den Naturgesetzen und den Bedingungen des Baumaterials. Die Konstruktion, also die Entwicklung einer zweckentsprechenden Bauweise unter Auswahl der zur Verfügung stehenden Baustoffe und ihrer Anwendung auf der Grundlage der Naturgesetze, bestimmt die Ausführbarkeit solcher Entwürfe.

Die Baugeschichte, von den Anfängen des Bauens über die klassischen Bauweisen der griechischen und römischen Baukunst bis zu den Bauwerken des Mittelalters, zeigt interessante und gewaltige Tragwerksformen.

Insbesondere die Sakralbauten (Kirchen) und die Bauten der Monarchen zeugen von den in die Tat umgesetzten Ideen der damaligen Baumeister. Der Studierende lernt diese alte Baukunst während des Studiums kennen. Eine gute Zusammenfassung der Baukunst und Baugeschichte ist in Lit. [Baukunst1] und [Baukunst2] zu finden.

Aber auch die Ingenieure der Gegenwart, die große Brücken, gewaltige Staudämme, schwierige Tunnelprojekte und die höchsten Türme der Welt gebaut haben, verdienen den Respekt der Kollegen.

Architekten und Bauingenieure wählen anhand ihrer Erfahrungen und aus dem gesunden Bauempfinden heraus die zweckmäßigen Tragwerksformen, von denen wir nachstehend einige kennenlernen.

13. Formen der Tragwerke

13.1. Stabtragwerke

Tragwerke aus Stäben nennt man Stabtragwerke oder einfach nur Stabwerke. Unter Stäben versteht man lineare Bauteile wie Balken und Stützen.

13.1.1. Balken auf zwei Stützen

Bild 45: Balken auf zwei Stützen mit Einzellast und Gleichlast

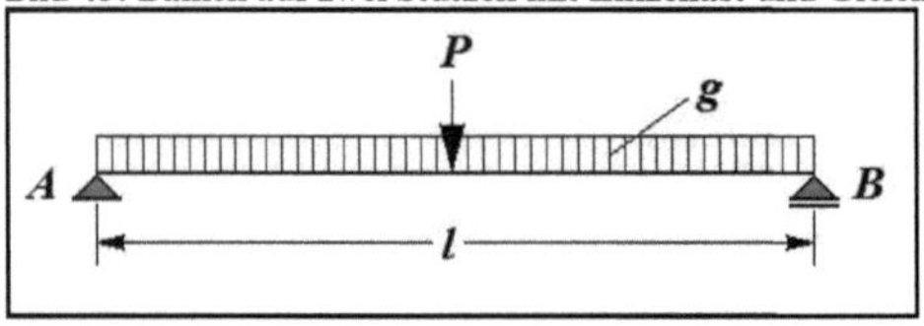

Das in Bild 45 gezeigte System „Balken auf zwei Stützen" ist statisch bestimmt, man sagt auch „Einfeldträger".

Der *Einfeldträger* hat drei Auflagerreaktionen, nämlich am Auflager **A** die horizontale und die vertikale Komponente und am Auflager **B** nur die vertikale Komponente; die horizontale Komponente entfällt dort, weil der Balken am Auflager **B** in der Längsachse frei verschieblich sein muss, damit die Temperaturausdehnung ermöglicht wird.

Der Abstand zwischen **A** und **B** wird als Feldlänge ***l*** bezeichnet. Obwohl man sich im dreidimensionalen Raum befindet, rechnet man nur in einer senkrechten Ebene (Belastungsebene), also waagrecht in Balkenlängsrichtung und senkrecht, wie die Lasten wirken. Das sind ebene statische Systeme.

13.1.2. Kragarm (Kragträger)

Bild 46: Kragarm mit Gleichlast

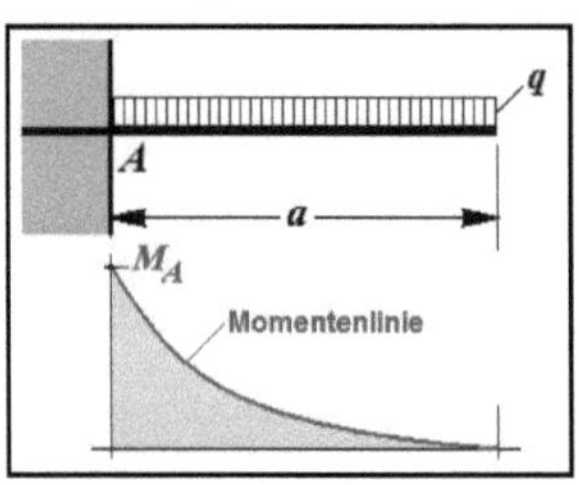

Der *Kragarm* (Kragträger, Kragbalken, Kragplatte, Bild 46) ist das einfachste statische System. Er hat nur ein Auflager **A**, dort ist er fest eingespannt (M_A) und dort wird er zugleich waagrecht (A_h) und senkrecht (A_v) gehalten.

Der Kragarm hat drei Auflagerreaktionen, er ist also ein statisch bestimmtes System. Die gesamte senkrechte Last wird am Auflager aufgenommen: $A_v = q \cdot a$. Die waagrechte Komponente ist $A_h = 0$. Bei Gleichlast ***q*** ist die Momentenlinie eine Parabel, die zum Ende des Kragarms hin nach null ausläuft.

Das Einspannmoment ist negativ: $M_A = -q \cdot \frac{a^2}{2}$. Die grau hinterlegte Fläche unter der Momentenlinie ist die Momentenfläche.

13.1.3. Durchlaufträger

Ein Balken, der über mehrere Felder zusammenhängend und im Grundriss geradlinig durchläuft, ist ein *Durchlaufträger*. Der Durchlaufträger muss deshalb geradlinig sein, weil ein Knick im Grundriss in beiden angrenzenden Feldern Torsionsmomente verursachen würde. Der geknickte Träger müsste dann als räumliches Tragwerk berechnet werden. Ein Knick in der Belastungsebene dagegen ist üblich und stört das System nicht. Der Durchlaufträger hat mehr als drei Auflagerreaktionen, deshalb ist er statisch unbestimmt.

Die Schnittgrößen hängen dabei nicht nur von den äußeren Abmessungen des Systems ab, sondern werden auch von den durch Querschnittswerte und Materialkenngrößen gegebenen Verformungen des Bauteils bestimmt.

Bild 47 zeigt einen Durchlaufträger über 3 Felder (Dreifeldträger) mit Gleichlast und die zur Gleichlast gehörende *Momentenlinie*. Die grau hinterlegten Flächen an der Momentenlinie sind die Momentenflächen. Der gezeigte Durchlaufträger hat 5 Auflagerreaktionen, ist also 2-fach statisch unbestimmt.

Bild 47: Durchlaufträger über drei Felder unter Gleichlast

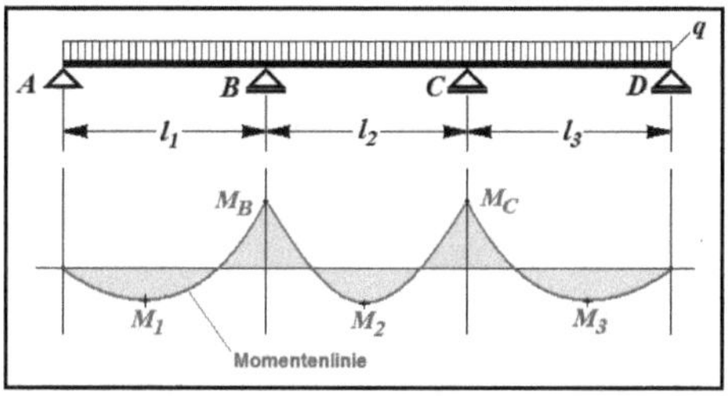

A_h, A_v, B, C und D sind die Auflagerreaktionen. Am festen Auflager A treten die horizontale Komponente A_h und die vertikale Komponente A_v gemeinsam auf. M_1, M_2 und M_3 sind die positiven *Feldmomente*, M_B und M_C sind die negativen Stützmomente.

Die Dreiecksymbole bei ***B***, ***C*** und ***D*** mit dem Strich darunter sollen jeweils ein waagrecht verschiebliches Auflager darstellen. Das Auflager bei ***A*** ist fest, also nicht verschieblich, jedoch kann sich der Balken auf allen diesen Schneidenlagerungen in der senkrechten Ebene drehen, wenn er sich durchbiegt.

Stützmomente nennt man die Momente über den Innenstützen eines Durchlaufträgers, in der Momentenlinie zeigen sie meist als Spitzen nach oben (Bild 47). Stützmomente dürfen nicht verwechselt werden mit Stützenmomenten, die in den Stützen von Rahmensystemen auftreten (siehe Seite 138).

13.1.4. Allgemeines zur Berechnung der Durchlaufträger

Für die Berechnung eines Durchlaufträgers mit mehreren Feldern müssen mehrfach statisch unbestimmte Systeme berechnet werden. Der Studierende lernt die verschiedenen Berechnungsverfahren kennen.

Es stehen streng mathematische Verfahren zur Verfügung, bei denen für ***n***-fach unbestimmte Systeme ***n*** Gleichungen mit ***n*** Unbekannten aufgestellt und gelöst werden müssen. Es ergibt sich also ein *lineares Gleichungssystem*, das rein mathematisch gelöst werden kann. Mit einem Computer kann das Gleichungssystem in kürzester Zeit mathematisch korrekt gelöst werden, wenn zuvor alle Belastungsdaten, Materialkonstanten und Querschnittswerte eingegeben wurden.

Neben den streng mathematischen Verfahren gibt es auch iterative Verfahren, mit denen der Statiker früher ohne Computer und Taschenrechner die Schnittgrößen mit Bleistift auf Papier ermittelt hat (z. B: Crossverfahren, Kaniverfahren).

13.1.5. Rahmen

Stockwerkrahmen sind ebene oder räumliche Stabwerke, meist aus Stahlbeton, deren waagrechte Teile die Deckenlasten aufnehmen und diese zu den senkrechten Stielen (Stützen, Säulen) weiterleiten. Die waagrechten Stäbe sind meist Unterzüge, die als Plattenbalken wirken. Unterzüge und Stützen sind biegesteif miteinander verbunden. Die Rahmenfüße sind fest eingespannt, sie nehmen also alle Momente, alle senkrechten und alle waagrechten Lasten auf.

Bei dem in Bild 48 gezeigten *räumlichen Rahmen* kreuzen sich die drei ebenen Rahmen ***A***, ***B*** und ***C*** mit den ebenen Rahmen **1**, **2** und **3**. Dieses System ist vielfach statisch unbestimmt. Infolge der Drehungen der Rahmenknoten entstehen in den rechtwinklig dort anschließenden waagrechten Stäben der anderen Rahmenebenen Torsionsmomente, die berücksichtigt werden müssen. Die manuelle Berechnung solcher Systeme ist sehr schwierig, deshalb können räumliche Rahmensysteme als Gesamtsystem nur mit einem entsprechenden Computerprogramm mathematisch exakt berechnet werden.

Dabei darf die Berücksichtigung der Bauweise nicht vergessen werden (Lastfälle des Bauzustands, siehe 11.7.1).

Bild 48: Räumlicher Stockwerkrahmen

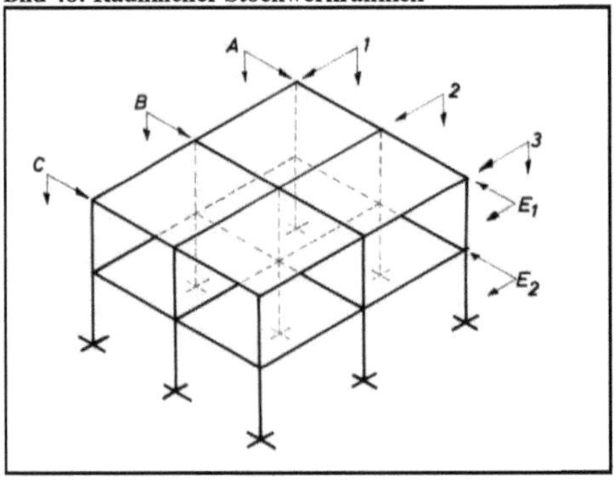

Bild 49: Gemischtes Tragwerk

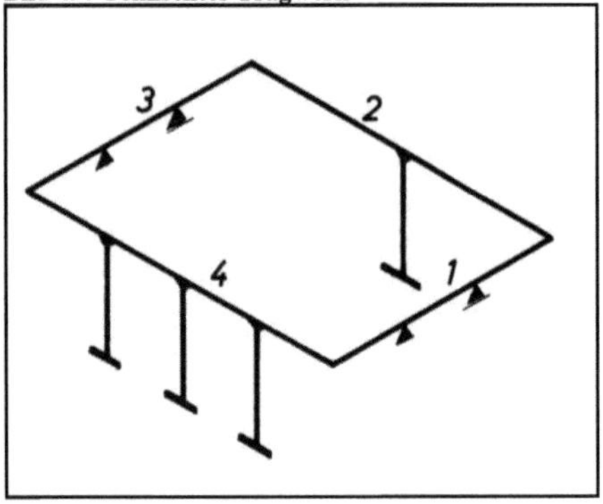

Das Beispiel in Bild 49 zeigt einen unvollständigen räumlichen *Stockwerkrahmen*. Träger 1 und 3 sind Träger auf zwei Stützen mit auskragenden Enden, die von Träger 2 und 4 gehalten werden. Rahmen 2 ist nur einmal biegesteif unterstützt, die Enden werden von Träger 1 und 3 gehalten. Der Rahmen 4 wird von 3 Stützen biegesteif unterstützt, die Enden kragen aus und werden von Träger 1 und 3 gehalten.

Für ein solches System muss ein entsprechendes Ersatzsystem gefunden werden, um es mit einem üblichen Stabwerksprogramm berechnen zu können. Dabei müssen auch die Torsionsmomente berücksichtigt werden.

13.1.6. Trägerroste

Trägerroste sind nichts anderes als sich kreuzende Durchlaufträger, die sich an den Kreuzungspunkten (Stützstellen) gegenseitig unterstützen, außen am Rand sind sie normal gelagert. Bild 50 zeigt eine Schrägansicht von oben.

Bild 50: Trägerrost (Parallelperspektive)

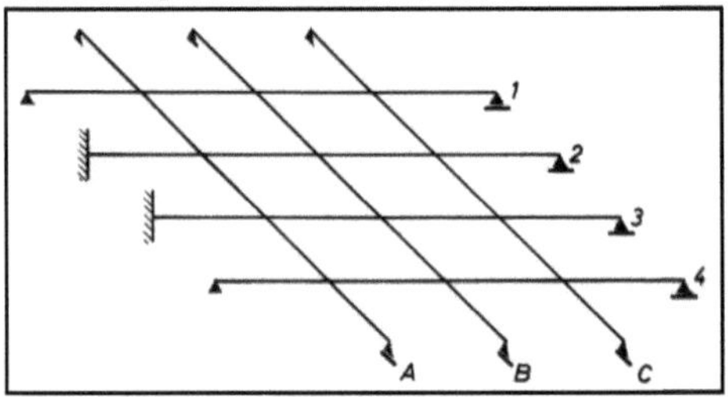

Trotzdem kann man sie nicht als Durchlaufträger berechnen, weil die Stützstellen elastisch unter der Last nachgeben und auch die Torsionsmomente zur Tragwirkung beitragen und deshalb berechnet werden müssen.

In räumlichen Stabwerken, wie sie auf Bild 48, Bild 49 und Bild 50 zu sehen sind, entstehen an den Kreuzungspunkten zweier Belastungsebenen in den sich kreuzenden Stäben auch Torsionsmomente, die berücksichtigt werden müssen.

13.1.7. Fachwerke

Fachwerke entstehen durch das Zusammenfügen einzelner Stäbe zu einem vertikalen ebenen Netz. Die Stäbe sind in den Schnittpunkten ihrer Schwerelinien miteinander kraftschlüssig verbunden, wobei nur Zug- und Druckkräfte, keine Biegemomente, übertragen werden. Eine *Schwerelinie* läuft durch die Schwerpunkte aller möglichen Querschnitte eines Stabes.

Die Kräfte wirken in den Verbindungspunkten (Knoten) der Stäbe.

Die oberen Stäbe bilden den *Obergurt*, die unteren Stäbe den *Untergurt*. Die Stäbe zwischen den Gurten nennt man *Füllstäbe* (Senkrechte und Diagonalen).

Die äußeren Lasten des Fachwerks greifen an den Knoten an. Die *Gurtstäbe* (Ober- und Untergurt) sind auf Druck oder Zug aus den Knotenlasten des Fachwerks belastet, können aber als Durchlaufträger selbst auch Streckenlasten aufnehmen, dann sind sie auf Biegung mit Längskraft zu bemessen.

Es gibt innerlich und äußerlich statisch bestimmte und unbestimmte Fachwerke. „Innerlich" heißt, dass die geometrische Form des Fachwerks maßgebend für die statische Bestimmtheit ist. Wird ein Fachwerk als Durchlaufträger aufgelagert, dann ist es zusätzlich äußerlich statisch unbestimmt.

Durch eine einfache Regel kann man leicht feststellen, ob ein Fachwerk innerlich statisch bestimmt oder unbestimmt ist.

Für ebene Fachwerke gilt: $s = 2k - 3$,
wobei s = Anzahl der Stäbe,
k = Anzahl der Knoten.

Der Grad der statischen Bestimmtheit ist $n = s + 3 - 2k$.

Bei $n = 0$ ist das Fachwerk statisch bestimmt,
bei $n > 0$ ist es statisch unbestimmt,
bei $n < 0$ ist es unstabil.

Bild 51: Fachwerke

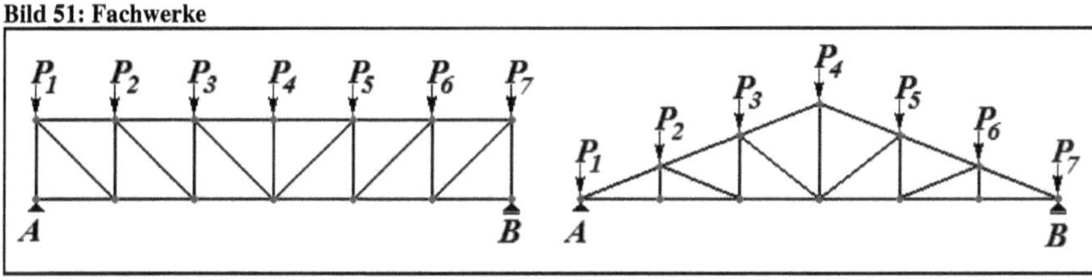

Bild 51 zeigt zwei Formen eines innerlich statisch bestimmten Fachwerks. Meist werden die Fachwerke als Träger von Dachlasten verwendet, deshalb nennt man sie auch Fachwerkträger oder Fachwerkbinder.

Nachrechnung der statischen Bestimmtheit:

Das im Bild links gezeigte Fachwerk hat 14 Knoten ($k = 14$) und 25 Stäbe ($s = 25$). Aus der Berechnung $n = s + 3 - 2k = 25 + 3 - 2 \cdot 14 = 0$ ergibt sich, dass es innerlich statisch bestimmt ist.

Das im Bild rechts gezeigte Fachwerk hat 12 Knoten ($k = 12$) und 21 Stäbe ($s = 21$). Aus der Berechnung $n = s + 3 - 2k = 21 + 3 - 2 \cdot 12 = 0$ ergibt sich, dass es ebenfalls innerlich statisch bestimmt ist.

Die Formen eines Fachwerkes können sehr vielfältig sein. Wenn die Untergurte bogenförmig nach unten verlaufen, spricht man von einem *Bauchträger*. Wenn Obergurte und Untergurte bogenförmig verlaufen, spricht man von einem *Fischbauchträger*.

In Fachwerken gibt es nur Längskräfte in den Stäben. An den Knoten sind die Stäbe kraftschlüssig, aber gelenkig (momentenfrei) verbunden. Die Kräfte werden in den Knoten in andere Richtungen aufgeteilt (Kräftezerlegung). Hier kann der Kräfteplan (Seite 65) zur Ermittlung der Kräfte herangezogen werden.

Bei Fachwerken mit vielen Knoten wendet man den Kräfteplan wiederholt für jeden Knoten an und zeichnet alle Kräfte in eine zusammenhängende Grafik ein, die man *Cremonaplan* nennt. Diese Methode der grafischen Statik wurde von *Luigi Cremona* (1830 - 1903), einem italienischen Mathematiker, entwickelt. Der Cremonaplan wird hier nicht näher erläutert (siehe im Internet unter dem Stichwort „Cremonaplan").

Ebene Fachwerkträger müssen senkrecht zur Tragebene durch Quer- und Schrägverbände (Dreiecksprinzip) ausgesteift werden, damit die unter Druck stehenden Gurte nicht seitlich ausknicken.

Außer ebenen Fachwerken gibt es auch räumliche Fachwerke, die meist aus Stahlrohren zusammengeschweißt oder über spezielle patentierte Knotenkonstruktionen zusammengeschraubt werden.

13.2. Bogentragwerke und Gewölbe

Bogentragwerke gibt es schon seit Jahrtausenden. Der *Bogen* wurde schon in vorgriechischer Zeit gerne verwendet. Das *Gewölbe*, das eigentlich aus vielen nebeneinander aufgereihten Bögen gedacht werden kann, wurde schon bei den Assyrern verwendet. Auch die Römer verwendeten für ihre Brücken gern den Bogen als Tragelement.

Bild 52: Bogentragwerk

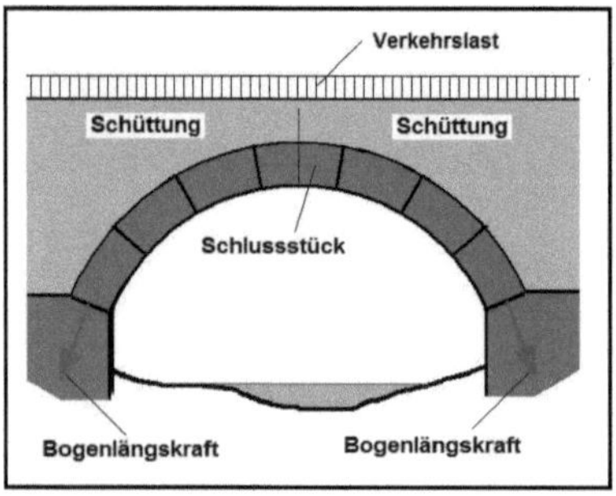

Bild 52 zeigt das Prinzip des gemauerten Steinbogens. Bogenelemente tragen durch die Kräftezerlegung einer senkrechten Kraft in Komponenten, die polygonartig genau in den Tangenten der Bogenachse laufen. Es treten nur Druckkräfte im Bogen auf.

Der Bau des Bogens auf der Baustelle muss von beiden Seiten gleichzeitig auf einer Stützung (Erdhaufen, Holzgerüst o. ä.) durchgeführt werden. Zuletzt wird das Schlussstück (Schlussstein) eingesetzt. Danach kann die Stützung weggenommen werden, nun trägt sich der Bogen selbst.

Um den Bogen nutzbar zu machen, muss eine Schüttung aufgebracht werden, damit oben eine ebene Verkehrsfläche entsteht, die mit einer Verkehrslast belastet werden kann. Außerdem stabilisiert die Schüttung den Bogen bei einseitigen Belastungen.

Außer gemauerten Bögen gibt es noch Bögen aus Stahlbeton und Stahl. Sie werden nach dem statischen System benannt, das dort Anwendung findet:

Es gibt Dreigelenkbögen, einseitig und beidseitig gehaltene Zweigelenkbögen und einseitig und beidseitig eingespannte Bögen.

Die Gelenke übertragen die Längs- und Querkräfte, sind aber momentenfrei. Das mittlere Gelenk des Dreigelenkbogens muss nicht genau in der geometrischen Mitte des Bogens sein. Bei diesen Bögen gibt es statisch bestimmte und statisch unbestimmte Lagerungen in beliebiger Kombination.

Bild 53 zeigt eine Auswahl dieser Bogenarten.

a) Dreigelenkbogen, jedes Bogenteilstück hat 3 Auflagerreaktionen, statisch bestimmt.
b) Zweigelenkbogen, 4 Auflagerreaktionen, 1-fach statisch unbestimmt.
c) Zweigelenkbogen mit gleitendem Gelenk, 3 Auflagerreaktionen, statisch bestimmt. Dieses System kann man als nach oben gebogenen Einfeldbalken betrachten.
d) Beidseitig eingespannter Bogen, 6 Auflagerreaktionen, 3-fach statisch unbestimmt.
e) Einseitig eingespannter Bogen und Gelenk, 5 Auflagerreaktionen, 2-fach statisch unbestimmt.
f) Einseitig eingespannter Bogen mit gleitendem Gelenk, 4 Auflagerreaktionen, 1-fach statisch unbestimmt.

Bild 53: Lagerung von Bögen

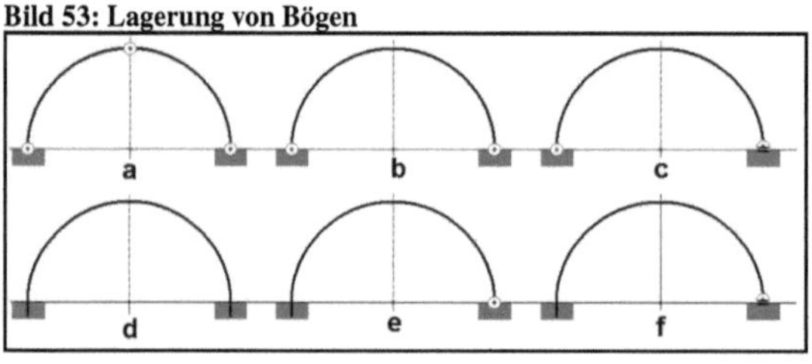

13.3. Kehlbalkendach

Das Kehlbalkendach (Bild 54) ist im Prinzip ein Dreigelenkbogen, bei dem die beiden tragenden Elemente keine Bögen, sondern Geraden (Sparren) sind, die durch einen waagrechten Kehlbalken gestützt sind, der die Biegemomente der Sparren mindert.

Bild 54: Kehlbalkendach, Prinzip und einseitige Belastung

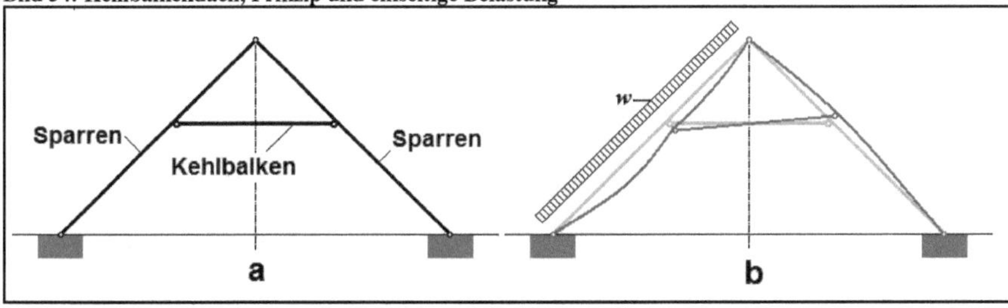

Bei steilen Dächern mit großen Sparrenlängen können auch zwei waagrechte Kehlbalken angeordnet werden. Alle Stäbe sind an den Enden gelenkig gelagert.

Das Kehlbalkendach belastet nur die Außenwände eines Gebäudes, im Dachraum sind keine Stützen nötig. Die beiden äußeren Auflager müssen die senkrechten und waagrechten Kräfte aufnehmen. Bei Stahlbetondecken wird außen ein schräges Auflager auf die oberste Decke betoniert, wo die Längskräfte der Sparren in die Decke eingeleitet werden. Der Kehlbalken muss kraftschlüssig und gelenkig mit den beiden Sparren verbunden sein.

Das Kehlbalkendach muss sorgfältig berechnet werden. Aus Windkräften und Schneelast treten einseitige Belastungen auf. Bei einseitiger Belastung verformt sich das statisch unbestimmte Gesamtsystem, es entsteht eine Sparrendurchbiegung und eine Verschiebung des Kehlbalkens, wobei sich diese Verschiebung auf den anderen Sparren überträgt, der dadurch nach außen gebogen wird. Im Teilbild **b** von Bild 54 ist die Verformung aus dem Lastfall „Windlast *w*“ gezeigt, sie ist der Deutlichkeit halber übertrieben groß gezeichnet. Alle möglichen Lastfälle aus „Eigengewicht“, „volle beidseitige Schneelast“ und „einseitige Schneelast“ müssen mit der Windlast (die immer einseitig ist) überlagert werden.

Die ungünstigste Kombination ergibt die maximalen Schnittgrößen, für die der Sparrenquerschnitt zu bemessen ist. Die aus verschiedenen Lastfallkombinationen resultierenden Verformungen des Systems müssen nachgewiesen werden. Diese Verformungen können bei starren Ausbauten des Dachraums Risse erzeugen, deshalb müssen die Dachausbauten sorgfältig geplant und ausgeführt werden.

Das Kehlbalkendach mit einseitiger Belastung ist ein beliebtes Lehrobjekt der Statikdozenten, an dem die Wechselwirkungen zwischen den Verschiebungen des Kehlbalkens und der daraus resultierenden Kräfte am statisch unbestimmten System nach allen Regeln der Berechnungskunst gezeigt werden können.

Über das Kehlbalkendach sind viele Beiträge in Fachzeitschriften und Lehrbüchern geschrieben worden. Formeln für die häufig vorkommenden Lastfälle bei Kehlbalkendächern findet man z. B. im Betonkalender 1976, I, im Kapitel über die Statik der Stabtragwerke ab Seite 699.

13.4. Flächentragwerke

13.4.1. Ebene Flächentragwerke

Bei ebenen Flächenbauteilen mit waagrechter Ausrichtung der Mittelebene erfolgt die Belastung senkrecht dazu. Die Abtragung (Weiterleitung) der Lasten kann einachsig oder zweiachsig (kreuzweise gespannt) erfolgen. Diese Tragwerke heißen Plattentragwerke oder einfach *Platten*. Sie werden hauptsächlich in Stahlbeton ausgeführt und für Massivdecken in Gebäuden verwendet.

Wenn bei ebenen Flächenbauteilen die Mittelebene senkrecht ausgerichtet ist, spricht man von wandartigen Trägern oder *Scheiben*. Die Lasten wirken parallel zur Mittelebene.

Die ebenen Flächenbauteile sind in Bild 15 auf Seite 63 dargestellt.

13.4.2. Räumliche Flächentragwerke

Wenn ebene Flächenbauteile wie ein Ziehharmonikabalg gefaltet sind, wirken sie in dieser Form als räumliches Flächentragwerk, das die Vorteile der Scheibentragwirkung und der Plattentragwirkung kombiniert. Auf diese Weise entsteht ein *Faltwerk*.

Die Kombination aus Platten und Scheiben wird bei *Hohlkastentragwerken* ausgenützt. Diese können wie Stäbe mit hohlem Querschnitt berechnet werden. Außerdem werden Stahlbetonhochhäuser als *verwindungssteife Kästen* gebaut, sie bestehen aus Stahlbetonplatten (Geschoßdecken) und Stahlbetonscheiben (Wände).

Einachsig gewölbt sind gerade *Gewölbe* (Tonnengewölbe, Achse waagrecht, obere Zylinderhälfte), zylinderförmige *Behälter* (Achse senkrecht, ganzer Zylinder, z. B. Silos, Wasserbehälter).

Lässt man mathematische Kurven um eine senkrechte Achse rotieren, entstehen *Rotationsflächen*.

Einachsig gewölbt sind auch *Kegelflächen*. Sie entstehen durch Rotation einer schrägen Geraden um eine senkrechte Achse.

Spiralflächen entstehen die durch Rotation einer waagrechten Geraden um eine senkrechte Achse, wobei sich die Höhe der Geraden mit dem Drehwinkel (Schraubenlinie) gleichmäßig ändert. Diese Form wird hauptsächlich für Wendeltreppen verwendet.

Zweiachsig gewölbt sind alle Drehflächen, die durch gebogene Linien erzeugt werden.

Die geometrische Form dieser räumlichen Flächentragwerke mit gewölbten Flächen wird meist in Zylinder- oder Kugelkoordinaten angegeben.

13.4.3. Rotationsschalen

Bild 55: Kegelfläche

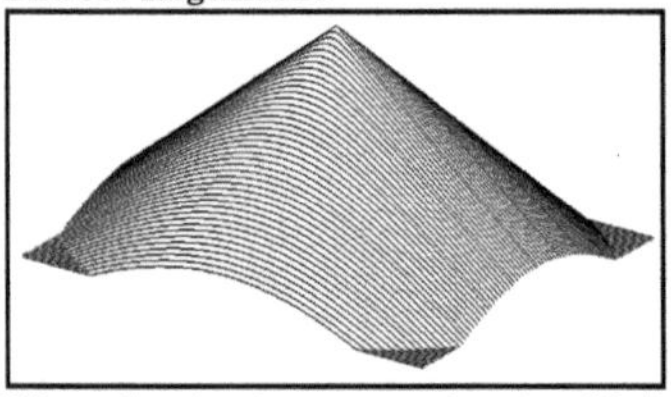

Kegelflächen (Bild 55) sind als Dächer runder oder quadratischer Türme beliebt, weil sie durch gerade Bauelemente (Balken), die von der Kegelspitze am Kegelmantel entlang nach unten laufen, gebildet werden können. Sie können aber auch als Flächenelemente in Stahlbeton gebaut werden. Gewölbte Flächenelemente nennt man *Schalen*.

Nimmt man für Rotationsflächen als erzeugende Linie einen Viertelkreis, dann entsteht eine Halbkugel. Diese Tragwerksformen nennt man *Kuppeln*. Halbkugeln und Kugelabschnitte (Kugelsegmente) sind als Kuppeln sehr beliebt (Bild 56). Sie werden meist als gewölbte Stahlbetonelemente gebaut. Man nennt sie *Kugelschalen*.

Bild 56: Kugelschalen

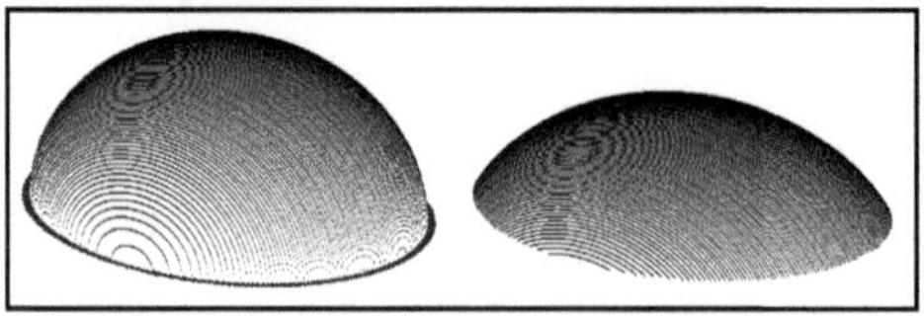

Kuppeln wurden schon sehr früh gebaut. Vor 7000 Jahren gab es in Vorderasien schon Wohnhäuser, die ein Kuppeldach hatten. Rundhäuser mit Kuppeldach entstanden durch einen gemauerten Kreis um das Herdfeuer, der immer höher und enger gebaut wurde; so entstanden die Bienenkorbhäuser.

Die Grundrissdurchmesser betrugen damals schon 5 bis 10 m. Die Eskimos bauen heute noch ihre Schneehäuser in Kuppelform (Iglus). Moderne Kuppeln können als dünne Stahlbetonschalen mit Ringbalken als unteren Abschluss sehr stabil ausgeführt werden.

Für die Berechnung dieser *Rotationsschalen* gibt es exakte mathematische Theorien, wie z. B. Lit. [SchalenP] oder Lit. [SchalenW].

Auch im Mittelalter baute man schon Kuppeln. Am bekanntesten ist die große Kuppel der *Peterskirche* in Rom, die 1590 vollendet wurde. Sie wurde als halbkugelförmige Doppelschale mit 42 m Kuppeldurchmesser gebaut und hat eine Gewölbeschalenstärke von durchschnittlich 3 m. Das Gesamtgewicht beträgt 10 000 Mp. Statische Nachrechnungen dieser Kuppel mit den heutigen statischen Methoden haben ergeben, dass sie eigentlich schon längst eingestürzt sein müsste. Dass sie noch steht, hat sie der „Schlauheit des Materials" zu verdanken, das sich durch plastische Verformungen und Umlagerungen von Kräften in ein optimales Gleichgewicht gebracht hat, das kein Statiker vorausberechnen kann.

Besonders stabile Schalen haben die Form eines halben *Ellipsoids*. Am bekanntesten ist das „Atomei" in Garching bei München.

Bild 57: „Atomei" in Garching bei München

Das Bauwerk wurde in den Jahren 1956 und 1957 von den beiden Architekten *Gerhard Weber* und *Wolfgang F. Ende* geplant und realisiert. Das Hauptgebäude des Forschungsreaktors wurde als halbes Ellipsoid ausgeführt. Bild 57 zeigt den Rohbau mit Aluminiumaußenverkleidung. Die Wiedergabe des Fotos erfolgt mit frdl. Genehmigung von Architekt Dipl.-Ing. *Wolfgang Friedrich Ende*.

Dieses halbe Ellipsoid hat eine senkrechte Halbachse $\boldsymbol{a} = 30$ m und einen Radius $\boldsymbol{r} = 15$ m und sitzt auf einem zylindrischen Ring von 3 m Höhe, die Gesamthöhe über Gelände beträgt 33 m. Die Schalendicke des aus Stahlbeton gefertigten Ellipsoids beträgt 10 cm, am Übergang zum unteren Zylinder ist eine Verstärkung auf 12 cm und bei den Toren auf 20 cm vorhanden.

Über der Mitte des Innenraums befindet sich Kran mit einer Tragkraft von 5 Mp = 50 kN. Er ist oben in der Mitte der Kuppel befestigt und läuft außen an der Schale auf einer Kranbahn. Seine Drehachse ist mit der Mittelachse des Ellipsoids identisch. Die Wärmedämmung des Bauwerks besteht aus 2 Presskorkplatten mit je 2,5 cm Dicke und entsprechender Dampfsperre.

Statisch berechnet wurde diese Betonschale als Membrane. Es gab nur die beiden Schnittkraftkomponenten „Meridiankraft" und „Ringkraft". Für Biegespannungen ist die Betonschale nicht ausgelegt. In der Zeitschrift „*Die Bautechnik*" 1957 im Heft 9 ab Seite 353 wurde über die statische Berechnung und den Bauvorgang dieser elliptischen Rotationsschale berichtet.

Der Forschungsreaktor war vom 31.10.1957 bis zum 28.07.2000 in Betrieb. Das Bauwerk dient jetzt anderen Zwecken.

13.5. Hypar-Flächen

Zweiachsig gewölbt sind auch windschiefe Flächen (Hypar-Flächen), die durch Verwinden einer ebenen Fläche entstehen. **Hypar** ist die Abkürzung für „hyperbolisches Paraboloid", das mathematisch durch eine einfache Funktion beschrieben wird:

Zeichnet man in einem orthogonalen räumlichen Koordinatensystem $(\boldsymbol{x}, \boldsymbol{y}, \boldsymbol{z})$ die mathematische Funktion $z = \boldsymbol{x} \cdot \boldsymbol{y}$ für alle Punkte $(\boldsymbol{x}, \boldsymbol{y})$ der waagrechten Ebene auf, so erhält man eine Sattelfläche, bei der sind

- alle diagonalen senkrechten Schnitte Parabeln,
- alle waagrechten Schnitte Hyperbeln (ausgenommen der Schnitt bei $z = 0$),
- alle achsparallelen senkrechten Schnitte Geraden.

Für den praktischen Gebrauch wird die Funktion $z = a \cdot x \cdot y$ mit $a < 1$ verwendet, damit bei größeren x- und y-Werten keine extremen Höhenunterschiede auftreten.

Bild 58 zeigt zwei Hypar-Flächen, mit quadratischem und rundem Grundriss, von unten betrachtet. Die nebeneinanderliegenden Geraden sind gegeneinander verdreht, sodass jeweils eine windschiefe Fläche entstanden ist.

Die Flächen in Bild 58 werden nur aus Geraden gebildet, die senkrechten parallelen Ebenen angehören. Die am oberen Rand sichtbare Parabel ist die Diagonale der Fläche. Ebenso verläuft die Fläche rechtwinklig dazu auch in einer Parabel.

Bild 58: Hyparschalen

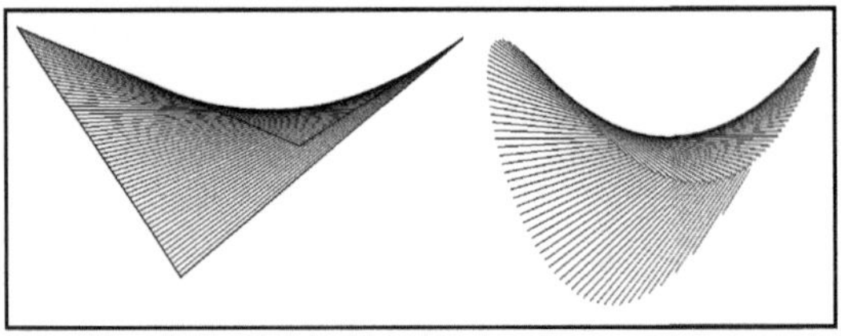

Hypar-Flächen sind als Dächer sehr beliebt, weil man sie aus geraden Bauteilen herstellen kann. Legt man parallel zu einer senkrechten Achsebene Sparren und bringt darauf Bretter in Richtung der anderen senkrechten Achsebene an, so bleiben die Längsachsen der Sparren und Bretter gerade und man erhält eine Hypar-Fläche. Die Bretter müssen nur leicht windschief in der Längsachse verwunden werden. Das gilt bei quadratischem und rundem Grundriss.

Bei leichten quadratischen Dächern genügt es, die vier Randbalken an den Ecken zu unterstützen. Die Stabilität der Konstruktion (Aussteifung) gegen Wind und andere seitliche Kräfte muss durch geeignete konstruktive Maßnahmen gewährleistet sein, die hier in diesem Zusammenhang nicht interessieren.

13.6. Traglufthallen, Tragluftkuppeln

Bild 59: Tragluftkuppel „Radom“ in Raisting/Oberbayern

Manche Bauwerke werden als reine Membrantragwerke ausgeführt. Als Tragelement dient eine Membrane, die durch einen geringen Überdruck der Luft im Innenraum im Gleichgewicht gehalten wird. Man nennt sie Tragluftbauwerke. Sie erfordern laufende Betriebskosten durch den Betrieb von Kompressoren, die den Überdruck im Innern der Kuppel dauernd aufrechterhalten müssen.

In Membranbauweise werden tonnenförmige Hallen, Kuppeln oder andere „aufgeblasene" Bauformen in vielen Teilen der Welt gebaut. Das einzige statische Problem ist, die Stabilität dieser Bauwerke bei Seitenwind zu gewährleisten.

Bild 59 zeigt die Tragluftkuppel über der großen Parabolantenne (Durchmesser 25 m) der Erdefunkstelle in Raisting/Oberbayern. Fahrzeuge und Personen auf dem Bild dienen als Größenvergleich.

Die Kuppel ist etwa 50 m hoch und wird „Radom" genannt. Sie dient als Schutzhülle, um die Parabolantenne vor Witterungseinflüssen zu schützen.

Die Tragluftkuppel wurde 1963 gebaut. Die Kunststoffhülle ist 1,8 mm dick und wiegt insgesamt 17 000 kp. Sie enthält kein Metall, weil dieses die Empfangsqualität des Funkverkehrs stören würde.

Die Parabolantenne ist seit 1985 außer Betrieb. Im Jahre 1999 wurde das Bauwerk zum Industriedenkmal erhoben. Die täglichen Betriebskosten zur Aufrechterhaltung des Innendrucks laufen weiter. Die Haltbarkeit (Lebensdauer) der Kunststoffhülle wurde ursprünglich für 10 Jahre ausgelegt, das Bauwerk steht aber schon seit 46 Jahren. Schimmelflecken, Risse in den Nähten und geflickte Stellen überziehen die Innenseite der Hülle.

Will man das Denkmal für die Nachwelt erhalten, dann muss die Hülle erneuert werden (Kosten etwa 1,5 Millionen Euro).

13.7. Stahlhohlkugel als Bauwerk

Bild 60 zeigt den kugelförmigen Gashochdruckbehälter für Methangas im Klärwerk München I.

Bild 60: Hochdruck-Stahlbehälter

Für die Eigenlast und die Gasfüllung des aus sphärisch geformten Stahlplatten zusammengeschweißten Behälters hätte ein Ringfundament genügt. Da die Kugel außen vollkommen glatt sein und kein Tragring die Optik stören sollte, wurde sie unten vollflächig sphärisch auf ein Betonfundament aufgelagert.

Die Größe des Fundaments wurde aber nicht durch die Eigenlasten von Behälter und Gasfüllung bestimmt, sondern musste für eine Wasserfüllung des Behälters bemessen werden.

Das hat folgenden Grund:

Nach den Sicherheitsbestimmungen durfte bei der Druckprüfung des Behälters keine Luft verwendet werden. Da Luft kompressibel ist und in zusammengepresstem Zustand sehr viel Energie gespeichert hat, würde sie beim Bersten des Behälters eine Explosion auslösen.

Der Behälter würde wie ein Luftballon platzen. Deshalb musste für die Druckprüfung eine Wasserfüllung verwendet werden. Wasser ist inkompressibel und löst beim Bersten des Behälters nur das gefahrlose Ausfließen des Wassers aus.

13.8. Seiltragwerke

Zum Bereich der Statik gehört auch die Berechnung von *Seiltragwerken* (vereinfacht ausgedrückt: die statische Berechnung von Seilen), die bei Seilschwebebahnen, seilverspannten Dächern (Olympiadach in München) und Hängebrücken Anwendung finden. Auch hier gibt es, wie bei Stabtragwerken, statisch bestimmte und statisch unbestimmte Systeme. Bei reinen Seiltragwerken gibt es keine Biegemomente, keine Schub- und Torsionskräfte, sondern nur Zugkräfte in den Seilen. Für ebene Seiltragwerke steht ein PDF-Dokument „Seilstatik für Bauingenieure" (siehe Lit. [Praxl5]) zur Verfügung. Dieser Beitrag enthält eine umfassende Abhandlung über die Kettenlinie mit waagrechter und schräger Sehne.

13.8.1. *Prinzip des statisch bestimmt gelagerten Seils*

Bild 61: Statisch bestimmt gelagertes Seil

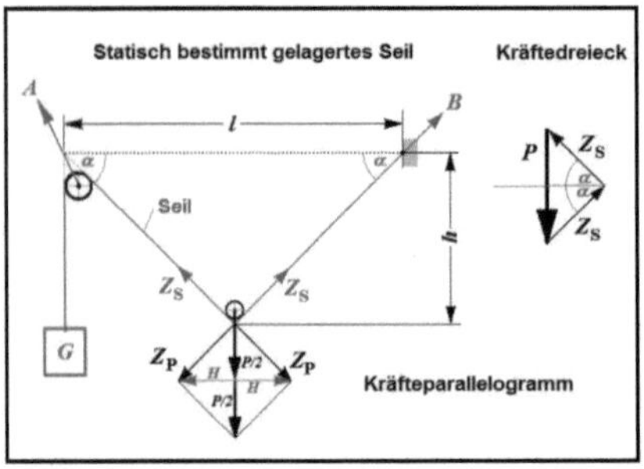

Ein *statisch bestimmt gelagertes Seil* hat immer dieselbe Zugkraft im Seil unabhängig von der Belastung des Seils in Querrichtung. Die Seilzugkraft Z_S ist durch das Gewicht G vorgegeben. Aufgrund der auf dem Seil frei beweglichen Last P kann sich ein Durchhang h einstellen (Bild 61), der von der Größe der Last P und der Seilzugkraft $Z_S = G$ abhängig ist.

Die Seilzugkraft Z_S ist durch die Größe des Gewichts G frei wählbar. Dadurch ist die Geometrie des Seildurchhangs leicht zu berechnen.

Formel 22: Geometrische Beziehungen zwischen Kräften und Längen

$$\frac{h}{l/2} = \frac{P/2}{H} = \tan\alpha$$

Die Winkel α an den Auflagern sind durch ein gleichschenkeliges Kräftedreieck (siehe Bild 61) gegeben, wobei die Schenkel die Seilzugkraft Z_S nach beiden Richtungen darstellen. Diese Seilzugkraft Z_S entsteht als Gegenkraft zu den Komponenten Z_P aus der Last P.

Den Durchhang h aus der Last P kann man aus der Gleichgewichtsbedingung berechnen.

Betrachtet man die Systemlinie zwischen den beiden Auflagern des Seils als Balken auf zwei Stützen, der das Gewicht P trägt und die Höhe h hat, dann wird das Biegemoment M in der Mitte der Spannweite durch die Horizontalkomponente H der Seilzugkraft Z_S aufgenommen, die von der waagrechten Verbindungslinie den Abstand h hat.

Formel 23: Durchhang *h* und Horizontalkomponente *H*

$$M = \frac{P \cdot l}{4} = H \cdot h$$

ergibt sich durch entsprechende Umformung der Durchhang h:

Formel 24: Durchhanggleichung für *h*

$$h = \frac{P \cdot l}{4 \cdot H}.$$

Aus dem vorgegebenen Gewicht G und der Einzellast P ergibt sich aufgrund der geometrischen Verhältnisse die Horizontalkomponente H:

Formel 25: Horizontalkomponente *H*

$$H = \sqrt{G^2 - \left(\frac{P}{2}\right)^2}$$

Aufgrund der freien Beweglichkeit der Lastrolle auf dem Seil besteht dann Gleichgewicht, wenn die beiden Winkel rechts und links neben der Seilrolle gleich sind, wie das Kräftedreieck im Bild 61 es zeigt. Diese Winkel ergeben sich unabhängig von der Spannweite l, sie sind nur von der Seilzugkraft Z_S und der Last P abhängig. Deshalb ist auch (unabhängig von der Spannweite l) das Verhältnis des Durchhangs h zur Spannweite l immer gleich, wie sich aus obiger Durchhanggleichung Formel 24 leicht herleiten lässt. Die Auflagerkräfte A und B ergeben sich als schräge Kräfte.

Soll dieses statisch bestimmt gelagerte Seil als Tragseil (Fahrweg) für eine Seilschwebebahn benutzt werden, so muss eine zusätzliche Kraft (Zugseil) parallel zum Tragseil vorhanden sein, welche die Last aus der Seilmitte herauszieht. Nur dann kann eine Kabine von Mast zu Mast bewegt werden. Diese Kraft verändert sich mit der Position der Last.

13.8.2. Kettenlinie

Die Form des unter der Eigenlast **g** durchhängenden Seils ist theoretisch eine *Kettenlinie*. Die mathematische Funktion der Kettenlinie berücksichtigt das höhere, auf die waagrechte Verbindungslinie bezogene Eigengewicht des Seils in den Auflagerbereichen bei durchhängenden Seilen und Ketten entsprechend der dort größeren Neigung.

Das Seil unter äußerer Gleichlast und die Kettenlinie werden hier nicht behandelt, denn dieses Thema ist im schon erwähnten PDF-Dokument „Seilstatik für Bauingenieure" abgehandelt.

13.8.3. Prinzip des statisch unbestimmt gelagerten Seils

Bild 62: Statisch unbestimmt gelagertes Seil

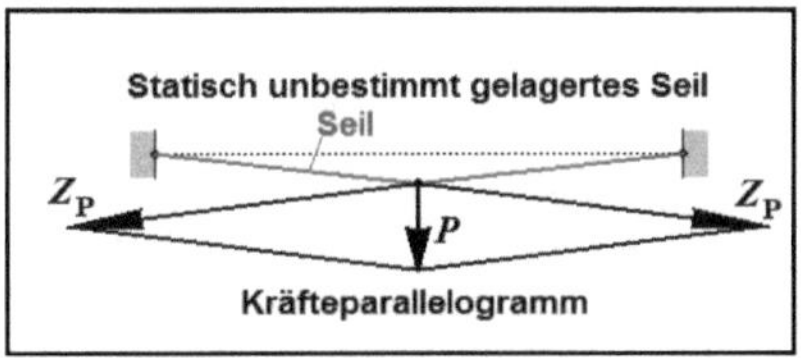

Beim statisch unbestimmt gelagerten Seil ändert sich die Zugkraft mit der Belastung des Seils. Von einem straff gespannten Seil spricht man, wenn ein Seil auf beiden Seiten fest verankert ist und theoretisch kein Durchhang vorhanden ist.

In den meisten Fällen wird das Seil aber nicht so straff gespannt, es bildet keine Gerade, sondern es wird ein gewisser Durchhang vorgegeben, damit die Kraft im Seil bei Belastung quer zur Seilachse nicht zu groß wird. Bild 62 zeigt am Kräfteparallelogramm, dass sich bei geringem Durchhang große Seilkräfte einstellen, die ein Vielfaches der Last betragen.

Bei statisch unbestimmt gelagerten Seilen (Bild 62) hängt die Zugkraft im Seil vom zu tragenden Gewicht und vom vorhandenen Durchhang ab (Kräfteparallelogramm). Berücksichtigt man zusätzlich die elastische Dehnung des Seils unter Belastung, dann vergrößert sich aufgrund der Dehnung des Seils der Durchhang. Dadurch wird die Kraft im Seil kleiner, wodurch die Dehnung abnimmt.

Diese gegenseitige Abhängigkeit von Durchhang und Kraft (gleichzeitige Änderung der Gleichgewichts- und Formänderungsbedingungen) lässt sich über die *Differenzialgleichung der Seillinie* berechnen. *Friedrich Tölke* hat dieses Problem ausführlich in seinem Buch „Baustatik" (1949, Lit.[Tölke]) beschrieben.

13.8.4. Hängebrücken

Die bekannteste Form eines Seiltragwerks ist eine *Hängebrücke* mit zwei oder mehreren Pylonen. Ein Pylon ist ein Tragerahmen einer Hängebrücke, wo die Tragseile aufgelagert sind. Die Tragseile einer Hängebrücke hängen wie eine Wäscheleine senkrecht durch. An ihnen ist die Fahrbahn über senkrechte Hängeseile befestigt.

Bild 63 zeigt eine überhöhte Schemadarstellung. Das Prinzip der *Überhöhung* wird bei langgezogenen Bauwerken oft angewandt, um das Prinzip besser zeigen zu können.

Bild 63: Hängebrücke mit zwei Pylonen (überhöht gezeichnet)

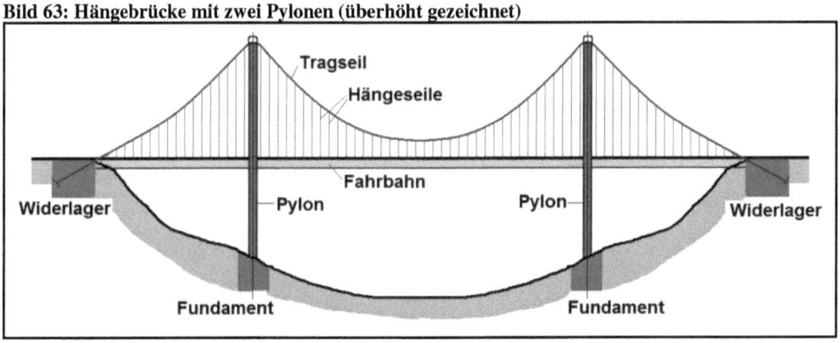

Die Tragseile sind statisch unbestimmt gelagert, die Seilzugspannung hängt von der Belastung ab. Die Seile sind in großen Betonfundamenten (Widerlager) an den Enden der Hängebrücke verankert, die durch ihr Eigengewicht die Seilkräfte aufnehmen.

Der Durchmesser der Tragseile hängt von der Spannweite des längsten Brückenfelds und beträgt zwischen 50 cm und 110 cm. Sie sind aus einzelnen Litzen hergestellt, die wiederum aus einzelnen Drähten bestehen.

Zum Beispiel hat jedes Tragseil der 4 km langen *Akashi-Kaikyo-Hängebrücke* in Japan (Einzelspannweite 1990 m, Bauzeit von 1988 bis 1998) einen Durchmesser von 110 cm und ist aus 290 Litzen hergestellt, wobei jede Litze aus 127 Drähten von 5 mm Durchmesser besteht. Durch das parallele Nebeneinanderlegen von runden Drähten in engster Packung bleiben Zwischenräume (umschriebenes Sechseck minus Kreisfläche) zwischen den Drähten. Um Korrosion zu vermeiden, hat man das Tragseil außen luftdicht abgedichtet, damit keine Feuchtigkeit eindringt. Durch die Hohlräume zwischen den gepackten Einzeldrähten wird dauernd trockene Luft ins Längsrichtung durchgeblasen. Damit hat man die Gewähr, dass die insgesamt 36830 Drähte nicht korrodieren. Jedes Widerlager für die Verankerung der beiden Tragseile am Ende der Brücke wurde aus 300 000 t Beton hergestellt.

Außer Hängebrücken gibt es noch seilverspannte Brücken (Schrägseilbrücken); diese haben einen oder mehrere Pylone, von denen parallel über die Höhe verteilt oder sternförmig schräge Seile zur Fahrbahn verlaufen und diese tragen. Die waagrechten Komponenten der Seilkräfte werden als Druckkräfte in die Fahrbahn geleitet.

13.8.5. Flattern von Seiltragwerken

Die Elastizität der Seile bringt es mit sich, dass Seiltragwerke (ebene und räumliche Seilnetze) nicht unverrückbar fest im Raum sitzen, sondern durch elastische Schwingungen quer zu den Seilen die Lage leicht ändern (*Flattern*). Durch Wind wird das Flattern verstärkt.

Flache, plattenartige Baukonstruktionen (Fahrbahn der Brücke) können im konstanten Luftstrom (Wind) zu gekoppelten Biege- und Torsionsschwingungen angeregt (angefacht) werden. Diese Schwingungen entstehen meist an den leichten Fahrbahnplatten der Hängebrücken und können bei ungünstigen Eigenfrequenzen (Resonanzen) zur Zerstörung des Bauwerks führen.

Am 7. November 1940 ist auf diese Weise die *Tacoma-Narrows-Hängebrücke*[36] (Mittelspannweite 853 m) im US-Bundesstaat Washington zerstört worden. Sie war erst vier Monate zuvor eingeweiht worden.

Bild 64: Tacoma-Narrows-Hängebrücke

Die Windgeschwindigkeit des Seitenwindes betrug an diesem Tag nur 65 km/h (Windstärke 8). Aufgrund der bekannten Schwingungen war die Brücke schon vor ihrem Einsturz eine Touristenattraktion und stand unter ständiger Beobachtung durch Überwachungs-Kameras, die den Einsturz schließlich filmten. Auf dem Film sind die Markierungen (gestreifte Stangen) zu erkennen, welche zur Auswertung der Schwingungen aus dem Filmmaterial dienten. Es ist der einzige bekannte Film eines Hängebrückeneinsturzes. Wie durch ein Wunder kamen keine Menschen dabei um.

[36] Quelle des Bildes und der Beschreibung der Umstände aus: http://de.wikipedia.org/wiki/Tacoma-Narrows-Brücke.

Bild 64 zeigt einen Schnappschuss aus dem historischen Film. Auf dem Bild sind die senkrecht gebliebenen Hängeseile und die mit der verwundenen Fahrbahn verbundenen und dadurch schräg gestellten Beleuchtungsmasten deutlich zu sehen.

Der Film des Einsturzes wird häufig als Anschauungsmaterial für die aerodynamischen und schwingungstechnischen Vorgänge verwendet. Er ist heute regelmäßig in Dokumentationen über Brücken im Fernsehen zu sehen und macht den Einsturz der Tacoma-Narrows-Brücke wohl zum berühmtesten Brückeneinsturz überhaupt.

Bedeutendste Folge der Katastrophe war, dass seither bei der Berechnung und Konstruktion von Brücken neben der Statik auch die Dynamik berücksichtigt wird und dass sämtliche größeren Brücken als Modell im Windkanal getestet werden oder in einer Simulation im Computer ihr Verhalten zeigen müssen.

Der Aufschaukelungsvorgang läuft immer in der gleichen Weise ab:

Zu Beginn bläst der Wind von der Seite (Queranströmung) auf die Kante der Fahrbahn und wird durch scharfe Kanten einmal nach unten und dann nach oben abgelenkt. Dadurch bläst er abwechselnd von unten und von oben (Anfachung) auf die Fahrbahnfläche, die wie der Flügel eines Windrades die Kräfte aufnimmt und das Tragseil be- und entlastet. Zuerst wird das Tragseil auf der einen Seite durch den Wind belastet und dann wieder entlastet. Es ist wie bei einer voll behängten Wäscheleine, die man durch leichtes außermittiges Ziehen nach unten zu Längsschwingungen anregen kann. Das zweite Tragseil auf der andern Brückenseite muss sich aufgrund der Kopplung über die untergehängte Fahrbahn genau entgegengesetzt bewegen. Es entstehen an den Fahrbahnkanten Längswellen. Die Fahrbahnränder bewegen sich wellenförmig als stehende Wellen auf und ab.

Aufgrund der unterschiedlichen Schwingungen des rechten und des linken Tragseils muss sich die Fahrbahn in der Längsachse verwinden. Dadurch gerät sie in Torsionsschwingungen, wie im Bild gut zu sehen ist. Die Hängeseile bleiben dabei aber senkrecht. Der genannte Film zeigt diese Verwindungsbewegungen sehr deutlich.

13.8.6. Seilnetz-Tragwerke

Das bekannteste Seilnetz-Tragwerk in Deutschland ist das *Olympiadach* (Zeltdach) in München. Auch dieses Seilnetz hat das Bestreben, im Wind zu flattern. Es ist ein zugbeanspruchtes leichtes Flächentragwerk. Hier verwendete man statisch unbestimmt gelagerte Seile, die entsprechend gespannt wurden, bis der Durchhang passte. Da aber die Dachfläche nicht eben, sondern an verschiedenen Punkten nach oben an Masten aufgehängt und nach hinten im Boden verankert ist, wird das Flattern weitgehend unterbunden, weil eine Art Hyparfläche dadurch entstanden ist.

Damals (1970) war die für das Olympiastadion München konstruierte Dachkonstruktion ein völlig neuartiges Seiltragwerk, bei dem Acrylglasplatten auf den Seilnetz-Knotenpunkten aufliegen. Die statischen Grundlagen dieses Daches mussten komplett neu entwickelt werden. Die Statiker bauten Drahtmodelle, an denen Messungen vorgenommen wurden. Die statische Berechnung des Daches wurde mithilfe eines Großrechners im Institut für Raumfahrt in Stuttgart durchgeführt.

14. Stahlbau

Bauwerke aus Stahl zu bauen, nennt man Stahlbau.

14.1. Normen und Vorschriften

Der Baustoff Stahl hat genau bekannte Eigenschaften, seine Herstellung und seine Eigenschaften sind in den Normen genau beschrieben. Bei Einhaltung der Normen werden die vorgesehenen Materialgüten immer erreicht.

Für die Berechnung der Stahlbauteile gibt es viele Normblätter, hier seien nur einige davon aufgezählt:

- DIN 1050 Stahl im Hochbau,
- DIN 18800 Stahlbauten (November 1990),
- DIN 18801 Stahlhochbau; Bemessung, Konstruktion, Herstellung,
- DIN 4114 Stabilitätsfälle,
- DIN 4119 Oberirdische zylindrische Flachboden-Tankbauwerke aus metallischen Werkstoffen,
- DIN 4132 Kranbahnen; Stahltragwerke; Grundsätze für Berechnung, bauliche Durchbildung und Ausführung,
- DIN 1073 Stählerne Straßenbrücken
- B.E. Berechnungsgrundlagen für Eisenbahnbrücken,
- DIN 4100 Geschweißte Stahlhochbauten,
- DIN 4115 Stahlleichtbau - Stahlrohrbau.

Im Rahmen der europäischen Normbestrebungen sind auch bei den Stahlnormen in der nächsten Zeit Änderungen und Anpassungen zu erwarten.

14.2. Stahlherstellung

Der Stahlbau begann, als man genügend Stahl großtechnisch herstellen konnte.

Das Problem war, Eisenerz und Kohle zusammenzuführen. Beide mussten zusammengebracht werden, weil man beides zur Stahlherstellung brauchte. Man fuhr das Eisenerz zur Kohle. Es fehlten aber Eisenbahnschienen. Die ersten Schienen wurden gegossen. Sie waren zu wenig seitensteif und brachen leicht (Schienenbruch).

1728 gab es das erste gewalzte Eisenblech in England. 1820 wurden die ersten Eisenbahnschienen in England gewalzt. 1830 gab es die ersten Winkelprofile in Deutschland, die ersten I-Träger gab es 1848 in Frankreich und dann 1857 in Deutschland. Das war der Beginn der Stahlbauzeit.

14.3. Stahlbrücken

Brückenbauten aus Stahl waren die ersten großen Anwendungen. Anfangs baute man Tragwerke ohne Rücksicht auf das Aussehen, man formte die Stahlfachwerke meist nach der Momentenlinie als *Bauchträger* oder *Fischbauchträger* (1881 in Schottland: *Firth of forth* mit 500 m Spannweite von Stütze zu Stütze) oder man baute Fachwerkträger in Bogenform (1892 *Hackerbrücke* in München: Genietete Einfeld-Fachwerk-Bögen mit Zugband).

Maßgebend für den modernen Stahlbau ist die *Schweißverbindung*. Man kann aus Walzprofilen und Blechen beliebige Träger zusammenschweißen. Nach 1945 wurden moderne Balkenbrücken mit geschweißten Trägern gebaut. In den 1950-er Jahren kamen dann die *hochfesten Schrauben*. Mit diesen Schrauben werden Stahlflächen so fest gegeneinander gepresst, dass die Kraftübertragung durch Reibung der zusammengepressten Teile erfolgt. Die bisherige Niet- oder Bolzenverbindung, bei der die Kraft durch Lochleibungsdruck übertragen wird, wurde davon abgelöst.

Ein typisches Anwendungsbeispiel von Stahl ist die Hängebrücke, bei der die Fahrbahnplatten an Stahlseilen aufgehängt sind (Bild 63 auf Seite 148). Möglich wurden diese Brücken, weil man die schweren Tragseile aus dünneren Drähten in der Luft an Ort und Stelle herstellte (luftverseilt).

Große ältere Hängebrücken sind:

- Washington-Brücke in New York, Mittelfeld mit Spannweite 1067 m, 1932 gebaut,
- Golden-Gate-Brücke in San Francisco, 1280 m Spannweite, 1937 gebaut.

14.4. Seilschwebebahnen

Auch *Seilschwebebahnen* gehören zu den Stahlbauprojekten. Auch hier werden, wie bei Hängebrücken, gespannte, meist luftverseilte Stahlseile benutzt, die hier aber statisch bestimmt gelagert sind (siehe Seite 147). Bei der Hochfelln-Seilschwebebahn, für die ich im Jahr 1968 die statische Berechnung der Stationsgebäude und der Mastfundierungen zu erstellen hatte, ist die größte freie Spannweite 1840 m. Die Stahl-Gittermasten sind 60 m hoch.

14.5. Stahlskelettbau

Beim Stahlskelettbau besteht das Haupttragwerk aus Stahlrahmen und Stahlträgern. Die flächenförmigen Bauteile (Decken, Wände) sind meist tragende oder aussteifende Ausfachungen aus anderen Materialien.

Hochhäuser mit mehr als 25 Stockwerken wurden früher in Stahlskelettbauweise gebaut, denn ab dieser Höhe würden die senkrechten tragenden Stahlbetonbauteile zu große Dimensionen bekommen und wären zu schwer.

Man hat aber inzwischen gelernt, auch mit Beton in die Höhe zu bauen. Der Burj Khalifa in Dubai ist mit 828 m Höhe das höchste in Stahlbeton und Stahl gebaute Gebäude (siehe Wikipedia: Burj Khalifa).

14.6. Berechnung und Konstruktion der Stahlbauten

Statische Systeme, Tragwerksformen der Stabwerke und die Berechnung der Stahltragwerke unterscheiden sich nicht von den üblichen statischen Methoden und Bauweisen. Nur bei der Bemessung und dem Nachweis der Verbindungen muss hier auf die besonderen Baustoffeigenschaften von Stahl Rücksicht genommen werden.

Der statische Berechnungsaufwand im Stahlbau ist sehr hoch, weil jede Verbindung, ob Schweiß- oder Nietverbindung, einzeln nachgewiesen werden muss. Schweißnähte müssen auf Fehlerfreiheit geprüft werden; das geschieht meist mit Röntgendurchleuchtung. Außerdem muss für alle Bauteile der Stabilitätsnachweis erstellt werden.

Details der Konstruktionen oder Berechnungen werden hier nicht gezeigt.

14.7. Stahlbauingenieure

Der Stahlbau ist sehr speziell. Bauingenieure, die sich auf Stahlbau spezialisiert haben, nennt man Stahlbauingenieure. Schon während des Studiums kann man den Schwerpunkt Stahlbau wählen (siehe 2.4.2.4 auf Seite 28). Zum praktischen Teil der Ausbildung gehören Schweißlehrgänge und ein entsprechendes Baustellenpraktikum auf einer Stahlbau-Baustelle.

15. Holzbau

Holzbau ist die älteste Bauweise der Menschheit.

Auch die Konstruktionen mit dem Baustoff Holz haben ihre Besonderheiten. In Lit. [Schleicher1] ist der Holzbau ausführlich beschrieben. Hier in diesem Buch sind nur wenige Hinweise angebracht.

15.1. Normen

Natürlich gibt es auch für den Holzbau Normen. Hier seien nur die zwei wichtigsten genannt:

- DIN 1052 Holzbauwerke; Entwurf, Berechnung und Bemessung von Holzbauwerken, Ausführung, mechanische Verbindungen, Holzhäuser in Tafelbauart, Berechnung und Ausführung
- DIN 1074 Holzbrücken

15.2. Holztragwerke

Holzbaukonstruktionen werden wegen ihrer geringen Eigenlasten für Hallenüberdachungen sehr gerne verwendet. Als Dachträger kommen Fachwerkträger oder *Leimbinder*[37] zur Anwendung. Auch für Brückenbauwerke wird der Baustoff Holz verwendet, wenn nur geringe Verkehrslasten (Fußgängerbrücken) auftreten oder nicht allzu große Spannweiten überbrückt werden müssen.

Bei Holzverbindungen greift man gerne auf zimmermannsmäßige Anschlüsse zurück, die meist mit Zapfen, Aufkämmung (Einkerbungen), Holzlaschen und Kopfbändern hergestellt werden. Im Einzelfall werden Bauklammern, Nägel oder Schraubbolzen (mit Beilagscheiben) zu Hilfe genommen. Bei ingenieurmäßigen Verbindungen werden Einpressdübel und andere industriell hergestellte Verbindungsmittel (mit bauaufsichtlicher Zulassung) verwendet. Diese punktfesten Verbindungen müssen aber immer statisch nachgewiesen werden.

15.3. Holzverleimung

Holz kann verleimt werden. Tragende Leimverbindungen dürfen nur aus trockenem Holz mit gehobelter Oberfläche hergestellt werden. Leimverbindungen müssen fachmännisch hergestellt werden, deshalb darf die Ausführung von tragenden Leimbauteilen nur von qualifizierten Firmen durchgeführt werden, die eine behördliche „Leimgenehmigung“ besitzen müssen.

Der Leim dringt ins Holz ein, lagert sich zwischen den Fasern ein, erhärtet dort und verdübelt die zu verleimenden Bauteile. Um eine intensive Verdübelung zu gewährleisten, müssen die zu verleimenden Teile bis zum Erhärten (Abbinden) des Leims aneinandergepresst bleiben. Die Leimfuge ist dann genauso belastbar wie das originale Holz selbst. Dadurch können große Bauteile gefertigt werden (Leimbinder).

Bei der Planung von verleimten Bauteilen müssen die Einflüsse aus dem „Arbeiten“ des Holzes (Quellen, Schwinden) und die Verformungen sorgfältig ermittelt und bei der Konstruktion berücksichtigt werden. Dies gilt insbesondere bei „querverleimtem“ Holz, bei dem der Faserverlauf der verleimten Schichten sich kreuzt (Sperrholz). Damit das Holz bei *kreuzweiser Verleimung* arbeiten kann, ordnet man einzelne Lagen von Holzleisten mit seitlichem Abstand voneinander an. Dann können die sich kreuzenden Leisten vollflächig verleimt werden. Wenn die Leisten zu breit sind, besteht die Gefahr, dass die Verleimung oder das Holz bei Feuchtigkeit reißt.

Meist werden *Kunstharzleime* verwendet, die kalt verarbeitet werden. Die meisten Leime können mit Wasser verdünnt werden, im abgebundenen Zustand sind sie aber wasserfest.

---

[37] Die Hauptträger bei Hallen werden Binder genannt. Leimbinder sind Binder aus verleimten Holz.

Der im Holzbau verwendete *Leim* sollte (im Gegensatz zum Schreinerleim) im erhärteten Zustand wetterfest (beständig gegen Verwitterung), feuchtigkeitsresistent, elastisch und nicht spröde sein.

Geprüft werden solche wetterfesten Verleimungen in kochendem Wasser. Man spricht dann von „kochfest verleimten" Verbindungen.

Im Unterschied zur Leimverbindung gibt es die *Klebeverbindung*. Bei *Verklebungen* haftet der *Kleber* nur an der Oberfläche der verklebten Teile. Die Klebefuge ist deshalb nicht so hoch belastbar wie eine Leimfuge. Man muss also darauf achten, dass man bei Leimbindern wirklich Leim, und nicht etwa Kleber verwendet. Geklebte tragende Verbindungen werden hauptsächlich im Stahlbau, weniger im Holzbau verwendet.

Holz ist ein natürlicher Baustoff, der unter Feuchtigkeitseinfluss „arbeitet". Für die Leime der verschiedenen Hersteller sind meist keine Langzeiterfahrungen vorhanden. Man weiß nicht, wie sie sich bei dem Wechselspiel von Feuchtigkeit, Temperatur, Belastung und Verformung verhalten. Deshalb brauchen geleimte Bauteile Pflege, Kontrolle und Wartung, um die Tragfähigkeit über viele Jahre zu gewährleisten.

Vor allem bei Leimbindern unter extremen Schneelasten kann es zu einer Überlastung kommen. Deshalb ist während der Hochlastphase eine laufende tägliche Kontrolle der Leimbinder auf Feuchtigkeitseinflüsse oder Rissbildung erforderlich. Mangelnde Kontrolle und unterlassene Wartung können zu Gebäudeeinstürzen führen, wie es bei der Eissporthalle in Bad Reichenhall im Januar 2006 geschehen ist.

15.4. Holzgerüste

Man unterscheidet Arbeitsgerüste, Schutzgerüste und Traggerüste (Montagegerüste, Lehrgerüste).

Lehrgerüste und Schalungen werden meist aus Holz hergestellt, wobei für die waagrechten Bauteile meist Schnitthölzer und für die senkrechten Teile meist Rundhölzer verwendet werden.

Ein *Lehrgerüst* dient dazu, die Formelemente (Schalung) von großen Stahlbetonbauteilen (hauptsächlich bei Brücken) zu unterstützen und die Montagelasten sowie die Eigenlasten des frischen Betons aufzunehmen.

Lehrgerüste müssen statisch berechnet werden wie die eigentlichen Bauwerke auch. Dabei sind die zu erwartenden Verformungen nachzuweisen, weil die Schalung formtreu sein muss, das heißt, nach Einbringen des frischen Betons muss die Schalung die endgültige Form haben. Verformungen müssen auf ein Minimum beschränkt werden oder, wenn sie nicht vermeidbar sind, müssen „*Überhöhungen*" der Schalungen vorgegeben werden, welche die Verformungen vorwegnehmen, damit im Lastzustand, wenn die Verformung eingetreten ist, die endgültige Form eingehalten wird. Man hält die Verformungen des Lehrgerüsts klein, indem man die Stützenstellung sehr eng wählt und die Kräfte auf dem kürzesten Weg in den Boden ableitet, wobei auch die kurzzeitigen Setzungen der Fundamente berücksichtigt werden müssen.

16. Mauerwerksbau

Unter Mauerwerksbau versteht man die Bauweise, Wände unter Verwendung von Mörtel aus Steinen zu mauern. Wände aus Mauerwerk (= Mauern) gibt es schon seit Jahrtausenden. Die Ausführung von Mauerwerksbauten ist Aufgabe der Maurer.

Der Bauingenieur ist auch für die statischen Berechnungen der Mauerwerksbauten zuständig und muss die Spannungen im Mauerwerk nachweisen. Dazu zieht er die DIN 1053 heran. Die neueste Ausgabe stammt vom November 1996 und umfasst die Berechnung und Ausführung von Mauerwerk und bewehrtem Mauerwerk. In der Norm stehen die zulässigen Spannungen für Mauerwerk und Mörtel und alle anderen statischen Einzelheiten, die bei der Bemessung zu berücksichtigen sind.

Die Herstellung und Berechnung von Mauerwerk wird hier nicht erläutert.

17. Grundbau und Bodenmechanik

Mit keiner anderen Materie hat der Bauingenieur so viel zu tun wie mit dem Boden, auf dem sein Bauwerk errichtet wird und auf dem es sicher stehenbleiben soll. Deshalb ist die Ausbildung des Bauingenieurs in Grundbau und Bodenmechanik sehr umfangreich und sehr gründlich.

Der angehende Bauingenieur muss sich nicht nur die theoretischen und praktischen Kenntnisse dieser Fächer aneignen, sondern er muss auch die in der weiten Welt ausgeführten Bauwerke kennen, bei denen bestimmte bodenmechanische Verfahren erfolgreich angewandt wurden oder misslungen sind. Dieses Lernen aus den Fehlern anderer ist besonders im Grundbau vorteilhaft, wo die Fehler besonders kostspielig sind. In den Fachzeitschriften wird meist über den Erfolg oder Misserfolg neuer Verfahren berichtet.

Nachstehend sollen nur einige wichtige Einzelheiten aus dem Grundbau und der Bodenmechanik erwähnt und beschrieben werden.

17.1. Der Boden

Der Begriff „Boden“ kommt im Bauwesen in drei verschiedenen Bedeutungen vor:

1. Als *Baugrund* (Untergrund) ist der Boden Träger unserer Baukonstruktionen, einschließlich der Straßendecken.
2. Als *Baustoff* finden wir den Boden meist als Schüttmaterial im gesamten Erdbau, bei Dämmen und im Straßenbau.
3. Als *Belastung* übt der Boden Kräfte auf unsere Konstruktionen aus, wir müssen ihn als Erddruck ansetzen, bei Aufschüttungen als Belastungsfall oder als „Gebirge“ im Stollen- und Tunnelbau berücksichtigen.

17.2. Bodenmechanik

Die *Bodenmechanik* hat sich im Laufe des 20. Jahrhunderts als selbstständiges Gebiet im Rahmen der Bauingenieurwissenschaften entwickelt. Die wissenschaftlichen Grundlagen werden aus einzelnen Teilgebieten der Physik (Mechanik, Hydromechanik, Hydrodynamik, Hydraulik, Elastizitätstheorie, Plastizitätstheorie) gewonnen.

Aufgabe der Bodenmechanik ist die Anwendung der Mechanik und Hydraulik auf Bauaufgaben in Lockergesteinen. Die Lockergesteine werden hierbei als Boden bezeichnet.

Die Aufgaben der Bodenmechanik lassen sich in drei Hauptgruppen zusammenfassen:

1. Feststellung der physikalischen Eigenschaften und Merkmale nach objektiven Verfahren, indem man Bodenkennziffern ermittelt.
2. Anwendung der empirischen[38] und theoretischen Erkenntnisse auf praktische Bauaufgaben.
3. Entwicklung von Verfahren zur Messung von Bewegungen, Druckwirkungen und anderer Erscheinungen im Boden.

Der Studierende lernt alle Einzelheiten kennen, lernt die Theorien anzuwenden, kann die Böden klassifizieren, lernt die Wirkungen der Porenwasserströmung und des Grundwassers kennen und kann das Verhalten des Bodens unter verschiedenen Lasten beurteilen und berechnen.

Einzelheiten der bodenmechanischen Theorien werden hier nicht behandelt.

[38] „empirisch“ = aus den Erfahrungen gelernt

17.3. Grundbau

Der *Grundbau* hat die Aufgabe, mit seinen Mitteln die Kräfte (Lasten) aus dem Bauwerk sicher in den Baugrund zu leiten. Dazu müssen Zwischenglieder (z. B. Fundamente, Pfähle) geschaffen werden, die die Kräfte aus dem Bauwerk aufnehmen und in den Boden leiten.

Die Aufgabe, Bauwerke mit entsprechenden Fundamenten und anderen Elementen fachgerecht mit dem Untergrund zu verbinden, damit die Bauwerkslasten ordnungsgemäß in den Boden geleitet werden können, nennt man *Gründung* der Bauwerke.

Beim Grundbau geht es um die richtige Berechnung und Gestaltung der Bauteile für die Gründung und um das richtige Bauverfahren, wie diese Gründung erfolgreich ausgeführt werden kann. Wie die zweite Silbe im Wort „Grund*bau*" schon andeutet, geht es beim Grundbau hauptsächlich um das Finden und Ausführen der geeigneten Bauverfahren für vorkommende Gründungsprobleme.

Grundbau und Bodenmechanik stehen in enger Wechselbeziehung zueinander. Man darf beide nicht getrennt sehen. Der Grundbau ist die praktische Anwendung der vorwiegend theoretischen Bodenmechanik.

17.4. Baugrund-Normen

Im Grundbau muss der Bauingenieur, wie überall in seinen Arbeitsbereichen, die einschlägigen Normen kennen, beachten und richtig anwenden. Allein die Bezeichnung der Normblätter weist schon auf die Vielfältigkeit der mit dem Baugrund verbundenen Probleme hin. Die Umstellung auf internationale Normen wird sich auch hier bemerkbar machen. Aufgrund der Benennung der Normblätter bekommt der Leser eine Vorstellung, welche Aufgaben und Probleme der Bauingenieur im Grundbau lösen muss. Mit jedem neuen Projekt kommen wieder neue und andere Probleme auf ihn zu.

Nachfolgend seien nur die wichtigsten Baugrund-Normen mit den bekannten Normblattbezeichnungen erwähnt.

- DIN 1054 Gründungen und zulässige Belastung des Baugrundes.
- DIN 4014 Bohrpfähle; Herstellung, Bemessung und Tragverhalten.
- DIN 4015 Erd- und Grundbau Formelzeichen.
- DIN 4017 Baugrund; Grundbruchberechnung.
- DIN 4018 Berechnung der Sohldruckverteilung unter Flächengründungen.
- DIN 4019 Baugrund; Setzungsberechnungen.
- DIN 4020 Geotechnische Untersuchungen für bautechnische Zwecke.
- DIN 4021 Baugrund; Aufschluss durch Schürfe und Bohrungen, Entnahme von Proben.
- DIN 4022 Schichtenverzeichnis; Bodenarten.
- DIN 4023 Baugrund und Wasserbohrungen.
- DIN 4026 Rammpfähle; Herstellung, Bemessung und zulässige Belastung.
- DIN 4030 Beton in betonschädlichen Wässern.
- DIN 4031 Wasserdruckhaltende Dichtungen.
- DIN 4084 Baugrund; Standsicherheitsberechnung bei Stützbauwerken zur Verhinderung von Grundbruch.
- DIN 4085 Berechnung des Erddrucks.
- DIN 4107 Beobachtung der Bewegung von Bauwerken.
- DIN 4117 Abdichtung von Hochbauten gegen Erdfeuchtigkeit.
- DIN 4119 Bauten in deutschen Erdbebengebieten.
- DIN 4124 Baugruben und Gräben.
- DIN 4125 Erd- und Felsanker.
- DIN 4126 Ortbeton-Schlitzwände; Konstruktion und Ausführung, Ausgabe 1986.
- DIN 4127 Schlitzwandtone für stützende Flüssigkeiten, Anforderungen, Prüfverfahren, Lieferung, Güteüberwachung. Ausgabe 1986.

- DIN 4128 Verpresspfähle (Ortbeton- und Verbundpfähle) mit kleinem Durchmesser; Herstellung, Bemessung und zulässige Belastung.
- DIN 4150 Erschütterungsschutz im Bauwesen.
- DIN 18313 Schlitzwandarbeiten mit stützenden Flüssigkeiten. Ausgabe 1984.

17.5. Unfallverhütungsvorschriften im Tiefbau

Wie wir wissen, sind die Bauberufsgenossenschaften die Träger der Unfallversicherung im Bauwesen. Die Tiefbauberufsgenossenschaft hat für Erd- und Felsbauarbeiten im Tiefbau Unfallverhütungsvorschriften aufgestellt, durch deren Kenntnis und Beachtung Unfälle verhindert werden sollen. Diese Vorschriften gelten allgemein für Grundbauarbeiten, aber auch für die Herstellung von Leitungsgräben, Schächten, Brunnen, Kiesgruben, in Steinbrüchen und für ähnliche Bauarbeiten.

Besonders im Tiefbau kommen immer wieder Unfälle mit tödlichem Ausgang oder lebenslanger Invalidität vor, die auf grobe Fahrlässigkeit der Bauausführenden zurückzuführen sind. Hier hat der Bauingenieur, sei es als verantwortlicher Firmenbauleiter, sei es als Bauaufsicht des Bauherrn, die Pflicht, einzuschreiten, wenn er erkennt, dass die Unfallverhütungsvorschriften nicht eingehalten sind. Seine Anordnungen und Gefahrenhinweise an das ausführende Personal hat er ins *Bautagebuch* einzutragen, damit er später nach Unfällen nicht gerichtlich belangt werden kann.

Der Bauingenieur sollte sich zum Grundsatz machen: Unfälle nicht selbst erleben zu müssen, sondern vorher Vorsichtsmaßnahmen zu treffen, damit nichts passieren kann. Als Bauleiter des Bauherrn kann er die Maßnahmen bei den ausführenden Firmen nicht erzwingen, er kann aber die Bauberufsgenossenschaft verständigen, die die Bauarbeiten mit polizeilichen Maßnahmen zwangsweise beenden kann (den Bau einstellen).

17.6. Bodenproben

Bei unklaren Bodenverhältnissen muss vor der Planung eine Bodenerkundung (Baugrundaufschluss) durch Bohrungen durchgeführt werden. Bei den Bohrungen und der Darstellung der Ergebnisse sind die einschlägigen Normen (DIN 4021 und 4022) zu beachten.

17.7. Bodenarten und Bodenklassen

Bei den *Bodenarten* muss man Bescheid wissen über

> die zulässige Beanspruchung, Setzungen, seitliches Ausweichen, Erschütterungswiderstand, Widerstand gegen Ausschwemmen, Frost und chemische Veränderungen.

Die Bodenarten sind in DIN 4022 aufgeführt.

Es gibt auch *Bodenklassen* (leichter, mittelschwerer, schwerer Boden, usw.), die bei der Ausschreibung der Aushubarbeiten für die Preisbildung maßgebend sind. Sie sollen uns hier nicht interessieren.

Bei den Bodenarten unterscheidet man zwischen festen und losen Böden.

17.7.1. Feste Böden

Feste Böden bestehen aus *Felsgestein*. Bei Fels unterscheidet man nach der Entstehungsart:

- Eruptive Art: Granit, Gneis, Porphyr, Basalt.
- Sedimentäre Art: Kalk, Dolomit, Schiefer.
- Verkittete Gesteine: Diese sind durch Verkittung von Schottern mit Kalk unter hohem Druck entstanden: Sandsteine, Nagelfluh, Konglomerat.

Fels ist im Allgemeinen ein sehr guter Baugrund, soweit Risse, Spalten, Klüfte gering sind. „Fauler“ (bröselnder) Fels muss entfernt werden. Man darf ein Bauwerk nur auf „gesundem“ Fels errichten.

17.7.2. *Lose Böden*

Lose Böden können aus nichtbindigen, bindigen und organischen Böden bestehen.

17.7.2.1. *Nichtbindige Böden*

Nichtbindig ist ein Boden, wenn er keinen Lehm enthält. Zu den nichtbindigen Böden gehören: Kies, Sand, Schotter, Geröll. Nichtbindige Böden sind im Allgemeinen ein guter Baugrund. Die Setzungen unter Last sind kurz und mäßig. Die Korngröße des Bodenmaterials reicht von Feinsand (0,06 mm) bis Grobkies (60 mm).

Nichtbindiger Boden sollte in gut gemischter Körnung aus verschiedenen Korngrößen bestehen, bei der die feinen Bestandteile die Zwischenräume der größeren ausfüllen (verkeilen). Durch Verdichtung des Bodens kann man die Zwischenräume verkleinern und eine dichtere Lagerung der Bodenteilchen erreichen.

Die Körnungen werden durch *Sieblinien* charakterisiert. Man siebt eine Bodenprobe nacheinander durch mehrere Siebe, wobei die Maschenweiten der einzelnen Siebe immer kleiner werden. Die auf den Sieben mit bestimmten Maschenweiten zurückbleibenden Korngrößen werden gewogen und grafisch als Sieblinie aufgetragen. Aus den Sieblinien gehen die Anteile der verschiedenen Korngrößen einer Mischung hervor. Die Form der Sieblinie ist charakteristisch für bestimmte Mischungen.

Bei reinem Sand sind alle Bodenteilchen fast gleich groß, die innere Reibung des Bodens ist sehr klein, weil die Zwischenräume (Poren) nicht mit noch feinerem Material, sondern womöglich mit Wasser (Porenwasser) ausgefüllt sind. Er weicht unter Belastung seitlich aus (wird seitlich herausgepresst und quillt nach oben). Die Last versinkt im Sand. Durch Wasser wird die innere Reibung wesentlich vermindert, die Tragfähigkeit ist noch geringer.

Steht nur feiner Sand als Baugrund an, dann sind besondere Maßnahmen für eine technisch korrekte Gründung zu ergreifen, sonst hat man am Schluss wirklich im sprichwörtlichen Sinn „auf Sand gebaut".

17.7.2.2. *Bindige Böden*

Bindige Böden enthalten klebrige Bestandteile, die die gesamte Bodenmasse zusammenhalten (binden). Die Bindung kann durch Zutritt von Wasser gemindert oder aufgehoben werden, der Boden wird dann weich und schmierig.

Zu den bindigen Böden gehören:

- Ton (Korngröße < 0,002 mm),
- Schluff (0,06 mm bis 0,002 mm),
- Lehm ist ein Ton mit etwa 20 bis 70 % Sand. Lehm ist gröber als Ton und nimmt leicht Wasser auf.
- Mergel ist ein kalkhaltiger Ton, er ist ein Gemisch aus Lehm und Kalkstein mit grüngrauer Farbe. Er kann sehr hart sein, zerfällt aber durch Zutritt von Luft.
- Flinz ist ein Kalkmergel. Kennzeichen sind die enthaltenen Glimmerplättchen.
- Löss besteht aus feinstem Sand und Schluff, er liegt zwischen bindig und nichtbindig.

Besonderheiten bei Flinz:

Bei Flinz sind besondere Maßnahmen zur Unfallverhütung erforderlich, weil die Gefährlichkeit oft unterschätzt wird. Beim Aushub von Gräben bleibt Flinz wie Fels „stehen", deshalb sparen sich die Baufirmen meist den Grabenverbau.

Durch Zutritt von Luft wird Flinz auch bei trockenem Wetter nach einigen Stunden schmierig und weich, die nicht abgestützten Grabenwände stürzen ohne Vorankündigung plötzlich ein. Die im Graben befindlichen Arbeiter werden verschüttet. Auf diese Weise sind schon schwere Unfälle passiert.

Erfahrene Bauingenieure wissen: Flinz ist hinterhältig. Erst wiegt er die Bauleute in Sicherheit und nach einiger Zeit schlägt er unerwartet zu, indem vorher trockene und feste Grabenwände einstürzen.

17.7.2.3. Organische Böden

Organische Böden bestehen aus *Humus* (*Mutterboden*), Torf und Moor. Mutterboden ist die oberste Schicht des Bodens und sehr reich an Lebewesen und an organischen Bestandteilen. Sie kann bis zu 40 cm dick sein. In den Bauordnungen gibt es gesetzliche Bestimmungen für den Schutz des Mutterbodens. Organische Böden sind kein Baugrund.

17.8. Grundwasser

Das Regenwasser (auch Oberflächenwasser genannt) sickert durch die lockeren Böden (Kiesböden, Moränenschotter im Voralpengebiet) und sammelt sich auf einer tiefer gelegenen bindigen Bodenschicht. Es entsteht eine Wasseransammlung im Untergrund, die man *Grundwasser* nennt. Das Grundwasser steht nicht still, sondern ist der Schwerkraft unterworfen, fließt zu tiefer gelegenen Stellen (Senken der bindigen Bodenschicht) und sammelt sich dort. Die Oberfläche dieser in den lockeren Bodenschichten stehenden oder fließenden Wassermengen nennt man *freier Grundwasserspiegel.*

Befindet sich unter der bindigen Schicht wieder Grundwasser, das von undurchlässigen Bodenschichten eingeschlossen ist und unter Druck steht, dann nennt man es *„gespanntes Grundwasser“*, wenn in einem Messrohr der gespannte Grundwasserspiegel den freien Grundwasserspiegel übersteigt.

17.9. Bodenkräfte und Erdstatik

17.9.1. Bodenpressung

Normalerweise übt der Boden auf das Bauwerk nur den Gegendruck von unten nach oben aus, den die Lasten verursachen. Die Spannung unter einer Fundamentfläche, welche durch die Lasten auf das Fundament erzeugt wird, nennt man *Bodenpressung*. Die Bodenpressung tritt in der Fuge zwischen Fundament und Boden auf. Sie wirkt auf das Bodenmaterial von oben nach unten und auf die Fundamente von unten nach oben (Druck und gleich großer Gegendruck).

Die Bodenpressung muss für die Bemessung der Bodenplatten als negative Flächenlast (Gleichlast, nach oben gerichtet) angesetzt werden. Durch die Bodenpressung wird die Bodenplatte nach oben verformt.

Benutzt man dünne („weiche“) Bodenplatten, dann muss man die elastische Verformbarkeit der Bodenplatten berücksichtigen. Die Bodenpressungen sind dann an den Stützstellen (unter den Kellerwänden) größer als in der Mitte der Bodenplatte, wo die Elastizität der Bodenplatte der Bodenpressung ausweicht und nachgibt.

Die Berechnung dieser *elastischen gebetteten Bodenplatten* ist sehr schwierig, weil die Bodenpressungen von den Verformungen der Platte und die Verformungen der Platte wiederum von den Bodenpressungen abhängen (Differenzialgleichung des elastisch gebetteten Balkens). Die Berechnung ist ein Problem der Bodenmechanik. Früher war diese Berechnung sehr mühsam, mit den entsprechenden Computerprogrammen kann der Bauingenieur diese Berechnung heute mühelos durchführen.

17.9.2. Wasserdruck

Der *Wasserdruck* wirkt grundsätzlich nach allen Seiten. Auf senkrechte Flächen wirkt er waagrecht, bei schrägen Flächen rechtwinklig zur Schräge und unter den Bodenplatten nach oben. Er wird *hydrostatischer Wasserdruck* genannt, weil er von der Höhe der ruhenden Wassersäule über der betrachteten Stelle abhängt.

Im Unterschied dazu gibt es noch den *Fließdruck*, der durch die Mitnahmekraft des fließenden Wassers entsteht, er wirkt auf Brückenpfeiler und auf das Ufermaterial in Flüssen.

Der hydrostatische Wasserdruck hängt von der Tiefe unter dem Wasserspiegel ab. In der Tiefe x unter dem Wasserspiegel drückt also eine Wassersäule von x [m] nach allen Seiten, die Größe des Wasserdrucks beträgt $p_x = x \cdot \gamma$. An der tiefsten Stelle h tritt der maximale Wasserdruck auf:

Formel 26: Hydrostatischer Wasserdruck

$$p_{max} = h \cdot \gamma.$$

γ ist die Wichte des Wassers, die mit 1 Mp/m^3 (10 kN/m^3) angesetzt wird. Daraus ergibt sich der hydrostatische Druck in [Mp/m^2]. Da der hydrostatische Wasserdruck mit der Tiefe linear zunimmt, erhält man als Belastungsbild eine *Dreieckslast*.

Bild 65 zeigt den hydrostatischen Wasserdruck auf eine senkrechte und auf eine schräge Fläche.

Bild 65: Wasserdruck auf eine senkrechte und eine schräge Wand

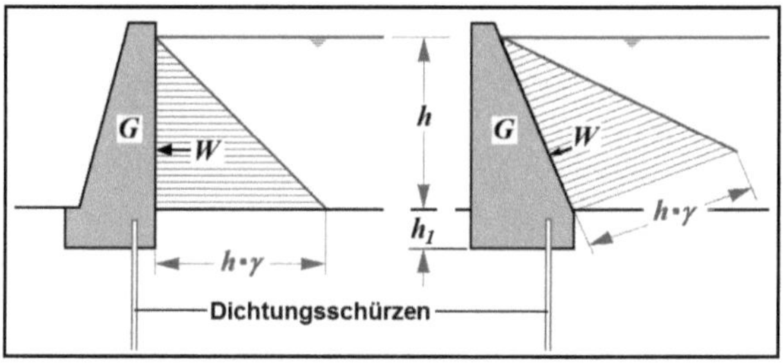

Fasst man diese Dreieckslast als resultierende Kraft zusammen, dann wirkt diese im unteren Drittelspunkt senkrecht zur Angriffsfläche. Die Größe dieser resultierenden Kraft W nimmt mit der Tiefe h quadratisch zu:

$$W = \frac{1}{2} \cdot h \cdot (h \cdot \gamma) = \frac{h^2 \cdot \gamma}{2}.$$

Sie wirkt auf 1 m Breite der im Bild 65 gezeigten Staumauern. Die Berechnung von Staumauern ist auch eine Aufgabe der Bauingenieure.

Da der Wasserdruck auch nach unten wirkt, kann sich das Wasser einen Weg durch die Poren des Bodens um die Unterkante der Staumauer herum suchen und diese unterspülen. Deshalb muss eine Dichtungsschürze angeordnet werden, deren erforderliche Tiefe von der Durchlässigkeit des Bodens abhängt. Im Normalfall sollten Dichtungsschürzen in der Tiefe bis zur bindigen Bodenschicht reichen.

17.9.3. Auftrieb

Wenn der hydrostatische Druck von unten nach oben auf eine Bauwerksfläche wirken kann (*Sohlenwasserdruck*), nennt man ihn *Auftrieb*. Er wirkt auf das gesamte eintauchende Bauwerk von unten nach oben. Die Bodenpressung wird durch den Auftrieb abgemindert.

In Bild 65 kann der Sohlenwasserdruck mit dem vollen hydrostatischen Wert $p_{max} = (h + h_1) \cdot \gamma$ zwischen der Dichtungsschürze und der Hinterkante der Staumauer von unten nach oben wirken. Die Dichtungsschürzen werden deshalb in der Nähe der Hinterkante angeordnet, um die Auftriebskräfte gering zu halten.

Wenn der Auftrieb größer ist als die Bodenpressung, dann besteht die Gefahr des *Aufschwimmens* des gesamten Bauwerks. Der Bauingenieur muss die Sicherheit gegen Aufschwimmen nachweisen.

Dieser Nachweis wird nur für die ständige Last (das Eigengewicht) des gesamten Bauwerks durchgeführt, weil dies die geringste Last ist.

Ist das Bauwerk nicht wasserdicht, dann wird es bis zur Höhe des Grundwasserspiegels überflutet, der Auftrieb tritt nicht auf. Nach Abpumpen des Wassers besteht aber wieder die Gefahr des Aufschwimmens. Der Nachweis gegen Aufschwimmen muss deshalb immer durchgeführt werden, unabhängig davon, ob das Bauwerk wasserdicht ist oder nicht.

17.9.4. *Erddruck*

Der Erddruck wirkt, wie der Wasserdruck, von der Seite auf senkrechte Bauteile, wobei der innere Reibungswinkel des Bodens und der Wandreibungswinkel berücksichtigt werden.

Man unterscheidet zwischen Erdruhedruck, aktivem und passivem Erddruck. Eine Abhandlung über die Grundlagen der Erddrucktheorie und die Berechnungsmethoden findet man im Betonkalender 2007, Band 1, im Beitrag „Stützbauwerke" ab Seite 265.

17.10. Setzungen

Da der Boden ein quasi-elastisches Medium ist (elastischer Halbraum), wird er unter Last immer nachgeben, wie dies auch ein elastisches Bauteil tut. Man muss also so bauen, dass die Setzungen keinen Schaden anrichten können.

Vorausberechnete Setzungen (nach DIN 4019) entstehen während des Bauens, wenn die Last auf den Boden durch das Wachsen des Bauwerks allmählich zunimmt. Diese Setzungen sind zeitabhängig und kommen zum Stillstand, wenn das Gewicht des Bauwerks das Porenwasser im Baugrund „ausgepresst" hat (Konsolidierungsvorgang). Diese vorausberechneten Setzungen müssen durch konstruktive Maßnahmen berücksichtigt werden:

- Jeder Baukörper muss von den anderen Baukörpern durch eine Setzungsfuge getrennt sein. Bei verschieden hohen Baukörpern ist dies zwingend nötig, weil diese wegen ihres unterschiedlichen Gewichts verschieden große Setzungen haben.
- Nach außen gehende Rohranschlüsse müssen die Setzungsbewegung „mitmachen" und dürfen nicht reißen (flexible Anschlüsse).

Wenn durch falsche Beurteilung der Bodenverhältnisse oder infolge Unterspülung, Aushöhlung oder Abgrabung unkontrollierte Setzungen entstehen, dann sind dies „schädliche Setzungen". Sie führen zu Bauschäden.

17.11. Die Baugrube

Unter *Baugrube* versteht man allgemein die durch den Aushub geschaffene Vertiefung, die notwendig ist, um ein Bauwerk unter Geländeniveau zu gründen. Die Bauwerke werden ja nicht zu ebener Erde einfach auf die Wiese gestellt. Sie müssen so tief „eingegraben" werden, dass sie auf standfestem Boden Halt finden und der Frost im Boden nicht bis zu den Fundamenten reichen kann (Frosttiefe).

Man unterscheidet *Flachgründungen* und *Tiefgründungen.* Bei Flachgründungen stehen unmittelbar unter der Konstruktionsunterkante (also direkt unter den Fundamenten) tragfähige Schichten an. Bei Tiefgründungen liegen die tragfähigen Schichten wesentlich tiefer, die Bauwerkslasten müssen durch besondere Tragglieder (Pfähle, Senkkästen) auf den tragfähigen Grund geleitet werden.

17.11.1. *Ausschachtung*

Archäologische Funde, die bei Ausschachtungsarbeiten ans Tageslicht kommen, müssen nach den Vorschriften der Bauordnungen den zuständigen Stellen angezeigt werden, damit sie fachgerecht ausgegraben und gesichert werden können. Bei Ausschachtungen muss Rücksicht auf die benachbarte bestehende Bebauung genommen werden, damit nicht unbeteiligte Grundstücke in Mitleidenschaft gezogen werden. Das *Bürgerliche Gesetzbuch (BGB*) schreibt in § 909 vor: „Ein Grundstück darf nicht in der Weise vertieft werden, dass der Boden des Nachbargrundstücks die erforderliche Stütze verliert, es sei denn, dass für eine genügende anderweitige Befestigung gesorgt ist."

Bei Ausschachtungsarbeiten unterscheidet man drei Begriffe:

- *Abtrag* ist derjenige Teil des Bodens, der abgegraben werden muss, um die normale endgültige Geländehöhe zu bekommen. Meist handelt es sich dabei um Mutterboden (Humus) oder eine bindige Schicht, die über dem tragfähigen Boden liegt.

- *Aushub* schafft die Vertiefung, die nötig ist, um die Baugrube auf die Gründungstiefe (Konstruktionsunterkante = Fundamentunterkante) zu vertiefen.
- Als *Abraum* bezeichnet man denjenigen Teil des Aushubmaterials, der nicht mehr brauchbar ist und deshalb abgeräumt und weggefahren werden muss. Dazu gehören alte Auffüllungen aus Müll oder altem Bauschutt. „Abraum“ kommt von „abräumen“.

Eine Baugrube mit schrägen Böschungen ist am einfachsten herzustellen. Dazu sind Ausschachtungsarbeiten (Aushubarbeiten) bis zur Gründungstiefe erforderlich. Diese Bauweise wird bei enger Wohnbebauung nicht überall möglich sein. Die Baugrube muss dann mit senkrechten Wänden nach unten getrieben und diese Wände müssen verkleidet und abgestützt werden, damit der Boden nicht nachrutschen kann.

17.11.2. Baugrubenverbau

Die nötigen Vorrichtungen zur Sicherung der Baugrube (Baugrubenverkleidung, Baugrubenverbau, Absteifung) gehen nicht in das Bauwerk ein, das heißt, sie werden nicht Bestandteil des Bauwerks. Sie sind nur Mittel zum Zweck der gefahrlosen Herstellung.

Der *Baugrubenverbau* muss genau geplant und berechnet werden. Alle Teile müssen statisch berechnet und ausreichend bemessen werden.

Auf die Besonderheiten der Bauweise (Spundwände, Bohrpfahlwände, Schlitzwände) muss schon bei der Planung und Berechnung Rücksicht genommen werden.

In Deutschland, in der Schweiz und in Österreich, wo hauptsächlich Moränenschotter und locker gelagerte Kiese (Verwitterungsmaterial der Alpen) vorkommen, wird meist in offenen Bauweise gebaut. Offene Bauweise heißt, dass von der Baugrubensohle aus der freie Himmel zu sehen ist.

Bei anderen Gründungsarten gibt es keine offene Baugrube. Da arbeitet man im Untertagebau, im Tunnel, im Stollen vor Ort, im Senkkasten, im Caisson unter Druckluft oder in einem Tunnel durch einen riesigen vereisten Bodenklumpen. Caisson ist ein Senkkasten für Bauarbeiten unter Wasser.

17.11.3. Wasserhaltung

Der größte Feind der Baugrube ist das Wasser. Es kann als Porenwasser oder als Grundwasser auftreten. Es muss durch verschiedene Maßnahmen abgehalten werden, die Baugrube zu überfluten.

Ist der ganze Boden wasserdurchlässig, dann ist das Wasser überall. Man schachtet die Baugrube so weit aus, bis man auf den Grundwasserspiegel stößt. Das Grundwasser wird mit einer starken Pumpe aus der Baugrube abgepumpt und in einer angemessenen Entfernung in einen Graben oder Bach geleitet. Es muss aber vermieden werden, dass das abgepumpte Wasser gegen die Fließrichtung der Grundwasserströmung befördert und oberhalb der Pumpstelle wieder versickert wird. Dann kommt es unterirdisch wieder zurück, man pumpt es im Kreis.

Wenn das Grundwasser in der Baugrube immer unter der Baugrubensohle gehalten werden soll, dann muss der Grundwasserspiegel bis zur Baugrubensohle abgesenkt und dort gehalten werden. Die Grundwasseroberfläche bildet dann rund um die Baustelle einen Trichter. Man spricht von *Grundwasserabsenkung*.

Ist die Wasserdurchlässigkeit des Bodens so groß, dass keine Pumpe es schafft, den Grundwasserspiegel auf Baugrubensohlhöhe abzusenken, dann muss das Grundwasser durch Gründungshilfsmittel wie Dichtungsschürzen, Spundwände, Bodeninjektion, Schlitzwände, Vereisung oder andere Maßnahmen zurückgehalten werden.

Es gehört zu den Vorbereitungsarbeiten der Baustelle, die Wasserdurchlässigkeit des Bodens durch Bodenuntersuchungen schon in der Planungsphase des Bauwerks festzustellen, um die richtige Wasserhaltung planen zu können.

17.12. Gründungshilfsmittel

17.12.1. Spundwände

Spundwände sind Hilfsmittel bei Gründungen. Sie bestehen aus einzelnen biege- und knickfesten Elementen aus Holz (*Spundbohlen*) oder Stahl (*Spunddielen*) und dienen zur Aufnahme waagrecht wirkender Kräfte (Erddruck, Wasserdruck). Stahlspunddielen haben zug- und scherfeste Schlösser. Das sind Nuten mit verdickten Rändern, die in den Gegennuten des benachbarten Elements Halt finden. Spundwände werden gerammt, also unter Erzeugung von viel Lärm mit Rammen in den Boden eingeschlagen. Rammen sind schwere Geräte mit massiven Schlaggewichten (Hämmern, Rammbären), die mit Maschinenkraft (Dampf, Druckluft, Seilzüge) betrieben werden.

Zur Lärmminderung werden Spundwände auch mit hoher Frequenz eingerüttelt oder mechanisch mit hydraulischen Pressen in die Tiefe gedrückt.

Spundwände werden als Bauspundwände für einen vorübergehenden Zweck zur Zurückhaltung von Erddruck oder Wasser während der Bauzeit verwendet. Sie können nach Ende der Bauarbeiten, wenn sie nicht mehr gebraucht werden, gezogen und mehrmals wiederverwendet werden. Eine Konstruktionsspundwand dagegen wird Bestandteil des Bauwerks, verbleibt dort und dient dann zur dauernden Verhinderung von Unter- oder Hinterströmung von Fundamenten (Dichtungsschürzen) oder anderen dauerhaften Zwecken.

17.12.2. Bodenvereisung.

Die *Bodenvereisung* wurde 1880 erstmalig angewandt und ist hauptsächlich für Bergbauzwecke entwickelt worden. Die Vereisung dient nur einem einzigen Zweck: Die Bauarbeiten in schwierigem und wasserhaltigem Boden zu ermöglichen.

Es gibt verschiedene Verfahren der Kälteeinbringung in den Boden, die hier nicht erörtert werden.

Bodenvereisung ist nur bei vorwiegend kohäsionslosem (nichtbindigem) Material anwendbar. Der im Boden durch Vereisung entstehende riesige gefrorene Bodenklumpen hält das Wasser zurück und kann wie leichter Fels bergmännisch durchfahren werden. Man muss darauf achten, dass vor und hinter den bergmännisch durchfahrenen Strecken aufgrund auftauender Bodenmassen kein Wasser in den Tunnel eindringt.

Beim U-Bahn-Bau in Berlin hat man das Vereisungsverfahren angewandt, um im mit Wasser durchsetzten „Märkischen Sand“ die Bauwerke (Bahnhöfe, Tunnel) in bergmännischer Bauweise herstellen zu können.

Wird dem Boden keine Kälte mehr zugeführt, taut der vereiste Boden wieder auf, dieses Verfahren ist nicht schädlich für die Umwelt.

17.12.3. Bodeninjektionen

Anstelle der Vereisung kann man Kiesböden auch durch *Injektion* stabilisieren. Unter Injektionen versteht man das Einpressen von pumpfähigem Material (Verfestigungs- und Dichtungsmittel) in die Hohlräume und Poren des gewachsenen oder aufgeschütteten und verdichteten Bodens.

Als *„gewachsenen Boden“* bezeichnet man den Untergrund, der noch nie durch Grabungsarbeiten gestört wurde, also noch im ursprünglichen Zustand ist, wie er in der Natur gebildet wurde (gewachsen ist). Als Injektionsgut werden je nach Größe der Hohlräume und je nach dem Zweck der Injektion Zementmörtel, Zement-Ton-Suspensionen, Emulsionen oder chemische Lösungen verwendet.

Der Boden wird im injizierten Bereich hart wie Mörtel, ist wasserundurchlässig, standfest und lässt sich nach Abbinden wie leichter Fels bearbeiten. Bodeninjektionen kann man nicht mehr rückgängig machen.

17.12.4. Injektionszuganker (Erdanker)

Baugrubenumschließungen können nicht immer von innen verstrebt und gestützt werden. Wie könnte man dann dazwischen das Bauwerk errichten? Deshalb verankert man den Baugrubenverbau (Spundwände, Bohrpfahlwände, Schlitzwände, Holzbohlenwände) im Erdreich, das er eigentlich zurückhalten soll. Für solche Rückverankerungen werden *Injektionszuganker* verwendet. Sie werden im Normblatt *Erdanker* beschrieben.

Durch die zu stützende Wand wird ein Loch gebohrt, das bis weit hinter die Erddruckgleitlinie reicht. Das ist die Linie, entlang derer sich ein Grundbruch ausbilden kann. In dieses Loch schiebt ein Schutzrohr aus Stahl und führt durch dieses Schutzrohr einen Spannstahl ein.

Dann wird durch das Schutzrohr Zementmörtel in den Boden eingepresst. Im Boden entsteht hinter dem Rohr ein birnenförmiger Körper aus zementverfestigtem Boden, in deren Mitte der Spannstahl verankert ist.

Nach Erhärten des Zementmörtels wird der Anker (wie beim Spannbeton) am vorderen Ende (Spannkopf) gespannt. Dadurch wird die zu verankernde Wand gegen den Erdwiderstand gezogen. Diese Injektionszuganker (Erdanker) müssen vom Bauingenieur berechnet und die Maße für die Ausführung von ihm vorgegeben werden. Der Bauingenieur hält sich auch hier an die Normen.

17.13. Gründungselemente

Die Gründungselemente sind Bestandteile des Bauwerks. Sie dienen dazu, die Bauwerkslasten in den Boden zu leiten, ohne dass die zulässige Bodenpressung überschritten wird. Die zulässigen Bodenpressungen sind in DIN 1054 für die verschiedenen Gründungsverhältnisse und für die Gründungselemente angegeben.

17.13.1. Fundamente

Fundamente verteilen die Bauwerkslasten auf eine genügend große Druckfläche, um den Boden nicht zu überlasten. Bei der Berechnung der Fundamente muss der Bauingenieur auch die Druckverteilung im Boden berechnen. Die Fundamente sind nicht immer gleichmäßig belastet, durch einseitige Lasten können an den Rändern höhere Kantenpressungen und an der anderen Seite klaffende Fugen entstehen. „Klaffende Fuge“ ist ein zugelassener Zustand, den man berechnen muss.

Bei der Flachgründung gibt es *Streifenfundamente*, welche die Lasten der Wände auf einen breiteren Bodenstreifen verteilen, und *Einzelfundamente* unter Stützen, meist quadratisch, die Einzellasten auf eine genügend große Fläche verteilen.

17.13.2. Flächengründung

Bei schlechten Bodenverhältnissen, wenn die zulässige Bodenpressung sehr gering ist, wählt man eine *Flächengründung* und stellt das ganze Bauwerk auf eine Bodenplatte. Ist das Bauwerk gegen Grundwasser abzudichten, bildet man Bodenplatte und die aufgehenden Wände als monolithische, wasserdichte Wanne (Grundwasserwanne) aus. Die Grundwasserwanne ist eine Betonwanne im Grundwasser, in der sich das Bauwerk befindet.

Der Einfachheit halber wird meist der Keller des Bauwerks als monolithische Grundwasserwanne ausgebildet. Der Bauingenieur rechnet die Bodenplatte mit elastischer Bettung, um die Bodenpressungen an den verschiedenen Stellen annähernd richtig zu erfassen. Diese Grundwasserwanne muss gegen Aufschwimmen gesichert werden. Wenn die berechnete Sicherheit gegen Aufschwimmen nicht ausreicht, muss die Grundwasserwanne durch Erdanker nach unten verankert werden. Bei im Grundwasser liegenden Unterführungen von Straßen müssen auch die Zufahrtsrampen einschließlich der seitlichen Stützwände mit Erdankern gegen Aufschwimmen gesichert werden.

17.13.3. Pfahlgründung

Wenn nicht-tragfähiger Boden ansteht, muss eine Tiefgründung erfolgen. Das älteste und wichtigste Verfahren für eine Tiefgründung ist die *Pfahlgründung*. Unsere Vorfahren verwendeten Holzpfähle, später verwendete man Pfähle aus Stahlbeton. Für Pfahlgründungen gibt es ausführliche Normen, DIN 4014 und andere.

Es gibt zwei Arten von Pfahlgründungen:

1. Bei der *stehenden Pfahlgründung* „stehen" die Pfahlspitzen auf festem Grund, der in nicht zu großer Tiefe anstehen sollte. Bei gegossenen Bohrpfählen wird die Spitze als Knolle ausgebildet, damit eine größere Aufstandsfläche erzielt und damit die Tragfähigkeit erhöht wird. Die durch die Pfähle abzutragende Last wird durch die Pfahlspitze (Knolle) in den Boden geleitet, wobei die zulässige Bodenpressung nicht überschritten werden darf.
2. Bei der *schwebenden Pfahlgründung* werden die Pfähle enger gesetzt. Die Pfahlspitzen enden im schlechten Boden, weil der gut tragfähige Baugrund erst in zu großer Tiefe ansteht. Der Boden zwischen den Pfählen verspannt sich aufgrund der Mantelreibung, die durch Ausbeulungen bei gegossenen Pfählen erhöht wird. Das zwischen den Pfählen befindliche Bodenmaterial wird als tragende Gründungsfläche mitverwendet. Schwebende Pfahlgründungen sind nach Möglichkeit zu vermeiden.

Es gibt mehrere Pfahlarten:

Rammpfähle aus Holz oder Stahl werden durch starke Rammen in den Boden geschlagen. Es entstehen große Erschütterungen des Bodens und viel Ärger mit der Nachbarschaft.

Ortbetonbohrpfähle (bis zu einem Durchmesser von 1 m) werden vor Ort betoniert. Zuerst werden Stahlrohre (Vortreibrohre, Mantelrohre) durch übliche Bohrverfahren in den Boden eingebracht (abgeteuft), der Aushub wird durch das Rohrinnere nach oben befördert. Das Rohr wird durch ständiges Drehen immer tiefer getrieben. Beim *Benotoverfahren* werden Pfähle bis zu einem Durchmesser von 1 m und beim *Frankipfahlverfahren* bis Durchmesser 1,80 m hergestellt. Es gibt noch viele andere patentierte Verfahren, die hier nicht erwähnt werden.

Das Mantelrohr ist aus mehreren kürzeren Teilen zusammengesetzt und durch Verschraubungen verbunden. Es bietet Schutz gegen das Einstürzen des Bohrlochs. Später wird die Bewehrung für den Pfahl eingebracht und das Rohr mit Beton aufgefüllt, während es langsam nach oben gezogen wird. Der Beton wird durch Rütteln verdichtet und füllt beim Hochziehen des Rohres sämtliche seitlichen Ausbeulungen des Bodens aus.

Bei *Bohrpfahlwänden* steht Pfahl neben Pfahl in sehr geringem Abstand. Das Grundwasser wird durch vorherige Injektion des Bodens hinter den Pfählen zurückgehalten. Manchmal überschneiden sich die Pfähle (überschnittene Bohrpfahlwand). Bohrpfahlwände werden verwendet, wenn der Boden auf einer Seite abgetragen werden muss und die Bohrpfahlwand als Wand eines unterirdischen Bauwerks verwendet wird, die den Erddruck aufnimmt. Der Vorteil liegt darin, dass die Bohrpfahlwand vom bestehenden Gelände aus in die Tiefe getrieben werden kann und keine Baugrube nötig ist. Später wird dann im Schutze dieser Wand der Aushub der Baugrube vorgenommen. Bohrpfähle können in jeden Boden eingebracht werden.

17.13.4. Schlitzwände

Gemäß DIN 4126 ist „eine Ortbeton-Schlitzwand eine Wand aus Beton oder Stahlbeton, die in flüssigkeitsgestützten Schlitzen im Boden erstellt wird". In ihrer statischen Funktion nimmt sie z. B. als Baugrubenwand Erd- und Wasserdruckkräfte auf und trägt diese über die Verankerung oder über den Erdwiderstand am Fußauflager in den Boden ab. Schlitzwände werden u. a. als Stützwände für wasserhaltende Baugrubenumschließungen gegen Erd- und Wasserdruck verwendet. Sie werden hauptsächlich beim U-Bahn-Bau verwendet, wenn die Baugrube nach oben offen ist.

Schlitzwände können in bindigen und nichtbindigen Böden ausgeführt werden. Wie bei jedem Bauvorhaben muss der Herstellung der Schlitzwand eine sorgfältige Erkundung des Baugrundes vorausgehen.

17.13.4.1. Bauvorgang

An der Geländeoberfläche oder auf der Baugrubensohle werden gleichlaufend zur geplanten Schlitzwand zunächst zwei parallele Leitwände erstellt, die eine Art Schablone für die Schlitzwand darstellen. Die Leitwände haben ferner die Aufgabe, den Schlitzwandgreifer (spezieller Baggerkorb) zu führen. Die Leitwände sind zwischen 0,15 m und 0,25 m dick und reichen im Allgemeinen bis zu einer Tiefe von 0,70 m bis etwa 1,70 m.

Dann wird mit dem Schlitzwandgreifer ein senkrechter Schlitz in den Boden getrieben, der anstelle einer Schalung mit einer *Stützflüssigkeit* (thixotrope Flüssigkeit) gegen Einstürzen aufgefüllt wird. Der schmale Schlitz würde sonst wegen des Erd- und Wasserdrucks bald zusammenbrechen.

Die Stützflüssigkeit übernimmt die Aufgabe, die sonst der Baugrubenverbau oder die Schalung zu übernehmen hat, ohne diese Stützflüssigkeit wären Schlitzwände nicht möglich.

Durch diese Flüssigkeit hindurch wird der Boden ausgebaggert. Die Baggerbewegungen halten diese Flüssigkeit im Arbeitsbereich dünnflüssig. Wenn die vorgesehene Tiefe erreicht ist, wird ein wandartiger Bewehrungskorb in die Tiefe abgelassen.

Dann wird der Schlitz durch die thixotrope Flüssigkeit hindurch über ein Hosenrohr mit Unterwasserbeton ausbetoniert. Ein Hosenrohr ist ein flexibles Rohr mit einem Trichter am oberen Ende, das wie eine halbe Männerhose aussieht.

Durch den Rüttelvorgang beim Verdichten des Betons wird die thixotrope Flüssigkeit sehr dünnflüssig, schwimmt auf dem Frischbeton (der eine höhere Wichte hat) und wird oben an der Geländeoberfläche abgepumpt.

Beim Baggern muss darauf geachtet werden, dass wirklich der gesamte Schlitz freigeräumt wird (man sieht ja nicht hinein!), sonst ist die spätere Schlitzwand nicht durchgehend aus Beton, sondern enthält Löcher (nicht ausgebaggerte Bodenbereiche).

17.13.4.2. Stützflüssigkeit

Die Stützflüssigkeit ist *thixotrop*. Der Begriff „thixotrop“ kommt aus dem Griechischen und bezeichnet die Eigenschaft, dass eine Flüssigkeit umso dickflüssiger wird, je weniger sie bewegt wird. Einfach ausgedrückt heißt das, je länger und schneller man eine thixotrope Flüssigkeit umrührt oder rüttelt, desto dünnflüssiger wird sie. Typisch ist ein Wechsel von fest nach flüssig durch Erschütterung mit anschließender allmählicher Rückkehr in den festen Zustand, wenn die Erschütterung aufhört.

Die Theorie der Thixotropie wollen wir hier nicht erörtern, sie ist Thema der Bodenmechanik.

Man hat für Grundbauverfahren thixotrope Flüssigkeiten, *Bentonite* genannt, entwickelt, die dem Boden und dem Grundwasser nicht schaden und die bei ihrem Eindringen in kiesige und rollige Böden durch ihre langsamer werdende Fließgeschwindigkeit immer zäher und schließlich steif werden, aber nicht erhärten. Dadurch dichten sie den Schlitz gegen das Grundwasser ab.

Die stützende Wirkung von Bentonitsuspensionen wurde bereits Ende des 19. Jahrhunderts von den Tiefbohrtechnikern und von den Bergleuten (1893) genutzt. Patente für Schlitzwände, die mit Hilfe von Bentonitsuspension hergestellt werden, erhielten erstmals *Brandt* 1912 und *Ranney* 1936.

Bentonite bestehen vorwiegend aus Tonmineralien (Montmorillonite), die durch Wasser aufquellen und deshalb durch Wasser nicht verdünnt werden können. Sie haben eine höhere Wichte als Wasser und Bodenmaterial und widersetzen sich dadurch auch in dünnflüssigem Zustand dem Wasserdruck und dem Erddruck, der Schlitz im Boden kann nicht zusammenbrechen.

17.13.5. Brunnengründung

Für Pfeilerfundamente gräbt man im Schutz eines großen Brunnenrohres in Brunnenbauweise bis auf die vorgesehene Tiefe und füllt das Brunnenrohr dann mit Beton auf.

17.13.6. Senkkästen und Druckluftgründung

Wenn ein Bauwerk nicht an der vorgesehenen Stelle in einer bestimmten Tiefe errichtet werden kann, dann wird es zu ebener Erde gefertigt und dann auf die vorgesehene Tiefe abgesenkt. Man spricht dann von *Senkkastengründung*.

Wird der Senkkasten im Wasser abgesenkt (Fundamente für große Brückenpfeiler in Flüssen oder im Meer), muss dies unter Druckluft geschehen, damit kein Wasser in den unter dem Wasserspiegel liegenden Arbeitsraum der Mineure (unterirdische Arbeiter) eindringen kann (Caisson-Gründung). Das unter dem Caisson auszuhebende Material wird durch eine Druckschleuse nach oben befördert. Für den normalen Senkkasten ist keine Schleuse erforderlich.

Bei dem schon genannten Seilbahnprojekt wurde für die Spanngewichtsschächte eine Senkkastengründung gewählt, weil ein Baugrubenverbau bis zu 18 m Tiefe im Grundwasser zu riskant gewesen wäre.

17.13.7. Stützmauern und Widerlager

Stützmauern und *Widerlager* sind zwar Gründungselemente, die aber auch auf der Erdoberfläche als Bauwerk sichtbar sind. Auch sie müssen statisch berechnet werden. Hier gibt es Erddruck und Wasserdruck. Wasserdruck tritt nur unterirdisch unter dem Grundwasserspiegel auf. Der Bauingenieur muss die Kippsicherheit (Sicherheit gegen Umwerfen), die Gleitsicherheit (Sicherheit gegen Wegrutschen) und die Tragfähigkeit (Sicherheit gegen Versinken) nachweisen.

17.14. Gründungen im Hochgebirge

Beim Bauen im Hochgebirge oder in schwierigem Gelände (Seilbahnstationen, Seilbahnmasten, Sicherung von Felsvorsprüngen und Hängen) sind die besonderen Schwierigkeiten bei der Planung und Ausführung zu berücksichtigen. Für die statische Berechnung von Bauwerken und Bauteilen in solch exponierter Lage gelten besondere Vorschriften für die Lastannahmen (Schnee, Eis, exponierte Windlage, große kurzzeitige Temperaturänderungen).

Die Schnee- und Eislasten wurden bereits auf Seite 125 bei den Lastannahmen abgehandelt. Insbesondere die geologischen Verhältnisse der Gesteinslagen und Felsformationen sind vor der Planung zu untersuchen (Bergrutschgefahr). Auch die Unfallverhütungsvorschriften sind für solche Arbeiten besonders streng abgefasst.

17.15. Tunnelbau

Tunnelbau war während des Studiums kein eigenes Fach, er wurde beim Grundbau abgehandelt.

Im Sprachgebrauch wird zwischen Tunnel und Stollen unterschieden.

Tunnel sind Gänge[39] unter Tage, die dem dauernden Verkehr dienen und an beiden Seiten des Berges zutage treten (Straßentunnel, Bahntunnel, Schifffahrtstunnel).

Stollen sind Gänge unter Tage, die nur auf einer Seite des Berges zutage treten. Sie dienen meist als Zugang (Bergwerksstollen, Zugangsstollen, Minenstollen, Sondierstollen) zu unterirdischen Anlagen.

Es gibt auch Stollen, die nicht dem dauernden Verkehr dienen, sondern nur Hohlräume sind, durch die Wasserleitungen, Kabel und andere wichtige Leitungen gezogen werden, die zugänglich und kontrollierbar bleiben müssen (z. B. als Beobachtungsstollen innerhalb von Staudämmen).

[39] „Gänge“ bezeichnet unterirdische Wege (z. B. Maulwurfgänge)

Sind Berge einer Straßen- oder Bahntrasse im Weg, dann muss man meist einen Weg durch sie hindurch schaffen. Den Weg durch den Berg hindurch bietet ein Tunnel.

Aber auch auf dem flachen Land werden Tunnel gebaut. Dies sind meist unterirdische Röhren, die Flüsse, Fußgängerwege, Straßen und U-Bahnen unter oberirdischen Verkehrswegen oder unter der Wohnbebauung hindurchführen.

Zu erwähnen sind noch die *Düker*, die einen Wasserlauf unter einem Hindernis unterirdisch hindurchleiten. Düker sind also Druckstollen, die den unteren Teil einer kommunizierenden Röhre bilden.

17.15.1. Ingenieurgeologie

Tunnelbau ist keine alltägliche Sache des Bauingenieurwesens.

Für den Tunnelbau müssen die Bauingenieure spezielle Kenntnisse in Geologie haben und sich auf diese Bauweise spezialisieren. Während des Studiums wird dem angehenden Bauingenieur das geologische Grundwissen vermittelt.

Für die Tätigkeit im Tunnelbau muss dieses Wissen noch vertieft werden (Lit. [Geologie]). Das beginnt schon auf der Hochschule, wo er entsprechende Vertiefungsfächer belegen kann.

Die Tunnelbaufirmen haben spezialisierte Mitarbeiter und sind technisch speziell für den Tunnelbau ausgerüstet.

Das Wort „Gebirge" ist im Tunnelbau und im Bergbau die Kennzeichnung des Schichtenaufbaus aus Gesteinen und Böden verschiedener geologischer Art, die zu durchqueren sind.

Die für den Untertagebau wichtigsten Gebirgseigenschaften sind Lösbarkeit[40] (wie leicht oder schwer lässt sich das Material bearbeiten) und Standfestigkeit (standfest, locker, kiesig, sandig). „Stehendes" (= standfestes) Gebirge braucht nicht abgestützt zu werden. Das Gebirge und die Gebirgseigenschaften sind trotzdem auch während des Ausbruchs laufend zu kontrollieren.

17.15.2. Planung und Statik

Für die statische Berechnung und die Arbeit im Berg ist der „Gebirgsdruck" maßgebend, der von allen Seiten wirkt. Mit neuen Berechnungsmethoden (siehe FEM auf Seite 270) hat man die „Gebirgsstatik" besser im Griff.

17.15.3. Tunnelbauweisen

Die sogenannte offene Bauweise wird in einer durch Bohrpfahlwände oder Schlitzwände gestützten Baugrube ausgeführt, die nach der Fertigstellung des eigentlichen Bauwerks (U-Bahn-Röhre, U-Bahn-Station) einen Stahlbetondeckel erhält, der dann mit Bodenmaterial überschüttet wird (Deckelbauweise).

Bei bergmännischem Vortrieb wird wie in einem Bergwerk gearbeitet. Der Ausbruch (Auffahrung) wird je nach Lösbarkeit des Gebirges entweder mit Kompressormeißeln, durch Sprengung (bei Fels), durch Schildvortrieb (bei Kies und Geröll mit unterschiedlichen Schneidrädern), durch Druckluftvortrieb (im Grundwasser), unter Vereisung oder in anderen Bauweisen durchgeführt. Der Vortrieb erfolgt computergesteuert nach Laservorgaben der Geodäten. Die genaue Tunnelabsteckung ist in Lit. [Verm3] beschrieben.

Es gibt sehr viele spezielle Tunnelbauweisen, auf die aber hier nicht eingegangen wird.

[40] „Lösbarkeit" darf nicht mit „Löslichkeit" verwechselt werden, bei der Material durch ein Lösungsmittel aufgelöst wird.

18. Vermessung

18.1. Geodäsie

Die Geodäsie oder Vermessungskunde befasst sich mit der Vermessung größerer oder kleinerer Teile der Erdoberfläche und deren Darstellung in Karten. In der Vermessungskunde unterscheidet man zwischen höherer Geodäsie (Erdmessung, Landesvermessung) und niedriger Geodäsie (Feldmessung).

Aufgabe der Feldmessung ist die Vermessung, Berechnung und Abbildung von kleineren Teilen der Erdoberfläche in einem solchen Ausmaß, dass für die Grundrissdarstellungen noch die Ebene als Bezugsfläche dienen kann und die Erdkrümmung nicht berücksichtigt werden muss.

Der Vermessungsingenieur (Geodät) übt die Vermessung als Haupttätigkeit aus. Seine Aufgaben umfassen die Landesvermessung (Triangulation), das Einmessen der Bauwerke in die Landeskoordinaten, die amtlichen Vermessungstätigkeiten der Grundstücksvermessung (Feldmessung) und andere schwierige Aufgaben (z. B. Tunnelvermessung) der Geodäsie. Bei der Landesvermessung ist die Erdkrümmung zu berücksichtigen.

18.2. Ingenieurvermessung

Aufgabe des Bauingenieurs ist die Ingenieurvermessung[41] im Rahmen seiner Projekte. Er führt die Vermessung und Absteckung von Verkehrsbauwerken (Straßentrassen, Brücken, Baugruben) in örtlichen Systemen, Nivellements und Absteckungen innerhalb der Baustellen und im Vorfeld der Planung von Ingenieurbauwerken durch.

18.3. Koordinatensysteme

18.3.1. Die Form der Erde

Die Erde ist keine exakte Kugel, sie ist an den Polen abgeplattet. Der Unterschied zwischen Polradius und Äquatorradius beträgt 21385 m. Die Erde hat annähernd die Form eines Rotationsellipsoids. Die Abplattung beträgt, auf die Halbachsen ***a*** (Äquatorradius) und ***b*** (Polradius) des Rotationsellipsoids Erde bezogen: $(a-b)/a$ = 1:298,257.

Ein Schnitt durch die Erde längs der Erdachse (Polschnitt) zeigt eine leichte Birnenform, die vom Äquator bis zu den Polen zusätzlich zur Abplattung bis zu ±25 m von der Ellipse abweicht. Aufgrund dieser Unregelmäßigkeiten bezeichnet man die Erde als *Geoid.*

Da die Oberfläche des Geoids sehr unregelmäßig ist, bezieht man geodätische Berechnungen auf ein gemitteltes Rotationsellipsoid (siehe Bild 66), das man mathematisch erfassen kann (*Referenzellipsoid*). Die große Halbachse ***a*** (Äquatorradius) wurde 1979 von der *Internationalen Union für Geodäsie und Geophysik (I.U.G.G.)* durch internationale Vereinbarung auf 6378137 m festgelegt.

18.3.2. Längengrad-Breitengrad-System

Ein Punkt auf der Erdoberfläche kann durch seine Koordinaten (geografische Länge λ, geografische Breite φ , Höhe ***h*** über Normal-Null) genau angegeben werden. Diese geografischen Koordinaten werden verwendet, um sich auf der Erde zu orientieren.

Die *geografische Breite* φ ist der Winkel, den die Horizontebene (Tangentialebene an das Rotationsellipsoid am Beobachtungsort) mit der Erdachse bildet. Auch das Lot auf die Horizontebene (Nadir, Schwerkraftvektor) bildet mit der Äquatorebene den Winkel φ (siehe Bild 66).

---

[41] Der Ausdruck „Ingenieurvermessung“ ist sprachlich unglücklich gewählt, denn hier wird nicht der Ingenieur vermessen, sondern damit sind die Vermessungsaufgaben des Ingenieurs gemeint.

Bild 66: Geografische und geozentrische Breite[42]

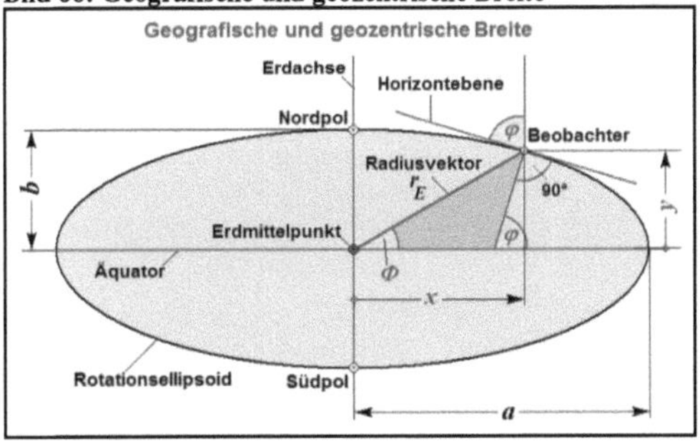

Es gibt auch noch die *geozentrische Breite* $\boldsymbol{\Phi}$, die den Winkel des Radiusvektors $\boldsymbol{r_E}$ (Erdradius) zur Äquatorebene angibt. Beide Breitenangaben hängen über folgende Formel mathematisch zusammen (Bild 66):

Formel 27: Geozentrische Breite aus geografischer Breite

$$\boldsymbol{\Phi} = \boldsymbol{\varphi} - \mathbf{0{,}192425°} \cdot \mathbf{sin}(2\boldsymbol{\varphi}) + \mathbf{0{,}0003222} \cdot \mathbf{sin}(4\boldsymbol{\varphi}).$$

Für die Berechnung des Referenzellipsoids wird außer der geozentrischen Breite $\boldsymbol{\Phi}$ noch die Länge des Radiusvektors $\boldsymbol{r_E}$ benötigt. In Formel 28 ist der Radiusvektor $\boldsymbol{r_E}$ auf $\boldsymbol{\varphi}$ bezogen.

Formel 28: Länge des Radiusvektors aus geografischer Breite

$$r_E = [\mathbf{0{,}9983271} + \mathbf{0{,}0016764} \cdot \mathbf{cos}(2\boldsymbol{\varphi}) - \mathbf{0{,}0000035} \cdot \mathbf{cos}(4\boldsymbol{\varphi})] \cdot \mathbf{6378{,}137}\ \mathrm{km}$$

Beide Formeln stammen aus Lit. [Meeus], Kapitel 10.

6378,137 km ist die Länge des Erdradius am Äquator.

Die geografischen Längengrade nennt man Meridiane. Sie sind Großkreise und verbinden den Nordpol mit dem Südpol.

Die geografische Länge und Breite werden in Winkelgraden angegeben.

Beispiel[43]:

Geografische Länge: $\boldsymbol{\lambda}$ = 11° 34' 36,3" Ost = 11,57675° Ost,
geografische Breite: $\boldsymbol{\varphi}$ = 48° 16' 30,9" Nord = 48,27525° Nord.
Die Höhe wird in [m] über NN angegeben: z. B. $\boldsymbol{h}$ = 475 m über NN.
NN ist die Normal-Null-Höhe, also die Höhe des Meeresspiegels (siehe Abschnitt 18.4.1).

18.3.3. Global Positioning System (GPS)

Das amerikanische *GPS-System* besteht aus 24 gleichzeitig um die Erde kreisenden Satelliten. Jeder dieser Satelliten kennt zu jeder Sekunde seine eigene genaue Position in Bezug auf das Koordinatensystem der Erde und sendet diese Koordinaten in einer bestimmten Codierung aus. Von jeder Stelle der Erde aus können 4 Satelliten gleichzeitig empfangen werden.

Das GPS-System ist auf das Referenzellipsoid bezogen. Es gibt verschiedene *Bezugssysteme*:

Das *World Geodetic System 1984* (*WGS84*) ist auf das Referenzellipsoid (siehe Bild 66) bezogen und geht vom Erdmittelpunkt aus. Es bezieht sich auf die Halbachsen $\boldsymbol{a}$ = 6378137,000 m (Radius am Äquator bei $\boldsymbol{\varphi}$ = 0°) und $\boldsymbol{b}$ = 6356752,314 m (Radius in Richtung der Erdachse bei $\boldsymbol{\varphi}$ = 90°).

---

[42] Das Bild 66 stammt aus meinem Buch „Berechnungsgrundlagen für Amateurastronomen“, zu finden auf meiner Internetseite.

[43] Koordinaten für das Wohnhaus des Verfassers

Die Halbachsen anderer Bezugssysteme haben abweichende Maße. Das System *European 1979 - Central Regional Mean - International (Eu 1979, CRM Int.)* arbeitet mit ***a*** = 6378388,000 m, ***b*** = 6356911,946 m und mit einem Koordinatenversatz am Erdmittelpunkt von d***x*** = -86 m, d***y*** = 98 m und d***z*** = -119 m.

Die Unterschiede in den Systemen berücksichtigen die Massenverteilung in der Erdrinde, welche die Größe und Richtung der Schwerkraft örtlich beeinflusst. Die einzelnen Systeme sind nur für bestimmte Gegenden auf der Erdoberfläche genau. In Europa bringen das *Eu 1979, CRM Int.* und teilweise auch das *WGS84* die besten Ergebnisse.

18.3.4. GPS-Koordinaten

Empfängt ein GPS-Empfänger auf der Erde die Codierungen von mindestens drei Satelliten, dann kann er daraus seine eigene Position in seinem Bezugssystem auf etwa 5 bis 10 m genau bestimmen. Meist gibt der Empfänger die eigene Position im Längengrad-Breitengrad-System der Erde auf seinem Bildschirm aus. Darauf beruhen die Navigationssysteme.

Sendet das GPS-Gerät seinerseits seine GPS-Position auf seiner eigenen Funkfrequenz wieder aus, so kann eine Empfangsstation feststellen, wo sich dieser Sender gerade befindet. Dieses Prinzip ist die Grundlage vieler GPS-Ortungssysteme.

18.3.5. Landeskoordinaten

In sämtlichen Ländern der Erde haben Geodäten Dreiecksnetze erster Ordnung angelegt. Die Dreieckspunkte sind markante Geländepunkte, wie Kirchtürme, Bergspitzen usw. In München ist die Turmspitze des nördlichen Turms der Frauenkirche ein solcher Punkt. Diese Dreiecksnetze sind weiter unterteilt bis zu Dreieckspunkten vierter Ordnung, die noch ungefähr 1 km voneinander entfernt sind. Das Dreiecksnetz der Landesvermessung auf der Grundlage dieser Dreiecke nennt man *Triangulationsnetz.*

Innerhalb dieser Dreiecksnetze werden Koordinatensysteme festgelegt. Hierbei ist zu beachten, dass *geodätische Koordinatensysteme* „rechtsläufig“ sind: Positive X-Achse nach oben in Nordrichtung, positive Y-Achse nach rechts in Ostrichtung.

Für den Koordinatenursprung wird meist ein Triangulationspunkt erster Ordnung gewählt. Für die Landeskoordinaten in Bayern ist der Koordinatenursprung der schon erwähnte nördliche Turm der Frauenkirche in München.

18.3.5.1. Soldner-Koordinaten

Definition des Soldner-Systems:

> Ein in der Mitte des Vermessungsgebietes gelegener *Hauptmeridian* ist X-Achse. Diese Abszissenachse hat die Krümmung des Hauptmeridians und verläuft in Nord-Südrichtung. Rechtwinklig dazu wird auf der Oberfläche des Referenzellipsoids (also auch gekrümmt) die Y-Achse festgelegt.
>
> Alle verlängerten y-Richtungen des Soldner-Systems treffen sich somit im äußersten Osten und im äußersten Westen des Ellipsoids in je einem Punkt rechts und links des Meridians. Die Verbindungslinie dieser beiden Punkte ist die Normale (Senkrechte) zur betreffenden Meridianebene im Erdmittelpunkt.

Das Soldnersche System ist bei vielen Katastervermessungen, vor allem im 19. Jahrhundert, verwendet worden. Es hat den Vorteil großer Einfachheit. Der Nachteil ist, dass die y-Ordinaten nicht parallel sind, sondern auf die oben genannten Punkte zulaufen. Bei längeren Ordinaten machen sich diese Fehler bemerkbar.

18.3.5.2. Gauß-Krüger-Koordinaten (GK)

Der Bauingenieur verwendet meist Gauß-Krüger-Koordinaten.

Definition der Gauß-Krüger-Koordinaten:

Alle durch 3 teilbaren Längengrade werden als *Hauptmeridiane (X-Achsen)* verwendet. Die Y-Achsen werden aber nicht wie bei Soldner an das Ellipsoid angelegt, sondern befinden sich auf einem zylinderförmigen Streifen der Breite von 3°20′ Längengraden, der tangential an den Meridian angelegt wird (Meridianstreifensystem). Jeder *Meridianstreifen* hat nach beiden Seiten eine Ausdehnung von 1° 40′, überdeckt sich also mit dem benachbarten um 20′.

Die Gaußschen Ordinaten (y-Werte) erhalten, damit negative Werte vermieden werden, einen Zuschlag von 500 000 m, vor den als Kennziffer die durch 3 geteilte Längengradzahl des Hauptmeridians gesetzt wird. Diese vergrößerten Ordinaten heißen Rechtswerte. Für den Längengrad 12° ergibt sich damit ein Rechtswert von 4 500 000 m (4 = 12°/3°, 500 000 ist der Zuschlag).

Die x-Werte, also die Hochwerte, werden vom Äquator aus gerechnet. Bei 48° Nord ergibt sich somit ein Hochwert von 5 343 335 m.

Die GK-Koordinaten haben den großen Vorteil, dass man bei deren praktischer Anwendung nicht mit Verzerrungen rechnen muss, sie sind winkeltreu. Es gibt zwar auch hier Abweichungen von der Wirklichkeit (Verzerrungen), weil die doppelt gewölbte wirkliche Fläche des Ellipsoids auf eine einfach gewölbte zylindrische Fläche des Meridianstreifens (Karte, ebenes Koordinatensystem auf dem Meridianstreifen) abgebildet wird.

Legte man die abgewickelten Meridianstreifen nebeneinander, so hätten sie bei jeder geografischen Breite denselben Abstand, obwohl sich in Wirklichkeit die Meridiane mit zunehmendem Abstand vom Äquator immer mehr annähern.

Diese Abweichungen dürfen bei manchen Aufgaben in der Praxis nicht vernachlässigt werden, wenn man GK-Koordinaten wieder in die Wirklichkeit (in örtliche Koordinaten) oder die Wirklichkeit in GK-Koordinaten überträgt. Bei Umrechnungen zwischen verschiedenen Koordinatensystemen kann es zu Problemen kommen, die sich in Klaffungen oder Überlappungen an den vorgesehenen Berührungslinien zweier Meridianstreifen äußern. Die Reduktionsformeln für die Umrechnung der GK-Koordinaten auf das Referenzellipsoid und umgekehrt sind den Ingenieuren bekannt.

Gute GPS-Empfänger können auch Gauß-Krüger-Koordinaten ausgeben.

18.3.5.3. UTM-Koordinaten

Das *Universal Transverse Mercator Grid System* (UTM-System) der USA verwendet ebenfalls das Gaußsche Abbildungsverfahren. Es arbeitet mit 60 je 6° breiten *Meridianstreifen.* Um den Verzerrungen der Koordinaten in y-Richtung (Ost-West) entgegenzuwirken, werden die y-Ordinaten (Tangentialstrecken) mit 0,9996 multipliziert, um auf die tatsächliche Bogenlänge des Ellipsoids umzurechnen.

Nach Norden und Süden ist das System durch die Breitenkreise 80° Nord und 80° Süd begrenzt. Das UTM-System ist auch die Grundlage der Karten der NATO.

Gute GPS-Empfänger können auch UTM-Koordinaten ausgeben.

18.3.6. Örtliche Koordinaten

Dem Bauingenieur steht es frei, bei seinen Vermessungsarbeiten ein örtliches ebenes orthogonales Koordinatensystem festzulegen. In dieses Koordinatensystem werden alle Punkte eingemessen.

Um die Verbindung zu den Landeskoordinaten zu bekommen, müssen für zwei Punkte in diesem Vermessungsgebiet auch die entsprechenden Landeskoordinaten bekannt sein. Dann können alle Punkte des örtlichen Koordinatensystems durch eine *Koordinatentransformation* in die Landeskoordinaten (GK) umgerechnet werden.

18.4. Höhensysteme

18.4.1. Normal-Null-Höhensystem

Die Meeresspiegelhöhe NN (*Normal-Null*) wird durch die Oberfläche des Rotationsellipsoids bestimmt. Man kann sich diesen mittleren Meeresspiegel unter den Kontinenten fortgesetzt denken. Alle Höhenangaben in NN sind darauf bezogen.

Als Ausgangsfläche (Bezugsfläche) gilt in Deutschland seit 1879 diejenige Niveaufläche der Erde, die im Abstand von 37 m unter dem Normalhöhenpunkt der alten Berliner Sternwarte verläuft. Diese Fläche heißt Normal-Null (NN). Sie stimmt auf rund 1 dm mit dem am Amsterdamer Pegel beobachteten Mittelwasser überein. Vor dem Abbruch der alten Berliner Sternwarte im Jahre 1912 hat man die NN-Höhe im Müncheberger Forst, 40 km östlich von Berlin, durch Granitpfeiler im Untergrund gesichert (Normalhöhenpunkt 1912). An der Bezugsfläche NN hat sich damit nichts geändert.

Die NN-Höhen müssen durch ein System von amtlichen Höhenfestpunkten für die praktische Arbeit der Vermessungs- und Bauingenieure zugänglich gemacht werden. Dies geschieht durch amtliche *Höhenfestpunkte*, die meist oberirdisch vermarkt[44] und frei zugänglich sind. Sie sind als Mauerbolzen (MB), als Pfeilerbolzen (PB), als Rammpfahlbolzen (RB) und als Rohrfestpunkte (RF) in Gebrauch.

Diese meist kugelförmigen Höhenfestpunkte (*Höhenbolzen*) aus Stahl werden vorwiegend an senkrechten Flächen angebracht. Sie tragen eine eingestanzte Nummer und die Bezeichnung „NivP", „HP" oder „NP". Der höchste Punkt des kugelförmigen Bolzens ist die amtliche Höhe. Man kann die Nivellierlatte direkt draufstellen und damit die Höhe übernehmen.

Diese amtlichen Höhenfestpunkte werden in den *Verzeichnissen der amtlichen Höhenfestpunkte* aufgeführt, die von den Landesvermessungsämtern jeweils für ihr Gebiet geführt und gepflegt werden. Für jeden Höhenpunkt ist dort unter der amtlichen Bezeichnung die NN-Höhe auf 1 mm genau angegeben. Die Gemeinde- und Stadtverwaltungen halten Abdrucke der Listen für ihr Gebiet zur Einsichtnahme bereit.

18.4.2. Adriapegel

Der *Adriapegel* liegt um 25 bis 34,6 cm höher als die Referenzhöhe der deutschen Normal-Null-Höhen. Ab dem Jahr 1854 wurden in Bayern alle Höhenmessungen auf den Adriapegel bezogen. Erst im Jahre 1896 erfolgte die Umstellung der Höhenangaben auf Normal-Null. Der Adriapegel wird heute noch in Österreich verwendet.

18.4.3. GPS-Höhen

Wenn der GPS-Empfänger die Daten von 4 Satelliten gleichzeitig empfängt, dann stimmen die GPS-Höhen des WGS84-Systems in Bayern auf dem flachen Land mit dem NN-Höhensystem bis auf wenige Meter überein. Im Hochgebirge weichen die GPS-Höhen erheblich von den NN-Höhen ab. Für Höhenmessungen im Bauingenieurbereich ist das GPS-System nicht geeignet.

18.4.4. Arten der Höhenmessung

Man unterscheidet vier Arten der Höhenmessung:

1. Barometrische Höhenmessung, Genauigkeit einige Meter.
2. Staffelmessung mit Waaglatte, Wasserwaage und senkrechter Messlatte, Genauigkeit einige Dezimeter.
3. Trigonometrische Höhenmessung mit Theodolit, Genauigkeit einige Zentimeter.
4. Geometrisches Nivellement mit Nivelliergerät, Genauigkeit einige Millimeter je nach Länge der Messstrecke.

[44] „vermarken" heißt: in Lage und Höhe genau vermessen und an Ort und Stelle durch einen Markstein kennzeichnen.

18.5. Vermessungsgeräte

Hier werden nur die für den Bauingenieur wichtigen Vermessungsgeräte erwähnt. Mehr über Vermessung findet der interessierte Leser in der Literatur (Lit. [Verm1], [Verm2], [Verm3], [Geodaesie]) und im Internet in Wikipedia unter dem Stichwort „Vermessung".

18.5.1. Nivelliergeräte

Die in der Antike und im Mittelalter verwendeten Nivelliergeräte (Wasserwaage, Schlauchwaage, Diopter, Chorobat) werden hier nicht besprochen. Hier sollen nur die Nivelliergeräte des Ingenieurs vorgestellt werden.

Ein Nivelliergerät wird für genaue Höhenmessungen verwendet.

Das Nivelliergerät ist, vereinfacht ausgedrückt, ein Fernrohr mit Fadenkreuz und Distanzfäden, das sich auf einem stabilen dreibeinigen Stativ um die senkrechte Achse drehen lässt. Die senkrechte Drehachse des Geräts lässt sich über drei Stellschrauben nach einer Libellenhorizontierung genau senkrecht einstellen. „*Libelle*" wird ein wassergefüllter kleiner runder oder länglicher Glaskörper mit Luftblase genannt.

Die Luftblase der Libelle muss mit einer Markierung übereinstimmen, dann ist die Ziellinie des Geräts genau waagrecht eingerichtet. Die genaue Horizontierung ist nötig, damit der waagrechte Hauptfaden des Fadenkreuzes immer genau in die waagrechte Richtung (= Geräteebene) zeigt. Die beiden Distanzfäden sind kürzer als der waagrechte Hauptfaden und über und unter ihm angeordnet. Die Anzahl der zwischen diesen Distanzfäden liegenden abgelesenen cm-Marken gibt die Entfernung zur Nivellierlatte in Metern an.

Das Nivelliergerät kann ein einfaches Fernrohr sein, das man über drei Stellschrauben nach *Dosenlibelle* und über eine Kippschraube nach *Röhrenlibelle* beim Messvorgang genau waagrecht einstellen muss. Es kann aber auch ein selbstjustierendes (automatisches) Gerät sein, das man auf dem Stativ nur grob nach einer Dosenlibelle einstellen muss. Durch ein pendelndes Spiegelsystem stellt sich die waagrechte Ziellinie selbsttätig genau ein.

Einfache Fernrohre zeigen ein umgekehrtes (kopfstehendes) Fernrohrbild, die automatischen Nivelliere zeigen meist ein aufrechtstehendes Fernrohrbild.

18.5.2. Nivellierlatten

Bild 67: Nivellierlatten-Skalen

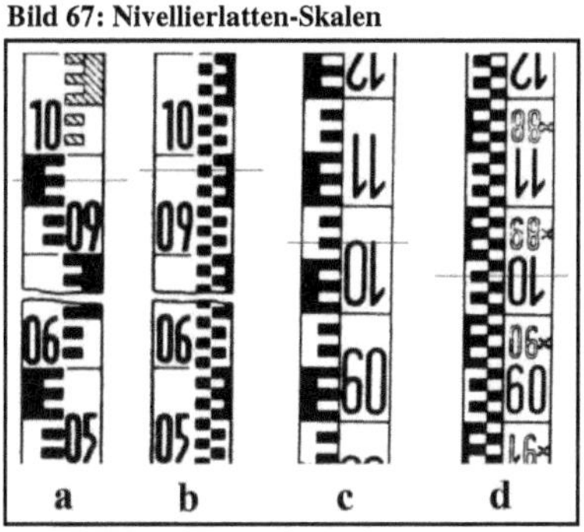

Nivellierlatten sind meist 3 oder 4 m lang, mit Scharnier in der Mitte zum Zusammenklappen auf 2 m oder 1,50 m Transportlänge. Die Maßeinteilung ist eine Zentimetereinteilung, meist in E-Form, je 5 cm sind in Form eines E angeordnet. Die Latte kann mit aufrecht stehenden (Teilbilder **a** und **b** in Bild 67) oder kopfstehenden Zahlen (Teilbilder **c** und **d**) 00, 01 bis 30 oder 40 beschriftet sein, wobei dies Dezimeter sind. Die Latten mit kopfstehenden Zahlen werden für Nivellements verwendet, bei denen Nivelliergeräte mit kopfstehendem Fernrohrbild verwendet werden.

Moderne Nivelliergeräte haben ein aufrechtstehendes Bild, für die auch Nivellierlatten mit aufrechtstehenden Zahlen verwendet werden.

Auf den Nivellierlatten gibt es keine Millimetereinteilung, obwohl millimetergenau nivelliert wird. Millimeterstriche auf der Latte könnte man im Fernrohr nicht mehr genau unterscheiden. Bei genügend Übung kann der Ingenieur an dem 1 cm großen Messraster die Millimeter am waagrechten Faden des Fadenkreuzes ablesen, indem er den Abstand vom oberen und unteren Rand einer 1 cm hohen

Messfläche abschätzt. Versuche mit auf Nivellierlatten aufgeklebter Millimetereinteilung führten auch nicht zu genaueren Ergebnissen. Der Leser versuche, in Bild 67 die Werte an den eingezeichneten Strichen abzulesen (Lösung: a = 0,976 m, b = 0,986 m, c = 1,065 m, d = 1,037 m).

18.5.3. Barometrische Höhenmesser

Bei barometrischen *Höhenmessern* wird die Tatsache ausgenützt, dass der Luftdruck mit zunehmender Höhe über NN logarithmisch abnimmt. Die Abnahme des Luftdrucks erfolgt nach der barometrischen Höhenformel, die wir aus dem Physikunterricht kennen:

Formel 29: Barometrische Höhenformel

$$p = p_0 \cdot e^{-\left(\frac{H-H_0}{R \cdot T}\right)} = p_0 \cdot 10^{-\left(\frac{T_0 \cdot H}{T \cdot B}\right)}$$

p_0 = Luftdruck in [hPa[45]] relativ zu 0 m ü. NN,
p = Luftdruck in [hPa] auf Ortshöhe H ü. NN,
e = 2,71828182846 (Basis des natürlichen Logarithmus),
H_0 = 0 (Meereshöhe),
H = Ortshöhe in [m] über NN,
T_0 = 273,15 K (entspricht 0 °C),
T = Lufttemperatur in Kelvin [K],
R = 29,27 m/K,
B = 18398 m.

B ist die Höhe, in der bei 0 °C der Luftdruck auf ein Zehntel abgesunken ist.

Der barometrische Höhenmesser besteht aus einer luftleeren runden Stahldose und einer Anzeigevorrichtung, die auf Höhenmeter geeicht ist. Der Zeiger muss anfangs von Hand auf die richtige Höhe eingestellt werden. Von dieser Höhe aus wird dann die Höhendifferenz angezeigt, wenn man sich mit dem Gerät im Gelände auf und ab bewegt. Ändert sich der Luftdruck am Ort, muss der Höhenmesser erneut eingestellt werden. Deshalb ist der barometrische Höhenmesser für die absolute Höhenmessung nicht geeignet. Er dient lediglich als Anhaltspunkt für den Höhenunterschied, den man im Gelände überwindet.

18.5.4. Freihandgefällemesser

Ein wichtiges Hilfsmittel für den Bauingenieur im Außendienst war (und ist immer noch) ein *Freihandgefällemesser* (*Neigungsmesser*). Das Gerät wird auch als Taschennivellier bezeichnet.

Das Gerät ersetzt in vielen Fällen ein Nivelliergerät oder einen Theodolit auf der Baustelle, wenn es nicht auf millimetergenaue Vermessung ankommt. Die Bezeichnung „Freihand" weist darauf hin, dass für das Gerät kein Stativ erforderlich ist, sondern dass es frei in der Hand gehalten wird. Das Gerät ist vielfältig dort einsetzbar, wo es darauf ankommt, Höhen, Neigungen oder Entfernungen schnell abzuschätzen.

Bild 68 zeigt den Freihandgefällemesser (Hersteller: Fa. Meridian, Schweiz). Dieser hat oben einen beweglichen Ring an einem Kardangelenk. Durch diesen Ring wird der Daumen gesteckt. Der untere Teil hängt wie ein Pendel am Ring und stellt sich durch das Gewicht des Pendels senkrecht ein. Das Gerät wiegt genau 0,250 kp.

Zur Ruhigstellung stützt man den Daumen an der Stirn ab, während man mit einem Auge durch die Optik blickt. Der Blick in Richtung 0° ist genau waagrecht (Blickrichtung siehe waagrechten Pfeil im Bild). Diese 0°-Markierung ist vergleichbar mit dem Fadenkreuz des Nivelliergeräts.

---

[45] hPa = Hektopascal; 1 Pa = 1 Pascal ist die abgeleitete SI-Einheit des Drucks und der mechanischen Spannung. 1 Pa = 1 N/m^2 = 10^{-5} bar; 100000 Pa = 1000 hPa = 1 bar. Der normale Luftdruck auf Meereshöhe beträgt 1013,25 hPa.

Bild 68: Freihandgefällemesser

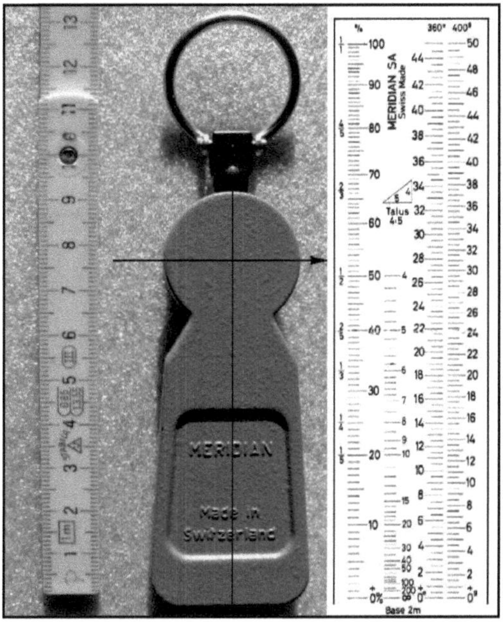

Man sieht vier Skalen: Prozent (%), Entfernung, Altgrad (°) und Neugrad (^{g}). Der obere Teil dieser Skalen ist im rechten Teil des Bildes gezeigt, spiegelbildlich dazu ist der untere Teil der Skala angeordnet, der im Bild nicht gezeigt wird.

Die Kunst ist, die Skalen mit einem Auge und die dahinter liegende Umgebung mit dem zweiten Auge gleichzeitig so zu erfassen, dass man sagen kann, welcher Punkt der Umgebung genau die gleiche Höhe hat wie die Nulllinie oder wie ein bestimmter Skalenstrich eines Winkels im Gerät.

Von der Nulllinie aus können Winkel bis zu 45° (= 100%) nach oben und nach unten gemessen werden, indem bestimmte Punkte angepeilt werden und dabei der Winkel auf der Mess-Skala abgelesen wird. Die Prozentskala (Steigung) ist der Tangens der daneben gezeigten Winkel. Die Prozentskala kann auch zur Entfernungsmessung verwendet werden.

Weiß man z. B., dass eine Wand 6 m hoch ist und füllt diese Wand im passend gehaltenen (nun nicht senkrecht hängenden) Gerät den Skalenbereich von 0% bis 4% aus, dann ist 6 m = 4 % der Entfernung. Die Entfernung vom Beobachter bis zur Wand beträgt also 6/0,04 = 150 m.

Für die Basis von 2 m (z. B. für Türhöhen) ist die Entfernung direkt (auf der zweiten Skala von links) ablesbar.

18.5.5. Theodolit

Ein *Theodolit* ist im Prinzip ein Fernrohr mit Fadenkreuz und Distanzfäden, das sich um die senkrechte Achse (Horizontalwinkel-Teilkreis) und um die waagrechte Achse (Höhenwinkel-Teilkreis) drehen lässt.

Hauptzweck der Theodolite ist die genaue Messung von Winkeln in horizontaler und vertikaler Richtung. Mit dem Fernrohr blickt man auf eine Nivellierlatte (Messlatte) oder auf eine Fadenkreuztafel (Zielpunkt, Messpunkt) auf einem Stativ. Nach vorheriger Einstellung des Nullpunktes der Horizontalkreisteilung in eine feste Basisrichtung wird ein zu messender Punkt angepeilt und dessen Horizontalwinkel und anschließend der Höhenwinkel an den Skalen abgelesen.

Bei modernen Theodoliten genügt es, den Punkt anzupeilen und dann auf einen Knopf zu drücken. Die Ablesung muss nicht mehr vom Beobachter durch das Ablesemikroskop selbst durchgeführt werden, sondern die Messdatenerfassung geschieht computergesteuert auf Knopfdruck. Die Daten werden automatisch gespeichert. Damit diese Computerautomatik richtig arbeitet, muss der Gerätebenutzer mit dem Gerät sehr gut vertraut sein und vor der Messung die richtigen Zuordnungen der zu messenden Werte zu den Projektdaten voreingestellt haben.

18.5.6. Tachymeter

Ein *Tachymeter* ist eine Mischung aus einem Nivelliergerät und einem Theodolit. Die Wortbestandteile „Tachy“ (schnell) und „Meter“ (messen) kommen aus dem Griechischen: Tachymeter ist also ein Schnellmessgerät.

Es dient der schnellen Lage- und Höhenmessung des Geländes (Geländeaufnahme = Tachymeteraufnahme). Genauso gut kann man mit einem Theodolit eine Geländeaufnahme machen, es geht nur nicht so schnell wie mit einem Tachymeter. Der Vorteil des Tachymeters ist die automatische Reduktion der in der schrägen Ziellinie gemessenen Entfernungen auf die Horizontalentfernungen. Bei der Messung mit dem Theodolit muss man diese Reduktion selbst vornehmen.

18.5.7. Längenmesser

18.5.7.1. Meterstab

Die Längen von Bauteilen werden mit dem *Meterstab* millimetergenau gemessen. Der Meterstab ist metrisch geteilt (Zentimeter und Millimeter). Die Maßeinteilung in Zoll (= 2,54 cm/Zoll) war früher auf Holzlinealen aufgetragen. Daher der Name „*Zollstock*“.

18.5.7.2. Maßbänder

Maßbänder gibt es als Stahl-Rollmaßbänder mit 20 m, 30 m und 50 m Länge. Außerdem gibt es Leinen- und Kunststoffmaßbänder, die aber für amtliche Vermessungen nicht zugelassen sind.

Längen im Gelände werden mit Stahlmaßbändern gemessen. Aber selbst mit Stahlmaßbändern kann man nicht millimetergenau messen, denn die Temperaturdehnung, die elastische Dehnung aus der Zugkraft beim Spannen des Maßbandes, die Neigung der zu messenden Strecke und der Banddurchhang bringen Ungenauigkeiten und damit eine Verfälschung des Messergebnisses mit sich.

Bei Längenmessungen zur Flächenermittlung von Grundstücken (amtliche Grundstücksvermessung) müssen die Fehler so klein wie möglich gehalten werden.

An einem Berechnungsbeispiel soll gezeigt werden, wie sich die Temperatur und die beim Messen auf das Band gebrachte Zugkraft auf die Messgenauigkeit auswirken.

Elastische Dehnung des Maßbandes durch Zugkraft

Stahlmaßband, 20 m lang, 0,15 mm dick, 20 mm breit,
Bandquerschnitt: $\boldsymbol{A} = 0{,}15 \cdot 20 = 3\ \text{mm}^2$,
Dehnung durch Zugkraft:
Bei 5 kp Zugkraft entsteht eine Zugspannung von
$\sigma = 5\ \text{kp} / 3\ \text{mm}^2 = 1{,}66\ \text{kp/mm}^2 = 166\ \text{kp/cm}^2$.
Die Dehnung aus dieser Zugspannung beträgt bei einem E-Modul $\boldsymbol{E} = 2100000\ \text{kp/cm}^2$:

$$\Delta l = l \cdot \frac{\sigma}{E} = 20000\ \text{mm} \cdot \frac{166}{2100000} = 1{,}58\ \text{mm}.$$

Das Maßband sollte beim Messvorgang immer mit einer einheitlichen Zugkraft gespannt werden, dazu wird eine Federwaage benutzt.

Temperaturdehnung des Maßbandes

Die Temperaturdehnung zwischen kalten Tagen bei 10 °C und Sommertagen bei 30 °C, also bei einer Temperaturdifferenz von $\Delta t = 20$ K, beträgt

$\Delta l = 20\ \text{m} \cdot 0{,}000012/\text{K} \cdot 20\ \text{K} = 0{,}0048\ \text{m} = 4{,}8\ \text{mm}$.

Diese Längenänderungen kann man kompensieren, indem man alle Messungen auf eine einheitliche Messtemperatur bezieht und bei abweichenden Temperaturen jeweils die Temperaturdehnung auf die einheitliche Temperatur umrechnet.

Banddurchhang beim Messen

Das Maßband soll beim Messen eine gerade Linie bilden. Man sollte es also auf den Boden legen. Dies wird jedoch nur selten möglich sein, meist wird es jedoch zwischen zwei Punkten freihändig gespannt. Ein frei hängendes Maßband wird aufgrund seines Eigengewichts immer durchhängen und die Form einer Kettenlinie annehmen. Man kann den Durchhang berechnen:

Man betrachtet das Band als Balken auf zwei Stützen, berechnet das Biegemoment aus einer Gleichlast und teilt dieses durch die Zugkraft, dann erhält man den Durchhang: Aus der Gleichlast **g** (Gewicht in [kp/m]), der Bandlänge **l** in [m] und der Zugkraft **Z** in [kp] ist, mit der das Band gespannt wird, erhält man den Durchhang *f* in [m] nach der folgenden Formel: $f = \frac{g \cdot l^2}{8 \cdot Z}$.

Das 20 m lange Band aus dem obigen Beispiel hat folgendes Eigengewicht **g** in Pond [p] pro Längeneinheit: $g = 0{,}03\ cm^2 \cdot 7{,}85\ p/cm^3 \cdot 100\ cm = 23{,}35\ p/m$.

Nach der genannten Formel ergibt sich bei 5 kp Zugkraft ein Durchhang von 23,35 cm.

Bei der Bandlänge von 20 m und dem berechneten Durchhang ergibt sich eine Sehnenlänge von 19,9925 m (als Kreisbogensehne bei einer Bogenlänge von 20 m gerechnet).

Die Differenz von -0,0075 m = -7,5 mm (Differenz zwischen Sehnenlänge und Bandlänge) gegenüber der Bandlänge wird Durchhangreduktion r_d genannt. Diese kann auch nach Lit. [Verm1] als Kettenlinie für gleich hohe Endpunkte nach der Formel $r_d = -\frac{l^3 \cdot g^2}{24 \cdot Z^2}$ direkt berechnet werden:

Für $l = 20$ m, $g = 0{,}02335$ kp/m und $Z = 5$ kp ergibt sich daraus $r_d = -0{,}00727$ m = -7,27 mm.

Ist ein Banddurchhang nicht zu vermeiden, muss man ihn bei der Messung berücksichtigen und die gemessene Länge entsprechend korrigieren.

18.5.7.3. Neigung der gemessenen Strecke

Misst man die Länge von geneigten Strecken, dann muss man zur Ermittlung der waagrechten Strecke den Neigungswinkel kennen und den gemessenen Wert mit dem Kosinus des Winkels auf die Waagrechte umrechnen. Die Neigung kann man leicht mit dem oben beschriebenen Freihandgefällemesser (Neigungsmesser) messen, indem man die Augen des (gleich großen) Helfers am anderen Ende des Bandes anpeilt.

18.5.7.4. Indirekte optische Entfernungsmessung mittels Distanzfäden

Nivelliergeräte, Theodolite, Neigungsmesser haben neben dem Fadenkreuz noch zwei weitere Striche, die sogenannten *Distanzfäden*.

Das auf einer Messlatte in [cm] durch das Fernrohr des Geräts abgelesene Maß zwischen diesen Distanzfäden zeigt die Entfernung vom Gerät zur Messlatte in [m] an. Die Genauigkeit beträgt etwa ± 10 cm, wenn man ± 1 mm abliest.

18.5.7.5. Elektrooptische Distanzmesser

Die genauesten Geräte für die Längenmessung sind *elektrooptische Distanzmesser*, die nach dem Laserprinzip arbeiten. Die Geräte sind klein, leicht und preisgünstig. Auch diese Geräte haben ihre typischen Fehler, die aber hier nicht besprochen werden.

Es gibt professionelle Lasergeräte für die Vermessung, die Distanzen bis zu 15 km genau messen, und es gibt Geräte für die Baustelle, die im Bereich bis zu 1 km gut zu gebrauchen sind.

Die Messung ist bei allen Geräten weitgehend automatisiert. Das Bedienen der Geräte besteht im Wesentlichen aus dem Zielen und dem Auslösen der Messung.

Die digitalen *Laserentfernungsmesser* in Form einer Laserpistole oder in Taschenrechnergröße mit Stativgewinde messen kurze Distanzen von 30 cm bis zu 150 m mit einer Genauigkeit von ± 1,5 mm. Bei diesen Geräten ist kein Reflektor erforderlich, weil die Reflexion des angepeilten Ziels benutzt wird.

Bild 69: Digitaler Laser-Entfernungsmesser bis 70 m

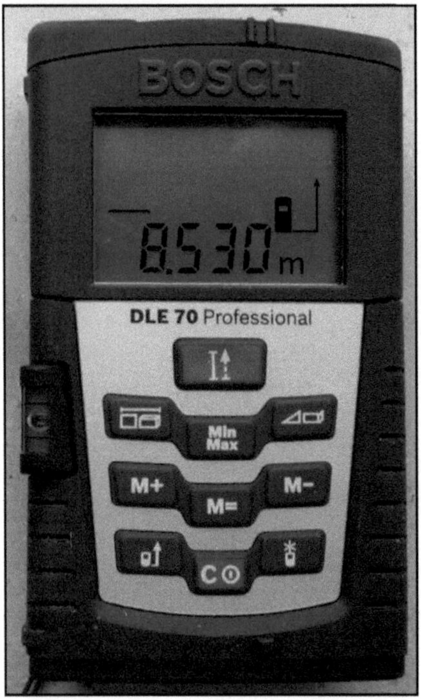

Bild 69 zeigt ein handliches Gerät, das Entfernungen bis 70 m mit einer Genauigkeit von ±1,5 mm messen kann. Die Entfernungen können von der Geräteunterkante, von der Geräteoberkante, von einem Stativgewinde oder einem Messstift (für Innenecken) aus gemessen werden.

Schrägmaße (Diagonalen) können direkt oder bei Messhindernissen auch durch Messung zweier rechtwinkliger Katheten vorgenommen werden, wobei die Berechnung nach dem Pythagoras vom Gerät durchgeführt und die Diagonalenlänge auf dem Bildschirm angezeigt wird.

Größere Entfernungen kann man durch Messen von Teilstrecken bestimmen, wobei das Gerät die Summierung im Speicher (Taste M+) übernimmt. Auch Mauervorsprünge kann man aus dem rechtwinkligen Abstand zur Wand durch zwei Messungen und Differenzbildung (durch Taste M-) bestimmen.

Minimalmaße (z. B. das Lot auf eine Wand) können durch *Minimalmessung* bestimmt werden, wobei bei konstant eingeschaltetem Laserstrahl eine Dauermessung während des seitlichen Schwenkens des Geräts vorgenommen wird, deren Minimalwert angezeigt wird.

Ebenso ist eine *Maximalmessung* möglich, wenn der Scheitelpunkt einer konkaven Fläche oder der Abstand zu einer Raumecke bestimmt werden soll.

Auch Flächen und Volumina können vom Gerät angezeigt werden, wenn Länge, Breite und Höhe gemessen werden.

Das Gerät hat die Abmessungen 60 × 100 × 30 mm und genügt für den Baustellengebrauch. Es ersetzt das 50-m-Stahlmaßband und den Helfer, den man beim Messen mit dem Maßband bräuchte.

18.6. Aufgaben der Ingenieurvermessung

18.6.1. Position im Gelände

Die Position eines Bauwerks im Gelände (die genaue Lage) wird in Landeskoordinaten angegeben. Sie wird entweder auf einen Punkt mit bekannten Koordinaten bezogen und für das Bauwerk berechnet oder es genügt die Angabe der GPS-Koordinaten mit einer Abweichung bis zu ±5 m.

18.6.2. Absteckung

18.6.2.1. Lageabsteckungen

Der Bauingenieur braucht für diese Arbeiten einen eingearbeiteten Messgehilfen. Meist werden die Punkte (Kleinpunkte genannt) von einer Bezugsgeraden (Messungslinie, Standlinie) aus eingemessen. Diese Lageabsteckungen werden mit Maßband und Winkelspiegel durchgeführt und durch Fluchtstäbe markiert. Die *Fluchtstäbe* sind 2 m lange runde Stäbe aus Holz, die abwechselnd alle 50 cm rot und weiß lackiert sind. Man nennt sie so, weil man damit sehr leicht gerade Strecken im Gelände abstecken kann, wenn diese Stäbe in gerader Flucht hintereinander stehen.

Der Winkelspiegel dient dazu, von einem Fußpunkt auf der Bezugsgeraden rechtwinklig einen Fluchtstab (Kleinpunkt) anzuvisieren. Dabei kann entweder der Fluchtstab oder der Fußpunkt als gegeben angenommen werden.

Bei größeren Messstrecken werden mehrere Bezugsgeraden hintereinander zu *Polygonzügen* oder *Streckenzügen* verbunden. Diese geraden Linien (Strecken) sind wie eine Zickzacklinie hintereinander angeordnet. An den Knickpunkten werden mit dem Theodolit die Winkel und mit einem Maßband die Strecken (Längenmessung) gemessen. Für die Knickpunkte werden meist zusätzlich die Landeskoordinaten bestimmt.

18.6.2.2. Höhenabsteckungen

Früher hatte man im Hochbau die *Schlauchwaage*, bei der ein Wasserschlauch mit durchsichtigen Endstücken als kommunizierende Röhre verwendet wurde. Man übertrug auf diese Weise die Höhen von Deckenkoten auf alle maßgeblichen Punkte an den Wänden, um ein einheitliches Niveau zu haben. Im Hochbau war der „Meterriss“ üblich, der die Höhe genau 100 cm über dem Fertigfußboden kennzeichnete. Eine „*Kote*“ ist eine Höhenangabe, bezogen auf eine Referenzhöhe. Heute sind rotierende Baulaser für Niveaumessungen als Referenzhöhe üblich.

18.6.3. Geometrisches Nivellement

Höhen im Gelände werden, ob innerhalb eines Baugrundstücks oder im freien Gelände, durch Nivellements mit dem Nivelliergerät gemessen. Während des Studiums lernt der Studierende theoretisch und bei Vermessungsübungen im Gelände den praktischen Umgang mit dem Nivelliergerät. Er lernt, wie man Fehler erkennt und wie man das Gerät justiert.

18.6.4. Prinzip des Nivellierens

Das Prinzip des Nivellierens ist sehr einfach (Bild 70). Der Bauingenieur braucht für diese Arbeiten einen eingearbeiteten Messgehilfen.

Bild 70: Prinzip des Nivelliervorgangs

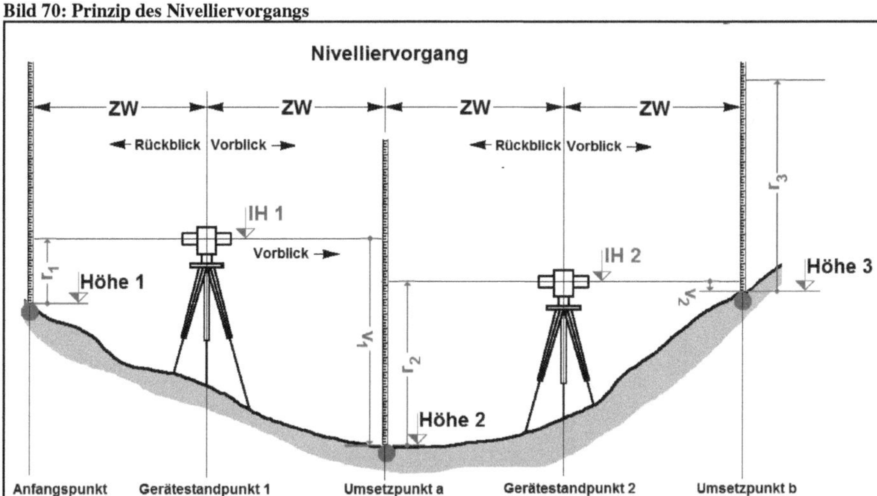

Die *Zielweite* ***ZW*** ist die Entfernung vom Nivelliergerät zur Messlatte im *Vorblick* (vom Nivelliergerät aus in Vorwärtsrichtung) und im *Rückblick*. „Rückblick“ ist die Blickrichtung vom Nivelliergerät aus in die Richtung, aus der man kommt.

Man geht von einer Anfangshöhe ***Höhe 1*** aus (Höhenfestpunkt, Straßenhöhe, Kanalsohle), wo die Nivellierlatte aufgesetzt wird. Die erste Ablesung ***r1*** (Rückblick 1) addiert man zur ***Höhe 1***, damit bekommt man die Instrumentenhöhe ***IH1*** (Fadenkreuzhöhe des Nivelliergeräts = Gerätehorizont).

Alle weiteren Ablesungen von diesem Gerätestandpunkt aus werden von dieser Höhe abgezogen, um die jeweilige Punkthöhe, wo die Latte aufsitzt, zu bekommen (Nebenpunkte). Die Ablesung ***v1*** im Vorblick zum Umsetzpunkt ***a*** wird von der Instrumentenhöhe ***IH1*** abgezogen. Man erhält die ***Höhe 2*** des Umsetzpunktes ***a***. Dieser Vorgang wiederholt sich nach jedem Umsetzen des Nivelliergeräts.

Der Messgehilfe muss die Nivellierlatte senkrecht halten. Zur Kontrolle dient ihm eine Dosenlibelle an der Rückseite der Messlatte. Im Fernrohr des Nivelliergeräts sieht man sofort, wenn die Latte nicht senkrecht gehalten wird. Früher verständigte sich der Ingenieur mit dem Messgehilfen durch lautes Rufen, heute verwendet man zur Kommunikation ein unauffälliges, sprachgesteuertes Funksprechset am Kopf.

Der Ingenieur schreibt beim Nivellieren alles in ein *Feldbuch*. Der Name „Feldbuch“ weist darauf hin, dass man damit auf freiem Feld arbeitet.

Das Feldbuch ist ein Notizbuch im Format DIN A6 mit steifen Deckeln und kariertem Papier. Dort werden alle Ablesungen und sonstigen Bemerkungen, die später bei der Auswertung wichtig sind, von Hand eingetragen.

Bei computerunterstützten Nivelliergeräten werden zwar die Ablesungen auf Speicherkarte geschrieben, man sollte aber trotzdem ein Feldbuch für Bemerkungen benutzen, denn die Eingaben solcher Bemerkungen auf der winzigen Tastatur am Gerät sind nicht sehr praktisch.

Wenn von einem Anfangspunkt jeweils nur eine Rückblick- und eine Vorblickablesung erfolgen, dann spricht man von einem *Längsnivellement*. Man erhält auf diese Weise die Geländehöhen für einen Längsschnitt.

Nimmt man dagegen rechts und links quer zur Messrichtung noch viele Nebenpunkte auf, dann spricht man von einem *Flächennivellement*. Hierbei muss die Lage der Punkte koordinatenmäßig bekannt sein, damit man sie später in einen Lageplan eintragen kann.

18.6.5. Berücksichtigung der Erdkrümmung

Bei längeren Nivellements macht sich die *Erdkrümmung* bemerkbar. Diese muss man aber nicht besonders berücksichtigen, wenn man gleichlange Zielweiten **ZW** benutzt. Vorblick und Rückblick sollten gleich lang sein, dann wird die Erdkrümmung automatisch kompensiert. Durch gleiche Zielweiten werden auch Ziellinienfehler (wenn die Ziellinie des Nivelliergeräts nicht genau waagrecht ist) kompensiert. Nachdem im Vorblick und im Rückblick der gleiche Fehler auftritt, ist die Höhendifferenz zwischen beiden Punkten wieder genau.

Dagegen muss bei Messungen mit dem Theodolit auf längere Zielweiten die Erdkrümmung in den Messergebnissen berücksichtigt werden, weil sie sich hier nicht wie beim Nivellieren aufhebt.

18.6.6. Berücksichtigung der Refraktion

Die *Refraktion* (= Krümmung der Sichtlinie durch Lichtbrechung, siehe Lit. [Verm1], Seite 200) macht sich nur bemerkbar, wenn die Ziellinie schräg durch Luftschichten unterschiedlichen Luftdrucks geht, was beim Nivellieren wegen der waagrechten Ziellinie selten der Fall ist. Dagegen muss bei trigonometrischer Höhenmessung mit dem Theodolit, wenn längere schräge Ziellinien (Sichtlinien) auftreten, die Refraktion berechnet und bei den Messergebnissen berücksichtigt werden (siehe Lit. [Verm3], ab Seite 39, und Lit. [Verm2] ab Seite 116).

18.6.7. Genauigkeit des Nivellements

Wie kontrolliert man die Genauigkeit des Nivellements?

Die Messlatte hat cm-Einteilung, die Millimeter werden geschätzt (siehe Seite 174). Die Ablesungen an der Messlatte können also Schätzfehler im Millimeterbereich enthalten, die sich bei langen Nivellierstrecken summieren können.

Man beginnt am Anfangspunkt des Nivellements mit einer bekannten Anfangshöhe. Am Ende der Nivellierstrecke ergibt sich die gemessene Höhe des Zielpunkts. Diese kann von der tatsächlichen NN-Höhe abweichen. Ist der Zielpunkt ein amtlicher *Höhenfestpunkt*, dann kennt man die genaue Differenz zwischen gemessener und amtlicher Höhe. Diese Differenz wird auf alle gemessenen Punkte entsprechend ihrem Abstand vom Anfangspunkt proportional verteilt. Dieses Vorgehen nennt man Ausgleich über Fehlergleichung. Dieser Fehlerausgleich ist genau vorgeschrieben (Lit. [Verm1]).

Ist der Zielpunkt kein amtlicher Höhenfestpunkt, dann kann man an einen in der Nähe des Zielpunktes liegenden amtlichen Höhenfestpunkt anschließen und den Ausgleich durchführen.

Im freien Gelände, wo weit und breit kein amtlicher Höhenfestpunkt existiert, muss man vom Zielpunkt wieder zurück zum Anfangspunkt nivellieren. Man spricht dann von einem geschlossenen Nivellement. Die jetzt vorliegende Differenz kann auf die gemessenen Zwischenpunkte der gesamten Schleife einschließlich des Zielpunkts proportional der gemessenen Länge aufgeteilt werden.

Bei einem Nivellement muss man prüfen, ob die Höhenfestpunkte am Anfangs- und Zielpunkt dem gleichen Höhensystem angehören. In Bayern war bis 1896 das Höhensystem an den Adriapegel angebunden. Nach der Umstellung auf Normal-Null (NN) gab es bis in die 1960-er Jahre noch so manche Höhenfestpunkte in der Landschaft, die man umzustellen vergessen hatte und die noch dem Adriapegel angehörten.

1965 hatte ich so einen Fall bei einem Längsnivellement zwischen Beuerberg und Penzberg. Der amtliche Höhenfestpunkt am Anfang gehörte dem NN-System an, während der amtliche Höhenfestpunkt am Zielpunkt zum Adriapegel gehörte, was anfangs nicht bekannt war. Die Differenz zwischen gemessenem Zielwert und amtlichem Höhenwert war ungewöhnlich, konnte aber durch Nivellement zurück zum Anfangspunkt geklärt werden. Dort stimmte der gemessene Wert wieder mit dem amtlichen NN-Höhenwert überein. Der amtliche Höhenfestpunkt mit dem Adriapegel wurde dem Landesvermessungsamt gemeldet.

Bei Höhenfestpunkten sollte man also vor dem Nivellement prüfen, welchem Höhensystem sie angehören, um Irritationen bei zu großen Höhendifferenzen an den Zielpunkten zu vermeiden.

19. Straßenbau

Ein wichtiges Teilgebiet der Aufgaben des Bauingenieurs ist die Planung, der Bau und der Unterhalt von Wegen, Straßen, Plätzen, Rollbahnen und Flugplätzen. Bei der Planung wird auch ausgiebig die Mathematik verwendet. Nachfolgend werden nur einige wenige Aspekte des Straßenbaus ohne viel Mathematik behandelt.

19.1. Allgemeines

Ursprünglich, nach Erfindung von Rad und Wagen, ging und fuhr der Mensch auf ausgetretenen Pfaden, die durch Aufschütten von nichtbindigem Bodenmaterial oder durch Querlegen von Holzknüppeln (Knüppeldamm) auch bei Regen begehbar und befahrbar gehalten wurden. Ziel des geplanten Baus von neuen Wegen und Straßen war der Transport von Gütern und Personen zu bestimmten Zielen (z. B. zu Märkten in Ortschaften). Später wurden die Straßen aus militärischen, politischen oder merkantilen Beweggründen angelegt (Handelsstraßen, Seidenstraßen, Salzstraßen, Bernsteinstraßen).

Das erste zusammenhängende Straßennetz entstand im römischen Reich, es umfasste zur Zeit der größten Reichsausdehnung etwa 250 000 km Gesamtlänge. Diese Straßen waren leicht geschotterte Erdwege mit durchschnittlich 4 bis 5 m Breite. Die Prachtstraßen in Rom (z. B. Via Appia) erreichten bis zu 12 m Breite und waren auch entsprechend besser in der Gestaltung und Bauausführung.

Bei der Planung von Straßen und Plätzen in Rom achteten die Römer (siehe Lit. [Vitruv]) sehr sorgfältig auf die Wahl gesunder Plätze und auf die richtige Ausrichtung der Straßenzüge, damit für den Aufenthalt von Menschen „gesunde" Verhältnisse erreicht wurden.

19.2. Begriffe

Straßen sind *Landverkehrswege*, die dem Verkehr von Fußgängern, Tieren und Fahrzeugen dienen (im Gegensatz zu Schifffahrtswegen und Luftverkehrswegen).

19.2.1. Benutzungsrecht

Nach dem Benutzungsrecht unterscheidet man:

- *Öffentliche Straßen*, die ohne Rücksicht auf die Eigentumsverhältnisse der Straße von jedermann kostenfrei benutzt werden dürfen. Diese Straßen sind öffentlich gewidmet.
- *Nichtöffentliche Straßen* (Privatstraßen), deren Benutzung vom Straßeneigentümer oder Baulastträger jederzeit gesperrt oder nur für bestimmte Personen kostenlos oder gegen Gebühr (Maut) freigegeben werden kann.
- *Öffentliche Mautstraßen*. Die Benutzung öffentlicher Straßen kann durch Gesetz oder Verordnung mit einer Benutzungsgebühr (Maut) für bestimmte Verkehrsteilnehmer belegt werden.

19.2.2. Baulastträger

Der „Baulastträger" ist kein Stahlträger und die „Baulast" hat auch nichts mit Baustatik zu tun. Der *Baulastträger* ist diejenige Person oder Institution, die den Bau einer Straße zu finanzieren hat.

Unter *Baulast* wird hier die finanzielle Last verstanden, die der Eigentümer der Straße zu tragen hat. Das sind nicht nur die Baukosten, sondern auch die gesamten Unterhaltskosten (Instandhaltungskosten, Betriebskosten) des Betriebs über die gesamte Betriebsdauer der Straße.

Für Bundesautobahnen und Bundesfernstraßen ist die Bundesrepublik Deutschland (der Bund), für die Landstraßen I. und II. Ordnung und für Forststraßen sind die Bundesländer (das jeweilige Land) und für die Gemeindestraßen sind die Gemeinden (die jeweilige Kommune) die Baulastträger.

Die Baulastträger werden durch speziell dafür geschaffene Behörden vertreten (Autobahnbauamt, Straßenbauämter, Forstverwaltung).

Für *Privatstraßen* (Mautstraßen, Feldwege) ist der Eigentümer der Straße der Baulastträger.

19.2.3. Straßenkategorien

Früher gab es nur die *Straßenklassen. Klassifizierte Straßen* waren Autobahnen, Bundesstraßen und Landstraßen I. und II. Ordnung, *nicht klassifizierte Straßen* waren Gemeindestraßen, Stadtstraßen und Forststraßen.

Neuerdings hat man die Bezeichnungen neu definiert und das Straßennetz der Bundesrepublik nach den Aufgaben gegliedert, denen die Netzabschnitte dienen (siehe Betonkalender 2007, Band 1, ab Seite 9). Die verkehrlichen Nutzungen der Straßen lassen sich in drei Funktionsbereiche einteilen:

- *Verbindungsfunktion*, zugeordnet zu den Kategoriengruppen A (Fernstraße, Autobahn), B (anbaufreie Schnellverkehrsstraße, anbaufreie Hauptverkehrsstraße) und C (Hauptverkehrsstraße). Anbaufrei gelten Straßen, bei denen keine Grundstückszufahrten zu berücksichtigen sind.
- *Erschließungsfunktion*, zugeordnet zur Kategoriengruppe D (Sammelstraße, Anliegerstraße).
- *Aufenthaltsfunktion*, zugeordnet zur Kategoriengruppe E (Anliegerstraße, Anliegerweg).

Die Verbindungsfunktion wird in 6 Stufen eingeteilt:

I. Großräumige überregionale Verbindung,
II. Regionale Straßenverbindung,
III. Zwischengemeindliche Straßenverbindung,
IV. Flächenerschließende Straßenverbindung,
V. Untergeordnete Straßenverbindung,
VI. Wegeverbindung.

Für jede Stufe gibt es mehrere Einstufungskriterien, die hier nicht aufgezählt werden.

Durch die Verknüpfung der Verkehrsbedeutung, die durch die Verbindungsstufen gegeben ist, mit den Ansprüchen aus dem Umfeld, die durch die Kategorien A bis E ausgedrückt werden, ergibt sich für jeden Straßenabschnitt eine Kategorie: A I bis A VI, B II bis B IV, C III, C IV, D IV, D V, E V und E VI. Diese Definitionen sind auch in die Richtlinien eingegangen.

19.3. Planungsrichtlinien und Gesetze

Für die Planung, die Bemessung und den Bau von Straßen gibt es Richtlinien und Gesetze. Diese hat der Planer bei der Planung und beim Bau von öffentlichen Straßen verbindlich anzuwenden. Diese Richtlinien gelten als Normen. Neue *Richtlinien* für die integrierte Netzgestaltung (RIN), für den Ausbau von Straßen (RAS), für die Anlage von Autobahnen (RAA) und für die Anlage von Landstraßen (RAL) werden von der Forschungsgesellschaft für Straßen- und Verkehrswesen erarbeitet.

Anstelle der bisher üblichen *Entwurfsgeschwindigkeit* (*Ausbaugeschwindigkeit*) sollen *Entwurfsklassen* EKA (Entwurfsklasse für Autobahnen) und EKL (Entwurfsklasse für Landstraßen) eingeführt werden. Die Richtlinien werden in der Regel anschließend durch das Bundesministerium für Verkehr, Bau und Stadtentwicklung verbindlich eingeführt.

Die gültigen Gesetze (Bundesfernstraßengesetz, Straßen- und Wegegesetze der Bundesländer, Raumordnungsgesetz) dagegen regeln das Rechtliche, nämlich das, was bei der Grundstücksbeschaffung und bei der Genehmigung von Straßenprojekten beachtet werden muss.

Öffentliche Projekte, bei denen es viele Betroffene und viele Zuständigkeiten gibt, müssen vor der Genehmigung ein *Planfeststellungsverfahren* durchlaufen. Beim Planfeststellungsverfahren werden alle Pläne und Baubeschreibungen des Projekts in den betroffenen Kommunen öffentlich zur Einsicht ausgelegt. Alle Betroffenen können sich eingehend informieren und ihre Einwände vorbringen.

Diese Einwände müssen dann bei der endgültigen Entscheidung von den Genehmigungsbehörden „gewürdigt“ werden.

19.4. Straßenverkehrstechnik

Zu den Aufgaben des Bauingenieurs gehören auch die Vorarbeiten zur Beschaffung von Grundlagendaten für die Straßenplanung. Diese müssen durch Verkehrsuntersuchungen (Verkehrszählungen) geschaffen werden. Die Verkehrszählungen gehören zum Bereich der Straßenverkehrstechnik. Diese hängt mit dem Straßenbau eng zusammen.

Auch die Planung und der Betrieb der Ablaufsteuerung des Verkehrsablaufs durch Lichtsignalanlagen (Ampeln) gehörten noch 1960 zum Arbeitsgebiet des Bauingenieurs. Inzwischen gibt es den Verkehrsingenieur, der sich zum Verkehrsplaner spezialisiert hat. Sein Arbeitsbereich sind hauptsächlich die Verkehrsleitsysteme der Großstädte.

19.4.1. Verkehrsdiagnose und Verkehrsprognose

Nicht nur bei Übungen während des Studiums, sondern auch im praktischen Berufsleben waren *Verkehrszählungen* des fließenden Verkehrs durchführen, um vor der Planung von neuen Straßen, Unterführungen oder Untertunnelungen den zu- und abfließenden Verkehr in der Umgebung eines Planungsgebietes zu erfassen (Verkehrsdiagnose) und dadurch die Grundlagen für eine Vorausberechnung zu bekommen, welche „Menge Verkehr“ die neue Straße „anziehen“ und von der Umgebung „abziehen“ wird (Verkehrsprognose).

Aber auch der *ruhende Verkehr* im öffentlichen Verkehrsraum wurde gezählt. Der Begriff „ruhender Verkehr“ bezeichnet die momentan nicht in Bewegung befindlichen Fahrzeuge, also die am Fahrbahnrand und auf öffentlichen Parkplätzen parkenden Fahrzeuge. Nicht gezählt werden die in Garagen und privaten Parkhäusern abgestellten Fahrzeuge, denn diese belasten momentan nicht den öffentlichen Park- oder Verkehrsraum.

19.4.2. Leistungsfähigkeit der freien Strecke

Die *Leistungsfähigkeit einer Fahrspur* hängt davon ab, welche Anzahl Fahrzeuge sich zu einem bestimmten Zeitpunkt in freier ungehinderter Fahrt auf einem Kilometer einer Fahrspur befinden kann. Diese Zahl wird mit der Geschwindigkeit multipliziert.

Es gilt die Formel:

Formel 30: Leistungsfähigkeit einer Straße

$$\boxed{L = V \cdot \frac{1000}{a}},$$

dabei bedeuten:

- L = Leistungsfähigkeit in Fahrzeugen pro Stunde [F/h],
- V = Geschwindigkeit in [km/h] und
- a = Fahrzeugabstand in [m] von Vorderkante bis Vorderkante während der Fahrt.

Der Fahrzeugabstand zwischen den Fahrzeugen während der Fahrt wird durch den *Sicherheitsabstand* festgelegt, der einzuhalten ist. Dieser wird durch den halben Tachoabstand bestimmt. Dazu kommt noch die Fahrzeuglänge.

Der *Tachoabstand* in [m] wird definiert durch die auf dem Tacho eines Fahrzeugs angezeigte Maßzahl der Geschwindigkeit in [km/h]. Für den mindestens einzuhaltenden Abstand zum vorausfahrenden Fahrzeug ist der *halbe Tachoabstand* T_h in [m] vorgeschrieben. Z. B. ergibt sich bei 50 km/h ein Mindestabstand von 25 m. Diese Regel lernt jeder Führerscheinanwärter in der Fahrschule.

Der Abstandsraster der Fahrzeuge in [m] ist also $a = T_h + l$, wobei T_h der halbe Tachoabstand in [m] und l die Fahrzeuglänge in [m] ist. Bei Personenkraftwagen (Pkw) mit einer Länge von maximal 6 m ergibt sich die Leistungsfähigkeit L der Fahrspur:

Bei 50 km/h: $\boldsymbol{L} = 50 \cdot \frac{1000}{25+6} = 1613$ [F/h],

bei 100 km/h: $\boldsymbol{L} = 100 \cdot \frac{1000}{50+6} = 1786$ [F/h] und

bei 130 km/h: $\boldsymbol{L} = 130 \cdot \frac{1000}{65+6} = 1831$ [F/h].

In der praktischen Betrachtung geht man bei Pkw von einem *durchschnittlichen Zeitraster von 2 Sekunden* aus. Wenn alle 2 Sekunden ein Pkw vorbeifährt, dann fahren in der Stunde 1800 Pkw vorbei. Dieser 2-Sekunden-Wert ergibt sich aus der Zeit, die ein Fahrzeug braucht, um den halben Tachoabstand zurückzulegen.

Beispiel:

Geschwindigkeit: $50\ \text{km/h} = \frac{50000\ \text{m}}{3600\ \text{s}} = 13{,}89\ \text{m/s}$. Den halben Tachoabstand von 25 m durchfährt das Fahrzeug dann in $\frac{25\ \text{m}}{13{,}89\ \text{m/s}} = 1{,}80\ \text{s}$. Dieser theoretische Wert gilt einheitlich für alle Geschwindigkeiten. Er wird auf 2 s aufgerundet.

Die Leistungsfähigkeit ist auch noch von den Fahrbahn- und Verkehrsbedingungen (Witterung, Nässe, Glätte) abhängig, die sich hindernd auf den Verkehrsfluss auswirken können.

Wenn eine bestimmte Leistungsfähigkeit einer Straße erreicht werden soll, müssen entsprechend viele Fahrspuren pro Richtung gebaut werden. Eine zweispurige Autobahn kann also nur 3600 Pkw in der Stunde „leisten". Höhere Verkehrsdichten führen dann zwangsläufig zu Stau oder zu dichterem Auffahren.

19.4.3. Leistungsfähigkeit einer Kreuzung

Die Berechnung der Phasenumlaufzeiten einer Lichtsignalanlage (Ampelanlage) an einer einzelnen Kreuzung lässt sich durch grafische Verfahren oder rechnerisch mit dem Taschenrechner leicht bewältigen.

Die Phasenumlaufzeit ist die Zeitdauer aller Ampelphasen, bis der Ausgangszustand wieder eintritt, also von Grünbeginn bis Grünbeginn der betreffenden Fahrspur. Die Grünphase einer Fahrspur (Phasenlänge) ist die Zeitspanne in Sekunden, solange „Grün" geschaltet ist und die Fahrzeuge über die Kreuzung fahren können.

19.4.3.1. Leistung einer Grünphase pro Fahrspur

Unter Leistung einer Grünphase soll in der nachfolgenden Betrachtung die nach physikalischen Gesetzen und bei Einhaltung der Straßenverkehrsordnung (StVO) mögliche Anzahl *gleichartiger Fahrzeuge*, die *pro Fahrspur* bei einer Grünphase die Haltelinie an der Ampel passieren können, verstanden werden. Gleichartige Fahrzeuge müssen *gleiches Fahrverhalten und identische Länge* aufweisen.

Diese Leistung lässt sich über die Bewegungsgesetze ermitteln, indem man berechnet, wie lange es dauert, bis eine bestimmte Anzahl Fahrzeuge nach dem Start vom jeweiligen Wartepunkt die Haltelinie erreicht haben. Dabei sind die Anfahrbeschleunigung bis zur zulässigen Höchstgeschwindigkeit und der nötige Sicherheitsabstand der Fahrzeuge während der Fahrt in der Berechnung berücksichtigt. Die Formeln sind auf meiner Internetseite zu finden. Für den HP 49G steht ein Taschenrechnerprogramm „Ampel" für diese Berechnung zur Verfügung.

Das Programm berechnet für eine vorgegebene Fahrzeuganzahl $\boldsymbol{n}$ die erforderliche Grünphasenlänge $\boldsymbol{t_n}$ in Sekunden. Über ein Tabellenkalkulationsprogramm wurde mit den Formeln eine Kurvenschar berechnet und als Diagramm in Bild 71 dargestellt, aus dem man die berechneten Daten für eine Grünphase ablesen kann.

19.4.3.2. Weg/Zeit-Diagramm

Die Kurven in Bild 71 stellen die Weg/Zeit-Beziehung der einzelnen Fahrzeuge nach „Grünbeginn“ dar. Die waagrechte Skala gibt die Fahrzeit seit Grünbeginn an. An der linken senkrechten Skala kann man den Abstand des wartenden Fahrzeugs von der Haltelinie ablesen. Die linke schräge Linie gibt den Startzeitpunkt der Fahrzeuge an, die rechte schräge Linie gibt den Zeitpunkt für das Ende der Beschleunigungsphase der Fahrzeuge an.

Bild 71: Weg/Zeit-Diagramm eines Grünphasenablaufs

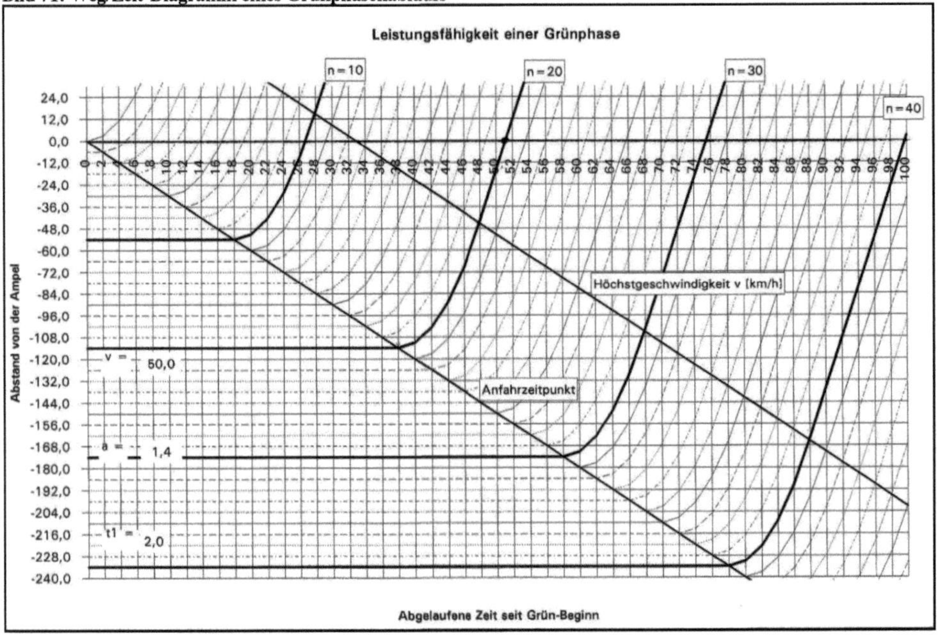

Zur Vorbereitung der Berechnung muss die Anfahrbeschleunigung $\boldsymbol{a}$, die Fahrzeuglänge und die zulässige Endgeschwindigkeit als Parameter vorgeben werden. Wenn ein Fahrzeug in 10 Sekunden die Geschwindigkeit vom $\boldsymbol{v}$ = 50 km/h erreicht, dann ist dies eine Anfahrbeschleunigung von 1,39 m/s^2. Der Wert $\boldsymbol{a}$ = 1,40 m/s^2 wurde im Diagramm und auf dem Taschenrechner verwendet.

Außerdem wird mit einer Fahrzeuglänge von 6 m gerechnet, was dem Fahrzeugtyp *Pkw* entspricht. $t_1 = 2$ s gibt an, in welchem Zeitabstand ein wartendes Fahrzeug nach dem Start des Vordermanns starten darf.

Man kann auch mit anderen Werten rechnen, alle Parameter sind im Programm beliebig einstellbar.

Aus dem Diagramm kann man noch mehr ablesen.

Nach Ende der Beschleunigungsphase haben die Fahrzeuge die zulässige Höchstgeschwindigkeit (im Diagramm 50 km/h). Die Länge der senkrechten Abstände zwischen den Weg/Zeit-Kurven der einzelnen Fahrzeuge zeigen den Fahrzeugabstand während der Fahrt an, im Diagramm den halben Tachoabstand plus die Fahrzeuglänge, bei 50 km/h also 31 m.

Auch die Wartezeit nach Beginn der Grünphase ist ablesbar. Das zwanzigste Fahrzeug muss warten, bis 19 Fahrzeuge gestartet sind, die Wartezeit beträgt dann 19 × 2 = 38 Sekunden.

Wenn man weiß, dass bei einer Grünphase nur $\boldsymbol{n}$ Fahrzeuge „durchkommen“, dann könnten die nachfolgenden Fahrzeuge sich das Beschleunigen vor der Ampel sparen.

Verkehrsleitsysteme (siehe 19.4.5 auf Seite 189) der Zukunft werden den Autofahrern eine Meldung „Freie Durchfahrt bei nächster Grünphase“ auf der Anzeige ihres Navigationssystems einblenden, sodass unnötige Beschleunigungen und Notbremsungen vor der Haltelinie nicht mehr vorkommen.

Andere Einstellungen der Parameter ergeben andere Werte. Der Bauingenieur als Verkehrsplaner wird bei der Planung von Kreuzungen und Ampelschaltungen mit Verändern von Geschwindigkeiten, Spuranzahlen und Umlaufzeiten experimentieren, um sich schrittweise dem Optimum zu nähern.

19.4.3.3. Beispiel zur Berechnung der Leistungsfähigkeit einer Kreuzung

Um 20 Fahrzeuge bei einer zulässigen Endgeschwindigkeit von 50 km/h in einer Grünphase pro Fahrspur „über die Haltelinie zu bringen“, sind nach Taschenrechnerprogramm genau 51,21 s „Gründauer“ erforderlich. Dieser Wert ist auch aus dem Diagramm zu entnehmen.

Nimmt man auch in Querrichtung dieselbe Fahrzeuganzahl an, dann ist eine Phasenumlaufzeit von 2 × 51,21 Sekunden „Gründauer“ und 2 × 3 Sekunden „Gelbdauer“ erforderlich, das ergibt eine Phasenumlaufzeit von insgesamt 108,42 Sekunden. Die Längen der „Rotphasen“ entsprechen den „Grünphasen“ der Querrichtung.

Nachdem für 20 Fahrzeuge pro Grünphase $\frac{3600\ \text{s}}{108{,}42\ \text{s}} = 33{,}21$ Grünphasen pro Stunde erforderlich sind, können in jeder Fahrspur 20 × 33,21 = 664 Fahrzeuge pro Stunde über die Kreuzung fahren.

Wir nehmen an, an dieser Kreuzung kreuzen sich zwei Straßen mit nur je einer Richtungsfahrbahn, dann führen vier Fahrspuren auf die Kreuzung zu und 4 Fahrspuren von der Kreuzung weg.

Jede Fahrtrichtung „leistet“ bei einer Phasenumlaufzeit von 108,42 Sekunden 664 Fahrzeuge pro Stunde, dann fahren 4 × 664 = 2656 Fahrzeuge in einer Stunde aus allen vier Richtungen über die Kreuzung.

Bei „Dauergrün“ in einer Richtung (+ Gegenrichtung) und „Dauerrot“ in den Querrichtungen müsste die Kreuzung die Leistungsfähigkeit einer freien Strecke mit je einer Richtungsfahrspur von 2 × 1800 = 3600 Fahrzeuge pro Stunde erreichen. Diesen theoretischen Wert kann eine Kreuzung mit Ampelbetrieb nicht erreichen, weil die Anfahrbeschleunigungen und die Gelbphasen Zeit kosten.

19.4.3.4. Kreisverkehr

Auch eine Kreuzung mit Kreisverkehr kann diesen theoretischen Wert nicht übertreffen, weil innen im Kreis nur 1 Fahrspur möglich ist. Theoretisch könnte sich am Kreisverkehr bei zwei freien Zufahrten (je eine Spur für die Einfahrt und die Ausfahrt), wenn die anderen Zufahrten gesperrt sind, eine „freie“ Strecke über zwei Halbkreise ausbilden, die 2 × 1800 = 3600 Fahrzeuge pro Stunde erreicht. Ein Kreisverkehr in der Realität wird wesentlich weniger „leisten“.

19.4.4. Berechnung von Verkehrsnetzen

Was man mit Bewegungsgleichungen, Taschenrechner und Diagramm für eine einzelne Kreuzung manuell berechnet, wird im großen Stil bei der Planung von Verkehrsleitsystemen angewandt. Für die Berechnung von Verkehrsnetzen können die mathematischen Methoden der Netzberechnung angewendet werden, die man auch bei der Planung von Stromversorgungs-, Wasserversorgungs- und Kanalisationsnetzen benutzt.

Aufgrund der Ergebnisse dieser Voruntersuchungen und Berechnungen kann dann die Anzahl der Fahrbahnen, die Gestaltung der Kreuzungen mit Abbiegespuren und nicht zuletzt die Regelung des Verkehrsflusses durch Lichtzeichenanlagen festgelegt werden. Diese Entwurfsgrundlagen können dann für den Straßenentwurf verwendet werden.

19.4.5. Verkehrsleitsysteme

In modernen *Verkehrsleitsystemen* wird durch *Induktionsschleifen* und andere *Sensoren* in den Fahrbahnen an allen wichtigen Punkten eines Verkehrsnetzes das Verkehrsaufkommen laufend gezählt und jeweils über die Ampelsteuerungshardware direkt vor Ort erfasst und gespeichert.

Auf die Werte dieser laufenden automatischen Verkehrszählungen greift der zentrale Verkehrsleitrechner zu, wertet sie für jede Kreuzung aus und legt die Ampelumlaufzeiten und die Ampelphasen für jede Kreuzung individuell fest.

Aber er koordiniert darüber hinaus mit diesen Werten auch die Verkehrsflüsse weiträumig, um spezielle Verkehrszustände (Stauungen, Berufsverkehr, Sonntagsverkehr, Nachtverkehr) erkennen und im Voraus berechnen zu können, damit z.B. durch „grüne Wellen" ein rascher Verkehrsabfluss aus einem überlasteten Gebiet erzielt werden kann.

Die individuellen Phasenumlaufzeiten an den einzelnen Kreuzungen werden zeitweise den Umständen angepasst und müssen sich den weiträumigen Strategien unterordnen.

Die technische Entwicklung geht dahin, dass die Programme für die individuelle Ampelsteuerung der einzelnen Kreuzung nicht mehr in der Leitzentrale, sondern vor Ort an der Kreuzung in der Ampelsteuerung (Ampelrechner) auf einem speziell dafür vorgesehenen Rechner (Industrie-PC) ablaufen. Das im zentralen Leitrechner für die Kreuzung optimierte Programm wird automatisch zum Ampelrechner übertragen und dort gespeichert. Dadurch wird die Ampelsteuerung aktualisiert.

Durch diesen modularen Aufbau von Hard- und Software ist jede Ampelanlage autark und bleibt auch bei Ausfall oder Abschaltung des Leitrechners voll funktionsfähig. Umgekehrt überwacht der Leitrechner die Ampelanlage und übernimmt bei Ausfall des Ampelrechners die Ampelsteuerung.

Eine festverdrahtete Umschaltelektronik sorgt dafür, dass bei Ausfall des Ampelrechners oder des Leitrechners oder beider Rechner die Ampelanlage in einen definierten Zustand versetzt wird (Ampelanlage ausgeschaltet oder Gelbblinken) und bei Eintreffen von Rechnersignalen wieder auf die Rechner umschaltet.

Die Verkehrsleitsysteme großer Städte sind Computernetzwerke mit Hunderten von Ampelrechnern. In den Verkehrsleitzentralen führen Leitrechnersysteme die komplette Verkehrsnetzberechnung durch, um den Verkehrsfluss laufend zu optimieren.

Es gibt Firmen, die sich auf die beschriebene Verkehrsleittechnik spezialisiert haben. Es ist aber dringend zu empfehlen, dass sich die Kommunen und Städte nicht von diesen Firmen abhängig machen, sondern einen eigenen Stab spezieller Fachleute heranziehen und beschäftigen, die das gesamte System beherrschen. Sonst könnte es passieren, dass bei Firmenpleiten und Firmenfusionen die Städte mit ihren neuen Verkehrsleitsystemen alleingelassen werden und dann ganz von vorne anfangen müssten.

19.5. Straßenentwurf

19.5.1. Allgemeine Planungsgesichtspunkte

Eine gute Linienführung der Straße ist die wesentliche Voraussetzung für situationsgerechtes Verhalten der Autofahrer. Sie ist für die Sicherheit und für die Verkehrsqualität eines Straßenzugs entscheidend. Die Linienführung in der Natur ist dreidimensional und wird vom Autofahrer räumlich gesehen.

Der Entwurf der Straße jedoch wird getrennt nach Lageplan, Höhenplan und Querschnitten in Ebenen erstellt und dargestellt. Er ist deshalb immer sehr sorgfältig auf seine räumliche Wirkung hin zu überprüfen.

Für die Linienführung und Gestalt der Straße müssen einige allgemeine Gesichtspunkte berücksichtigt werden:

1. Die Straße soll gut in die Natur eingepasst sein und optisch gut wirken. Die Fahrbahnkanten bilden die äußere Begrenzung der Straße. Die sollen durch Randstreifen, Mulden, Gräben, Böschungen der umgebenden Geländestruktur angeglichen und dadurch zur Landschaft gehörend empfunden werden.
2. Geologische und geografische Verhältnisse sollen berücksichtigt werden, Naturschutzgebiete, Moore, Felsgegenden sollen nicht durchquert, sondern umfahren werden.
3. Wenn es sich um eine Fernstraße (Bundesstraße, Schnellstraße) handelt, sollte sie nicht durch Siedlungen hindurchgehen und diese zerschneiden, sondern als Ortsumgehungsstraße außen vorbei geführt werden.
4. Nicht zuletzt sollte die Linienführung im Lageplan und im Längsschnitt aus wirtschaftlichen Gründen so gestaltet werden, dass die Baukosten gering gehalten werden, indem Abtrag und Auftrag von Erdmengen sowohl in Längsrichtung (Einschnitte, Dämme) wie auch in Querrichtung (Hanganschnitte und Böschungen) ausgeglichen sind.
5. Kunstbauten (Brücken, Tunnel, Unterführungen) sollten möglichst vermieden werden.
6. Die Betriebskosten (Instandhaltung) sollten durch ein sinnvolles Straßen-Entwässerungssystem (Vermeidung von Unterspülungen), guten Unterbau (Vermeidung von Setzungen) und eine dauerhafte Straßendecke (keine Schlaglöcher!) gering gehalten werden.

19.5.2. Linienführung im Lageplan (Trasse)

Da die Normen und Richtlinien sich im Umbruch befinden, sollen hier in diesem Buch die bisherigen Entwurfsgrundlagen kurz dargestellt werden.

19.5.2.1. Entwurfsgeschwindigkeit

Die Trasse ist eine geometrische Linie im Lageplan, die den Verlauf einer Straße im Gelände festlegt. Ein Hauptkriterium für die technische Auslegung der Entwurfselemente ist die *Entwurfsgeschwindigkeit* V_e (Ausbaugeschwindigkeit, Bemessungsgeschwindigkeit), mit der die Trasse später befahren werden soll und für die alle Entwurfselemente der Straße optimal gewählt werden. Aufgrund der Bewegungsgesetze werden Querbeschleunigung und Höhenbeschleunigung eines Fahrzeugs für diese Entwurfsgeschwindigkeit berechnet und die Entwurfselemente entsprechend festgelegt.

Fährt man auf dieser Straße schneller als es die Entwurfsgeschwindigkeit vorsieht, dann gibt es in Kurven eine zu hohe Fliehkraft (Querbeschleunigung), die sich durch Reifenquietschen bemerkbar macht, beim Überfahren von Kuppen kann das Fahrzeug abheben (Hüpfen über Kuppen) und die Bodenhaftung verlieren, auch die Sichtverhältnisse in unübersichtlichen Kurven können dazu beitragen, dass die Reaktionszeit und der Bremsweg bei überraschend auftauchenden Hindernissen nicht ausreichen.

Die Entwurfsgeschwindigkeit kann auch bei Schnellstraßen nicht beliebig hoch gewählt werden. Das theoretische Extrem wäre eine schnurgerade Straße, auf der beliebig schnell gefahren werden könnte. Die dicht besiedelte Landschaft und die Geländeverhältnisse in Deutschland zwingen zu kurvigen Straßen, die nur mit begrenzter Geschwindigkeit befahren werden können.

Grundsätzlich wird die Entwurfsgeschwindigkeit nach der zugeordneten Kategorie der Straße festgelegt. Für die Kategorie A I können je nach Topografie und Zwangspunkten 120, 100 oder 90 km/h gewählt werden, für A II gelten 100, 90 oder 80 km/h und für A III 90, 80, 70 oder 60 km/h.

Entlang einer großräumigen Verbindungsstraße kann eine deutliche Änderung der Topografie und der Streckencharakteristik auftreten, dann können die niedrigeren Werte der Kategorie gewählt werden. Die Entwurfselemente müssen dann im Übergangsbereich zwischen zwei Entwurfsgeschwindigkeiten aufeinander abgestimmt und allmählich verändert werden.

Auf diesen Straßenabschnitten, bei denen die Geländeverhältnisse eine geringere Entwurfsgeschwindigkeit erzwingen, müssen die Autofahrer durch ständige Geschwindigkeitsbeschränkungen darauf hingewiesen werden, da sonst die veränderten Entwurfselemente (z.B. kleinere Kurvenradien) für die Fahrer überraschend auftreten würden.

19.5.2.2. Entwurfselemente im Lageplan

Die drei lagemäßigen Entwurfselemente sind *Gerade, Kreisbogen* und *Übergangsbogen.*

Gerade
Die Gerade hat als Trassierungselement nur dort Bedeutung, wo lange Überholsichtweiten geschaffen werden müssen. Lange Geraden mit konstanter Längsneigung haben den Nachteil, dass sie das Abschätzen der Geschwindigkeit und der Entfernung zu entgegenkommenden Fahrzeugen erschweren, den Fahrer zu hohen Geschwindigkeiten verleiten, bei Nacht die Blendgefahr bei entgegenkommenden Fahrzeugen erhöhen und in hügeligem Gelände ein Fremdkörper in der Natur sind.

Daher sollen auch nach den neueren Richtlinien längere Geraden mit konstanten Längsneigungen vermieden und durch Kurven mit großen Radien ersetzt werden. In den Richtlinien sind Angaben darüber vorhanden, wie zu verfahren ist, wenn sich lange gerade Strecken nicht vermeiden lassen.

Kreisbogen
Ein Kreisbogen dient dazu, den Richtungswechsel einer Trasse in einem Bogen mit einen bestimmten Winkel durchzuführen (Kurve). Die Forderung einer gefahrlosen Fahrdynamik ist, dass bei nasser, sauberer Fahrbahn unter Beibehaltung der Entwurfsgeschwindigkeit eine sichere Kurvenfahrt bei ausreichendem tangentialen Kraftschlussbeiwert (= Reibungsbeiwert zwischen Reifen und Fahrbahn in Fahrtrichtung) für Beschleunigen und Bremsen möglich ist. Die Zentrifugalbeschleunigung aus der Fliehkraft darf den radialen Kraftschlussbeiwert nicht überschreiten. Die Zentrifugalbeschleunigung $\boldsymbol{b_z}$ [m/s^2] (auch Fliehkraftbeschleunigung oder Querbeschleunigung genannt) bei Kurvenfahrt wird aus der Entwurfsgeschwindigkeit $\boldsymbol{V_e}$ [m/s] und dem Kurvenradius $\boldsymbol{R}$ [m] berechnet: $b_z = \frac{V_e^2}{R}$. Das Verhältnis der Zentrifugalbeschleunigung $\boldsymbol{b_z}$ zur Fallbeschleunigung $\boldsymbol{g}$ ergibt den Tangens des Reibungswinkels (Kraftschlussbeiwert): $\tan\rho = \frac{b_z}{g} = \frac{V_e^2}{R \cdot g}$, wobei $\boldsymbol{\rho}$ der Reibungswinkel zwischen Reifen und Fahrbahn ist.

Die Fliehkraft bei Kurvenfahrt kann durch Reibung zwischen Reifen und Fahrbahnoberfläche aufgenommen werden, sie wird aber zusätzlich auch durch die Querneigung aufgenommen, wobei der Querneigungswinkel $\boldsymbol{\alpha}$ wie ein Reibungswinkel behandelt werden kann.

Wenn der Reibungswinkel $\boldsymbol{\rho}$ und der Querneigungswinkel $\boldsymbol{\alpha}$ bekannt sind, kann durch Umstellung obiger Gleichung der Mindestradius $\boldsymbol{R}_{\min}$ berechnet werden, den ein Kreisbogen haben muss:

Formel 31: Mindestradius einer Straße

$$R_{\min} = \frac{V_e^2}{g \cdot (\tan\rho + \tan\alpha)}$$

, wobei $\boldsymbol{g}$ = 9,81 m/s^2 die Fallbeschleunigung ist.

Die auf diese Weise berechneten Mindestradien min $\boldsymbol{R}$ sind in Tabelle 11 zu finden, wobei die Kreisbogen-Mindestlänge $\boldsymbol{L_{Kr}}$ einer Strecke entsprechen muss, die in 2 Sekunden mit $\boldsymbol{V_e}$ durchfahren wird. Der Einfachheit halber sind auch gleich die Mindestparameter $\boldsymbol{A}$ des Übergangsbogens in der Tabelle angegeben, die wir weiter unten brauchen.

Tabelle 11: Mindestwerte für Kreisradius, Klotoidenparameter und Kreisbogenlänge

V_e [km/h]	min R [m]	min L_{Kr} [m]	min A [m]
50	80	30	30
60	120	35	40
70	180	40	60

V_e [km/h]	min R [m]	min L_{Kr} [m]	min A [m]
80	250	45	80
90	340	50	110
100	450	55	150
120	720	65	240

Beim Übergang von einer Geraden in einen Kreisbogen oder von einem Kreisbogen in einen zweiten Kreisbogen mit anderem Radius ändert sich die Krümmung k des Bogens und damit die Zentrifugalbeschleunigung ruckartig. Der Fahrer müsste das Lenkrad ruckartig in die neue Kurvenlage drehen, was zum Schleudern des Fahrzeugs führen kann.

Zur Darstellung der Krümmungsverhältnisse einer Kurve dient das Krümmungsbild (rechtes Teilbild von Bild 72 und unteres Teilbild von Bild 73). Alle Krümmungsbilder einer Straße sind im Längsschnitt als Krümmungsband eingezeichnet (Bild 75). Das ist ein Diagramm, in dem die Weglängen L als Abszissen und die Krümmungen $k = 1/R$ als Ordinaten aufgetragen werden. Der Sprung der Krümmung ist als senkrechter Anstieg und ein Übergangsbogen ist als Schräge zu sehen.

Bild 72: Kurve ohne Übergangsbogen (Lageplan und Krümmungsbild)

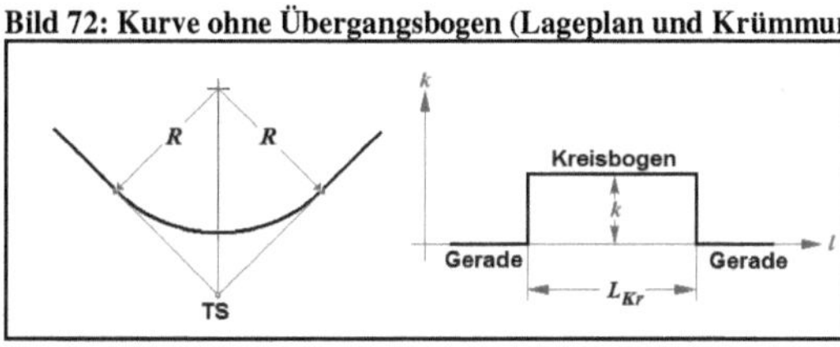

Übergangsbogen

Ein Übergangsbogen (Bild 73) mildert den ruckartigen Übergang von der Geraden zum Kreisbogen ab. Der Übergangsbogen muss also die Krümmung null der Geraden $k_0 = 1/R_1$ (mit $R_1 = \infty$) gleichmäßig in die Krümmung $k = 1/R_2$ des Kreisbogens mit dem Radius R_2 überleiten.

Bild 73: Kurve mit Klotoiden als Übergangsbögen (Lageplan und Krümmungsbild)

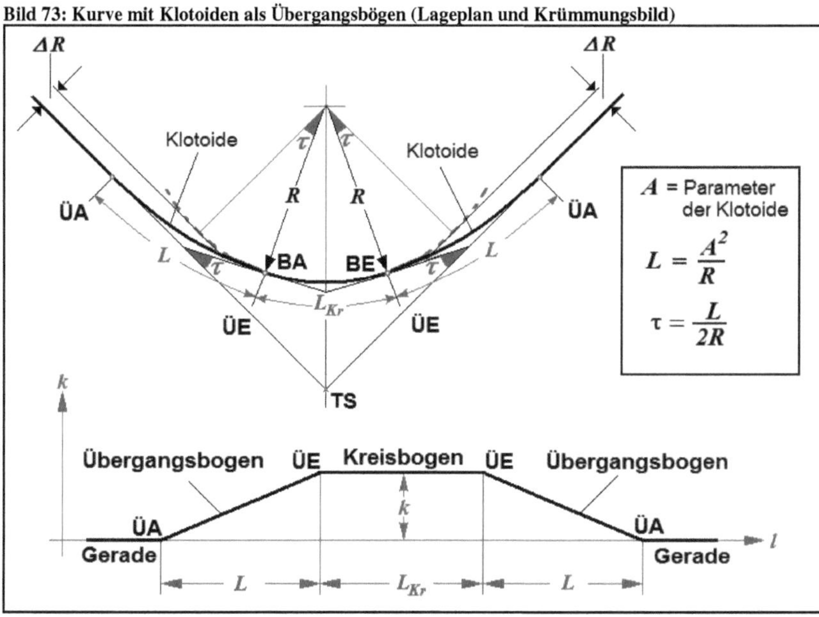

Der Fahrer kann dann bei gleichmäßiger Fahrt im Übergangsbogen das Fahrzeug mit langsamer gleichmäßiger Bewegung des Lenkrads von der Geraden in den Kreisbogen lenken. Die Querbeschleunigung (und damit die spürbare seitliche Kraft) soll im Übergangsbogen konstant zunehmen. Die gleichmäßige Zunahme dieser Querbeschleunigung ist ein Maß für die Bequemlichkeit des Kurvenfahrens.

Der Fahrtverlauf geht normalerweise von einer Geraden in den Übergangsbogen, dann in den Kreis mit dem Radius $\boldsymbol{R}$, dann wieder in den Übergangsbogen und schließlich wieder in eine Gerade über. Dieser Verlauf ist in Bild 73 oben als durchgehende Linie gezeigt, wo auch der Übergangsbogenanfang **ÜA**, das Übergangsbogenende **ÜE**, der Kreisbogenanfang **BA** und das Kreisbogenende **BE** dargestellt sind. **TS** ist der Tangentenschnittpunkt und $\boldsymbol{\Delta R}$ ist die *Tangentenabrückung*. $\boldsymbol{L}$ ist die Länge des Übergangsbogens und $\boldsymbol{L_{Kr}}$ die Länge des Kreisbogens.

Die Forderung für den Übergangsbogen lautet, dass die mathematische Gleichung sehr einfach sein und einen Parameter enthalten soll, der als Multiplikator dient, die Kurve formtreu zu vergrößern oder zu verkleinern.

Im Straßenbau wird die *Klotoide*[46] als Übergangsbogen verwendet. Die Krümmung ändert sich linear mit der Weglänge auf dem Übergangsbogen.

Die Gleichung der Klotoide lautet:

Formel 32: Klotoidengleichung

$$\boxed{\boldsymbol{A}^2 = \boldsymbol{R} \cdot \boldsymbol{L}}.$$

$\boldsymbol{A}$ ist der Parameter der Klotoide,
$\boldsymbol{R}$ ist der Radius des Kreisbogens,
$\boldsymbol{L}$ ist die Länge des Übergangsbogens.

Der Winkel $\boldsymbol{\tau}$ im Bogenmaß zwischen der ursprünglichen Geraden und der Tangente an den Kreis am Ende des Übergangsbogens **ÜE** beträgt:

Formel 33: Tangentenwinkel Klotoide/Kreisbogen

$$\boxed{\boldsymbol{\tau} = \frac{\boldsymbol{L}}{2 \cdot \boldsymbol{R}}}.$$

Er nimmt mit der Weglänge $\boldsymbol{L}$ proportional zu.

Die Forderung der formtreuen Änderung ist bei der Klotoide erfüllt, denn bei Änderung des Parameters $\boldsymbol{A}$ ändern sich auch $\boldsymbol{L}$ und $\boldsymbol{R}$ um den gleichen Prozentsatz. Maßzahlen beliebiger Klotoiden lassen sich durch Ähnlichkeitstransformation aus denen der Einheitsklotoide mit $\boldsymbol{A} = 1$ berechnen, indem sämtliche Längen der Einheitsklotoide mit dem geplanten Parameter $\boldsymbol{A}$ multipliziert werden. Auch die konstante Zunahme der Querbeschleunigung proportional zur Weglänge $\boldsymbol{L}$ bei gleichmäßiger Geschwindigkeit $\boldsymbol{V_e}$ ist eingehalten:

Formel 34: Konstante Querbeschleunigung bei Klotoide

$$\boxed{\frac{\boldsymbol{b_z}}{\boldsymbol{L}} = \frac{\boldsymbol{V_e}^2}{\boldsymbol{L} \cdot \boldsymbol{R}} = \frac{\boldsymbol{V_e}^2}{\boldsymbol{A}^2} = \textbf{constant}}.$$

Die Mindestwerte der Parameter $\boldsymbol{A}$ für die Entwurfsgeschwindigkeit $\boldsymbol{V_e}$ zeigt Tabelle 11. Damit der anschließende Kreisbogen für den Fahrer noch sichtbar wird, gilt für die Wahl des Parameters $\boldsymbol{A}$ folgende Regel: $\frac{\boldsymbol{R}}{3} \le \boldsymbol{A} \le \boldsymbol{R}$.

Die Verwendung der Klotoide bietet viele Kombinationsmöglichkeiten. Normalerweise wird sie als Übergangsbogen von der Geraden zum Kreis verwendet. Die Wendelinie besteht aus zwei selbstständigen Klotoiden, die eine S-Kurve beschreiben und mit ihren Klotoidenanfängen zusammenhängen. Die Eilinie verbindet als Klotoide zwei gleichsinnige Kreisbögen unterschiedlicher Radien.

[46] Früher schrieb man „Klothoide“.

Ein Scheitel aus zwei direkt mit ihrem Ende aneinanderstoßenden Klotoiden sollte vermieden werden, es sollte immer ein Kreisbogen für eine 2-Sekunden-Fahrstrecke (siehe oben) dazwischen liegen.

Die Absteckung der Klotoide und ihrer Punkte (*Klotoidenkleinpunkte*) zwischen ÜA und ÜE ist nicht so einfach, weil diese sich nicht durch einfache Rechnung ermitteln lassen. Sie lassen sich über die *Fresnelschen Integrale* berechnen, die hier nur nebenbei erwähnt werden.

Die Absteckungsmaße können aus Tabellen (Lit. [Krenz]) entnommen werden, aber auch mit einem programmierbaren Taschenrechner ist es kein Problem mehr, die Punkte schnell und genau zu berechnen.

19.5.3. Linienführung im Längsschnitt (Gradiente)

19.5.3.1. Längsneigung

Die Linie der Straßenoberfläche im Längsschnitt entlang der Straßenachse wird *Gradiente* genannt.

Die Längsneigung *s* der Straße wird in [%] angegeben. Dies ist der Tangens des Neigungswinkels. 5 % Längsneigung gibt an, dass bei 100 m Bewegung in der Waagrechten ein Höhenunterschied von 5 m auftritt. Eine schiefe Ebene mit einem Neigungswinkel von 45° hat 100 % Neigung (Steigung, Gefälle). Die Längsneigung wird als Gefälle in der einen Fahrtrichtung und als Steigung in der Gegenrichtung wirksam. Neigungsbrechpunkte von einer Steigung zu einem Gefälle bezeichnet man als *Kuppe* und von einem Gefälle zu einer Steigung als *Wanne*.

19.5.3.2. Planungsgesichtspunkte

Bild 74 zeigt im oberen Teilbild das ursprüngliche Gelände (in überhöhter Darstellung), in das eine Gradiente eingepasst werden soll.

Bild 74: Gradientenvarianten

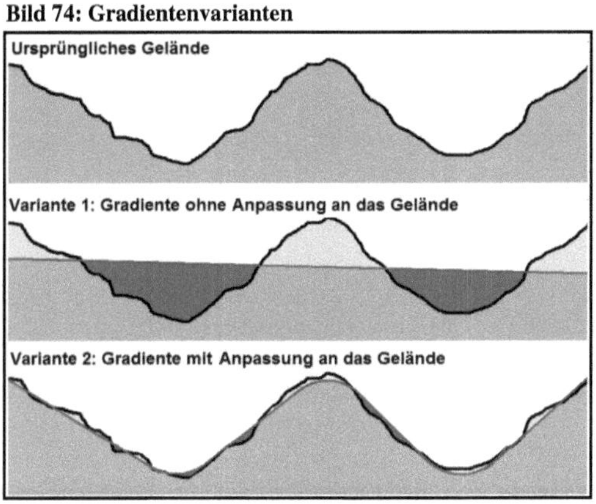

Einerseits sollen die Längsneigungen aus Gründen der Verkehrssicherheit, der Kraftstoffkostenminimierung, der Emissionsminderung und der Qualität des Verkehrsablaufs möglichst gering gehalten werden. Um diese Forderung zu erfüllen, wählt man für die Gradiente geringe Längsneigungen und vermeidet große Neigungswechsel. Diese Bauweise erfordert im hügeligen Gelände jedoch die Bewegung großer Erdmengen und verursacht dadurch hohe Baukosten, wenn Einschnitte vorzunehmen und an anderer Stelle Dämme aufzuschütten sind. Bild 74 zeigt im mittleren Teilbild diese Bauweise (Variante 1). Die über der Gradiente liegenden Teile sind abzutragende Erdmengen (Einschnitte) und die unter der Gradiente liegenden Teile sind aufzuschüttende Erdmengen (Dämme dunkelgrau).

Andererseits sollen zur Erhaltung des Landschaftsbildes die Längsneigungen möglichst dem Gelände angepasst werden. Das untere Teilbild von Bild 74 zeigt diese sparsame Bauweise (Variante 2) mit Anpassung an das Gelände, die wesentlich niedrigere Baukosten als die Variante 1 verursacht.

Diese Forderungen kommen auch der Verminderung der Baukosten entgegen, erfordern aber beim Befahren dieser Strecke dauernd einen hohen Kraftstoffverbrauch. Geringere Baukosten stehen hier einem volkswirtschaftlich höheren Aufwand an Betriebskosten (Kraftstoff) gegenüber, den aber nicht der Baulastträger, sondern die Autofahrer zu tragen haben.

Eine große Auswahl hat der planende Bauingenieur meist nicht, weil durch die Straßenkategorie die Entwurfsgeschwindigkeit und die Höchstlängsneigungen vorgegeben sind und damit auch die Mindestparameter der Entwurfselemente festliegen. Im Rahmen dieser Einschränkung wird er natürlich bestrebt sein, die Baukosten gering zu halten und die Straße möglichst der Landschaft anzupassen.

Tabelle 12 gibt die maximalen Längsneigungen s in [%] an:

Tabelle 12: Höchstlängsneigungen s [%] von Straßen der Kategorien A, B I / B II

Höchstlängsneigungen s [%]		
V_e [km/h]	Kategorie A	Kategorie B I / B II
50	9,0	12,0
60	8,0	10,0
70	7,0	8,0
80	6,0	7,0
90	5,0	6,0
100	4,5	5,0
120	4,0	-

19.5.3.3. Kuppen- und Wannenausrundung

Aus Gründen der Verkehrssicherheit und der Verkehrsqualität müssen Neigungsbrechpunkte (Kuppen, Wannen) ausgerundet werden. „Wanne" ist hier ein geometrischer Tiefpunkt einer Straße, von dem aus die Straße nach beiden Richtungen steigt. Der Begriff darf nicht mit der Grundwasserwanne verwechselt werden, die auch genau an dieser Stelle liegen kann und eine Unterführung gegen Grundwasserüberflutung schützen muss.

Für die Ausbildung der Ausrundungen der Kuppen und Wannen sind Kreisbögen zu verwenden. Die Tangentenlängen der Ausrundungen ergeben sich rein geometrisch aus den beiden Neigungen. Kuppen- und Wannenausrundungen werden durch gerade Gradientenstücke verbunden. Die Kuppen- und Wannenhalbmesser sollen so gewählt werden, dass sie zusammen mit den Lageplanelementen

- eine ausgewogene Linienführung ergeben,
- durch möglichst gute Sichtverhältnisse ein Höchstmaß an Sicherheit gewährleisten,
- durch Anpassung an das Gelände das Landschaftsbild schonen,
- möglichst geringe Baukosten ergeben.

Bei der Planung müssen die Sichtbedingungen (Sichtweiten, Haltesichtweite, Übersicht in Kurven, Überholsichtweiten) berücksichtigt werden.

Die vorgeschriebenen Sichtweiten und die anzustrebende Übersichtlichkeit der Straßenlage sollen gewährleisten, dass Gefahrenstellen rechtzeitig über die Kuppe hinweg erkannt werden können. Für den Fahrer soll der Verlauf der vorausliegenden Fahrbahn leicht überschaubar sein und sich nicht unerwartet ändern. Warnschilder mit Ankündigung einer Kurve oder einer extremen Steigung (oder Gefälles) sollten bei einer gut geplanten Straße nicht nötig sein.

Bei Wannen unter Brücken darf die Sichtweite durch geringe Durchfahrtshöhen nicht beeinträchtigt werden. Bei der Planung sind die Augenhöhen der Fahrer verschiedener Fahrzeuge (Pkw, Lkw) zu berücksichtigen. Im Einzelfall müssen die Sichtweiten geometrisch genau ermittelt werden.

Tabelle 13 zeigt die Mindesthalbmesser (H_K = Kuppenhalbmesser, H_W = Wannenhalbmesser) der Ausrundungen (Richtwerte).

Tabelle 13: Mindestwerte für Kuppen- und Wannenhalbmesser

V_e [km/h]	min H_K [m]	min H_W [m]
50	1400	500
60	2400	750
70	3150	1000

V_e [km/h]	min H_K [m]	min H_W [m]
80	4400	1300
90	5700	2400
100	8300	3800
120	16000	8800

19.5.3.4. Längsschnitt

Die Planung des Höhenverlaufs einer Straße mit ihren Längsneigungen, Kuppen- und Wannenausrundungen und den Sichtweiten des Straßenverlaufs wird in einem Längsschnitt niedergelegt.

Der *Längsschnitt*, auch *Höhenplan* genannt, wird in der Mitte der Straße (Straßenachse) geführt. Er zeigt die Höhenlage der Straßenoberfläche und der Geländehöhe in ihrem Verlauf. Die genaue Darstellung im Längsschnitt ist in den Richtlinien vorgegeben.

Bild 75 zeigt die Skizze eines Längsschnittes, die zur Erläuterung dienen soll.

Bild 75: Skizze eines Längsschnittes

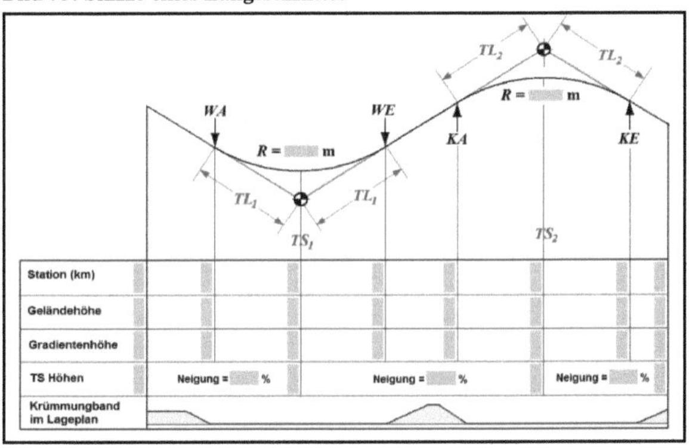

Die blau gekennzeichneten leeren Felder enthalten bei einem realen Projekt die jeweiligen Maßzahlen. Die Geländehöhen sind in diesem Beispiel nicht dargestellt, weil es hier nur auf die Gradiente ankommt. Der Längsschnitt zeigt die Längenmaße im Maßstab 1:1000 und die Höhenmaße im Maßstab 1:100.

Durch diese *10-fache Überhöhung* werden die Ausrundungsbögen der Kuppen und Wannen und die Längsneigungen deutlich sichtbar. Die Tangentenlängen ergeben sich direkt aus den Längsneigungen. Zwischen den Geraden und der Kuppen- und Wannenausrundungen sind wegen der geringen Winkelunterschiede im Längsschnitt keine Übergangsbögen erforderlich.

Im oberen Bereich der Zeichnung ist die **Gradiente** in den genannten Maßstäben eingezeichnet, darunter sind mehrere über die gesamte Länge des Längsschnittes reichende Maßzeilen angeordnet, wo die Gradiente an den wichtigsten Stellen „vermaßt" wird.

1. In der obersten Maßzeile wird die Stationierung in [km] eingetragen.
2. Die Geländehöhen in [m] über NN werden in die Maßzeile 2 eingetragen (das Gelände ist hier in der Skizze im Gegensatz zum realen Längsschnitt nicht eingezeichnet; dazu siehe Bild 74, Variante 2).
3. Maßzeile 3 enthält die Höhen der Gradientenpunkte,
4. Maßzeile 4 enthält die Höhen der Tangentenschnittpunkte (***TS***) und die Neigungen der einzelnen Abschnitte zwischen den Tangentenschnittpunkten und
5. die unterste Maßzeile zeigt das Krümmungsband im Lageplan.

Die Wannen- und Kuppenausrundungen sind mit Anfang (***WA***, ***KA***) und Ende (***WE***, ***KE***) eingetragen. Durch die 10-fache Überhöhung würden die Radien-Pfeile für die Punkte ***WA***, ***KA***, ***WE*** und ***KE*** im Längsschnitt nicht rechtwinklig zu den Tangenten erscheinen, sondern wesentlich steiler. Deshalb zeichnet man sie gleich vertikal in den Längsschnitt ein.

Die Radien ***R*** (Halbmesser) der Ausrundungen sind an der Gradiente eingetragen. Für die Absteckung der Ausrundungen wird ein eigener Absteckungsplan gezeichnet; dort sind alle Zwischenhöhen (Bogenkleinpunkte) eingetragen. Der Absteckungsplan gehört als Detailplan zum jeweiligen Längsschnitt.

Die Ausrundungsbögen von Kuppen und Wannen sollen aus fahrtechnischen Gründen nicht dort angeordnet werden, wo im Lageplan Kurven mit Übergangsbögen vorhanden sind. Die abhebende Kraft beim Überfahren von Kuppen könnte den Kraftschlussbeiwert verringern und damit bei der Kurvenfahrt zu verringerter Bodenhaftung führen. Wannen und Kuppen sollen also nicht in engen Kurven liegen.

Um einen Überblick zu bekommen, wie die Kurven im Lageplan und die Ausrundungsbögen der Gradiente zueinander liegen, wird das Krümmungsband des Lageplans im Längsschnitt immer mit angegeben. Es sind verschiedene Darstellungen möglich.

19.5.3.5. Räumliches Bild der Straße

Eine räumlich gute Linienführung ist dann erreicht, wenn das für den Fahrer sichtbare räumliche Bild der vorausliegenden Strecke keine Unstetigkeiten aufweist, rechtzeitig erfassbar und eindeutig begreifbar ist.

Der planende Bauingenieur muss die Sichtverhältnisse besonders sorgfältig überprüfen, wenn Kurven im Lageplan mit Ausrundungen im Höhenplan zusammentreffen. Mit einem computerunterstützten Planungssystem (CAD) ist dies keine Schwierigkeit, weil man für den Straßenverlauf ein digitales Geländemodell der geplanten Straße mit allen wichtigen optischen Elementen im Computer aufbauen kann, mit dem man Perspektivbilder der Raumelemente aus Fahrersicht erzeugen kann. Bei einer Fahrsimulation (Kamerafahrt) kann man alle optischen Eindrücke der neuen Straße ansehen und in diesem Stadium noch alle Planungselemente ändern und optimieren. Je genauer das digitale Modell der Straße ist und je mehr Details es enthält, desto realistischer kann das räumliche Erscheinungsbild bei der Kamerafahrt gezeigt werden.

Früher mussten wir alle unsere Kenntnisse und Fähigkeiten der darstellenden Geometrie anwenden, um für die wichtigsten Stellen des Straßenverlaufs perspektivische Bilder zu zeichnen. Noch in den 1960er Jahren wurden in manchen Ingenieurbüros maßstabsgetreue Modelle gebaut und aus allen Blickwinkeln fotografiert, um für die Genehmigungsphase (Planfeststellungsverfahren) eindrucksvolle Bilder zu erhalten.

19.5.4. Straßenquerschnitte

Nach Lageplan und Höhenplan ist die Festlegung der Straßenquerschnitte und der Umgebung rechts und links der Trasse ein wichtiger Teil des Straßenentwurfs. Durch die Straßenkategorie wird bestimmt, wie die Querschnitte festzulegen sind. In den Richtlinien sind Regelquerschnitte vorgegeben.

19.5.4.1. Bestandteile des Straßenquerschnitts

Bestandteile des Straßenquerschnitts sind:

1. *Bewegungsspielraum*: Das ist der Raum, den ein nichtschienengeführtes Fahrzeug braucht, um Lenk- und Fahrungenauigkeiten auszugleichen und den seitlichen Sicherheitsabstand einzuhalten. Die Breite der Fahrspuren bietet diesen Bewegungsspielraum.
2. *Verkehrsraum*: Das ist der Raum oberhalb der für den Verkehr bestimmten Flächen (Fahrbahn), der in der Höhe durch festgelegte Grundmaße zuzüglich eines Sicherheitsspielraums begrenzt wird.
3. *Lichter Raum*: Das ist der von festen Gegenständen freizuhaltende Raum, der sich aus dem Verkehrsraum und dem oberen und seitlichen Sicherheitsraum zusammensetzt.
4. *Fahrbahn*: Zusammenhängend befestigter, zum Befahren bestimmter Teil der Straße, besteht aus einer oder mehreren Fahrspuren.

5. *Fahrstreifen, Fahrspur*: Fahrbahnteil, dessen Breite für die Fahrbewegungen der Fahrzeuge ausreicht. Ist meist durch Markierungen gekennzeichnet.
6. *Randstreifen*: Optisch gekennzeichneter befestigter Streifen, der die Fahrbahn seitlich begrenzt, bei Autobahnen auch Standspur genannt.
7. *Trennstreifen*: Teil der Straße, der die Verkehrsflächen voneinander trennt (Mittelstreifen).
8. *Seitenstreifen*: Neben der Fahrbahn liegender unbefestigter Teil (Bankett) der Straßenkrone.
9. *Straßenkrone*: Gesamtbreite der Straße zwischen den unbefestigten Seitenstreifen.
10. *Rad- und Gehweg*: Für Radfahrer und Fußgänger bestimmter, baulich getrennter Teil der Straße oder selbstständiger Weg.

Als Höhe des lichten Raums wird meist 4,70 m (anstatt 4,50 m) gewählt, um später den Fahrbahnbelag durch Hocheinbau erneuern zu können. Beim Hocheinbau wird ohne Abtragen des alten Fahrbahnbelags der neue Belag einfach darübergezogen.

Die Breiten der Straßenbestandteile sind in den Richtlinien RAS-Q genau vorgeschrieben. Die Fahrspuren werden meist 3,50 m oder 3,75 m breit gewählt.

In den Richtlinien sind einheitliche Regelquerschnitte vorgeschrieben, damit eine bundesweite Einheitlichkeit erreicht wird und die Autofahrer überall in Deutschland dieselben Fahrbedingungen vorfinden.

19.5.4.2. Querprofile

Die Regelquerschnitte in den Richtlinien zeigen nur die für den Fahrbetrieb auf der Straße wichtigen Norm-Elemente. Die bauliche Ausgestaltung ist in den Querprofilen niedergelegt, die bei der Planung in Verbindung mit Gradiente (= Längsschnitt) und Lageplan gezeichnet werden.

Für jede im Längsschnitt eingezeichnete Station wird ein Querprofil mit den Werten für Querneigung, Konstruktion von Unterbau und Oberbau, Straßenentwässerung (zur Ableitung von Oberflächenwasser) und der genauen Situation beidseits der Trasse gezeichnet. Die Planung von Trassenführung und Gradientengestaltung kann unter Beobachtung der sich ergebenden Querprofile optimiert werden.

Die Querprofile zeigen an, inwieweit bei der Planung der Trasse und der Gradiente die Minimierung der Erdbewegungen (quer zur Mittellinie zu bewegende Erdmassen) realisiert werden kann.

19.6. Straßenbautechnik

Für die alten Römerstraßen, die nur mit Wagengespannen befahren wurden, genügten Schotterstraßen bzw. Kiesstraßen.

Hier wird der Aufbau einer Römerstraße gezeigt.

Die Dicken der verschiedenen Schichten sind, von oben nach unten:

- ca. 20 cm dicke Straßendecke aus feinem Kies mit Sand eingeschlämmt,
- ca. 25 cm dicke vermörtelte Lage aus feinem Kies,
- ca. 25 cm dicke vermörtelte Lage aus grobem Kies,
- ca. 30 cm dicke vermörtelte Packlage aus Bruchsteinen.

Dieser Straßenaufbau hatte meist eine Gesamtdicke von ca. 1,00 m.

19.6.1. Planum und Unterbau der Straße

Der Straßenunterbau besteht aus den drei untersten Schichten. Er wird heute noch so ähnlich ausgeführt wie zu Römerzeiten.

Der Unterbau (Tragschicht) muss gegen Frost sicher (frostsicher) sein. Frostschäden entstehen durch Eisbildung des im Boden enthaltenen Wassers. Bei Frost entsteht eine Volumenvergrößerung, die beim Wiederauftauen durch die Verkehrsbelastung wieder (ungleichmäßig) rückgängig gemacht wird (Kneteffekt).

Man stuft einen Boden als frostgefährdet ein, wenn er mehr als 3 Gewichtsprozent Kornanteile unter 0,02 mm Größe (bindige Anteile) enthält. Dann bilden sich Kapillarwirkungen aus. Die Frostschutzschicht muss also aus groben Körnungen bestehen, die keine Kapillaren bilden können.

Beim Bau der Straße muss zuerst der Boden bis zur Unterseite der Tragschicht ausgehoben werden. Die Humusschicht (Mutterboden) wird zur Wiederverwendung seitlich gelagert.

Meist ist der restliche Aushub für den direkten Wiedereinbau nicht geeignet. Er wird abtransportiert oder für spätere Andeckungen oder Aufschüttungen seitlich gelagert.

Die entstehende Aushubsohle muss geebnet und verdichtet werden, es entsteht das *Planum* (auch *Planie* genannt). Das Planum muss eben sein und ein geringes Gefälle zur Seite haben (schiefe Ebene), damit das durch den Straßenkörper sickernde Wasser nach der Seite abfließt.

Wenn der Untergrund neben der Straße nicht aus sickerfähigem Material besteht, muss seitlich ein Graben mit dieser Tiefe (Straßengraben) oder eine Drainage angelegt werden, um das Sickerwasser abzuführen. Dann kann die Frostschutzschicht auf das Planum aufgeschüttet und lagenweise durch Walzen und Rütteln verdichtet werden.

Durch die Verdichtung des Bodens mit entsprechenden Geräten verkeilen sich die kleineren Körnungen in den Hohlräumen der gröberen Körnungen der Schicht, indem sie in diese Hohlräume eingerüttelt werden. Dasselbe gilt auch für die Tragschichten, die jeweils auf die gleiche Weise lagenweise verdichtet werden müssen.

19.6.2. Oberbau und Deckschicht

Die oberste Schicht der Kiesstraßen (Deckschicht) besteht aus feinem Kies, der durch Einrütteln von Sand (mit Rüttelwalzen oder Rüttelplatten) „verkeilt" wird. Man rüttelt so lange, bis die Fläche keinen Sand mehr annimmt.

Es gibt verschiedene Bauweisen für Oberbau und Deckschicht. Die ursprüngliche Bauweise ist die schon genannte Bauweise der Kiesstraßen.

Bei Ortsstraßen mit normalem Verkehr wird auf den Kiesunterbau eine Schicht aus feinem Material aufgebracht (Feinplanie) und darauf eine Asphaltbetonschicht von 8 bis 12 cm Dicke mit Straßenfertiger heiß aufgetragen und eingewalzt.

Darauf wird (wieder mit dem Fertiger) eine 2 bis 4 cm dicke Asphaltfeinbetonschicht (Verschleißschicht) heiß aufgebracht und eingewalzt. Als letzter Arbeitsgang folgt ein Aufstreuen von heißem bituminierten Feinsand (Bitu-Sand), der mit Besen in die Poren der heißen Asphaltdecke eingekehrt und in den ersten Tagen unter Verkehr (bei Geschwindigkeitsbegrenzung auf 30 km/h wegen der Rutschgefahr[47]) in die verbliebenen Poren des Asphalts eindringt und für die Dichtheit der Straßendecke sorgt.

Auch Pflasterdecken sind üblich. Gehwege werden meist mit Gehwegplatten belegt. Beläge aus Pflaster und Gehwegplatten können nach Arbeiten an unterirdischen Versorgungseinrichtungen schnell, ohne Flickstellen zu hinterlassen, wieder geschlossen werden.

Für Straßen mit schwererem Verkehr wird auf den Unterbau eine unbewehrte Betonschicht von 20 cm eingebaut, auf die dann abschließende Asphaltschichten aufgebracht werden.

Für Autobahnen ist der Aufbau der Trag- und Deckschichten in den Richtlinien genau vorgeschrieben. Man verwendet für den Oberbau meist Beton- und Asphaltschichten.

[47] Bitu-Sand kann bei Regen schmierig werden.

19.6.3. Straßenentwässerung

Auf den Straßen soll kein Wasser stehenbleiben können. Wasserpfützen führen bei hohen Geschwindigkeiten zum „Aqua-Planning"-Effekt. Bei diesem Effekt hat das Wasser nicht die nötige Zeit, in den Rillen der Reifen seitlich abzufließen. Die Reifen „schwimmen auf" und verlieren den Kontakt zur Fahrbahn und damit den Halt. Das Fahrzeug ist damit nicht mehr lenkbar.

Um die Straßenentwässerung richtig bemessen zu können, müssen die Regenmengen ermittelt werden. In den Entwässerungsrichtlinien (RAS-Ew) sind die Grundsätze zur Planung und Bemessung und allgemeine Lösungsvorschläge zu finden. Man unterscheidet *Oberflächenwasser* (Niederschläge), *Sickerwasser*, das in den Unterbau gelangt und dort abgeleitet werden muss, und *Grundwasser*.

Die Bemessungsgrundlagen legen eine *Regenspende*[48] fest, die aus einem *Bemessungsregen* von 15 Minuten Dauer hergeleitet wird. Bemessungsregen ist eine für die Bemessung der Entwässerung festgelegte Regenmenge innerhalb 15 Minuten. Die Regenspende wird entweder in Litern pro Sekunde und Hektar [l/(s·ha)] oder in Litern pro Quadratmeter innerhalb 15 Minuten angegeben.

Die Regenspende ist in den verschiedenen Gebieten Deutschlands sehr unterschiedlich und schwankt zwischen 100 l/(s·ha) im Norden bis etwa 200 l/(s·ha) in Süddeutschland. Örtlich können noch höhere Regenspenden auftreten. Bei einem Wolkenbruch sind in meinem Wohnort innerhalb 15 Minuten 27 Liter Regen pro Quadratmeter gefallen (mit Regenmesser gemessen), das sind umgerechnet 300 Liter pro Sekunde und Hektar.

Der Bau der richtigen Straßenentwässerung beginnt bereits mit dem richtigen Planum. Dies ist besonders wichtig bei bindigem Untergrund, wo das Wasser nicht versickern kann und durch Drainagen oder Straßengräben abgeleitet werden muss. Wasser darf sich später nicht im Straßenunterbau ansammeln, sondern muss über dem Planum seitlich zu den Straßengräben hin abgeleitet werden.

Das Oberflächenwasser, das durch Niederschläge auf die Straße kommt, muss durch die Straßenquerneigung an den Straßenrand und von dort in den Straßengraben oder durch Längsgefälle an den Bordsteinen entlang zu Straßeneinläufen geführt werden. Die Straßeneinläufe sind in den Städten entweder an die Kanalisation (bei Mischsystemen) oder an Sickergruben (bei Trennsystemen) angeschlossen.

Bei gut sickerfähigem Untergrund (Kiesuntergrund) reicht eine Sickergrube von 1,20 m Durchmesser für die Entwässerung von etwa 600 m^2 Straßenfläche aus. Bei 12 m Gesamtstraßenbreite (= 2 x 2 m Gehwegbreite + 8 m Fahrbahnbreite) ergibt sich ein Abstand der Sickergruben von 50 m.

Ein guter Straßenplaner gibt bei der Planung der Gradiente ein Längsgefälle von mindestens 0,5 % am Straßenrand. Meist ist die Straßenoberfläche von der Mittellinie aus dachförmig nach beiden Seiten geneigt. In Kurven wird dann die Fläche an der Kurvenaußenseite so weit angehoben, dass ein einseitiges Gefälle über die ganze Straßenbreite entsteht. Bei Schnellstraßen und Autobahnen wird ein Dachgefälle vermieden, weil es bei hohen Geschwindigkeiten, insbesondere bei Überholvorgängen, die Fahrer irritieren könnte, wenn in der Mitte der Straße eine Querneigungsänderung aufträte.

Deshalb werden bei Autobahnen alle Fahrspuren nebeneinander mit einem einheitlichen durchgehenden Quergefälle gebaut.

Für Kurven, wo die Querneigung wechselt, müssen die Anrampungen und Verwindungen der Fahrbahn sehr sorgfältig geplant und ausgeführt werden.

19.6.4. Ausrüstung (Möblierung) der Straße

Eine Straße ist nicht vollständig, wenn sie nicht mit der für den Gebrauch nötigen Ausrüstung versehen ist. Weil es sich um den Straßen"raum" handelt, nennt man diese Ausrüstung auch Möblierung der Straße. Zur sicheren und zügigen Abwicklung des Verkehrs bei Tag und Nacht muss eine gute optische Führung, besonders in Kurven, auf Kuppen und auf Dämmen durch Markierungen, durch Randbepflanzung und andere Leiteinrichtungen (Leitpfosten) vorhanden sein.

---

[48] *Regenspende* nennt man die Menge Wasser, die bei einem Regen in bestimmter Zeit auf den Boden fällt.

Der fahrende Verkehrsteilnehmer muss jeden Moment, auch bei Nacht, sehen, wie die Straße verläuft, ohne seine Geschwindigkeit verringern zu müssen, um sich orientieren zu müssen.

Zur Möblierung gehören Leiteinrichtungen, Leitpfosten oder Leitsteine mit Rückstrahlern, Reflektorflächen an seitlichen Bäumen, Trennstreifen, Straßenmarkierung, Lichtzeichen, Leitplanken aus Stahl, Schilder nach Straßenverkehrsordnung, Ortstafeln, Schilderbrücken und Wegweiser.

Veraltet, aber immer noch in Gebrauch, sind Kilometersteine, die meist neben den Fernstraßen angeordnet sind.

Warnschilder sollten auf einer gut geplanten Straße nicht nötig sein. Sie sind immer ein Hinweis auf eine mangelhafte Straßenplanung.

Bepflanzungen gehören nicht zur Möblierung, weil sie sich nicht im Straßenraum befinden. Bepflanzungen auf dem Mittelstreifen und am Rande der Straßen nennt man „Straßenbegleitgrün". Es sollte nur aus Buschwerk oder Einzelsträuchern bestehen, damit dort kein Verkehrsteilnehmer gegen einen Baum fahren kann.

Bäume (Alleebäume) sollten mindestens 1,50 m vom Straßenrand entfernt sein, auch wenn sie außerhalb der Leiteinrichtungen positioniert sind, sonst wird im Herbst bei Laubfall die Fahrbahn verschmutzt und es entstehen gefährliche rutschige Laubschichten auf den Straßen.

19.7. Straßenunterhalt

Der Unterhalt der Straßen besteht aus der Pflege und Reinigung der Straßen, der Beseitigung von Schäden und Unfallgefahren und dient der Sicherheit der Menschen auf den Straßen.

Dazu gehören Instandsetzungen (Straßenerhalt) von Straßenschäden an der Deckschicht (Beseitigen von Schlaglöchern und Rissen) und am Unterbau (nach Unterspülungen und ungleichmäßigen Setzungen), das Reinigen der Straßenoberfläche und der Entwässerungseinrichtungen und die Erhaltung der Ebenheit.

Zum Unterhalt gehören auch das Schneeräumen und der Schutz gegen Entstehung von Schneewehen auf Landstraßen. Das Beseitigen der Winterglätte durch Streumaterial ist nur auf Straßen innerhalb von Ortschaften und auf Autobahnen üblich.

Die Kosten für den Straßenunterhalt zahlt der Baulastträger.

20. Brückenbau

Der Brückenbau, also die Planung, Berechnung und der Bau dieser Tragwerke ist ein Hauptarbeitsgebiet der Bauingenieure. Für diese Tragwerke gelten eigene Normen.

Da die Berechnung und Konstruktion der Bauteile sich kaum von den schon besprochenen Bauteilen der übrigen Statik unterscheidet, werden hier nur kurze Hinweise auf den Brückenbau gegeben.

20.1. Benennung der Brücken

Im Trassenverlauf von Verkehrswegen treten immer wieder Hindernisse auf, die überwunden werden müssen. Solche Hindernisse sind andere Verkehrswege, Flussläufe, Eisenbahnstrecken, Senken und Schluchten. Diese Hindernisse werden durch Brücken überwunden.

Die Bezeichnung der Brücken wird immer danach gewählt, welcher Verkehrsweg <u>über</u> die Brücken führt, unabhängig davon, was überbrückt wird:

- Bei einer Straßenbrücke führt eine Straße über die Brücke.
- Bei einer Eisenbahnbrücke führen Bahngleise über die Brücke.
- Bei einer Autobahnbrücke führt die Autobahn über die Brücke.
- Über eine Fußgängerbrücke laufen Fußgänger.

20.2. Grundformen der Brücken

Die Form der Brücken hängt vielfach vom gewählten statischen System ab.

1. *Bogenbrücken* (Tragkonstruktion ist ein Bogen). Der Raum über dem Bogen kann durch eine Aufschüttung ausgefüllt sein (wie in Bild 52), oder die Fahrbahn wird über einzelne senkrechte Stützen auf den Bogen aufgesetzt.
2. *Plattenbrücken* mit Stahlbetonplatten als Tragwerk.
3. *Schrägseilbrücken*, bei denen die Fahrbahn über Schrägseile an Pylonen hängt.
4. *Klassische Hängebrücken* (Prinzip der Wäscheleine), wie in Bild 63 gezeigt.
5. *Fachwerkbrücken*, bei der die Fahrbahn auf oder zwischen Fachwerkträgern ruht.

Man unterscheidet auch nach dem verwendeten Hauptbaustoff:

Massivbrücken (Steinbrücken), Holzbrücken, Stahlbrücken, Verbundbrücken, Stahlbeton- und Spannbetonbrücken.

Die Verkehrsführung bestimmt die Linienführung (den Grundriss) der Brücken:

Rechtwinklige Brücken, schräge Brücken, geschwungene Brücken.

20.3. Berechnung der Brücken

Brücken konnte man früher nur mit gerader Linienführung statisch berechnen und bauen. Dies war durch die Träger und Balken bedingt, die nur als gerade lineare Tragelemente berechnet und eingebaut werden konnten. Auch Stahlbetonplatten als Haupttragelemente konnten nur als rechtwinklige, einachsig gespannte Platten exakt berechnet werden. Deswegen war der Brückengrundriss meist rechteckig, auch wenn die Brücke das Hindernis schräg überqueren musste.

Als es dann die Tabellenwerke von *Prof. Dr. Hubert Rüsch* für schräge (schiefe) Brücken gab, baute man die Stahlbetonplatten in Parallelogrammform. Bei den neuen Berechnungsmethoden mit der Finite-Elemente-Methode (FEM, Seite 270) kann man alle Grundrissformen exakt berechnen, man findet heute geschwungene und an den Enden trompetenförmig geformte Brücken.

In Konstruktion und Berechnung sind Brücken Tragwerke, die nach den in der Baustatik üblichen Berechnungs- und Konstruktionsgrundsätzen geplant werden, die wir schon kennengelernt haben. Deshalb wird hier nicht näher darauf eingegangen. Eine sehr ausführliche Abhandlung der Massivbrücken ist im Betonkalender 1979, Teil II, auf den Seiten 777 bis 966 zu finden.

20.4. Verkehrslasten auf Brücken

Die Verkehrslasten für die Brücken sind nach den wirklichen Lasten des „Verkehrs“ anzusetzen.

Die anzunehmenden Verkehrslasten auf Straßenbrücken werden durch Lastmodelle dargestellt. Das meist maßgebende Lastmodell 1 besteht aus Doppelachslasten (TS-Last) und gleichmäßig verteilten Flächenlasten (UDL-Last) für die Einwirkungen aus Schwerlastfahrzeugen und Personenkraftwagen.

Bis 2003 wurden die Straßen- und Wegbrücken gemäß der bis dahin gültigen DIN 1072 je nach Belastbarkeit in Brückenklassen eingeteilt. Brückenklassen werden noch in Tonnen [t] angegeben. Die Verkehrsteilnehmer würden mit Unverständnis auf Angaben in Megapond (Mp) oder Newton (N) reagieren. Die höchste Brückenklasse war 60/30, bei der neben gleichmäßig verteilten Flächenlasten auf der Hauptspur ein Schwerlastwagen (SLW) von 60 t Gesamtlast und auf der Nebenspur einer von 30 t Gesamtlast in ungünstigster Position anzusetzen war.

Zusätzliche Lastmodelle ergeben sich in Deutschland aus der militärischen Lastenklasse, für welche die Brücke auszulegen ist. Hier sind anstelle von TS- und UDL-Last die schweren Einzelfahrzeuge (Ketten- und Radfahrzeuge) des Militärs anzusetzen.

Für Fußgänger- und Radwegbrücken ist als Verkehrslast eine Flächenlast von 5 kN/m^2 (500 kp/m^2) anzusetzen. Diese kann bei Stützweiten von mehr als 10 m in Abhängigkeit von der Stützweite reduziert werden. Als unterer Grenzwert gilt dabei für Stützweiten größer als 120 m eine Verkehrslast von 2,5 kN/m^2 (250 kp/m^2).

Für Eisenbahnbrücken gelten eigene Lastmodelle.

21. Eisenbahnbau

In diesem Fach (auch Gleisbau oder Bahnbau genannt) wurden beim Studium die grundlegenden Kenntnisse des Bahnbaus, der Gleisbautechnik, der Trassierung von Bahnstrecken nach den strengen Vorschriften der Bundesbahn (heute: Deutsche Bahn AG), die Signaltechnik und der Normen vermittelt. Gleis- und Weichentechnik waren genauso wichtig wie die theoretischen Grundlagen des dynamischen Fahr- und Bremsverhaltens von Zügen und deren Einfluss auf die Gleisstrecken.

Bei Studienfahrten auf der Lokomotive und im Messwagen lernten die Studierenden das Fahrverhalten von Zügen und die Eigenschaften der Strecken im praktischen Fahr- und Messbetrieb kennen. Diese Ausbildung diente dazu, den Bauingenieuren die nötigen Grundlagen zu vermitteln, damit sie sich bei der Bundesbahn im technischen Dienst bewerben und dort erfolgreich arbeiten konnten.

Diese Kenntnisse konnte ich später auch praktisch anwenden, als ich die Planung von Industriegleisanlagen für einen Containerhafen durchführen musste.

Eine gute Abhandlung dieses gesamten Fachgebietes findet man in Lit. [Schleicher2].

22. Wasserbau

Wasserbau ist ein wichtiges Fachgebiet des Bauingenieurs.

Der Wasserbau ist für die Pflege der Flussläufe und für Planung, Berechnung und Bau der Bauwerke an und in Wasserläufen und anderen Oberflächengewässern zuständig (Flussregulierungen, Wehre, Schleusen, Stauseen, Staudämme, Schifffahrtskanäle, Flusskraftwerke).

In diesem Buch seien nur die wichtigsten Begriffe und Aufgaben erläutert. Obwohl sehr viel Mathematik angewandt wird, wollen wir hier keine Berechnungen und keine Theorien behandeln. Es möge genügen, die Aufgaben kennenzulernen.

Die Theorien sind in Lit. [Franke] und [Schleicher2] behandelt.

22.1. Aufgaben der Wasserwirtschaft

Das Wasserdargebot ist die von der Natur über den Kreislauf Verdunstung und Niederschlag gelieferte Menge reinen Wassers (siehe auch Lit. [Hydrologie]).

Die staatliche Wasserwirtschaft hat sich die Aufgabe gestellt, den ober- und unterirdischen Wasservorrat planmäßig zu bewirtschaften. Man unterscheidet drei Fachgebiete:

1. Die *quantitative Wasserwirtschaft* oder Wassermengenwirtschaft, die sich mit Fragen des Wasserhaushalts, der Speicherung und der Energiegewinnung aus Wasserkraft beschäftigt.
2. Die *qualitative Wasserwirtschaft* oder Wassergütewirtschaft, deren Aufgabe die Pflege und Reinigung der Gewässer, der Abwässer und der Wasserversorgung ist.
3. Die *biologische Wasserwirtschaft*, zu der das Fischereiwesen, der Naturschutz und die Landschaftspflege gehören.

   Hierher gehört vor allem die Feststellung und Verhinderung der Bodenimmissionen, die wiederum zu Grundwasserbeeinträchtigungen und zur Schädigung der fließenden Gewässer (Überdüngung, Sauerstoffmangel der Gewässer, Veralgung, Fischesterben usw.) führen können.

Für die Wasserwirtschaft sind die Wasserwirtschaftsämter und die Landesstellen für Gewässerkunde zuständig. Da sich die Fachgebiete nicht trennen lassen, nehmen diese Dienststellen alle Belange der Wasserwirtschaft mit verschiedenen Schwerpunkten wahr. Außerdem gibt es noch Forschungsinstitute und die Bundesanstalt für Wasserbau (BAW), die sich mit dem Versuchswesen und der Forschung beschäftigen.

Die Aufgaben der Forschungsinstitute sind: Wasserschutz, Hochwasserschutz, Niedrigwasserschutz, Wassernutzung (Energiegewinnung und Schifffahrt), Wasserhaushalt (Niederschlagsmengen, Grundwasserstände, Abflussermittlung für Flussläufe).

Eine Spezialität ist der Wasserbau an den Küsten. Dort geht es um die Fließ- und Pegelverhältnisse der ins Meer mündenden Flüsse bei den Gezeiten (Gezeitenströme), den Küstenschutz gegen Sturmfluten, die Landerhaltung an den Küsten (Seedeiche) und die Kunstbauten der Seehäfen (Molen, Wellenbrecher, Leitwerke, Dockanlagen, Hellinge, Seeschleusen).

22.2. Hydraulik

Die Vorsilben „hyd“, „hydro“ und „hygro“ kommen aus dem Griechischen und beziehen sich immer auf Flüssigkeiten, speziell aber auf das Wasser. Die Römer haben diese Vorsilben ins Lateinische übernommen. Das Wort „Hydraulik“ kommt vom lateinischen Wort „hydraulicus“ und heißt „mit Wasser betrieben“. „Hydro“ hat also immer etwas mit Wasser tun.

22.2.1. *Begriffe*

Flüssigkeiten sind, im Gegensatz zu festen Körpern, durch die leichte Verschieblichkeit ihrer Teilchen gekennzeichnet. *Ideale Flüssigkeiten* sind raumbeständig (inkompressibel) und ohne innere Reibung.

Die Lehre vom Verhalten idealer Flüssigkeiten wird *Hydromechanik* genannt. *Ruhende Flüssigkeiten* werden in der *Hydrostatik* und Flüssigkeitsbewegungen (Strömungen) in der *Hydrodynamik* rechnerisch behandelt.

Hydraulik dagegen ist die Lehre von der Bewegung *reibungsbehafteter Flüssigkeiten*. Der Fließvorgang dieser Flüssigkeiten erfordert einen ständigen Energieaufwand entlang des Weges. Hierbei wird ein Teil der mechanischen Energie in andere Energieformen umgewandelt, die für den weiteren Verlauf der Strömung nicht mehr wirksam sind. Diese Anteile sind Fließverluste und werden im Allgemeinen als „Verlusthöhe" bezeichnet, welche die Größe der verlorenen potenziellen Energie angibt.

Das Verhalten von Flüssigkeiten bei Bewegung in Rohren, in natürlichen und künstlichen Gerinnen[49] und auch im porösen Boden wird mit Formeln der Hydraulik berechnet. Diese sind aufgrund von Erfahrungen und Versuchen entstanden, stützen sich aber auf die theoretischen Grundlagen der *Strömungslehre* der Physik. Lediglich die Reibungsbeiwerte, die zwischen Flüssigkeiten und den Wandungen der Rohre und Gerinne auftreten, mussten durch Versuche ermittelt werden.

22.2.2. *Fließbewegungen und Bewegungsgleichungen*

Die Grundlagen der Hydraulik wurden schon vor einigen Jahrhunderten entwickelt. Namen wie *de Saint-Venant, Lagrange, Euler, Bernoulli, Darcy* sind hier zu nennen. Neue Methoden kamen später durch die Computerberechnungen hinzu.

Je nach Geschwindigkeit der Flüssigkeitsteilchen und ihrer Fließrichtung im dreidimensionalen Raum unterscheidet man folgende Fließbewegungen:

- *Dreidimensionale Bewegung*:
  Das Wasser bewegt sich im Raum in alle Richtungen.
- *Zweidimensionale Bewegung*:
  Das Wasser bewegt sich nur in zwei Richtungen, in der dritten Richtung (meist nach unten) ist die Bewegung durch Gerinnesohlen begrenzt.
- *Eindimensionale oder lineare Bewegung*:
  Alle Wasserteilchen bewegen sich in einer Richtung. Das sind die Fließbewegungen in Rohren.
- *Stationäre Strömung*:
  Bei dieser Strömung ist die Wassergeschwindigkeit an einer bestimmten Stelle unabhängig von der Zeit, sie ist in jedem Moment gleich groß.
- *Instationäre Strömung*:
  Die Wassergeschwindigkeit an einer bestimmten Stelle ändert sich laufend. Beim Leerlaufen eines Behälters hängt die Auslaufgeschwindigkeit vom Druck ab, der sich laufend mit der abnehmenden Höhe verringert.
- *Laminare Strömung*:
  Alle Wasserteilchen bewegen sich in nebeneinanderliegenden Schichten, ohne sich zu durchsetzen oder zu vermischen. Es tritt keine Querbewegung der Wasserteilchen auf.
- *Turbulente Strömung*:
  Bei größeren Geschwindigkeiten treten neben der Längsbewegung auch Querbewegungen auf. Das Wasser wird vermischt und verwirbelt.

---

[49] Ein Gerinne ist eine Wasserrinne mit nach oben offenem Wasserspiegel. Flussläufe werden als natürliche Gerinne bezeichnet.

- *Potenzialströmung*:
  Die wirbelfreie Strömung wird durch ein Geschwindigkeitspotenzial (Höhenunterschied) angetrieben. Das Wasser fließt immer vom höheren zum niedrigeren Niveau. Deshalb werden wirbelfreie Strömungen Potenzialströmungen genannt. Die Potenzialströmung ist nur vom Ort abhängig.

Die *Bewegungsgleichungen* wurden von *Leonhard Euler* im Jahre 1755 aufgestellt. Sie sind die Grundlage für viele Berechnungen in der Strömungslehre. Für die Gültigkeit der Gleichungen gibt es viele Voraussetzungen und Bedingungen. Hier seien nur das Kontinuitätsgesetz, der Energiesatz und der Impulssatz erwähnt. *Energiesatz* und *Impulssatz* kennen wir aus der Physik.

Das *Kontinuitätsgesetz* sagt aus, dass in einem Flüssigkeitsstrom weder Masse verlorengehen noch entstehen kann (Massenerhalt). Es gilt:

Formel 35: Kontinuitätsgesetz

$$\boxed{Q = v \cdot A = \text{constant}},$$

wobei Q der Volumendurchsatz pro Zeiteinheit, z. B. in [m^3/s], A der Flüssigkeitsquerschnitt, z. B. in [m^2] und v die Geschwindigkeit der Flüssigkeit, z. B. in [m/s] ist. In einem Rohr, dessen Querschnitt sich verengt, fließt pro Zeiteinheit genau soviel Wasser heraus, wie am anderen Ende hineingeflossen ist. Die Querschnittveränderung bewirkt lediglich eine Geschwindigkeitsänderung der Flüssigkeit im Rohr. Das Kontinuitätsgesetz kannte schon *Leonardo da Vinci*. Es gilt auch bei anderen Vorgängen in der Physik (Stromnetze, Verkehrsnetze), wo die Zuflussmenge zu einem Knoten pro Zeiteinheit immer auch der Abflussmenge entspricht, wenn keine Speicherfähigkeit vorhanden ist.

22.2.3. Messung der Durchflussmenge und der Fließgeschwindigkeit

Die Hydraulik beschäftigt sich mit der Bewegung reibungsbehafteter Flüssigkeiten. Die Reibung der Flüssigkeitsteilchen untereinander ist wesentlich geringer als die Reibung der Flüssigkeit an den Wandungen des Gerinnes oder Rohres. Die Rauigkeit der Wandungen muss bei Berechnungen berücksichtigt werden. Dabei wollen wir zunächst nicht den absoluten Reibungsbeiwert der Wandung, sondern nur die Geschwindigkeitsverteilung innerhalb des Querschnitts betrachten.

An den Wandungen ist die Reibung am größten, die Geschwindigkeit ist dort null. Mit dem Abstand von der Wandung nimmt die Geschwindigkeit in der Flüssigkeit zu. Die Verteilung ist eine Kurve, die einer Parabel ähnlich ist.

Den Durchfluss Q eines natürlichen Gerinnes (Fluss) ermittelt man aus der Strömungsgeschwindigkeit v in [m/s] und dem Abflussquerschnitt in [m^2] durch die Formel $Q = v \cdot A$.

Bild 76: Wassermengenmessung und Geschwindigkeitsverteilung in einem Fluss

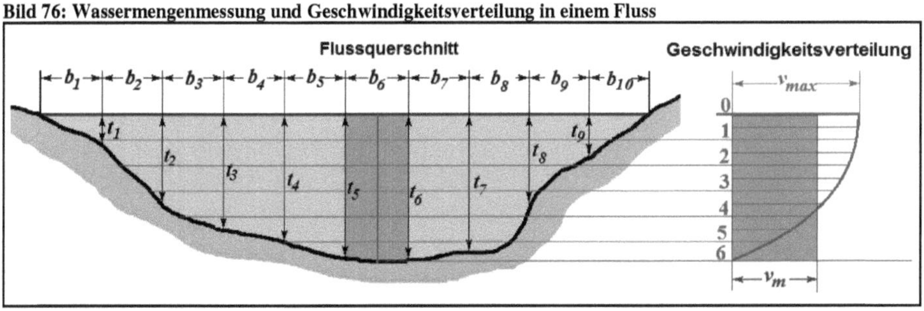

Man führt Messungen an Flussstrecken mit regelmäßigen Querschnitten durch, wo keine Einbauten, keine Gegenströmung und keine Turbulenzen vorhanden sind. Diese Messungen geschehen am besten von einem Hilfsgerüst oder von einer Brücke aus. Nähme man ein Boot, das mit Seilen an den Ufern gehalten wird, würde die Messung durch das stillstehende Boot gestört.

Der Flussquerschnitt wird für diese Messungen in ein rechtwinkliges Messnetz eingeteilt. In bestimmten gleichmäßigen Abständen vom Ufer (senkrechte Messlinien) werden die Tiefen bis zur Flusssohle (t_1 bis t_9 in Bild 76) durch Peilstangen gemessen.

Gleichzeitig wird in gleichmäßigen Tiefenabständen (waagrechte Messlinien, Tiefenstufen **0** bis **6** in Bild 76) vom Wasserspiegel aus die Wassergeschwindigkeit in verschiedenen Tiefen gemessen. Dazu verwendet man ein hydrometrisches Flügelrad, das auf die jeweilige Tiefe hinabgelassen wird. An jedem Kreuzungspunkt der waagrechten mit den senkrechten Linien wird die Geschwindigkeit gemessen. Damit liegt für jeden Kreuzungspunkt des Messnetzes die Fließgeschwindigkeit vor.

Damit ist die Geschwindigkeitsverteilung durch Messung ermittelt. Man trägt sie grafisch auf und erhält für jeden Abschnitt b_1 bis b_{10} der Flussbreite eine Geschwindigkeitskurve mit einem Maximalwert v_{max}. Im rechten Teilbild von Bild 76 ist die Geschwindigkeitsverteilung für den Breitenabschnitt b_6 aufgetragen. Die gekrümmte Linie ist die gemessene Geschwindigkeitsverteilung über die Flusstiefe. Die mittlere Geschwindigkeit ergibt sich aus der Flächengleichheit der schraffierten Parabelfläche und dem Rechteck. Für die Parabel gilt $v_m = \frac{2}{3} \cdot v_{max}$.

Der Flächeninhalt dieses Teilabschnitts beträgt $A_6 = b_6 \cdot \frac{t_5 + t_6}{2}$, der Durchfluss ergibt sich aus der berechneten mittleren Geschwindigkeit dieses Abschnitts: $Q_6 = v_{m6} \cdot A_6$.

Aus der mittleren Geschwindigkeit und dem Flächeninhalt der entsprechenden Breitenabschnitte b_1 bis b_{10} berechnet man die Durchflussmengen Q_1 bis Q_{10}, (wie eben gezeigt) und summiert über den ganzen Querschnitt zum Gesamtdurchfluss auf. Teilt man diesen durch die gesamte Querschnittsfläche, dann erhält man die mittlere Geschwindigkeit v_{ges} des Flusses am Messquerschnitt.

Um später vom Wasserstand (*Pegelstand*) auf die Wassermenge schließen zu können, führt man die oben beschriebene Wassermengenmessung an derselben Stelle bei verschiedenen Pegelständen durch. Aus diesen Messungen wird ein Diagramm gefertigt, das die Beziehung zwischen Pegelstand und Abflussmenge wiedergibt. Diese Kurve wird *Schlüsselkurve* oder *Abflusslinie* genannt. Daraus kann nun eine *Abflusstafel* berechnet werden, die für jeden Pegelstand die Abflussmenge an der Messstelle angibt.

Diese Messung ist auch die Grundlage für die Berechnung des Rauigkeitsbeiwertes der benetzten Flusssohle (man sagt auch „benetzter Umfang“). Man berechnet den Rauigkeitsbeiwert aus den bekannten Werten (Gefälle, Querschnittsfläche, Durchflussmenge) durch Einsetzen in die umgestellte Fließformel.

Aus vielen Messungen an verschiedenen Flüssen ergeben sich Erfahrungswerte für die Rauigkeitsbeiwerte, die man bei ähnlichen Flüssen in die Fließformeln einsetzt, um die Fließmengen rechnerisch zu ermitteln.

22.2.4. Gefälle

Wasser fließt immer vom höheren zum tieferen Niveau. Deshalb spricht man bei Neigungen der Sohle oder des Wasserspiegels von *Gefälle*. Das Gefälle h/l wird mit dem Formelzeichen J bezeichnet.

J ist das Verhältnis des Höhenunterschieds h zur schrägen Länge l' eines Gerinnes zwischen zwei Punkten **A** und **B**, also der Sinus des Neigungswinkels α.

Bei natürlichen Flussläufen ist α so klein, dass die waagrechte Länge l der schrägen Länge l' des Gerinnes praktisch gleichgesetzt werden kann. Bei gleichförmiger Wasserbewegung und gleichbleibendem Gerinnequerschnitt gilt dann für das Gefälle des Wasserspiegels: $\sin\alpha \cong \tan\alpha = J_w$, wobei $J_w = h/l$ ist. Das Gefälle der Sohle J_s ist dann dem Gefälle des Wasserspiegels J_w und dem Gefälle der Energielinie J_E gleich. Bild 77 zeigt die Zusammenhänge zwischen Höhe und Gefälle.

Auch hier wird wegen der geringen Gefälle der Gerinne und Flussläufe mit überhöhter Darstellung in der Zeichnung gearbeitet.

Das Gefälle wird immer als Dezimalbruch in die Formeln eingesetzt.

Beispiele: 3 ‰ = 0,003; 0,95 ‰ = 0,00095.

Bild 77: Wasserspiegelgefälle und Sohlgefälle (überhöhte Darstellung)

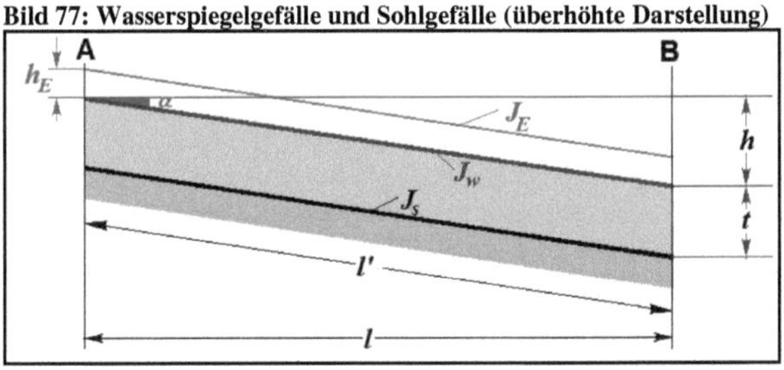

22.2.5. *Energielinie*

Bei der Berechnung von Gerinnen werden Wasserspiegelhöhen, Fließgeschwindigkeiten und Durchflussmengen berechnet.

Bei instationären Fließvorgängen wird laufend kinetische Energie in potenzielle Energie (Lageenergie) und umgekehrt umgewandelt. In Hydraulikzeichnungen (Bild 77) gibt man deshalb die *Energielinie* J_E an, deren Abstand über dem Wasserspiegel (Spiegelgefälle J_w) sich aus der Gleichung

Formel 36: Energielinie

$$h_E = \frac{v^2}{2g}$$

ergibt. h_E ist die Höhendifferenz der Energielinie zum Wasserspiegel und v die Geschwindigkeit des Wassers. Bei gleichmäßiger Fließbewegung ist die Energielinie der Drucklinie (Wasserspiegel) parallel. Hergeleitet wird der Zusammenhang zwischen Höhe und Geschwindigkeit, indem man die Energie einer bewegten Masse und das Heben derselben Masse um die Höhe h_E gleichsetzt: $E = \frac{m \cdot v^2}{2} = (m \cdot g) \cdot h_E$. Nach Freistellen von h_E auf einer Seite folgt die obige Gleichung.

Die Fallbeschleunigung g = **9,81 m/s²** tritt bei diesen Berechnungen überall auf, weil die Masse des Wassers bei jeder Geschwindigkeitsänderung in potenzielle Energie umgewandelt wird, bei der Wasser aufgestaut wird und der Wasserspiegel gegen die Schwerkraft gehoben werden muss.

22.2.6. *Benetzter Umfang und hydraulischer Radius*

Um die Form des Wasserquerschnitts in den Griff zu bekommen, bedient man sich des **h***ydraulischen Radius* R in [m], der aus dem benetzten Umfang U in [m] und der Querschnittsgröße A in [m²] berechnet wird: $R = \frac{A}{U}$. Bei einem Flussgerinne ist der benetzte Umfang die Breite der Sohle von einem Ufer zum anderen. Bei breiten Füssen rechnet man annähernd mit der Breite des Flusses. Damit ergibt sich der hydraulische Radius annähernd als mittlere Tiefe des Flusses. In einem volllaufenden kreisrunden Rohr ist der benetzte Umfang der tatsächliche innere Umfang des Rohres. Der hydraulische Radius R ist dann der halbe Radius r des Rohres:

Formel 37: Hydraulischer Radius

$$R = \frac{A}{U} = \frac{r^2 \cdot \pi}{2r \cdot \pi} = \frac{r}{2}.$$

22.2.7. *Fließformeln*

Die Durchflussmenge pro Sekunde durch ein offenes Gerinne oder durch ein Rohr hängt vom Gefälle, von den Reibungsbeiwerten der Wandungen (Rauigkeiten), vom Flächeninhalt des Durchflussquerschnitts und von der Form des Gerinnes ab.

Um die hydrodynamischen Theorien in der täglichen Berechnungspraxis der Ingenieure anwenden zu können, mussten die realen Fließbedingungen (Rauigkeiten, Wandformen, Querschnittsformen usw.) in die theoretischen Formeln als Beiwerte eingeführt werden, um wirklichkeitsnahe Ergebnisse zu bekommen.

Dafür waren in den letzten beiden Jahrhunderten viele Versuche nötig. Daraus entstand eine Vielzahl von speziellen Formeln zur Ermittlung der Geschwindigkeit eines Fließvorgangs in geschlossenen Rohren, offenen Gerinnen und Flüssen. Es gibt empirische Formeln, Potenzformeln und logarithmische Formeln. In Lit. [Franke] sind alle Formeln näher erläutert.

Man konzentrierte sich auf die mittlere Fließgeschwindigkeit v_m, die über die Formel $\boldsymbol{Q} = \boldsymbol{v}_m \cdot \boldsymbol{A}$ mit der Durchflussmenge $\boldsymbol{Q}$ zusammenhängt.

Die *Geschwindigkeitsformel*

Formel 38: Mittlere Fließgeschwindigkeit

$$\boxed{v_m = c \cdot \sqrt{R} \cdot \sqrt{J}}$$

wurde von *A. Brahms* gefunden und von *A. Chézy* veröffentlicht. $\boldsymbol{R}$ ist der hydraulische Radius, $\boldsymbol{J}$ das Gefälle des Gerinnes und $\boldsymbol{c}$ der Geschwindigkeitsbeiwert.

Die *Geschwindigkeitsbeiwerte* wurden von verschiedenen Urhebern als empirische Formeln angegeben:

Nach *Bazin*: $\boxed{c = \dfrac{87\sqrt{R}}{\gamma + \sqrt{R}}}$, wobei γ der Rauigkeitsbeiwert ist, der in einer Tabelle steht.

Nach *Ganguillet-Kutter*: $\boxed{c = \dfrac{23 + \dfrac{1}{n} + \dfrac{0{,}00155}{J}}{1 + \left(23 + \dfrac{0{,}00155}{J}\right) \cdot \dfrac{n}{\sqrt{R}}}}$, $\boldsymbol{n}$ wird aus einer Tabelle entnommen.

Nach *Kutter*: $\boxed{c = \dfrac{100\sqrt{R}}{m + \sqrt{R}}}$, wobei $\boldsymbol{m}$ = 0,25 für Wasserleitungsrohre und $\boldsymbol{m}$ = 0,35 für Abwasserleitungen gelten. Für alle anderen Gerinne stehen die Werte in der erwähnten Tabelle.

Die erwähnte Tabelle der Beiwerte für die Beschaffenheit der Gerinnewandungen ist in den Hydraulikformelsammlungen zu finden, z. B. auch in Lit. [Schleicher2], dort auf Seite 535.

Hier nur ein Auszug für Profilrohre aus Beton:

γ (nach Bazin) = 0,2; $\boldsymbol{m}$ (nach Kutter) = 0,35,
$\boldsymbol{n}$ (nach Ganguillet-Kutter) = 0,0135

Mit den Beiwerten nach *Kutter* (Kleine Kutterformel) wurden die Tabellen für die volllaufenden Kreisprofile berechnet, die in den Formelsammlungen zu finden sind. Diesen Formeln werden wir bei der Berechnung von Wasserversorgungsnetzen wieder begegnen (siehe 23.6 auf Seite 221).
Es gibt noch weitere Fließformeln. Die Behandlung der Fließformeln soll jedoch hier beendet werden.

22.3. Stauberechnungen

Stauberechnungen dienen dazu, die Auswirkungen der Änderung der Fließgeschwindigkeit eines Flusses zu berechnen. Man berechnet die aus den Querschnittsänderungen resultierenden Änderungen der Fließgeschwindigkeit und der Wasserspiegelhöhen und kann daraus sehen, wo es zu Überflutungen kommen kann und wo man Baumaßnahmen vornehmen muss, um Überflutungen zu vermeiden.

22.3.1. Stauanlagen

Stauanlagen sind Bauwerke, welche den natürlichen Abfluss des Wassers in einem Fluss oder Kanal verändern und regeln. Hierzu dienen Wehre und Talsperren (Staudämme).

Wehre haben die Aufgabe, das Wasser aufzustauen, Talsperren sollen hauptsächlich das Wasser zurückhalten und speichern. Wehre werden im regulären Betrieb über- oder unterströmt, die Kräfte sind nur von den dynamischen Vorgängen abhängig. Bei Talsperren werden die hydrostatischen Kräfte auf den Damm wirksam.

Ordnet man im Fluss *Stauwehre* oder andere aufstauende Einbauten an, können *Staukurven* aufzeigen, wie weit sich die Maßnahme flussaufwärts auswirkt.

Der Aufstau des Wassers durch Wehre erfolgt zu folgenden Zwecken:

1. Vergrößerung der Wassertiefe oberhalb des Wehres.
2. Verminderung der Schwankungen des Wasserspiegels bei Entnahme von Wasser.
3. Gewinnung von Fallhöhe im Vorfeld von Flusskraftwerken.
4. Aufspeicherung in geringem Umfang für den Ausgleich von Tages- oder Wochenspitzen.
5. Verminderung der Wassergeschwindigkeit.

Es gibt feste Wehre, wie in Bild 78 links zu sehen, und bewegliche Wehre, deren Überfallhöhe oder Durchflussquerschnitt verstellbar ist.

Bild 78: Stauwehr und Streichwehr in einem Fluss (überhöht gezeichnet)

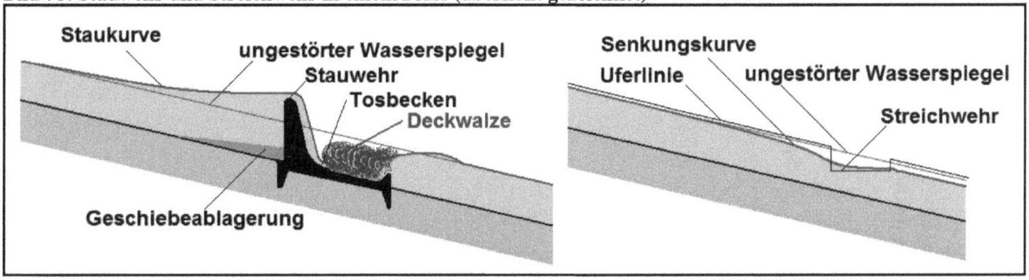

Zu den beweglichen Wehren gehören: Dammbalkenwehre, Nadelwehre, Schützenwehre, Segmentwehre, Sektorwehre, Klappenwehre, Dachwehre und Walzenwehre. Die Bezeichnungen sagen aus, mit welchen Mitteln die Veränderung der Wehrhöhe bewirkt wird.

Will man dem Fluss Wasser entnehmen, wird ein Streichwehr parallel zum Ufer angeordnet, dessen Oberkante tiefer als der ungestörte Wasserspiegel liegt.

Die abfließende Wassermenge wird durch die Höhenverhältnisse am *Streichwehr* bestimmt. Auch hier kann man berechnen, wie weit sich die Maßnahme flussaufwärts auswirkt (*Senkungskurve*).

Über die Wehroberkante schießt oder stürzt das Wasser in die Tiefe. Von „Schießen des Wassers" spricht man, wenn es mit hoher Geschwindigkeit entlang einer schrägen Fläche nach unten fließt, wie in Bild 78 links zu sehen. Beim „Stürzen des Wassers" fällt es dagegen frei in die Tiefe, ohne auf einer Unterlage zu fließen. Aus dem über das Wehr abfließenden Wasser kann Energie gewonnen werden, wenn man es in einem Rohr führt und auf eine Turbine leitet.

Manchmal wird keine *Energiegewinnung* angestrebt, dann muss die Energie des schießenden oder stürzenden Wassers „kontrolliert vernichtet", also unschädlich gemacht werden.

Ließe man es ohne besondere bauliche Maßnahmen abstürzen, würde es den Fluss dort eintiefen und das Wehr unterhöhlen. Man baut also ein Sturzbett (Tosbecken), wo es sich austoben und beruhigen kann, ohne dass die Flusssohle beschädigt wird. Die beste *Energievernichtung* ist eine Deckwalze, in welcher die kinetische Energie durch Wirbelbildung in Wärme umgesetzt wird. Die Bildung einer Deckwalze ist daher Bedingung für eine ausreichende Energievernichtung.

Bei Streichwehren muss die Sohle des abgehenden Gerinnes am Wehr entsprechend geschützt sein. Es gibt viele Bauarten von Wehren und entsprechende spezielle Wehrformeln, mit denen der Abflussvorgang berechnet werden kann. Damit wollen wir uns aber hier nicht beschäftigen.

22.3.2. Staukurve und Senkungskurve

Die *Staukurve* (auch Staulinie genannt, siehe Bild 78 links) ist die Linie der Wasserspiegelhöhe im Längsschnitt, die sich vom stauenden Bauwerk flussaufwärts dem ungestauten Wasserspiegel von oben asymptotisch annähert, sich also theoretisch bis zur Quelle des Flusses nachweisen lässt. Praktisch nimmt man das Ende der Staukurve dort an, wo der Stau nur noch wenige Zentimeter beträgt.

Bei der *Senkungskurve* (Senkungslinie, siehe Bild 78 rechts) ist es ähnlich, nur dass die Senkungskurve unter dem ungestörten Wasserspiegel liegt und von unten sich diesem asymptotisch nähert.

Die Berechnung dieser Kurven ist eine der Hauptaufgaben der Hydraulik. Es handelt sich um stationär ungleichförmige Strömungen, bei der sich die Geschwindigkeit im Bereich der Staukurve bis zum Wehr verlangsamt. Da regelmäßige Gerinne bei natürlichen Flussläufen sehr selten sind, ist die Berechnung entsprechend kompliziert, wenn man mit der Berechnung einigermaßen an die wirklichen Verhältnisse herankommen will.

Die Staukurvenberechnung war früher eine mühsame Arbeit, die anhand von Tabellen durchgeführt werden musste. Mit den heute üblichen Methoden der Computerberechnung ist es kein Problem mehr, Staukurven für alle Detailvorgänge und Zwischenzustände durchzurechnen und grafisch darzustellen.

22.3.3. Flüssigkeitskräfte

Den hydrostatischen Druck des nicht bewegten Wassers haben wir schon auf Seite 127 kennengelernt. Bauwerke zum Aufstauen des Flusses (Staudämme, Talsperren) müssen den hydrostatischen Druck aufnehmen und ihm standhalten. Die Höhe des hydrostatischen Drucks ist von der Tiefe des Wassers abhängig.

Die Kraft des fließenden Wasser kann zerstörerisch (Auskolkung, Unterspülung, Dammbruch, Sickerströmung in Dämmen, Druck auf umspülte Einbauten) oder gewinnbringend (Energiegewinnung) sein. Sie verändert die Sohlen der Flüsse durch Absetzen oder Ausschwemmen von mineralischen Körnungen. Der Fluss schiebt auf seiner Sohle dieses Material vor sich her (Geschiebe) und übergibt es an seiner Mündung dem größeren Fluss oder dem Meer (Anlandung). Vor Wehren oder Staumauern kann das Geschiebe nicht weitertransportiert werden und lagert sich auf der Sohle des Flusses im Stauraum ab (siehe Bild 78 vor dem Stauwehr).

22.3.4. Hochwasserprofile

Bei Überschwemmungen kann das Wasser zu Schäden an Feldern und Siedlungen führen. Früher waren die jährlichen Hochwasser, bei denen die Flüsse regelmäßig über die Ufer traten, keine ungewöhnlichen Ereignisse. In den bekannten Überschwemmungsgebieten an den Flüssen hatte man beiderseits des Flusses Flächen geschaffen, die regelmäßig überflutet werden durften, wenn der Fluss über die Ufer trat. Diese Überflutungsflächen wurden durch in die Landschaft eingepasste Hochwasserdämme in der Breite begrenzt.

Diese *Hochwasserprofile* wurden durch hydraulische Berechnungen für die auftretenden Hochwassermengen bemessen. Sie liefen bei Hochwasser voll und leerten sich anschließend wieder, ohne dass das Hochwasser Schaden anrichten konnte.

22.3.5. Staudämme und Speicherseen als Hochwasserschutz

Da heute meist keine Hochwasserprofile mehr zur Verfügung stehen, weil man keine Überflutungsflächen mehr bereitstellen will, muss man andere Maßnahmen ergreifen. Man lässt einfach keine Hochwasser mehr zu. Am Entstehungsort der Wassermengen (Schneeschmelze in den Bergen) werden Staudämme (Talsperren) gebaut, die das Hochwasser zurückhalten. Aus dem Stausee gibt man die normale Wassermenge dosiert an den Fluss ab.

Als Beispiel sei der *Sylvenstein-Staudamm* (1959 gebaut) genannt. Der Damm mit Speichersee oberhalb Lenggries hält das Hochwasser der Isar zurück. Die bisher regelmäßigen Überschwemmungen von Lenggries bis München gehören der Vergangenheit an. Außerdem gewinnt das in den Damm eingebaute Kavernenkraftwerk aus der laufend an die Isar abgegebenen Mindestwassermenge auch noch Energie. Man hält nicht nur das Hochwasser zurück, sondern reichert in regenarmen Zeiten die Mindest-Durchflussmenge der Isar so weit an, dass kein Wassermangel entstehen kann, bei dem der Fluss biologisch „umkippen" könnte.

22.4. Nutzung der Wasserkraft

Flusskraftwerke nutzen die Fließgeschwindigkeit des Wassers. Man baut kleine Wehre, bündelt das Wasser in Rohren und führt es den Turbinen zu. Es gibt spezielle Turbinen, die auch bei wechselnder Wassermenge einen guten Wirkungsgrad haben (Kaplanturbine).

Bevor überall im Land ein Anschluss an überregionale Stromversorgungen mit ihren Überlandleitungen möglich war, erzeugten Mühlen an den Flüssen mit ihren Wasserrädern den Strom, den man in den Dörfern brauchte. Auch Dörfer an kleinen Flüssen auf dem flachen Land hatten ihre eigenen Flusskraftwerke, die nur die eigenen Dörfer mit Strom versorgten.

Der Strom kam vom Müller und reichte aus, nachts die Glühbirnen in den Stuben der Bauernhäuser zu speisen und tagsüber die Motoren an den Trinkwasserpumpen zum Auffüllen der Vorratsbehälter zu betreiben. Größere Stromverbraucher gab es damals nicht.

Auch die Planung und der Bau von Wasserkraftanlagen ist Aufgabe der Bauingenieure, auf die sie während des Studiums vorbereitet werden. Sie werden mit den Grundlagen vertraut gemacht und lernen die Kraftwerkstypen, die Bauarten der Turbinen und deren Betriebsweise kennen. Auch die Zusammenarbeit mit den Maschinenbauingenieuren und den Elektroingenieuren ist Thema der Ausbildung.

22.5. Flussbau

Der Sinn des Flussbaus ist es, dem Fluss ein Bett zu geben, das den Ansprüchen der Menschen entspricht (Hochwasserschutz, Landschaftsbild, Schiffsverkehr, Energiegewinnung, Wasserversorgung, Abwasserbeseitigung). Der Fluss muss so reguliert werden, dass er diesen Ansprüchen genügt.

Der Flusslauf in seinem natürlichen Zustand ist ständigen Änderungen unterworfen, die man nicht sich selbst überlassen darf. Der Mensch muss korrigierend eingreifen.

Der Fluss muss von der Quelle bis zur Mündung beobachtet und korrigiert werden. Dabei muss besondere Sorgfalt herrschen, damit keine Schäden an der Natur entstehen.

Man hat längst erkannt, dass die Flussbegradigungen der Vergangenheit mehr schadeten als nützten, weil sie durch die Verkürzung des Wasserlaufs größere Gefälle erzeugten und damit zu größeren Fließgeschwindigkeiten führten, die im Unterlauf des Flusses Überschwemmungen und Schäden verursachten. Heute werden die vorgenommenen Begradigungen vielfach wieder rückgängig gemacht (Rückbau), es wird versucht, dem alten Zustand mit modernen Mitteln wieder nahezukommen. Deshalb korrigiert man jetzt sehr sanft und arbeitet mit erhaltenden Maßnahmen (Ufersicherungen, Böschungssicherungen).

Die Baustoffe des Flussbaus sollen natürliche Baustoffe sein. Die Verbauung der Ufer von Wildbächen und steilen Böschungen sollen nur schützenden Charakter für die Ufer haben und das Fließverhalten des Flusses nicht verändern. Es gibt viele Verfahren, den Fluss in seinem natürlichen Bett zu führen und in natürlichem Zustand zu erhalten. Bruchsteine auf der Flusssohle dienen zum Schutz gegen Eintiefung in Kurven. Faschinen, das sind Weidenrutenbündel von 3 bis 4 m Länge und mit einem Durchmesser von 20 bis 30 cm, werden am Ufer mit dünnen Pfählen befestigt und am tieferen Ende mit Steinwürfen aus Bruchsteinen beschwert, um das Ufer gegen Auskolkung zu schützen (Uferschutz). Steinwürfe sind absichtlich angebrachte Steinansammlungen im Uferbereich.

Böschungen werden ebenfalls mit Faschinen oder mit Flechtzäunen gesichert.

Der Abfluss der Niederschläge aus den Einzugsgebieten kann durch Aufforstung mit Mischwald verringert oder zumindest verzögert werden. Dadurch werden die Bodenerosion und das Ausschwemmen der Muttererde verhindert. Der Wasserrückhalt und die Speicherung des Wassers im Boden werden durch einen Wald wesentlich erhöht. Der schnelle Abfluss des Niederschlagwassers in den Fluss und damit die Überschwemmungsgefahr der flussabwärts liegenden Siedlungen werden dadurch verringert.

Dient der Fluss auch der Beschaffung von Trinkwasser, dann dürfen oberhalb der Entnahmestelle keine Abwässer eingeleitet werden. Flüsse können unter strengen Auflagen der Wasserwirtschaftsämter als Vorfluter für Kläranlagen verwendet werden, wenn die Schmutzfracht (= nach der Reinigung noch vorhandene unschädliche Schmutzstoffe) des gereinigten Wassers einen vorgeschriebenen Grenzwert nicht überschreitet. Dieser Grenzwert muss unter der Selbstreinigungskraft des Flusses liegen, die durch Versuche festgestellt wird. Der Fluss baut durch seine Selbstreinigungskraft Verschmutzungen biologisch ab, sodass sie nach einer bestimmten Streckenlänge nicht mehr nachzuweisen sind. Die Selbstreinigung der Gewässer wird in Lit. [Imhoff] sehr ausführlich behandelt.

23. Wasserversorgung

Bei der Wasserversorgung geht es um das Trinkwasser, das aus natürlichen Quellen, dem Grundwasser oder aus gefiltertem Oberflächenwasser gewonnen wird. Die Planung, die Berechnung und der Bau der Wasserversorgungsanlagen von Gemeinden und Städten sind Aufgaben des Bauingenieurs.

Wasserversorgungsanlagen wurden schon im Altertum gebaut. Ursprünglich gab es nur Brunnen an der Stelle, wo die Quellen zutage traten. Man schöpfte das Wasser mit Gefäßen, die an Seilen in den Brunnen hinabgelassen wurden.

Später wurde das Wasser über Rinnen und Rohre zu tiefer gelegenen Verbrauchsstellen geleitet (Aquädukte). In Gebirgsdörfern nutzte man das Schmelzwasser der Gletscher, das man über hölzerne Kännel oder in den Fels gemeißelte Rinnen auf die Almen und zu den Dorfbrunnen leitete.

Der römische Baumeister *Vitruv* hat in seinem schon erwähnten Werk (Lit. [Vitruv], Buch 8, Kapitel VI) die Anlage einer Wasserleitung und das Graben von Brunnen und Zisternen detailgenau beschrieben. Als Wasserleitung wurden gemauerte Rinnen, Bleiröhren und Tonröhren verwendet.

Die Sohle der gemauerten Rinnen hatte ein Gefälle von 0,25 bis 0,5 %. Sie war „überwölbt" (heute sagt man: „abgedeckt"), damit die Sonne das Wasser nicht „berühren" konnte.

Vitruv hat detailgenau beschrieben, wie die Aquädukte ausgeführt werden mussten. Auch wusste er schon von der Giftigkeit der Bleiröhren und bevorzugte deshalb Tonröhren. Die älteste römische Wasserleitung stammt aus dem Jahre 312 v. Chr.

Für den Bau von Wasserversorgungsanlagen gibt es eine Reihe von Normen. Hier sei nur auf DIN 2000 (Leitsätze für die zentrale Trinkwasserversorgung) und DIN 2001 (Leitsätze für die Einzeltrinkwasserversorgung), hingewiesen. Die Wasserversorgung ist erschöpfend in Lit. [Wasservers] abgehandelt (Stand 1961).

23.1. Wasservorkommen und Wassersuche

Wenn nicht von vornherein klar ist, wo die Quelle zutage tritt oder wo ein Brunnen abzuteufen ist, muss man mit geologischen und hydrologischen Verfahren auf Wassersuche gehen.

Grundsätzlich wird Trinkwasser aus natürlichen Quellen, aus dem Grundwasservorrat oder durch Filterung von Oberflächenwasser gewonnen. Welche Art in Frage kommt, hängt von den örtlichen Gegebenheiten ab.

Grundwasser (siehe auch 17.8 auf Seite 159) kann im Boden nur dort fließen und sich sammeln, wo Hohlräume vorhanden sind. Diese Hohlräume können Poren zwischen den Körnungen eines nichtbindigen Bodens sein, oder es sind größere Zwischenräume oder Felsspalten, in denen das Wasser fließen kann. Es sammelt sich auf bindigen Schichten und kann in mehreren Stockwerken im Boden auch als gespanntes Grundwasser vorkommen.

Kommt Grundwasser vor, das ohne Aufbereitung zum menschlichen Genuss geeignet ist, dann sind diese Gebiete meist als Grundwasserschutzgebiete ausgewiesen, wo die Einleitung von Sickerwässern aus der Abwasserreinigung und landwirtschaftliche Nutzung und Düngung eingeschränkt oder verboten sind.

In manchen Gebieten reicht das Grundwasser nicht aus, die Trinkwasserversorgung zu gewährleisten. Es muss Wasser aus anderen Gebieten durch Fernleitungen herbeigeführt oder es muss Oberflächenwasser aus Seen, Flüssen oder Talsperren nach spezieller Aufbereitung als Trinkwasser genutzt werden.

23.1.1. Geologie

Der Aufbau des Bodens, der als Grundwasserleiter oder als Grundwassersohle in Betracht kommt, ist von großer Bedeutung für die zu gewinnenden Wassermengen und für die Wasserqualität.

Der Bauingenieur hat zwar Grundlagenkenntnisse in Geologie, die er während des Studiums erworben hat, diese reichen aber bei weitem nicht aus, um entscheidende Aussagen über Wasservorkommen machen zu können. Bei größeren Projekten ist auf jeden Fall ein Geologe beizuziehen. Der Geologe erkennt aus der Formation der Erdoberfläche und aus den bekannten Bodenschichten (geologische Karten), wo ein nutzbarer Grundwasservorrat anzutreffen sein wird.

Im Zweifelsfall wird er Versuchsbohrungen durchführen lassen oder mit Bodenechoverfahren einen „Blick in den Boden“ versuchen.

23.1.2. Wünschelrute

Früher wurde die Wassersuche aus Mangel an geologischer Fachkenntnis, insbesondere auf dem Land, wenn Brunnen gebohrt oder gegraben werden sollten, durch Wünschelrutengänger vorgenommen. Die Wünschelrutengänger nennen sich Radiästheten (aus lat.: ***radius*** = *Strahl,* und griechisch: ***aisthesis*** = *Wahrnehmung, Empfindung*). Die *Wünschelrute* als Prospektionsinstrument (Bodenerkundungsinstrument) ist in der Wissenschaft sehr umstritten. Manche Erfolge deuten jedoch darauf hin, dass nicht alles auf Zufallstreffern beruhen kann.

Es gibt verschiedene Formen der Wünschelrute: Meist genügt ein aus einem frischen Strauch geschnittener Zweig in Y-Form. Manche Wünschelrutengänger benutzen auch eine Drahtschlaufe aus Kupferdraht oder zwei getrennte Drähte (Dipol) aus Kupferdraht.

In den Jahren 1962 bis 1964 hatte ich bei der Planung und beim Bau mehrerer Wasserversorgungsnetze im Alpenvorland Kontakt zu Wünschelrutengängern, die vom Bauherrn als „Berater“ eingeschaltet worden waren. Ihre Tätigkeit wurde vom beteiligten Geologen sehr kritisch beobachtet.

Nach anfänglicher Skepsis ließ ich mich von einem erfahrenen Wünschelrutengänger selbst an der Wünschelrute ausbilden, nachdem mir bestätigt worden war, dass ich dafür sensibel genug und deshalb geeignet war. Im weiteren Berufsleben griff ich dann oft auf die Wünschelrute zurück. Damit fand ich so manche „Schätze“ im Boden.

Das Lokalisieren von Gegenständen im Boden mit der Wünschelrute funktionierte am besten (Suchen von Versorgungskabeln und metallischen Leitungen im Boden). Bei neuen Baustellen prüfte man mit der Wünschelrute vor Beginn der Aushubarbeiten, ob da etwas im Boden vorhanden war. Man konnte die Gegenstände leicht lokalisieren. Der größte auf diese Weise von mir per Wünschelrute entdeckte Fund war ein Blindgänger einer Fliegerbombe auf einem Bahngelände in Geretsried. Ich ließ die Bauarbeiten sofort unterbrechen und verständigte Polizei und Sprengkommando.

Die Erfahrungen mit der Wünschelrute zeigen, dass zwischen der Wünschelrute und dem menschlichen Körper eine Art labiles Gleichgewicht entsteht, das durch winzige physikalische Einflüsse auf die physiologischen Vorgänge des Menschen gestört wird. Der Mensch mit der Wünschelrute ist also nur ein Indikator für diese physikalischen Einflüsse.

Es sind ähnliche Einwirkungen auf den Menschen, die auch beim *Gravimeter* bei *relativen Schweremessungen* zu Zeigerausschlägen führen, wenn Gravitationsunterschiede durch örtliche Unterschiede der Massendichte unter der Erdoberfläche auftreten.

Das Gravimeter beruht auf dem Prinzip einer Waage, bei der die Gleichgewichtslage einer Masse durch örtlich unterschiedliche Fallbeschleunigungen gestört wird. Mit diesen Geräten können noch örtliche Unterschiede der Fallbeschleunigung von 0,01 Gal = 0,0001 m/s^2 gemessen werden.

1 Gal = 1 cm/s^2 ist eine besondere Einheit für die Schwerebeschleunigung. Der Name wurde zu Ehren des italienischen Physikers *Galileo Galilei* (1564 - 1642) gewählt. Gal ist keine SI-Einheit und nicht genormt.

Auch mit dem *Pendel*, das oft von Radiästheten benutzt wird, kann eine relative Schweremessung durchgeführt werden (Lit. [Geodaesie]).

Metalldrähte (Dipol) als Wünschelruten reagieren empfindlich auf magnetische Feldlinien, die sich um bewegte Massen (fließendes Wasser) herum ausbilden, die auf diese Weise detektiert werden können. Auch die geologische Verzerrung des magnetischen Feldes kann damit festgestellt werden.

Diese wenigen Beispiele aus dem praktischen Umgang mit der Wünschelrute mögen genügen. Auch hier gilt der Spruch von Seite 62: *Praxis ist, wenn alles funktioniert und man weiß nicht warum.*

23.2. Wasserbeschaffenheit

Hat man Wasser im Boden gefunden, mit welchen Methoden auch immer, dann muss geprüft werden, ob es auch als Trinkwasser geeignet ist. Es muss physikalisch, chemisch und bakteriologisch im Labor untersucht werden. Das Wasser muss geschmacklich und gesundheitlich zufriedenstellend sein.

Bei der Untersuchung im Labor werden folgende Eigenschaften geprüft:

- Aussehen.
- Farbe.
- Geruch.
- Geschmack.
- Chemische Inhaltsstoffe (Chloride, Nitrate, Nitrit, Ammoniak, Kohlensäure, Sulfat, Sauerstoff, Phosphate, Schwefelwasserstoff, Eisen, Mangan). Sie sind für die Wasserhärte verantwortlich.
- Bakteriologische Beschaffenheit (Keime, Bakterien).
- pH-Wert.

23.2.1. Wasserhärte

Für den Verbraucher ist die Wasserhärte von Interesse.

Die Gesamthärte des Wassers setzt sich zusammen aus der Karbonathärte (vorübergehende Härte) und der Nichtkarbonathärte (bleibende Härte). Die Mono- und Bikarbonate von Kalzium und Magnesium bilden die Karbonathärte, deren größter Teil beim Erwärmen oder Kochen ausfällt.

Die Chloride, Nitrate, Sulfate, Phosphate und Silikate des Kalziums und Magnesiums bilden die Nichtkarbonathärte, die nach dem Kochen noch im Wasser erhalten bleibt.

Die Wasserhärte wird in deutschen Härtegraden dH gemessen:

- 1° dH entspricht 10 mg CaO in 1 Liter Wasser oder
- 1° dH entspricht 17,9 mg $CaCO_3$ in 1 Liter Wasser oder
- 1° dH entspricht 7,14 mg MgO in 1 Liter Wasser.

Einstufung: Weiches Wasser hat weniger als 8° dH, hartes Wasser hat mehr als 16° dH.

Weiches Wasser greift Bauwerke an, es hat sehr großes chemisches Lösungsvermögen. Chemisch reines Wasser (destilliertes Wasser, H_2O) greift sogar Metallbehälter an.

Die Wasserhärte bestimmt den Verbrauch an Waschpulver beim Wäschewaschen. 1° dH vernichtet etwa 150 g Seife auf 1000 Liter Wasser.

23.2.2. Kalkablagerungen

Früher hat man bei der Warmwasserbereitung in den Häusern dem Wasser Phosphate zudosiert (z. B. DOSOPHOS-Verfahren), damit die Warmwasserspeicher, Boiler und Armaturen nicht durch ausfallende Mono- und Bikarbonate (Karbonathärte) bei Erwärmung verkrusteten. Es bildete sich ein pastöser Schlamm in den Boilern. Heute ist das Verfahren nicht mehr zulässig.

Physikalische Methoden der Kalkumwandlung bringen bessere Wirkungen. Allerdings müssen die eingesetzten Permanentmagnete und Anoden direkt vom Wasser umspült werden.

Von außen wirkende Magnetfelder müssen das fließende Wasser durchfluten und dürfen nicht durch Eisenrohre abgeschirmt werden. Die Geräte sollten direkt in den Wasserzulauf zur Hausversorgung eingebaut sein.

23.2.3. pH-Wert

Der **pH-Wert** (pH = pondus Hydrogenii, H = Hydrogenium = Wasserstoff) ist eine Maßzahl für die Aktivität der freien Wasserstoffionen in einer Lösung. Der pH-Wert ist der negative dekadische Logarithmus der Wasserstoffionenkonzentration. Er ist ein Maß für die Aggressivität des Wassers, durch den die Zustände „sauer", „neutral" oder „basisch" unterschieden werden können.

Maßgebend ist die vorhandene Wasserstoffionenkonzentration (Wasserstoffionendichte) des Wassers. 1 Liter reines neutrales Wasser enthält bei 22 °C gleich viele Wasserstoff-Ionen (= 10^{-7} g H-Ionen) und Hydroxyl-Ionen (= 10^{-7} g OH-Ionen). Der pH-Wert gibt als negativer Exponent der Zahl 10 das Gewicht der H-Ionen in Gramm pro Liter Wasser an. Der Bereich des pH-Wertes läuft von 0 bis 14.

Säuren spalten in einer wässrigen Lösung H-Ionen ab, deshalb überwiegen im sauren Bereich die H-Ionen (pH < 7). Die Basen spalten OH-Ionen ab, deshalb überwiegen im basischen (alkalischen) Bereich die OH-Ionen (pH > 7). Bei pH = 7 ist das Wasser neutral.

Beispiele:

pH = 4,5 entspricht $10^{-4,5}$ = 0,0000317 g Wasserstoffionen in 1 l Wasser (sauer).
pH = 7,0 entspricht $10^{-7,0}$ = 0,0000001 g Wasserstoffionen in 1 l Wasser (neutral).
pH = 8,2 entspricht $10^{-8,2}$ = 0,00000000631 g Wasserstoffionen in 1 l Wasser (basisch).

Der pH-Wert kann mit preiswerten handlichen Messgeräten (Auflösung bis etwa 0,01 pH) gemessen werden.

23.3. Wasserbedarf, Wasserverbrauch

Wasserversorgungsanlagen werden für die Zukunft gebaut. Deshalb muss man den voraussichtlichen Wasserbedarf für ein Versorgungsgebiet ermitteln und auch eine Reserve für zukünftige Baugebiete einplanen. Wirtschaftlicher ist es, für den momentanen Bedarf zu bauen und eine Erweiterungsmöglichkeit der Wasserversorgungsanlage vorzusehen.

Man setzt einen durchschnittlichen Tagesverbrauch ***Q*** in Litern pro Einwohner und Tag [l/ET] an:

Kleine Orte: Q = 80 l/ET,
mittlere Orte: Q = 100 bis 120 l/ET,
Städte und Großstädte: Q = 200 bis 400 l/ET.

In den durchschnittlichen Tagesverbrauch einer Stadt ist alles einbezogen: öffentlicher Verbrauch für Springbrunnen, Eigenverbrauch des Wasserwerks für die Spülung des Rohrnetzes, Verluste durch Undichtigkeiten und Rohrbrüche usw.

In landwirtschaftlichen Gebieten rechnet man mit Wasseranteilen [WA]: 1 WA = 80 l/T.

1 WA entspricht: 1 Einwohner oder 1 Stück Großvieh oder 5 Stück Kleinvieh.

Die Verbrauchswerte sind Erfahrungswerte der Wasserversorgungsunternehmen, sie wurden als statistischer Durchschnitt vieler Jahre und vieler Orte berechnet.

Der Bedarf der Großverbraucher (Industriebetriebe, Molkereien, Brauereien, Wäschereien, Papierfabriken) muss gesondert ermittelt werden, wenn diese an das öffentliche Versorgungsnetz angeschlossen werden. In Sonderfällen müssen diese Betriebe jedoch eine eigene Wasserversorgung aufbauen (Brauereien).

Auch für Feuerlöschzwecke muss eine Wasserreserve vorgesehen werden.

Entweder werden Löschteiche (mit mindestens 400 bis 600 m^3) gebaut (nur in kleinen Dörfern) oder man berücksichtigt entsprechende Löschwassermengen beim Bau der öffentlichen Wasserversorgung.

Das Löschwasser wird über Hydranten entnommen.

Der Wasserdruck der öffentlichen Wasserversorgung wird für Löschzwecke meist nicht ausreichen, sodass bei den Löscheinrichtungen (Löschfahrzeuge) entsprechende Pumpen vorhanden sein müssen, die einen Löschdruck von etwa 8 bar erzeugen können.

23.4. Verfügbare Wassermenge

Noch vor den Planungsentscheidungen muss festgestellt werden, ob die am neuen Brunnen verfügbare Wassermenge die vorgesehene Versorgung des Gebietes gewährleisten kann. Die **Schüttung** einer Quelle oder eines Brunnens muss ausreichend sein. Als „Schüttung" bezeichnet man die verfügbare Menge pro Zeiteinheit (l/s), die der Brunnen oder die Quelle dauerhaft liefern kann.

Die Schüttung wird durch Pumpversuche und Schüttungsmessungen festgestellt.

Auf dem flachen Land, wenn das Trinkwasser aus dem Grundwasser entnommen wird, verwendet man Unterwasserpumpen, die in einem Brunnenrohr in entsprechender Tiefe laufen. Es sind Druckpumpen, die am Pumprohr hängen. Saugpumpen können nicht verwendet werden, da diese nur bis etwa 8 m Tiefe (theoretisch bis 10 m) einwandfrei arbeiten, weil sie vom Luftdruck abhängen.

Die Pumpversuche müssen eine konstante Schüttung (konstanten Durchfluss) ergeben, ohne dass Material aus dem Untergrund (Sand) mit gefördert wird. Eine konstante Schüttung stellt sich dann ein, wenn der Grundwasserspiegel außerhalb des Pumprohrs während des Pumpversuchs auf konstanter Höhe bleibt, was durch Pegelmessungen überwacht wird. Dann reicht auch der unterirdische Zufluss des Grundwassers zur Pumpstelle aus.

23.5. Planung und Bau von Wasserversorgungsanlagen

Wurde im Labor festgestellt, dass das Wasser grundsätzlich als Trinkwasser geeignet ist und wurde durch Pumpversuche nachgewiesen, dass die Schüttung ausreichend ist, dann kann man die Wasserversorgungsanlagen planen und bauen.

Dazu gehören:

- Wasserfassung
- Wasserförderung
- Wasseraufbereitung
- Wasserspeicherung
- Wasserverteilung durch das Versorgungsnetz

23.5.1. Wasserfassung und Wasserförderung

Frei zutage tretendes Grundwasser (natürliche Quellen) gibt es nur in hügeligem Gelände. Diese Quellen müssen durch Baumaßnahmen sorgfältig gefasst werden. Man nennt diesen Vorgang Wasserfassung. Auf dem flachen Lande muss das Trinkwasser meist dem Grundwasser entnommen werden. Es wird durch Pumpbrunnen gefördert. Diese müssen sehr sorgfältig nach hygienischen Erfordernissen gebaut werden.

23.5.2. Wasseraufbereitung

Wenn die Wasserbeschaffenheit von Natur aus den Anforderungen an die Trinkwasserqualität genügt, dann muss es nicht aufbereitet werden. Es kann sofort den Speicherbehältern zugeführt werden. Entspricht das Wasser aber nicht diesen Anforderungen, muss es aufbereitet werden. Diese Aufbereitung muss streng nach der Trinkwasser-Aufbereitungsverordnung erfolgen.

Nicht nur das Wasser, sondern auch das Rohrnetz und die Bauwerke (Becken, Behälter) müssen sehr strengen Hygienerichtlinien entsprechen.

Hier werden die Aufbereitungsverfahren genannt, die durchgeführt werden müssen, wenn sie erforderlich sind:

- Entsäuerung
- Enteisenung
- Entmanganung
- Schönung (Beseitigung von Geruchs- und Geschmacksstoffen)
- Enthärtung
- Entkarbonatisierung
- Entkeimung (Abkochen, Filtern, Chloren)
- Rohrnetzentkeimung, Rohrnetzreinigung
- Bauwerksentkeimung
- Ozonisierung

Die Verfahren selbst werden hier nicht näher erläutert, sie sind in Lit. [Wasservers] eingehend beschrieben.

23.5.3. Wasserspeicherung

Da das Wasser nicht sofort nach dem Pumpen und Aufbereiten verbraucht wird, muss es gespeichert werden. Die Speicher müssen höher als die Verbrauchsstellen liegen, damit das Wasser durch Schwerkraftwirkung zu den Verbrauchsstellen fließt. Dabei muss ein gewisser Wasserdruck vorhanden sein. Dieser ist gewährleistet, wenn die Speicher in einer Mindesthöhe über dem Verbrauchsgebiet angeordnet werden.

Man spricht dann von *Hochbehältern.* Sie sind meist auf natürlichen Hügeln gebaut. Sind keine Hügel vorhanden, werden entweder Wassertürme gebaut oder man arbeitet mit Windkesseln.

In den meisten Wasserwerken auf dem flachen Lande stehen Windkessel.

Windkessel haben mit Wind nichts zu tun, sie heißen nur so, weil zusammengepresste Luft für den nötigen Wasserdruck sorgt.

Prinzip des Windkessels:

Ein großer runder Kessel aus Stahl, der auf den maximalen Wasserdruck dimensioniert ist, ist mit Luft gefüllt, die nirgends entweichen kann. In diesen Kessel wird von unten Trinkwasser gepumpt. Je mehr Wasser in den Kessel gepumpt wird, desto höher steigt der Druck der zusammengepressten Luft im oberen Teil des Windkessels. Wenn der vorgesehene Druck erreicht ist, kann das Trinkwasser mit diesem Druck aus dem unteren Teil des Windkessels in das Versorgungsnetz eingespeist werden. Bei Druckabfall sorgen die Wasserpumpen dafür, dass immer genügend Wasser nachgepumpt und der Druck gehalten wird.

Windkessel müssen ein Sicherheitsventil haben, das automatisch öffnet, wenn der maximal zulässige Druck überschritten wird. Es darf nicht absperrbar sein.

23.5.4. Sonderfall: Hydraulischer Widder

Wenn eine natürliche Quelle (Bergbach, Gletscherabfluss) mehr Wasser schüttet als für die Versorgung gebraucht wird, kann bei kleinen Wasserversorgungsanlagen (für einzelne Bauernhöfe, Weiler, Einöden) der **hydraulische Widder** verwendet werden.

Dieser arbeitet ohne Strom und ohne Pumpen. Er wandelt kinetische Energie (Fließgeschwindigkeit des Wassers) direkt in potenzielle Energie (Befüllen eines Hochbehälters) um.

Bild 79 zeigt das Prinzip des hydraulischen Widders. Die Zeichnung stammt aus meiner Vorlesungsmitschrift.

Bild 79: Hydraulischer Widder

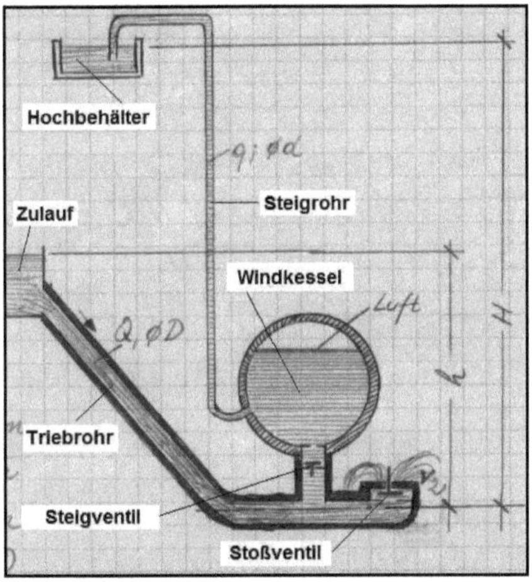

Prinzip des hydraulischen Widders
Vom Zulauf her strömt Wasser in ein Rohr (Triebrohr), das unten ein Stoßventil (Durchströmventil) besitzt. Vor diesem Ventil sitzt ein Abzweig nach oben, wo über einem selbsttätigen Steigventil ein kleiner Windkessel angeordnet ist. Erreicht die Wassergeschwindigkeit im Stoßventil eine bestimmte Größe, so wird der Schließer des Stoßventils mitgerissen und das Ventil schließt schlagartig. Das durch die Trägheit im Triebrohr weiterströmende Wasser wird durch das Steigventil in den Windkessel gedrückt. Kinetische Energie wird in potenzielle Energie umgewandelt.

Wenn das Wasser zur Ruhe gekommen ist und im ganzen System kurzzeitig Gleichgewicht herrscht, dann schließt das Steigventil und lässt kein Wasser mehr aus dem Windkessel zurückfließen. Aufgrund seines Gewichts öffnet sich der Schließer des Stoßventils und das Wasser beginnt vom Zulauf her wieder zu strömen. Das Stoßventil schließt erneut und der Vorgang wiederholt sich.

Auf diese Weise erhalten das Luftpolster und das Wasser im Windkessel den nötigen Druck, das Wasser steigt über das Steigrohr in den über dem Windkessel angeordneten Hochbehälter (Bauweise auch als Wasserturm oder Vorratsbehälter möglich).

Der Hochbehälter besitzt einen Sicherheits-Überlauf, damit die überschüssige Wassermenge abfließen kann, denn der Widder kann nicht beliebig abgeschaltet werden, wenn der Hochbehälter voll ist. ***h*** ist die wirksame Höhe des Triebrohres und ***H*** ist die erzielte Druckhöhe.

Der Überlauf und die Wasserentnahmevorrichtungen am Hochbehälter sind in Bild 79 nicht dargestellt. Das Steigrohr darf nicht absperrbar sein, denn es dient als Sicherheitsventil für den Windkessel (maximale Druckhöhe ***H***).

Der große Nachteil des hydraulischen Widders ist, dass der regelmäßige dumpfe Schlag des Stoßventils in der Umgebung immer zu hören ist.

Ein wissenschaftlicher Beitrag *Über den hydraulischen Widder* ist in Lit.[Widder] zu finden.

23.5.5. Einheiten für den Druck

Wenn 1 kg Wasser auf 1 cm^2 lastet, ist dies ein Druck von 1 kp/cm^2 oder 9,81 N/cm^2.
Die genormte SI-Maßeinheit für den Druck ist Pascal [Pa]: 1 Pa = 1 $N/m^2 = 10^{-4}$ N/cm^2.
Die gesetzliche Einheit für den Druck ist Bar [bar]: **1 bar = 10^5 Pa = 10 N/cm²**.

23.5.6. Hydrostatischer Wasserdruck

Die Dichte von Wasser ist $\rho = 1$ kg/dm^3 = 1 t/m^3,
die Wichte von Wasser ist $\gamma = 1$ kp/dm^3 = 1 Mp/m^3.

Eine 1 m hohe Wassersäule erzeugt einen Druck von 1 Mp/m^2 = 1000 kp/m^2 = 0,1 kp/cm^2.

Wir merken uns:
Eine 10 m hohe Wassersäule erzeugt einen Druck 1 kp/cm^2 = 9,81 N/cm^2 = 0,981 bar.

23.6. Bemessung des Versorgungsnetzes

23.6.1. Berechnung der Rohrdurchmesser

Bei der Berechnung des Wasserversorgungsnetzes und der Rohrleitungen wird nur mit den Höhen von Wassersäulen (Druckhöhen) gearbeitet. Die Einheiten für den Druck werden dabei nicht verwendet. Da alle Wasserleitungsrohre unter Druck betrieben werden, kann man nicht von einem Gefälle eines freien Wasserspiegels ausgehen, wie wir dies bei der Berechnung der Durchflussmengen der Flüsse und Freispiegelgerinne getan haben (siehe 22.2.4 auf Seite 207 und Bild 77).

Bei der Bemessung des Versorgungsnetzes können aber die in 22.2.7 genannten Fließformeln verwendet werden: Man verwendet die Kutterformel $\boxed{c = \frac{100\sqrt{R}}{m + \sqrt{R}}}$, die Geschwindigkeitsformel $\boxed{v = c \cdot \sqrt{R} \cdot \sqrt{J}}$ und die Formel $\boxed{Q = v \cdot A}$ für den Volumendurchsatz (Durchflussmenge). Für die Rauigkeit der Rohrwandungen nimmt man $\boldsymbol{m}$ = 0,25.

Bei kreisrunden Rohren ist der hydraulische Radius $\boldsymbol{R = A/U = d/4}$, wenn $\boldsymbol{A}$ die Querschnittsfläche, $\boldsymbol{U}$ der innere (benetzte) Umfang und $\boldsymbol{d}$ der innere Durchmesser (Nenndurchmesser) des Wasserleitungsrohres ist.

Für die gängigen Rohrdurchmesser gibt es in den schon erwähnten hydraulischen Formelsammlungen Tabellen für volllaufende Kreisprofile, in denen für die verschiedenen Gefälle $\boldsymbol{J}$ und den Rauigkeitsbeiwert $\boldsymbol{m}$ = 0,25 die Wassergeschwindigkeit $\boldsymbol{v}$ in [m/s] und die Durchflussmenge $\boldsymbol{Q}$ in [l/s] abzulesen sind.

Anstelle der Tabellen kann man auch einen programmierbaren Taschenrechner verwenden und ihn mit den Formeln so programmieren, dass die gewünschten Werte angezeigt werden.

23.6.2. Druckverluste

Anstatt mit dem Gefälle einer Rohrsohle wird hier mit Druckverlusten von fließendem Wasser gerechnet. Man nimmt die am Anfang des Rohres vorhandene Druckhöhe $\boldsymbol{h_1}$ und berechnet den Druckverlust während des Durchflusses, am Ende des Rohres ergibt sich die Druckhöhe $\boldsymbol{h_2}$.

Der Unterschied der beiden Druckhöhen $\boldsymbol{h = h_1 - h_2}$ ist der Druckabfall (Druckverlust, „Verlusthöhe") des fließenden Wassers, der als Gefälle $\boldsymbol{J}$ betrachtet werden kann, das auf die Rohrlänge $\boldsymbol{l}$ bezogen wird: $\boldsymbol{J = h/l}$. Der Druckverlust $\boldsymbol{h}$ ergibt sich aus $\boldsymbol{h = l \cdot J}$, wobei $\boldsymbol{J}$ durch Umstellung der vorstehenden Formeln berechnet wird.

23.6.3. Versorgungsdruck

Der Versorgungsdruck in einem Netzstrang ist abhängig vom momentanen Wasserverbrauch in [l/s]. Je größer die Durchflussmenge (Wasserverbrauch) ist, desto stärker fällt der Wasserdruck ab.

Für jeden Teilstrang sind aus der Netzberechnung die maximale Durchflussmenge und der damit zusammenhängende Druckabfall bekannt. In einem Längsschnitt entlang des Leitungsstrangs stellt der Bauingenieur die Druckhöhen an jedem Netzknoten grafisch dar.

In Bild 80 und Bild 81 ist jeweils der Versorgungsstrang zu einem Hochhaus zu sehen.

Wenn der Versorgungsstrang Abzweige zu anderen Verbrauchern besitzt, dann kann die Fließdrucklinie Knicke und unterschiedliche Neigungen der Einzelstrecken aufweisen. Dies ist der Einfachheit halber in den Bildern nicht dargestellt. Sichtbar ist der Versorgungsdruck am Hausanschluss. Innerhalb des Leitungsnetzes im Haus kommt ein weiterer Druckabfall dazu.

Es muss gewährleistet sein, dass auch der Verbraucher am Ende des Versorgungsstrangs im obersten Stockwerk noch einen ausreichenden Wasserdruck in seiner Wohnung vorfindet.

Bild 80: Versorgungsdruck aus einem Hochbehälter

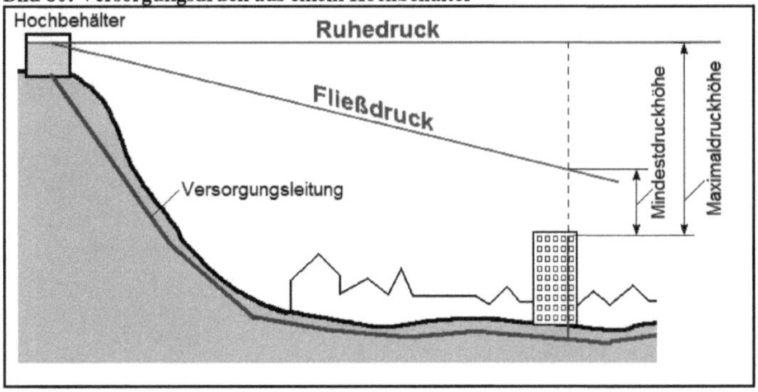

Bild 81: Versorgungsdruck aus einem Windkessel

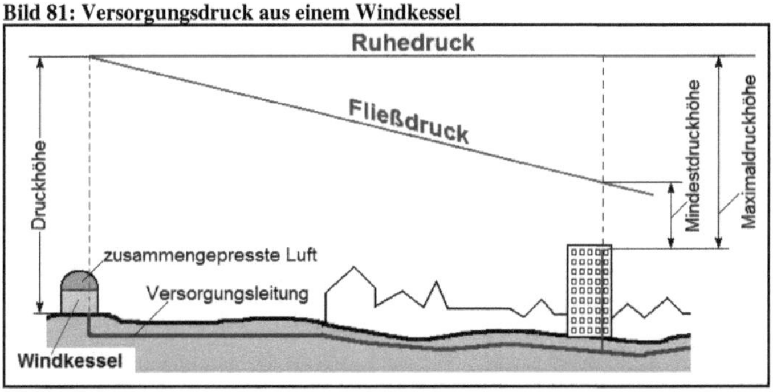

Wenn kein Wasser im Versorgungsstrang verbraucht wird, stellt sich an jeder Zapfstelle an diesem Strang die maximale Druckhöhe (Ruhedruck) ein, die über das Prinzip der kommunizierenden Röhren durch die Höhe des Hochbehälters oder die Druckhöhe im Windkessel gegeben ist. Beim Maximalverbrauch ergibt sich die Mindesthöhe des Fließdrucks, wie in Bild 80 und Bild 81 gezeigt.

Der durchschnittliche Wasserdruck am Hausanschluss sollte 4 bis 6 bar betragen. Ein zu hoher Wasserdruck im Haus sollte vermieden werden, weil sonst die Dichtungen der Wasserhähne zu sehr beansprucht werden. Auch die Speichergeräte (Boiler, Warmwasserspeicher) lassen meist keine höheren Drücke zu (Prüfdruck beachten!). Zu diesem Zweck werden im Haus in den unteren Wohnungen selbsttätige Druckminderer eingebaut.

23.7. Verbrauchsmessung

Der Wasserverbrauch wird mit *Wasserzählern* oder *Wassermessern* gemessen. Die Geräte unterscheiden sich durch ihre Aufgaben.

Ein Wasserzähler zählt die Volumeneinheiten fortlaufend und ist in Kubikmetern [m^3] geeicht. Er gibt an, welches Wasservolumen seit Einbau des Zählers den Zähler durchflossen hat.

Diese Wasserzähler werden von den Wasserwerken eingesetzt, um den Wasserverbrauch abzurechnen. Die Zählerstände werden in regelmäßigen Zeitabständen abgelesen.

Ein Wassermesser dagegen erfasst die Wassermenge pro Zeiteinheit, man spricht von *Durchflussmesser*. Dieser ist in Kubikmeter pro Sekunde [m^3/s] oder in Liter pro Sekunde [l/s] geeicht.

Bei Pumpenleistungen und Rohrsträngen ist der Durchfluss pro Zeiteinheit von Interesse. Für Durchflussmesser gibt es unterschiedliche Bauarten.

23.8. Beispiel aus der Praxis: Einfache Durchflussmessung

Zum Schluss noch ein Beispiel aus der täglichen Praxis des Bauingenieurs, das ganz ohne hydraulische Berechnung von Rohren auskommt. Das Verfahren wurde von mir entwickelt und in der beruflichen Praxis eingesetzt.

23.8.1. *Aufgabenstellung*

Auf der Baustelle (Wasserversorgung, Entwässerung, Wasserhaltung bei Baugruben, usw.) müssen Bauingenieure oft folgendes Problem lösen:

> Durch ein Rohr (oder Gerinne) fließt pro Zeiteinheit eine bestimmte Menge einer Flüssigkeit. Das Rohr endet frei, wo die Flüssigkeit austritt und in einem bogenförmigen Strahl (Ausflussstrahl) auf den Boden (oder in eine Auffangvorrichtung) fließt (Bild 82).
>
> Der Ingenieur auf der Baustelle soll annähernd angeben können, welche Durchflussmenge (= Flüssigkeitsvolumen pro Zeiteinheit = Volumenstrom) durch das Rohr fließt, um z. B. die tatsächliche Leistung einer Pumpe oder die *Schüttung* einer neuen Quelle zu ermitteln.
>
> Die hydraulischen Kennwerte des Rohres (Fließgeschwindigkeit, Druck, Rauigkeitswert der benetzten Wandungen, Viskosität der Flüssigkeit) sind nicht bekannt. Die Berechnung muss also ohne hydraulische Berechnung des Rohres erfolgen.

23.8.2. *Lösungsansatz*

Da die Flüssigkeit am Rohrende zu 100 % das Rohr verlässt und in den Strahl übergeht, sind alle Flüssigkeitsteilchen ab diesem Zeitpunkt nur mehr dem *freien Fall* (Fallbeschleunigung) unterworfen. Es ist unerheblich, welche Verhältnisse vorher im Rohr geherrscht hatten, welche Kennwerte und welchen Querschnitt das Rohr hat, es kommt nur auf die Austrittsgeschwindigkeit und auf den Flüssigkeitsquerschnitt am Rohrende (Austrittsquerschnitt) an.

Wenn die Austrittsgeschwindigkeit $\boldsymbol{v}$ in [m/s] und der Flüssigkeitsquerschnitt $\boldsymbol{A}$ in [m^2] (Vollquerschnitt oder Teilfüllung des Rohres) am Rohrende gemessen oder berechnet werden können, dann kann das Problem gelöst werden.

23.8.3. *Randbedingungen*

- Der frei fallende Strahl soll keinen Drall haben, damit er einigermaßen geschlossen bleibt, er soll nicht sprühen oder spritzen, damit sein Auftreffpunkt am Boden (Zentrum der Auftrefffläche) bestimmt werden kann.
- Die Fließgeschwindigkeit im Rohr soll sich im Messzeitraum nicht ändern.
- Der Flüssigkeitsquerschnitt am Rohrende (Austrittsquerschnitt) soll durch Messung bestimmt werden können (Zugänglichkeit bzw. Messbarkeit).
- Der Luftwiderstand des Strahls soll vernachlässigt werden.
- Messung bei Windstille.

23.8.4. *Messung des Strahls*

Für die Messung sind zwei Personen erforderlich.

Man lässt einen *Senkel* (Senkblei, Senklot) auf das Zentrum der Auftreffstelle des Strahls hinunter. Die senkrechte Senkelschnur (Bild 82) wird am Schnittpunkt mit der Verlängerung der Rohrachse geknickt und straff bis zur Austrittsöffnung des Rohres (Rohrende) geführt.

Beide Maße $\boldsymbol{H}$ und $\boldsymbol{L}$ werden an der Senkelschnur markiert (z. B. mit zwei Wäscheklammern) und später mit dem Maßband gemessen. Der Senkel muss während der Messung unten durch geeignete Maßnahmen gegen „Wegspülen" aus der Senkrechten gesichert werden oder man misst parallel zur Strahlebene dicht neben dem Strahl.

Bild 82: Durchflussmessung mit Maßband

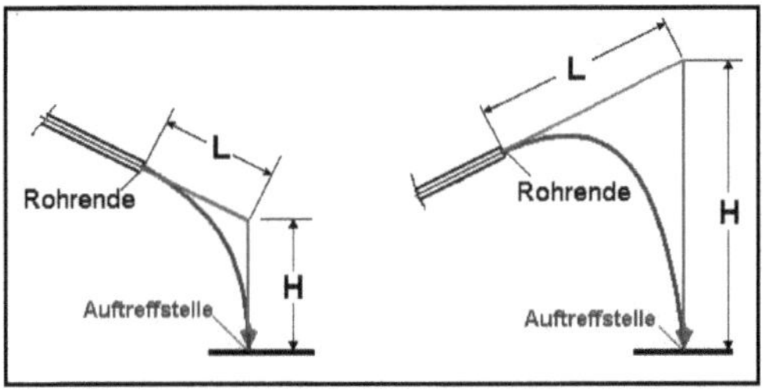

Der *Austrittsquerschnitt* muss möglichst genau bestimmt werden. Bei vollständig gefüllten Rohren berechnet man den gesamten lichten Rohrquerschnitt, bei teilgefüllten kreisrunden Rohren kann man die Höhe des mit Flüssigkeit gefüllten Kreissegments und den Innendurchmesser des Rohres messen, bei anderen Querschnitten (rechteckige oder trapezförmige Rinnen) misst man die entsprechenden Maße des Flüssigkeitsquerschnitts. Daraus berechnet man den Flächeninhalt *A* des Flüssigkeitsquerschnitts in [m^2]. Man kann aber vor der Messung auch ein Endrohr aufstecken und an diesem die Messung des Strahls durchführen.

23.8.5. Formeln

Die Herleitung nachfolgender Formel für v wird über die Fallgesetze (gleichmäßig beschleunigte Bewegung) durchgeführt. Nachfolgend wird die Formel für eine waagrechte Rohrachse hergeleitet (die Länge *L* wird hier waagrecht gemessen):

Die Zeit t, die ein Flüssigkeitsteilchen vom Rohrende bis zum Auftreffpunkt braucht, wird aus der Formel $H = g \cdot t^2/2$ durch Umformung gewonnen. In dieser Zeit t fliegt das Flüssigkeitsteilchen mit der Geschwindigkeit v in waagrechter Richtung die Strecke $L = v \cdot t$. Einsetzen des Ausdrucks für t und entsprechende Umstellung nach v ergibt dann die Formel: $\boxed{v = L \cdot \sqrt{\frac{g}{2H}}}$.

Mit der Fallbeschleunigung $g = 9{,}81$ m/s^2 und den gemessenen Längen H in [m] und **L** in [m] kann die Austrittsgeschwindigkeit v in [m/s] berechnet werden. Daraus ergibt sich mit der Querschnittsfläche A in [m^2] die Durchflussmenge Q in [m^3/s]: $\boxed{Q = v \cdot A}$

Wie sich durch eine mathematische Herleitung (siehe Lit. [Praxl8]) für den allgemeinen Fall ergibt, gelten die Formeln auch für geneigte Rohrachsen (wie in Bild 82 gezeigt).

Der Winkel der Rohrachse zur Waagrechten muss nicht gemessen werden, denn dieser wird implizit durch die Maße *H* und *L* berücksichtigt, die jeweils vom Winkel der Rohrachse abhängig sind. Die Berechnungen nach den beiden Formeln können mit einem einfachen Taschenrechner, der die Wurzelfunktion beherrscht, durchgeführt werden.

23.8.6. Anwendbarkeit des Verfahrens

Grenzen des Verfahrens
Der Winkel der Rohrachse zur Waagrechten soll nicht zu groß sein (höchstens ±45°), denn die Maße *H* und *L* müssen noch eindeutig messbar sein. Wenn das Rohr senkrecht nach oben oder unten ausmündet, muss man durch geeignete Rohrbögen den Flüssigkeitsstrom so umlenken, dass ein bogenförmiger Ausflussstrahl entsteht, bei dem *H* und *L* gemessen werden können.

Vorteile
Unabhängig davon, ob die Flüssigkeit unter Druck austritt oder aus einem Freispiegelgerinne kommt, kann die Austrittsgeschwindigkeit eindeutig über die gemessenen Maße *H* und *L* ermittelt werden. Außerdem braucht der Winkel des ankommenden Rohres zur Waagrechten nicht gemessen zu werden, die Formel für die Austrittsgeschwindigkeit ist unabhängig von der Neigung des Rohres. Die beiden Formeln 1 und 2 sind so einfach, dass die Ergebnisse mit dem einfachsten Taschenrechner, der Wurzelrechnung beherrscht, berechnet werden können. Das Verfahren kann bei allen Flüssigkeiten verwendet werden, die nicht zähflüssig sind. Für Baustellenverhältnisse ergibt sich eine gute Näherung, die für die vorgesehenen Zwecke (Abrechnung von Pumpmengen, Ermittlung der tatsächlichen Pumpenleistung, Quellschüttung, o. ä.) ausreichend genau ist.

Nachteile

Durch den Luftwiderstand wird die Bogenlänge des Strahls kürzer als sie ohne Reibung wäre. Die gemessene waagrechte Weite ***L*** ist kürzer als es ohne Luftwiderstand wäre. Man ermittelt also eine gegenüber der Wirklichkeit zu kleine Durchflussmenge. Falls die Durchflussmenge mehr als 5 Liter pro Sekunde (> 0,005 m^3/s) beträgt und der Strahlquerschnitt kompakt ist (annähernd Kreisform), dann ist die Masse des Strahls so groß, dass der (normale) Luftwiderstand das Ergebnis nicht mehr merklich beeinflusst. Bei Wind sollte diese Methode nicht angewandt werden.

24. Kanalbau und Klärwerksbau

Beim Kanalbau und Klärwerksbau geht es um die Sammlung, die Ableitung und die Reinigung des Abwassers. Kanalbau und Klärwerksbau sind Aufgaben des Bauingenieurs.

24.1. Abwasserarten

24.1.1. Niederschlagswasser

Dieses besteht aus Regenwasser und Schmelzwasser. Da es meist nicht verschmutzt ist, kann ein Teil als Gießwasser für den Garten in Regentonnen gesammelt werden. Der größere Teil muss jedoch beseitigt werden, entweder durch Versickern in Sickergruben oder durch Ableiten in Gräben unter Ausnützung des natürlichen Gefälles.

24.1.2. Schmutzwasser

Zum Schmutzwasser gehören die Abwässer aus den Toiletten einschließlich der Fäkalien und das Wasser aus Spülbecken, Waschtischen, Waschmaschinen oder Bodenabläufen in Waschküchen, Garagen und Werkstätten, die ölig, seifig, fettig, brennbar oder blutig (in Metzgereien) sein können.

Schmutzwasser enthält mechanische (Staub, Sand, organische Feststoffe), chemische (Waschmittel, Putzmittel, Öle, Fette, Benzin) und bakteriologische (Keime, Krankheitserreger) Verunreinigungen.

Stoffe, die nicht biologisch abbaubar sind, müssen vor dem Einleiten des Abwassers in Klärgruben oder in das städtische Kanalnetz durch Filter, Benzinabscheider, Fettabscheider oder Sandfänge dem Abwasser entzogen und aufbereitet werden.

Erwärmtes oder heißes Kühlwasser aus Fabrikationsanlagen, Kraftwerken und sonstigen Betrieben, das nicht verschmutzt ist, ist kein Abwasser und darf deshalb nicht in Kläranlagen eingeleitet werden. Es darf auch nicht in Flüsse und Seen eingeleitet werden, da die enthaltene Wärme für diese natürlichen Gewässer schädlich ist. Die enthaltene Wärme muss dem Wasser vom Verursacher wieder entzogen und energetisch genutzt werden.

24.2. Abwassersammlung (Kanalisation)

Das im Haus anfallende Abwasser wird durch Rohrleitungen (Hausentwässerung) gesammelt und nach außen geleitet. Dort läuft es entweder in eine örtliche Kläranlage auf dem eigenen Grundstück oder über einen Kanalanschluss in das öffentliche Kanalnetz. Das öffentliche Kanalnetz mündet in eine Kläranlage, in Großstädten auch „Klärwerk“ genannt.

Die Planung und der Bau von Kanalnetzen und Klärwerken sind Aufgaben des Bauingenieurs. Er muss die Schmutzwassermengen und die Niederschlagsmengen ermitteln und die Rohrnetze dafür dimensionieren. Hier ist wieder sehr viel Hydraulik im Spiel. Die manuelle Berechnung des Rohrnetzes wollen wir hier nicht behandeln.

Man unterscheidet die Kanalnetze nach Mischsystem und Trennsystem.

Da beim *Mischsystem* Niederschlagswasser und Schmutzwasser gemeinsam (gemischt) abgeführt werden, ergeben sich aufgrund der großen Wassermengen aus den Niederschlägen sehr große Rohrdimensionen (Rohrdurchmesser).

Während man mit einem Schmutzwasseraufkommen von 100 Litern pro Einwohner und Tag rechnet, kann Regenwasser durchaus eine Regenspende (siehe 19.6.3 auf Seite 200) von etwa 300 Litern pro Sekunde und Hektar erreichen.

Mischsysteme werden nur dort gebaut, wo das Regenwasser keinen sickerfähigen Untergrund findet und durch Rohrsysteme abgeleitet werden muss.

Man baut nicht zwei Rohrsysteme nebeneinander (eines für Schmutzwasser und eines für Niederschlagswasser), sondern man vereint beide zu einem Mischsystem. Meist werden in den Zentren von Großstädten Mischsysteme gebaut, um auch die Straßenentwässerung anschließen zu können.

In den Außenbezirken der Großstädte und auch in Ortschaften auf dem Land dagegen wird das *Trennsystem* angewendet, bei dem nur ein Rohrsystem für das Schmutzwasser gebaut wird. Das Niederschlagswasser wird (getrennt) durch Versickerung auf den Grundstücken beseitigt. Die Straßenentwässerung wird ebenfalls mit Sickergruben ausgestattet.

Das Trennsystem hat den großen Vorteil, dass die Wassermengen nur einen Bruchteil der Niederschlagsmengen betragen und das Rohrnetz und die Kläranlagen wesentlich kleiner gebaut werden können.

24.3. Abwasserreinigung

Das Schmutzwasser darf man nicht, wie im Altertum und im Mittelalter, einfach auf die Straße gießen (Rinnstein) oder in Flüsse leiten, sondern es muss ordnungsgemäß gereinigt und in gereinigtem Zustand wieder dem Wasserkreislauf zugeführt werden.

24.3.1. Prinzip der Abwasserreinigung

Voraussetzung für die Reinigungsfähigkeit des Abwassers ist die biologische Abbaubarkeit des enthaltenen Schmutzes. Chemische Stoffe (Salze, Fette, Öle, Benzin, Lösungsmittel, usw.) dürfen nicht enthalten sein, sie müssen vorher abgetrennt oder abgeschieden werden. Die heute verwendeten Waschmittel sind biologisch abbaubar.

Das Prinzip der Abwasserreinigung ist sehr einfach und äußerst wirksam. Es besteht aus zwei Vorgängen, die in großen wie auch in kleinen Anlagen funktionieren:

1. *Das Absetzen der Feststoffe (Sinkstoffe)* geschieht in *Absetzbecken* oder Klärgruben, die nach unten dicht sind. Die Durchflussgeschwindigkeit des Abwassers ist so gering, dass es fast stillsteht und die Schmutzstoffe in Ruhe zu Boden sinken können und nicht aufgewirbelt werden. Die abgesetzten Feststoffe werden regelmäßig abgepumpt und anschließend gesondert behandelt (Schlammbehandlung).
2. *Der biologische Abbau der Restverschmutzung* geschieht in speziellen Sickeranlagen, Tropfkörpern oder bei Klärwerken in Belebungsbecken.

24.3.2. Örtliche Hauskläranlagen

Bei fehlender Kanalisation und bei genügend tiefem Grundwasserstand wird die örtliche Schmutzwasserbeseitigung über *Hauskläranlagen* und Versitzgruben durchgeführt.

Mehrere hintereinandergeschaltete, nach unten wasserdichte Kammern nehmen das Schmutzwasser auf, es fließt langsam durch die Kammern, wobei sich die Sinkstoffe absetzen. Tauchwände sorgen dafür, dass beim Übertritt in die nächste Kammer die Schwimmstoffe in der ersten Kammer zurückgehalten werden.

Die abgesunkenen Stoffe sammeln sich am Boden und beginnen zu faulen. Deshalb nennt man diese Kammern auch "Faulgruben". In regelmäßigen mehrmonatigen Abständen kommt der Tankwagen einer Grubenentleerungsfirma und pumpt den fauligen Schlamm ab.

Sind mehrere Faulkammern vorhanden, dann läuft das nun mechanisch gereinigte Wasser aus der letzten Faulkammer in eine Versitzgrube (Sickergrube). Das auf diese Weise biologisch gereinigte Wasser versickert im Boden.

24.3.3. *Klärwerke*

Bei Klärwerken werden die beschriebenen Vorgänge im Großen durchgeführt.

Hier wird eine kurze Erläuterung der Funktion eines Klärwerks gegeben.

24.3.3.1. *Rechenanlage*

Das aus dem Kanalnetz zum Klärwerk fließende Abwasser trifft am Einlauf des Klärwerks auf eine Rechenanlage. Dies ist ein Bauwerk, wo das Abwasser durch enge parallele Gitter fließt, die mit mehreren mechanisch bewegten Rechen (Grobrechen, Feinrechen) automatisch geräumt werden.

In der Rechenanlage werden grobe Schwimmstoffe, wie Äste, Holzstücke, tote Tiere und andere grobe Gegenstände zurückgehalten. Die Rechen befinden sich in einem Rechenhaus, wo sich auch die Förderbänder zum Abtransport des Rechenguts befinden. Dieses wird mit Lastkraftwagen in die Müllverbrennung gebracht.

24.3.3.2. *Absetzbecken und Faulbehälter*

Das Absetzen der Sinkstoffe geschieht in mehreren riesigen *Absetzbecken*, die ihren Zulauf aus dem Rechenhaus erhalten. Das Wasser fließt in diesen Becken so langsam, dass sich alle Sinkstoffe in Ruhe absetzen können.

Das abgesetzte, sehr wässerige Material (Frischschlamm) wird in die *Faulbehälter* gepumpt, wo der Faulprozess stattfindet. Bei bestimmter Temperatur faulen diese Stoffe, wobei bei der *Methangärung Faulgas* entsteht, das sich aus mehreren Gasen zusammensetzt. Es enthält als wichtigstes Gas *Methan* (CH_4), das mit *Schwefelwasserstoffgas* (*Faulgas*, H_2S) und anderen Gasen (Kohlendioxid CO_2, Ammoniak NH_3) vermischt ist. In der *Entschwefelungsanlage* wird dem Faulgas der Schwefel entzogen, der als gelbes Pulver anfällt und der industriellen Nutzung zugeführt wird. Das Methangas wird von den anderen Gasen getrennt und in Gasbehältern (Bild 60, Seite 146) gesammelt. Es dient im Klärwerk als Energiequelle zum Betrieb der Anlagen, zu Heizzwecken und zur Stromerzeugung.

24.3.3.3. *Schlammbehandlung*

Der ausgefaulte, leicht modrig riechende Schlamm (Faulschlamm, Klärschlamm) wird zum Entwässern und Trocknen auf die Schlammtrockenfelder innerhalb des Klärwerkgeländes gepumpt oder in der thermischen Konditionierungsanlage durch Zusammenpressen entwässert und bei einer Temperatur von 200 °C schnellgetrocknet (Schnelltrocknung ist ein patentiertes Verfahren), wo er als festes, anorganisches und entkeimtes Material anfällt, das man als Auffüllmaterial verwenden kann.

Früher wurde der *Klärschlamm* auf landwirtschaftliche Felder in der Umgebung gepumpt, wo er als willkommener Dünger verwendet wurde. Nachdem aber der Klärschlamm mit Schwermetallen und anderen Schadstoffen belastet ist, darf er nicht mehr auf landwirtschaftliche Flächen aufgebracht werden. Er wird von den internen Schlammtrockenfeldern per Lastkraftwagen direkt in die Müllverbrennung transportiert. Eingedickter Nassschlamm lässt sich auch verbrennen. Eine Pumpleitung zur Müllverbrennungsanlage spart die Lkw-Transporte.

24.3.3.4. *Biologische Reinigung*

Aus den Absetzbecken fließt das mechanische gereinigte Wasser in die mehrstufige biologische Anlage. Diese besteht ebenfalls aus mehreren Becken (*Belüftungsbecken*, *Belebungsbecken*), wo sich Bakterienstämme befinden, die die abbaubaren Stoffe im Wasser unter Luftzufuhr zersetzen. Die Luft wird durch riesige Kompressoren in das Wasser eingepresst.

Das Labor im Klärwerk wacht darüber, dass die richtigen Bakterien in der richtigen Konzentration in den Belebungsbecken existieren. Die Menge der zugeführten Luft muss so geregelt werden, dass die Bakterienstämme optimale Bedingungen für ihre Arbeit erhalten. In der Messwarte wird der Betrieb der biologischen Anlage einschließlich der riesigen Kompressoren überwacht und gesteuert.

24.3.3.5. *Methangas-Verwendung*

Diese Kompressoren werden durch Gasmotoren angetrieben, die mit dem aus dem Faulprozess gewonnenen Methangas als Brennstoff arbeiten. Der Methangasüberschuss wird an weitere Gasmotoren geleitet, die über Generatoren Strom erzeugen. Dieser Strom wird für die Eigenversorgung des Klärwerks verwendet, der Überschuss wird in das öffentliche Stromversorgungsnetz eingespeist.

24.3.3.6. *Nachklärbecken*

Das in den Belebungsbecken mit „satten" Bakterien angereicherte Wasser wird in die *Nachklärbecken* gepumpt, wo sich eine flockige Masse absetzt und als *Belebtschlamm* abgesaugt und in die Faulbehälter gepumpt wird. Das biologisch gereinigte Wasser wird nach außen in den Vorfluter (Fluss, See) abgeleitet. Der Vorfluter für die Münchner Klärwerke ist die Isar.

24.4. Planung und Bau der Klärwerke

Die Planung und der Bau von Klärwerken sind Aufgaben des Bauingenieurs. Die Bauwerke innerhalb eines Klärwerks (Verwaltungsgebäude, Maschinenhalle, Rechenbauwerke, Gerinne, Absetzbecken, Faulbehälter, Nachklärbecken, Schlammtrocknungsanlagen) sind Ingenieurbauwerke, die wie übliche Tragwerke statisch berechnet und in Stahlbeton gebaut werden.

Dem angehenden Bauingenieur wird während des Studiums das erforderliche Wissen über die bautechnischen, chemischen, biologischen und betrieblichen Vorgänge der Abwasserreinigung vermittelt.

25. Der Bauingenieur im praktischen Einsatz

25.1. Der Bauingenieur als Planer

Der Bauingenieur wird in einem Ingenieurbüro für Bauwesen meist als Projektbearbeiter im Konstruktionsbüro eingesetzt, wo er an der Planung und Berechnung der Baumaßnahmen und an der Ausarbeitung der Pläne arbeitet. Die Art der Projekte ist je nach Auftrag und Ingenieurbüro verschieden.

Der Bauingenieur kann bei der Berechnung und dem Entwurf von Straßen oder Brücken, bei der Erstellung von Schalungs- und Bewehrungsplänen, bei der Planung von Entwässerungsanlagen oder bei der konstruktiven Bearbeitung der Tunnelstrecken für den U-Bahn-Bau eingesetzt werden.

Bei Wasserbaumaßnahmen wird er Wehre und Staudämme konstruieren und berechnen und in der Wasserversorgung wird er Rohrnetze planen, berechnen und die Ausführung leiten und überwachen.

25.2. Der Bauingenieur als Statiker

Ist das Ingenieurbüro mehr auf Baustatik ausgerichtet, dann wird der Bauingenieur nach seiner Einarbeitungszeit im Konstruktionsbüro auch für die Erstellung von statischen Berechnungen herangezogen.

25.2.1. Zusammenarbeit zwischen Bauingenieur und Architekt

25.2.1.1. Architekten-Entwurf

Zuerst ist für ein Projekt meist ein *Entwurfsplan* (Grundrisse, Schnitte, im Maßstab 1:100) des Architekten vorhanden, aus dem der Statiker die Abmessungen des Gebäudes entnehmen kann, nach denen er die Statik erstellen muss. Da ein erfahrener Architekt meist ein ausgeprägtes Gefühl dafür hat, welche Abmessungen die Bauteile haben müssen, trägt er diese Maße vorab in seinen Entwurfsplan ein. Die endgültigen Abmessungen ergeben sich jedoch aus der Vorbemessung des Statikers, die aufgrund des Entwurfsplans erstellt wird.

25.2.1.2. Statisches System und Positionsplan

Die erste Arbeit des Statikers ist die *Festlegung des statischen Systems* (Seite 130), wobei er den Grundriss des Architekten gleich als Grundlage für den *Positionsplan* verwendet und das statische System dort einzeichnet. Dieses gibt an, wie die Bauteile ihre Lasten auf Tragwände und Stützen „abtragen“ sollen. Dafür legt er die Spannrichtung der Decken fest, die einachsig oder kreuzweise gespannt sein können.

Der Name „Positionsplan“ stützt sich doppelt auf das Wort „Position“. Erstens ist die Position eine Nummer des Bauteils, mit der es gekennzeichnet wird und zweitens gibt der Positionsplan die Lage (die Position) des Bauteils an, wo es innerhalb des Gebäudes liegt.

Durch die gekonnte Festlegung des statischen Systems kann der erfahrene Statiker Tragwirkungen ausnützen, welche die Abmessungen der Bauteile auf ein Minimum reduzieren.

So kann er z.B. eine Deckenplatte nicht nur auf zwei gegenüberliegenden Wänden aufliegen lassen, sondern nimmt die dritte Wand hinzu, wenn diese eine Tragwand sein darf.

Aus einer einachsig gespannten Decke wird dann eine dreiseitig gelagerte Deckenplatte, die wesentlich geringere Biegemomente als eine einachsig gespannte Decke gleicher Größe aufweist. Wenn er alle vier Wände als Auflager heranziehen kann, dann wird er die zweiachsige Tragwirkung (kreuzweise gespannte Deckenplatte) ansetzen.

Er sieht Unterzüge dort vor, wo Tragwände fehlen und kennzeichnet Aussparungen in den Decken, die bei der Berechnung besonders berücksichtigt werden müssen.

Jede Position im Positionsplan wird dann später als ein eigenes Bauteil statisch untersucht und bemessen.

Der Positionsplan wird mit dem Architekten besprochen, damit offene Fragen noch vor der Durchführung der Vorbemessung geklärt werden können.

25.2.1.3. Vorbemessung, Vordimensionierung

Nach der Besprechung mit dem Architekten erstellt der Statiker eine vorläufige Statik, die nur den Zweck hat, die genauen Abmessungen der wichtigsten Bauteile des Tragwerks zu berechnen. Dazu muss er erst einmal die Abmessungen schätzen, er wird aber auch die vom Architekten vorgegebenen Abmessungen „durchrechnen", um festzustellen, ob sie bleiben können oder verändert werden müssen. Ändern sich die Abmessungen aufgrund dieser Vorbemessung, so wird er mit den berechneten Abmessungen und der dadurch bedingten eventuell veränderten Eigenlast eine neue Vorbemessung für dieses Bauteil durchführen und sich so iterativ an die richtigen Abmessungen heranarbeiten.

Bei gewöhnlichen Projekten, die in ähnlicher Weise schon öfter gebaut wurden, kann die Vorgabe des Architekten ohne Änderung übernommen werden.

25.2.1.4. Voruntersuchung

Bei komplizierten Tragwerken, bei denen keine Erfahrungen vorliegen, weil neue Tragwerksformen oder neue Bauweisen angewandt werden, ist eine statische *Voruntersuchung* in Abstimmung mit dem Architekten durchzuführen, aus der die statischen Systeme für eine Näherungsberechnung hervorgehen. Mit idealisierenden Annahmen und weitgehender Vereinfachung der statischen Systeme führt der Statiker anfangs eine Näherungsberechnung für eine Vordimensionierung durch, um die Größenordnung der Abmessungen zu bekommen. Dabei muss er darauf achten, dass die idealisierten statischen Systeme die wesentlichen Verformungseigenschaften der wirklichen Systeme erfassen.

Die statischen Systeme werden mit jeder neuen Näherungsberechnung verfeinert. Vorher nicht berücksichtigte Auflagerreaktionen werden bei den nächsten Berechnungen mit einbezogen. Hatte der Statiker vorher mit gelenkiger Lagerung von Kopplungsgliedern oder durchlaufenden Decken gerechnet, so setzt er bei der darauf folgenden Berechnung den tatsächlichen Einspannungsgrad an.

Er tastet sich an das endgültige statische System heran, indem er immer wieder neue Vordimensionierungen mit den Ergebnissen aus der vorhergehenden Näherungsberechnung anstellt. Dabei können manche Zwischenergebnisse im Widerspruch zur Absicht des Architekten stehen. Dann müssen Statiker und Architekt sich auf Annahmen einigen, die bei der nächsten Näherungsberechnung angesetzt werden sollen.

Der Vorgang des Findens der endgültigen statischen Systeme wird bei jedem wichtigen Projekt genau dokumentiert und die Haupterkenntnisse daraus auch veröffentlicht. So sind in Lit. [Hochhaus] solche Erkenntnisse als Berechnungshilfen zur Vordimensionierung von Hochhäusern veröffentlicht.

Anstatt für komplizierte Tragwerke das statische System mühsam zu suchen, wird mancher Statiker das System in kleinste Dreiecke aufteilen und dem Computer die Berechnung überlassen. Die Methode nennt man „Finite-Elemente-Methode FEM". Diese ist auf Seite 270 beschrieben.

Ist die Vorbemessung zur Zufriedenheit des Architekten ausgefallen, kann die endgültige Statik angefertigt werden.

25.2.2. Ingenieurentwurf

Mit „Ingenieurentwurf" wird der Entwurf des Bauingenieurs für ein Ingenieurbauwerk bezeichnet. Die Bezeichnung ist etwas unglücklich gewählt, denn hier wird nicht ein neuer Ingenieur entworfen. Beim Entwurf von Ingenieurbauwerken ist meist kein Architekt beteiligt, sodass der Bauingenieur den Entwurf und die Vorbemessung in einem Arbeitsgang durchführen und sich so an die ideale Lösung herantasten kann. Der Ablauf der Voruntersuchung mit Entwurfsplan und Positionsplan ist derselbe wie oben beschrieben.

25.2.3. Form und Inhalt der statischen Berechnung

Grundsätzlich müssen enthalten sein:

- Inhaltsverzeichnis,
- Vorbemerkungen mit Angabe der Berechnungsbedingungen und Voraussetzungen,
- deutliche Querverweise,
- Quellen der Grundlagen (Zeitschriftenaufsätze, Normen),
- Bauwerksbeschreibung,
- Materialeigenschaften der verwendeten Baustoffe,
- Tragwerksform mit allen Maßen,
- statische Systeme der einzelnen Bauteile,
- Berechnungs- bzw. Bemessungsverfahren.

Bei Computerberechnungen zusätzlich:

- Programmnamen der verwendeten Programme,
- Programmhersteller und System, auf dem die Berechnung hergestellt wurde,
- alle Eingabewerte,
- alle Materialkonstanten,
- alle Lastfallkombinationen,
- alle Ausgabewerte mit Kommentar, falls nicht selbsterklärend.

Bei Näherungsberechnungen muss eine Fehlerabschätzung erfolgen. Falls konstruktive Maßnahmen ohne Nachweis angeordnet werden, müssen sie begründet werden.

25.2.3.1. Vollständigkeit

Alle Bauteile müssen berechnet werden. Jede Berechnung muss alle erforderlichen Nachweise enthalten. Alle maßgebenden Lastfälle müssen untersucht sein. Wenn manche nicht untersucht wurden, muss eine Begründung dafür angegeben werden. Bei Ausnahmen muss eine Begründung vorhanden sein, warum sie gewählt wurden und warum sie gerechtfertigt sind.

25.2.3.2. Lesbarkeit und Nachvollziehbarkeit

Die Lesbarkeit bezieht sich nicht nur auf eine deutliche Schrift, sondern auch auf die Darstellung der Berechnung, die überschaubar, folgerichtig, verständlich und nachvollziehbar sein muss. Lasten und Berechnungswerte für ein Bauteil müssen in den vorausgehenden Einzelberechnungen der dieses Bauteil belastenden anderen Bauteile bereitgestellt werden.

25.2.3.3. Prüfbarkeit

Selbstverständlich muss die Prüfbarkeit der statischen Berechnung bei allen Berechnungsarten (manuelle Berechnung, Berechnung durch Computerprogramm, vereinfachte Methoden, Näherungen) erhalten bleiben.

Die Gedankengänge des Statikers vom räumlichen System über das ebene Ersatzsystem zu den Ergebnissen müssen für den Statikprüfer leicht nachvollziehbar und anhand von Skizzen und Zeichnungen leicht überschaubar sein. Eingabewerte, Querschnittswerte, Materialkennzahlen und Nebenrechnungen sollten in der statischen Berechnung leicht zu finden sein.

25.3. Der Bauingenieur als Statikprüfer

In den Bauordnungen der deutschen Bundesländer ist die Prüfung der statischen Berechnungen für bestimmte Bauvorhaben vorgeschrieben. Diese Prüfungen führen erfahrene und zugelassene Bauingenieure im Auftrag der Baugenehmigungsbehörden durch.

Voraussetzungen für die Funktion des zugelassenen Prüfingenieurs sind ein Hochschulabschluss als Bauingenieur und eine langjährige Berufserfahrung, insbesondere im Bereich der Tragwerksplanung und Bauüberwachung.

In Bayern werden Prüfingenieure für Baustatik von der Obersten Baubehörde im Bayerischen Staatsministerium des Innern anerkannt. Das Anerkennungsverfahren und die entsprechenden Anforderungen sind durch die Bayerische Bauordnung geregelt.

Die Bezeichnung „Prüfingenieur für Baustatik“ darf nur führen, wer die hierfür erforderliche amtliche Anerkennung besitzt. In den anderen Bundesländern gibt es ähnliche Regelungen.

Ein anerkannter Prüfingenieur für Baustatik muss nicht alles selbst prüfen, er kann erfahrene Mitarbeiter seines Ingenieurbüros mit der Statikprüfung beauftragen. Er ist aber als Prüfingenieur für die Arbeit seines Prüfers (Statikprüfer) verantwortlich.

Ein Bauingenieur kann aber auch im öffentlichen Dienst in einem Prüfamt für Baustatik als Statikprüfer arbeiten. Den Status als Prüfingenieur für Baustatik hat dann der Leiter des Amtes.

25.4. Der Bauingenieur im öffentlichen Dienst

Bauingenieure im öffentlichen Dienst sind als Angestellte oder Beamte tätig. Sie vertreten ihren Dienstherrn und handeln in seinem Namen.

Dabei erfüllen die Bauingenieure hoheitliche Aufgaben bei den Baugenehmigungsbehörden und Prüfämtern oder planen in Verwaltungseinheiten (Baureferate, Bauämter) der Länder oder der Gebietskörperschaften (Städte, Landkreise und Gemeinden) deren eigene Bauvorhaben, überwachen als Bauleiter die Bauausführung und nehmen die fertigen Arbeiten ab.

25.5. Der Bauingenieur als technischer Revisor

Bauingenieure können als technische Revisoren tätig sein. In dieser Funktion überprüfen sie die Planung, Abwicklung und Abrechnung von Bauvorhaben; deshalb nennt man sie auch Rechnungsprüfer. Staatliche und kommunale Verwaltungen beschäftigen beamtete Bauingenieure bei ihren Rechnungshöfen und Revisionsämtern. Versicherungen, Banken und Baugesellschaften beschäftigen Bauingenieure in der inneren Revision und in der Projektsteuerung.

25.6. Der Bauingenieur bei einer Bauunternehmung

Bauingenieure bei Bauunternehmungen haben Aufgaben, die von den Aufgaben der Bauingenieure in den Ingenieurbüros wesentlich abweichen. Ihre Hauptaufgabe ist es, eine Baumaßnahme verantwortlich abzuwickeln.

Vor der Arbeit auf der Baustelle steht aber die Hürde für den Bauunternehmer, zu einem Auftrag zu kommen. Die Chance, einen Auftrag zu erhalten, hängt von der Preisgestaltung ab. Der Bauunternehmer muss dem Bauherrn einen Preis für eine Baumaßnahme nennen, die noch gar nicht existiert, sondern nur als Plan vorhanden ist. Die Baupreisermittlung (Veranschlagen) wird in der Bauingenieurausbildung sehr intensiv behandelt.

25.6.1. Preisermittlung im allgemeinen Fall

Alle Kosten eines Unternehmens (z.B. einer Fabrik) müssen durch Einnahmen gedeckt werden, andernfalls arbeitet es mit Verlust und ist auf Dauer nicht lebensfähig. Aufgabe der Preisermittlung ist also, den Preis für eine Leistung so zu kalkulieren, dass in ihm alle entstehenden Kosten (Selbstkosten) enthalten sind. Zu diesem Preis muss noch ein privatwirtschaftlich erforderlicher Gewinn hinzukommen. Dieser Preis wird dann als „gerechter Preis“ oder „angemessener Preis“ bezeichnet.

Wenn ein angemessener Preis für eine bestimmte Leistung, z. B. aufgrund von Angebot und Nachfrage, nicht erreicht werden kann und reduziert werden muss, spricht man von einem „erzielbaren Preis“.

Der Ausfall muss in diesem Fall, da auf Dauer nicht mit Verlust gearbeitet werden kann, durch höhere Preise für andere Leistungen oder Produkte gedeckt werden. Grundsätzlich ist anzustreben, eine solche Preisverlagerung zu vermeiden, einen gerechten Preis zu fordern und zu hoffen, dass dieser vom Kunden auch akzeptiert und das Produkt gekauft wird.

25.6.2. Besonderheit der Preisermittlung im Bauwesen

Die oben in 25.6.1 genannten Grundsätze gelten auch für die Bauunternehmungen (Baugewerbe, Bauindustrie). Allerdings kommen hier noch einige Besonderheiten dazu.

Während die Preisbildung der stationären Industrie (Fabrik) auf der Grundlage einer genauen Kenntnis aller Kostenfaktoren für die gesamte Produktion erfolgt, kann der Preis in der Bauindustrie nur im Wege der Vor(aus)kalkulation durch Ansatz von Erfahrungswerten und Annahmen für stets neue und nie gleiche Objekte ermittelt werden. Die Preisgestaltung der Konkurrenz ist unbekannt, der Bauunternehmer kann sich nicht an der Konkurrenz orientieren. Er weiß nur hinterher, wenn ein Konkurrent den Auftrag bekommen hat, dass das eigene Angebot zu teuer war. Der endgültige Preis muss dem Kunden (dem Bauherrn) vor der Bauausführung verbindlich zugesichert werden.

Bei jeder neuen Baumaßnahme steht der Unternehmer einer völlig neuen Situation gegenüber. Der Preis muss vor Ausführungsbeginn (Baubeginn) festgelegt werden. Es müssen viele Ansätze geschätzt oder nach Erfahrungswerten gewählt werden. Der Einfluss der Jahreszeit und des Wetters muss durch Annahmen berücksichtigt werden. Die Richtigkeit der Ansätze und damit der gesamten Kalkulation kann erst nach Fertigstellung der Baumaßnahme im Nachhinein überprüft werden. Die Preisgestaltung für das Bauvorhaben erfolgt nicht nach festliegenden Selbstkosten.

Ein erprobtes Produktionsprogramm, das bei der Produktion von Industrieprodukten selbstverständlich vorhanden ist, fehlt dem Bauunternehmer, weil jede Baustelle und jedes Bauvorhaben anders ist und die Verteilung der fixen Kosten unmöglich macht. Die allgemeinen Geschäftskosten können nur in Erwartung eines gleichen Falls wie bei anderen ähnlichen Baustellen oder in Prozent wie im Vorjahr geschätzt werden.

Auch für den Bauherrn ist das Bauvorhaben ein Wagnis, er kann das Produkt nicht vorher testen oder überprüfen, er muss darauf vertrauen, dass die Baumaßnahme auch so gelingt, wie sie geplant ist. Deshalb muss er bei der Auswahl der bauausführenden Firma sehr sorgfältig sein, damit das Risiko einer Insolvenz der Baufirma während der Bauausführung vermieden wird.

25.6.3. Angebotskalkulation

Wenn sich ein Bauunternehmer an einer Ausschreibung (Submission) beteiligen will, das heißt, wenn er ein Angebot abgeben will, dann muss er die Ausschreibungsunterlagen beim Bauherrn oder seinem Beauftragten anfordern und bis zu einem bestimmten Termin sein Angebot abgeben.

In der Kalkulationsabteilung der Baufirma bearbeiten mehrere erfahrene Bauingenieure die Ausschreibungsunterlagen und die dazugehörigen ausführlichen Pläne. Den Ausschreibungsunterlagen ist ein *Leistungsverzeichnis* (**LV**) beigefügt, das die genaue Beschreibung der Teilleistungen enthält. Die Beschreibungen im LV müssen ausführlich, klar, verständlich und erschöpfend sein. Sie müssen kalkulierbar formuliert worden sein.

Unklare Formulierungen, wie „bei Bedarf“ und ähnliche, bei denen unklar ist, ob die Leistung zu erbringen ist oder nicht, stellen für den Unternehmer ein Kalkulationsrisiko dar. Im Zweifelsfall wird der Unternehmer diese Leistungen in die Preise einkalkulieren.

Nun wird die *Angebotskalkulation* durchgeführt. Zweck dieser Kalkulation ist das abzugebende Angebot. Der Angebotspreis muss einerseits so niedrig sein, dass er zum Auftrag führt, andererseits muss er im Falle der Bauausführung jedoch so hoch sein, dass er die entstehenden Kosten deckt und möglichst noch einen Gewinn abwirft. Es ist einzusehen, dass diese Kalkulation nur von sehr erfahrenen Bauingenieuren durchführt wird, die lange Jahre selbst Bauleiter gewesen sind und die Abläufe auf den Baustellen sehr genau kennen.

Sie müssen die Kosten jeder LV-Position genau vorausberechnen und dabei die tatsächlichen Kosten ähnlicher LV-Positionen früherer Baumaßnahmen, die durch Nachkalkulation (siehe 25.6.4) genau ermittelt worden sind, zum Vergleich heranziehen.

Jede LV-Position stellt eine Teilleistung dar, für die ein *Einheitspreis* (Kosten pro Einheit, also pro Stück, pro m^2 oder pro m^3) oder, wenn gefordert, ein *Pauschalpreis* berechnet werden muss. Ein Pauschalpreis gilt unabhängig von der Menge für die gesamte Teilleistung.

Für jede Teilleistung muss ermittelt werden:

1. *Einzelkosten* pro Leistungseinheit, die sich aus Materialkosten, Lohnkosten, Lohnzusatzkosten und Kosten für Hilfsstoffe (z. B. Schalungsanteil, Geräteanteil, Gerüstanteil, u. ä.) zusammensetzen.
2. *Gemeinkosten der Baustelle*: Das sind alle Kosten, die auf der Baustelle auftreten, aber keiner Teilleistung direkt zugerechnet werden können (z. B. Gehälter der Bauleiter, der Kranführer, des Vermessungspersonals, der Kaufleute, der Schreibkraft). Zu den Gemeinkosten der Baustelle gehört auch die Baustelleneinrichtung, wenn sie nicht als eigene LV-Position aufgeführt ist. Die Gemeinkosten werden anteilig als Prozentsatz den Einzelkosten zugeschlagen.
3. Als Summe der Einzelkosten und der Gemeinkosten ergeben sich die *Herstellungskosten* der Teilleistung.
4. Nun müssen noch die *allgemeinen Geschäftskosten* als Prozentsatz auf die Herstellungskosten aufgeschlagen werden. Zu diesen Kosten zählen alle Kosten der Bauunternehmung, die nicht einer bestimmten Baustelle zugerechnet werden können (Gehalt des Chefs, Kosten für Betriebs- und Verwaltungsgebäude, Bürokosten, auch Kosten für das Personal der Kalkulationsabteilung, u. ä.).
5. Die Kosten obiger Nummern 1 bis 4 ergeben als Summe die *Selbstkosten* der Teilleistung.
6. Am Schluss wird noch ein Prozentsatz für *Wagnis und Gewinn* aufgeschlagen.
7. Die Kosten der obigen Nummern 1 bis 6 zusammen ergeben den *Einheitspreis der Teilleistung* netto, ohne Mehrwertsteuer.

Die Mehrwertsteuer wird am Schluss auf die Netto-Gesamt-Angebotssumme aufgeschlagen, die sich aus der Summe aller Einheitspreise, multipliziert mit den jeweiligen Mengen der Teilleistungen ergibt. Diese Art der Kalkulation nennt man *Zuschlagskalkulation*, weil die Gemeinkosten jeweils als prozentualer Zuschlag berechnet und auf die Einzelkosten aufgeschlagen werden.

Die Kalkulation muss sehr sorgfältig durchgeführt werden. Man darf sich nicht „verkalkulieren", denn der angebotene Einheitspreis ist auch der Abrechnungspreis. Kalkulationsirrtümer und Kalkulationsfehler werden bei Aufträgen, die durch öffentliche Ausschreibung zustande gekommen sind, nicht anerkannt, es gilt der Preis des Angebots. Grobe Kalkulationsfehler zuungunsten der Bauunternehmung können dann schnell zum finanziellen Ruin einer Firma führen.

Kalkulationsfehler zugunsten der Bauunternehmung werden ebenfalls nicht anerkannt, sie führen zu einem zusätzlichen Gewinn, wenn das Angebot zum Auftrag geführt hat, oder sie führen dazu, dass der Konkurrent den Zuschlag bekommt, weil das Angebot wegen des Kalkulationsfehlers zu hoch war.

Die Kostenermittlung von Ingenieurbauten ist in Lit. [Kosten] ausführlich abgehandelt.

25.6.4. Nachkalkulation und Zwischenkalkulation

Ist eine Baumaßnahme abgeschlossen und fertig abgerechnet, dann führt die Kalkulationsabteilung die Nachkalkulation dieser Baumaßnahme durch. Durch *Nachkalkulation* wird überprüft, ob die Angebotskalkulation richtig war. Der Unternehmer stellt dadurch fest, ob er bei dieser Baumaßnahme einen Gewinn erzielt hat oder einen Verlust hinnehmen muss.

Bei der Nachkalkulation werden die Kosten der Baustelle auf die Kostenstellen verteilt, jeder Beleg, jede noch so kleine Ausgabe (z. B. für Nägel und Schrauben, die im Laden nebenan gekauft wurden) wird berücksichtigt.

Am Schluss wird das Original-LV mit den Preisen ausgefüllt, die auf den tatsächlich entstandenen Kosten beruhen. Nun sieht der Unternehmer, bei welchen Positionen er im Einheitspreis zu billig und bei welchen er zu teuer war. Diese Nachkalkulation ist die Basis für künftige Angebote, die gleichartige Teilleistungen enthalten.

Bei Baustellen, die sich über eine lange Zeit hinziehen (mehrjährige Baustellen), werden halbjährlich oder jährlich auch Zwischenkalkulationen durchgeführt, um festzustellen, wie die Baustelle „läuft". Wenn daraus zu erkennen ist, dass die Baustelle ins Defizit geraten könnte, können noch rechtzeitig Maßnahmen zur Gegensteuerung (Einsparungen, Arbeitsstraffungen) eingeleitet werden.

25.7. Der Bauingenieur als Bauleiter

Der Bauingenieur kann Bauleiter im Auftrag des Bauherrn oder Bauleiter einer Bauunternehmung sein. In beiden Fällen ist er auf der Baustelle mit der Bauausführung befasst und hat die Arbeiten zu überwachen.

Die Bauleiter des Bauherrn und der Bauunternehmung arbeiten zusammen. Sie stellen nach Fertigstellung der Bauleistungen die Mengen durch gemeinsames Aufmaß fest. Dann legt die Baufirma die Bauabrechnung vor, die der Bauleiter des Bauherrn zu überprüfen und an den Bauherrn weiterzuleiten hat, damit der Unternehmer seine Abschlagszahlung und seine Schlusszahlung bekommt.

Dabei darf sich keiner dieser Bauleiter dazu hinreißen lassen, unkorrekt zu arbeiten oder sich in seinen Entscheidungen beeinflussen zu lassen (Stichwörter: Bestechung, Bestechlichkeit, Veruntreuung). Bauleiter ist ein Vertrauensposten, der auf beiden Seiten korrektes Arbeiten erfordert.

25.7.1. Aufmaß, Mengenermittlungen und Abrechnung

Früher, als es noch keine Computerberechnungen gab, musste der Bauingenieur bei Massenermittlungen (richtiger: Mengenermittlungen) für die Abrechnung abwägen, ob er sich viel Arbeit machen sollte und mathematisch genau rechnen oder ob er näherungsweise rechnen und sich dabei viel Arbeit sparen sollte. Bei dieser Abwägung musste er das genaue Verfahren mit dem Näherungsverfahren vergleichen und die Fehler (Differenzen) feststellen. Aufgrund dieser Differenzen musste er entscheiden, welche Mehr- oder Minderkosten durch diese Fehler entstehen und ob diese gerechtfertigt waren. Nach der Anerkennung dieser Berechnungsmethode durch den Bauleiter des Bauherrn kann danach abgerechnet werden.

Der Däne *Elling* hat etwa um das Jahr 1920 eine außerordentlich geistreiche Methode entwickelt, nach der Gaußschen Flächenformel mit einer Kurbelrechenmaschine Flächenberechnungen von Polygonen durchzuführen, wenn die Eckpunkte eines Polygons durch Koordinaten festgelegt sind. Dazu müssen die Zahlen in einer ganz bestimmten Reihenfolge vorliegen, damit man diese Methode anwenden kann.

Mit dieser Methode berechneten Generationen von Bau- und Vermessungsingenieuren seitdem die Flächeninhalte von polygonförmigen Flächen (Querprofile, Grundstücke). Diese Methode ist bekannt unter dem Namen „*Gauß-Elling-Methode*". Auf eine genaue Beschreibung dieser Methode wird hier verzichtet. Die Gaußsche Flächenformel ist in Lit. [Fleßner] zu finden.

Heute wird das Flächennivellement meist in ein digitales Geländemodell (DGM) eingegeben. Die Mengen werden vom Computer genau berechnet. Diese Berechnungsverfahren sind ab Seite 275 beschrieben.

25.7.2. Fehler bei Volumenberechnungen

Im Erd- und Straßenbau werden Kubaturen meist aus Querprofilen ermittelt. Man bestimmt aus dem Längsschnitt die Abstände und aus den Höhen und Breiten die Flächeninhalte der Querprofile.

Das Volumen zwischen zwei benachbarten Querprofilen wird dann nach der Näherungsformel $V = L \cdot \frac{F_1 + F_2}{2}$ berechnet, wobei F_1 und F_2 die Flächeninhalte zweier benachbarter Querprofile sind und L deren Abstand im Längsschnitt ist. Bei normalem Trassenverlauf, wenn die Höhen und Breiten von Profil zu Profil nicht stark wechseln, stimmt diese Näherung ganz gut mit den wirklichen Kubaturen überein. Bei starken Unterschieden zwischen zwei benachbarten Querprofilen dagegen ist die Näherungsberechnung weit von der Wirklichkeit entfernt. Wenn man genau sein wollte, müsste man einen liegenden Pyramidenstumpf oder ein liegendes Prismatoid berechnen.

25.7.3. Fehler bei Flächenberechnungen

Beispiel Kreissegment:

Bei Flächenabrechnungen, insbesondere im Straßenbau bei Einmündungen und Kreuzungen, sind auch meist Teile von Kreisflächen (Kreissektoren, Kreissegmente) aufzumessen und zu berechnen (Bild 83).

Bild 83: Kreissegment und Taschenrechnerergebnis

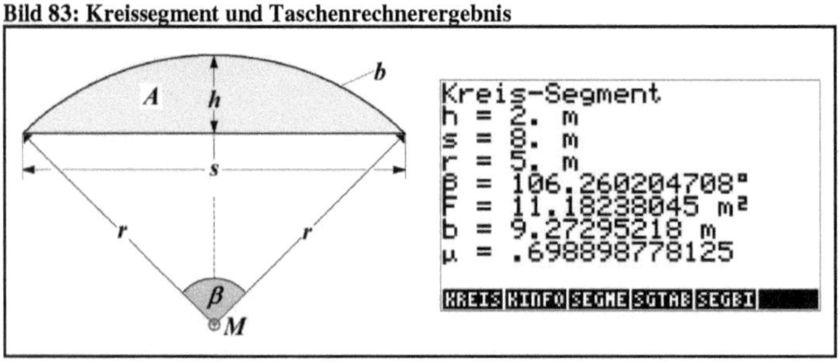

Man kennt beim Messen auf der Baustelle aber weder die Lage des Mittelpunktes eines Kreises, noch ist der Radius oder der Zentriwinkel des Kreisbogens bekannt. Beim Aufmaß misst man meist die Sehne s und die Stichhöhe h des Kreissegments. Auch wenn Pläne vorhanden sind, werden die wirklichen Maße in der Natur aufgemessen, es könnten ja bei der Bauausführung Abweichungen von den Plänen aufgetreten sein.

Die genaue Flächenberechnung des Kreissegments war früher ohne programmierbaren Taschenrechner eine langwierige Rechnerei, deshalb verwendete der Praktiker für die Berechnung der Kreissegmentfläche die Formel für die innere Parabelfläche, die der Fläche des Kreissegments bei ganz flachen Segmenten nahekommt.

$A = \frac{2}{3} \cdot s \cdot h$, wobei s = Sehne und h = Stichhöhe sind.

Für eine Kreissegmentfläche bringt diese Näherungsberechnung immer einen zu niedrigen Flächeninhalt. Der Wert $^2/_3$ ist der Minimalwert und gilt nur für $h/s < 0{,}004$.

Für die HP-Taschenrechner steht das Programm „Kreissegment" zur Verfügung, das die Werte genau berechnet.

Dieses Programm braucht als Eingabe nur die Stichhöhe h und Sehnenlänge s, um das Ergebnis zu berechnen und anzuzeigen. Im rechten Teilbild von Bild 83 ist ein Bildschirmabzug des Taschenrechners für $h/s = 2{,}00/8{,}00 = 0{,}250$ zu sehen.

Bevor es programmierbare Taschenrechner gab, war für den täglichen Gebrauch auf der Baustelle eine Tabelle in Gebrauch. Diese Tabelle benötigt ebenfalls nur Stichhöhe h und Sehnenlänge s des Kreissegments, wobei statt des Näherungswerts $^2/_3$ der genaue Wert μ für den Parameter h/s aus der Tabelle entnommen werden kann. Die Fläche kann sehr einfach berechnet werden:

Formel 39: Fläche des Kreissegments aus Stichhöhe und Sehne mit Tabellenwert μ

$$\boxed{A = \mu \cdot s \cdot h}.$$

Außerdem gibt die Tabelle zu dem Parameter ***h/s*** auch das Verhältnis ***r/s*** und den Zentriwinkel $\boldsymbol{\beta}$ des zugehörigen Kreissektors an.

Hier ein kurzer Auszug aus dieser Tabelle:

Tabelle 14: Auszug aus der Kreissegment-Tabelle

h/s	r/s	ß°	µ	h/s	r/s	ß°	µ
0,240	0,640833	102,564023	0,696446	0,290	0,576034	120,454933	0,709575
0,241	0,639172	102,936267	0,696687	0,291	0,575053	120,797621	0,709859
0,242	0,637529	103,307928	0,696929	0,292	0,574082	121,139713	0,710144
0,243	0,635903	103,679008	0,697173	0,293	0,573121	121,481211	0,710430
0,244	0,634295	104,049504	0,697416	0,294	0,572170	121,822113	0,710716
0,245	0,632704	104,419416	0,697661	0,295	0,571229	122,162419	0,711004
0,246	0,631130	104,788744	0,697907	0,296	0,570297	122,502131	0,711292
0,247	0,629573	105,157488	0,698154	0,297	0,569375	122,841247	0,711581
0,248	0,628032	105,525646	0,698401	0,298	0,568463	123,179768	0,711871
0,249	0,626508	105,893218	0,698650	0,299	0,567560	123,517695	0,712162
0,250	0,625000	106,260205	0,698899	0,300	0,566667	123,855026	0,712454

Die Tabelle wurde für ***h/s*** von 0 bis 0,500 berechnet und ist in meiner Formelsammlung „Kreisformeln“ (Lit. [Praxl3]) und auch als separates PDF-Dokument „Kreissegmenttabelle“ (siehe Lit. [Praxl9]) verfügbar.

25.7.4. Vereinbarungen

Einigen sich Auftraggeber und Auftragnehmer auf Näherungsformeln, so müssen diese schon bei Vertragsabschluss vertraglich festgelegt werden. Neuerdings wird das Gelände meist digital erfasst und auch über digitale Verfahren (DGM[50]) genau abgerechnet, sodass von vornherein klar ist, wie abgerechnet werden muss. Haben die Flächen oder Kubaturen (Volumina) einen sehr hohen Einheitspreis, z. B. eine Brückenplatte mit einem hohen Quadratmeterpreis, muss genau gerechnet werden.

Als Revisor musste ich öfter solche Näherungsberechnungen beanstanden, die dem Bauherrn bei einer einzigen Abrechnungsposition damals mehrere zehntausend DM Mehrkosten verursacht hätten.

Der Auftragnehmer musste sich vorhalten lassen, dass er auf die Näherungsberechnung keinen Anspruch habe, weil im Zweifelsfall immer die mathematisch genau berechnete Menge maßgebend sei und weil er auch keine echte Mehrleistung erbracht habe. Er bekam nur die tatsächlich erbrachte Leistung bezahlt. Hier half auch nicht die Ausrede des Auftragnehmers, die Abrechnung nach der Näherungsformel sei bei der Kalkulation berücksichtigt und der Einheitspreis sei entsprechend niedriger angeboten worden.

[50] DGM = Digitales Geländemodell

25.8. Der Bauingenieur als Verkehrsplaner

Diese Tätigkeit des Bauingenieurs wurde im Kapitel 19 „Straßenbau“ ab Seite 183 abgehandelt.

25.9. Der Bauingenieur in einem Team

Große Projekte können nicht von einem Ingenieur allein bearbeitet werden.

Bei größeren Baufirmen und Ingenieurbüros arbeiten mehrere Bauingenieure mit Ingenieuren anderer Fachrichtungen zusammen an einem Projekt.

25.9.1. Arbeitsgemeinschaften

Bei großen Baumaßnahmen werden meist Arbeitsgemeinschaften der ausführenden Baufirmen gebildet. Eine Arbeitsgemeinschaft (ARGE) ist während der Bauausführung eine rechtlich selbstständige Firma, an der alle ARGE-Partner beteiligt sind.

Z. B. arbeiteten an einem Projekt der Firma BMW (Projekt: BMW-Welt) 75 Ingenieure, Architekten und Gebäudefachleute etwa 4 Jahre lang an der Planung und Berechnung und stellten 25000 Einzelpläne her.

Auch an großen Brücken, Staudämmen, Hochhäusern und U-Bahn-Projekten sind viele Ingenieure beteiligt, die in der Planung und Bauleitung tätig sind. Bei Kraftwerken sind außer den Bauingenieuren noch Ingenieure vieler anderer Fachrichtungen beteiligt.

25.9.2. Baukoordinierung

Die Zusammenarbeit vieler Ingenieure erfordert eine strenge Koordinierung.

Die Netzplantechnik früherer Jahre mit manuell gezeichneten Netzplänen ist durch PMS (Projekt-Management-Systeme) abgelöst worden, die computerunterstützt den Ablauf der Projekte in jedem Detail überwachen und steuern. Projektänderungen werden koordiniert. Bei einem PMS wird die Änderung eines Plans im System für andere gesperrt, so lange dieser Plan in Arbeit ist. Erst nach Fertigstellung der Änderung wird er wieder für Änderungen freigegeben. So kann es nicht vorkommen, dass ein Plan in mehreren Versionen auf der Baustelle existiert, wie es früher der Fall war.

25.9.3. Kommunikation und Vernetzung

Heute arbeiten die am Projekt beteiligten Ingenieure direkt auf der Baustelle. Die Computer in den verschiedenen Bürocontainern (Firmenbauleitung, Projektleitung, Ingenieurbüro, Abrechnung, Vermessung) sind miteinander vernetzt. Die Ingenieure stehen in ständiger Verbindung miteinander und haben über das Internet auch Zugriff auf das Computernetz ihres eigenen Ingenieurbüros oder der eigenen Baufirma. Sie sind nicht von ihrem Tagesgeschäft und ihren normalen Arbeiten außerhalb des Projekts abgeschnitten. Die Kommunikation verläuft außer über Telefon auch über E-Mail und über Konferenzschaltungen. Die Verbindung zu außenstehenden Firmen, wie z. B. Lieferanten, erfolgt über Mobiltelefon oder Internet.

25.10. Der Bauingenieur in Wissenschaft und Forschung

Wenn der Studierende der Bauingenieurwissenschaften sein Masterstudium abgeschlossen hat und Freude an theoretischen und wissenschaftlichen Themen des Berufs hat, kann er eine wissenschaftliche Laufbahn einschlagen. Er kann die Promotion zum Doktor-Ingenieur anstreben.

Danach steht ihm die Laufbahn eines Hochschullehrers an Hochschulen oder Universitäten offen. Auch in wissenschaftlichen Instituten und Forschungseinrichtungen im In- und Ausland ist er dann ein willkommender Mitarbeiter.

26. Das Bauen in der Praxis

Der Bauvorgang stellt die sinnvolle Aneinanderreihung von Überlegungen und Tätigkeiten dar, der vom Entschluss zu bauen zum fertigen Bauwerk führt.

26.1. Ohne Bauherr keine Bauvorhaben

Am Bau beteiligte Personen und Institutionen sind:

1. Planend und finanzierend als Bauherr:
   a. Der Bund (die Bundesrepublik Deutschland), vertreten durch Ämter oder Anstalten des öffentlichen Rechts,
   b. die Bundesländer,
   c. die Landkreise,
   d. Städte und Gemeinden,
   e. Interessenverbände,
   f. Firmen,
   g. Privatpersonen.
2. Genehmigend: Die Baugenehmigungsbehörde.
3. Entwerfend: Der Architekt, der Bauingenieur oder das Bauamt selbst.
4. Ausführend: Der Bauunternehmer aus Baugewerbe oder Bauindustrie.

Wenn ein Bauherr beabsichtigt, ein Bauwerk oder ein Gebäude erstellen zu lassen, dann hat er gewisse Vorstellungen, wie das fertige Bauwerk aussehen und welchen Zwecken es dienen soll. Er lässt einen Vorentwurf anfertigen, stellt das Grundstück zur Verfügung, schätzt die Kosten, kümmert sich um die Finanzierung, lässt den Entwurf und die statische Berechnung erstellen und reicht diese Unterlagen zur Genehmigung bei der Baugenehmigungsbehörde ein. Der mit der Planung Beauftragte (Architekt oder Bauingenieur) erstellt das Leistungsverzeichnis und schreibt das Bauvorhaben aus.

26.2. Ausschreibung und Vergabe

26.2.1. Vergabevorschriften der VOB

Das Ausschreibungs- und Vergabeverfahren ist für öffentliche Bauherren durch strenge Vorschriften (Richtlinien der EU, VOB = Verdingungsordnung für Bauleistungen) geregelt, die eingehalten werden müssen. Diese Vorschriften wurden von Deutschen Verdingungsausschuss für das Vergabewesen formuliert und herausgegeben. Diesem Ausschuss gehören Vertreter der beteiligten Partner an: Auftraggeber (Regierungen, Gemeinden), Auftragnehmer (Bauindustrie und Baugewerbe).

Der angehende Bauingenieur wird schon während seines Studiums mit den Vergabevorschriften vertraut gemacht.

In erster Linie ist die VOB zu nennen, die in drei Teile gegliedert ist:

1. VOB A: Allgemeine Bestimmungen für die Vergabe von Bauleistungen.
2. VOB B: Allgemeine Vertragsbedingungen für die Ausführung von Bauleistungen.
3. VOB C: Allgemeine technische Vorschriften.

Die VOB A schreibt vor, wie das Ausschreibungsverfahren durchgeführt werden muss und wie die Ausschreibungsunterlagen (Leistungsverzeichnis LV) auszusehen haben. Sie regelt auch den Vorgang der Angebotseinreichung, die Angebotseröffnung und die Protokollierung der Vorgänge. Es sind also Vergabebestimmungen, die das Verfahren bis zum Vertragsabschluss genau regeln.

Die VOB B regelt die Verhältnisse zwischen den Vertragspartnern (Auftraggeber, Auftragnehmer), wie und wann abzurechnen und wann die Rechnung zu bezahlen ist (Zahlungsfristen). Es sind also Vergabebedingungen, die von den Vertragspartnern eingehalten werden müssen.

Die VOB C regelt das Technische. Für jedes Gewerk gibt es spezielle Ausführungs- und Qualitätsvorschriften. *Gewerke* sind Bauleistungen eines bestimmten Fachbereichs, z. B. Maurerarbeiten, Spenglerarbeiten, Heizung und Lüftung. Auch die Abrechnungsverfahren und -formeln sind in der VOB C geregelt.

26.2.2. Europäische Vergaberichtlinien

Die übergeordneten Vergabe-Richtlinien der Europäischen Union (EU) sind einzuhalten. Europäisches Recht gilt nur verbindlich, wenn es durch die nationalen Parlamente in nationales Recht umgesetzt wurde und damit Gesetzeskraft erlangt hat.

Für jedes öffentliche Projekt, das eine bestimmte Vergabesumme in Euro übersteigt, muss gemäß den Europäischen Richtlinien eine europaweite Ausschreibung erfolgen. Hier gibt es verschiedene feste Regelungen, wie die Ausschreibungen zu veröffentlichen und durchzuführen sind. An das EU-Vergaberecht sind nur die öffentlichen Auftraggeber gebunden, für den privaten Bauherrn gilt auch bei großen Projekten die Vertragsfreiheit des Bürgerlichen Gesetzbuches (BGB).

26.2.3. Bindung an die VOB und an EU-Richtlinien

Die Auftraggeber der öffentlichen Hand und die in öffentlichen Besitz befindlichen privatrechtlichen Betriebe (öffentliche Auftraggeber) müssen die VOB anwenden und die EU-Richtlinien beachten. Die Auswahlkriterien, wer den Auftrag bekommt, werden durch das günstigste oder annehmbarste Angebot bei einer Ausschreibung bestimmt.

Örtliche Ausschreibungen, um die heimische Bauwirtschaft zu begünstigen, sind nicht zugelassen.

Firmen und Behörden sind verpflichtet, einschlägige Normen anzuwenden und einzuhalten, wenn diese durch Gesetz verbindlich eingeführt sind (starre Verweisung).

Private Auftraggeber müssen sich nicht an die VOB halten (Vertragsfreiheit), tun es aber meist, weil sie sonst eigene, rechtlich korrekte („wasserdichte“) Vergaberegelungen treffen müssten. Der private Bauherr kann frei entscheiden, wem er den Auftrag gibt (Vertragsfreiheit).

26.2.4. Vergabe und Bauvertrag

Mit der Angebotsabgabe der Baufirmen und der Vergabe der Bauleistungen durch den Bauherrn an die von ihm ausgewählte Bauunternehmung endet das Ausschreibungsverfahren.

Der Bauvertrag zwischen dem Bauherrn, der ab jetzt als *Auftraggeber* (AG) bezeichnet wird, und der ausgewählten Bauunternehmung, die ab jetzt als *Auftragnehmer* (AN) bezeichnet wird, ist ein Werkvertrag oder Werklieferungsvertrag nach dem Bürgerlichen Gesetzbuch (BGB) und bestimmt das Vertragsverhältnis in allen Einzelheiten. Das von Bauunternehmer abgegebene Angebot, auf das der Zuschlag erteilt wurde, ist Bestandteil dieses Vertrags. Der Vertrag bestimmt auch den Anfangs- und den Fertigstellungstermin.

Nun kann der Bauunternehmer die Bauausführung vorbereiten und die Arbeiten durchführen.

26.3. Bauvorgang und Bauausführung

Die Aufgaben des Bauingenieurs bei der Planung und Berechnung sind uns aufgrund der Ausführungen auf den vorstehenden Seiten bekannt. Nun wollen wir die praktische Bauausführung und die Vorgänge auf der Baustelle behandeln.

Der Bauingenieur ist während des Studiums auch für diese Tätigkeiten ausgebildet worden (Fächer: Bauproduktionsplanung und -steuerung, schlüsselfertiges Bauen, Kosten- und Leistungsrechnung, Veranschlagen und Baubetrieb, Baubetriebslehre).

26.3.1. Bauüberwachung, Bauaufsicht, Bauleitung

Die Verantwortung für die richtige und fachgerechte Ausführung hat der Bauleiter der Baufirma. Der Bauleiter des Bauherrn hat die Oberaufsicht und die Kontrollfunktion. Dann gibt es noch die amtliche Baukontrolle der Bauaufsichtsbehörde (Genehmigungsbehörde).

Viele dieser Aufgaben sind gesetzlich geregelt oder vertraglich zwischen den Vertragspartnern vereinbart. Wie die Aufgaben im Einzelnen verteilt sind, ergibt sich aus der Baustellenorganisation. Die fachliche (technische) Aufsicht und die Unfallverhütung sind aber Pflicht jedes Ingenieurs, der an einem Projekt beteiligt ist.

26.3.2. Bauzeitenplan

Meist sind die Termine für Baubeginn und Fertigstellung im Bauvertrag genau festgelegt.

Um den Baufortschritt auf termingerechte Ausführung kontrollieren zu können, wird für jedes Baulos, Bauteil und für jede Teilleistung der Baubeginn und das Fertigstellungsdatum festgelegt. Viele Bauleistungen sind zeitlich voneinander abhängig: Nach Fertigstellung des einen Bauteils kann das andere erst begonnen werden. Zeitliche Verzögerungen bei der Ausführung eines Bauteils wirken sich dann auf die davon abhängigen weiteren Teilleistungen aus und können die festgelegten Termine verzögern. Diese Termine werden in einem Bauzeitenplan dargestellt.

Bauzeitenpläne werden grafisch als „Balkenpläne“ dargestellt, auf denen jede Teilleistung in einem Zeitband als Balken dargestellt wird. Man sieht auf einen Blick, welche Teilleistungen wann ausgeführt werden müssen.

Die Einhaltung des Bauzeitenplans ist Aufgabe der Firmenbauleitung.

26.3.3. Baustelleneinrichtung

Für jede größere Baumaßnahme ist die Planung der Baustellenorganisation von großer Wichtigkeit. Jede Baustelle muss zweckmäßig organisiert sein, die Baustelleneinrichtung muss genau auf die Arbeitsvorgänge abgestimmt sein, damit lange Transportwege des Materials vermieden werden. Die Wegflächen (freie Verkehrsflächen) innerhalb der Baustelle müssen geplant und später während der Bauausführung immer freigehalten werden, damit nicht nur die Baustellenfahrzeuge ungehindert verkehren können, sondern auch, wenn es nötig sein sollte, die Rettungsfahrzeuge schnell an Ort und Stelle sein können.

Die Baustelleneinrichtung ist in einem Baustelleneinrichtungsplan (Lageplan) im Maßstab 1:100 bis 1:1000 darzustellen. Neben dem zu erstellenden Bauwerk sind darzustellen:

Allgemeine Baustelleneinrichtung:

- Baubüros für die Bauleiter (Baracken, Container),
- Baracken für Essenseinnahme (bei großen Baustellen: Kantine),
- Toiletten,
- Unterkünfte für Arbeiter (wenn nötig),
- Weg- und Gleisanlagen,
- Lagerplätze für Material,
- Magazine,
- Werkstätten,
- zentrale Stromversorgung (Trafostation).

Veränderliche Baustelleneinrichtung, die sich mit dem Baufortschritt ändern kann:

- Orte für Großgeräte (Bagger, Rammen, Krane mit Kranbahnen).
- Lagerplätze für Abraum und Bauschutt.

- Den Arbeiten zugeordnete Bereiche (Rüstplatz, Reißboden für Zimmerer, Baustahllagerung, Schalmaterial, Eisenflechtplatz).

Der Baustelleneinrichtungsplan muss mit dem Vertreter des Bauherrn abgesprochen werden. Die Baustelleneinrichtung ist ein eigener Posten in der Kalkulation der Baustelle und wird manchmal auch als eigene Position im LV ausgeschrieben.

Bei Baustellen, die sich laufend örtlich verändern (Wanderbaustellen), weil der Baufortschritt die Arbeitsstelle bestimmt (Straßenbau, Wasserversorgungsbau, Kanalbau), ist eine feste Baustelleneinrichtung nicht möglich. Die Baustelleneinrichtung wandert mit dem örtlichen Baufortschritt mit.

26.3.4. Baubetriebslehre

Die Baubetriebslehre beschäftigt sich u. a. mit:

- Vorbereitung der Bauausführung,
- Organisation der Baustelle,
- Gliederung des zu erstellenden Bauwerks in Arbeitsabschnitte,
- Betriebsplanung mit Arbeitereinsatz,
- genaue Arbeitsvorbereitung,
- Erstellung von Bauarbeitsstudien (Arbeitsablaufstudie, Mängelstudie, Optimierung von Bauzeiten, Studien des Arbeitszeit- und Kostenaufwandes),
- Optimierung der Baustelleneinrichtung,
- Schalungstechniken und sonstige Hilfsgewerke,
- Gerüstbautechniken und Lehrgerüste,
- Erarbeitung von Taktverfahren (für Tunnel- und Stollenbau, Serienbauten, Wanderbaustellen),
- Angebotskalkulation,
- Nachkalkulation,
- Material- und Baustoffbeschaffung,
- Baumaschinenkunde und Elektrotechnik.

Von diesen Teilabschnitten der Baubetriebslehre wollen wir nur die Baumaschinenkunde und die Elektrotechnik herausgreifen.

26.3.4.1. Baumaschinenkunde

Eine Liste gängiger Baugeräte mit den wichtigsten Daten aller Baumaschinen und Baugeräte ist die *Baugeräteliste* (BGL). Die BGL ist ein Hilfsmittel für die Bauunternehmen zur Geräteverwaltung und Kalkulation. Es werden darin nur die Arten von Baugeräten und nicht konkrete Fabrikate (Modelle) aufgeführt. Die BGL wird federführend im Geräteausschuss des Hauptverbandes der deutschen Bauindustrie entwickelt und verwaltet. Herausgeber ist der Hauptverband der Deutschen Bauindustrie e.V. Die BGL ist im Buchhandel erhältlich.

Alle Geräte sind nach einem Nummernsystem geordnet und werden nach Kenngrößen (z. B. Maschinengewicht, Tragkraft, Motorleistung, Kraftstoffverbrauch) beschrieben. Wichtigste Angaben sind Gerätegewicht, mittlerer Neuwert, monatliche Reparaturkosten und monatliche Abschreibungs- und Verzinsungsbeträge. Die BGL erscheint in der Regel alle 10 Jahre. Zurückliegende Auflagen stammen von 1981, 1991 und 2001.

Die neueste Ausgabe „BGL 2007“ liegt in einer grundlegenden Neubearbeitung vor und ist mit den europäischen Partnerverbänden abgestimmt (EUROLISTE).

Die BGL 2007 unterscheidet folgende 21 Gerätehauptgruppen:

- A Geräte zur Materialaufbereitung.
- B Geräte zur Herstellung, zum Transport und zur Verteilung von Beton, Mörtel und Putz.
- C Hebezeuge.
- D Geräte zur Erdbewegung und Bodenverdichtung.

- E Straßenbaugeräte.
- F Gleisoberbaugeräte.
- G Schwimmende Geräte.
- H Geräte für Tunnel- und Stollenbau.
- J Ramm- und Ziehgeräte, Geräte für Injektionsarbeiten.
- K Bohrgeräte, Schlitzwandgeräte.
- L Geräte für horizontalen Rohrvortrieb und Geräte für Pipelinebau.
- M Geräte und Anlagen zur Dekontamination und zum Umweltschutz.
- P Transportfahrzeuge.
- Q Druckluftgeräte, Druckluftwerkzeuge.
- R Geräte für Energieerzeugung, Energieumwandlung und Energieverteilung.
- S Hydraulikzylinder und Hydraulikaggregate.
- T Kreisel- und Kolbenpumpen, Rohrleitungen.
- U Schalungen und Rüstungen.
- W Maschinen und Geräte für Werkstattbetrieb.
- X Baustellenunterkünfte, Container.
- Y Vermessungsgeräte, Laborgeräte, Büromaschinen, Kommunikationsgeräte.

Der Studierende lernt in den Vorlesungen die BGL kennen. Außer den maschinentechnischen Grundlagen werden ihm die Bauweise und Arbeitsweise der wichtigsten Baumaschinen und ihre Einsatzkriterien vermittelt. Das ging damals in der Vorlesung so weit, dass Prinzipskizzen an die Tafel gezeichnet und erklärt wurden, wie das Beispiel eines Eimerseilbaggers in Bild 84 zeigt.

Bild 84: Seilführung beim Eimerseilbagger

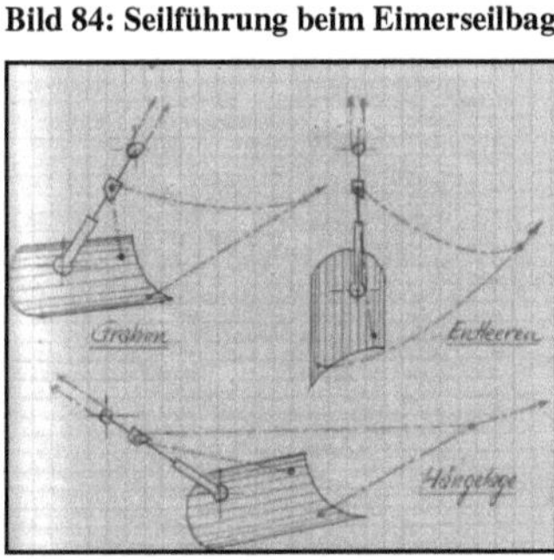

Die Zeichnung stammt aus meiner Vorlesungsmitschrift. In der Zeichnung sind die Seile strich-punktiert dargestellt. Es ist ersichtlich, welche Seile gerade aktiv sind (gespannt = gerade Linie; nicht gespannt = durchhängende Linie). Der Bagger arbeitet mit zwei Seilen: Das eine Seil läuft von der oberen Spitze des Auslegers zum Grabeimer und das andere Seil läuft von einer Seilwinde am unteren Ende des Auslegers zum Grabeimer. Das Zusammenspiel der beiden Seile wurde ausführlich erläutert, wobei die Kunstfertigkeit des Baggerführers, mit den beiden Seilen richtig umzugehen, als wichtiges Kriterium für ein wirtschaftliches Arbeiten mit dem Bagger hervorgehoben wurde.

26.3.4.2. *Elektrotechnik*

Zusammen mit der Baumaschinenkunde wurde auch die auf Baustellen eingesetzte Elektrotechnik in der Vorlesung in allen Einzelheiten erklärt. Es ging nicht darum, dass der Bauingenieur die Baumaschinen selbst an das Stromnetz anschließen kann. Es ging vielmehr darum, dass er die von den Elektrikern auf der Baustelle durchgeführten Arbeiten und die dazugehörigen Sicherheitsmaßnahmen fachlich beurteilen und abnehmen kann.

27. Baufehler und Bauschäden

Schon Goethe wusste es: *Mag man immerhin Fehler begehen - bauen darf man keine.*

Baufehler und die daraus resultierenden Bauschäden sind für den Bauherrn und im Regress auch für den Verursacher sehr teuer und können für eine Baufirma den finanziellen Ruin bedeuten, wenn keine Versicherung dafür aufkommt.

27.1. Konstruktions- und Ausführungsfehler

Auf die möglichen Fehler bei Unterfangungsarbeiten wurde auf Seite 84 hingewiesen. Die Auswirkungen von fehlenden Dehnfugen bei Temperaturdehnungen wurden auf Seite 86 gezeigt.

Die Baukonstruktionslehre zeigt die richtige Ausführung der Baukonstruktionen und ihre Verbindungen. Werden die Details nicht fachgerecht ausgeführt, besteht die Gefahr, dass später Bauschäden auftreten.

Auf eine Aufzählung der Schadensursachen wird hier verzichtet, weil diese bei den vielen Fehlermöglichkeiten nicht vollständig sein könnte. Im Buchhandel ist eine Reihe von Büchern über das Vermeiden und Erkennen von Baufehlern und über das Sanieren von Bauschäden erschienen.

27.1.1. Bauphysikalische Fehler führten zu Gebäudeeinsturz

Der Einsturz der Eissporthalle in Bad Reichenhall am 2. Januar 2006 ist auf massive Bau- und Konstruktionsfehler zurückzuführen. Dies wurde bei der Gerichtsverhandlung bekannt. Man hatte nicht nur den falschen Leim für die Leimbinder verwendet, sondern die zulässige und genehmigte Höhe der Leimbinder von 1,20 m war mit einer ausgeführten Höhe von 2,87 m weit überschritten, sodass Stabilitätsprobleme auftraten. Durch die fehlende Belüftung bildete sich Kondenswasser unter dem Dach, das zur dauernden Durchfeuchtung der Leimbinder und zur Beeinträchtigung des Leimes führte. "Das Holz war richtig patschnass", berichtete ein Sachverständiger vor Gericht.

Holzbinder verwendet man gerne bei Schwimmhallen und Eissportanlagen, weil sie nicht rosten können. Damit sind nach Fertigstellung aber Betriebsbedingungen verbunden, die vom Betreiber der Hallen eingehalten werden müssen:

- Das Holz muss vor direkter Durchnässung infolge von Niederschlägen oder Kondenswasser geschützt werden.
- Unter der Decke im Innenraum muss eine Lüftung parallel zu den Holzbindern vorhanden sein, damit die Bildung von Kondenswasser verhindert wird (Klimaanlage oder Lüftungsanlage erforderlich).
- Das Holz muss in regelmäßigen Wartungsabständen auf Risse, ungewöhnliche Verformungen, Schimmelbildung und Fäulnisstellen untersucht werden.
- Schraubverbindungen müssen regelmäßig kontrolliert und nachgezogen werden, weil sie sich durch Schwinden des Holzes lockern.

Diese Betriebsbedingungen werden dem Bauherrn nach Fertigstellung zwar schriftlich mitgeteilt und auch vom Vertreter des Bauherrn gegengezeichnet, verschwinden aber dann in irgendwelchen Ordnern. Im weiteren Verlauf der Nutzung des Bauwerks kümmert sich dann meist keiner mehr um die richtige Instandhaltung.

27.1.2. Richtige Ausbildung elastischer Fugen

Die richtige Konstruktion einer elastisch abgedichteten Fuge ist vielen Bauhandwerkern nicht bekannt. Die fertig abgebundene elastische Fugenmasse verträgt nur eine gewisse Dehnung von etwa 20 bis 50% (Herstellerangaben beachten!).

Entsprechend dem vorausberechneten Dehnweg muss die Fuge eine genügend große Anfangsbreite haben, damit das zulässige Dehnmaß von 20 bis 50 % nicht überschritten werden kann.

Beispiel:
Wenn die regelmäßige Bewegung zwischen zwei Bauteilen etwa ±1 cm beträgt, dann muss die Anfangsbreite der Fuge mindestens 2 bis 2,5 cm sein, dann beträgt die Dehnung oder Stauchung des Fugenmaterials etwa 40 bis 50 %.

Haftflächen müssen die Zugkraft aus der Dehnung aufnehmen können, sie sind deshalb besonders sorgfältig auszuführen (Reinigen des Untergrunds, Haftanstrich). Bei Quetschung der Fugenmasse kann die Querdehnung die Fugenmasse von der Haftfläche abscheren.

27.2. Vermeidung von Bauschäden

Die meisten Ursachen der Bauschäden sind erforscht und den Bauleuten auch allgemein bekannt. Einige Ursachen werden hier aufgezählt:

- Schlechte Verdichtung des Bodens führt zu ungleichmäßigen und schädlichen Setzungen.
- Bausünden in der Bauphysik (Kältebrücken, vergessene oder falsch angeordnete Dampfsperren) führen zu Schäden an Baustoffen.
- Trocknungsrisse bei Beton und Belägen sind Angriffspunkt für Korrosion.
- Undichtigkeiten verursachen Wasserschäden durch Eindringen von Wasser.
- Falsches Streugut bei Frost: Salzanwendung führt an Beton und Marmor zu Frostschäden, denn das Salzwasser dringt in die Poren ein, kristallisiert dort und sprengt die Poren.

Ein Sonderfall ist die *Spannungsrisskorrosion*. Bei der Spannungsrisskorrosion treten im Allgemeinen keine sichtbaren Korrosionsprodukte auf. Die Korrosion wirkt unter der Oberfläche. Die Angriffsmittel (Schadgase und Flüssigkeiten) wirken im Riss und zerstören das Gefüge des Baustoffs.

Für das Auftreten von Spannungsrisskorrosion müssen drei Bedingungen vorhanden sein:

1. Der Werkstoff muss empfindlich gegen Spannungsrisskorrosion sein (Kupfer-Zink-Legierungen, hochfeste Spannstähle).
2. Zugspannungen müssen vorliegen.
3. Ein spezifisches Angriffsmittel muss vorhanden sein. Als spezifische Angriffsmittel wirken bei rost- und säurebeständigen austenitischen[51] Stählen Chloride, bei Kupfer-Zink-Legierungen und bei Goldlegierungen mit Zinkanteil sind es Ammoniak, Amine, Ammoniumsalze, Schwefeldioxid, Stickoxide, Nitrit, Nitrat, Quecksilbersalze etc., bei Aluminium ebenfalls Chloride (Meerwasser). Diese Angriffsmittel wirken schon in sehr geringen Konzentrationen, teils im ppm[52]-Bereich.
   Auch bei Kunststoffen kann Spannungsrisskorrosion auftreten. Voraussetzung hierfür ist das Vorhandensein von Zugspannungen und eine hohe Alkalität der Umgebung. Dieses Problem tritt z. B. in der Befestigungstechnik auf, wenn Kunststoffdübel (z. B. aus Polyethylen) in Betonmaterial zum Einsatz kommen sollen. Solche Probleme führen meist zu Abstürzen von untergehängten Decken.

Um Spannungsrisskorrosion zu vermeiden, muss man dafür sorgen, dass die oben genannten Bedingungen nicht erfüllt sind. Die Spannungsrisskorrosion ist der Fachwelt noch nicht lange bekannt. Sie wurde erst in den letzten 30 Jahren gründlich erforscht.

Für zwei spektakuläre Unfälle war die Spannungsrisskorrosion die Ursache:

- Die Kongresshalle („Schwangere Auster“) in Berlin ist am 21. Mai 1980 wegen Spannungsrisskorrosion der Spannbeton-Stahllitzen teilweise eingestürzt.

---

[51] Austenitischer Stahl, benannt nach dem engl. Forscher *Roberts-Austen*, ist ein rost- und säurebeständiger Stahl (Eisenmischkristall, Gammaeisen).

[52] ppm = parts per Million, der millionste Teil

- Die Spannungsrisskorrosion durch chloridhaltige Feuchtigkeit war auch die Ursache für den Einsturz der Decke des Hallenbades in Uster in der Schweiz am 9. Mai 1985, die an Ankern aus austenitischem Stahl aufgehängt war.

Die Baustoffe sind besonders dort sorgfältig auszuwählen, wo in der Luft spezifische Angriffsmittel enthalten sind, die die Spannungsrisskorrosion fördern. Dies gilt insbesondere bei Hallenbädern, Eissporthallen, Ställen für die Tierhaltung, wo Mist und Gülle aggressive Dämpfe absondern, und bei allen Fabrikationsstätten (Werkhallen), wo solche Angriffsmittel als Gase oder Dämpfe auftreten können.

27.3. Erkennung von Baustoffschäden

27.3.1. Beispiel aus der Praxis: Rostige Bewehrung

Für ein Stahlbeton-Hochhaus hatte ich die statische Berechnung erstellt. Alle tragenden Teile waren aus Stahlbeton. Bei der Bauausführung hatte ich die Aufgabe, die Bewehrung abzunehmen. Das „Abnehmen der Bewehrung“ ist ein Akt der Kontrolle, ob die Bewehrung nach Bewehrungsplan richtig und vollständig eingelegt wurde. Der abnehmende Statiker bestätigt der Baufirma die Ordnungsmäßigkeit durch Unterschrift auf dem Abnahmeprotokoll, wo auch Beanstandungen eingetragen werden.

Da die Querschnitte sehr hoch beansprucht waren, musste bei allen Details auf korrekte Bauausführung geachtet werden.

Bei der ersten Bewehrungsabnahme fiel mir auf, dass der Bewehrungsstahl, der hauptsächlich aus Bewehrungsmatten (Baustahlmatten) bestand, angerostet war. Geringer Rost auf Stahl, sogenannter Flugrost, war nichts Ungewöhnliches. Bei näherem Hinsehen jedoch ergab sich, dass die Baustahlmatten nicht nur Flugrost hatten, sondern dass der Rost in dünnen Schichten abblätterte. Als ich die Rostschichten mit dem Taschenmesser bis auf das blanke Metall ablösen konnte, ergaben sich Stahlquerschnitte, die nicht einmal mehr die Hälfte des Sollquerschnitts hatten.

Diesen Zustand wiesen alle Baustahlmatten auf, die eingebaut worden waren. Sie waren vor dem Einbau wohl zu lange der Witterung ausgesetzt gewesen.

Daraufhin verständigte ich die Bauaufsichtsbehörde, die den Bau sofort einstellte.

Der Bauunternehmer wehrte sich dagegen und schaltete die Baustoffprüflabors der Baustahlindustrie und der Hochschulen ein. Alle Fachleute kamen zu dem gleichen Ergebnis: Der Baustahl war nicht mehr geeignet, als Bewehrung für hochbeanspruchte[53] Stahlbetonwände zu dienen.

Sämtliche Baustahlmatten wurden ausgebaut und durch neue ersetzt. Nach der Abnahme der neuen Bewehrung durfte weitergebaut werden.

27.3.2. Beispiel aus der Praxis: Schlechter Transportbeton

In Vertretung eines Kollegen hatte ich den Bau von zylinderförmigen Flüssigkeitsbehältern aus Stahlbeton mit etwa 15 m Durchmesser zu überwachen, die Bewehrung abzunehmen und die Bauteile nach der Herstellung zu überprüfen.

Da die Wände sehr glatt sein mussten, wurde eine Stahlblechschalung verwendet. Nach Aufbau der inneren Schalung wurde die Bewehrung eingebracht und abgenommen. Dann schalte man die Außenseite zu und betonierte.

Nach dem Ausschalen kam eine sehr glatte und saubere Betonoberfläche zum Vorschein, an der nichts auszusetzen war. Es fielen mir lediglich einige Verfärbungen der Oberfläche ins Auge, die näher zu untersuchen waren.

[53] „hochbeansprucht“ (zusammengeschrieben) ist eine Baustoffklassifizierung (Eigenschaft), während „hoch beansprucht“ (getrennt geschrieben) nur ein Belastungszustand ist.

Die verfärbten Stellen klopfte ich mit einer Bauklammer ab, der Beton klang hohl. Durch stärkeres Klopfen brach die Oberfläche ein und ein Kiesnest[54] kam zum Vorschein, das sich auch gleich nach außen entleerte. Die übriggebliebene gegenüberliegende Oberfläche der Wand war ebenfalls sehr dünn und hielt der Klammer nicht stand. Nun war ein großes Loch in der Stahlbetonwand.

Wie sich herausstellte, war die ganze zylinderförmige Wand überall von Kiesnestern durchsetzt. Die Feststellung der Ursache des schlechten Transportbetons war nicht Aufgabe des Bauleiters.

Die Wand musste abgebrochen werden und wurde neu hergestellt. Der Bauunternehmer forderte von der Transportbetonfirma Schadenersatz.

27.4. Kuriose Konstruktionen

Die Bayerische Landesregierung hat vor einigen Jahren die Bauvorschriften gelockert. Für Einfamilienhäuser müssen keine statischen Berechnungen mehr eingereicht werden, für die Standfestigkeit ist nun der Bauherr allein verantwortlich. Er kann eine Statik machen lassen, oder auch nicht. Da kam es vor, dass private Bauherren ihre eigenen Konstruktionen verwirklichten.

27.4.1. Holzleisten als Bewehrung

Ein Privatmann hatte, wie ein Kollege berichtete, sich ein Haus gebaut, hatte aber keine Ahnung von der Wirkung der Stahleinlagen im Beton. Anstelle von Bewehrungsmatten legte er Dachlatten unten in die Schalung und betonierte sie in die Decke ein. Als er von dem Kollegen daraufhin angesprochen wurde, behauptete er, die Holzlatten seien „bombenfest“ drin und würden die Zugkräfte aufnehmen. Der Kollege warnte ihn dringend vor dem Einsturz der Decke, denn die Holzlatten würden schwinden und sich dann lockern. Ein halbes Jahr später stand dieser Bauherr bei dem Kollegen vor der Tür und bat um fachmännischen Rat, weil die Latten sich inzwischen gelöst hatten und Risse im Beton zu sehen waren.

27.4.2. Maschendraht als Bewehrung

Ein Bauherr, der alles selbst baute, hatte eine Betondecke mit plastikumhüllten Maschendraht bewehrt, der sonst nur für Zäune verwendet wird. Er erklärte, der Maschendraht könne im Beton nicht rosten, weil er durch die Umhüllung gegen Rost geschützt sei. Ein Kommentar zu dieser Bauweise erübrigt sich.

27.4.3. Bewehrungseisen als Sturz

Ein anderer Bauherr hatte sich die Fensterstürze gespart. Er hatte die Fensteröffnungen mit jeweils zwei Bewehrungseisen überbrückt und darauf weitergemauert. „Es sind ja zwei Eisen drin“, sagte er, als er darauf angesprochen wurde.

27.4.4. Gewicht des Frischbetons

Manchmal unterschätzen die Leute das Gewicht des frischen Betons. So hatte ein privater Bauherr eine Treppe eingeschalt und dann betoniert. Er wunderte sich, dass er so viel Beton brauchte. Er stellte leider zu spät fest, dass sich die Schalung gesenkt hatte und die Untersicht der Treppe einen gewaltigen „Durchhänger“ aufwies.

---

[54] „Kiesnest“ nennt man einen Bereich im Beton, wo kein Bindemittel, sondern nur der lockere Kies vorhanden ist.

28. Kurze Einführung in die Bauinformatik

28.1. Vorbemerkungen

Als ich Informatik studierte, war diese in theoretische, technische und angewandte Informatik eingeteilt.

Die *theoretische Informatik* beschäftigt sich, wie der Name schon sagt, neben anderem mit den theoretischen Grundlagen, der Entwicklung neuer Programmiersprachen und der Informationstheorie.

Die *technische Informatik* beschreibt die Logik und den technischen Aufbau der Schaltnetze, Schaltwerke und logischen Bausteine einschließlich der Entwicklung und Herstellung der integrierten Bausteine (Prozessoren, Speicherbausteine) und den technischen Grundlagen der Computertechnik.

Die *angewandte Informatik* schließlich wendet die Erkenntnisse der anderen beiden Teilgebiete in der Praxis an. Dazu gehören die Entwicklung und Anwendung von Programmiertechniken, Informationssystemen, Konstruktionssystemen, Datenbanksystemen und Datennetzen wie Internet und Intranet. Darunter fällt auch die Entwicklung von speziellen kundenorientierten Informationssystemen für die Versorgungs- und Verkehrsunternehmen (Leitsysteme mit Prozessrechnern: Verkehrsleitsysteme, Flugleitsysteme, Satellitenleitsysteme). Auch die Bauinformatik gehört zur angewandten Informatik.

Die *Bauinformatik* ist eine neue Disziplin, die ab etwa 1965 zuerst die technischen Büros eroberte und allmählich auch an den Hochschulen als Lehrfach angeboten wurde. Unter Bauinformatik versteht man die Entwicklung und Anwendung von Computerverfahren im Bauwesen.

Eine ausführliche Einführung in die Informatik kann hier nicht erfolgen. Alle mit dem Aufbau und der technischen Arbeitsweise der Computer zusammenhängenden technischen Themen (Zentraleinheit; Rechenwerk; Speicherwerk; Steuerwerk, Daten-, Adress- und Steuerbus; Arbeitsspeicher; Schnittstellen; Computerperipherie; Speicheradresse; Speicherorganisation und Adressraum, Treibertechnik) können hier nicht behandelt werden. Bei Interesse möge sich der Leser im Internet unter den angegebenen Stichwörtern informieren.

Hier in diesem Buch wird nur ein kurzer Überblick über die Entwicklung der Informatik allgemein und der Bauinformatik im Besonderen gegeben, wie ich sie innerhalb der letzten 50 Jahre erlebte. Dabei werden nur die Begriffe und Definitionen behandelt, die für das Verständnis des nachfolgenden Textes erforderlich sind.

28.2. Lochkartentechnik

Die *Lochkartentechnik* wird hier nur der Vollständigkeit halber erwähnt, weil in den nachfolgenden Abschnitten öfter darauf Bezug genommen wird.

Die Lochkartentechnik ist sehr alt. Sie wurde von *Hermann Hollerith* erfunden und bereits 1890 in den USA für die Auswertung der Wahlen eingesetzt. Die Lochkartentechnik in der zuletzt bekannten Form ist eine Entwicklung der Firma IBM.

Die Lochkartengröße (188 mm × 83 mm), die Lochkartencodierung und die Lochkartenmaschinen sind aufeinander abgestimmt. Die Lochkarten haben 80 Spalten zur Speicherung von 80 Zeichen.

28.2.1. Die Lochkarte und ihre Codierung

Die *Lochkartencodierung* (Hollerith-Code) umfasst 26 Großbuchstaben, 10 Ziffern und einige Sonderzeichen. Ein rechteckiges Loch pro Spalte für eine Ziffer, zwei Löcher für einen Großbuchstaben, eine Kombination von drei Löchern für ein Sonderzeichen. Deutsche Umlaute sind nicht in Lochkarten codierbar, sie müssen mit AE, OE und UE umschrieben werden. Auch Kleinbuchstaben fehlen.

Bild 85 zeigt die Codierung der Lochkarte ohne Sonderzeichen.

Bild 85: Lochkartencodierung

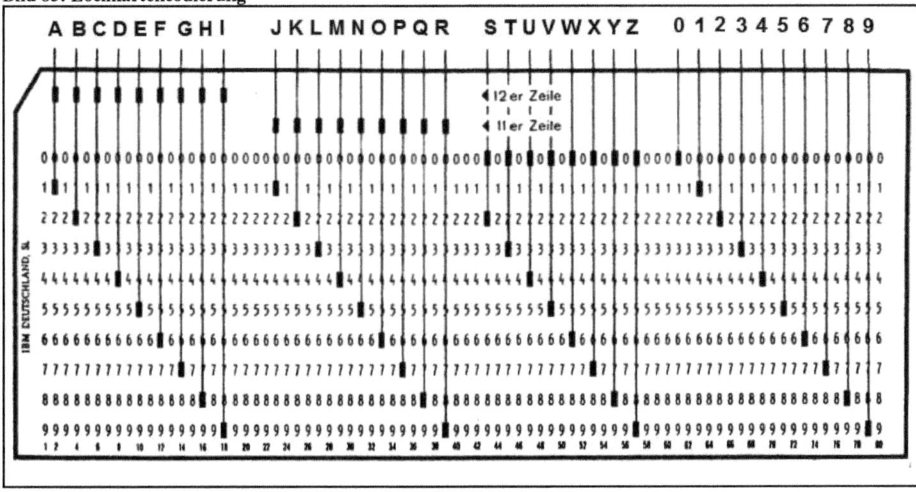

Bild 86 zeigt eine Lochkarte als Teil eines Programms. Am oberen Rand ist der Inhalt der Lochkarte mit dem Lochschriftübersetzer aufgedruckt worden. Je nach Abnutzung des Farbbandes ist dieser Aufdruck gut oder weniger gut lesbar.

Bild 86: Lochkarte als Teil eines Programms

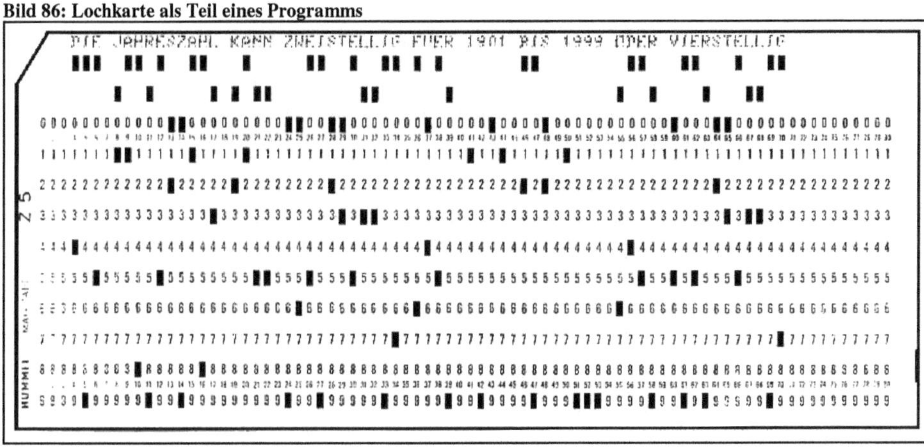

28.2.2. Lochkartenmaschinen

Die Lochkartenmaschinen arbeiteten mechanisch. Sie hatten ein beachtliches Gewicht, einen hohen Energieverbrauch und einen erheblichen (Material-)Wert. Sie konnten nur mit dem Lochkartencode arbeiten und waren nicht auf andere Codierungen umstellbar.

Es gab Lochkartenstanzer, Lochkartenleser, Lochprüfer, Lochschriftübersetzer, Kartenmischer, Tabelliermaschinen (Lineprinter) und Rechenlocher. Diese Maschinen findet man heute nur noch in den Museen.

28.2.2.1. Ablochen der Daten

Um die Daten in die Lochkarten zu übertragen, mussten sie zuerst handschriftlich in ein Formular (Ablochbeleg) eingetragen werden. Jede Zeile dieses Formulars enthielt die Daten für eine Lochkarte. Die Formulare wurden zur Ablochstation gebracht.

Nach Eingabe der Daten an einer Tastatur stanzte dort ein Lochkartenstanzer, ein schreibmaschinenähnliches Gerät, die Löcher in die Lochkarte. Der Lochschriftübersetzer druckte den gespeicherten Inhalt der Lochkarte für Menschen lesbar an den oberen Rand, wie in Bild 86 zu sehen.

Während meines Informatikstudiums mussten die Programmierübungen in Ablochbelege eingetragen und an das Uni-Rechenzentrum geschickt werden. Man bekam einen Lochkartenstapel und das ausgedruckte Programm mit den Compilerfehlermeldungen und einem Ablaufprotokoll zurück. Bis das Programm endlich lief, mussten der Lochkartenstapel und die Ablochbelege öfter hin und her geschickt werden.

Heute ist der Studierende über das Internet direkt mit dem Uni-Rechner verbunden und kann seine Übungen sehr schnell und unkompliziert online durchführen.

28.2.2.2. Datenbestände

Die Lochkartenmaschinen konnten keine Daten speichern. Wenn Daten gespeichert werden sollten, wurden neue Lochkartenstapel hergestellt.

Die Datenbestände der Lochkartenzeit waren nur auf den Lochkarten gespeichert. Riesige Kartenstapel mit vielen Millionen Lochkarten lagerten in passenden Holzkisten in den Regalen und Schränken der Rechenzentren. Jedes Programm, jede Kundenkartei, jeder Materialbestand und jede Ergebnis-Kartei bestand aus einem entsprechend großen Lochkartenstapel.

28.2.2.3. Funktionsweise der Datenverarbeitung mit Lochkarten

Die Lochkartentechnik funktionierte rein elektrisch. Beim Durchlauf einer Lochkarte durch den Lochkartenleser erkannten sogenannte Bürsten (Metallfedern) das Loch in der Karte, weil die Bürste beim Durchlauf der Lochkarte in das Loch fiel und damit Kontakt mit der darunter liegenden Metallfläche bekam. Die Bürste war eine Metallfeder, die einem Stromkreis angehörte und den Kontakt bei Berührung mit der Metallfläche schloss. Auf diese Weise wurde die Codierung erkannt.

Die eigentliche Datenverarbeitung erfolgte im Kartenmischer, der die Karten aus verschiedenen Lochkartenlesern in der richtigen Reihenfolge mischte und auf diese Weise einen neuen Stapel Lochkarten erzeugte, der eine Beitragsrechnung der Versicherung oder ein Bestellauftrag eines Versandhauses sein konnte.

Das Programm, nach dem der Kartenmischer arbeitete, musste vorher auf Stecktableaus mit Verbindungskabeln (Steckschnüre genannt) „programmiert“ werden. Solche Verbindungskabel wurden zu Hunderten in verschiedenen Längen auf den Stecktableaus verwendet. Jedes fertig gesteckte Tableau enthielt ein bestimmtes Programm. Die Tableaus waren beweglich und konnten in passende Sockel der Maschine eingesetzt werden. Bei Programmwechsel wurde einfach das betreffende „programmierte“ Stecktableau in die Maschine eingesetzt. Nun erzeugte der Kartenmischer einen neuen Kartenstapel als Ergebnis dieses „Programmlaufs“.

Der erzeugte Lochkartenstapel wurde auf der Tabelliermaschine weiter verarbeitet. Auch diese Maschine musste mit Steckschnüren „programmiert“ werden, damit sie wusste, welche Zahlen und Buchstaben in welche Spalten gedruckt werden sollten (Druckformatierung). Die Tabelliermaschine druckte eine ganze Zeile mit 132 Zeichen auf einmal, indem alle 132 Druckstößel, die auf entsprechende Positionen hochfuhren, mit einem Schlag gegen das Farbband und das Papier gepresst wurden. Deshalb wurde diese Maschine auch Lineprinter genannt. Gedruckt wurde auf Tabellierpapier von 37,5 cm Breite und 12 Zoll Länge mit Transportperforation.

Der Programmlauf wurde meist dadurch vorbereitet, dass man in einen Kartenstapel eine oder mehrere Vorlaufkarten (Steuerungskarten) einfügte, die den Ablauf steuerten. So konnte man viele Lochkartenstapel hintereinander anordnen und die Maschinen stundenlang unbeaufsichtigt laufen lassen. Das Wort „Stapelverarbeitung" erinnert noch heute an diese Arbeitsweise.

Später wurden die „rechnenden" Lochkartenmaschinen durch Großrechner ersetzt, nur die Lochkartenleser und -stanzer blieben. Die Lochkarten dienten nur noch der Dateneingabe und der Datenspeicherung, weil die Großrechner noch keine ausreichend großen Speicher hatten, um solche Datenmengen speichern zu können.

28.3. Konrad Zuse und seine Z3

Konrad Zuse, geboren 1910, war Bauingenieur und suchte nach einer Möglichkeit, die Arbeit der manuellen statischen Berechnungen zu automatisieren. 1934 begann er in Berlin mit der Planung einer programmgesteuerten Rechenmaschine für Aufgaben der Statik.

1937 war die mechanische Anlage Z1 fertig. Sie arbeitete mit dem *Dualcode* und wurde über einen Lochstreifen gesteuert, auf dem sich das Programm befand.

1941 war *Zuses* berühmte Z3 fertig, die erste programmgesteuerte Rechenmaschine der Welt, eine Relais-Maschine mit 2000 Relais.

28.4. Dualsystem und Binärsystem

Das **Dualsystem** ist ein Zahlensystem, das nur zwei Ziffern kennt: **0** und **1**. Für die daraus gebildeten Dualzahlen verwendet man die Stellenschreibweise. Der Mathematiker *Gottfried Wilhelm Leibniz* (1646-1716) hat als Erster mit diesem System gerechnet und es veröffentlicht. Damals konnte sich jedoch niemand eine praktische Anwendung vorstellen. Der Aufbau der Zahlensysteme und die Umrechnung der Zahlen von einem ins andere Zahlensystem ist Stoff des Mathematikunterrichts. Siehe dazu auch den Beitrag „Zahlensysteme - einfach umgerechnet" (Lit. [Praxl7]) auf meiner Internetseite.

1847 veröffentlichte *George Boole* (1815-1864) seine mathematische Logik (***Boole*sche Algebra**), die auf Leibniz' Dualsystem aufbaute und die heute Grundlage der logischen Schaltglieder der Digitaltechnik und vor allem der Rechner ist.

Erst *Konrad Zuse* erkannte die Bedeutung des Dualsystems und entwickelte auf dieser Grundlage 1934 seinen Computer, bei dem Zahlen dual dargestellt werden.

Zuse hatte die von *Leibniz* veröffentlichte Idee aufgegriffen und auf der Basis der Dualzahlen ein Berechnungsverfahren entwickelt, das mit Dualzahlen arbeitete, die man durch elektrische Signale in einem elektrischen Rechner darstellen konnte.

Bild 87: Telefonrelais

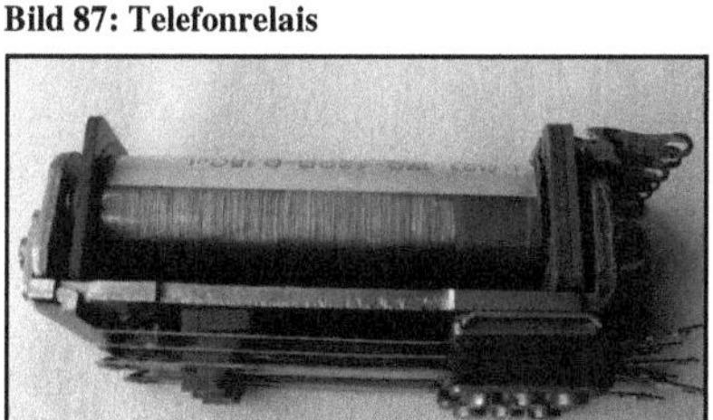

Damals war wirklich noch alles elektrisch und nichts elektronisch. Zuse stattete seinen Rechner mit Telefonrelais (siehe Bild 87) aus, die mit Magnetspulen und mechanischen Schaltkontakten arbeiteten.

Ein Relais besteht aus einer Drahtspule auf einem Eisenstab. Fließt Strom durch die Spule, kann der Eisenstab einen Anker anziehen, der andere Stromkreise einschaltet oder umschaltet. Bild 87 zeigt ein Telefonrelais der üblichen Bauart. Die Länge beträgt 7 cm.

Später wurden Elektronenröhren als Schaltelemente für die Rechner verwendet, die kontaktlos und wesentlich schneller als die Relais schalteten. 1948 wurde der Transistor erfunden. Nun ließen sich die Schaltelemente sehr klein bauen. Sie arbeiten stromsparend (und elektronisch!).

Die Transistoren können als kontaktlose Schalter und als Verstärker eingesetzt werden. Dies gab der Entwicklung der elektronischen Rechner einen großen Schub vorwärts.

28.4.1. Dualsystem und Binärcode

Das mathematische *Dualsystem* arbeitet nur mit den Ziffern 0 und 1.

In technischen Systemen lassen sich jedoch keine Ziffern, auch nicht 0 und 1, sondern nur physikalische Schaltzustände darstellen, die man **binär**, also durch zwei eindeutig voneinander unterscheidbare physikalische Zustände (Spannung vorhanden/nicht vorhanden, Licht ein/Licht aus) darstellt (*Binärsystem*). Zur Unterscheidung von der mathematischen Betrachtungsweise der Zahlendarstellung im Dualsystem spricht man bei der Darstellung von Dualzahlen im Computer von *Binärdarstellung*.

Eine Stelle einer im Rechner binär dargestellten Dualzahl nennt man *Binärziffer*. Dafür hat sich die Abkürzung *Bit* (aus dem Englischen: *Binary digit*) durchgesetzt. Ein Bit kann ***gesetzt*** sein (Bitwert = 1) oder ***nicht gesetzt*** sein (Bitwert = 0).

Eine Dualzahl, z. B. **01100011**, kann rechnerintern nur durch nebeneinanderliegende Schaltglieder, Speicherstellen oder Leitungen dargestellt werden. Stellt man diese Zustände als Kreise dar, dann sieht man ein Muster von vollen und leeren Kreisen, für unsere obige Dualzahl ergibt sich das binäre Muster: ○●●○○○●●, wobei der volle Kreis ein „gesetztes" Bit (Bitwert 1) und ein leerer Kreis ein „nicht gesetztes" Bit (Bitwert 0) bedeuten.

Allgemein nennt man eine solche Reihe von Binärziffern *Bitmuster*. Ein Bitmuster mit 8 Stellen nennt man *Byte*. In Byte werden auch die Speichergrößen angegeben:

1 Kilobyte	[kB]	= 1024 Byte.	
1 Megabyte	[MB]	= 1024 kB	= 1048576 Byte.
1 Gigabyte	[GB]	= 1024 MB	= 1073741824 Byte.
1 Terabyte	[TB]	= 1024 GB	= 1099511627776 Byte.

Binärdarstellung und Darstellung im Dualsystem können als gleichbedeutend angesehen werden mit dem Unterschied, dass bei der dualen Darstellung nur die Ziffern **1** und **0** als Werte verwendet werden, während bei der binären Darstellung zwei eindeutig voneinander unterscheidbare Zustände (Schalter ein/aus, Strom fließt/fließt nicht, voller/leerer Kreis) wesentlich sind.

28.4.2. Oktalzahlen und Sedezimalzahlen

Eine längere Dualzahl kann der Mensch sich schlecht merken. Die Binärdarstellungen von Dualzahlen im Computer, die sogenannten Bitmuster, werden deshalb auf dem Bildschirm für den menschlichen Leser meist in Oktal- oder Sedezimal-Darstellung gezeigt, weil sie in dieser Darstellung vom Auge leichter aufgenommen werden können:

Oktalsystem (lat.: ***octo*** = 8) mit der Basiszahl ***B*** = 8 oder
Sedezimalsystem (lat.: ***sedecim*** = 16) mit der Basiszahl ***B*** = 16 dargestellt.

Diese Zahlendarstellungen haben wesentlich weniger Stellen als die Dualdarstellung. Wir merken uns, dass diese Darstellungen nur für den Menschen am Bildschirm oder auf Ausdrucken verwendet werden. Intern arbeitet der Computer nach wie vor mit reinen Binär-Codes.

Man sagt zu den *Sedezimalzahlen* auch *Hexadezimalzahlen* oder kurz *Hexazahlen*. Das ist sprachlich nicht richtig, weil griechische und lateinische Bezeichnungen gemischt werden: Griechisch: ***hex*** = 6, lat.: ***decim*** = 10, also 6 + 10 = 16).

Um eine Dualzahl in oktaler oder sedezimaler Form darzustellen, wird sie von rechts her in Dreier- ($\mathbf{2^3}$ = oktal) bzw. Vierergruppen ($\mathbf{2^4}$ = sedezimal) aufgeteilt. Diese Gruppen zu drei bzw. vier Dualziffern werden in Dezimalzahlen umgerechnet, welche die Ziffernwerte des Oktal- bzw. Sedezimalsystems ergeben.

Tabelle 15 zeigt die beiden Code-Zuordnungen.

Tabelle 15: Oktal- und Sedezimal-System

Oktalsystem		
Ziffer	Wert	Dreiergruppe
0	0	000
1	1	001
2	2	010
3	3	011
4	4	100
5	5	101
6	6	110
7	7	111

Sedezimalsystem					
Ziffer	Wert	Vierergruppe	Ziffer	Wert	Vierergruppe
0	0	0000	**8**	8	1000
1	1	0001	**9**	9	1001
2	2	0010	**A**	10	1010
3	3	0011	**B**	11	1011
4	4	0100	**C**	12	1100
5	5	0101	**D**	13	1101
6	6	0110	**E**	14	1110
7	7	0111	**F**	15	1111

Beim Oktalsystem sind Ziffer und Ziffernwert der 8 Ziffern 0 bis 7 identisch. Beim Sedezimalsystem sind 16 Ziffernzeichen mit den Ziffernwerten 0 bis 15 erforderlich. Die beim Dezimalsystem vorhandenen Ziffernzeichen 0 bis 9 reichen dafür nicht aus, deshalb werden noch die ersten sechs Buchstaben des Alphabets (Groß- oder Kleinbuchstaben) dazugenommen. Die entsprechenden Ziffernwerte 10 bis 15 sind den Buchstaben **A** bis **F** (oder **a** bis **f**) zugeordnet. Sie sind im rechten Teil der Sedezimaltabelle zu sehen.

28.5. Zeichen- und Zifferncodes

Die Informationsdarstellung erfolgt außerhalb des Rechners für Menschen lesbar in Buchstaben des Alphabets, in Ziffern und in Sonderzeichen. Rechnerintern werden diese Zeichen binär als Bitmuster codiert.

Die wichtigsten Codes sind der ASCII- und der EBCDI-Code, bei denen die Codierung auf dem Dualsystem beruht. Die einzelnen Stellenwerte sind Potenzen der Zahl 2. Es gibt noch viele andere Codes, die aus der Anfangszeit der Computerentwicklung und aus der Telegrafenzeit (Telegrafier-Codes) stammen, sie sollen hier nicht erwähnt werden.

28.5.1. Der ASCII-Code

Der **ASCII-Code** (American Standard Code for Information Interchange) ist ein 7-Bit-Code, der die Codierung von 128 Zeichen (= 2^7) erlaubt. Er erlaubt nicht nur die Codierung der Zeichen, sondern dient auch zur Steuerung des Datenverkehrs (Steuerzeichen). Er hat in der erweiterten 8-Bit-Darstellung mit 256 Codiermöglichkeiten (= 2^8) eine weltweite Verbreitung in der Computertechnik und im Internetverkehr gefunden. Deshalb wird er hier etwas ausführlicher beschrieben.

Die Zeichen des normalen 7-Bit-ASCII-Codes sind den Nummern (Codes) 0 bis 127 zugeordnet. Die Codes 128 bis 255 erweitern den ASCII-Code auf 8 Bit, sie können je nach System und Land unterschiedlich (landesspezifisch) belegt sein. Dort sind auch die deutschen Umlaute zu finden. Für den Internetverkehr haben sich weltweit genormte ISO-Zeichensätze auf der Basis des 8-Bit-ASCII-Codes durchgesetzt.

Den einzelnen sich aus den Bitmustern ergebenden Dualzahlen wurden die Zeichen eines **Zeichensatzes** (character set) zugeordnet. Die Zeichen werden im englischen Sprachraum auch „characters" genannt. Die Festlegung dieser Zuordnung war rein willkürlich, aber doch so klug, dass man die natürliche Reihenfolge der Ziffern und der Zeichen im Alphabet beibehielt.

Die ersten 32 Codes (Nr. 00 bis 31) wurden den Steuerzeichen zugeordnet. Code 32 ist das Leerzeichen (SP = space). Die Codes 48 bis 57 werden von den Ziffern 0 bis 9 belegt, die Codes 65 bis 90 sind den Großbuchstaben vorbehalten und die Codes 97 bis 122 den Kleinbuchstaben.

Zwischen Groß- und Kleinbuchstaben ergibt sich daraus eine feste Differenz von 32. Die Sonderzeichen (Interpunktionszeichen, Klammern, mathematische Zeichen) sind dazwischen angeordnet.

Auch die auf Seite 39 beschriebenen wissenschaftlichen Taschenrechner benutzen den ASCII-Code.

Die nachfolgende Tabelle 16 wurde per Computerprogramm erzeugt und zeigt die momentan gültige ASCII-Codierung auf dem Rechner, auf dem Sie dieses Buch gerade lesen. Diese Codierung ist abhängig vom Zeichensatz, den das Betriebssystem für den Verkehr mit der **Peripherie** gerade benutzt (Codepage). Peripherie nennt man die Geräte, die eine Kommunikation des Computers mit der Außenwelt ermöglichen (Bildschirme, Drucker, Tastaturen, Grafikgeräte, Magnetbandstationen, Plotter, Multimediageräte, usw.).

Die Codepages sind international festgelegt und nummeriert. Sie sind auf dem Computer voreingestellt oder der Computer wählt bei Bedarf die passende selbst aus.

In Tabelle 16 ergibt sich die Code-Nummer eines Zeichens aus der Addition der Zahl, die in der linken Spalte der Tabelle in der jeweiligen Zeile angegeben ist und der Zahl, die sich über der Spalte mit dem gewünschten Zeichen befindet. Das oben gezeigte Bitmuster ○●●○○○●● hat als Dualzahl **01100011** den Wert **99** (= 96 + 3) und ist dem ASCII-Zeichen „**c**“ zugeordnet.

Tabelle 16: 8-Bit-ASCII-Code

```
Aktuelle 8-Bit-ASCII-CODE-Darstellung

|-----|--------------------------------------------------------------------|
|Code +   0   1   2   3   4   5   6   7   8   9  10  11  12  13  14  15 |
|-----|--------------------------------------------------------------------|
|   0 | NUL SOH STX ETX EOT ENQ ACK BEL  BS  HT  LF  VT  FF  CR  SO  SI |
|  16 | DLE DC1 DC2 DC3 DC4 NAK SYN ETB CAN  EM SUB ESC  FS  GS  RS  US |
|  32 |  SP   !   "   #   $   %   &   '   (   )   *   +   ,   -   .   / |
|  48 |   0   1   2   3   4   5   6   7   8   9   :   ;   <   =   >   ? |
|  64 |   @   A   B   C   D   E   F   G   H   I   J   K   L   M   N   O |
|  80 |   P   Q   R   S   T   U   V   W   X   Y   Z   [   \   ]   ^   _ |
|  96 |   `   a   b   c   d   e   f   g   h   i   j   k   l   m   n   o |
| 112 |   p   q   r   s   t   u   v   w   x   y   z   {   |   }   ~ DEL |
|-----|--------------------------------------------------------------------|
| 128 |   €   □   ‚   ƒ   „   …   †   ‡   ˆ   ‰   Š   ‹   Œ   □   Ž   □ |
| 144 |   □   ‘   ’   “   ”   •   –   —   ˜   ™   š   ›   œ   □   ž   Ÿ |
| 160 |       ¡   ¢   £   ¤   ¥   ¦   §   ¨   ©   ª   «   ¬   -   ®   ¯ |
| 176 |   °   ±   ²   ³   ´   µ   ¶   ·   ¸   ¹   º   »   ¼   ½   ¾   ¿ |
| 192 |   À   Á   Â   Ã   Ä   Å   Æ   Ç   È   É   Ê   Ë   Ì   Í   Î   Ï |
| 208 |   Ð   Ñ   Ò   Ó   Ô   Õ   Ö   ×   Ø   Ù   Ú   Û   Ü   Ý   Þ   ß |
| 224 |   à   á   â   ã   ä   å   æ   ç   è   é   ê   ë   ì   í   î   ï |
| 240 |   ð   ñ   ò   ó   ô   õ   ö   ÷   ø   ù   ú   û   ü   ý   þ   ÿ |
|-----|--------------------------------------------------------------------|
```

Der obere Teil der Tabelle ist international einheitlich, der untere Teil kann länderspezifisch unterschiedlich belegt sein. Im unteren Teil der Tabelle treten bei mehreren Codes die gleichen Zeichen (oder Leerzeichen) auf (Codes 129, 141, 143, 144 und 157). Dies ist ein Hinweis dafür, dass diese Codenummern nicht mit einem im aktuellen Betriebssystem oder auf einem Ausgabegerät druckbaren Zeichen belegt sind. Man nennt diese mehrfach vorkommenden Zeichen „Schmierzeichen“, weil sie auf dem Ausgabegerät nicht definiert sind. Manchmal ist die entsprechende Tabellenzeile „verworfen“, weil die Platzhalter für die Schmierzeichen die übliche Zeichenbreite überschreiten.

Die Code-Nummern 00 bis 31 sind den Steuerzeichen vorbehalten. Steuerzeichen dienen zur Steuerung der Peripherie oder zur gegenseitigen Verständigung (Handshaking-Signale) zwischen zwei Datenendgeräten beim seriellen Datenaustausch über ein **Modem**.

Das Wort „Modem“ ist die Zusammenziehung der Wörter „**MO**dulieren“ und „**DEM**odulieren“. Ein Modem setzt die zu übertragende binäre Information in Töne um (modulieren), die über eine normale Telefonleitung übertragen werden können.

Außerdem interpretiert es die Steuerzeichen und steuert damit zusammen mit dem Modem der Gegenstelle den Datenfluss. Das Modem der Gegenstelle setzt die Töne wieder in die ursprüngliche binäre Information um (demodulieren).

Die 32 Steuerzeichen selbst sind nicht druckbar und folglich in der Tabelle auch nicht darstellbar. Die in der Tabelle angegebenen Kurzzeichen bezeichnen die international festgelegten Namen für diese Steuerzeichen.

Beispiele:

- STX (Code 02) bedeutet „start of text".
- ETX (Code 03) bedeutet „end of text".
- BEL (Code 07) entlockt dem Drucker oder dem Bildschirm ein akustisches Signal.
- LF (Line Feed, Code 10) ist der Zeilenvorschub.
- FF (Form Feed, Code 12) ist der Seitenvorschub.
- CR (Carriage Return, Code 13) ist auf der (Fern-)Schreibmaschine der Wagenrücklauf. Allgemein wird damit das Ende eines Datensatzes angezeigt. Am Eingabeterminal ist die CR-Taste meist größer und mit [ENTER] oder [CR] oder [↵] beschriftet. Diese Taste bewirkt meist auch einen Zeilenvorschub, also CR+LF.
- DEL (Code 127) wird bei manuellen Eingaben über die Tastatur benutzt und bewirkt die Löschung des zuletzt eingegebenen Zeichens. Die entsprechende Taste wird als Rücktaste bezeichnet und ist meist mit [←] beschriftet.

28.5.2. Binärcodes für Dezimalziffern

Der **BCD-Code** (Binary Coded Decimal) ist identisch mit den im Sedezimalsystem codierten Ziffern 0 bis 9 (siehe obige Tabelle 15). Je 4 Bits bilden ein Codewort.

28.5.3. Der EBCDI-Code

EBCDI-Code (Extended Binary Coded Decimal Interchange Code) ist ein auf 8-Bit erweiterter BCD-Code, mit dem nicht nur die Ziffern 0 bis 9, sondern auch andere Zeichen eines Zeichensatzes codiert werden können. Es können insgesamt bis zu 100 verschiedene Zeichen dem EBCDI-Code zugeordnet werden. Er wird vorwiegend auf IBM-Rechnern verwendet.

28.6. Prinzip der Datenverarbeitung

Bild 88: E-V-A-Prinzip

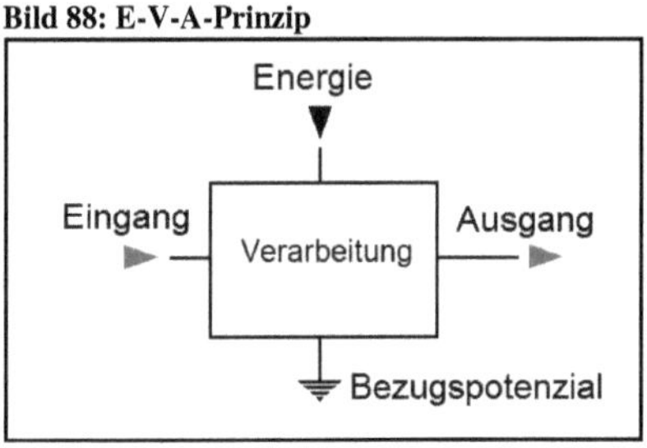

Jede Art von Datenverarbeitung, selbst im kleinsten Speicherelement, erfolgt nach dem E-V-A-Prinzip, wobei

E = Eingabe bzw. Eingang,
V = Verarbeitung und
A = Ausgabe bzw. Ausgang

bedeuten.

Jedes Datenverarbeitungsgerät oder Nachrichtengerät hat also diese 3 angegebenen Funktionen (Bild 88). Außerdem muss immer Energie zur Verarbeitung zugeführt werden. Elektrische Geräte müssen noch ein Bezugspotenzial (Masse, Betriebserde) haben. Dieses Prinzip gilt für alle Geräte.

Grundsätzlich kann jedes Gerät über nur vier Drähte an die Außenwelt angeschlossen werden: Eingangssignal, Ausgangssignal, Stromzuführung und gemeinsame Masseleitung.

„Masse“ oder „Erde“ nennt der Elektriker das gemeinsame Bezugspotenzial für die Datenleitungen und die Stromversorgung. Es gibt manchmal auch verschiedene Bezugspotenziale: Betriebserde und Schutzerde. Davon kommt auch der Begriff „Erdung“.

An der USB-Schnittstelle des Computers sieht man dieses Prinzip am deutlichsten (der USB-Stecker hat nur vier Kontakte). Deshalb können kleine USB-Geräte ohne eigene Stromversorgung auskommen, weil die Energie über die Schnittstelle zugeführt wird.

28.7. Datenspeicherung

Der schnellste und beste Rechner nützt uns wenig, wenn wir die Arbeitsergebnisse nicht dauerhaft speichern können, sei es als Zwischenergebnis oder für längere Zeit. Die Daten werden zur Speicherung auf Speichermedien übertragen. Diese sind intern byteorientiert organisiert. Man unterscheidet zwischen flüchtiger Speicherung, bei der die Daten nach dem Ausschalten des Stroms verloren sind, und nicht-flüchtiger Speicherung, bei der die Daten dauerhaft gespeichert sind, auch wenn der Strom ausgeschaltet wurde.

28.7.1. Sequenzielle und direkte Speicherung

Bei sequenzieller Speicherung werden die Bitmuster mit 8 Bit Länge (Bytes) einfach hintereinander auf das Speichermedium geschrieben, ohne dass eine Adresse erforderlich ist. Die Adresse eines Bytes ist seine Position in der Reihenfolge. Bei eindimensionalen Speichermedien (Magnetbändern, Lochstreifen) ist diese sequenzielle Speicherung üblich. Man muss bis zum gesuchten Byte vorspulen, ehe man darauf zugreifen kann.

Bei zweidimensionalen Speichermedien (Plattenlaufwerken, Disketten, Matrixspeichern) kann neben der sequenziellen Speicherung auch eine index-sequenzielle oder direkte Speicherung erfolgen. Jedes Byte hat eine Adresse (Index), die fortlaufend (sequenziell, Nummerierung) oder als direkte Adresse angegeben sein kann. Beim Speichern und Lesen des Bytes wird der Index ausgewählt und dann direkt auf dieses Byte zugegriffen.

28.7.2. Speichermedien und Laufwerke

Bei Computersystemen sind Speichermedien verschiedener Art in Gebrauch. Es gibt flüchtige Speicher, bei denen die Information verlorengeht, wenn der Strom ausgeschaltet wird. Bei nicht-flüchtigen Speichern spricht man von Datenträgern, weil die Daten dort dauerhaft gespeichert werden.

28.7.2.1. Arbeitsspeicher

Innerhalb des Computers werden Halbleiter-Speicherchips als Arbeitsspeicher verwendet. Nach Ausschalten des Computers verlieren diese Speicher ihren Inhalt. Es sind flüchtige Speicher. Deshalb muss man den Computer nach dem Einschalten „hochfahren“, wobei die nötigen Startdaten vom Starterchip (BIOS) zum Arbeitsspeicher übertragen werden. Aufgrund dieser Startdaten wird das Betriebssystem automatisch von der Festplatte in den Arbeitsspeicher geladen, der Computer ist anschließend arbeitsbereit.

28.7.2.2. Sequenzielle Datenträger

Lochstreifen aus Papier sind die ältesten sequenziellen Datenträger. Man braucht einen Lochstreifenleser, um die Daten zu entziffern.

Bild 89 zeigt die Oberseite eines Papierlochstreifens, wie er z. B. bei Teletype-Maschinen verwendet wurde. Er besteht aus 0,1 mm dickem, geöltem Papier. Er enthält 8 Spuren mit großen Löchern für die 8 Bits.

Bild 89: Papierlochstreifen mit 1 Zoll (= 2,54 cm) Breite

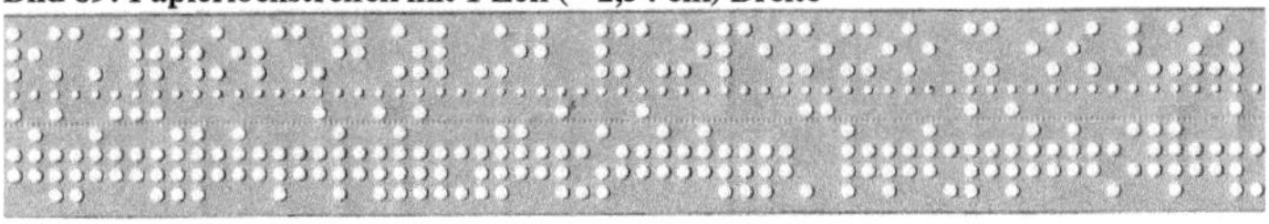

Die Leserichtung der Bits im Bild ist von links nach rechts.

Die durchgehende Reihe kleiner Löcher dient als Transportperforation für ein Zahnrad im Gerät, das den Lochstreifen (10 Zeichen pro Sekunde) entsprechend nach links transportiert, an der Lesevorrichtung (Abtaststifte) vorbei.

Lochstreifen sind für Massendaten nicht geeignet, weil das Stanzen und auch das Lesen der Daten zu lange dauern würde. Als sequenzielle Datenspeicher zur Datensicherung wurden deshalb hauptsächlich *Magnetbänder* (mit 12 mm Breite = Industriestandard) verwendet. In den Bandlaufwerken, die so groß wie ein Kühlschrank waren, wurden die Magnetbänder zur Minderung des Verschleißes durch Luftkissen gespannt gehalten. Später kamen *Bandkassetten* und die passenden Kassettenlaufwerke dazu, die mit Magnetbändern von 4 bis 6 mm Breite arbeiteten.

28.7.2.3. Disketten

Ein großer Nachteil aller Bandgeräte ist der sequenzielle Zugriff. Deshalb hat man eine rotierende flexible Magnetfolie entwickelt, die *Floppy Disk* oder *Diskette*, die in einem steifen Kunststoffumschlag (mit Zugriffsöffnungen) läuft. Die Diskette erlaubt einen Direktzugriff auf die Daten, wobei alle Speicherstellen gleich schnell erreichbar sind. Ursprünglich arbeitete man mit einer Foliengröße von 8 Zoll Durchmesser. Da sich diese großen Scheiben nicht bewährt haben, ging man auf eine Größe von 5,25 Zoll Durchmesser zurück und schließlich bewährte sich die 3,5-Zoll-Diskette.

28.7.2.4. Magnetplatten

Programme, Arbeitsergebnisse und viele andere Daten werden auf *Magnetplatten* (Festplatten) gespeichert. Diese bestehen aus mehreren Aluminiumscheiben, die beidseits mit je einer Magnetschicht versehen sind. Diese magnetisierbaren Scheiben rotieren mit hoher Geschwindigkeit, wobei Arme mit Lese- und Schreibköpfen darauf zugreifen.

Man nennt solche Speicher, die mit rotierenden Scheiben arbeiten, Laufwerke. Auch hier sind alle Speicherstellen gleich schnell erreichbar. Die Herstellung solcher Laufwerke erfolgt in Räumen mit staubfreier Luft und erfordert eine hohe feinmechanische Präzision. Diese Laufwerke sind entsprechend teuer. Im Betrieb sind sie hermetisch gegen die Außenluft abgeschlossen. Anfangs hatten Magnetplattenlaufwerke die Größe einer Zigarrenkiste.

Inzwischen gibt es Magnetplattenlaufwerke in Postkartengröße, die eine Speicherkapazität von bis zu 2 TB (Terabyte) haben und über einen USB-Anschluss am Computer betrieben werden können.

Das kleinste Magnetplattenlaufwerk mit einer rotierenden Scheibe ist der *Microdrive*™ von IBM mit einer Speicherkapazität von 1 GB. Das Laufwerk ist in einer Compact-Flash-Karte der Größe 36 × 43 × 5 mm eingebaut und wird im Kartenleser betrieben.

28.7.2.5. Optische Datenträger

Anstelle von Magnetplatten werden metallbeschichtete rotierende transparente Kunststoffscheiben verwendet, wo ein Schreibkopf die Daten per Laserstrahl durch das transparente Material in die Metallschicht einbrennt. Der gleiche Laserstrahl, nur wesentlich schwächer, wird auch zum Lesen der eingebrannten Daten verwendet. Weil ein Lichtstrahl (LASER) dafür verwendet wird, spricht man von optischen Datenträgern (CD-RAM, CD-ROM, DVD-RAM, DVD-ROM).

Die Abkürzungen RAM und ROM stehen für den Speicherzugriff (RAM = random access memory = beschreibbarer und löschbarer Speicher, ROM = read only memory = Nurlese-Speicher ohne Schreib- und Löschmöglichkeit).

28.7.2.6. *Festkörperspeicher*

Die Zukunft gehört jedoch den *Festkörperspeichern*, die keine beweglichen Teile haben (USB-Speichersticks, Speicherkarten, Flashspeicher, SSD = solid state drive).

Die Daten werden in die Speicherzellen der Speicherchips geschrieben und bleiben dort auch ohne Strom erhalten (nicht-flüchtige Speicher).

Sie können beliebig oft gelesen werden. Durch Überschreiben können die Speicherzellen gelöscht oder mit neuem Inhalt gefüllt werden.

Verwendet man solche Speicherchips als Arbeitsspeicher und als Ersatz für die Festplatten, dann spart man sich das Herunterfahren und Hochfahren des Betriebssystems. Man schaltet das Gerät ein und kann sofort damit arbeiten. Taschencomputer (Pocketcomputer, Smartphones, Tabletts) arbeiten mit dieser Technik.

28.7.3. *Formatlose und formatierte Speicherung*

Alle Daten werden binär als Bits gespeichert. Es besteht aber ein Unterschied zwischen formatloser und formatierter Speicherung derselben Daten. Die Bytes können entweder so gespeichert werden, wie das Bitmuster aussieht (formatlos) oder als formatierter Datensatz, der aufbereitet worden ist und für den Menschen lesbar auf Bildschirm oder Drucker ausgegeben werden kann. Zum Verständnis dazu folgendes Beispiel:

Von einer Wetterstation werden 5 Messwerte als binäre Bytes geliefert:
`00000101, 00000111, 00001010, 00011001, 01010000,`
die nacheinander 5 ganze Zahlen darstellen (`5,7,10,25,80`).

Diese Zahlen haben folgende Bedeutung:
Tag: 5, Monat: 7, Jahr: 10, Temperatur: 25 °C, rel. Luftfeuchtigkeit: 80% .

Formatlos (in Binärform) gespeichert belegen diese Werte im Speicher 5 Bytes = 40 Bits. Zur besseren Unterscheidung für den lesenden Menschen sind die Bytes hier abwechselnd durch Fettdruck oder Unterstreichung gekennzeichnet: **0000101**00000111**00001010**00011001**01010000**.

Um diese Daten für den Menschen lesbar zu machen, speichert ein Programm diese Binärwerte formatiert als Datensatz in eine Textdatei, der aus 20 ASCII-Zeichen (Bytes) besteht, wobei das Steuerzeichen [CR] den Datensatz abschließt,
`05.07.2010 25°C 80%[CR].`
Durch das Formatieren wurden zusätzliche Informationen zur Interpretation eingefügt; hier nochmals der Datensatz, die ursprünglichen Zahlen sind unterstrichen: `05.07.2010 25°C 80%[CR].`

Wie man sieht, benötigt die formatierte Speicherung mit Interpretation im Beispiel das Vierfache an Speicherplatz. Wenn viele derartige Messdaten zu speichern sind, speichert man sie am besten formatlos ab und rechnet erst während der Ausgabe in die gewünschte Formatierung um. Man gibt also die formatlos (in Binärform) gespeicherten Daten per Programm formatiert aus. Der Nachteil der Binärform mit formatierter Ausgabe ist, dass man immer das spezielle Ausgabeprogramm dazu braucht.

28.7.4. *Dateiformate und Dateinamen*

Alle Daten, ob formatlos oder formatiert, werden in Dateien gespeichert. Dateien sind mit Namen versehene, auf Datenträger gespeicherte formatlose oder formatierte Datenpakete, die eine bestimmte Größe und ein bestimmtes Dateiformat haben.

Die Dateinamen müssen nach den für das verwendete Betriebssystem gültigen Namenskonventionen aufgebaut sein. Beim Datenaustausch mit anderen Betriebssystemen oder dem Internet müssen die gemeinsam gültigen Namenskonventionen eingehalten werden.

Unter Dateiformat wird die Art und Form der Anordnung von Einzelbytes oder Datensätzen innerhalb der Datei verstanden.

Die Datei kann einen Dateikopf (Header) haben, ähnlich einem Briefkopf, sodass der Computer beim Öffnen der Datei die Art der Darstellung oder Verarbeitung der gespeicherten Daten aus dem Header entnehmen kann.

Haben die Dateien keinen Header, dann kann der Computer an der dem Dateinamen angehängten Endung die Art der Datei erkennen. Die Dateiendung (Dateinamenserweiterung, Dateisuffix) ist der letzte Teil eines Dateinamens, der mit einem Punkt vom Hauptnamen abgetrennt ist. Der Punkt selbst gehört nicht zur Dateiendung.

Während der Dateiheader innerhalb der Datei unabhängig vom Dateinamen ist, kann die Dateiendung einfach durch Umbenennen der Datei geändert werden.

Für jede Datenart gibt es das geeignete Dateiformat und eine zugeordnete Dateiendung. Jedes Betriebssystem hat eigene Namenkonventionen und Dateiendungen. Man kann auch selbst Dateiformate erfinden und eigene Dateiendungen dafür wählen. Nachfolgend seien nur die wichtigsten Dateiformate und Dateiendungen (für Windows-Betriebssysteme) genannt:

1. Systemdateien des Betriebssystems mit verschiedenen Endungen.
2. Initialisierungsdateien (*ini*).
3. Schriftfontdateien (*fon, ttf*).
4. Programmdateien (*exe, dll*).
5. Textdateien (*txt, log*) enthalten meist zeilenorientierte Datensätze oder ASCII-Zeichen als laufenden Text.
6. Grafikdateien (Bitmapdateien *bmp*) enthalten meist einen Header, aus dem der Computer die Darstellungsinformation der Pixel innerhalb des Bildes entnimmt. Für jedes Pixel ist dessen Position im Bild durch die Reihenfolge in der Datei gegeben, die Farbinformationen sind meist mit 24 Bit codiert, wobei je 8 Bit für die Farben Rot, Grün und Blau (RGB-Farbinformation) verwendet werden. Jede Grundfarbe (Rot, Grün, Blau) kann $2^8 = 256$ Abstufungen haben. Jedes Pixel kann also 2^{24} (= 256 × 256 × 256 = 16 777 216) Farben darstellen.
7. Grafikdateien (*gif, jpg, tiff, png*) sind meist Bilddateien, bei denen, je nach Dateiendung, der Inhalt anders organisiert ist. Die Farbinformationen können von der RGB-Darstellung abweichen. Bestimmte Grafikformate enthalten die Daten in komprimierter Form. Datenkomprimierung wird zur Datenreduzierung angewandt.
8. Audiodateien (Musikdateien *wav, mid, mp3, wma*).
9. Videodateien (*avi, wmv* für Filme).
10. Datenbanksysteme (*db*).
11. Dokumentdateien (*doc, pdf*).
12. Archive (*zip, lzh, cab, rar*), in denen komprimierte Dateien zusammengefasst sind.
13. Web-Dateien (*htm, html*).
14. Proprietäre Dateien (mit speziellen Endungen), die die Hersteller von Programmsystemen verwenden. Diese Dateien können meist nur mit den speziellen Programmen gelesen werden.

28.8. Datenerfassung und Dateneingabe

Bevor die Daten gespeichert und verarbeitet werden können, müssen sie irgendwie in den Computer gelangen. Dabei unterscheidet man nach der Art, wie die Daten erfasst werden, drei Methoden:

28.8.1. Eingabe

Die Dateneingabe ist dadurch gekennzeichnet, dass sie manuell von einem Menschen vorgenommen wird. Ursprünglich wurden die Daten über eine Tastatur eingegeben. Das fing schon bei den Lochkarten an, wo die Daten an einer Lochstation per Tastatur eingegeben und in die Lochkarten gestanzt wurden.

Als die Dialoggeräte aufkamen, die direkt mit dem Computer verbunden sind, wurden die Daten per Programm vom Computer angefordert, eingetippt und auf einem Speichermedium gespeichert.

Auch die Eingabe von Grafikdaten (z. B. von Zeichnungen auf Papier) über Digitalisiergerät erfolgt manuell mit einer Digitalisierlupe oder einem Digitalisierstift. Hier steuert das Digitalisierprogramm den Dialog mit dem Menschen.

28.8.2. Einlesen

Sind die Daten schon irgendwo auf einem Datenträger erfasst (Lochkarte, Magnetband, Lochstreifen), dann werden sie über die am Computer angeschlossenen Lesegeräte automatisch eingelesen.

28.8.3. Automatische Datenerfassung

Daten, die sich nicht manuell erfassen lassen und auch nicht auf einem Datenträger gespeichert vorliegen, müssen über spezielle Erfassungsgeräte automatisch erfasst werden.

Das ist meist bei Messwerten der Fall. Die Daten kann der Computer am angeschlossenen Messgerät digital abgreifen, in reale Messwerte umwandeln und dann auf Datenträger speichern (siehe oben unter 28.7.3). Eine Beschreibung einer automatischen Messdatenerfassung ist in Abschnitt 33.3.2 ab Seite 301 zu finden.

Grafikdaten werden meist automatisch über Scanner (Zeichnungs-Scanner, Bild-Scanner, Digitalkamera) erfasst und in Grafikdateien gespeichert. Auch die Texterfassung über Scanner läuft automatisch, dabei werden die Schriftzeichen der eingescannten Texte durch optische Zeichenerkennung (OCR) identifiziert und einer ASCII-Codierung zugewiesen. OCR (Optical Character Recognizing = optische Zeichenerkennung) erzeugt aus einer Grafikdatei, z. B. aus einem eingescannten Zeitungsartikel, eine Textdatei. Hinterher kann man diese Textdatei über ein Textsystem (siehe 29.1.1 auf Seite 266) weiterbearbeiten.

Die Oberfläche von realen Gegenständen kann mit Scannern dreidimensional (3D) automatisch abgetastet (Laserabtastung) und gespeichert werden. Diese gespeicherten Daten lassen sich anschließend mit Konstruktionssystemen (CAD, siehe Kapitel 31 auf Seite 287) weiterbearbeiten und die Gegenstände räumlich auf dem Bildschirm darstellen.

28.9. Datenausgabe

28.9.1. Dialoggeräte und Datensichtgeräte

Als es noch keine Bildschirme gab, wurden Fernschreibmaschinen (Teletype) als Dialoggeräte verwendet. Im Dialog mit dem Computer schrieb man einen Befehl auf der Tastatur und schickte ihn mit der Taste [CR] ab. Diese Befehlszeile wurde auf Papier gedruckt. Die Antwort des Computers wurde als nächste Zeile ebenfalls auf das Papier gedruckt. Am Abend hatte man eine beschriebene Papierrolle mit dem Dialog als Nachweis der eigenen Arbeit.

Bei der Datenausgabe auf Bildschirmen hat man keinen Nachweis seiner Arbeit auf Papier. Der Bildschirm dient der flüchtigen (= nicht bleibenden) Ausgabe von Daten. Ausgegeben werden Zeichen und Grafiken (Linienbilder, Diagramme, komplexe Gebilde aus Linien und Punkten) monochrom oder in Farbe. Man nennt diese Ausgabegeräte auch **Datensichtgeräte**. Zur Anwendung kamen bisher Kathodenstrahlröhren (Fernsehschirme oder eigene Monitore). Diese Bildröhren werden mit einer sehr hohen elektrischen Anodenspannung (15000 Volt) betrieben, die den Kathodenstrahl auf dem Schirm sichtbar werden lässt. Neuerdings sind Flachbildschirme auf LCD-Basis in Gebrauch, die nur einen Bruchteil der alten Monitore wiegen und mit einer niedrigen Gleichspannung auskommen.

28.9.2. Darstellung der ASCII-Zeichen auf dem Bildschirm

Wie oben im Abschnitt über ASCII-Zeichen ausgeführt, ist jedem ASCII-Zeichen ein Binärcode in Form eines Bytes zugeordnet. Wird der Code für dieses Byte an ein Bildschirmgerät geschickt, so generiert das System an der Cursorposition eine 7x9-Pixelmatrix (siehe Bild 90), die das ASCII-Zeichen auf dem Bildschirm anzeigt.

Bild 90: 7x9-Matrix für ASCII-Zeichen

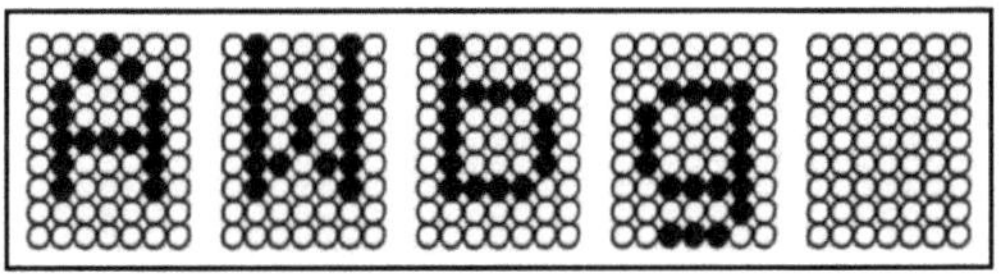

Für jedes ASCII-Zeichen existiert als Ausgabebild eine Matrix aus 9 waagrechten Reihen zu 7 Punkten. Diese Punktdarstellung eines Zeichens ist im Ausgabegerät selbst abgespeichert. Wird der ASCII-Code für ein Zeichen an das Ausgabegerät geschickt, so wird die entsprechende Punktdarstellung an der Cursorposition auf dem Bildschirm angezeigt.

Die alten Computermonitore waren nur zeilenorientiert. Die ersten Heimcomputer konnten nur 24 Zeilen zu 32 oder 40 Zeichen darstellen, der DOS-Bildschirm konnte 24 Zeilen zu 80 oder 132 Zeichen darstellen. Die heutigen Grafikmonitore sind nicht mehr zeilenorientiert. Sie können jede Schriftart in jeder Größe zeilenorientiert oder als Grafik und mit allen Attributen (kursiv, fett, hochgestellt, tiefgestellt) darstellen.

28.9.3. Grafikdarstellung

Die in jedem Computer vorhandene VGA-Karte (Grafikkarte) hat die Aufgabe, die Daten für das angeschlossene Anzeigegerät (Bildschirm) aufzubereiten. Es ermöglicht nicht nur die zeilenorientierte Ausgabe von einzelnen Schriftzeichen, sondern auch eine Grafikausgabe auf dem Bildschirm, wobei der gesamte Grafikspeicher als große Punktmatrix betrachtet wird. Für die Anzeige stehen verschiedene Grafik-Modi der Grafikkarte für die Programmierung zur Verfügung.

Bei den Windows-Betriebssystemen gibt es spezielle Grafikkarten. Die zugehörigen Programme (Treiber) gewährleisten die korrekte Zusammenarbeit der Grafikkarte mit dem Betriebssystem.

Die Grafikbildschirme konnten im Laufe ihrer Entwicklung immer feiner auflösen. Waren zuerst nur 200 Punktzeilen zu je 400 Punkten (200 × 400 Pixel) möglich, so verfeinerte sich die Darstellung im Laufe der Entwicklung auf 256 × 512, 400 × 600, 480 × 640, 800 × 600, 1024 × 768, 1280 × 1024, 400 × 1050 und 1600 × 1200.

Die großen Monitore der Grafik-Arbeitsplätze lösen noch feiner auf. Um die Auflösung des Monitors auch auszunutzen, muss die Grafikkarte die entsprechenden Modi bieten.

28.9.4. Schriften

Eine Schriftartdatei beschreibt alle Zeichen ein bestimmte Schriftdarstellung zusammen mit bestimmten Attributen wie Größe, Abstand und Druckweite der Schriftzeichen.

Mit der Grafikdarstellung auf dem Bildschirm wuchs auch das Verlangen nach schönen Schriftzeichen. Die durch eine Punktmatrix dargestellte Schrift (wie in Bild 90) auf Bildschirm und Ausdrucken war zu primitiv und erfüllte nicht mehr die gehobenen Ansprüche für Textdarstellung.

28.9.4.1. Bitmap-Schriften

Es wurden Schriftarten (Fonts) entwickelt, die sich in Form und Gestaltung der Schriftzeichen an der professionellen Drucktechnik orientierten. Die Form der Schriftzeichen wurde in Fontdateien niedergelegt. Für den DOS-Bereich wurden Bitmap-Fonts (Pixelmatrix, Rasterschrift) entwickelt, die als Pixelmuster auf dem Bildschirm dargestellt werden. Verschiedene Größen und Schrifttypen sind in Fontdateien abgespeichert.

28.9.4.2. *Umrissschriftarten*

Erst für den Bereich der Windows-Betriebssysteme wurden die Schriften an die im Buchdruck üblichen Fonts angeglichen, indem man die TrueType-Technik (TTF = True Type Font; siehe Wikipedia unter dem Stichwort *TrueType*) entwickelte. Hier wird das Schriftzeichen mit seinen Umrissen (engl.: outline) in TTF-Dateien abgespeichert.

TrueType-Schriften sind geräteunabhängig und skalierbar (= beliebig vergrößerbar). Das Betriebssystem erzeugt aus den Informationen der gewählten TrueType-Datei das Schriftzeichen auf dem Bildschirm.

Bei allen Windowsbetriebssystemen werden OpenType-Schriften mitgegeben; OpenType ist eine Erweiterung von TrueType (siehe bei Wikipedia im Internet unter dem Stichwort *OpenType*).

28.9.4.3. *Zeichenraster*

Aber nicht nur die Form der Schriftzeichen, sondern auch ihr Abstand (Zeichenraster) bestimmt das Schriftbild. Früher zu Zeiten des DOS-Bildschirms gab es nur einen Zeichenraster von 10, 12 oder 17 Zeichen pro Zoll (CPI = character per inch). Bei festem Raster haben die Zeichenmitten (senkrechte Mittelachse der Zeichen) denselben Abstand (Schreibmaschinenschrift).

Auf den Druckern konnte man auf Proportionalschrift umschalten. Diese war später auch auf den Bildschirmen bei den Windowssystemen möglich.

Bei der Proportionalschrift gibt es keinen festen Raster, sondern die Zeichenbreiten bestimmen die Länge des Schriftzuges, wobei der Abstand zwischen den Zeichen gleich ist. Die Proportionalschrift entspricht dem Druckbild beim Buchdruck. Auch Blocksatz (rechts- und linksbündiges Zeilenende) ist möglich.

Die Bezeichnung der Schriftgröße entspricht der Benennung im Buchdruck. Der Schriftsetzer verwendet als Maß für die Schriftgröße den *typografischen Punkt* (Pt): **1 Pt = 0,376 mm**.

Beispiele:

Schrift mit festem Raster (12 Punkt):	`Schreibmaschinenschrift`
Proportionalschrift (12 Punkt):	keine Schreibmaschinenschrift

Für das Manuskript dieses Buches wurde die OpenType-Schrift TIMES NEW ROMAN mit Blocksatz gewählt. Viele Schriftfonts sind urheberrechtlich geschützt, sie dürfen nicht für Veröffentlichungen verwendet werden. Die mit Windows gelieferten Fonts sind jedoch frei für jede Verwendung.

28.9.4.4. *Schriftattribute*

Jedem Schrifttyp können Attribute zugeordnet werden: **Fettdruck**, *Kursivschrift*, Unterstreichung, ~~durchgestrichen~~ zur Kennzeichnung von Korrekturen, Hochstellung, Tiefstellung. Mehrere Attribute können auch ***gemischt*** werden.

28.9.4.5. *Vektorschriftarten*

Vektorschriftarten sind hauptsächlich für Plotter entwickelt worden. Die einzelnen Schriftzeichen werden auf dem Plotter mit dem Schreibstift wie eine Figur gezeichnet.

28.9.5. *Drucker*

28.9.5.1. *Impact-Drucker*

Impact-Drucker drucken die Zeichen mit einem mechanischen Anschlag (impact) von Stößeln, Typen oder Nadeln. Die Drucker der Lochkartenzeit druckten alle Zeichen einer Zeile gleichzeitig parallel mit einem Schlag gegen die Buchstabenstößel über das Farbband auf das Papier (Lineprinter).

Die Größe der Schriftzeichen war früher einheitlich und nicht veränderbar.

Später kamen die seriellen Drucker, die die Schrift Zeichen für Zeichen nacheinander durch mechanischen Anschlag von Typen oder Nadeln auf ein Farbband ausgaben (Impact-Drucker). Mit Typen arbeiteten die Typenraddrucker und Kugelkopfdrucker, die ein sehr sauberes Schriftbild erzeugten, aber den Nachteil hatten, dass bei Schriftwechsel das Typenrad oder der Kugelkopf von Hand gewechselt werden musste.

Die Matrixdrucker mit 9, 24 oder 48 Nadeln waren flexibler. Die Vorwahl der Schrift erfolgte durch Schalter am Drucker selbst oder während des Druckvorgangs durch den Computer.

Sie arbeiteten mit einer Punktematrix für jedes Zeichen, wie oben bei der Zeichendarstellung für die Bildschirmausgabe gezeigt. Es war auch möglich, die Nadelreihen mit Überlappung zu drucken, so dass eine Schmalschrift entstand.

Für die 24-Nadeldrucker gab es erstmalig auch Windows-Druckertreiber, die eine **Wysiwyg**[55]-Darstellung von Schrift und Grafik ermöglichten. Bei dieser Darstellung erhält man ein Druckbild, das der Bildschirmdarstellung genau entspricht. Für Windows-Systeme und Druckertreiber war die Wysiwyg-Darstellung selbstverständlich.

28.9.5.2. Non-impact-Drucker

Die heutigen Grafikfarbdrucker sind durchaus non-impact-Drucker (Tintenstrahldrucker = Inkjet; Laserdrucker). Die dafür nötigen Treiber ermöglichen eine Wysiwyg-Darstellung mit sehr hoher Auflösung.

28.9.5.3. Maschinelle Zeichengeräte

Insbesondere für Konstruktionsaufgaben, wo Zeichnungen ausgegeben werden müssen, sind besondere Ausgabegeräte erforderlich, bei dem ein Zeichenwerkzeug (Bleistift, Filzstift, Tuschefeder, Gravierstichel, Fräskopf, Schneidbrenner) computergesteuert über oder in die Zeichenfläche geführt werden muss.

Bei der Fertigung in der Metallindustrie werden CNC-Maschinen zum Ausfräsen von Metallformen verwendet. Im CAM-Bereich (CAM = computer aided manufactoring = computergesteuerte Fertigung) werden neuerdings sogenannte 3D-Drucker mit Laser dazu verwendet, um räumliche Werkstücke aus Kunststoff- oder Metallpulver schichtenweise zu erzeugen, ohne dass gefräst werden muss. Im CAD-Bereich stellen Plotter technische Zeichnungen und Baupläne her.

Plotter werden im Abschnitt 31.2 (Seite 290) behandelt.

28.10. Entwicklung der Computer

28.10.1. Zeit der Großrechner

Zuse war mit seiner Idee, einen Computer zu bauen, nicht allein. In verschiedenen Ländern wurden in dieser Zeit elektronische Rechner entwickelt.

Hauptsächlich die Firmen IBM und Siemens waren führend im Großrechnergeschäft. Diese Rechner hatten sehr große Abmessungen und verbrauchten viel Strom. Sie waren sehr teuer, nur Großfirmen, Universitäten und Behörden konnten sich diese Rechner leisten.

Ursprünglich wurden noch Lochkarten als Eingabemedium benutzt. Die riesigen Datenbestände der Lochkartenstapel mussten genutzt werden, man wollte nicht mit der Datenerfassung wieder von vorne beginnen. Später benutzte man anstelle von Lochkarten umgebaute Fernschreibmaschinen (Teletype) zur Kommunikation mit den Rechnern, diese konnten auch Papierlochstreifen stanzen und lesen.

---

[55] Wysiwyg = **W**hat **y**ou **s**ee **i**s **w**hat **y**ou **g**et = was du auf dem Bildschirm siehst, erhältst du als Druckbild.

Die Arbeitsspeicher der Computer bestanden aus Magnetringkern-Speichern bis maximal 32 kB. Als Daten- und Programmspeicher waren Magnettrommel- und Magnetplattenspeicher in Gebrauch, die bis zu 15 MB speichern konnten. Große Datenmengen wurden auf Magnetbändern mit ½ Zoll Breite (12,6 mm) gespeichert. Man codierte im EBCDI-Code. Für diese Großrechner wurden an den Universitäten Programmiersprachen entwickelt. Man programmierte in ALGOL und FORTRAN (**For**mular **Tran**slation).

28.10.2. Mittlere Datentechnik

Neben den Großrechnern kamen dann zunehmend Kleinrechner mit größeren Festplatten (bis 50 MB), Magnetbandstationen, Diskettenlaufwerken (Disketten mit 8 Zoll = 20 cm Durchmesser) und Druckerschreibmaschinen (Typenraddrucker, Nadeldrucker) in Gebrauch.

Man ordnete diese Rechner der „mittleren Datentechnik" zu, weil sie räumlich nicht mehr so viel Platz beanspruchten wie die Großrechner, aber schon mit vielen Peripheriegeräten arbeiten konnten. Diese Rechnergeneration stammte ursprünglich hauptsächlich von den amerikanischen Firmen Digital Equipment (DEC) und Data General (DG). Sie hatten spezielle Betriebssysteme und wurden in den beginnenden 1970-er Jahren hauptsächlich in Ingenieurbüros und für Prozesssteuerungen verwendet.

28.10.3. IBM-kompatible Personalcomputer

In den 1980-er Jahren wurden Ein-Chip-Zentraleinheiten (8-Bit-Computerprozessoren Z80, 8080) mit 8 Bit Wortbreite[56] verwendet. Die Firma IBM entwickelte einen modular aufgebauten kleinen Computer mit einem Festplattenbetriebssystem (DOS = Disk Operating System). Daraus entstanden die IBM-kompatiblen Systeme mit dem Betriebssystem MSDOS[57], die den persönlich benutzbaren Computern (Personal Computer PC) den Weg bereiteten.

Die Entwicklung war nicht mehr aufzuhalten. Zu dem Betriebssystem MSDOS kam später Windows in den verschiedenen Entwicklungsstufen, dazu Konkurrenzsysteme wie UNIX und andere.

Die PC-Systeme sind heute weit leistungsfähiger als die damaligen Großrechner. Vor allem die Peripherie ist so umfangreich, dass man damit fast alle Arbeiten erledigen kann.

28.10.4. Neuere Computer-Entwicklungen

Genügten in den 1980-er Jahren bei den Heimcomputern noch Mikroprozessoren mit 8 Bit Wortbreite (8-Bit-Prozessoren 8086, 8088), so waren die IBM-kompatiblen PCs schon mit 16-Bit-Prozessoren (80286, 80386) ausgerüstet. Mit der Windows-Technik kamen dann die 32-Bit-Prozessoren (i486, Pentium), die in einem Speicherregister 4 Bytes (= 4×8 Bit) speichern konnten.

Neuerdings werden die Prozessoren meist in Mehrprozessortechnik gefertigt und haben 2, 4 oder mehr Prozessoren (Prozessorkerne) in einem Chip vereinigt. Auch die Wortbreite (Registergröße) wurde auf 64 Bit erhöht. Mit diesen Prozessoren ist Parallelverarbeitung (echtes Multitasking) mit sehr hohem Datendurchsatz (= hohe Geschwindigkeit) möglich.

Bisherige Programme laufen aber meist nicht auf 64-Bit-Prozessoren. Deshalb bieten die Hersteller der neuen Betriebssysteme einen 32-Bit-Modus an, dass man zumindest die 32-Bit-Programme noch betreiben kann. Alte 16-Bit-Programme haben kaum mehr eine Chance. Diese Nachteile dieser rasanten Entwicklung werden in Kapitel 32 auf Seite 295 behandelt.

[56] Wortbreite nennt man die Anzahl der Bits eines Speicherregisters im Prozessor.

[57] MSDOS ist ein DOS-Betriebssystem, das die Firma Microsoft (MS) entwickelt hat.

29. Allgemeine Anwendungsprogramme

Die Anwendungsprogramme werden als Softwaresysteme angeboten und verwendet. Unter einem Softwaresystem versteht man eine Reihe von Programmen, die sich gegenseitig ergänzen. Außer den Standardsoftwaresystemen (Officesysteme) gibt es für alle Branchen, bei denen sich immer wiederkehrende Aufgaben angeben lassen, sogenannte Branchenpakete (z. B. für Ingenieure im Bauwesen).

29.1. Office-Systeme

Für die Computer wurden im Laufe der Zeit Standardprogramme entwickelt, die es jedem Computerbenutzer ermöglichen, seine normalen Büroarbeiten damit zu erledigen. Mehrere dieser Standardprogramme sind in Office-Paketen zusammengefasst, die man Office-Systeme nennt. Solche Systeme werden sowohl von den renommierten Softwareherstellern gegen hohe Lizenzgebühren angeboten, wie auch von einer freien Programmierergemeinde (open source) kostenlos als Open-Office-Systeme zur Verfügung gestellt.

Die Benutzeroberflächen der verschiedenen Systeme, also die Art der Handhabung solcher Programme, haben sich allmählich angeglichen, sodass jeder, der sich einmal in ein solches System eingearbeitet hat, auch mit dem System der Konkurrenz zurechtkommt. Kennzeichnend für die Office-Systeme ist, dass alle Daten der einzelnen Systemkomponenten in die anderen Komponenten übernommen werden können.

Zu den Office-Systemen gehören folgende Programme:

29.1.1. Textverarbeitungssysteme

Textverarbeitungssysteme (z. B. WORD, WORDPERFECT), kurz Textsysteme genannt, ermöglichen nicht nur die Erfassung des Textes in einer Datei, sondern auch die Gestaltung und Aufbereitung als Dokument mit Einbindung von Grafiken, Bildern und Tabellen. Auf diese Weise werden verschiedene Dokumente, wie Berichte, Briefe und auch Buchmanuskripte (wie dieses hier) erstellt.

Zu den normalen Voraussetzungen eines Berufes, der in einem Büro ausgeübt wird, gehört heute die Beherrschung eines Textsystems.

Die erforderliche wirtschaftliche Arbeitsweise mit einem Textsystem lässt die bisher unvermeidliche Arbeitsteilung zwischen Textersteller und Schreibkraft im Schreibbüro nicht mehr zu. Wurden Berichte und statische Berechnungen vom Bauingenieur bisher handschriftlich gefertigt und dann ins Schreibbüro zur Reinschrift gegeben, so kann das gesamte Schriftstück mit dem Textsystem vom Textersteller selbst in wesentlich kürzerer Zeit hergestellt werden.

Nach einiger Übung an Bildschirm und Tastatur erstellt der Ingenieur Textentwurf, Korrektur und Reinschrift in wesentlich kürzerer Zeit als früher nur allein für die Erstellung der handgeschriebenen Vorlage für die Schreibkraft erforderlich war. Es ist wesentlich wirtschaftlicher, den Vorteil des leichteren Textentwurfs mit dem des Korrigierens und der Reinschrift auf dem Bildschirm zu verbinden.

Im Laufe der Einführung der Officesysteme wurden die meisten Schreibbüros in den Ingenieurbüros und technischen Behörden aufgelöst. Die Furcht der Ingenieure, zu Schreibkräften degradiert zu werden, hat sich aufgelöst, nachdem sie sahen, dass es eine Arbeitserleichterung war, mit einem Textsystem zu arbeiten.

29.1.2. Tabellenkalkulation

Berechnungen wurden in der Anfangszeit der Computer durch speziell dafür geschriebene Programme durchgeführt. Später kombinierte man die Darstellung von Tabellen mit der Berechnung der Tabellenwerte. Es entstanden die Tabellenkalkulationssysteme (z. B.: EXCEL), mit denen man umfangreiche Tabellen berechnen und die Tabellendaten in Diagrammen darstellen kann. Diagramme und Tabellen kann man auch in die Textsysteme übernehmen.

29.1.3. *Datenbankanwendungen*

Anfangs hieß im einfachen Sprachgebrauch alles einfach „Datenbank", ob es eine echte Datenbank oder nur eine Datensammlung mit gleichartigen Datensätzen auf der Basis von Textdateien mit Volltextsuche war. Später wurden die Daten dann in Tabellenkalkulationsprogramme übernommen und diese später in echte relationale Datenbanken eingespeist.

Echte Datenbanken haben ein Datenbank-Management-System (DBMS), das auf dem Computer läuft und den Zugriff auf die Daten steuert. Es stellt die Konsistenz (Widerspruchsfreiheit, Fehlerfreiheit, Datenintegrität) der Daten sicher. Zugriffe, die zu einer Inkonsistenz führen würden, werden vom System nicht ausgeführt. Der Zugriff auf die Daten erfolgt direkt, also nach Angabe eines Index oder eines Namens wird der Datensatz vom DBMS in der Datenbank gezielt angewählt und dann ausgegeben. Datenbanken werden in der Bauinformatik überall dort eingesetzt, wo viele Daten geordnet gespeichert und schnell wiedergefunden werden müssen. Eine Aufzählung dieser Möglichkeiten erübrigt sich.

Bei kleinen Datenmengen genügt schon das Datenbanksystem eines Office-Systems (z. B. ACCESS), bei großen Datenmengen verwendet man eigene große Datenbanksysteme, die getrennt von Office-Systemen angeboten werden und ein Vielfaches leisten und kosten. Insbesondere bei Produktionsbetrieben, Versandhäusern und Internet-Shops sind solche Systeme im Einsatz.

29.1.4. *Projektmanagementsysteme*

Projektmanagementsysteme (PMS) ermöglichen die Planung und Durchführung von Projekten und die Organisation von komplizierten Abläufen. In diese Systeme ist die frühere Netzplantechnik, bei der alle Planungs- und Organisationsschritte von Hand in Diagrammen, Grafiken und Ablauftabellen festgehalten wurden, eingeflossen (siehe auch 25.9.2. auf Seite 239). Diese Organisationssysteme sind heute in die Ingenieurarbeitsplätze (CAE, siehe Seite 292) integriert.

29.1.5. *Publikationssysteme*

Hat der Ingenieur früher in seinen Vorträgen mit Tageslichtprojektor und selbstgezeichneten Grafiken auf Folien gearbeitet, so übernehmen heute Publikationssysteme (z. B. POWER POINT) diese Arbeit. Die bisherigen Kunststofffolien sind durch Bildschirmgrafiken (auch Folien genannt) ersetzt worden, die mit einem computergesteuerten Projektor (*Beamer*) groß an die Wand projiziert werden können. Diese Systeme führen auch automatisch Vorträge mit Folien, Dias, Videofilmen und Animationen durch, ohne dass ein Mensch dabei sein muss.

29.2. Spezielle Anwendungen

In bestimmten Berufen und für bestimmte Zwecke sind spezielle Programmsysteme erforderlich, die weit über die im Bürobereich üblichen Anwendungen hinausgehen.

Es gibt unzählige Programmsysteme, hier seien nur drei für den Bauingenieur wichtige Anwendungssysteme genannt: *Leitsysteme* (siehe Seite 300), *Planungssysteme CAD und Arbeitsplatzsysteme CAE* (siehe Seite 287) und *Fertigungssysteme CAM.*

Noch bevor die Computer die Büros eroberten, hatte man sie bereits in der industriellen Fertigung eingesetzt. Die numerisch gesteuerten Maschinen (CNC-Technik) bohrten, schweißten, frästen und bestückten Computerplatinen. Sie mussten vor Ort direkt an den Maschinen programmiert werden. Heute werden diese Maschinen nicht mehr vor Ort programmiert, sondern sie werden vom CAM-System (CAM = computer aided manufactoring) gesteuert. In den Fabriken sind die Planungsabteilungen mit den Fertigungsabteilungen vernetzt. CAM-Systeme werden auch bei der Herstellung von Fertigbauteilen für den Bauingenieurbereich und im Stahlbau eingesetzt.

30. Ingenieuranwendungen im Bauwesen

Im Bauwesen gibt es sehr viele Computeranwendungen. Hier seien nur einige wenige davon erwähnt.

30.1. Elektronisches Rechnen in der Baustatik

1965 erschien im Betonkalender der Beitrag „Elektronisches Rechnen in der Baustatik. Eine Einführung" (Lit. [ElRechnen]).

Der Beitrag machte mit den elementaren Grundlagen der Rechnertechnik vertraut, behandelte das Dualsystem, die Stellenschreibweise, die Grundlagen der Programmierlogik, die Berechnung von Funktionswerten wie e^x und $1/x$, das Lösen von quadratischen Gleichungen und die Ermittlung der Querschnittswerte.

Es folgte eine Einführung in die Matrizenrechnung und die Anwendung des Matrizenkalküls zur Berechnung von Fachwerken. Dann die Berechnung von Balkenelementen für verschiedene Belastungsarten und Auflagerungsbedingungen.

Beispiele für die Berechnung statisch unbestimmter vollwandiger Tragwerke und Rahmenberechnungen wurden anhand der Elastizitätsgleichungen manuell durchgerechnet. Außerdem wurden die Berechnungsabläufe für einfache statische Systeme mit Übertragungsmatrizen und Punktmatrizen in manueller Berechnung gezeigt.

Diese Beispiele sollten dem Bauingenieur damals schon zeigen, wie er seine statischen Probleme in ein Rechnerprogramm umsetzen könnte. Leider fehlten dem Bauingenieur zu dieser Zeit noch die Möglichkeiten, überhaupt an einen Rechner und an ein Programmentwicklungssystem heranzukommen.

10 Jahre später war es kein Problem mehr, denn dann wurden mit den Rechnern der mittleren Datentechnik die Programmentwicklungssysteme mit den Programmiersprachen ALGOL oder FORTRAN mitgeliefert. Fertige Programme für diese Rechner gab es nicht zu kaufen, man war gezwungen, alles selbst zu programmieren oder einen Mathematiker damit zu beauftragen.

30.2. Elektronisch berechnet - nach alten Methoden

Am Anfang wurden die alten manuellen Berechnungsmethoden einfach unverändert auf Computer übertragen. Man überließ den Computern nur die Rechenarbeit, behielt aber die alten Berechnungsmethoden und Abläufe bei, die oben genannt wurden.

Die Bauingenieure und Mathematiker, die die Programme gemeinsam entwickelten, konnten die Möglichkeiten der Computer nicht ausschöpfen, weil die Programmiertechnik und die Gerätetechnik (Hardware) vieles noch nicht zuließen. Außerdem mussten die Bauingenieure erst einige Grundlagen lernen, z. B. die binären Zahlensysteme, die Programmierlogik und die Verfahren der numerischen Mathematik (Lit. [NumMath1]).

Viele Datenbestände übernahm man unverändert vom Lochkartenstapel auf die Computerspeichermedien und beließ auch die Formate der Datensätze. So hießen die Datenformate im Computer auch nach längerer Zeit immer noch KA (Kartenart), erst allmählich bequemte man sich dazu, sie DA (Datenart) zu nennen und sie an die neuen Verfahren anzupassen.

Die Verfahren AVA, REB (Seite 273 und Seite 275) und die alten Statikprogramme für Durchlaufträger und Rahmen beruhen auf einfachen manuellen mathematischen Verfahren, die ohne Änderung auf den Computer übertragen wurden. Im EDV-Handbuch für Bauingenieure (Lit. [Wetzell1], [Wetzell2], [Wetzell3]) aus dem Jahre 1979 sind viele dieser Verfahren aufgeführt.

Erst später, als die Computer schneller wurden und mehr Arbeitsspeicher und größere Speichermedien zur Verfügung standen, konnten schnelle iterative Verfahren entwickelt werden, die sich völlig von den alten manuellen Methoden unterschieden.

30.3. Alles wurde „elektronisch“ genannt

Für die mit Hilfe elektronischer Geräte durchgeführten Berechnungen, Ausschreibungen oder sonstigen Vorgänge wurde damals im allgemeinen Sprachgebrauch die Bezeichnung *„elektronisch“* verwendet, wenn man den Gegensatz zur manuellen Durchführung herausstellen wollte.

Diese Ausdrucksweise führte zu manchen kuriosen Wortschöpfungen und auch zu Stilblüten.

Es gab einen Ausschuss für „Elektronik im Bauwesen“. Die von Lochkarten auf Computer umgestellten Ausschreibungsmethoden nannte man „elektronische Ausschreibung“. Man rechnete die Baumaßnahmen „elektronisch“ ab und man zeichnete „elektronisch“ mit dem Plotter.

Die mit dem Computer berechnete Statik wurde „elektronische Statik“ oder kurz „Elektronik“ genannt.

Die *Statikprüfer* nannten jene Statiker, die jede Nebenrechnung mit dem Computer durchführten und nichts mehr von Hand rechneten, respektlos „elektronische“ Statiker.

Dazu ein Beispiel aus der Praxis:

> Ein Inhaber eines Ingenieurbüros brachte (1970) dem Statikprüfer eine elektronisch berechnete Statik und berichtete stolz, er habe sich jetzt einen elektronischen Rechner gekauft und könne dadurch mindestens einen Statiker einsparen.
>
> Die Durchsicht der Statik ergab, dass er alle Geschoßdecken des berechneten Gebäudes in nebeneinanderliegende Einfeld-, Zweifeld- und Dreifeldsysteme eingeteilt und diese auf drei Stellen hinter dem Komma genau berechnet hatte.
>
> Er hatte nicht berücksichtigt, dass diese nebeneinanderliegenden Deckenstreifen monolithisch verbunden sind und sich nicht so abtragen, wie er die statischen Systeme festgelegt hatte. Es treten zweiachsige Tragwirkungen auf und über den Wandecken an den Enden der tragenden Wände entstehen singuläre Punkte (Seite 134), die korrekt bemessen werden müssen.
>
> Die statischen Systeme waren falsch gewählt. Er bekam die Statik zur Berichtigung zurück. Der elektronische Rechner ist eben kein Statiker.

30.4. Lochkartenrelikte

Die meisten älteren Anwendungen auf den Großrechnern stammen noch aus der Lochkartenzeit und wurden später mehr schlecht als recht an die Entwicklung angepasst. Die Karteninhalte wurden in EBCDIC oder ASCII als Dateien mit fixer Zeilenlänge von 80 Byte in den Rechner übertragen.

Man nahm keine Rücksicht darauf, ob es sich um Zahlen oder Texte handelte, sondern alles wurde gleichermaßen als Text behandelt.

Man übertrug sämtliche Inhalte, wie sie auf der Lochkarte standen, im Byteformat in den Rechner und konnte sie dann genauso einfach auf der Tabelliermaschine oder auf dem Lineprinter (mit Druckformatierung insgesamt 132 Zeichen pro Zeile) wieder ausgeben. Es musste keine Konvertierung ins Binärformat beziehungsweise wieder zurück erfolgen. Der DOS-Bildschirm mit seinen 80 Zeichen pro Zeile erinnert daran.

Man übernahm die Daten von den Lochkarten 1:1 in die Speicher der Computer und auf die Speichermedien. Man hat den Programmierstil der Lochkartenzeit auch später beibehalten, obwohl es nicht mehr nötig war, sich auf Dateien im ASCII-Format mit fixer Datensatzlänge von 80 Byte zu beschränken. Nicht der damals angeblich begrenzte Speicherplatz in den Rechnern war ausschlaggebend und auch nicht, dass in Assembler programmiert wurde. Die Programmierer kannten diese Zusammenhänge, aber weil es so einfach und bequem war, änderte man nichts.

Da der Platz auf der Lochkarte begrenzt war, hatte man ursprünglich bei der Jahreszahl die Angabe des Jahrhunderts eingespart. Die auf zwei Stellen gekürzte Jahreszahl in den vorhandenen Datenbeständen und Programmen brachte aber an der Jahrtausendwende Schwierigkeiten.

Man erwartete Systemabstürze, wenn die Jahreszahl plötzlich von 99 auf 00 springen würde. Aber die tatsächlichen Schwierigkeiten waren weit geringer als erwartet.

Besonders in Großrechneranwendungen findet man bis heute immer noch Relikte aus der Lochkartenzeit, obwohl die Anwendungen neueren Datums sind.

30.5. Deformationsmethode für die Baustatik

Die Deformationsmethode ist sehr alt. Man versteht darunter kinematische Methoden der Mechanik, bei denen Bewegungen in einem System auf bestimmte Koordinaten zurückgeführt werden, die aus einem Gleichungssystem zu berechnen sind. Diese Methode wird „Deformationsmethode" genannt, weil hier hauptsächlich Formänderungsgleichungen herangezogen werden.

Ursprünglich wurden Durchlaufträger, ebene und räumliche Rahmen nach den Formeln der Elastizitätstheorie (Gleichungssysteme) auf den Computern nach dieser Methode berechnet, wobei jeweils das Gesamtsystem mathematisch erfasst wurde und in die Berechnung einging.

Die Deformationsmethode ist ausführlich in Lit. [DefMeth] beschrieben.

30.6. Finite-Elemente-Methode (FEM)

Viele Aufgaben der Tragwerksberechnung lassen sich nicht streng analytisch lösen.

Mit der Finite-Elemente-Methode können Probleme aus verschiedenen Bereichen der Physik berechnet werden, da es sich grundsätzlich um ein numerisches Verfahren zur Lösung von Differenzialgleichungen handelt. In der Baustatik wird das Bauteil oder Tragwerk (Berechnungsgebiet) in eine beliebig große Anzahl endlich kleiner (finiter) Elemente unterteilt.

Das Aufteilen des zu berechnenden Baukörpers in eine bestimmte Anzahl kleiner Elemente finiter (endlicher) Größe, die sich mit einer endlichen Zahl von Parametern beschreiben lassen, gab der Methode den Namen „Finite-Elemente-Methode", abgekürzt: FEM.

Erst durch die FEM ist es möglich geworden, unregelmäßig geformte Flächentragwerke, die früher nur durch Näherungsberechnungen grob berechnet werden konnten, genauer zu berechnen.

Beispiele sind Brückenplatten mit ausgerundeten Rändern (Trompetenformen) und Plattentragwerke mit schrägen Rändern, für die es früher nur Tabellenwerke für einige ausgewählte Fälle gab.

Die FEM-Programme stehen dem Bauingenieur für seine Berechnung zur Verfügung. Der Bauingenieur muss sich nur mit der Handhabung der Programme vertraut machen und sie richtig einsetzen.

30.6.1. Ersatzsystem für das zu berechnende Tragwerk

Die Grundidee der Finite-Elemente-Methode besteht darin, dass das Tragwerk gedanklich für den Berechnungsvorgang in einzelne, endlich kleine *(finite) Elemente* zerlegt wird. Je nach Art des Tragwerks benötigt man Stabelemente, Scheibenelemente, Plattenelemente, Schalenelemente oder ganz allgemein zwei- oder dreidimensionale mathematische Elemente wie Dreiecke oder Tetraeder.

Die Elemente sind nur in den Eckpunkten (*Knoten*) oder Randlinien (*Kanten*) miteinander verbunden. Für das Verhalten des einzelnen Elements gegenüber seinem Nachbarelement wird ein mathematischer Ansatz in Form eines *Polynoms* festgelegt. Der Grad des Polynoms bestimmt die Anzahl der *freien Parameter*. Diese Anzahl muss mit der Anzahl der *Knotenunbekannten* (*Freiheitsgrade*) übereinstimmen. Die Formulierung der allgemeinen Gleichgewichts- und Verträglichkeitsbedingungen unter Berücksichtigung der Randbedingungen führt zu einem Gleichungssystem zur Bestimmung der Knotenfreiheitsgrade. Aus diesen kann der Verschiebungs- und Spannungszustand für jedes Element bestimmt werden.

Diese Grundidee muss für die praktische Berechnung umgesetzt werden. Eine der wichtigsten Aufgaben bei der Vorbereitung der Berechnung ist die *Netzeinteilung* (Idealisierung) des Tragwerks.

Die *FEM* rechnet also mit einem (idealisierten) *Ersatzsystem des Tragwerks.*

Beim Aufstellen des Ersatzsystems wird das Kontinuum einer Flächenkonstruktion (Platte, Scheibe, Schale, Faltwerk, usw.) durch eine endliche Zahl kleiner Elemente ersetzt, vorzugsweise Dreiecke, die an den Rändern (Kanten) oder nur in den Ecken (Knoten) mathematisch miteinander verknüpft sind. Aus dem Zusammenwirken aller Elemente ergibt sich das gesuchte Bild vom Tragverhalten der Gesamtkonstruktion aufgrund der Gleichgewichtsbedingungen der Kräfte und der Verträglichkeit der Formänderungen.

Für den Statiker ist es sehr wichtig, dass er das richtige Ersatzsystem (Netzeinteilung) wählt, wobei in den kritischen Bereichen das Netz wesentlich engmaschiger sein muss als in den weniger wichtigen Bereichen, wo der Schnittgrößenverlauf gleichmäßig zu erwarten ist. Die Computerberechnung kann nur dann gute Resultate ergeben, wenn das idealisierte Tragwerk das Verhalten des wirklichen Tragwerks erfasst.

Bild 91: Dreiecksnetz für FEM-Berechnung

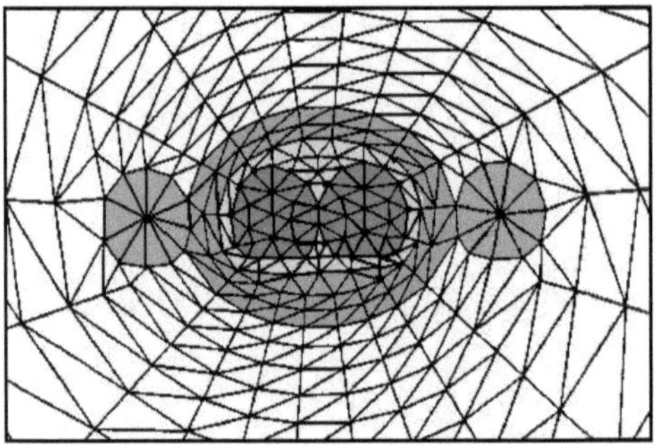

Bild 91 zeigt einen Ausschnitt aus einem ebenen Ersatzsystem für die Berechnung eines Tunnels. Jeder Knoten in diesem Dreiecksnetz ist durch Koordinaten in der Lage genau festgelegt. Die Ausgabe des Berechnungsergebnisses will der Statiker nur für die farblich gekennzeichneten Teile haben. Die anderen Netzbereiche gehen zwar auch in die Berechnung ein, interessieren den Statiker aber vorerst nicht. Die hellgrau gekennzeichneten Teile sind für eine spätere Berechnung von Tunnelabzweigungen im Dreiecksnetz schon vorbereitet.

30.6.2. Gleichungen und Berechnung

Für die Elemente innerhalb des Dreiecksnetzes werden die mathematischen Ansätze (Funktionen), die Anfangs-, Rand- und Übergangsbedingungen und die Freiheitsgrade für die Ecken oder Kanten der Dreiecke definiert. Setzt man diese Funktionen in die zu lösende Differenzialgleichung ein, erhält man ein Gleichungssystem, welches vom Computer in der Regel numerisch gelöst wird. Die Größe des zu lösenden Gleichungssystems hängt maßgeblich von der Anzahl der finiten Elemente ab. Die Lösung dieses Gleichungssystems stellt die numerische Lösung der betrachteten Differenzialgleichung dar.

Die FEM ist ausschließlich für Computerberechnungen konzipiert und optimiert worden. Da auf jeden Knoten so viele Unbekannte entfallen wie er Freiheitsgrade hat und meist sehr viele Elemente zu berechnen sind, müssen entsprechend viele Gleichungen gelöst werden, was nur über leistungsfähige Computer möglich ist.

30.6.3. Iteration

Selbst der Computer kann nicht immer ein geschlossenes Gleichungssystem mit vielen Unbekannten mathematisch exakt lösen, manchmal muss das Gleichungssystem iterativ gelöst werden.

Bei den Iterationsverfahren werden alle Elemente nach (vereinfachten) Gleichungen der Elastizitätstheorie nacheinander berechnet, wobei die Gleichgewichts-, Stabilitäts- und Verformungsbedingungen an allen Schnittpunkten zu den benachbarten Elementen in einer bestimmten Reihenfolge geprüft werden. Die Berechnung ist beendet, wenn Konvergenz eingetreten ist, also an allen Schnittpunkten die genannten Bedingungen erfüllt sind und sich die Werte bei wiederholter Berechnung nicht mehr ändern. Bei Anwendung der Iterationsverfahren müssen das Dreiecksnetz und die Parameter so beschaffen sein, dass ein günstiges Konvergenzverhalten erreicht wird. Ein wesentliches Kriterium dabei ist die Form der Dreiecke, diese sollten möglichst keine stumpfen Winkel enthalten.

Der Bauingenieur, der die Computereingabe vorbereitet, das Dreiecksnetz, die Elementbeschreibungen und die mathematischen Ansätze vorgibt, muss mit dem FEM-Verfahren, das er benutzt, voll vertraut sein. Er muss ein hohes Maß an „statischem Gefühl" für den Kräftefluss besitzen, damit er das wirkliche Tragverhalten bereits vor dem Einsatz des Computers gut einschätzen kann, sonst sind Misserfolge bei der Anwendung von FEM nicht zu vermeiden.

30.6.4. Ergebnisse der FEM-Berechnung

Der Computer ermittelt für alle Elemente die gewünschten Werte für die Schnittkräfte und Verformungen. Neben der oben genannten Vorbereitung und Berechnung kommt der Auswertung des sich ergebenden Zahlenmaterials große Bedeutung zu.

Die heute verfügbaren Computerprogramme liefern alle Zahlen. Die Ausgabe der Ergebnisse muss für den Fachmann übersichtlich aufbereitet sein. Durch Grafiken, Tabellen, Diagramme, Momenten- und Biegelinien kann sich der Statiker schnell einen Überblick über das Tragverhalten unter den wirklichen Lasten verschaffen.

Wenn das FEM-Verfahren mit einem CAD-System (siehe 31 auf Seite 287) zusammenarbeitet, können auch gleich Animationen aufgrund der statischen Ergebnisse berechnet und gezeigt werden.

30.7. Prüfung der „elektronischen" Berechnungen

Durch Computer erstellte statische Berechnungen, insbesondere FEM-Berechnungen, kann der Statikprüfer nicht mit den herkömmlichen Berechnungshilfsmitteln überprüfen. Die Richtigkeit solcher Berechnungen kann er höchstens erahnen, indem er bestimmte Proben durchführt (Gleichgewichtsbedingungen, Verformungsbedingungen), wobei überschlägige Vergleichsrechnungen angestellt werden müssen.

Im Normalfall vergleicht der Prüfer die Richtigkeit der Eingabewerte und die Plausibilität der Ausgabewerte und spricht deshalb nur von „Kontrolle" der Berechnung; bei FEM-Berechnungen muss er das Berechnungsverfahren als richtig voraussetzen, da er keinen Überblick hat, wie das Programm intern rechnet. Im Sonderfall, wenn die eben genannten Vergleichsrechnungen und die „Kontrolle" nicht ausreichen, muss er mit Computerhilfe (Prüfprogramm) eine komplette zweite Neuberechnung durchführen, die im Idealfall zum gleichen Ergebnis führen muss.

Dabei darf er nicht dieselben Programme wie der Geprüfte verwenden (Identitätsverbot). Diese Programme könnten Fehler enthalten, die auch beim Prüflauf auftreten. Die Ergebnisse der Originalberechnung und des Prüflaufs wären identisch. Dadurch würde eine Fehlerfreiheit nur vorgetäuscht.

Prüfprogramme können zwar das (geprüfte!) mathematische Verfahren der Originalprogramme zugrunde legen, müssen aber nach Prüfungsgesichtspunkten aufgebaut und programmiert sein. Sie müssen Zwischenrechnungen und verwendete Eingabewerte nachvollziehbar darstellen.

Der Statikprüfer kann solche Prüfprogramme mit seinem Grundlagenwissen und seinen Bauinformatikkenntnissen selbst programmieren oder nach seinen Angaben programmieren lassen.

30.8. Computerunterstützte Rechnungsprüfung

Als technischer Revisor (Rechnungsprüfer) hatte ich die Abrechnungen und Abwicklungen großer und umfangreicher Projekte (Straßenbaumaßnahmen, Brückenbauten, U-Bahn-Baumaßnahmen, Verkehrsleitsysteme, Netzinformationssysteme) zu prüfen, wobei auch der Schriftverkehr und die gesamte Projektdokumentation herangezogen wurden, um die Rechtmäßigkeit und Richtigkeit der Vorgänge zu prüfen.

Bei den einzelnen Projekten waren in manchen Fällen bis zu 200 Aktenordner mit Schriftverkehr, Dokumenten und Plänen durchzusehen. Viele Dokumente waren mehrfach in verschiedenen Ordnern vorhanden.

Für diesen Zweck konnte kein handelsübliches Dokumenten-Management-System (DMS) verwendet werden, weil sich die Dokumentenerfassung für den Prüfungsablauf von den normalen Ablagesystemen in den Büros wesentlich unterscheidet. Um eine Systematik in den Prüfvorgang zu bringen, musste ein individuelles DMS entwickelt werden.

Die Inhalte der Ordner wurden gesichtet und jedes Dokument gelesen bzw. geprüft. Anschließend wurde jedes Dokument klassifiziert und mit diesen Merkmalen in eine reguläre Datenbank des DMS eingespeichert.

Die Klassifizierungsmerkmale mussten nach Prüfungsgesichtspunkten ausgewählt und verwendet werden. Zusätzlich war zu berücksichtigen, dass alle Unterlagen nach der Prüfung wieder unverändert zurückgegeben werden mussten. Die wichtigsten Daten mussten auch nachher in der Datenbank als Nachweis der Prüfungsfeststellungen verfügbar sein.

Nach dem Erfassen aller Dokumente in der Datenbank konnte eine automatisierte Prüfung der Vorgänge vorgenommen werden. Der Prüfer suchte in der Datenbank nach der Kombination verschiedener Kriterien, deren Zusammenhang ihn interessierte.

War bisher bei einer großen Menge von zu prüfenden Unterlagen nur eine rein inhaltliche Prüfung auf Korrektheit der Rechnungen und Richtigkeit der technischen Abläufe möglich, so wurden jetzt auch alle organisatorischen und zeitlichen Abläufe für den Prüfer transparent.

30.9. AVA-Verfahren

AVA = Ausschreibung, Vergabe, Abrechnung.

Man hatte schon sehr früh (vor 1970) begonnen, die Ausschreibung und Vergabe von öffentlichen Projekten zu automatisieren. Später kam die automatisierte Abrechnung dazu.

30.9.1. Automatisierte Ausschreibung

Die automatisierte Ausschreibung (früher „elektronische Ausschreibung" genannt) erfolgt nach *Standardleistungsbüchern* (StLB). Diese bestehen, vereinfacht ausgedrückt, aus einer Ansammlung von standardisierten Textbausteinen für Ausschreibungstexte. Standardleistungsbücher gibt es für alle möglichen Bereiche. Den Bereich der Bauleistungen deckt das Standardleistungsbuch-Bau (**StLB-Bau**) ab. Näheres dazu im Internet unter www.gaeb.de

Die Standardleistungsbücher (manchmal auch *Standardleistungskataloge* genannt) enthalten viele Textbausteine mit den Ausschreibungstexten. Diese Bausteine sind nach Katalognummern und Unternummern gegliedert. Die anzugebende Katalognummer mit der gewünschten Kombination kann viele Ziffern haben.

Die ersten Ziffern sind für die Textbausteine der Hauptpositionen mit der allgemeinen Beschreibung des Bauteils reserviert. Die Variationen der speziellen Beschreibung (je nach Art, Beschaffenheit, Eigenschaften, Baustoffgüten, Einbauort, usw.) wird in getrennten Texten (Textbausteine) mit Unterziffern untergebracht.

Sind die Ausschreibungstexte für eine Position aus den Textbausteinen ausgewählt und durch Ziffern codiert, dann erhält man eine detaillierte Katalognummer für die beschriebene Leistung, die sich aus den Kennziffern der ausgewählten Textbausteine zusammensetzt. Diese Katalognummer wird in ein Formular eingegeben, wo außer dieser Katalognummer nur die Projektbezeichnung, die Los-Nummer und die Menge (Anzahl, Flächengröße oder Volumen des ausgeschriebenen Bauteils) eingetragen werden.

Nach diesen Angaben generiert der Computer durch Auswahl der durch die Katalognummern gegebenen Textbausteine ein Leistungsverzeichnis (LV) mit projektbezogen generierter Positions-Nummer, Mengenangabe und freien Feldern für die Ausfüllung mit Einzelpreis nach Lohn, Material und Gesamtpreis.

Bild 92 zeigt einen derartig aufgebauten Text für eine einzige Position (Doppel-Revisionsschächte).

Bild 92: Auszug aus einem Leistungsverzeichnis

LV-Pos.	Menge	Beschreibungstext	Einzelpreis	Gesamtpreis
13	1	STUECK DOPPEL REVISIONSSCHAECHTE WIE		
		FOLGT BESCHRIEBEN HERSTELLEN: (OHNE		
		ERDARBEITEN)		
		AUSSENABMESSUNGEN:1.36/2.36 M		
		INNENABMESSUNGEN :0.88/0.88 M*2		
		TIEFE: 1.00 M (GEMESSEN VON OK BODEN-		
		PLATTE BIS OK ROHBETONFUSSBODEN)		
		BODENPLATTE AUS BETON BN 250. 20 CM		
		DICK,		
		AUSSENWAENDE: MAUERZIEGEL MZ 150/II.		
		STARK.		
		INNERE TRENNWAND: MAUERZIEGEL MZ		
		1.50/II, 11.5 CM DICK.		
		AEUSSERE WANDFLAECHEN: MIT 1.5 CM		
		DICKEM RAUPUTZ AUS ZEMENTKALKMOERTEL		
		UND ZWEIMALIGEM ANSTRICH MITTELS KALT		
		BITUMEN.		
		INNERE WANDFLAECHEN: FUGENGLATTSTRICH		
		BODENAUFFUELLUNG: BIS OK REVISIONS-		
		ROHR AUS BETON BN 160 MIT GEFAELLE		
		ZUR REVISIONSOEFFNUNG.		
		WAAGERECHTE ISOLIERUNG:DES MAUERWERKS		
		EINE SCHICHT UEBER DER BODENPLATTE		
		DURCH BESANDETE BITUMENPAPPE AN DEN		
		STOESSEN 10 CM UEBERDECKUNG.		
		STEIGEISEN NACH DIN 1211 B: 3 STUECK		
		MATERIAL:		
		LOHN :		

Die in die Kopie eingefügten waagrechten Trennstriche am linken Rand des Textes markieren die einzelnen Katalog-Untergruppen, die nur im endgültigen LV als detaillierte Beschreibung erscheinen.

Bei sehr speziellen Anforderungen kann der Ausschreibende durch „freie Texte" die Beschreibung selbst formulieren, dann übernimmt der Computer den frei formulierten Text unverändert in das LV.

Ursprünglich waren alle Textbausteine nur in Großbuchstaben geschrieben, weil die Lochkarten und der Lineprinter nur mit Großbuchstaben arbeiten konnten. Der Ausdruck erfolgte auf Tabellierpapier. Der Text war meist schlecht lesbar, weil manchmal auch das Farbband des Lineprinters oder die Buchstabentypen schon abgenutzt waren. Bild 92 zeigt einen typischen (schlechten) Lineprinter-Ausdruck.

Später hat man das Verfahren auf DIN-A4-Drucker umgestellt und die endgültigen Texte, immer noch in Großbuchstaben, auf A4-Papier ausgedruckt. Inzwischen sind die StLB-Verfahren auf normalen Text mit Groß- und Kleinbuchstaben umgestellt.

Das StLB-Bau ist heute so ausgereift, dass etwa 75 bis 80 % der Texte durch standardisierte Textbausteine abgedeckt werden können und der Rest durch freie Texte formuliert werden muss. Die Anwendung der Standardleistungsbücher setzt beim Aufsteller der LV voraus, dass er das Vergabewesen genau kennt und in der Lage ist, alle Anwendungsmöglichkeiten des StLB auszuschöpfen.

Der Umgang mit dem Standardleistungsbuch ist für viele Architekten und Bauingenieure noch nicht selbstverständlich. Die Zahl der zu beachtenden Vorschriften und Normen ist gerade in der Ausschreibungsphase sehr hoch. Die Normen ändern sich ständig, sodass auch die standardisierten Textbausteine laufend angepasst werden müssen. Früher wurden umfangreiche Vorbemerkungen dem LV vorangestellt, in denen man alles regeln wollte. Heute geht das nicht mehr, denn seit Einführung des AGB-Gesetzes (Gesetz über die Allgemeinen Geschäftsbedingungen) im Jahre 1976 ist dies nicht mehr zulässig.

Allmählich werden auch die alten Verfahren mit den gespeicherten Textbausteinen auf moderne Methoden umgerüstet. Neue Verfahren bedienen sich der Datenbanktechniken, die den Benutzer bei der Aufstellung des LV unterstützen und „mitdenken". Sie bieten nur Textbausteine an, die zum Kontext des gesamten LV passen. Das Blättern in den Katalogen und das manuelle Heraussuchen der passenden Textbausteine sind nicht mehr nötig.

Außerdem achten die Systeme darauf, dass das LV fehlerfrei erzeugt wird und keine logischen Fehler auftreten. Ein logischer Fehler wäre z. B., wenn für eine Position Texte aus Kataloguntergruppen ausgewählt würden, ohne dass vorher eine Hauptgruppe genannt wurde.

30.9.2. Automatisierte Vergabe

Beim automatisierten Vergabeverfahren wird dem Bieter, der das LV mit seinen Preisen ausfüllen soll, ein Volltext-LV geschickt. Dazu noch ein identisches Kurz-LV, das nur die Positionsnummern, die Spalten für die Menge, den Einheitspreis und den Gesamtpreis enthält.

Der Bieter reicht nur das Kurz-LV ausgefüllt und unterschieben bei der ausschreibenden Stelle ein. Das Blättern in einem dicken LV entfällt dadurch. Dieses Kurz-LV ist identisch mit dem Volltext-LV, es fehlen nur die beschreibenden Texte. Lediglich die Positionsnummern, die Mengen und die Preise sind enthalten.

Die ausschreibende Stelle speichert die Einheitspreise in das Original-LV ein und kann die Angebote mit dem Computer nachrechnen.

Wenn der Zuschlag erteilt ist, dann dient das automatisch ergänzte Volltext-LV mit den Preisen als Vertragsgrundlage für den Bauvertrag zwischen dem Auftragnehmer und dem Auftraggeber.

30.9.3. Automatisierte Bauabrechnung

Für die automatisierte Bauabrechnung, auch „elektronische" Bauabrechnung genannt, gibt es eigene Verfahren, die der *Gemeinsame Ausschuss für Elektronik im Bauwesen* (GAEB) herausgegeben hat. Diese Verfahren haben den Namen *REB-Verfahren.* REB ist die Abkürzung von „**R**egelungen für die **E**lektronische **B**auabrechnung".

30.9.3.1. Die REB-Verfahren

Diese Regelungen beschreiben die Berechnungsverfahren und Methoden zum Austausch von Daten. Es gibt GAEB-Verfahrensbeschreibungen (GAEB-VB) und REB-Verfahrensbeschreibungen.

Bei allen REB-Verfahren sind auch Datenaustauschformate (Datenarten DA) beschrieben, die zum größten Teil noch aus der Lochkartenzeit (Kartenarten KA) stammen. Die Datensätze haben, wie bei Lochkarten, für nur 80 Zeichen Platz. Jede Zeile von 80 Zeichen ist ein Datensatz.

Es gibt Firmen, die es sich zur Aufgabe gemacht haben, ganze Programmpakete auf der Grundlage der REB-Verfahren zu entwickeln und mit den CAD-Verfahren zu kombinieren.

Die verbindliche Gültigkeit der in der Sammlung REB enthaltenen Bestimmungen für die Abrechnung einer bestimmten Bauleistung setzt voraus, dass dies im Bauvertrag zwischen Auftraggeber und Auftragnehmer vereinbart wurde.

Die Sammlung der Regelungen für die elektronische Bauabrechnung wurde überarbeitet und mit Stand September 2013 (alter Stand: Juli 2009) durch das Bundesministerium für Verkehr, Bau und Stadtentwicklung mit Allgemeinem Rundschreiben Straßenbau (ARS) Nr. 19/2013 vom 12. September 2013 bekannt gegeben.

Die Sammlung REB (Stand September 2013) enthält:

Allgemeine Bedingungen für die Anwendung der REB-Verfahrensbeschreibungen
20.003 Querprofilbestimmung durch Interpolation
20.073 Bestimmung von Begrenzungslinien in Querprofilen

20.103 Auswertung von Nivellements
20.214 Auswertung elektrooptischer Tachymeteraufnahmen
20.314 Auswertung elektrooptischer Querprofilaufnahmen
21.003 Massenberechnung aus Querprofilen (Elling)
21.013 Massenberechnung zwischen Begrenzungslinien
21.033 Oberflächenberechnung aus Querprofilen
22.013 Rauminhalte und Oberflächen aus Prismen
23.003 Allgemeine Mengenberechnung
23.003 Allgemeine Mengenberechnung, Formelkatalog Straßenbau

30.9.3.2. Das REB-Verfahren 22.013

Es würde den Rahmen dieses Buches sprengen, wollte man alle **REB**-Verfahren hier beschreiben. Stellvertretend sei hier nur das Prinzip des REB-Verfahrens 22.013 kurz erläutert. Es arbeitet mit Dreiecksnetzen und Horizonten, wobei ein Horizont eine beliebige (nicht unbedingt ebene) Geländeoberfläche ist, die aus ebenen Flächenstücken (Dreiecken) zusammengesetzt ist.

Bild 93: Horizonte beim REB-Verfahren 22.013

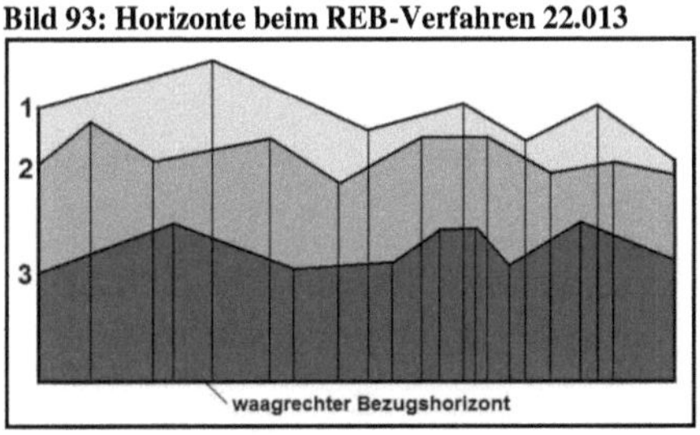

Bild 93 zeigt einen senkrechten Schnitt durch das Gelände. Es gibt hier im Beispiel drei Horizonte, die mit 1, 2, 3 bezeichnet sind. Zwischen den Horizonten liegen Erdschichten, deren Kubaturen zu berechnen sind. Jeder Horizont ist durch ein eigenes Dreiecksnetz in Lage und Höhe genau festgelegt. Jedes Dreieck wird durch die drei Punktnummern der Eckpunkte definiert.

Die Eckpunkte eines Dreiecks sind durch Lagekoordinaten und Höhenkoten eindeutig bestimmt. Bedingung ist, dass die Dreiecksnetze aller Horizonte einen gemeinsamen Umriss im Lageplan haben.

Aus jedem Dreieck eines bestimmten Horizonts wird ein Prisma gebildet, das vom jeweiligen Horizont senkrecht bis zum untersten waagrechten Bezugshorizont reicht. Für jedes Prisma wird das Volumen, die obere Dreiecksfläche (Deckfläche) im Gelände und die untere Dreiecksfläche (Grundfläche) auf dem waagrechten Bezugshorizont berechnet. Die Summe der Prismenvolumina ist die Gesamtkubatur des betreffenden Horizonts.

Zieht man die Summe der Prismen des darunter liegenden Horizontes ab, so erhält man die Kubatur, die zwischen diesen beiden Horizonten liegt. Die genaue Oberfläche eines Horizonts ergibt sich als Summe der Deckflächen der Prismen dieses Horizonts.

So ergibt sich in Bild 93 die Kubatur der obersten Schicht aus der Differenz der Prismensummen der Horizonte 1 und 2, der mittleren Schicht aus der entsprechenden Differenz der Horizonte 2 und 3. Die Kubatur der untersten Schicht ist die Prismensumme des Horizonts 3.

30.10. Digitale Geländemodelle (DGM)

Das Verfahren REB 22.013 habe ich zur Verwendung in MS-DOS- und Windows-Systemen unter dem Namen **DGM** (Digitales Geländemodell) als Programm zur Verfügung gestellt (siehe Lit. [Praxl10]). Außerdem ist eine Version für den wissenschaftlichen HP-Taschenrechner verfügbar, die bei mir angefordert werden kann.

Das digitale Geländemodell (DGM) baut auf einem digitalen geometrischen Modell auf, das mathematisch formulierbar ist. Der Aufbau von DGM stützt sich auf Dreiecksnetze im dreidimensionalen Raum, ähnlich wie oben beim Verfahren REB 22.013 beschrieben.

30.11. Geografische Informationssysteme (GIS)

GIS = **G**eografische **I**nformations-**S**ysteme.

Synonyme für Geografische Informations-Systeme:

- LIS = Landinformationssystem,
- GIS = Geo-Informationssystem,
- RIS = Rauminformationssystem,
- RBIS = Raumbezogenes Informationssystem.

Die Vermessungsingenieure waren die Ersten, die schon zu Lochkartenzeiten versuchten, ihre Daten zu speichern und automatisch zu verarbeiten.

Früher hatte man die geografischen Daten ohne automatische Datenverarbeitung tabellarisch oder unter Zuhilfenahme von Listen ausgewertet und grafisch in Karten und Plänen dargestellt.

Nachfolgend werden nur wenige Aspekte von GIS-Systemen gezeigt. Eine ausführliche Einführung ist in Lit. [GIS] zu finden.

30.11.1. Raumbezogene Daten

Gespeicherte Zahlen in einer Datenbank sind nur reine Daten ohne Bezug zueinander. Zur einer Information werden diese Daten erst, wenn menschliches Wissen sie interpretiert und deutet, sie in Beziehung setzt. Als Beispiel können Koordinatenwerte dienen, die in einem räumlichen mathematischen Koordinatensystem als Zahlentripel existieren. Setzt man diese Zahlentripel nicht in Bezug zu einem räumlichen Koordinatensystem, kann kein Mensch mit den gespeicherten Zahlen etwas anfangen.

Erst der Bezug der drei Zahlen zum Raum (***x***-, ***y***- und ***z***-Komponente) und die Benennung der Zahlentripel als im Raum festliegender identifizierbarer Punkt erzeugt die Information, die zu den *raumbezogenen Daten* führt. Sie muss noch durch das verwendete Maßsystem und einige zusätzliche Angaben ergänzt werden. Diese Koordinaten müssen einem realen *Bezugssystem* zugeordnet werden. Der Nullpunkt und die Richtung des örtlichen Koordinatensystems in diesem Bezugssystem müssen bekannt sein.

Letztlich müssen auch das Bezugssystem und dessen Definition genau bekannt sein (kartesisch oder polar, eben oder sphärisch, global oder lokal, Kugelkoordinaten oder Zylinderkoordinaten, Landeskoordinaten, Gauß-Krüger-Koordinaten, Soldner-Koordinaten, örtliche Koordinaten einer Baumaßnahme, siehe auch 18.3 auf Seite 169).

30.11.2. Datenmodelle

Die in Koordinaten gespeicherte Lage von realen Punkten nützt uns wenig, wenn diese Punkte nicht in Bezug zueinander gesetzt werden. Es müssen Informationen vorhanden sein, die den Punkten eine Bedeutung zumessen. Die Bedeutung wird durch ein Datenmodell ausgedrückt, das die Struktur der Beziehungen dieser Punkte zeigt.

Geometrische Datenmodelle verwenden Datenstrukturen von „Primitiven“ (Punkt - Linie - Fläche - Körper). Dieses Prinzip garantiert Eindeutigkeit und Redundanzfreiheit der Beschreibung (Abbildung) des dreidimensionalen Raumes in einem Berechnungsmodell.

Beispiel eines Datenmodells, das nur durch Punkte definiert wird:

1. Element „Punkt“.
   Ein Punkt ist das Grundelement, das durch die Koordinatenwerte definiert ist.
   Der Datensatz besteht aus der Elementkennung für den Punkt, der Bezeichnung des Punktes und dem Zahlentripel, das in der Reihenfolge ***x-y-z*** die Koordinaten festlegt.

2. Lineares Element „Gerade".
   Die Gerade ist durch zwei Punkte definiert.
   Der Datensatz besteht aus der Elementkennung für die Gerade, der Bezeichnung der Geraden und den beiden Punktnummern.
3. Ebenes Flächenelement „Dreieck".
   Das Dreieck ist durch die drei Eckpunkte definiert.
   Der Datensatz besteht aus der Elementkennung für das Dreieck, der Bezeichnung des Dreiecks und den drei Punktnummern.
4. Räumliches Körper-Element „Unregelmäßiges Tetraeder".
   Das unregelmäßige Tetraeder ist durch vier Punkte festgelegt, die nicht alle in einer Ebene liegen dürfen.
   Der Datensatz besteht aus der Elementkennung des Raumelements, der Bezeichnung des räumlichen Elements und den vier Punktnummern.

Die Elementkennung (Elementname) ist erforderlich, um den Datensatz zu identifizieren. Sie kann aus Buchstaben oder Nummern bestehen.

Die Menge aller Datensätze des Elements Nr. 1 ist die *Datenbasis*. Die *Elementdefinitionen* Nr. 2 bis Nr. 4 sind voneinander unabhängig, weil jedes Element ausschließlich durch Punkte definiert ist.

Datenbasis und Elementdefinitionen zusammen bilden ein *Datenmodell*.

Es gibt noch andere Datenmodelle, bei denen die Elementdefinitionen aus hierarchisch von aufeinander aufbauenden „Primitiven" bestehen:

> Da kann eine Linie durch mehrere zusammenhängende Geraden (Streckenzug), ein Dreieck durch drei Geraden, ein ebenes Flächenelement durch ein Polygon aus Geraden, ein gekrümmtes oder gewölbtes Flächenelement durch mehrere ebene Flächenelemente definiert sein.

Räumliche Elemente können durch Geraden (Kantenmodell) oder durch die Oberfläche aus ebenen Flächenelementen (Flächenmodell) definiert sein.

Die oben angegebenen Elemente Nr. 1 bis Nr. 4 sind in sich widerspruchsfrei. Ihre Zusammensetzung zu „höheren" Elementen kann aber zu Widersprüchen führen. Bei der Aufstellung dieser Modelle müssen Plausibilitätskontrollen durchgeführt werden.

So kann z. B. bei einem Kantenmodell (Drahtmodell) eine Kante fehlen, die sich wegen eines Koordinatenfehlers im Innern des räumlichen Elements als Gerade (Linienelement) wiederfindet.

30.11.3. Geografische Modelle

Geografie im engeren Sinne ist die Beschreibung der unveränderlichen (nicht bewachsenen) Erdoberfläche. Die Erdoberfläche ist keine Ebene und meist auch keine mathematisch beschreibbare Fläche, sondern eine im Raum liegende unebene Fläche beliebiger Gestalt. Wir bezeichnen diese unebene Fläche im geografischen Modell als „Horizont" (abweichend von der üblichen Bedeutung des Wortes „Horizont" in der Seefahrt).

Ein Teil der unebenen Erdoberfläche, den wir als Horizont definieren, kann durch die oben definierten Elemente Nr. 1 (Punkte) und Nr. 3 (Dreiecke) beschrieben werden. Wie unter 0 bei der Beschreibung des REB-Verfahrens 22.013 gezeigt, lässt sich durch dieses Modell die Form der Erdoberfläche genügend genau beschreiben, wenn man die Größe der Dreiecke beliebig klein wählt.

Man nennt diese Art der mathematischen Erfassung und Modellierung der Erdoberfläche „Digitales Geländemodell DGM". Aus dem Modell lässt sich für die abgewickelte Geländeoberfläche die Flächengröße genügend genau bestimmen und in der Lage zu einem Bezugshorizont lässt sich auch das Volumen zwischen den beiden Horizonten genügend genau bestimmen.

Es gibt noch andere geografische Modelle, die aber hier nicht näher behandelt werden.

30.11.4. Informationssysteme in der Theorie

Informationssysteme entstehen, wenn die geografischen Modelle mit den Methoden zur Auswertung räumlicher Beziehungen zusammengeführt werden. Ausgehend von den Primitiva **Punkt**, **Linie** und **Fläche**, die die Elemente in einem geografischen Informationssystem beschreiben, unterscheidet man folgende 6 Beziehungen (Relationen) zwischen den geometrischen Grundelementen:

1. Punkt und Punkt,
2. Linie und Punkt,
3. Linie und Fläche,
4. Fläche und Punkt,
5. Fläche und Linie,
6. Fläche und Fläche.

Man bezeichnet diese Beziehungen als Nachbarschaftsbeziehungen, die auch grafisch in Karten und Plänen als Zusammenhänge dargestellt werden können. Dabei sind **Kontinua** (Straßen als durchgehende Linien, Gelände als gewölbte Fläche) und **Diskreta** (Punkte, Attribute und Eigenschaften von Materialien) zu unterscheiden. In der Regel können Kontinua, wenn sie keine mathematischen Funktionen sind, in einem System schlecht abgebildet werden.

Daher werden die in der Natur vorkommenden Kontinua als Diskreta in einem System dargestellt:

- Gerundete Linien werden aus kurzen Geradenstücken zusammengesetzt (Streckenzüge).
- Gewölbte Flächen werden aus kleinen ebenen Flächen (Gitternetz) zusammengesetzt.

30.11.5. Informationssysteme in der Realität

Bisher haben wir nur rein theoretisch von raumbezogenen Daten, Datenmodellen und Informationssystemen gesprochen, ohne dass die Umsetzung in die Realität angesprochen wurde.

Selbstverständlich kann man diese Informationssysteme, so wie man es früher auch tun musste, mit Bleistift auf Papier in Tabellenform und durch Auflistungen von Attributen und Merkmalen und durch Zeichnen von Karten und Plänen in der Praxis realisieren. Nach der Einführung der automatisierten *Datenverarbeitung (DV)* hat man diese Informationssysteme auch auf diesen Anlagen realisiert. Auch zu Lochkartenzeiten schon.

Dabei sind einige Besonderheiten zu beachten, die es früher ohne DV nicht gab:

30.11.5.1. Vektor- und Rasterdaten

Die *Datenverarbeitungsanlage* (DV-Anlage) kann nur durch Zahlenwerte bestimmte diskrete Daten, keine Kontinua, speichern. Das Datenmodell beschreibt die Zusammenhänge der Daten.

Bei geografischen Informationssystemen wird zur Speicherung das Vektordatenmodell verwendet, weil die Rasterdaten zu viel Speicherplatz benötigen würden. Ein Punkt wird über seine räumlichen Koordinaten genau beschrieben und eine ebene Fläche durch ein ebenes Polygon mit einer geschlossenen Umrisslinie aus Geradenstücken, die durch Punkte bestimmt sind. Damit wird die Erdoberfläche durch eine Folge gerichteter Strecken (Vektoren) beschrieben. Die Grundtypen der räumlichen Erscheinungen lassen sich also aus grafischen Grundelementen, wie sie oben beschrieben wurden, aufbauen. Durch Zusammensetzung dieser Grundtypen zu komplexeren Elementen können die realen geografischen Objekte eindeutig beschrieben werden.

Diese beschreibenden Daten können als *Rasterdaten* oder als *Vektordaten* dargestellt werden. Die Wahl der Darstellungsart wird von der Bauart des Ausgabegeräts bestimmt.

Ein und dasselbe Element kann in Vektordarstellung oder in Rasterdarstellung ausgegeben werden. Nehmen wir eine Gerade als Beispiel. Eine Gerade ist durch zwei Punkte bestimmt. Die Ausgabe auf dem *Bildschirm* und mit dem *Drucker* auf Papier erfolgt in Rasterdarstellung, weil beide Geräte „pixelorientiert“ sind. Diese Geräte können nur einen Raster von Punkten ausgeben, der durch den Abstand und die Größe der dargestellten Punkte (Pixel = picture element) bestimmt ist.

Ein internes Programm berechnet für die darzustellende Gerade die Pixelpositionen. Eine schräge Gerade ist als *Treppenlinie* zu sehen. Alle linienhaften Objekte werden in treppenförmiger Abbildung wiedergegeben. Sogar bei fotoähnlichen Bildern (Bild 96) findet man bei genügender Vergrößerung diese treppenförmigen Linien.

30.11.5.2. Sachdaten

Sachdaten sind nichtgrafische Daten. Sie beschreiben die grafischen Daten näher durch Merkmale, Attribute, Klassifizierungen und Eigenschaften.

30.11.5.3. Zeitbezogene geometrische Daten

Viele geometrische Daten sind zeitbezogen. Seien es Ablesungen von Pegelständen an bestimmten Stellen, Koordinaten von Orten, an denen zu bestimmten Zeiten bestimmte Ereignisse stattgefunden haben oder die Dokumentation von Veränderungen der Erdoberfläche durch Erfassung der Zustände zu bestimmten Zeitpunkten.

30.11.6. Praktische Anwendungen von GIS-Systemen

Die für GIS geeigneten Computersysteme und Peripheriegeräte wollen wir hier nicht behandeln, sie sind in Lit. [GIS] eingehend beschrieben. Hier sollen lediglich die praktischen Anwendungen zur Sprache kommen, deren Ergebnisse auch den Bauingenieur interessieren.

Anwendungen von GIS kommen hauptsächlich in folgenden Tätigkeitsfeldern vor:

- Öffentliche Verwaltung (Liegenschaftsverwaltungen, Versorgungsbetriebe, Bauämter, Vermessungsämter, Grundbuchämter, u. a.),
- Wirtschaft und
- Forschung.

30.11.6.1. Amtliche Katastersysteme

Die Erfassung der Erdoberfläche, ihre Dokumentation und ihre anschauliche Darstellung in Karten sind öffentliche Aufgaben. Diese Aufgaben sind in den Vermessungsgesetzen der Bundesländer geregelt.

Neben den bisher üblichen, von Hand gezeichneten Flurkarten (Katasterpläne) und topografischen Kartenwerken haben die Vermessungsverwaltungen in den vergangenen 40 Jahren die digitalen Kartenwerke entwickelt, die in Datenverarbeitungssystemen gespeichert sind und welche die handgefertigten Karten allmählich ablösten.

Etwa 1979 entstand das Informationssystem „Automatisierte Liegenschaftskarte (ALK)“ und 1989 das „Amtlich topographisch-kartographische Informationssystem (ATKIS)“. Daneben entstanden MERKIS, die „Maßstaborientierte Einheitliche Raumbezugsbasis für Kommunale Informationssysteme“, und die Datenbank CORINE der Europäischen Union, an denen die Vermessungsverwaltungen der Mitgliedsstaaten beteiligt sind.

ALK ist streng getrennt nach Datenbasis und programmtechnischen Verwaltungsteil. Die Schnittstelle ist die (bidirektionale) „Einheitliche Datenbankschnittstelle (EDBS)“. ALK enthält die Geometrie von Flurstücken, Straßenverläufen und der Bebauung. Versorgungsbetriebe für Gas, Wasser, Fernwärme und Strom nutzen diese Daten. Auch Grundbuchämter und andere Behörden nutzen diese Daten und haben ihre eigenen Systeme darauf aufgebaut.

ATKIS ist eine Entwicklung der „Arbeitsgemeinschaft der Vermessungsverwaltungen der Länder der Bundesrepublik Deutschland (AdV)“. Das ATKIS-Datenmodell strukturiert die Landschaft nach Objekten. Daraus wurden zwei Datenmodelle entwickelt:

1. Digitales Landschaftsmodell (DLM) und
2. Digitales Kartenmodell (DKM).

Die Erläuterung dieser Modelle ist in Lit. [GIS] zu finden.

30.11.6.2. Netzinformationssysteme (NIS)

Versorgungsbetriebe und Wirtschaftsunternehmen, die mit raumbezogenen Netzen (Wasserversorgungsnetze, Stromnetze, Gasnetze, Kanalnetze, Telefonnetze, Vertriebsnetze) arbeiten, benötigen die Daten aus den amtlichen Katasterwerken ALK und ATKIS. Sie bauen ihre Netzinformationssysteme (NIS) darauf auf.

Für einen sicheren und wirtschaftlichen Betrieb ihrer Netze brauchen diese Unternehmen eine detaillierte Dokumentation über die Lage und die technischen Eigenschaften ihrer Leitungen.

Die dabei abgebildeten Teilsysteme der realen Welt sind die Versorgungsnetze mit ihren Betriebsmitteln, den zwischen ihnen bestehenden Beziehungen und den darauf ablaufenden Prozessen.

In manchen Versorgungsunternehmen ist das jeweilige NIS mit der Prozessleittechnik ihrer Versorgungsanlagen vernetzt. Durch die Vernetzung halten sich die Systeme gegenseitig auf dem aktuellen Stand, sodass Änderungen schnell bearbeitet und im anderen System termingerecht berücksichtigt werden können.

Die NIS-Nutzer sind die Nutznießer des Systems.

30.11.6.3. Amtliche Stadtpläne auf CD-ROM

Da die Sammlung raumbezogener Daten nicht nur Selbstzweck der Vermessungsämter ist, sondern nach den Vermessungsgesetzen auch den Bürgern dienen soll, veröffentlichen die Vermessungsverwaltungen Kartenwerke und neuerdings auch digitale Daten. Gegen geringe Gebühr kann jeder Bürger diese Daten erwerben.

In vielen Großstädten und Kommunen mit eigenen Vermessungsabteilungen gibt es neben dem amtlichen Stadtplan auch Katasterblätter in digitaler Form auf CD-ROM.

Da die wenigsten Nutzer die spezielle Darstellungssoftware besitzen dürften, ist auf den CD-ROMs jeweils auch die passende Darstellungssoftware enthalten.

Als Beispiel sei hier der digitale Stadtplan München vorgestellt, der auf CD-ROM erhältlich ist (Stand . Die Kartenelemente sind in verschiedenen Ebenen (die man auch als Folien bezeichnet) abgelegt.

- Wohngebäudeflächen,
- Gewässerflächen,
- Gewerbegebietsflächen,
- Grünflächen,
- Öffentliche Gebäudeflächen,
- Bahnflächen,
- Autobahn,
- Bundesstraße,
- Hauptstraßen,
- Nebenstraßen,
- Gewässerbegrenzungslinien,
- Bahnlinien,
- Planung,
- Stadtgrenze,
- Landkreisgrenze,
- Gemeindegrenze,
- Stadtbezirksgrenze,
- Konturen öffentlicher Gebäude.

Die unterschiedlichen Beschriftungen sind ebenfalls in Ebenen abgelegt und getrennt einblendbar.

Über die mitgelieferte Darstellungssoftware GAUSZ (**G**rafisches **AU**skunftssystem mit **S**achdatenzugriff und **Z**eichnungsergänzung) lassen sich alle Einstellungen (Kartenausschnitt, Maßstab, Art und Zahl der zu überlagernden Folien) vornehmen, die für einen Kartenausschnitt erforderlich sind. Alle Kartenausschnitte lassen sich exportieren und ausdrucken. Die in ein Vektorformat (wmf-Dateien[58]) exportierten Grafikdaten können in andere Grafikanwendungen eingelesen und weiterbearbeitet werden.

Mit dem Erwerb der CD-ROM erwirbt der Käufer das Recht, die von ihm selbst erzeugten Planausschnitte intern innerhalb seines Betriebes und für seine eigenen Zwecke mit Ausnahme der Veräußerung und der kommerziellen Verwertung zu verwenden.

30.11.6.4. Amtliche topografische Karten auf CD-ROM

Die deutschen Landesvermessungsämter und das Bundesamt für Kartografie und Geodäsie geben amtliche topografische Karten in den Maßstäben 1:25000, 1:50000, 1:100000 und 1:200000 bis zu 1:1000000 heraus. Koordinatensystem, Blattschnitt, Inhalt und Darstellung dieser Karten sind für Deutschland einheitlich. Diese Karten stehen für das gesamte Bundesgebiet auf CD-ROM zur Verfügung (im Buchhandel erhältlich).

Auch die Darstellungssoftware mit vielen Funktionen wird mitgeliefert. Zu den Software-Funktionen, die auf der CD-ROM „TOP 50“ (topografische Karten im Maßstab 1:50000) vorhanden sind, gehören:

- Blattschnittfreie[59] Darstellung aller Blätter eines aus mehreren Kartenblättern bestehenden Kartenwerkes.
- Auswahl verschiedener Kartenwerke, Koordinatensysteme und Koordinateneingabe.
- Verändern der Kartenfarben.
- Positionieren eines Kartenausschnittes über Orts- und Objektnamen oder Koordinateneingabe.
- Blattschnittfreies Scrollen.
- Geländeschnitt entlang einer vom Benutzer auf dem Bildschirm markierten Strecke mit Berechnung von Gesamtsteigung und -gefälle (Längsschnitt).
- Plastische Darstellungen eines Kartenausschnittes: Schummerung und Höhenrelief, Höhenschichten, statische perspektivische Ansicht.
- 3D-Betrachtung über mitgelieferte Rot-Grün-Brille.
- Dynamische perspektivische Ansicht (Flug über das Gebiet).
- Anzeige von Koordinaten und Geländehöhe der aktuellen Cursorposition.
- Vergrößern und Verkleinern des Kartenausschnittes durch die Funktion Zoom, wahlweise verbunden mit einem Kartenwechsel, wenn eine Karte mit einem anderen Zielmaßstab vorhanden ist.
- Einblenden von Verwaltungsgrenzen.
- Messen von Entfernungen und Flächen, die der Benutzer auf dem Bildschirm markiert hat.
- Anbindung eines GPS-Empfängers und Anzeige des Standpunktes am Bildschirm.

Die topografischen Karten TOP50 können in fast jedes GPS-System über Passpunkte oder Orientierungspunkte maßstabsgetreu eingepasst werden, da die Darstellungssoftware gängige GPS-Module und deren Formate erkennt.

---

[58] WMF (Windows Metafile) ist ein Windows-Dateiformat zum Speichern von Grafiken als Datensätze.

[59] Obwohl bei den gedruckten topografischen Karten die Blattränder genau festgelegt sind, sind diese bei der Darstellung auf dem Bildschirm nicht zu sehen. Die digitale Kartengrundlage ist durchgehend, also „blattschnittfrei“.

30.11.6.5. Satellitenbilder

Im Internet werden von Suchmaschinenbetreibern (Google Earth, Bing) Satellitenbilder sehr guter Auflösung für alle Teile der Erdoberfläche angeboten. Objekte mit etwa 1 m Durchmesser sind noch gut zu erkennen.

Bild 94 zeigt das Satellitenbild (Quelle BING, © 2014 Microsoft Corporation) meiner Wohnumgebung. Das Bild wird absichtlich so groß auf ganzer Seitenbreite gezeigt, damit man die Qualität und Bildauflösung auch hier im Buch erkennt. Meine mit weißem Blech gedeckte Garage, die überdachte Terrasse, der Kamin, der Klinkerbelag am Haus und auch die Kollektoren auf dem Dach sind deutlich zu erkennen. Sogar die 80-cm-Satellitenschüssel an der Garagenrückwand ist als kleiner weißer Kreis zu sehen.

Bild 94: Satellitenbild: Wohnumgebung des Verfassers

Das Datum der Aufnahme ist nicht angegeben, aber aufgrund des Bauzustandes der gegenüberliegenden Baustelle kann ich dieses Datum grob abschätzen.

Für Ingenieurzwecke sind die meisten Satellitenbilder nicht verwendbar.

30.12. Geologisches Untergrundnetz

Die wohl älteste Anwendung auf Großrechnern im Bereich der mathematischen Netze ist das System „Untergrundplan München“. Es wurde vom Dipl.-Mathematiker *Dr. Egon Jung* entwickelt und veröffentlicht. Er schrieb auch sämtliche Auswerteprogramme für den Großrechner.

Als man in München in den 1960-er Jahren mit der U-Bahn-Planung begann, mussten entlang der vorgesehenen Trassen Bodenerkundungsbohrungen durchgeführt werden, deren Ergebnisse auf dem Großrechner normgerecht gespeichert wurden.

Durch Kooperation mit den Bohrfirmen und den privaten Bauherrn konnten auch private Bohrungen in den Datenbestand mit aufgenommen werden. Allmählich entstand ein Datenbestand von mehr als 6000 Bohrungen, wobei jede Bohrung in mehreren Datensätzen gespeichert wurde.

Mit den Lagekoordinaten der Bohrpunkte wurde ein Dreiecksnetz aufgebaut, das der automatischen Auswertung dienen sollte. Über Auswerteprogramme kann ein normgerechter geologischer Schichtenplan des Münchner Untergrundes erstellt werden, aus dem der Verlauf und die Dicken der Bodenschichten hervorgehen.

Da in den Datenbestand auch die Grundwasserstände in den Bohrlöchern und zusätzlich die regelmäßig beobachteten Grundwasserpegel enthalten sind, können auch die Höhen des Grundwasserspiegels an jeder Stelle des Stadtgebiets für bestimmte Zeitpunkte ausgegeben werden.

Auf diese Weise sind der Grundwasserstrom und die Wirkung von Grundwasserabsenkungen darstellbar. Diese Daten werden für verschiedene Zwecke genutzt.

Für den U-Bahn-Bau wird die Kenntnis der Grundwasserhöhen und des Grundwasserstroms nutzbringend eingesetzt:

> Durch den Bau Tunnelröhren für die U-Bahn wird der freie Grundwasserstrom im Untergrund gestört und aufgestaut. Ein Aufstau des Grundwassers muss unbedingt vermieden werden, da damit auch Veränderungen des Grundwasserspiegels verbunden wären, die zu Schadenersatzforderungen der Grundstückseigentümer (z. B. bei Kellerüberflutungen) führen könnten.
>
> Man verwendet diese Grundwasserdaten zur Berechnung von Dükern, die das Grundwasser über Rohrverbindungen wie kommunizierende Röhren unter den U-Bahn-Röhren auf die andere Seite leiten. Der Grundwasserstau vor den Tunnelröhren kann auf diese Weise bereits bei der Planung berechnet und durch den Bau entsprechend großer Düker verhindert werden. Beim Bau der Tunnelröhren werden die Düker in der erforderlichen Größe gleich mitgebaut. Anschließend kann die Wirkung der Düker beobachtet und durch das Computersystem kontrolliert werden.

30.13. Kanalnetz

30.13.1. Hydraulische Berechnungen

Das Kanalnetz sieht an jeder Stelle (gegen die Fließrichtung gesehen) wie ein Baum aus, der sich nach oben immer weiter verzweigt. Die Zweige und Äste haben keine Querverbindung.

Der Bauingenieur hat gelernt, ein Kanalnetz nach einer Baumstruktur hydraulisch zu berechnen. Er beginnt die Berechnung mit der Ermittlung der auftretenden Wassermengen am obersten Rohr, rechnet in Fließrichtung bis zur Einmündung in einen kleinen Sammler, der dann wieder in einen größeren Sammler einmündet und dieser schließlich in den Hauptsammler. Fließmengen und Wassergeschwindigkeiten lassen sich mit den Fließformeln exakt berechnen. Die Wassermengen, die auf eine Einmündung zukommen, sind genau bekannt und man kann die Sammler exakt bemessen.

Die Abflussverhältnisse wurden früher von Hand berechnet. Bekannt ist dem Bauingenieur die Listenberechnung nach *Kehr* (1933 veröffentlicht), die er während des Studiums gelernt und verwendet hat. Man verwendet auch die Iteration eines (kombinierten) Summenlinienverfahrens nach *Müller-Neuhaus* (veröffentlicht in der Zeitschrift Gesundheitsingenieur Heft 5, 1947).

Das Kanalnetz einer Großstadt wie München mit mehreren tausend Kilometern Länge ist im Laufe von vielen Jahrzehnten allmählich entstanden. Man hat es immer mehr erweitert. Nach den meist von Hand durchgeführten hydraulischen Berechnungen wurde die Größe der Rohre und der Hauptsammler festgelegt.

Aber die Bautätigkeit bringt es auch mit sich, dass man oberhalb von Sammlern ein Teilnetz dazubaut, weil ein neues Baugebiet angeschlossen werden muss. Nun sind die Sammler, die das zusätzliche Abwasser aufnehmen sollen, überlastet.

Man baut also Parallelsammler oder zieht Querverbindungen zu einem benachbarten Sammler, der noch Kapazitäten übrig hat. Durch diese Abzweigungen (Wasseraufteilung in Fließrichtung) kommt die schöne und klare Hydraulik der Baumstruktur durcheinander. Es entstehen vernetzte Bäume und schließlich Netze mit rechnerisch unbestimmten Verhältnissen.

Diese Netze haben n Maschen und m Knoten. Für jeden Knoten und für jede Masche können Randbedingungen festgelegt werden. Es entstehen Gleichungssysteme mit vielen Unbekannten. Diese komplizierten Verhältnisse kann man nicht mehr von Hand berechnen. Nun kommt der Computer zur Anwendung, der die Netzberechnung durchführen muss.

30.13.2. Kanalnetzberechnung

Automatisierte Kanalnetzberechnungen wurden schon zu Lochkartenzeiten durchgeführt. Die Daten des Kanalnetzes von Großstädten wurden in mehrere zehntausend Lochkarten gestanzt und der Großrechner musste mit den Daten dieser Lochkarten die Berechnung durchführen.

Schächte, Einmündungen und Abzweigungen wurden mit genauer Lage und Höhe über NN als Netzknoten verwendet. Die Rohrdimensionen und die Gefälle (Gefälle = Sohlhöhendifferenz zwischen zwei Schächten) wurden für alle Einzelstrecken zwischen zwei Schächten (= Kanalhaltung) eingespeichert. Dazu kamen noch die Sonderbauwerke wie Schieber, Überfälle (Wehre), Abstürze, Pumpstationen und andere Einrichtungen. Es entstand eine Kanaldatenbank auf Lochkarten. Später wurden die Daten in eine relationale Datenbank eines modernen Rechners übernommen.

Voraussetzungen für die Netzberechnung:

- Einteilung des bestehenden Kanalnetzes in Berechnungsstrecken.
- Festlegung der Verknüpfungen der Kanäle.
- Festlegung der Teileinzugsgrenzen.
- Erarbeitung von ideellen Kanalstrecken für noch zu kanalisierende Gebiete.
- Zusammenstellung und Erfassung der Eingabewerte (genaue Koordinaten und Sohlkoten der Einsteigschächte, Profilabmessungen, Kanallängen, Sohlkoten der Rohre an den Einsteigschächten, Befestigungsgrad[60] des Einzugsgebiets, Einzugsfläche, Einwohnerdichte, Industriewasserzufluss, Profiltyp und Haltungsnummer).
- Erfassung und Erarbeitung der Eingabedaten für neue Teilnetze.
- Datenerfassung und Speicherung.
- Automatische Plausibilitätsprüfung der Daten.

Das ganze Kanalnetz von mehreren tausend Kilometern Gesamtlänge (z. B. in München etwa 2600 km, insgesamt etwa 30000 Kanalhaltungen[61]) muss hydraulisch nachgerechnet werden, um festzustellen, wo Überlastungen und andere Probleme auftreten können. Insbesondere bei Mischsystemen, bei denen Regenwasser und Hausabwässer gemischt abgeführt werden, können bei Regenfällen Verhältnisse auftreten, die zu Rückstau und zum Überlaufen der Kanäle führen.

---

[60] Unter Befestigungsgrad versteht man den Prozentsatz der Versiegelung des Bodens durch Pflasterung, Asphaltierung und sonstiger wasserundurchlässiger Befestigungsarten der Oberflächen.

[61] Eine Kanalhaltung ist die Strecke zwischen zwei Einsteigschächten.

In Trenngebieten, in denen nur das Abwasser aus den Häusern in den Kanälen fließt, kann es zu umgekehrten Verhältnissen kommen. Manche Kanäle führen dann so wenig Wasser, dass die Feststoffe in den Kanälen nicht mehr vom Wasser mitgerissen werden und liegenbleiben, es kommt zu Ablagerungen, Faulungsprozessen im Kanal und zur Verstopfung der Leitungen.

Solche Kanäle müssen regelmäßig durchgespült werden. Eine aktuelle Kanalnetzberechnung deckt solche Zustände vor deren Auftreten auf.

Die hydraulische Berechnung des gesamten Kanalnetzes mit einem Computerprogramm kann hydraulisch unbestimmte Verhältnisse im Netz durch Berechnungsverfahren lösen und die (annähernd) genauen Fließverhältnisse aufzeigen. Sie dient hauptsächlich dazu, eine verbindliche Planungs- und Sanierungsgrundlage zu bekommen, die von den Wasserrechtsbehörden bei Erweiterung des Kanalnetzes verlangt wird.

<u>Berechnungsverfahren</u>
Die Ganglinien-Volumen-Methode verwendet Bewegungs- und Kontinuitätsgleichungen und berechnet für einen Bemessungsregen die Vorgänge im Kanalnetz und die Flutwellen in den Kanälen.

Das Verfahren beruht auf der Konstanz der Wasservolumina (Kontinuitätsgesetz, siehe auch 22.2.2 auf Seite 205): **Zuflussmenge = Abflussmenge + Speichermenge**.

Die Berechnung behandelt auch folgende hydraulische Phänomene:

- Rückfluss in den Kanälen.
- Kanäle mit Gegengefälle.
- Aufstau hinter Wehren.
- Speichervolumen von Einsteigschächten und Kammern.
- Ausfluss auf das Gelände mit Rückfluss ins Netz.
- Freier und rückgestauter Ausfluss unter Schützen.
- Absenkung auf Grenztiefe an Gefällewechseln und Abstürzen.
- Energieverluste durch seitlichen Zufluss.
- Schachtverluste bei Einstau.
- Impulsverluste in Verbindungsbauwerken und bei Querschnittsverengungen.
- Variable Ausflussbedingungen an Verzweigungen und Überläufen.

Die Kanalnetzberechnung sollte im Idealfall folgende Ergebnisse liefern:

- Verwendeter Modellregen (Vorgabe).
- Schmutzwassermengen.
- Maximale Abwassermengen.
- Fülltiefen.
- Fließgeschwindigkeiten.
- Tagesspitzen in den Hauptsammlern.
- Nachtabflussmengen in Richtung Klärwerk.
- Rückstauhöhen.
- Ganglinien für Wassertiefen und Wassermengen.
- Füllungs- und Leerungsganglinien für Rückhaltebecken.
- Gesamteinzugsgröße für Rückhaltebecken und Regenüberläufe.

Aufgrund der Berechnungsergebnisse können Maßnahmen ergriffen werden:

- Sanierungskonzept für den Istzustand.
- Nachrechnen des Netzes nach abgeschlossenen Sanierungsmaßnahmen.
- Vorfluterbelastung vor und nach der Sanierung.

Diese Aufzählung der mit einer Kanalnetzberechnung zusammenhängenden Einzelheiten möge als Einführung genügen.

31. Computerunterstützte Planungsmethoden

Mit den Computern zogen auch die computerunterstützten Planungsmethoden (CA-Systeme, CA = computer aided = computerunterstützt) in die Ingenieur- und Architekturbüros ein, die Reißbretter verschwanden und machten den Computerbildschirmen Platz.

Die technischen Zeichner, Architekten und Ingenieure schulten auf CAD (Computer Aided Design) um und konstruieren ihre Objekte nun auf dem Bildschirm. Die Ausgabe auf Papier erfolgt über Grafikdrucker oder Plotter.

Das Arbeiten mit CAD muss gründlich gelernt und geübt werden. Aber bevor aber jemand mit CAD arbeiten kann, muss er das technische Zeichnen gelernt haben. Mit CAD kann man das technische Zeichnen nicht lernen, die Kenntnisse über Darstellungsmethoden und Konstruktionsmethoden müssen vorher vorhanden sein.

31.1. Computer Aided Design (CAD)

31.1.1. Prinzip

Unter **CAD**, dem computerunterstützten Entwerfen, versteht man ein System, mit dem Entwürfe auf dem Bildschirm hergestellt werden können. Man stellt sich darunter ein Konstruktionssystem vor, das im Computer die zu planenden Objekte vollständig als Modelle abbildet.

Diese Objekte (Gegenstände, Gebäude, Maschinenteile, Flugzeuge, Versorgungsnetze, Straßen und Brücken) können dann auf vielfältige Weise zweidimensional (2D) abstrakt als Grundriss und Schnitt oder dreidimensional (3D) als räumlich anschauliche Gegenstände auf dem Computerbildschirm dargestellt und als Ansichten auf Papier ausgegeben werden. Darüber hinaus können aus den ohnehin schon für die Zeichnungen vorhandenen Daten auch Flächen, Rauminhalte, Querschnittswerte, Stücklisten (und vieles andere mehr) berechnet werden.

Das theoretische Rüstzeug von CAD liegt im Grundsatz in den bereits beschriebenen (siehe 30.11.2 auf Seite 277), digitalen geometrischen Datenmodellen vor.

31.1.2. Datenbasis

Die Genauigkeit der Objektbeschreibung hängt von der Feinheit der Daten und der Komplexität des Datenmodells ab. Die Datenbasis muss alle Angaben enthalten, die das Objekt vollständig abbilden und beschreiben. Es dürfen nur originäre Daten verwendet werden. Abgeleitete Daten, die das System aus gespeicherten originären Daten selbst berechnen könnte, dürfen nicht eingespeichert werden, weil Redundanz vermieden werden muss. Für jedes Element lassen sich mehrere Elementtypen festlegen.

In den Datenbeständen dürfen nur die Elementdefinitionen und die Objektdaten (Grundelemente, höhere Elemente) mit ihren Werten und ihrer Zuordnung zu den Elementdefinitionen, aber keine Angaben darüber enthalten sein, wie das Programm diese Daten darstellen muss. Die Datenbasis darf also keine Bedienungsanleitung der Verwendung seiner selbst enthalten.

31.1.3. Darstellung und Bearbeitung

Die drei grundlegenden Prinzipien der Modellierung dreidimensionaler Körper sind:

1. Kantenmodell (Drahtmodell),
2. Flächenmodell,
3. Volumenmodell.

Die meisten CAD-Systeme beherrschen die vektorielle Darstellung aller drei Modelle, wobei alle Modelle gleichberechtigt nebeneinander verwendet werden können. Dabei erfolgt die Darstellung von Kurven und Flächen durch polygonale Gitterstrukturen aus den Daten, wie sie in der Datenbasis gespeichert sind.

Moderne Entwurfs- und Darstellungssysteme sind zusätzlich in der Lage, durch „Ausrundung" der polygonalen Gitter korrekte fotorealistische Darstellungen gewölbter Flächen und Körper zu erzeugen.

Die Darstellungs- und Bearbeitungsprogramme enthalten alle Algorithmen, Formeln und Definitionen, nach denen ein in der Datenbasis gespeichertes Objekt berechnet und dargestellt werden muss. Die Darstellungsprogramme dürfen keine zusätzlichen Daten enthalten, die das Objekt beschreiben (z.B. Datendefinitionen, Bezugshöhen, Zuordnung von höheren Elementen). Dadurch ist die strikte Trennung von Datenbasis und Darstellungsprogramm gewährleistet.

31.1.4. Kompatibilität der CAD-Systeme untereinander

Die 4 Grundelemente (Punkt-, Linien-, Flächen- und Raumelement) sind für jedes Planungselement vorhanden und können außer für gebogene Linien und gewölbte Flächen auch für den jeweiligen praktischen Zweck durch Parameter erweitert werden. Jedem Planungselement können zusätzliche Attribute hinzugefügt werden, die den praktisch erforderlichen Merkmalen in der Raum- und Gegenstandsbeschreibung (Modellbeschreibung) entsprechen.

In der Architektur gibt es Türelemente, Fensterelemente, Wandelemente, Steckdosenelemente; im Maschinenbau gibt es Elemente für Normteile (wie z. B. Schrauben und Normprofile). Innerhalb des Hauptmodells können Untermodelle definiert werden, wobei jedes für sich allein, aber auch mit anderen überlagert, dargestellt werden kann (Darstellungsebenen, Layertechnik).

Diese Möglichkeiten der Erweiterung der Grunddefinitionen durch Modellbildung und Parametrierung sind Fluch und Segen der CAD-Systeme zugleich. Manche CAD-Systeme sind mit vielen Raffinessen ausgestattet, die von den Anwendern kaum verwendet werden. So gibt es bei den Profi-CAD-Systemen eine Bibliothek von meist mehr als 4000 hochmodernen 3D-Symbolen, mit denen vom Kleiderbügel über die Möbel bis zu den Bauelementen wie Türen und Fensterdetails alles in fotorealistischer Qualität dargestellt werden kann. Die CAD-Systeme der verschiedenen Softwarehersteller sind damit so kompliziert geworden, dass dadurch ein Datenaustausch erschwert oder unmöglich geworden ist.

Beispiel:

> Wurde die Gebäudeplanung mit dem CAD-System der Firma A durchgeführt und dann das fertige Projekt mit Datenbasis auf Datenträger an den Bauherrn übergeben (wie es heute üblich ist), so kann dieser es nicht darstellen bzw. nicht weiterbearbeiten (z.B. für die Gebäudebewirtschaftung oder bei späteren Ergänzungen), wenn er das CAD-System der Firma B verwendet, das die Objektdaten und Modelle des Systems der Firma A nicht versteht.

Wirtschaftlich großer Schaden entsteht, wenn ein mit CAD geplantes Projekt nach längerer Zeit geändert oder ergänzt werden soll und das ursprüngliche CAD-System nicht mehr verfügbar ist oder auf den neuen Rechnersystemen nicht mehr läuft. Auch wenn das ursprüngliche Planungsbüro nicht mehr existiert, treten große Schwierigkeiten auf, weil kein Mensch noch die Formate und Definitionen der damaligen Datenbasis kennt, die jetzt gelesen werden soll.

Im schlimmsten Fall muss das Objekt an Ort und Stelle neu aufgenommen (Bestandsaufnahme) oder aus den Bestandsplänen rekonstruiert werden, um die Eingabedaten für eine erneute CAD-Bearbeitung zu bekommen.

Die CAD-Entwickler haben aber aus den Fehlern der Vergangenheit gelernt und CAD-Systeme entwickelt, die fremde CAD-Datenformate lesen können und die Daten auch in die bekannten CAD-Datenformate übertragen können.

Neuere, speziell für die Konvertierung entwickelte Systeme verfügen über Nativschnittstellen für die meisten bekannten CAD-Systeme. Mithilfe einer adaptiven Konvertierung wird die mathematische Beschreibung für das jeweilige Zielsystem angepasst.

31.1.5. CAD-Arbeit in der Praxis

Schon zu Zeiten der Großrechner, als es noch keine Windowssysteme mit Fenstertechnik und Mausbedienung gab, wurde mit CAD gearbeitet. Ein CAD-System bestand damals aus dem normalen Computerterminal mit zeilenorientiertem Bildschirm und Tastatur. Dazu kamen ein spezielles Grafikterminal und ein Digitalisiertisch.

Diese Systeme waren sehr teuer, deshalb wurden sie meist nur in Behörden (Vermessungsverwaltungen, Baubehörden) und in der Industrie (Autofabriken) verwendet. „Normale" Architekten und Bauingenieure konnten sich damals solche Systeme nicht leisten.

Die Grafikeingabe erfolgte am Digitalisiertisch mit einer Mehrtastenlupe oder einem Digitalisierstift. Der Aufruf der Grafikfunktionen erfolgte über die Computertastatur. Bei weiter entwickelten Systemen wurden die Menüs mit dem Plotter auf Papier oder Folie ausgegeben und anschließend wurde dieser Ausdruck am Rand des Digitalisiertisches angebracht und über Passpunkte einjustiert. Es genügte dann, mit dem Digitalisierstift auf das betreffende Menüfeld zu tippen und die Grafikfunktion schaltete sich ein. Heute wird dieses Verfahren benutzt, um mit der Maus bestimmte Schaltflächen anzuklicken.

Bei der Mehrtastenlupe konnte man bis zu 13 Funktionen über die Tasten aufrufen, ohne das Menü benutzen zu müssen. Später wurden CAD-Systeme für die Windowssysteme entwickelt, die mit Fenstertechnik funktionieren. Es sind keine Digitalisiergeräte mehr nötig, alles kann über Mausbedienung erledigt werden.

Für Windows gibt es viele CAD-Systeme, teure und weniger teure. Renommierte Softwarehersteller bieten eine Vielzahl von verschiedenen CAD-Systemen an. Eine Zusammenstellung aller wichtigen CAD-Systeme findet man im Internet-Forum www.cad.de unter dem Stichwort „Favoriten". Dieses Forum ist eine Internet-Community für CAD-CAM-CAE mit mehr als 100000 registrierten Mitgliedern, die sich bei Problemen gegenseitig helfen.

Die Preise für Windows-CAD-Software schwanken zwischen etwa 200 Euro und mehreren tausend Euro. Dazu kommen noch die Kosten für die passende Hardware. Beim Kauf eines CAD-Systems muss man darauf achten, dass diejenigen Funktionen enthalten sind, die man für die Arbeit braucht. Die billigen CAD-Systeme sind meist abgespeckte Versionen der teuren Produkte, wobei wichtige Komponenten (z. B. 3D-Darstellung) nicht enthalten sind. Jeder sollte für seine eigene Arbeit das CAD-System auswählen, das den eigenen Ansprüchen und Erfordernissen entspricht. Dabei kann man sich daran orientieren, welche Systeme sich bei Architekten und Bauingenieuren bewährt haben. Konvertierungsfunktionen für andere CAD- und Grafikdateiformate sollten vorhanden sein, sodass die Austauschbarkeit der Ergebnisse mit anderen CAD-Systemen möglich ist.

31.1.6. Was soll verbessert werden?

Mit CAD in der bisherigen Form alleine ist es nicht getan. Die Unterstützung der Konstruktionsmethodik muss dazukommen. So wie eine Zeichenmaschine alten Stils die Striche nicht selbst zieht und dem Konstrukteur auch nicht sagt, wo er welche Striche ziehen muss, so kann ein CAD-System Ähnliches auch nicht. Das System muss aber dem Konstrukteur am Bildschirm Konstruktionshilfen anbieten können und Symbolbibliotheken für Normteile enthalten. Außerdem sollten für jede Branche die normalen Konstruktionsdetails und Normprofile in einer Konstruktionsbibliothek zu finden sein, damit man nicht bei jeder Zeichnung diese neu zeichnen oder von anderen Zeichnungen importieren muss.

31.2. Ausgabe der Zeichnungen

Ein *Plotter* ist ein automatisiertes Zeichengerät zur Ausgabe von Vektordaten. Der Plotter zeichnet mit Schreibstiften Linien und Kurven verschiedener Strichdicke (Linienstärke) und Farbe auf das Papier. Das Ausplotten einer Zeichnung, also eine gespeicherte Zeichnung mittels Plotter auf das Papier zu bringen, kann, je nach Größe der Zeichnung und der Vielfalt des Inhalts, mit einem Stiftplotter mehrere Stunden in Anspruch nehmen.

Diese Tatsache hat die Ursache in der begrenzten Schreibgeschwindigkeit der Stifte, die nicht beliebig erhöht werden kann, denn man muss der Tusche oder Tinte im Schreibstift die nötige Zeit lassen, auf das Papier zu fließen.

Je nachdem, wie das Papier im Plotter eingespannt ist, spricht man von *Flachbettplotter* oder *Rollenplotter*.

Anstelle von Schreibstiften kann auch ein Laserstrahl verwendet werden, wenn die Zeichnung auf Metallflächen übertragen werden muss. Auch hier muss man dem Laserstrahl die Zeit geben, die Linien in das Metall einzubrennen.

31.2.1. Flachbettplotter

Beim *Flachbettplotter* liegt das Papier auf einer ebenen Unterlage, auf der es durch Unterdruck[62] oder durch elektrostatische Anziehung festgehalten wird. Flachbettplotter gibt es für Papiergrößen A4 bis A0. Der Zeichenstift ist auf einer Schiene beweglich angeordnet und bewegt sich in einer Richtung hin und her. Diese Schiene bewegt sich rechtwinklig dazu in der anderen Richtung, sodass der Zeichenstift die ganze Fläche überstreichen kann. Der Plotter kann die Stifte nach Computerbefehl in der Strichstärke oder Farbe wechseln. Flachbettplotter sind sehr genau und haben eine Auflösung von weniger als 0,1 mm. Wird anstelle eines Stiftes ein Laserstrahl benutzt (*Laserplotter*), dann kann eine noch viel höhere Auflösung erreicht werden.

31.2.2. Rollenplotter

Beim *Rollenplotter* wird das Papier auf einer Rolle hin und her bewegt. Der Schreibstift wird auf einer festen, in Richtung der Rollenachse verlaufenden Schiene auf der Oberseite der Rolle bewegt. Mit Rollenplottern kann man sehr lange Zeichnungen herstellen. Allerdings haben sie den Nachteil, dass das Papier „aus der Spur laufen“ kann oder die Rolle „Schlupf“ (Durchrutschen der Rolle unter dem Papier) hat. Justiermarken auf dem Papier und auf der Rolle helfen der Justierautomatik, das Papier in der Spur zu halten.

Flachbettplotter und Rollenplotter sind *Stiftplotter*, weil ein Zeichenstift die Striche zieht.

31.2.3. Stiftplotter

Ein Stiftplotter, ob Flachbett- oder Rollenplotter, verarbeitet Vektordaten. Stiftplotter sind *Koordinatengeräte*, weil ein Stift schreibend von Koordinatenpunkt zu Koordinatenpunkt geführt wird. Der Plotter bekommt vom Steuerungsprogramm ein Koordinatenpaar als Anfangspunkt. Er wählt den entsprechenden Zeichenstift nach Strichdicke und Farbe aus und fährt zu dieser Position. Zusammen mit dem Befehl LINETO[63] wird ihm der Zielpunkt der zu zeichnenden geraden Linie durch ein weiteres Koordinatenpaar angegeben. Er senkt den Stift auf die Zeichenfläche und fährt schreibend zum Zielpunkt. Eine interne Routine in der Firmware des Plotters berechnet die unterschiedlichen Geschwindigkeiten der Schrittmotoren, mit denen die Waagrechtbewegung und die Senkrechtbewegung des Stiftes erfolgen müssen.

---

[62] Kleine Bohrungen in der Grundplatte sorgen dafür, dass die Luft unter dem Papier abgesaugt werden kann und ein Vakuum entsteht. Das Zeichenpapier wird dann durch den Luftdruck gegen die Unterlage gedrückt.

[63] Durch den Befehl „LINETO 50 80“ (Calcomp-Plotter M84) fährt der Plotterstift von der momentanen Position zur Position x = 50 und y = 80.

Da diese Stiftbewegungen waagrecht und senkrecht gleichzeitig erfolgen, zeichnet der Plotter die Striche in kleinsten diskreten Schritten in der entsprechenden Schrägrichtung. Deshalb sind bei Plotterzeichnungen keine Treppenlinien zu sehen.

Bild 95 zeigt eine Plottergrafik[64] mit einer Auflösung von 0,1 mm (Schrittweite) und der Linienstärke von 0,1 mm, die ich auf einem DIN-A4-Plotter (Calcomp M84) angefertigt habe.

Die Grafik zeigt ein regelmäßiges Polygon mit 25 Ecken, bei dem jede Ecke mit jeder anderen Ecke durch je eine gerade Linie verbunden ist. Insgesamt enthält diese Grafik 300 gerade Linien.

Bild 95: Plottergrafik

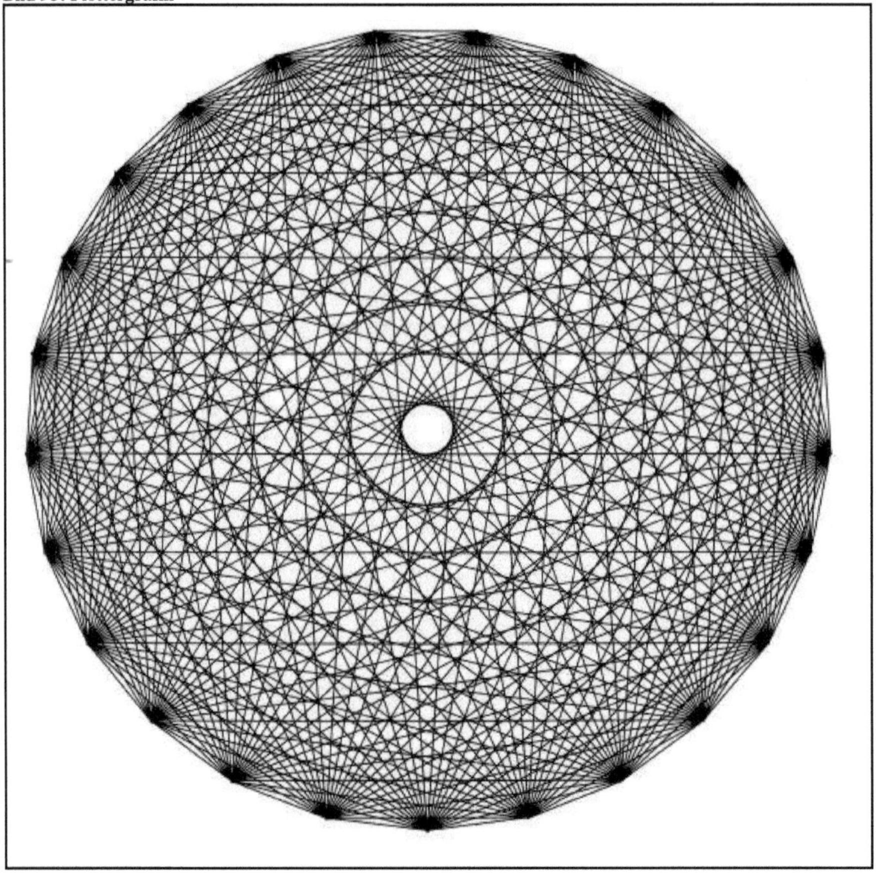

Solche „Rosetten" werden gerne benutzt, um die Qualität und Geometrie von Plottern zu testen. Man kann die Eckenanzahl noch wesentlich steigern, um Unregelmäßigkeiten der Auflösung der Striche in den Ecken besser zu zeigen. Dort laufen die Striche ineinander. Es gibt größere und kleinere Abstände der Striche. Das hat die Ursache in der Schrittweite des Plotters von 0,1 mm, wobei das Programm bei Zwischenwerten auf- oder abrundet.

[64] Diese Grafik habe ich mit einem meiner FORTRAN-Programme auf dem Calcomp-Plotter M84 erzeugt.

31.2.4. *Rasterplotter*

Es gibt auch *Rasterplotter*, die eine Zeichnung wie eine große Fotokopie ausgeben. Hier werden keine Stifte benutzt, sondern hier wird die Technik der Rasterdrucker verwendet.

Rasterplotter arbeiten wie Drucker und Bildschirm mit Pixeln, deren Positionen intern aus Anfangs- und Endpunkt der Linie berechnet werden. Die Linien erscheinen treppenförmig.

Kleinere Zeichnungen bis zur Größe A3 können mit *Grafikdruckern* ausgegeben werden. Dies sind normale Tintenstrahl- oder Farblaserdrucker.

31.3. CAE-Systeme

Bindet man ein CAD-System modular in ein *CAE-System* (CAE = computer aided engineering) ein, dann wird daraus ein Arbeitsplatz für Ingenieure, an dem alles mit dem Computer erledigt werden kann, vom ersten Entwurf, der Planung und der statischen Berechnung bis zur Fertigungsüberwachung der CAM-Systeme (siehe Abschnitt 0 auf Seite 267) und zur Organisation der Nutzung (Gebäudebewirtschaftung und Betriebsüberwachung).

Kennzeichen eines CAE-Systems ist, dass es alle Arbeitsbereiche miteinander vernetzt, es ist in die interne Vernetzung der Firma (Intranet) eingebunden. Die Daten können dank der neuen Rechnersysteme über Bereichsgrenzen hinweg übernommen, verarbeitet und die Ergebnisse zurückgemeldet werden.

CAD-Systeme können mit anderen modularen Komponenten in CAE-Systeme eingebunden werden, damit sie Informationen aus anderen Bereichen (z. B. geometrische Daten, Vermessungsdaten, spezifische Angaben aus den einschlägigen Normen) übernehmen, das Entwerfen besser unterstützen und auch die Informationen besser an andere Bereiche (Aufmaße und Abrechnungsdaten, Bestandsdaten an das Gebäudebewirtschaftungssystem) weitergehen können. Auch die Übertragung der Datenbasis von alten auf neue CAD-Systeme und die Kompatibilität der alten mit den zukünftigen computergestützten Zeichnungsarchiven und mit anderen CAD-Systemen (Interoperabilität) gehören dazu.

31.4. 3D-Computergrafik

Was man früher rein zeichnerisch sehr mühsam konstruieren und künstlerisch gestalten musste, erreicht man mit *3D-Programmen* am Computer mit Leichtigkeit. Diese 3D-Grafik-Methoden wurden schon sehr früh entwickelt. CAD-Entwickler übernahmen sie gerne in ihre CAD-Systeme.

Als 3D-Modellierung (geometrische Modellbildung) bezeichnet man das Erstellen von Szenen, die Objekte, Lichtquellen und Materialien sowie ggf. Bewegungspfade oder simulierte physikalische Eigenschaften des zu erzeugenden Bildes enthalten. Die 3D-Grafik wird auf normalen Druckern zweidimensional dargestellt.

Inzwischen gibt es auch 3D-Systeme, die einen mit Scanner abgetasteten Gegenstand theoretisch in ganz dünne Schichten aufteilen, die dann mit einem 3D-Drucker in schnellhärtendem Kunststoff schichtweise aufgebaut werden.

31.4.1. *Bildsynthese*

Rendering (Bildsynthese) ist die Phase, in der aus dem bei der Modellierung erzeugten Datenbestand vom Computer ein Bild berechnet wird. Um die im Bild sichtbaren und verdeckten Bereiche zu berechnen, wird *Raytracing* verwendet, sodass fotorealistische, dreidimensionale Bilder nach den Gesetzmäßigkeiten der Strahlenoptik entstehen. Man gibt die Daten (Form, Farbe, Position und Eigenschaften der Gegenstände, Beleuchtungsverhältnisse, Kameraposition) in eine Beschreibungsdatei ein und erhält nach dem Programmlauf ein dreidimensionales Bild des programmierten Objekts (Bild 96).

Für die Erzeugung von Bild 96 wurde eine Beschreibungsdatei erstellt, in der die Koordinaten der Mittelpunkte, die Radien der 20 Kugeln, die Positionen von Kamera und Lichtquelle, die Codierungen für die Farben und die Materialeigenschaften (Oberflächenbeschaffenheit, Reflexionsgrad, Spiegelung, Brechung, Schattenwurf u. a.) eingegeben werden mussten. Für dieses Bild wurden spezielle Metallic-Oberflächen und ein Farbverlauf des Hintergrunds programmiert und erzeugt. Das Bild wird vom Computer als GIF-Grafikdatei geliefert.

Bild 96: Durch Raytracing erzeugtes Computerbild

Hier sei angemerkt, dass das zur Erzeugung von Bild 96 verwendete DOS-Programm[65] aus dem Jahr 1990 stammt. Es hatte damals nur begrenzte Möglichkeiten (langsame Hardware, DOS-Betriebssystem, begrenzte Grafikmöglichkeiten der VGA-Karten), bringt aber heute auf den modernen Rechnern wesentlich bessere und schnellere Ergebnisse als damals.

CAD-Programme enthalten ähnliche 3D-Visualisierungsprogramme (Rendering-Module). Diese erzeugen aus der CAD-Datenbasis der konstruierten Bauwerke fotorealistische Bilder und Simulationen, z. B. eine Kamerafahrt durch das künftige Gebäude.

31.4.2. Hidden-Surface

Unabhängig von den professionellen Rendering-Programmen habe ich mit eigenen einfachen FORTRAN-Programmen experimentiert. Bild 55, Bild 56, Bild 58 und Bild 97 sind damit erzeugt worden.

Ein Grafikprogramm berechnet die gewünschte räumliche Fläche über die Schnittlinien einzelner, mit einigen Pixeln Abstand nebeneinanderliegender senkrechter Schnitte und bildet auf diese Weise die dreidimensionale Fläche in einer zweidimensionalen Pixelgrafik ab.

[65] Programm: LIGHTNING 3D, © 1990 DMV-Verlag, Eschwege

Dabei werden zuerst die sichtbaren vorderen Schnittlinien gezeichnet und dann der sichtbare Teil der dahinterliegenden Schnittlinien. Die nicht sichtbaren Linien werden nicht gezeichnet, (Hidden-Surface-Algorithmus).

Die einfachste Form ist eine Rotationsfläche mit einer erzeugenden Sinuslinie. Bild 97 zeigt diese Rotationsfläche schräg von oben und schräg von unten gesehen, quadratisch zugeschnitten.

Bild 97: Durch Hidden-Surface-Algorithmus erzeugte Computerbilder

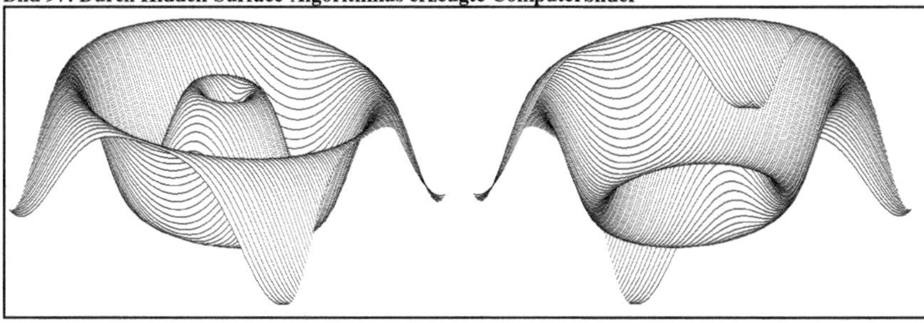

32. Alte und neue Computersysteme

32.1. Portabilität von Anwendungsprogrammen

Computersysteme sind laufenden Änderungen unterworfen. Die Weiterentwicklung von Hard- und Software bringt Änderungen mit sich, die sich auch auf die bereits bestehenden Systeme und gespeicherten Datenbestände auswirken. Auch die physikalische Haltbarkeit von Systemen ist zeitlich begrenzt.

Unter *Portabilität* versteht man allgemein die Übertragbarkeit der Computerprogramme von einem Computersystem auf ein anderes, ohne dass der Quellcode und die Programmiersprache der Programme geändert werden müssen.

32.1.1. *Programmiersprachen ALGOL und FORTRAN*

Die ersten Programme wurden in den 1960er Jahren für den Bauingenieur in den Programmiersprachen ALGOL und FORTRAN geschrieben und stammen noch aus der Zeit der Großrechner. Alle Programmbeispiele in den alten Fachbüchern sind in ALGOL oder FORTRAN geschrieben (Lit. [Wetzell1], [Wetzell2] und [Wetzell3]). ALGOL war die erste algorithmische Programmiersprache, sie ist veraltet. In ALGOL hatte ich bei meinem Informatikstudium meine Programmierübungen beim Uni-Rechenzentrum eingereicht. Für Ingenieuranwendungen wurde später vorwiegend FORTRAN verwendet.

32.1.2. *FORTRAN auf proprietären Systemen*

Mit Aufkommen der mittleren Datentechnik kamen die Rechner der Firmen Digital Equipment (DEC), Data General (DG) und der Siemens-Nixdorf-Systeme dazu. Die FORTRAN-Programme konnten weiterhin verwendet werden, weil es auch für die speziellen (proprietären) Betriebssysteme dieser neuen Rechner FORTRAN-Entwicklungsumgebungen gab, mit denen die Quellprogramme neu übersetzt (kompiliert) und auf den neuen Systemen zum Laufen gebracht werden konnten. Nach kleinen Anpassungen liefen die Berechnungsprogramme auch auf diesen Systemen korrekt.

Allmählich wurden die speziellen Betriebssysteme der mittleren Datentechnik vom Betriebssystem UNIX abgelöst, auch dafür wurde eine FORTRAN-Entwicklungsumgebung mitgeliefert, sodass alle FORTRAN-Programme nach Neukompilierung auch auf den UNIX-Systemen korrekt funktionierten.

32.1.3. *FORTRAN auf IBM-kompatiblen Personal Computern (PC)*

Auch für die IBM-kompatiblen Personal Computer (PC) mit dem Betriebssystem DOS gab es FORTRAN-Entwicklungssysteme. Alle bisher auf den Data-General-Rechnern (Betriebssysteme RDOS und AOS) und den Siemens-Computern (SINIX = UNIX) laufenden FORTRAN-Programme konnten auf DOS portiert und dort weiter damit gearbeitet werden. Auch die kostenlose UNIX-Variante LINUX ist auf den IBM-kompatiblen Rechnern als Betriebssystem verfügbar, sodass bisherige UNIX-Anwender ihre Programme auf dem PC weiterverwenden können.

Das Windows Betriebssystem hat seit seinem Erscheinen viele Entwicklungsstufen durchlaufen, enthielt aber bis zur Version Windows 95 immer auch noch das komplette DOS-Betriebssystem. Neuere Versionen von Windows bereiten vielen DOS-Programmen Schwierigkeiten, weil sie Direktzugriffe der DOS-Anwendungen auf die Hardwarekomponenten nicht mehr voll zulassen. Bei der Portierung der FORTRAN-Programme mussten viele Anpassungen vorgenommen werden, damit diese Programme auch auf den neuen Betriebssystemen (im DOS-Fenster) korrekt laufen.

32.2. Neue Programmiersprachen

Neue Programmiersprachen und die damit verbundenen Programmierumgebungen verdrängten FORTRAN, sodass es kaum mehr in den Büros benutzt wird. Die meisten Statikprogramme wurden auf andere Programmiersprachen (C++ und Visual-Programmiersprachen) umgestellt.

32.3. Neue Betriebssysteme und alte Programme

Ich besitze sehr viele FORTRAN-Programme, die ich für DOS entwickelt habe. Die meisten konnten an die neuen Betriebssysteme angepasst werden, aber einige werden blockiert, weil sie Hardwarezugriffe enthalten, die von den neuen Betriebssystemen nicht mehr zugelassen werden.

Wer also noch FORTRAN-Programme verwenden möchte, muss sich auf die alten Betriebssysteme beschränken oder bei den neuen Systemen auf DOS-Emulatoren anderer Anbieter ausweichen.

Ein *DOS-Emulator* ist ein Programm, das sich dem Benutzer gegenüber wie ein MSDOS-Betriebssystem verhält, gegenüber dem auf dem Rechner tatsächlich vorhandenen Betriebssystem aber verhält es sich wie eine typische Anwendung für dieses System. Meist sind Emulatoren als virtuelle Maschinen (VM) programmiert. Virtuelle Maschinen sind Rechner, die auf der Hardware und dem Betriebssystem eines realen Rechners als Programm laufen, das dem Benutzer gegenüber wie ein separater PC reagiert.

Immerhin konnte ich alle FORTRAN-Programme über alle Entwicklungszyklen der Rechnersysteme hinweg retten, dass sie nach 35 Jahren auch auf den neuen Systemen immer noch ihren Dienst tun. Sogar unter den neuen Windows-Systemen auf einem 64-Bit-Mehrprozessorrechner laufen die alten MSDOS-Anwendungen über einen DOS-Emulator (DosBox) korrekt.

Der Hersteller der Windows-Betriebssysteme entwickelt in immer kürzeren Zyklen neue Versionen, die auf der alten Hardware nicht mehr betriebsfähig sind.

Auch die Unterstützung (der Service) für die alten Systeme wird normalerweise nach bestimmter Zeit eingestellt, sodass man gezwungen ist, auf die neuen Betriebssysteme umzusteigen und die Hardware aufzurüsten.

Die eigenen alten Anwendungsprogramme werden damit wertlos, wenn man sie nicht anpassen kann oder keinen passenden Emulator dafür findet. Auch die teuer gekauften Anwendungen laufen nicht mehr unter den neuen Versionen, sodass eine Aktualisierungsversion (Update) gekauft werden muss.

Trotz der DOS-Emulatoren und ihrer Leistungsfähigkeit sollten die alten Rechner, die DOS noch voll unterstützen, aufbewahrt und gepflegt werden, damit sie betriebsfähig bleiben. Mit Windows 95 hat man ein Betriebssystem, auf dem alle FORTRAN-Programme noch uneingeschränkt funktionieren, weil man dort auf (echtes) DOS umschalten kann.

32.4. Alterung der Datenträger und der Geräte

Man kann die archivierten Datenbestände nicht sich selbst überlassen. Datenbestände müssen laufend gepflegt werden, damit sie lesbar und nutzbar bleiben.

32.4.1. Datenträger der Antike und des Mittelalters

In der Antike verwendete man Steinplatten, Metallplatten, Papyrus und Pergamentpapier als Datenträger. In Fels und in Stein- und Metallplatten eingeritzte Daten und Bilder haben Jahrtausende überdauert und sind immer noch lesbar. Die Römer und Griechen schrieben auf Papyrusrollen und auf Pergament. Nach einigen hundert Jahren jedoch vermoderte Papyrus im normalen Klima, so dass die Originaltexte immer wieder durch wiederholtes Abschreiben gerettet werden mussten. Was wir heute an römischer und griechischer Literatur haben, sind Abschriften von Abschriften.

Auch das Papier des Mittelalters und der Neuzeit hält nicht ewig, sondern zerfällt durch Fäulnis und durch Befall von Mikroorganismen. Nur durch die richtige Lagerung unter physikalisch und chemisch angepassten Umgebungsbedingungen ist Papier einige hundert Jahre haltbar.

32.4.2. Begrenzte Lesbarkeit der Datenträger

In der nicht-elektronischen Welt sind Bücher, Zeitschriften und Akten die üblichen Datenträger, die aus Papier bestehen und durch chemische oder physikalische Vorgänge oder durch Pilzbefall allmählich verfallen.

Große Archive und Bibliotheken sind dazu übergegangen, ihren Bestand wieder auf dem guten alten Mikrofilm zu archivieren (Mikrofiche). Optische Lesegeräte in guter Qualität wird es immer geben, sodass eine Lesbarkeit über die Dauer von mehreren Jahrhunderten gewährleistet ist. Allerdings müssen die Datenträger (das Filmmaterial) unter den richtigen physikalischen und chemischen Umgebungsbedingungen gelagert werden.

Bei meinem alten Bildmaterial musste ich feststellen, dass Dias und Negative schon nach 40 bis 50 Jahren Lagerung chemische Veränderungen zeigen. Viele Dias habe ich unter Glas gerahmt, in der Meinung, sie besonders geschützt zu haben, aber dort sind die Schäden am schlimmsten, weil die bakterielle Zerstörung unter Luftabschluss besonders begünstigt wird.

Filmmaterial besteht meist aus Celluloseacetat (Acetylcellulose). Dieses zersetzt sich chemisch oder wird Beute von Mikroorganismen, sodass das Filmmaterial (Dias, Negative) im Laufe der Zeit immer mehr schadhafte Stellen bekommen und schließlich unbrauchbar werden. Bild 57 und Bild 59 in diesem Buch sind auf diese Weise geschädigt worden. Selbst das Einscannen und Speichern auf digitalen Datenträgern kann dann die Schäden nicht mehr nachträglich beseitigen, sondern nur den momentanen Zustand sichern. Das Nachbearbeiten der gespeicherten Bilder zur Beseitigung der Schäden ist sehr aufwendig und langwierig und sollte erst dann vorgenommen werden, wenn man die Bilder wirklich braucht.

Auch die Speicherschichten auf magnetischen Datenträgern altern, die Magnetisierung schwindet allmählich, die Datenträger sind nach einigen Jahrzehnten unlesbar.

Man muss also die Datenträger vor dem Verfall retten, solange sie noch lesbar sind. Man behilft sich durch Umkopieren auf neue optische Datenträger, um ab diesem Zeitpunkt wieder den vollen Speicherzeitraum (Haltbarkeitsdauer) des neuen Datenträgers zur Verfügung zu haben.

Aber selbst optische Speichermedien, wie CD-ROM und DVD-ROM, altern, weil die Metallschichten durch Sauerstoff- und Lichteinfluss oxidieren. Man gibt ihnen nur 15 bis 50 Jahre „Haltbarkeit“, je nach Aufbewahrungsbedingungen.

32.4.3. Neue Datenträgertypen verdrängen bisherige Datenträger

Schon im Jahr 1999 war es schwierig, Laufwerke zu finden, die noch 5,25-Zoll-Disketten lesen konnten. Wer keinen alten Computer zuhause hat, der noch mit einem solchen Laufwerk ausgestattet ist, kann seinen 5,25-Zoll-Diskettenbestand nicht mehr verwenden. Ähnliches wird in einigen Jahren mit den heutigen Laufwerken und Datenträgern passieren, wenn neue Arten von Datenträgern üblich sind und heutige Datenträger kaum mehr verwendet werden oder es keine Treiber für die alten Geräte auf den neuen Systemen mehr dafür gibt. Diskettenlaufwerke für 3,5-Zoll-Disketten findet man bei neuen Computern nicht mehr als Serienausstattung, man muss sie gesondert als USB-Geräte dazukaufen.

Manche großen öffentlichen Archive archivieren mit den alten Datenträgern auch die alten Lesegeräte in doppelter betriebsfähiger Ausfertigung, damit sie in einigen Jahrzehnten die Möglichkeit haben werden, diese Datenträger noch lesen zu können. Alles auf neuere Datenträger umzuspeichern, kommt wegen der Fülle der Daten und dem damit verbundenen Arbeitsaufwand nicht in Frage. Allerdings können die zeitlich begrenzte Haltbarkeit der magnetischen Datenträger und die Alterung der Geräte zu Problemen führen.

32.4.4. Physikalische Alterung der Geräte

Nicht nur die magnetischen und optischen Datenträger altern und werden im Laufe der Zeit unlesbar, sondern auch die Geräte selbst unterliegen einem Alterungsprozess.

So musste ich manche Geräte aus den 1980-er Jahren stilllegen, weil sie nicht mehr korrekt funktionierten. Die Elektronikbauteile selbst unterliegen der Alterung. Die Dielektrika (Elektrolyte) der Kondensatoren verlieren ihre Wirksamkeit, sodass die Kondensatoren „taub" werden oder im schlimmsten Fall die elektrische Spannung nicht mehr aushalten und durchschlagen.

Die Lötstellen auf den Leiterplatten (Platinen) oxidieren, diese Lötstellen erhalten dadurch einen hohen Übergangswiderstand. Bei manchen Geräten konnte ich durch Nachlöten aller Lötstellen das Gerät wieder reparieren, aber manche alten Geräte waren nicht mehr reparierbar.

Die alten Bandlaufwerke aus den 1980-er Jahren konnte ich zwar noch in Betrieb nehmen, aber bereits am zweiten Tag nach der Wiederinbetriebsetzung versagten auch sie den Dienst, weil die Bauteile gealtert waren und den normalen Betrieb nicht mehr dauerhaft aushielten.

32.4.5. Alte Geräte nicht mehr verwendbar

Alte Geräte (z. B. Drucker, Scanner) können mit den neuen Versionen der Betriebssysteme nicht mehr betrieben werden, wenn es keine passenden Treiber dafür gibt. Oft ist auch der passende Anschluss (Schnittstelle) am neuen Rechner nicht mehr vorhanden (z. B. serieller COM-Anschluss oder paralleler LPT-Anschluss). Bei den neuen Rechnern muss man meist auf die alten Drucker und Scanner verzichten, weil die passenden Treiber nicht lieferbar sind oder die Schnittstellen fehlen. Man kann sie nur noch im einfachen Textmodus betreiben.

Entweder man betreibt diese Geräte mit einem alten Rechner, auf dem noch das alte Betriebssystem mit den alten Treibern installiert ist, oder man muss die alten Geräte schweren Herzens stilllegen und sich für das neue System neue Peripheriegeräte kaufen.

32.4.6. Brauchbarkeit der alten Datenbestände

Aber nicht nur die geringe Haltbarkeit der Datenträger und die Fehleranfälligkeit der alten Lesegeräte bringen Probleme mit sich, sondern auch das Format der Daten wird manchmal zum Problem.

Es wird schwierig sein, die mit CAD erstellten Projekte nach einigen Jahrzehnten noch anschauen und bearbeiten zu können, weil die neuen CAD-Systeme die Formate der alten Datenbasen dieser Projekte nicht mehr kennen werden oder die alten CAD-Programme auf den neuen Betriebssystemversionen nicht mehr funktionieren. Deshalb sollte man jetzt schon dafür sorgen, dass die Datenbasen von alten CAD-Projekten mit CAD-Konvertierungssoftware auf die neuen Systeme angepasst werden.

Manche Firmen, die ihre EDV-Systeme umgestellt hatten, konnten ihre alten Datenbestände nicht mehr entziffern, weil die Datencodierung und das ursprüngliche Datenformat nicht mehr bekannt waren.

Als ich neue Hardware bekommen hatte, konnten mit dem neuen Magnetbandlaufwerk eines anderen Herstellers die alten Magnetbänder desselben Typs nicht mehr gelesen werden, weil die neue Hardware das Schreibformat des alten Magnetbandlaufwerks nicht lesen konnte. Also wurden die Bänder auf dem alten Computer gelesen und per Computer-Direktverbindung zum neuen System übertragen.

32.4.7. Langlebige Datenstrukturen

Am langlebigsten und sichersten sind einfache Datenstrukturen, die garantiert auch von zukünftigen Systemen gelesen werden können. Paradoxerweise trifft dies auch für die Lochkartencodierungen zu. Diese wird man dann aber nicht mehr mit riesigen Lochkartenmaschinen, sondern mit kleinen Scannern lesen und decodieren.

Strichcodes auf Papier aufgedruckt oder per Laser in Metallfolien eingebrannt haben gute Chancen, die Zeiten unbeschädigt zu überdauern.

32.4.8. Archive schützen

Aber nicht nur die Datenträger, sondern auch die Archive selbst müssen geschützt werden, damit sie nicht durch Einsturz der Gebäude zerstört oder durch äußere Einflüsse auf die Bausubstanz (Durchnässung der Wände, Schimmelbildung, Temperaturschwankungen und Kondenswasserbildung, Vergilbung oder Ausbleichung durch Sonneneinstrahlung) geschädigt werden.

Der Einsturz des Stadtarchivs in Köln im März 2009, verursacht durch Bauarbeiten im Untergrund, zeigt uns, dass wertvolle Archivbestände nicht in gewöhnlichen Gebäuden, sondern in speziellen bunkerartigen Bauwerken untergebracht werden sollten. Es ist Sache der Bauingenieure und Architekten, beim Bau von Archivbauwerken den Erfordernissen der zu lagernden Datenträger gerecht zu werden und die geeignete Bauweise dafür zu wählen.

33. Spezielle Bauinformatik

Bei der speziellen Bauinformatik sind nicht nur Bauingenieure, sondern auch Ingenieure anderer Fachgebiete in die Planung und Realisierung der Systeme eingebunden.

Elektroingenieure,
Maschinenbauingenieure,
Verfahrensingenieure,
Ingenieure für Heizungs-, Lüftungs- und Klimaanlagen,
für Spezialfälle Mathematiker und Informatiker.

Als wichtige Anwendungen der speziellen Bauinformatik seien hier stellvertretend Gebäudeautomatisierung und Prozessleittechnik genannt.

33.1. Gebäudeautomatisierung

Der Bauingenieur und der Architekt müssen sich in ihrer Berufspraxis auch vertraut machen mit der *Gebäudeautomatisierung*.

Obwohl sie nie eine Gebäudeautomatisierung selbst entwerfen und installieren werden, so müssen sie doch die Zusammenhänge kennen und die Planung zusammen mit ihren Kollegen aus der Elektrotechnik und der Mess- und Regeltechnik durchführen können.

Gebäudeautomatisierung ist ein Teilbereich aus dem Facility-Management. *Facility-Management (FM)* nennt man die organisierte technische Verwaltung (Instandhaltung, Überwachung) und betriebswirtschaftlich optimale Nutzung eines Gebäudes.

Von den Kosten eines Gebäudes, die während des Baus und der gesamten Betriebsdauer auftreten, sind nur etwa ein Drittel Baukosten, der Rest besteht aus Betriebs- und Unterhaltskosten. Um diese Kosten zu minimieren, werden schon bei der Planung der technischen Betriebsausrüstung alle Möglichkeiten des FM mit berücksichtigt.

So sind die *Betriebsdatenerfassung* (für Heizung, Lüftung, Klima), die automatische Abrechnung der Betriebskosten und die zentrale Steuerung von Betriebsanlagen (Leitsysteme der Versorgungsanlagen für Gas, Wasser, Strom) unabdingbar, wenn man ein Gebäude wirtschaftlich betreiben will.

Bei der Elektroinstallation wird nicht mehr, wie früher, jeder Stromkreis einzeln verdrahtet, sondern es werden Bussysteme in Gebäuden installiert, bei denen jedes Gerät eine Codierung erhält, über die es von der zentralen Gebäudeleitstelle über die Stromleitung angesprochen werden kann. Zu den Geräten führt lediglich ein Stromanschluss. Lichtschalter senden über das Stromnetz Codierungen aus, die in der Leitzentrale den entsprechenden Lampen zugeordnet sind und den Aktor[66] in den Lampen ansprechen.

So ist es z. B. möglich, alle Gebäude einer Stadtverwaltung oder einer Staatsverwaltung zentral zu überwachen. In der Leitzentrale ist der Status der Sensoren[67] zu sehen. Man sieht, in welchen Büros welche Lichter eingeschaltet und welche Türen nicht verschlossen sind. Von der Leitzentrale aus können alle Einheiten (Lampen, Schließanlagen, Aufzüge, Steckdosen mit angeschlossenen Geräten, usw.) über Aktoren ein- und ausgeschaltet werden. Außerdem werden alle Schaltvorgänge zeitgenau protokolliert.

Datentechnisch vernetzt sind alle Gebäude-Einheiten über ISDN-Telefonsysteme, die ohnehin in jedem Büro vorhanden sind oder neuerdings über Mobilfunktechniken und Internet-IP-Verbindungen. Architekten und Bauingenieure müssen sich Kenntnisse über diese Techniken aneignen, wenn sie die Zukunft der modernen Gebäudenutzung mitbestimmen wollen.

---

[66] Ein „Aktor" ist ein elektrisches oder elektronisches Bauteil, das auf einen Steuerbefehl hin eine Aktion ausführt, z. B. eine Lampe einschaltet.

[67] Ein „Sensor" ist ein elektronisches Bauteil, über das Informationen vor Ort aufgenommen und an die Leitzentrale weitergeleitet werden.

33.2. Prozessleittechnik

Die Prozessleittechnik wird überall dort eingesetzt, wo Prozesse automatisch gesteuert und optimiert werden müssen. Dies sind Reinigungsprozesse in Klärwerken, die Steuerung und Regelung der Stromverteilung in Elektrizitätswerken und Stromverteilungsnetzen, die Regelung des Gasdrucks in Gasverteilungsnetzen, Überwachung und Steuerung der Verteilung von Trinkwasser in Wasserversorgungsnetzen.

Die Bauingenieure müssen diese technischen Anlagen nicht installieren können, aber sie müssen mit dem Prinzip und der Funktionsweise vertraut sein, damit sie in ihrem eigenen Bereich die Planung zusammen mit den Kollegen dieser Fachbereiche ordnungsgemäß durchführen können und als fachlich kompetente Gesprächspartner anerkannt werden.

33.3. Beispiel: Automatisierung eines Klärwerks

Im Jahr 1977 bekam ich den Auftrag, das alte Klärwerk München I für die *Automatisierung* vorzubereiten. Es stand ein Computer zur Verfügung, der als Prozessrechner vorgesehen war. Es war ein Data-General-Rechner DG NOVA 3 mit dem Betriebssystem RDOS (Realtime Disk Operating System), einem Arbeitsspeicher von 32 kB, einer Festplatte von 15 MB und einem riesigen Bandgerät für große Industrie-Magnetbänder. Der Rechner war mit keinem anderen Rechner kompatibel.

Er sollte dazu dienen, die *automatische Messdatenerfassung* des Klärwerks I in München zu betreiben und die *Prozesssteuerung* und die *Prozessleittechnik* vorzubereiten.

33.3.1. Prozessrechnerprogramme

Programmentwicklungssoftware für Assembler[68], ALGOL und FORTRAN wurde zwar mitgeliefert, aber sonst gab es keinerlei Prozesssteuerungssoftware, also keine Anwendungsprogramme.

Der Computerlieferant (ein Diplom-Mathematiker) lieferte ein Grundprogramm in Assembler für die Messstellenabfrage eines *Analog-zu-Digital-Wandlers* (A/D-Wandler) mit.

Die Messwerte mussten einem FORTRAN-Programm übergeben und dort in reale Messwerte umgewandelt und gespeichert werden. Dieses Programm gab es nur als Testprogramm.

Damals war ich gerade nebenberuflich Studierender der Informatik, ich musste alles selbst programmieren. Innerhalb weniger Wochen entwickelte ich aus dem Assembler-Grundprogramm und aus dem FORTRAN-Testprogramm eine vollwertige Messdatenerfassung.

Nun mussten die vorhandenen Geräte überprüft und neue Messstellen eingerichtet werden.

33.3.2. Messdatenerfassung

33.3.2.1. Messwertgeber

Zu Beginn musste überprüft werden, bei welchen der bisherigen Messstellen die Messwertgeber für eine digitale Messung geeignet waren. Die Messwertgeber befanden sich direkt an den Maschinen und vor Ort, wo die Messungen durchgeführt werden mussten.

Es waren meist Durchflussmesser verschiedener Bauart (Echolote, Induktionsdurchflussmesser, Pegeldurchflussmesser, Geschwindigkeitsmesser, Stromzähler, Drehzahlmesser, u. a.). Außerdem mussten die erzeugten und verbrauchten Methangasmengen im Tagesgang[69] gemessen werden. Auch die örtlichen meteorologischen Messungen (Regenmesser, Windmesser, Außentemperaturen, Luftfeuchtigkeit, Luftdruck) mussten digital erfasst werden.

---

[68] Assembler ist eine maschinennahe symbolische Programmiersprache, die dem Fabrikat des Prozessors angepasst ist.

[69] „Tagesgang“ nennt man die auf die Uhrzeiten bezogenen, regelmäßig abgelesenen Messwerte einer Messreihe eines ganzen Tages, die grafisch in einer Linie, der Ganglinie, dargestellt werden können.

Die Messwertgeber arbeiteten damals meist mit 20 mA-Stromschleifen, an denen Zeigerinstrumente angeschlossen waren. Die Stromschleifen hatten den Vorteil, dass der Spannungsabfall auf den Messleitungen aufgrund der Leitungslängen die Messwerte nicht beeinträchtigte, weil im ganzen Messkreis dieselbe Stromstärke herrschte, die vom Messwertgeber bestimmt wurde.

33.3.2.2. Störungen und Schwierigkeiten

An den Messwertgebern gab es aber sehr viele Störungen, die früher bei einmaliger täglicher Ablesung nicht aufgefallen waren, die aber bei den kontinuierlichen Messungen auftraten. Da waren die Temperatureinflüsse (Sonnenbestrahlung) auf die Instrumentengehäuse, man musste den Temperatureinfluss durch geeignete Wärmedämmung, Standortwechsel oder Modifikation der Geräte (Temperaturkompensation) minimieren.

Die Erschütterungen der Echolote durch Wind und der Wellengang im Messgerinne brachten Schwankungen, die durch geeignete bauliche Maßnahmen „beruhigt“ werden mussten. Die Regenmesser arbeiteten mit Tröpfchenzählern, die immer gleiche Tröpfchengröße voraussetzen, die aber wegen der Verschmutzung der Düsen bei weitem nicht vorhanden war. Man ging dann auf Wippenzähler über.

Die Aufzählung der weiteren technischen und mechanischen Schwierigkeiten könnte ich beliebig weiterführen.

33.3.2.3. Messschleifen

Der Messbereich eines Messgeräts für eine bestimmte Messstelle lieferte 0 bis 20 mA Messstrom. Der Messwertgeber und das Zeigermessgerät lagen in einer Stromschleife. Man musste den physikalischen Messbereich kennen, dann konnte man die 20 mA dem physikalischen Maximalwert zuordnen. Der Minimalwert war meist null, das entsprach auch 0 mA.

Bei den 20-mA-Zeigerinstrumenten klebte man einfach nur die richtige Skala auf das Gerät.

33.3.2.4. A/D-Wandler

Um die in den Messschleifen analog gemessenen Stromwerte in den Computer einzuspeisen, mussten sie vorher in digitale Messwerte umgewandelt werden. Dazu verwendete man ***A/D-Wandler***. A/D, gesprochen „A zu D“, heißt „analog“ zu „digital“. Es werden also analoge Messwerte in digitale Messwerte umgewandelt.

Die A/D-Wandler wurden in die 20-mA-Messschleifen eingebunden, die den *analogen Messbereich* von 0 bis 20 mA in ein *Bitmuster* mit 10 Bit Länge umwandelten. 10 Bit entsprechen einem Messbereich von 1024 ($= 2^{10}$) Messwerten, das sind die Ganzzahlen von 0 bis 1023. Der Messbereich wurde also in 1023 Stufen aufgelöst.

Der Computer musste über ein Assemblerprogramm die A/D-Wandler abfragen und bekam dann die aktuellen digitalen Werte zwischen 0 und 1023. Die Häufigkeit der Abfragen wurde durch das steuernde FORTRAN-Computerprogramm bestimmt. Jede Messstelle wurde 10-mal pro Sekunde abgefragt. Innerhalb 10 Minuten ergaben sich 6000 Abfragen. Aus diesen 6000 Werten wurde das arithmetische Mittel gebildet. Dieser Mittelwert wurde in den richtigen physikalischen Messwert umgerechnet. Nur dieser wurde abgespeichert. Die Messreihe von 144 gespeicherten Tageswerten bildete die Tagesganglinie dieses Messwerts, aus der später die Tagessumme berechnet wurde.

33.3.2.5. Messdatenreihen

Nun konnten bereits Messdatenreihen von 32 verschiedenen Messstellen automatisch aufgenommen und ausgewertet werden. Weitere Messstellen waren geplant. Im Labor des Klärwerks wurden am Bildschirm zusätzlich 16 verschiedene Laborwerte von Hand eingegeben, darunter der chemische Sauerstoffbedarf (CSB) und der biologische Sauerstoffbedarf (BSB).

Diese Werte konnten nicht automatisch gemessen werden, sondern mussten im Labor von Hand aus Wasserproben ermittelt werden.

Aus diesen Laborwerten und den automatisch gemessenen Messwerten wurden täglich und monatlich Schmutzfrachtbilanzen gebildet. Schmutzfracht ist diejenige Menge an Schmutzpartikeln, die im untersuchten, gereinigten Wasser noch enthalten ist.

33.3.3. Prozessregelung

In Zusammenarbeit mit dem Laborleiter des Klärwerks und dem zuständigen Maschinenbauingenieur wurde eine empirische Formel für die biologischen Stufen (Belebungsbecken) entwickelt, mit welcher aus den Messwerten laufend die Schmutzfracht berechnet werden konnte. Außerdem konnten die zur Minimierung erforderlichen Parameter berechnet werden. Nach Programmieren dieser Formel wurde ein Drucker (damals ein Teletype-Gerät) in die Leitwarte gestellt, der sich jede Stunde akustisch meldete und die einzugebenden Parameter auf Papier ausgab. Der diensthabende Klärmeister musste diese Parameter laufend als neue Sollwerte an den Maschinen manuell einstellen.

Dies war der erste praktische Versuch einer *Prozessregelung* mit manueller Rückkopplung. Vor dieser Änderung der Fahrweise des Reinigungsprozesses hatte die Schmutzfrachtkurve sehr große Schwankungen in der Amplitude, mit den neuen Einstellungen verlief sie konstant fast in der Nähe des vorherigen Minimums und weit unter dem von der Behörde zugelassenen Maximum. Man reinigte also besser als man sollte. Der Betriebsleiter war über die zusätzliche Belebtschlammmenge nicht sehr erfreut. Aber das angewandte Prinzip hatte sich als wirksam erwiesen.

Vor dem Computereinsatz waren alle Zählerstände an den mechanischen Zählern nur einmal am Tag zur gleichen Zeit abgelesen und aufgeschrieben worden. Die Messdatenerfassung per Computer fragte die Messwerte mehrmals sekündlich ab und mittelte sie zu einem 10-Minuten-Wert. Die alten Zähler wurden parallel dazu zur Kontrolle (und als Ersatz der Werte des Computers, wenn dieser ausfallen sollte) vorsorglich weiterhin täglich einmal abgelesen. Auch die Laborwerte hatte es vorher schon gegeben, nur verschwanden diese bisher in dicken Ordnern und wurden nur für die manuelle Monatsbilanz wieder gebraucht.

33.3.3.1. Tagesgang, -maximum und -minimum der Durchflussmengen

Hatte man vorher die Zulaufmengen zum Klärwerk aus der Differenz des Zählerstandes zum Vortag als Tagesmenge und daraus das Tagesmittel in [m^3/s] gebildet, so konnte man jetzt den Tagesgang, also die Kurve der Zulaufmengen in [m^3/s], auf der Zeitachse im 10-Minuten-Raster ausgeben und so auch die Zeitpunkte sehen, wann Tagesmaximum und Tagesminimum auftraten.

33.3.3.2. Automatische Messung und Datenfernübertragung

Später kam die Messdatenerfassung der Isarwasserqualität an der Einleitungsstelle des neuen Klärwerks dazu. An einer schon bestehenden Messstation des Wasserwirtschaftsamtes an der Isar wurde ein Computer (DG NOVA 3) nachgerüstet und die Daten von den bestehenden Messgeräten der Behörde online in den Rechner übernommen und auf Anforderung des Klärwerksrechners zu diesem per Telefonwählleitung übertragen. Da auch hierzu keine Software existierte, mussten die Computerkopplung und die Datenfernübertragung selbst programmiert werden.

Die Auflage des Wasserwirtschaftsamtes, lange vor Fertigstellung des neuen Klärwerks die Wasserqualität der Isar zu messen, war damit erfüllt.

Die Berichte über diese Messungen (Messwerte als Ganglinien und Tabellen) gingen monatlich mit den Original-Messdaten auf Papier und auf Magnetband an die Behörde.

Die Messdatenerfassung und Steuerung des Reinigungsvorgangs wurde laufend verbessert und schließlich auf automatische Regelung umgestellt.

33.3.3.3. *Zuflussmengen aus dem Kanalnetz zum Klärwerk*

Zuletzt kamen noch die Messdaten des Münchner Kanalnetzes dazu, die aus automatisch auf Messstreifen aufgezeichneten Ganglinien der Durchflussmengen bestanden. Diese Kurven wurden am Digitalisiertisch durch ein eigenes Programm in den Rechner eingelesen und dienten dazu, die Zuflussmengen zum Klärwerk kurzfristig voraussagen zu können. Später ersetzte man die Messstreifen durch online an den Rechner angeschlossene Echolote.

33.3.4. *Endgültige Prozessleittechnik im Klärwerk*

Der geschilderte Aufbau der automatischen Messdatenerfassung und der Prozesssteuerung diente zur Erprobung der vorgesehenen Mess- und Regelungsverfahren.

Als die Vorbereitungsarbeiten durchgeführt waren, die Messdatenerfassung und die computergesteuerte Prozessregelung erfolgreich angelaufen war, wurde auf der Grundlage der oben geschilderten Vorarbeiten die endgültige *Prozessleittechnik* mit Industriegeräten vorbereitet und eingebaut. Neue Mitarbeiter kamen hinzu und Finanzmittel wurden bereitgestellt.

Auf die Schilderung des weiteren Aufbaus der Prozessleittechnik muss hier aus Rücksicht auf Betriebsinterna verzichtet werden. Die intern eingesetzte Technik und die Verfahren werden aus Datensicherheitsgründen und zum Schutz gegen Hackerangriffe von außen nicht öffentlich preisgegeben.

34. Begriffe und Bezeichnungen im Bauwesen

Die Tabelle enthält wichtige Begriffe des Bauwesens mit Artikel und Erklärung in alphabetischer Reihenfolge. Die hier erläuterte Bedeutung im Bauwesen kann von der Bedeutung in anderen Fachgebieten abweichen.

Der Pfeil → vor einem Wort im Text weist darauf hin, dass dieses Wort als eigenes Stichwort erläutert ist.

Artikel	Begriff	Erklärung
die	**Abnahme**	1. Abnahme einer Menge oder des Gewichts = Reduzierung. 2. Abnahme eines Arbeitsergebnisses (Bewehrungsabnahme, Abnahme der Arbeiten) ist die Überprüfung auf ordnungsgemäße Ausführung und Bestätigung der Ordnungsmäßigkeit durch den Prüfer oder den Bauleiter.
die	**Arbeitsfuge**	Eine Arbeitsfuge wird dort angeordnet, wo man einen Arbeitsvorgang unterbrechen muss, um nach einer Arbeitspause weiterarbeiten zu können. Arbeitsfugen können auch mitten in einem Bauteil angeordnet werden (→ Betonierfuge).
der	**Auftrag**	1. Erdbau: Aufschüttung von Material bis eine vorgesehene Höhe erreicht ist. 2. Vergabewesen: Eine Firma erhält den Auftrag (→ *Zuschlag*) für die Ausführung von Arbeiten.
der	**Auftraggeber**	Der Auftraggeber, abgekürzt: AG, ist diejenige Person oder Institution, die einen → *Auftrag* (zu) vergeben hat.
der	**Auftragnehmer**	Der Auftragnehmer, abgekürzt: AN, ist diejenige Firma, die einen → *Auftrag* erhalten hat.
das	**Ausbaugewerk**	Wenn der Rohbau fertig ist, werden die Ausbaugewerke ausgeführt. Dazu gehören: Fenster und Türen, Elektroarbeiten, Bodenbeläge, Malerarbeiten, Lüftung und Heizung, Sanitärinstallation, usw.
	auskragen	Ein auskragendes Bauteil verläuft waagrecht und ist nur an einer Seite mit dem Bauwerk verbunden. Er ragt frei in den Raum.
die	**Ausschreibung**	Eine Ausschreibung erfolgt zu dem Zweck, Anbieter für eine Leistung zu bekommen. Meist bekommt der billigste Bieter den → *Zuschlag* (den → *Auftrag*)
der	**Balken**	Allgemein wird darunter ein stabförmiges rechteckiges Bauteil aus Stahlbeton oder Holz verstanden, das einen bestimmten Mindestquerschnitt hat (mind. 10 cm × 10 cm). Bei Holz gibt es noch die Begriffe → *Riegel* und → *Latte.*
der	**Bauherr**	Bauherr ist die Person oder Institution, die ein Bauvorhaben erstellen lässt und bezahlt.

Artikel	Begriff	Erklärung
das	**Bauholz**	Bauholz ist das Holz, das für → *tragende Bauteile* verwendet wird.
die	**Bauleistung**	Die Herstellung eines Bauteils durch eine Bauunternehmung wird als Bauleistung bezeichnet, für die ein bestimmter Preis zu bezahlen ist.
der	**Baustahl**	Stahl, der im Bauwesen als Träger oder als Bewehrung für Stahlbeton verwendet wird, wird Baustahl genannt.
das	**Bauteil**	Das Bauteil ist das konstruktive Element eines → *Tragwerks.*
der	**Bauteil**	Der Bauteil ist ein räumlich selbstständiger Teil einer größeren baulichen Anlage (Gebäudeteil, Bauwerksabschnitt), z. B. Eingangshalle, Wohntrakt, Bürotrakt, Treppenhaus.
das	**Bauwerk**	Bauwerk ist ein allgemeiner Ausdruck für größere Baukonstruktionen. → *Gebäude* sind begehbare Bauwerke.
die	**Bauwerksfuge**	Trennfuge zwischen zwei Baukörpern.
die	**Bemessung**	Bemessung ist die Berechnung von Abmessungen, die ein Bauteil aufgrund einer statischen Beanspruchung oder ein Rohr aufgrund einer Durchflussmenge haben muss.
die	**Bestimmung**	1. Etwas Unbekanntes durch Test oder Berechnung herausfinden, man bestimmt einen Wert. 2. Etwas wird durch Gesetz bestimmt, also festgelegt. Bestimmungen dieses Typs sind Normen, Vorschriften und Gesetze.
der	**Beton**	Beton wird aus Zement, Zuschlagstoffen und Wasser gemischt und erhärtet anschließend zu einem künstlichen Gestein.
die	**Betonierfuge**	Die Betonierfuge erfüllt keine statische Funktion, sondern dient nur dazu, eine geordnete Abschlussfläche bei einer Arbeitsunterbrechung zu erzeugen, an die bei Wiederaufnahme der Arbeiten kraftschlüssig anbetoniert werden kann.
die	**Bewegungsfuge**	Die Bewegungsfuge ist eine Fuge zwischen zwei Bauteilen, die dazu dient, die Temperaturausdehnung der Bauteile zu ermöglichen.
die	**Bewehrung**	Bewehrung ist die im → *Stahlbeton* enthaltene Stahlarmierung (Stahleinlagen).
das	**Bindemittel**	Bindemittel sind Baustoffe, die dazu dienen, ein Gemisch von geröllartigen und sandigen Baustoffen zu einer festen Masse erstarren zu lassen (z. B. → *Zement*).
	bindig	Die Bezeichnung „bindig“ wird hauptsächlich für Bodenarten verwendet. Bindige Böden enthalten Lehm oder Ton, die Geröllbestandteile werden zu einer plastischen Masse „gebunden“. „Nichtbindige“ Böden bestehen aus Geröll oder Sand.

Artikel	Begriff	Erklärung
der	**Dachbinder**	Der Dachbinder ist ein Dachträger, der meist von Außenwand zu Außenwand gespannt ist.
der	**Dachstuhl**	Der Dachstuhl ist der oberste Teil eines Gebäudes, der die Dachhaut oder Dachdeckung trägt. Beim liegenden Dachstuhl liegen die → *Sparren* auf → *Pfetten* und diese sind wiederum auf → *Stützen* gelagert, die im Dachraum stehen. Bei stehendem Dachstuhl bilden die Sparren selbst das Tragwerk und stehen als → *Kehlbalkendach* oder → *Dachbinder* auf den Außenmauern, ohne die oberste Decke zu belasten.
das	**Dämmmaterial**	Material zur Wärme- oder Schalldämmung
die	**Dampfdiffusion**	Durchgang von Wasserdampf durch poröses Material.
die	**Decke**	Diesen Begriff verwendet man, wenn es sich generell um das → *Bauteil* „Decke" handelt, ohne dass der Ort wichtig ist, an dem es eingebaut ist. Auch die oberste Schicht einer Straße wird Decke genannt.
die	**Dehnfuge**	→ *Bewegungsfuge*
die	**Dicke**	Dicke oder → *Stärke* ist das Maß eines plattenförmigen Bauteils in der Höhe.
die	**Dimensionierung**	→ *Bemessung*
die	**Durchdringung**	Durchdringung ist ein Begriff aus der darstellenden Geometrie. Wenn ein Körper durch einen anderen hindurchgeht (ihn durchdringt), entstehen Verschneidungslinien, die beiden Körpern gleichzeitig angehören.
das	**Eigengewicht**	Das Eigengewicht ist die Schwerkraftwirkung des eigenen Gewichts eines Bauteils. Man bezeichnet auch den Lastfall aus den Schwerkraftwirkungen der Baustoffe als „Lastfall Eigengewicht".
die	**Eigenlast**	Von Eigenlast spricht man, wenn das → *Eigengewicht* das Bauteil selbst belastet.
die	**Einheit**	1. physikalische Einheit, 2. Mengeneinheit im → *LV*
der	**Einheitspreis**	Die → *Bauleistungen* werden nach der gelieferten Menge bezahlt. Der Einheitspreis, der im → *LV* eingetragen ist, ist der Preis für eine Mengeneinheit. Die Mengeneinheit ist die Kalkulationsbasis für den Einheitspreis.
	einschlägig	„Einschlägige Vorschriften" sind solche, die auf ein bestimmtes Thema oder eine bestimmte Bauweise anzuwenden sind. „Einschlägig" heißt so viel wie: „alles, was dieses Thema betrifft".

Artikel	Begriff	Erklärung
der	**Einsturz**	Der Bauwerkseinsturz ist ein Ereignis, das jedem Bauingenieur erspart bleiben möge. Der Einsturz eines Tragwerks erfolgt dann, wenn die Tragfähigkeit (Bruchspannung) des Materials überschritten ist und der Gleichgewichtszustand verlorengeht. Dann haben die Lasten keine Gegenkräfte mehr, sie werden durch die Schwerkraft nach unten bewegt.
das	**Eisenflechten**	„Eisenflechten" nennt man die Tätigkeit, die Bewehrungskörbe für Unterzüge und Stürze nach Bewehrungsplan herzustellen und für den Einbau bereitzulegen oder die Bewehrung an Ort und Stelle einzulegen und zu fixieren („flechten"). Die Verbindung der Eisen untereinander wird durch Bindedraht mit einer Eisenflechterzange (= ganz schmale Beißzange) hergestellt.
die	**Emissionen**	Emissionen sind die in die Luft entweichenden Schadstoffe oder über den Boden abgegebenen schädliche Beeinträchtigungen, wie Rauch, Hitze, Gase, Lärm, Staub, Dämpfe, Gerüche, Erschütterungen. Diese werden am Einwirkungsort → *Immissionen* genannt.
der	**Erddruck**	Man unterscheidet aktiven und passiven Erddruck. Der aktive Erddruck ist der Druck einer Erdauffüllung auf senkrechte Wände. Der passive Erddruck ist der → *Erdwiderstand*.
der	**Erdwiderstand**	Der Erdwiderstand entsteht durch die Bewegung einer senkrechten Fläche gegen einen Erdkörper.
der	**Estrich**	Der Estrich ist die Schicht aus Feinbeton, Gussasphalt oder anderem Material (z. B. Gipsestrich), die unter dem Bodenbelag angeordnet wird, meist als Ausgleichsschicht, schwimmend (auf →*Dämmmaterial*) ohne feste Verbindung zu den tragenden Teilen, oder nicht schwimmend, sondern direkt auf der tragenden Decke.
das	**Fachwerk**	Das Fachwerk ist ein Tragwerk, das aus einem ebenen oder räumlichen Netz von Stäben besteht, die an den Knoten kraftschlüssig verbunden sind.
das	**Fallrohr**	Das Fallrohr leitet das Regenwasser von der → *Traufe* nach unten.
der	**First**	Der First ist die von außen sichtbare oberste Kante eines Daches. Aber auch der oberste waagrechte Balken eines Dachstuhls wird First genannt.
das	**Flachdach**	Beim Flachdach bildet die oberste Decke eines Gebäudes zugleich die Tragkonstruktion für die Dachhaut. Das Flachdach muss den Anforderungen der Bauphysik hinsichtlich Wasserdichtheit, Wärmedämmung, Wasserdampfdiffusion, Temperaturausdehnung und Belastbarkeit entsprechen.

Artikel	Begriff	Erklärung
der	**Freiheitsgrad**	Freiheitsgrade geben die Zahl der räumlichen Dimensionen an, in denen eine Bewegung eines Körpers erfolgen kann. Im dreidimensionalen Raum hat ein Punkt 3 Freiheitsgrade, nämlich sich beliebig im Raum (mit Komponenten in x-, y- und z-Richtung) zu bewegen (Freiheitsgrade der Translation). Hat ein Körper auch noch die Möglichkeit, sich zu drehen, dann kommen 3 Freiheitsgrade dazu, nämlich die Drehungen um die X-, Y- oder Z-Achse (Freiheitsgrade der Rotation). Der Punkt auf dem Umfang eines umlaufenden Rades auf fester Achse hat nur 1 Freiheitsgrad, nämlich den entlang des Umfangs (Drehung um eine Achse). Bei statischen Gleichungen ist die Zahl der Freiheitsgrade meist mit der Zahl der zu berechnenden Unbekannten identisch.
die	**Fuge**	Die Fuge ist die Trennlinie an der Aneinanderfügung zweier Bauteile, ohne dass eine Kraftübertragung stattfindet. Es gibt: → *Dehnfuge*, → *Bauwerksfuge*, → *Setzungsfuge*, → *Mörtelfuge*, → *Gleitfuge*, → *Arbeitsfuge*, → *Stoßfuge*, → *Bewegungsfuge*. Man unterscheidet zwischen → *Riss* und Fuge. Eine Fuge wird absichtlich angeordnet, ein Riss entsteht unabsichtlich.
das	**Gebäude**	→ *Bauwerke*, die begehbar und für den dauernden oder zeitweiligen Aufenthalt von Menschen bestimmt sind, werden Gebäude (Wohnhäuser, Lagerhallen, Bürogebäude) genannt. Eine Brücke ist ein Bauwerk, aber kein Gebäude.
das	**Geschoß**	Unter dem Begriff „**Geschoß**" (mit langer Silbe und mit „ß" geschrieben) versteht der Baufachmann ein → *Stockwerk* oder eine Etage, z. B. Erdgeschoß, geschoßweise, → *Geschoßdecke*. Dieser Begriff darf nicht verwechselt werden mit dem „**Geschoss**" (mit kurzer Silbe und mit „ss" geschrieben), das durch die Luft fliegt und aus einem Gewehr oder einer Pistole stammt. *Die neue deutsche Rechtschreibung unterscheidet nicht zwischen diesen beiden Begriffen „Geschoß" und „Geschoss", die durch Aussprache und Schreibung eindeutig voneinander zu unterscheiden sind.*
die	**Geschoßdecke**	→ *Decke*, die zwei Etagen bzw. Stockwerke voneinander trennt.
das	**Gewerk**	Gewerk nennt man zusammengehörige Arbeitsleistungen, die speziell von bestimmten Fachhandwerkern bei Ausbau eines Gebäudes ausgeführt werden. Beispiele: Elektroarbeiten, Heizung/Lüftung, Sanitär, → Trockenbauarbeiten, Schreinerarbeiten (Fenster, Türen), Malerarbeiten, Bodenlegerarbeiten, Spenglerarbeiten.

Artikel	Begriff	Erklärung
das	**Gewicht**	Das Gewicht ist die Kraft, mit der eine → Masse von der → *Schwerkraft* angezogen wird. Es wird in Kilopond [kp] oder Newton [N] angegeben. Im Handel spricht man auch von Gewicht der Handelsgüter, dort meint man aber die physikalische Masse, die in [kg] angegeben wird.
der	**Giebel**	Der Giebel oder die Giebelseite ist die Stirnseite (Ansicht) eines Hauses, bei der die Dachneigung sichtbar ist.
die	**Gleitfuge**	Die Gleitfuge ist die Trennungslinie zweier Bauteile oder Baukörper, auf der sie gegeneinander oder aufeinander gleiten können.
die	**Gradiente**	Die Gradiente ist die im Längsschnitt von Straßen oder anderen Verkehrswegen sichtbare Schnittlinie der Oberfläche der Verkehrswege mit der durch die Achse bestimmten senkrechten Schnittfläche.
die	**Immissionen**	Immissionen sind die von außen auf den Lebensraum von Menschen einwirkenden Schadstoffe oder schädlichen Beeinträchtigungen, wie Rauch, Gase, Lärm, Staub, Dämpfe, Gerüche, Erschütterungen. Die zulässigen Höchstwerte (Obergrenzen) solcher Immissionen sind gesetzlich vorgegeben (Immissionsschutzgesetz). Die Aussender (Emittenten) solcher Beeinträchtigungen müssen ihre → *Emissionen* so weit reduzieren, dass die dadurch verursachten Immissionen an den betroffenen Orten die gesetzlichen Höchstgrenzen nicht überschreiten.
	isotrop	Isotropie ist eine Materialeigenschaft, die in allen Richtungen des Baustoffs vorhanden ist.
das	**Kaltdach**	Beim Kaltdach liegen die tragenden Teile im kalten Bereich und müssen gegen den warmen Bereich hin wärmegedämmt werden.
das	**Kehlbalkendach**	Beim Kehlbalkendach sind die beiden Sparren oben gelenkig und kraftschlüssig verbunden und leiten ihre Längskräfte unten in die Decke ab. Sie sind in ihrer Länge durch einen oder mehrere Kehlbalken gegeneinander abgestützt (siehe Seite 142).
der	**Kleber**	Ein Kleber haftet an der Oberfläche der zu verklebenden Teile. Deshalb müssen die Oberflächen eben, glatt und möglichst porenfrei sein.
die	**Klotoide**	Klotoide, früher auch „Klothoide" geschrieben, ist ein Übergangsbogen in der Straßentrasse (Straßenverlauf), der bei gleichmäßiger Geschwindigkeit ein Fahrzeug durch gleichmäßigen Anstieg der seitlichen Beschleunigung proportional zur Lenkbewegung ohne abrupte Änderung (Ruck) von der Geradeaus-Fahrt in die Kurvenfahrt übergehen lässt.
	kompatibel	zusammenpassend, miteinander verträglich

Artikel	Begriff	Erklärung
das	**Kopfband**	Das Kopfband ist ein im Dachstuhl oben zwischen Pfette und Stütze eingesetztes schräges Stützelement (Schrägbalken), das zur Aussteifung des Dachstuhls dient.
der	**Körperschall**	Übertragung des Schalls innerhalb eines Körpers. Bei Decken in Wohngebäuden wird der Trittschall als Körperschall im Baustoff übertragen.
	kraftschlüssig	Eine kraftschlüssige Verbindung zweier Bauteile kann alle Kräfte von dem einen auf das andere Bauteil übertragen.
der	**Kragarm**	Ein waagrechter Balken oder Träger, der an einem Ende fest verankert ist und am anderen Ende frei in die Luft ragt, wird „Kragarm" genannt. Platten, die nur an einem Rand verschiebungs- und biegefest gehalten werden, nennt man Kragplatten (bei Balkonen ohne Außenstützen üblich).
die	**Kubatur**	Die Kubatur ist das genaue Volumen eines geometrischen Körpers
der	**Längsschnitt**	Der Längsschnitt wird manchmal auch Längenschnitt (veraltet) genannt. Im Längsschnitt werden die Höhen entlang einer Bauwerksachse (Straßenachse) sichtbar. Bei langgezogenen Bauwerken (Straßen, Brücken) ist der Längsschnitt überhöht gezeichnet, wobei die Längen im Maßstab 1:1000 und die Höhen im Maßstab 1:100 gezeichnet sind.
die	**Lärmschutzwand**	Lärmschutzwand, auch Schallschutzwand genannt, wird entlang von Verkehrswegen angeordnet, um den Lärm von der Wohnbebauung fernzuhalten. Meist realisiert durch Schallschluckmaterial auf der Lärmseite oder durch reflektierendes Material für die Schallreflexion nach oben. Lärmschutzwände gehören zum Straßenbauprojekt und müssen mit diesem gemeinsam finanziert werden.
die	**Latte**	Holzstab bis maximal 5 cm × 5 cm Querschnitt.
der	**Leim**	Leim dringt in die Poren der zu verleimenden Teile ein, erhärtet dort und verdübelt sie. Deshalb können nur poröse Stoffe wie Holz verleimt werden. Die Flächen müssen bis zum Erhärten des Leims aneinandergepresst bleiben.
das	**Leistungsverzeichnis**	Leistungsverzeichnis, abgekürzt → *LV*, enthält die Beschreibung aller → *Bauleistungen* eines → *Projekts* oder → *Gewerks* für die → *Ausschreibung*.
das	**LV**	→ *Leistungsverzeichnis*
das	**Maß**	Plural: die **Maße**, sind die → *Abmessungen* der Bauteile, die Länge von gemessenen Strecken. Ein Grundsatz der Baukunst ist: Das Maß aller Dinge ist der Mensch. Die Gebäude müssen in den Maßen an den Menschen angepasst sein (Türhöhen, Stufenhöhen, Höhe von Stühlen usw.)

Artikel	Begriff	Erklärung
die	**Masse**	Die Masse eines Bauteils bezeichnet die Stoffmenge, die der Anzahl der Moleküle oder Atome proportional ist. Sie wird in [kg] angegeben.
die	**Massen**	Mit Massen bezeichnet man (im Gegensatz zur physikalischen Masse) die Menge an Bauleistungen als Stückzahlen, Flächengrößen in [m^2] oder Kubaturen (Volumina) in [m^3]. Es ist ein Pluralwort, der Singular „die Masse" wird selten verwendet, er ist bereits für die Stoffmenge vergeben. Der Singular zu „Massen" ist „die Menge". Deshalb schreibt man korrekt „Mengenermittlung", wo man früher „Massenermittlung" geschrieben hat.
die	**Massenermittlung**	→ *Massen*, → *Mengenermittlung*
die	**Menge**	→ *Massen*
die	**Mengenermittlung**	→ *Massen*. Die Mengenermittlung ist die Feststellung der den → *Bauleistungen* zugrunde liegenden Mengen in Stückzahl, Längen, Flächen oder Kubaturen, die im → *LV* für jede Position eingetragen ist.
das	**Modul**	**Das** Modul (des Moduls, die Module) ist eine elektrotechnische Schalteinheit, ein selbstständiges Programm innerhalb eines modular aufgebauten Programmsystems.
der	**Modul**	**Der** Modul (des Moduls, die Moduln) ist eine Verhältniszahl mathematischer oder technischer Größen (Materialkonstante, E-Modul).
das	**Moment (Statik)**	**Das** Moment ist eine aus Kraft mal Hebelarm entstehende Schnittgröße an einem belasteten Querschnitt.
der	**Moment (Zeitdauer)**	**Der** Moment ist eine kurze Zeitspanne. Momentaufnahme zeigt den zu einem bestimmten Zeitpunkt vorhandenen Zustand als Grafik oder Foto.
die	**Momentbelastung**	Die Last wirkt nur eine kurze Zeitspanne, einen kurzen Moment, auf das Bauteil ein. Man unterscheidet Momentbelastung und Dauerbelastung, insbesondere bei Belastungstests. Die Momentbelastung hat mit Biegemomenten nichts zu tun (diese bezeichnet man als Biegebelastung), obwohl sie auch im Bereich der Biegebeanspruchung auftreten kann.
die	**Momentenlinie**	Sie zeigt entlang der Stabachse an jeder Stelle als Ordinate die Größe des dort wirkenden Biegemomentes an.

Artikel	Begriff	Erklärung
der	**Momentenvektor**	Der Momentenvektor ist ein Hilfsmittel, um Momentengrößen mit bestimmten Drehachsen grafisch anzuzeigen. Der Vektor liegt in der Drehachse und seine Größe wird durch die Länge des Vektors angegeben. Ein Momentenvektor wirkt immer rechtwinkelig zu der durch das erzeugende Kräftepaar aufgespannten Ebene. Er wird durch zwei in gleiche Richtung zeigende Pfeilspitzen gekennzeichnet, die ein rechtsdrehendes Moment in diese Richtung anzeigen.
die	**Mörtelfuge**	Mörtelfuge ist der zwischen zwei Mauersteinen (Ziegel, Betonstein) mit Mörtel ausgefüllte Zwischenraum. Mörtelfugen verlaufen in alle Richtungen, meist jedoch senkrecht und waagrecht.
das	**Newton**	Newton (Kurzzeichen: N) ist eine physikalische Einheit, mit der die Größe einer Kraft angegeben wird.
	nichttragend	Nichttragende Bauteile sind Zwischenwände oder Stützen, die lediglich dazu dienen, Verkleidungselemente zu halten. Sie tragen keine Lasten ab, sondern sind mit ihren Eigenlasten auf Decken anzusetzen (z. B. als pauschaler Zuschlag zur Verkehrslast). Nichttragende Bauteile können herausgenommen und an andere Stellen versetzt werden, ohne dass sie statisch besonders (außer ihren Eigenlasten) berücksichtigt werden müssen.
die	**Pfette**	Die Pfette ist ein waagrechter Balken in einem Dachstuhl, auf den → *Sparren* oder andere Bauteile aufliegen.
der	**Plattenbalken**	Ein Plattenbalken entsteht, wenn bei einem Stahlbetonbalken (→ *Unterzug*) die damit monolithisch verbundene Betondecke als Druckzone mit herangezogen wird.
der	**Plot**	Der Plot ist eine aus den gespeicherten Daten vom Computer erzeugte Zeichnung auf dem Bildschirm. „Plotten“ nennt man das Herstellen einer Zeichnung mittels → *Plotter*.
der	**Plotter**	Der Plotter ist ein durch Computer gesteuertes Zeichengerät, das mit verschiedenen Schreibstiften Linien und Kurven auf Papier zeichnet. Es gibt Flachbettplotter, bei denen das Papier still liegt und der Stift sich bewegt, und Rollenplotter, bei dem das Papier auf einer Rolle an einem sich quer bewegenden Schreibstift entlang bewegt wird. Mit Rollenplottern kann man sehr lange Zeichnungen herstellen.
der	**Profilstahl**	Profilstahl ist ein im Stahlwalzwerk entstandenes Produkt in Stabform mit gleichmäßigem → *Querschnitt*, als Doppelflanschträger, Winkelstahl, U-Profil oder in anderen Formen. Die Stahlprofile mit ihren Querschnittswerten sind genormt.
der	**Querschnitt**	Bei einem Tragwerk wird die statisch wirksame Fläche rechtwinklig zur Stablängsachse Querschnitt genannt. Die statisch wirksamen auf den Querschnitt bezogenen Größen werden Querschnittswerte (siehe Seite 63) genannt.

Artikel	Begriff	Erklärung
die	**Rechneranlage**	Rechneranlage ist ein Computersystem mit allen peripheren Komponenten; sprachlich nicht korrekt sagt man auch: „Rechenanlage“.
der	**Riegel**	1. Verschlusselement an einem Tor oder einer Tür. 2. Holzriegel: Holzstab mit bestimmtem Querschnitt ab 6 cm × 6 cm bis etwa 10 cm ×10 cm.
der	**Riss**	1. ist ein Spalt in einem Bauteil, der durch Überlastung, → *Schwinden* oder Bauwerksbewegung (→ *Setzungen*) unbeabsichtigt entstanden ist. Ein Riss ist immer mit einer Materialzerstörung verbunden. 2. ist eine zeichnerische Darstellung eines Bauteils (Grundriss, Aufriss, Seitenriss).
der	**Rohbau**	Rohbau ist der Zustand eines Bauwerks oder Gebäudes, wenn alle tragenden und nichttragenden Bauteile aus Mauerwerk, Beton, Stahlbeton, Stahl und Holz gebrauchsfertig eingebaut sind, bevor die → *Ausbaugewerke* begonnen werden.
die	**Rüstung**	Rüstung ist die tragende Konstruktion für die → *Schalung*. Sie muss so dimensioniert sein, dass sie das Gewicht der Schalung mit dem frischen Beton ohne Verformung tragen kann.
die	**Schalung**	Die Schalung dient als Form für das Bauteil, in die der flüssige Beton eingegossen wird und dann erstarrt. Sie wird meist aus Holz vor Ort „gezimmert“, kann aber auch aus Blech oder anderen flüssigkeitsdichten Materialien bestehen. Die Schalung muss gut unterstützt werden, damit das Gewicht des Betons aufgenommen werden kann. Diese Unterstützung nennt man → *Rüstung*.
die	**Schmutzfracht**	Allgemein versteht man unter Schmutzfracht die Menge der im Abwasser enthaltenen Schmutzstoffe. Auch das gereinigte Abwasser enthält noch eine Schmutzfracht, die ein bestimmtes Maß nicht übersteigen darf.
die	**Schüttgüter**	Schüttgüter (z. B. Sand, Kies, Getreide) bestehen aus körnigen oder mehligen Teilchen, die sich bei Bewegung wie Flüssigkeiten verhalten, die aber im Ruhezustand eine Böschung bilden, deren Winkel durch die innere Reibung gegeben ist. Schüttgüter üben einen seitlichen Druck auf die Wandungen der Behälter aus (→ *Erddruck*).
die	**Schwerkraft**	Die Schwerkraft ist die Kraft, mit der Gegenstände von Erde angezogen werden (Erdanziehung). Sie entsteht aus der Gravitation, die zwischen der Masse eines Gegenstandes auf der Erdoberfläche und der Masse der Erdkugel wirkt. Die Schwerkraft bewirkt das → *Gewicht* der Gegenstände.

Artikel	Begriff	Erklärung
die	**Setzung**	Eine Setzung eines Fundaments entsteht durch Nachgeben des Bodens unter dem Fundament. Ursachen von Setzungen sind normale Lasten, können aber auch Überlastung, einseitige Belastung oder Bodenveränderungen (Durchnässung, Frost, Unterspülung) sein.
die	**SI-Einheit**	SI-Einheit ist die im Internationalen Einheitensystem festgelegte (Maß-) Einheit. Es gibt Basiseinheiten und abgeleitete Einheiten.
der	**Sparren**	Sparren sind schräg verlaufende Balken in einem Dachstuhl, auf denen die Dachlatten und die Dachhaut (Dachdeckung) befestigt sind.
der	**Stahlbeton**	Der Stahlbeton ist ein durch Stahlarmierung (Bewehrung) verstärkter Beton, der für → *tragende Bauteile* verwendet wird.
die	**Stärke**	Bei dünnen Flächenbauteilen wird die → *Dicke* auch Stärke genannt.
das	**Stockwerk**	Stockwerk ist eine andere Bezeichnung für „Etage" oder → *„Geschoß"*
die	**Stoßfuge**	An einer Stoßfuge werden kürzere Bauteile oder Bauelemente zu längeren zusammengefügt und kraftschlüssig verbunden.
der	**Sturz**	Als Sturz wird derjenige Balken, Träger oder → *Unterzug* bezeichnet, der über einer Maueröffnung (Fenstersturz*, Türsturz) angeordnet wird, um die darüber befindliche Last aus Mauerwerk und Decke zu tragen (abzufangen). *Der „Prager Fenstersturz" ist kein spezielles Bauteil, das in Prag entwickelt wurde, sondern ein politisches Ereignis im Jahre 1618, das zu Beginn des Dreißigjährigen Krieges stattfand.
die	**Stütze**	Eine Stütze ist ein senkrechtes Bauteil (Säule, Pfeiler, Rahmenstiel), das dazu dient, senkrechte Lasten abzutragen.
	thixotrop	Thixotrope Flüssigkeiten (z. B. Bentonit™) haben die Eigenschaft, bei Erschütterung weich zu werden und bei Ruhe steif zu sein (Viskositätsänderung). Sie werden meist als Stützflüssigkeiten bei Grundbauarbeiten verwendet. Sie wirken mit ihrem hydraulischen waagrechten Flüssigkeitsdruck wie eine Schalung und verhindern so das Einstürzen von senkrechten Erdflächen.
	tragend	Ein Bauteil ist tragend, wenn von ihm Lasten aus anderen Bauteilen aufgenommen (tragende Wand) und an andere Bauteile weitergeleitet werden.
das	**Tragwerk**	Ein statisches System, das dazu dient, Lasten zu tragen, wird Tragwerk genannt.
die	**Trasse**	Die Trasse ist die Lage und der Verlauf eines Verkehrsweges (Straßentrasse, Bahntrasse) im Lageplan und im Gelände.

Artikel	Begriff	Erklärung
die	**Traufe**	Die Traufe ist eine Rinne am unteren Dachrand (Regenrinne, Dachrinne), in der das Regenwasser gesammelt wird und zum → *Fallrohr* geleitet wird. Der untere Rand einer schrägen Dachfläche wird auch *Trauflinie* genannt.
der	**Überzug**	1. ist ein Bauteil: Überzug ist ein monolithisch mit der Stahlbetondecke verbundener Betonbalken, wo die Druckzone oberhalb der Stahlbetondecke liegt. 2. ist eine Korrosionsschutzschicht: Farbüberzug
der	**Unterzug**	Unterzug ist ein monolithisch mit der Stahlbetondecke verbundener Betonbalken, wo die Druckzone innerhalb der Stahlbetondecke (→ *Plattenbalken*) liegt.
der	**Vorfluter**	Ein Vorfluter ist ein Gewässer (Fluss, See), in das gereinigtes Abwasser aus einer Kläranlage eingeleitet wird. Dort werden die restlichen Schmutzstoffe im Verhältnis der eingeleiteten Mengen zu den abfließenden Mengen verdünnt.
das	**Warmdach**	Beim Warmdach liegen die tragenden Teile im warmen Bereich und müssen nach außen hin wärmegedämmt werden.
die	**Wärmedämmung**	Wärmedämmung (Wärmeisolierung) ist eine Schicht bestimmter Dicke, die aus einem Material besteht, das einen hohen Wärmedurchgangwiderstand hat (Glaswolle, Steinwolle, Schaumstoffe).
das	**Wasser**	Plural: die *Wässer* oder die *Wasser*. Die Unterscheidung, wie der Plural gebildet wird, liegt darin, ob es mehrere Arten des Wassers gibt (Schmutzwässer, Abwässer). Ist dagegen mit dem Wasser ein Ereignis verbunden, bilden man den Plural ohne Umlaut: Die *Hochwasser*. „Stille *Wasser* gründen tief." Für Grundwasser gibt es keinen Plural, weil es allgemein *das* im Untergrund vorkommende Wasser bezeichnet.
die	**Zeichenmaschine**	Die Zeichenmaschine besteht aus einem Zeichenkopf, an dem zwei rechtwinkelig zueinander angeordnete Lineale (Maßstäbe) drehbar (feststellbar) befestigt sind. Der Zeichenkopf wird durch Parallelogrammgestänge oder senkrechte und waagrechte Schienenführungen (Laufwagen) parallel geführt, so dass die Lineale an jeder Stelle des Zeichenbretts denselben Winkel zu einer Basislinie (Brettkante) haben (→ Seite 48).
der	**Zement**	Der Zement ist das → *Bindemittel*, das zusammen mit → *Zuschlagstoffen* und Wasser zur Betonherstellung gebraucht wird.
der	**Zugriff**	Der Zugriff ist Begriff aus der Datenverarbeitung. Ein Speicherzugriff kann sequenziell oder direkt sein. Beim sequenziellen Zugriff werden die Datensätze in der vorhandenen Reihenfolge nacheinander gelesen, bis der gesuchte erreicht ist. Beim direkten Zugriff wird über eine Indexnummer der gesuchte Datensatz direkt angesteuert und gelesen.

Artikel	Begriff	Erklärung
der	**Zuschlag**	Der Zuschlag ist die Entscheidung des → *Bauherrn*, einer bestimmten Firma den → *Auftrag* zur Ausführung eines → *Projekts* zu erteilen.
der	**Zuschlagstoff**	Zuschlagstoffe bestehen aus mineralischem körnigem Material und sind Bestandteil des Betons. Im Beton müssen Zuschlagstoffe enthalten sein, die mit dem → *Zement* zu einem künstlichen Gestein aushärten.

35. Anhang

35.1. Literaturangaben

(Alphabetisch nach Autorennamen)
Diese Literaturliste enthält die Bücher und Veröffentlichungen, die im Laufe des Berufslebens erworben wurden. Sie enthält auch die eigenen Veröffentlichungen.

Lit.	Autor	Beitrag, Buch
[Ahrens]	*Ahrens, H. und Duddeck, H.*	**Berechnung von Stabtragwerken** Beitrag im Betonkalender 1980, II, Seiten 511 bis 618, Verlag Ernst & Sohn, Berlin
[Albrecht]	*Albrecht, Rudolf*	**abc der Baumechanik** Beitragsreihe in der Zeitschrift „Der Deutsche Baumeister" des Bundes Deutscher Baumeister (BDB), 1964
[Plattentafeln]	*Bergmeister, Konrad*	**Tragverhalten und Modellierung von Platten** Beitrag im Betonkalender 2007, II, Seiten 71 bis 227, Verlag Ernst & Sohn, Berlin
[BK]	*Betonkalender*	**Betonkalender** Jahrgänge von 1959 bis 2007, Verlag Ernst & Sohn, Berlin *Hinweise auf einzelne Stellen der Beiträge des Betonkalenders sind mit Jahrgang und Seitenangabe der entsprechenden Stellen im fachlichen Kontext dieses Buches zu finden.*
[Czernin]	*Czernin, Wolfgang*	**Zementchemie für Bauingenieure** 1964, 2. erweiterte Auflage Bauverlag GmbH, Wiesbaden - Berlin
[Kosten]	*Fink, H.*	**Kostenermittlung von Ingenieurbauten** Beitrag im Betonkalender 1981, II, Seiten 745 bis 833, Verlag Ernst & Sohn, Berlin
[Fleßner]	*Fleßner, Hermann*	**Ein Beitrag zur Ermittlung von Querschnittswerten mit Hilfe elektronischer Rechenanlagen** Zeitschrift „Der Bauingenieur" 1962, Heft 4, Seiten 146 bis 149. Springer Verlag Berlin Heidelberg New York
[Franke]	*Franke, Paul-Gerhard*	**Hydraulik für Bauingenieure** 1974, Sammlung Göschen, Walter de Gruyter & Co., Berlin
[Festigk1]	*Gehler, W. und Herberg, W.*	**Festigkeitslehre I** 1952, Sammlung Göschen, Walter de Gruyter & Co., Berlin
[KonGeom]	*Giering O. und Seybold H.*	**Konstruktive Ingenieurgeometrie** 1987, 3. erweiterte Auflage mit Programmen zur rechnergestützten Konstruktiven Geometrie, Carl Hanser Verlag, München Wien
[Graf]	*Graf, Otto*	**Die Baustoffe** 1950, zweite erweiterte Auflage, Verlag Konrad Wittwer, Stuttgart

Lit.	Autor	Beitrag, Buch
[Verm1]	*Großmann, Walter u. Kahmen, Heribert*	**Vermessungskunde I** 1985, 16. Auflage, Sammlung Göschen, Walter de Gruyter & Co., Berlin
[Verm2]	*Großmann, Walter u. Kahmen, Heribert*	**Vermessungskunde II** 1985, 14. Auflage, Sammlung Göschen, Walter de Gruyter & Co., Berlin
[Verm3]	*Großmann, Walter u. Kahmen, Heribert*	**Vermessungskunde III** 1985, 12. Auflage, Sammlung Göschen, Walter de Gruyter & Co., Berlin
[Widder]	*von Gültlingen, Henning* und *Stählin, Wolfgang*	**Über den hydraulischen Widder** Beitrag in DIE BAUTECHNIK, 1977, Heft 5, Seiten 163 bis 166
[Haack2]	*Haack, Wolfgang*	**Darstellende Geometrie II** 1971, 6. Auflage, Sammlung Göschen, Walter de Gruyter & Co., Berlin
[Haack3]	*Haack, Wolfgang*	**Darstellende Geometrie III** 1965, 3. Auflage, Sammlung Göschen, Walter de Gruyter & Co., Berlin
[Haußner]	*Haußner, Robert*	**Darstellende Geometrie II** 1947, 5. Auflage, Sammlung Göschen, Walter de Gruyter & Co., Berlin
[Festig2]	*Herberg, W. u. Dimitrov, H.*	**Festigkeitslehre II** 1955, Sammlung Göschen, Walter de Gruyter & Co., Berlin
[VDI1994]	*Hering, Ekbert; Martin, Rolf und Stohrer, Martin*	**Physikalisch-Technisches Taschenbuch** 1994, VDI-Verlag
[HÜTTE1]	*HÜTTE*	**„HÜTTE“ I, Des Ingenieurs Taschenbuch, Band I** 1950, Verlag von Wilhelm Ernst & Sohn, Berlin
[HÜTTE29]	*HÜTTE*	**„HÜTTE“, Die Grundlagen der Ingenieurwissenschaften** 1989, 29. Auflage, Springer-Verlag, Berlin
[Imhoff]	*Imhoff, Klaus R. und Karl*	**Taschenbuch der Stadtentwässerung** 1972, 23. verbesserte Auflage, Verlag R. Oldenbourg München - Wien
[Erddruck]	*Jenne, Gustav*	**Erddruck** Beitrag im Betonkalender 1981, II, Seiten 835 bis 875 Verlag Ernst & Sohn, Berlin
[NumMath1]	*Jordan-Engeln, G. und Reutter F.*	**Numerische Mathematik für Ingenieure** 1973, Band 104, B.I.-Wissenschaftsverlag, Mannheim
[NumMath2]	*Jordan-Engeln, G. und Reutter F.*	**Formelsammlung zur Numerischen Mathematik mit Fortran-IV-Programmen.** 1976, Band 106, B.I.-Wissenschaftsverlag, Mannheim

Lit.	Autor	Beitrag, Buch
[Hydrologie]	*Keller, Reiner*	**Hydrologie** Erträge der Forschung, Band 143, 1980, Wissenschaftliche Buchgesellschaft Darmstadt
[Tiefbau]	*Kirgis, Hans und Kirgis Ludwig*	**Tiefbau-Taschenbuch** 1961, 12. verbesserte Auflage, Francksche Verlagshandlung Stuttgart
[Geologie]	*Klengel, K.J. und Wagenbreth, O.*	**Ingenieurgeologie für Bauingenieure** 1982, Bauverlag GmbH, Wiesbaden und Berlin
[Gruend]	*Klöckner, W. und Schmidt, H.-G.*	**Gründungen** Beitrag im Betonkalender 1977, II, Seiten 737 bis 980, Verlag Ernst & Sohn, Berlin
[Knell]	*Knell, Heiner*	**Vitruvs Architekturtheorie.** Eine Einführung. 2008, 3. Auflage, ISBN 978-3-534-21959-9, Wissenschaftliche Buchgesellschaft Darmstadt
[Hochhaus]	*König, G. und Liphardt, S.*	**Hochhäuser aus Stahlbeton** Beitrag im Betonkalender 1981, II, Seiten 601 bis 744 Verlag Ernst & Sohn, Berlin
[Krenz]	*Krenz, Alfred und Osterloh, Horst*	**Klothoiden-Taschenbuch für Entwurf und Absteckung** 1960, 4. Auflage, Bauverlag Wiesbaden
[Kuehn]	*Kühn, G.*	**Die Bauausführung** Beitrag im Betonkalender 1980, II, Seiten 613 bis 900, Verlag Ernst & Sohn, Berlin
[ElastTh]	*Landau, L.D. und Lifschitz, E.M.*	**Elastizitätstheorie,** **Lehrbuch der theoretischen Physik, Band VII** 1983, 5. Auflage, Akademie-Verlag, Berlin
[Laugw1]	*Laugwitz, Detlef*	**Ingenieurmathematik 1** 1964, Band 59, B.I.-Wissenschaftsverlag, Mannheim
[Laugw2]	*Laugwitz, Detlef*	**Ingenieurmathematik 2** 1964, Band 60, B.I.-Wissenschaftsverlag, Mannheim
[Laugw3]	*Laugwitz, Detlef*	**Ingenieurmathematik 3** 1964, Band 61, B.I.-Wissenschaftsverlag, Mannheim
[Laugw4]	*Laugwitz, Detlef*	**Ingenieurmathematik 4** 1964, Band 61, B.I.-Wissenschaftsverlag, Mannheim
[Leonhardt]	*Leonhardt, F.*	**Das Bewehren von Stahlbetontragwerken** Beitrag im Betonkalender 1979, II, Seiten 613 bis 776, Verlag Ernst & Sohn, Berlin
[Abdichtung]	*Linder, R.*	**Abdichten von Bauwerken** Beitrag im Betonkalender 1977, II, Seiten 619 bis 693, Verlag Ernst & Sohn, Berlin
[Meeus]	*Meeus, Jean*	**Astronomische Algorithmen** 1994, 2. Auflage, ISBN 3-335-00400-0 Verlag Johann Ambrosius Barth, Leipzig-Berlin-Heidelberg.

Lit.	Autor	Beitrag, Buch
[Dynamik]	*Müller, F. P.*	**Baudynamik** Beitrag im Betonkalender 1978, II, Seiten 745 bis 962, Verlag Ernst & Sohn, Berlin
[Baukunst1]	*Müller, Werner und Vogel, Gunther*	**dtv-Atlas zur Baukunst, Band 1** Baugeschichte von Mesopotamien bis Byzanz 1974, Deutscher Taschenbuch-Verlag, München
[Baukunst2]	*Müller, Werner und Vogel, Gunther*	**dtv-Atlas zur Baukunst, Band 2** Baugeschichte von der Romanik bis zur Gegenwart 1974, Deutscher Taschenbuch-Verlag, München
[Wasservers]	*Mutschmann Johann/ Stimmelmayr Fritz*	**Taschenbuch der Wasserversorgung** 1961, Francksche Verlagshandlung Stuttgart
[SchalenP]	*Pflüger, Alf*	**Elementare Schalenstatik** 1967, Vierte Auflage, Springer Verlag Berlin - Göttingen - Heidelberg
[Praxl1]	*Praxl, Otto*	**Vereinfachte elektronische Berechnung räumlicher Systeme** Zeitschrift „Die Bautechnik“ 1972, Heft 10, S. 354 bis 356, Verlag Ernst & Sohn, Berlin
[Praxl2]	*Praxl, Otto*	**Vorlesungsmitschriften** 1957 - 1960, 7 Bände A5 (gebundene Handschriften und Stenogramme). Nicht veröffentlicht!
[Praxl3]	*Praxl, Otto*	**Kreisformeln** Formelsammlung, 100 Seiten, PDF-Dokument PDF-Dokument kostenlos beim Verfasser erhältlich.
[Praxl4]	*Praxl, Otto*	**Wissenschaftliche HP-Taschenrechner im praktischen Einsatz**, 2013, 2. Ausgabe, GRIN Verlag, ISBN 978-3-656-18641-0.
[Praxl5]	*Praxl, Otto*	**Seilstatik für Bauingenieure,** PDF-Dokument kostenlos beim Verfasser erhältlich.
[Praxl6]	*Praxl, Otto*	**Querschnittswerte für statische Querschnitte (QSW),** PDF-Dokument und Programm QSW kostenlos beim Verfasser erhältlich.
[Praxl7]	*Praxl, Otto*	**Zahlensysteme – einfach umgerechnet** PDF-Dokument kostenlos beim Verfasser erhältlich.
[Praxl8]	*Praxl, Otto*	**Berechnung eines Flüssigkeitsstrahls** PDF-Dokument kostenlos beim Verfasser erhältlich.
[Praxl9]	*Praxl, Otto*	**Kreissegmenttabelle** PDF-Dokument kostenlos beim Verfasser erhältlich.
[Praxl10]	*Praxl, Otto*	**Digitale geometrische Modelle (DGM)** PDF-Dokument kostenlos beim Verfasser erhältlich.

Lit.	Autor	Beitrag, Buch
[Reinhardt]	*Reinhardt, Hans-Wolf*	**Echoverfahren in der zerstörungsfreien Zustandsuntersuchung von Betonbauteilen** Beitrag im Betonkalender 2007, I, Seiten 479 bis 595, Verlag Ernst & Sohn, Berlin
[Ressel]	*Ressel, Wolfram*	**Entwurf und Bemessung von Straßenverkehrsanlagen** Beitrag im Betonkalender 2007, I, Seiten 1 bis 91 Verlag Ernst & Sohn, Berlin
[Einheiten]	*Sacklowski, A*	**Einheitenlexikon** Entstehung, Anwendung, Erläuterung von Gesetz und Normen, 1986, Beuth Verlag GmbH, Berlin
[Sauer1]	*Sauer, Robert*	**Ingenieur-Mathematik , Erster Band** 1961, Zweite Auflage, Springer Verlag Berlin - Göttingen - Heidelberg
[Sauer2]	*Sauer, Robert*	**Ingenieur-Mathematik , Zweiter Band** 1962, Zweite Auflage, Springer Verlag Berlin - Göttingen - Heidelberg
[GIS]	*Saurer, H. und Behr, F.-J.*	**Geographische Informationssysteme** 1997, Wissenschaftliche Buchgesellschaft, Darmstadt
[Scheer]	*Scheer, Leopold*	**Was ist Stahl?** 1974, 14. Auflage Springer Verlag Berlin Heidelberg New York
[Schleicher1]	*Schleicher, F.*	**Taschenbuch für Bauingenieure, erster Band** 1955, 2. Auflage, Springer-Verlag, Berlin
[Schleicher2]	*Schleicher, F.*	**Taschenbuch für Bauingenieure, zweiter Band** 1955, 2. Auflage, Springer-Verlag, Berlin
[Strassen]	*Schlums, J. und Schwär, D*	**Straßenbau** Beitrag im Betonkalender 1978, II, Seiten 613 bis 688, Verlag Ernst & Sohn, Berlin
[TechZeich]	*Schneider, Wilhelm*	**Technisches Zeichnen für die Praxis** 1953, 1. Auflage Georg Westermann Verlag
[DefMeth]	*Schrader, K.H.*	**Die Deformationsmethode** 1969, Band 830, Bibliographisches Institut AG, B.I.-Wissenschaftsverlag, Mannheim
[Schuele]	*Schüle, W. und Gösele, K.*	**Bauphysik** Beitrag im Betonkalender 1979, II, Seiten 521 bis 612, Verlag Ernst & Sohn, Berlin
[Schweda]	*Schweda/Krings*	**Baustatik, Festigkeitslehre** 1979, Werner Verlag, ISBN 3-8041-3462-9
[Teichm2]	*Teichmann, Alfred*	**Statik der Baukonstruktionen II** 1957, Sammlung Göschen, Walter de Gruyter & Co., Berlin
[Teichm3]	*Teichmann, Alfred*	**Statik der Baukonstruktionen III** 1958, Sammlung Göschen, Walter de Gruyter & Co., Berlin

Lit.	Autor	Beitrag, Buch
[Tölke]	*Tölke, Friedrich*	**Baustatik** 1949, Carl Winter Universitätsverlag, Heidelberg
[Geodaesie]	*Torge, Wolfgang*	**Geodäsie** 1975, Sammlung Göschen, Walter de Gruyter & Co., Berlin
[StahlbauK]	*Unold, G.*	**Stahlbaukalender 1937** 1936, Dritter Jahrgang, Verlag Ernst & Sohn, Berlin
[VDZ]	*Verein Deutscher Zementwerke*	**Zement-Taschenbuch 1976/77** 46. Ausgabe, ISBN 3-7625-0608-6, Bauverlag GmbH, Wiesbaden-Berlin
[Vitruv]	*Vitruv*	**De Architectura Libri Decem -** **Zehn Bücher über Architektur** Bibliothek klassischer Texte 1964. Lateinischer Originaltext mit deutscher Übersetzung von *Dr. Curt Fensterbusch*, 5. Auflage 1991, Wissenschaftliche Buchgesellschaft, Darmstadt.
[Tunnel]	*Wagner, H.*	**Tunnelbau** Beitrag im Betonkalender 1971, II, Seiten 171 bis 302, Verlag Ernst & Sohn, Berlin
[Wetzell1]	*Wetzell, Otto*	**EDV-Handbuch für Bauingenieure, Band 1** Baustatik (Stabwerke), 1979, Werner Verlag Düsseldorf
[Wetzell2]	*Wetzell, Otto*	**EDV-Handbuch für Bauingenieure, Band 2** Fachwerke, Stahlbetonbau, Mathematik, 1979, Werner Verlag Düsseldorf
[Wetzell3]	*Wetzell, Otto*	**EDV-Handbuch für Bauingenieure, Band 3** Baubetrieb, Grundbau/Bodenmechanik, Verkehrs- und Vermessungswesen, Wasserbau/Siedlungswasserwirtschaft, 1979,Werner Verlag Düsseldorf
[Wiese]	*Wiese, G.*	**Wasserdampfdiffusion** Ein Beitrag zur praktischen Bauphysik, Teubner Studienskripten, 1975, B.G. Teubner, Stuttgart
[ElRechnen]	*Worch, G.*	**Elektronisches Rechnen in der Baustatik** **Eine Einführung** Beitrag im Betonkalender 1965, II, Seiten 319 bis 384, Verlag Ernst & Sohn, Berlin
[SchalenW]	*Worch, G.*	**Elastische Schalen** Beitrag im Betonkalender 1968, II, Seiten 263 bis 415, Verlag Ernst & Sohn, Berlin
[Zurmühl]	*Zurmühl, R.*	**Praktische Mathematik für Ingenieure und Physiker** 1965, 5. Auflage, Springer-Verlag, Berlin

35.2. Das griechische Alphabet

groß	klein	Name	Aussprache
Α	α	Alfa	*a*
Β	β	Beta	*b*
Γ	γ	Gamma	*g*
Δ	δ	Delta	*d*
Ε	ε	Epsilon	*e*
Ζ	ζ	Zeta	*z*
Η	η	Eta	*ä*
Θ	θ, ϑ	Theta	*th*
Ι	ι	Iota	*i*
Κ	κ	Kappa	*k*
Λ	λ	Lambda	*l*
Μ	μ	My	*m*
Ν	ν	Ny	*n*
Ξ	ξ	Xi	*x*
Ο	ο	Omikron	*o (kurz)*
Π	π	Pi	*p*
Ρ	ρ	Rho	*r*
Σ	σ, ς	Sigma	*s*
Τ	τ	Tau	*t*
Υ	υ	Ypsilon	*ü*
Φ	ϕ, φ	Phi	*ph*
Χ	χ	Chi	*ch*
Ψ	ψ	Psi	*ps*
Ω	ω	Omega	*o (lang)*

θ, ϑ stehen gleichwertig nebeneinander,
σ kommt innerhalb des Wortes vor,
ς steht am Ende eines Wortes.

35.3. Bilderübersicht

35.4. Formelübersicht

35.5. Tabellenübersicht

36. Index

C

D

E

H

I

J

K

L

M

N

S

T

U

V